"十三五"国家重点出版物出版规划项目

量子科学出版工程（第一辑）

国家出版基金项目
NATIONAL PUBLICATION FOUNDATION

王取泉　程木田
刘绍鼎　王　霞　著
周慧君

Quantum Computation

Based on Semiconductor

Quantum Dots

量子科学出版工程
Quantum Science
Publishing Project

量子计算

基于半导体量子点

中国科学技术大学出版社

内 容 简 介

　　本书以清晰的物理图像和丰富的实验结果比较全面地介绍了基于半导体量子点激子的量子计算和量子信息方面的最新研究进展.全书共分8章,第1章和第2章是半导体量子点形貌结构和基本特性的简要介绍;第3章至第5章是关于激子量子比特旋转和量子逻辑运算等量子计算方面的研究进展;第6章至第8章则是关于激子复合单光子发射和纠缠光子对发射等量子信息方面的研究进展.

　　本书可以作为凝聚态物理、光学、材料科学、量子计算科学等有关专业高年级本科生和研究生的教学参考书,也可供上述领域的科技工作者参考.

图书在版编目(CIP)数据

量子计算:基于半导体量子点/王取泉,程木田,刘绍鼎等著. —合肥:中国科学技术大学出版社,2019.12
(量子科学出版工程. 第一辑)
国家出版基金项目
"十三五"国家重点出版物出版规划项目
ISBN 978-7-312-04846-3

Ⅰ. 量… Ⅱ. ①王… ②程… ③刘… Ⅲ. 量子计算机 Ⅳ. TP385

中国版本图书馆 CIP 数据核字(2020)第 033125 号

出版	中国科学技术大学出版社
	安徽省合肥市金寨路 96 号,230026
	http：//press. ustc. edu. cn
	https://zgkxjsdxcbs. tmall. com
印刷	合肥华苑印刷包装有限公司
发行	中国科学技术大学出版社
经销	全国新华书店
开本	787 mm×1092 mm　1/16
印张	25.5
字数	513 千
版次	2019 年 12 月第 1 版
印次	2019 年 12 月第 1 次印刷
定价	158. 00 元

前言

    量子计算和量子信息是当今物理学前沿热点研究领域之一. 随着纳米材料科学和实验技术的发展, 在对原子和分子体系多年的研究积累的基础上和相关理论研究的推动下, 近几年来在固态量子计算和量子信息方面取得了一系列具有标志性意义的研究进展. 其中, 被称为"人工原子"的半导体量子点体系具有可集成性和可扩展性的优点, 并且与现有的半导体光电子技术有紧密的联系, 从而受到人们的极大关注. 自 2001 年 Stievater 等在单个 InGaAs 半导体量子点中观测到激子的 Rabi 振荡（对应于一个单量子比特的翻转）（Phys. Rev. Lett., 2001, 87(133603)）以来, 在随后五年多的时间里相继取得了一系列具有突破性意义的重要研究进展. 2002 年, Zrenner 等实现了半导体量子点单电子二极管（Nature, 2002, 418(612)）; 2003 年, X. Q. Li 等在单个半导体量子点中实现了 CROT 量子逻辑门（Science, 2003, 301(809)）; 2005 年, Q. Q. Wang 等实现了两个激子量子比特上粒子数的交换（Phys. Rev. Lett., 2005, 95(187404)）; 2006 年, Scholz 等利用半导体量子点单光子源进行了 DeutschJozsa 逻辑运算（Phys. Rev. Lett., 2006, 96(180501)）, Akopian 和 Stevenson 相继报道了半导体芯片上量子点的可控纠缠光子对的发射（Phys. Rev. Lett., 2006, 96(130501); Nature, 2006, 439(179)）.

    以上一系列重要研究成果引起了国内科技工作者和爱好者的关注, 然而国内书刊对相关方面的报道很少. 本书的编写目的有两点: 一方面是及时将这一领域的重要研究成果融入教学之中,满足广大青年学生对这个新兴交叉研究领域相关知识的学习要求;另一方面是给相关科技工作者和爱好者提供一本前沿课题的参考书.

由于基于半导体量子点的量子计算和量子信息的研究涉及物理学中凝聚态物理、量子光学、超快非线性光学以及微纳半导体材料和器件等多个学科,因此本书中涉及的相关知识点也比较多.为了便于本科生和研究生以及爱好者的阅读,书中对所涉及的量子力学运动方程给出了比较详细的推导过程.全书共分8章,由浅入深,循序渐进.第1章和第2章简要介绍半导体量子点基本特性:第1章为半导体量子点形貌结构特征,第2章为半导体量子点的基本相干特性和单量子点的实验探测技术.第3章至第5章涉及量子计算:第3章介绍半导体量子点激子量子比特旋转及其品质因子,并且比较深入地讨论了量子点体系中多种复杂的退相干机制对其品质因子的影响;第4章介绍在半导体量子点中实现CNOT量子逻辑门以及Deutsch-Jozsa逻辑运算,这两者是量子计算中的基本量子逻辑操作;第5章分析和讨论半导体量子点中激子自旋的弛豫机制,并介绍利用相干光学方法实现激子自旋的交换.第6章至第8章涉及量子信息:第6章和第7章分别介绍半导体量子点的单光子发射和级联多光子发射过程;第8章介绍半导体芯片上单个半导体量子点发射纠缠光子对的特性,分析和讨论多种因素对光子偏振纠缠度的影响.本书的第3章至第8章中融入了我们在此领域发表的二十余篇研究论文的成果.书中每一章都详细给出了相关研究点上的重要参考文献,以便读者查阅原始论文和进行进一步研究.14个附录集中放在正文后面,且使用了两级序号,这么处理一是方便读者了解附录与正文的对应关系,二是为了避免附录中的公式编号与正文中的公式编号混淆.

特别值得一提的是,在过去10年间,国内科研人员在半导体量子点单光子、纠缠光源以及量子逻辑门等方面的研究取得了重大突破.为了给读者提供一个该领域研究进展的比较全面的介绍,我们特别邀请了相关研究课题组提供其代表性研究成果的图片并撰写了相应的文字介绍.其中,1.2.3小节"液滴模板与自催化生长单量子点"和6.7节"半导体量子点单光子源的研究进展"由中国科学院半导体研究所牛智川研究员和尚向军博士提供;1.5节"新型杂化量子点"和4.5节"三量子比特Toffoli门操作"由中国科学技术大学郭国平教授和李海欧研究员提供;8.2.2小节"量子点精细结构劈裂及其物理模型"由中国科学技术大学龚明教授提供;6.7节"半导体量子点单光子源的研究进展"和8.5节"半导体量子点纠缠光源的研究进展"由中国科学技术大学陆朝阳教授提供.在此,特向他们表示万分的感谢.

感谢薛其坤院士和C. K. Shih教授的热心指教和大力帮助.感谢金男哲博士

对书稿的校对和王维博士对文稿格式(包括参考文献)的调整与校对.向其他给本书的出版提供支持和帮助的人们一并表示衷心的感谢.

由于该领域研究进展很快,加之作者研究能力和精力有限,还有部分重要研究进展没有在本书中介绍和讨论.对于本书中的错误和不妥之处,恳请读者批评和指正.

王取泉

2019 年 9 月于珞珈山

目录

前言 ——— i

第 1 章
半导体量子点形貌结构特征 ——— 001

引言 ——— 001

1.1　界面涨落量子点 ——— 002

1.2　自组织量子点 ——— 005

1.3　耦合量子点 ——— 013

1.4　微腔中的量子点 ——— 019

1.5　新型杂化量子点 ——— 023

参考文献 ——— 025

第2章

半导体量子点基本相干特性和单量子点探测技术 —— 036

引言 —— 036

2.1 半导体量子点基本相干特性 —— 037

2.2 单量子点探测技术 —— 044

参考文献 —— 048

第3章

半导体量子点激子量子比特旋转及其品质因子 —— 051

引言 —— 051

3.1 量子比特旋转基本概念 —— 052

3.2 半导体量子点激子量子比特自由旋转品质因子 Q_0 —— 058

3.3 半导体量子点激子量子比特 Rabi 振荡品质因子 Q_R —— 061

3.4 Rabi 振荡退相干机制的分析 —— 063

参考文献 —— 073

第4章

半导体量子点中的量子逻辑运算 —— 076

引言 —— 076

4.1 量子逻辑门和量子算法基本概念 —— 077

4.2 单个半导体量子点中实现控制旋转门 CROT —— 087

4.3 利用量子交换操作实现两个量子比特态上的粒子数交换 —— 093

4.4 半导体量子点中 Deutsch-Jozsa 量子逻辑运算 —— 103

4.5 三量子比特 Toffoli 门操作 —— 124

参考文献 —— 129

第 5 章

半导体量子点中激子自旋弛豫和自旋交换 —— 134

引言 —— 134

5.1　半导体量子点中能级解简并与线偏振本征态及其激子自旋 —— 135

5.2　半导体量子点中激子自旋弛豫特性 —— 136

5.3　利用 U_f 控制门实现激子自旋交换 —— 142

参考文献 —— 146

第 6 章

半导体量子点单光子发射 —— 149

引言 —— 149

6.1　光发射统计特性基本概念 —— 150

6.2　连续激发下单光子发射 —— 151

6.3　脉冲激发下单光子发射 —— 157

6.4　脉冲激发下交叉偏振单光子发射 —— 165

6.5　由脉冲激发过渡到连续激发 —— 172

6.6　半导体量子点单光子发射实验观测 —— 173

6.7　半导体量子点单光子源的研究进展 —— 176

参考文献 —— 186

第 7 章

半导体量子点级联多光子发射 —— 190

引言 —— 190

7.1　单量子点中双激子三能级体系级联光子对的发射特性 —— 191

7.2　耦合量子点双激子体系级联光子对的发射特性 —— 196

7.3　三激子体系级联光子对的发射特性 —— 205

参考文献 —— 215

第 8 章
半导体量子点中可控纠缠光子对的发射 —— 217

引言 —— 217

8.1 "光子对"偏振纠缠基本概念 —— 218

8.2 半导体量子点精细能级结构 —— 230

8.3 简并双激子体系纠缠光子发射特性 —— 238

8.4 非简并双激子体系频谱过滤与纠缠光发射 —— 241

8.5 半导体量子点纠缠光源的研究进展 —— 250

参考文献 —— 257

附录 —— 262

附录 1.1 半导体量子点中量子计算和量子信息标志性实验研究进展
（2001～2019） —— 262

附录 2.1 单量子点能级结构示意图以及单量子点探测技术 —— 264

附录 3.1 含浸润层和双激子等多能级跃迁的粒子数运动方程 —— 265

附录 4.1 激子-双激子四能级体系激子动力学方程 —— 278

附录 4.2 双脉冲激发下 V 型三能级系统激子动力学方程 —— 291

附录 5.1 含粒子数泄漏与 Auger 俘获的激子自旋弛豫动力学方程 —— 299

附录 6.1 量子回归定理及其推论 —— 311

附录 6.2 脉冲激发下简单三能级体系二阶相关函数运动方程 —— 312

附录 6.3 脉冲激发下 V 型体系二阶相关函数运动方程 —— 318

附录 7.1 双激子三能级体系二阶相关函数运动方程 —— 330

附录 7.2 脉冲激发下耦合量子点体系的二阶相关函数运动方程 —— 340

附录 7.3 激子-双激子-三激子体系运动力学方程 —— 363

附录 7.4 脉冲激发下激子-双激子-三激子体系二阶相关函数
运动方程 —— 374

附录 8.1 作者及其课题组发表的相关研究论文 —— 392

第1章

半导体量子点形貌结构特征

引言

　　半导体量子点是指三维空间受限的半导体纳米结构.纳米尺度下的量子限制效应造成其类似原子的分立能级,因此,半导体量子点也被称为"人工原子".通过控制量子点的形状和大小可以有效地调节其能级结构,从而极大地扩展半导体器件的应用领域.近年来,半导体量子点在量子计算和量子信息方面的研究备受人们的关注,并且已经取得了一系列的重要进展.

　　半导体量子点的制备工艺和方法多种多样,如由量子阱异质结构界面起伏涨落而自然形成的界面涨落型量子点(IFQDs)、分子束外延生长中应力造成的自组织量子点(SAQDs)、微纳加工刻蚀形成的量子点以及化学方法合成的量子点,等等.前三种方法直接将量子点生长和加工在半导体芯片上,有利于其集成器件的研究和应用.本章共5节,分别简要介绍界面涨落量子点、自组织量子点、耦合量子点和微腔中的量子点以及新型杂化量子点.

1.1　界面涨落量子点

界面涨落型量子点最初是在半导体量子阱异质界面观察到的.以最典型的、研究最多的 GaAs/AlAs 为例,用分子束外延(MBE)生长在 GaAs 基底上轮流生长 GaAs、AlAs 量子阱,形成 GaAs/AlAs 异质界面[1-5].最初,人们致力于制造界面绝对平滑的量子阱异质结构,但是生长过程中 Ga 和 Al 与 As 的结合强度不同(Ga—As 键强度小于 Al—As 键),导致界面上 Ga 和 Al 的迁移长度不同,因而形成异质界面起伏涨落[1,6].对窄量子阱而言,几个单层(ML)范围内的厚度起伏涨落就会导致相当大的界面势能升降[5],量子阱相对较厚的地方,其限制能会低于周围部分,形成势阱,导致粒子横向运动受限.其能级结构如图 1.1 所示.

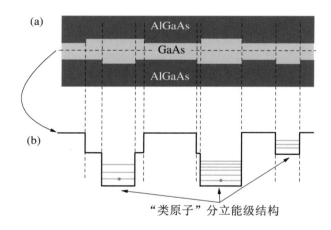

图 1.1　量子阱形貌结构示意图(a)及其能级结构示意图(b)

图 1.1 中量子阱异质结构为 AlGaAs/GaAs/AlGaAs 三明治型,可见中间 GaAs 层相对较厚的地方,其能量低于周围,形成势阱,导致势阱中的粒子除纵向外,横向运动也

受到限制.厚度越厚,势阱越深,对粒子横向运动的限制越强.这种厚薄不均匀的窄量子阱可以视为量子点的无序阵列,被称为界面涨落型量子点[4].GaAs 量子点的实际形态如图 1.2 所示[7].

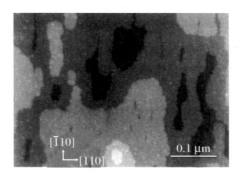

图 1.2　界面涨落型 GaAs 量子点 STM 像

GaAs 样品保持在生长温度下,处于 As 流中几分钟,未经冷却和其他测量.灰度表示高低.

（引自 Gammon D, et al. Phys. Rev. Lett., 1996, 76(3005)）

由图 1.2 可见,界面涨落型量子点尺寸为数百 nm,沿一定的方向生长,高度约为 1 ML(单层),由于它是随机生成的,因此没有特定一致的形状和大小.界面涨落型量子点的这种定向生长特性会导致其光谱的偏振特性,将在量子点能级结构中细述.

低温下,单个界面涨落型量子点表现出类原子谱线,其激子能级结构和寿命对其形状和大小非常敏感,因此发光谱线位置也随形状大小不同而不同.对随机自然产生的界面涨落型量子点而言,其形状各异,尺寸分布较广,在同一样品上不同量子点的能级特性也会有所差异.通常观察到的半高宽达到几 meV 的发光谱线是大量量子点发光的集合效应,难以观测单个界面涨落型量子点的分立能级所表现出的尖锐类原子谱线.1994 年,A. Zrenner 小组将激发光斑从 $100~\mu m$ 缩小到 $2~\mu m$,即减少被激发的量子点数目,发现在原有的 4.5 meV 半高宽的量子阱谱线上出现了尖锐的发光峰,半高宽约为 0.5 meV,如图 1.3(a) 所示.他们认为这些新的尖锐的发光峰来自不同的单个界面涨落型量子点[4],由 $n = 1 \sim 7$ 标示.但是此时仍未能将单个界面涨落型量子点的信息完全隔离出来.

随后,在像平面设置微孔将探测范围限制在 $1.5~\mu m$[8],以及在样品表面设置微孔 Al 掩膜[7,9-16],都观察到了单个界面涨落型量子点的发光.后一种方法在日后的单量子点研究中被广泛采用,量子阱发光特性随表面 Al 掩膜微孔大小的变化如图 1.4 所示[9].可见,当孔径为 $25~\mu m$ 时,完全观察不到单个量子点的谱线;当孔径达到 $0.8~\mu m$ 时,能够观察到单个量子点的谱线,但大量量子点的集合发光宽峰仍然存在;当孔径达到 $0.5~\mu m$ 时,单个量子点发光峰才基本上完全分离出来.因此,当采用 Al 掩膜微孔观测单个量子点发光,或对单量子点进行相干操纵时,基本采用 $\sim 0.5~\mu m$ 的微孔[10-15].如 2001 年,T. H. Stievater 在 GaAs 界面涨落型量子点中首次观察到量子点的 Rabi 振荡[11].2003 年,X. Q. Li 等人在单个界面涨落型量子点首次实现 CROT 量子逻辑门全光操纵[13].

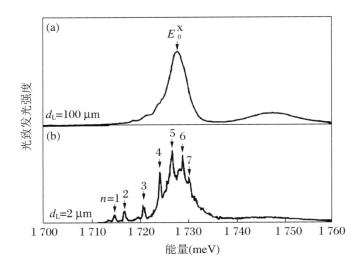

图 1.3　GaAs 界面涨落型 PL 图

(a) 当光斑直径 $d_L = 100~\mu m$ 时,为大量量子点集合发光峰;(b) 当光斑直径 $d_L = 2~\mu m$ 时,在集合发光峰上出现单个 GaAs 界面涨落型量子点的尖锐谱线,由 $n = 1 \sim 7$ 标示.

(引自 Zrenner A, et al. Phys. Rev. Lett., 1994,72(3382))

界面涨落型量子点线度大,束缚能弱,一般在 50 meV 以内;激子能级间距小,约为几 meV,能级寿命也较短;但其跃迁偶极矩大(~ 100 Debye)[11],与外场的作用强,耦合强度直接由量子点内激子态束缚能决定[14].不仅可以作为与半导体微腔耦合的电子跃迁 (electron transition coupled to a mode of a semiconductor microcavity)[15,17],提高半导体微腔的 Q 因子和耦合常数[18],还可以作为全光半导体量子逻辑门的量子比特[13,19,20]. 在这类量子点中第一次观测到单个量子点的 Rabi 振荡[11],并最早实现了两个比特 CROT 门的全光操纵[13].

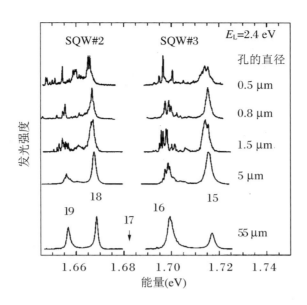

图 1.4　GaAs/AlAs 界面涨落型量子点 PL 谱随 Al 掩膜孔径大小的变化

（引自 Gammon D，et al. Appl. Phys. Lett.，1995，67(2391)）

1.2　自组织量子点

　　相比于自然形成的界面涨落型量子点，自组织量子点（SAQDs）尺寸较小，一般为十几 nm，跃迁偶极矩小，但是量子限域效应强，且形状、大小以及位置更能够在很大程度上进行调控，并且在生长过程中就可以自然置入更复杂的结构之中，以获得某些特殊性质，从而更适合于制造量子器件. 一般采取分子束外延生长、金属有机化学气相沉积（MOCVD）、原子层外延（ALE）以及低压化学气象沉积（LPCVD）等技术制备，其中MBE 生长由于不需要任何预加工处理，仅利用晶格失配材料之间的应变作用形成，因此不存在因表面损伤和引入杂质而导致的性能劣化问题，同时 MBE 生长系统具有 1.33×10^{-8} Pa 超高真空度，可利用反射高能电子衍射（RHEED）对原位检测量子点的形成过程，直接获得生长动力学的相关信息，此外还可以实现高面指数量子点生长，改善量子点均匀性,因此成为制备自组织量子点的主导技术.

1.2.1　量子点的自组织生长机制

1938 年,Stranski 和 Krastanow 首次在异质外延离子晶体(heteroepitaxial ionic crystals)中观察到岛的形成,因此这种岛的生长过程被称为 Stranski‒Krastanow 生长,是由异质结构之间晶格失配产生应力积累导致的.几乎在所有的半导体异质结构中,只要组分间具有特定晶格失配,岛状生长(S‒K)模式就会出现,并导致二维浸润层上纳米岛的形成.此法可用于制备Ⅲ～Ⅴ族、Ⅱ～Ⅵ族和Ⅳ～Ⅳ族的半导体量子点,如 Ge/Si[21-24]、InAs/GaAs、(In,Ga)As/GaAs、CdSe/Zn(S,Se)[25]和(In,Ga)N/GaN[26,27]等量子点结构.量子点形状对生长条件非常敏感,有菱形、方形、金字塔形、球形、椭圆形和三角形等.此外,光谱区覆盖了从近红外(～1.5 μm)到蓝绿区域(430～500 nm)的范围.1985 年,Goldstein 首次观察到半导体中岛的形成[28].从 1990 年开始,不少人认识到这些岛就是零维半导体纳米结构[21,22,29],在适当的生长条件下其尺寸分布比较均匀,可以实现一些量子器件.尤其是在Ⅲ～Ⅴ族半导体量子点的自组织生长中,由于 InAs 和 InGaAs 与 GaAs 存在较大的晶格失配度,因此对 GaAs 基底表面的 InGaAs 和 InAs 量子点的研究占据主要地位[30,31].同时此类量子点也是研究 S‒K 生长的范本.以 GaAs 基底上生长 $In_xGa_{1-x}As$ 量子点为例:在 $In_xGa_{1-x}As$ 生长过程中,In,Ga 和 As 原子/分子束以一定比例一层一层地沉积在 GaAs 基底上,形成浸润层.由于 $In_xGa_{1-x}As$ 晶格结构比 GaAs 基底大,其晶格失配度约为 7%,因此外延层被横向压缩而产生应力,如图 1.5(a)所示.此应力随 $In_xGa_{1-x}As$ 层厚度的增加而增加.当外延层厚度突破某一值时,浸润层生长结束,二维结构不能补偿积累的应力能,于是生成三维岛以释放应力,同时导致表面能增加,如图 1.5(b)所示.三维 $In_xGa_{1-x}As$ 岛随生长条件不同而呈现不同的形状,如金字塔形、多面穹隆形以及透镜形等,为了避免成形的量子点变形坍塌,一般应在量子点层上再沉积数百原子层 GaAs,如图 1.5(c)所示.

自组织生长的量子点直径一般为 10～40 nm,高 3～8 nm,密度范围为 10^8～10^{11} cm^{-2},限制势能为数百 meV.图 1.6 为 GaAs 基底上 $In_xGa_{1-x}As$ 自组织量子点的平面 AFM 像,可见其平均尺寸为 30～40 nm,量子点间距约 100 nm,尺寸分布～20%.

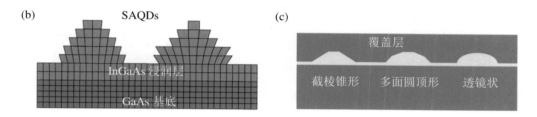

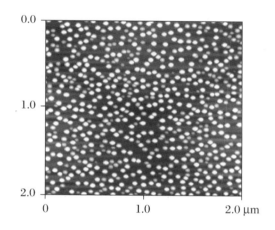

图 1.5　GaAs 基底上 $In_xGa_{1-x}As$ 量子点的自组织生长机制示意图

图 1.6　GaAs 基底上 $In_xGa_{1-x}As$ 量子点的平面 AFM 像

　　由图 1.7 可见,InGaAs 量子点为梯形,侧面与底面成 35°夹角,平均底部长为 45 nm, 高为 10 nm.图 1.7 中,In 组分的亮度比 Ga 组分大,因此从图的亮度可以看出 In 组分密度呈倒三角形,而非均匀一致,即随着生长过程,In 含量增加.

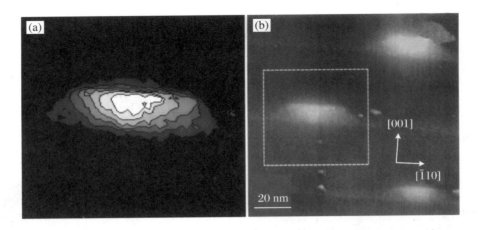

图 1.7　GaAs 基底(001)方向生长的三层堆栈 $In_{0.5}Ga_{0.5}As$ 量子点 STM(110)剖面图

（引自 Liu N, et al. Phys. Rev. Lett., 2000, 84(334)）

对于这类量子点：

① 都是原位生长,应力相干(coherently strained),并且其生长天然无缺陷和杂质.

② 容易与外延结构结合,因此易于使用电注入或光注入技术发展新器件.

③ 尺寸分布一般~10%,与基底温度以及表面生长条件等有关.

④ 形状、组分等特性虽然已经有大量研究,例如量子点的化学成分强烈依赖于生长速率,低速生长时,量子点中的 Ga 含量少;高速生长时,量子点中的 Ga 含量多,但是仍有待进一步探讨[22-37].

⑤ 从二维量子阱到零维量子点的转变太过突然,因此必须有大量In(Ga)原子以供成岛[38].

⑥ 理论上 S - K 岛只能在(001)和(111)B 面生长,在(110)和(111)A 面则不行,但是实际上,如果岛生长前在 GaAs 基底的(110)面预沉积一薄层 AlAs,则此面上仍可以得到 InAs 量子点[39].

了解和解决量子点的这些特性有助于更有效地利用此类量子点.

1.2.2　自组织量子点的密度控制

但是当对单个量子点或者耦合量子点进行观测和相干操纵,或者利用量子点作为单光子或纠缠光子对源时,需要尽量避免其他量子点对所观测的单个量子点或者耦合量子点的影响,因此要求量子点密度尽可能低[40]. 如果要实现连续光激光器,则需要量子点具有较高密度.

　　对量子点的密度控制有不少方法.例如对于 GaAs 基底的 InAs 量子点而言,生长过程中的生长温度升高[41]、生长速率降低[42]、As 气压降低[41]、堆栈层数增多[43-45]、退火时间增加[46]以及 InAs 覆盖面(coverage)降低[47-49]等都会导致量子点密度降低.图 1.8 为不同生长温度下,GaAs 基底$\overline{(113)}$B 面上 InAs 量子点 STM 像.由图可见,生长温度越高,量子点越大,密度有量级减少,可见量子点密度强烈依赖于生长温度[50].

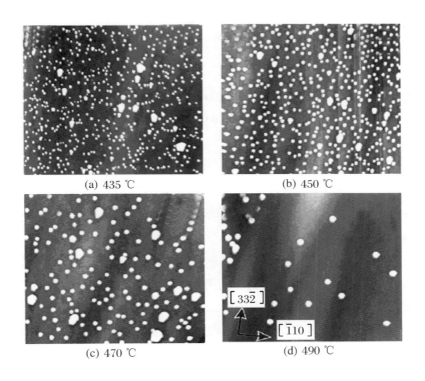

(a) 435 ℃ (b) 450 ℃

(c) 470 ℃ (d) 490 ℃

图 1.8　不同生长温度下,GaAs 基底$\overline{(113)}$B 面上 InAs 量子点 STM 像

　　(引自 Suzuki T,et al. Phys. Rev.,2003,B 67(045315))

　　生长速率对量子点密度的影响也比较大.图 1.9 为生长温度为 490 ℃时,不同生长速率下 GaAs 基底(001)面上 InAs 量子点 STM 像.由图可见,量子点密度和尺寸涨落都随生长速率降低而大大减少.这种量子点能够发射 $1.3\ \mu m$ 波长的光,而且线宽也从 44 meV 降到 27 meV[51].

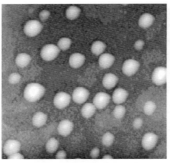 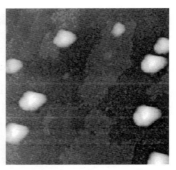

(a) 0.094 ML · s⁻¹   (b) 0.016 ML · s⁻¹

图 1.9　生长温度为 490 ℃ 时，不同生长速率下 GaAs 基底(001)面上 InAs 量子点 STM 像
（引自 Joyce P B，et al. Phys. Rev.，2000，B 62(10891)）

从图 1.8 和图 1.9 可见，仅仅通过调控生长过程中的生长条件得到的量子点随机散布在基底上，尺寸上也存在一些差异，即在量子点的位置和大小上不能精确控制. 这些缺陷一方面可以直接在基底上加微孔掩膜之后再生长，这种方法可以控制量子点的生长位置，有效降低量子点密度，但是可能出现一个微孔内生长几个量子点的情况[52]；另一方面可以在长好的量子点表面利用刻蚀技术，除去一部分量子点，但是刻蚀技术会造成表面缺陷以及引入杂质. 此外，也可在基底上利用刻蚀法预制一些孔洞阵列作为量子点生长的优先位置[53-55]. 还有一种方法主要用于 GaAs(111)B 面上生长 $Al_xGa_{1-x}As$ 量子点. 预先在基底上用平版印刷术或者化学刻蚀方法制备金字塔形凹洞，然后利用低压有机金属化学蒸镀沉积（organo-metallic chemical vapor deposition）交替沉积数层 GaAs/In-GaAs 与 AlGaAs 或者数层组分不同的 AlGaAs，在靠近金字塔顶端的地方就会形成 Al-GaAs 量子点[56-59]. 交替沉积 GaAs/AlGaAs 的金字塔结构如图 1.10 所示.

而在如图 1.11 所示的量子点中，相邻两个金字塔凹洞之间的距离为 5 μm，其生长层包括 45 nm $Al_{0.75}Ga_{0.25}As$ 层、130 nm $Al_{0.55}Ga_{0.45}As$ 层、正中含有 0.5 nm $In_{0.10}Ga_{0.90}As$ 层的 140 nm $Al_{0.30}Ga_{0.70}As$ 层以及 130 nm $Al_{0.55}Ga_{0.45}As$ 层. 在 0.5 nm $In_{0.10}Ga_{0.90}As$ 层顶端形成 $In_{0.10}Ga_{0.90}As$ 量子点. 这个量子点与纵向量子线连接在一起. 生长完成后，用选择性湿刻蚀法除去 GaAs 基底，就可得到金字塔阵列，而每个金字塔顶端附近都有一个 $In_{0.10}Ga_{0.90}As$ 量子点. 由于最近的两个量子点之间的距离也有 5 μm，而激光聚焦光斑直径可达 2～3 μm，因此很容易对单个量子点进行操作和探测，此量子点基本没有不可控的背景光子发射，是非常好的单光子源[59].

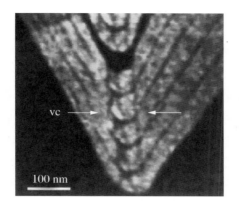

图 1.10　金字塔形多层量子结构 x‐AFM 像

　　AlGaAs 层为亮色,GaAs 层为暗灰色.

　　(引自 Hartmann A, et al. Appl. Phys. Lett.,1998,73(2322))

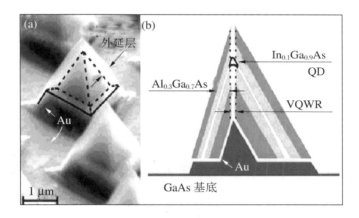

图 1.11　金字塔形 InGaAs 量子点的 SEM 图(a)以及结构示意图(b)

　　(引自 Baier M H, et al. Appl. Phys. Lett.,2004,84(648))

　　这种量子点的制备方法不但可以通过金字塔凹洞精确控制量子点的位置,从而得到任意小密度的量子点分布,而且可以调整沉积时间,得到不同沉积层,从而控制量子点大小,因此其在单光子源的研究中占有重要地位.

1.2.3　液滴模板与自催化生长单量子点

　　牛智川课题组报道了用Ⅲ族金属（Ga，Al）液滴在 AlGaAs 单晶表面刻蚀出纳米孔并以此为模板生长出 GaAs 单量子点.具体而言,如图 1.12(a)所示,首先在 GaAs 基上外延 AlGaAs 单晶;在高温缺 As 条件下向 AlGaAs 表面喷 Al 形成液滴,液滴会溶解 AlGaAs 晶体中的 As 原子,而 Al 原子则向晶体内部扩散,导致液滴覆盖处下方 AlGaAs 晶格塌陷,它的反应速率在中心区快、边缘区慢;喷 As 后形成中心低、周围高的火山坑状 AlGaAs 纳米孔洞,其原子力形貌如图 1.12(b)所示;然后依次淀积 GaAs 和 AlGaAs,就在纳米孔中形成三维受限的 GaAs/AlGaAs 量子点,如图 1.12(c)所示.与 S-K 应力驱动模式生长 InAs 单量子点不同,液滴刻蚀纳米孔中生长的这种 GaAs 单量子点的大小和密度可以分别控制,量子点密度通过液滴密度(即液滴束流、淀积量)进行调控,而量子点大小则通过纳米孔大小(即液滴大小、刻蚀时间)和 GaAs 淀积量进行调控.此外,生长温度也是需要优化的重要参数.液滴刻蚀法生长的这种 GaAs 量子点没有浸润层(即光谱抖动小)、应力小、具有较高对称性,是消除精细结构劈裂(fine structure splitting,FSS)、实现纠缠光子对发射、纯化量子点周围环境、降低发光退相干的理想材料体系,其激子态发光波段位于 700~790 nm,对应光谱如图 1.12(d)所示.未来可以集成 AlGaAs/AlAs DBR(distributed Bragg reflector)以改善荧光收集.

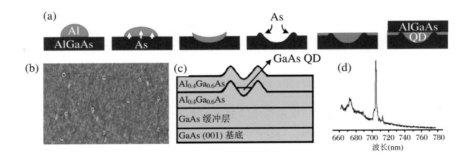

图 1.12　(a) 单量子点形成过程示意图;(b) 液滴刻蚀 AlGaAs 纳米孔的原子力形貌;(c) 刻蚀纳米孔中
　　　　　生长 GaAs 单量子点示意图;(d) 单量子点光谱
　　（图片由牛智川研究员提供）

　　此外,牛智川课题组还用 Ga 液滴自催化在硅基上生长出 GaAs 纳米线,并通过在纳米线 AlGaAs 壳层上喷 Ga 液滴生长出 GaAs 单量子点,或诱导生长出 GaAs 分叉纳米线和分叉处 InAs 单量子点,实现了单光子发射.由于位于纳米线上,因此这些量子点的原子力形貌难以表征;不过,扫描电镜、透射电镜的附加功能 EDX、阴极荧光 CL-mapping 等都能间接反映量子点的分布[60,61].

1.3 耦合量子点

1.3.1 自组织纵向耦合量子点

1995 年,在 InAs/AlAs 量子点中发现了多层结构中量子点的纵向堆栈(stacking)[62] 现象,如图 1.13 所示.在 AlAs 基上首先生长一层 InAs 量子点,即所谓埋层,然后在 InAs 量子点层上外延生长一层一定厚度的 AlAs 隔离层,此时 AlAs 隔离层在有 InAs 量子点的

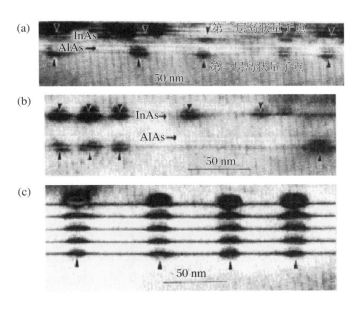

图 1.13 AlAs 基底多层上 InAs 量子点的(011)截面 TEM 图

两层 InAs 量子点,AlAs 隔离层厚度为 46 ML(a)和 92 ML(b),以及 5 层 InAs 量子点,AlAs 隔离层厚度为 36 ML(c).

(引自 Xie Q H, et al. Phys. Rev. Lett., 1995,75(2542))

地方相应有一个应变能最小点,当在新的 AlAs 层上生长量子点时,这些点会优先成核并形成量子点.

图 1.13 中,两套量子点分别被厚度为 46 ML 和 92 ML 的 AlAs 隔离层隔开.由图 1.13 可见,当中间层为 46 ML 厚时,两套量子点位置对应较好,具有很高的纵向关联度;而当中间层为 92 ML 厚时,量子点的纵向关联度降低.图 1.13(c) 为 5 层量子点,中间层厚度为 36 ML,此时,几层量子点的上下位置对应很好,即作为中间层的基底越薄,量子点的纵向关联度越高.但是中间层太薄时会导致两层量子点的融合[63].

单个量子点能将粒子局域其内,具有类原子谱线而被称为"人工原子".当两个或多个纵向堆栈的量子点之间隔离层较薄时,互相之间可以在一定程度上分享电子,即耦合在一起,产生一些新的独特性质.这种情况相当于分子中几个原子之间共享电子形成共价键,因此耦合量子点也被视作"人工分子".例如,单个量子点激子基态发光峰的典型半高宽约 70 μeV,而对于两个耦合量子点,此发光峰发生劈裂.两个量子点距离越近,相互作用越强,劈裂能级差越大,峰宽越宽[64];对两个没有耦合的量子点而言,其发光的二阶相关函数为常数 1,即两者的发光不相关;而对于耦合量子点而言,其二阶相关函数显示出反聚束效应.量子点间的偶极-偶极相互作用会增强量子点的光学非线性性质[65,66],是高光学增益、低阈值电流量子点激光器的基础;此外,耦合量子点还可以作为激子存储[67]器件.如图 1.14 所示的透镜形量子点是在半绝缘(001)GaAs 基底上由 MBE 方法制备[68]的.在 2 nm/20 nm 的 AlAs/GaAs 短周期超晶格上依次生长 100 nm 厚的 n^+ GaAs(10^{18} cm^{-3})背接触层(back contact layer)和 40 nm 的 $Al_{0.5}Ga_{0.5}As$ 防护层(barrier).在此基础上沉积 6.8 nm 宽的 GaAs 量子阱,InAs 量子点就附着在这些量子阱上.随后依次沉积一薄层(6 nm 或 100 nm)AlAs、2.5 nm 宽的 GaAs 量子阱(附着 InAs 量子点)、50 nm 的 $Al_{0.5}Ga_{0.5}As$ 及一薄层 AlAs/GaAs 短周期超晶格,最后是 5 nm 的 GaAs 顶层(capping).其中 InAs 量子点直径为 30~40 nm,高约 5 nm,由 AlAs 薄层隔开[69].在应力作用下,第一层有 InAs 量子点的地方,第二层的相应位置也生成应力所致量子点(strain-induced QDs,即 SIQDs).这样两个关联的量子点由应力耦合在一起(strain-coupled).量子阱的厚度保证其最低电子能级高于 AlAs 隔离层的 X 谷最小值,从而形成电子能级台阶.在电场作用下,量子阱中形成的激子能有效分为电子和空穴,而电子很快从量子点进入 SIQD,再经 AlAs 隔离层的 X 谷,到达 InAs 量子点.电子和空穴因此被分别置于两个量子点内.在 3 K 低温下,存储的激子有较长的寿命.

一般而言,在逐层生长量子点的过程中,量子点会越来越大[62,70−73],从而大大展宽了量子点光谱,限制了多层量子点在各方面的发展.如果在生长过程中,生成 InAs 量子点后,加入一道工序,即用 In 流对量子点表面进行处理改良[74,75],其余步骤不变,则可以得到两层纵向关联的、形状大小基本相同的 InAs 量子点.这些量子点呈碟形,高 h 为

1~2 nm,直径 r 为 8~12 nm,被 4 nm 厚的 GaAs 层隔开,如图 1.15 所示[76].在量子计算和量子信息中占有极其重要地位的纠缠也可通过这种纵向耦合的量子点获得[76,77].对纵向耦合的量子点施加沿生长方向的电场,可以将载流子限制在上面的量子点(对应 0)或者下面的量子点(对应 1)内,形成一个量子比特.光激发产生的电子和空穴在电场作用下分处于两个量子点内,撤去电场,电子和空穴通过两个量子点之间的隧穿和相互作用形成纠缠态,此纠缠态可以通过再次施加电场而解除.

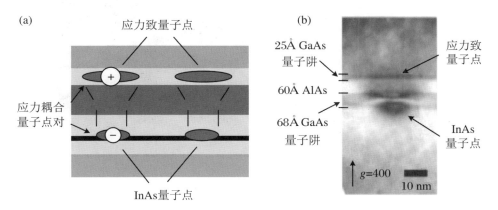

图 1.14 耦合 InAs 量子点的示意图(a)和截面 TEM 像(b)

(引自 Lundstrom T,et al. Science,1999,286(2312))

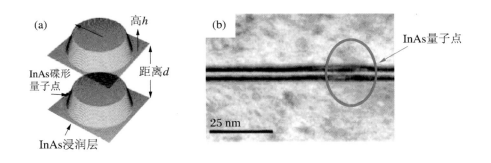

图 1.15 纵向耦合碟形量子点的示意图(a)和 TEM 像(b)

(引自 Bayer M,et al. Science,2001,291(451))

量子点之间可通过库仑相互作用[78]、电容性耦合(capacitively couple)[79,80]、粒子隧穿[81-84]或者偶极-偶极相互作用[85]等实现电子共享,耦合到一起.图 1.16 所示为 GaAs 基底(100)面上生长的两层 InAs 量子点,其间为 4.5 nm 的 GaAs 隔离层.此间距下耦合效应比较明显,如两个量子点的二阶相关函数表现为明显的反聚束效应.对其光发射统计特性的研究中发现,当耦合的两个量子点对称性被破坏,也就是说两个量子点能级结构不相同时(图 1.16),量子点间激子隧穿效应被抑制,取而代之的是偶极-偶极相互作用[86].

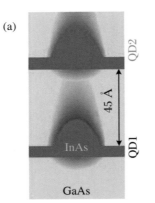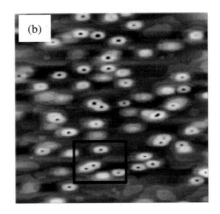

图 1.16　(a) 纵向堆栈的两个耦合量子点,其间距为 4.5 nm;(b) InAs 量子点 AFM 像

　(引自 Gerardot B D, et al. Phys. Rev. Lett., 2005, 95(137403); Gerardot B D, et al. J. Crys. Growth, 2003, 252(44))

1.3.2　自组织横向耦合量子点

沿生长方向的纵向耦合量子点形成的是一维结构,而横向耦合量子点[34-37]形成的是二维结构,方便在基底表面实现大规模的量子门,因而可能会更加实用.此外,与纵向耦合量子点相比,基于横向耦合量子点的量子逻辑门的实现更加直接.先在 610 ℃下生长 400 nm 的 GaAs 缓冲层(buffer layer)、20 nm 的 $Al_{0.5}Ga_{0.5}As$ 层和 20 nm 的 GaAs 层,然后降温至 500 ℃,在此 GaAs 基底(001)面上,利用 MBE 方法生长 1.8 ML 的 InAs 量子点层,其中 In 生长速率为 0.01 ML/s.继续降低温度至 470 ℃,然后快速升到 500 ℃,同时沉积10 nm的 GaAs 顶层.以 $AsBr_3$ 气体对 GaAs 顶层进行刻蚀,刻蚀速度为 0.24 ML/s,得到低密度(5×10^7 cm^{-2})的均匀(In, Ga)As/GaAs 量子点对,每对量子点沿[$1\bar{1}0$]方向[87-89],通过隧穿效应耦合在一起,如图 1.17 所示.这种横向耦合量子点在偏压作用下,可以实现波长可调的单光子发射[90].

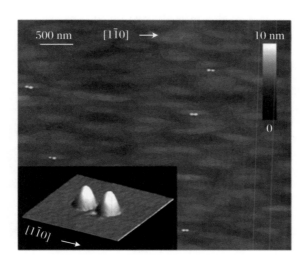

图 1.17　横向耦合(In,Ga)As/GaAs 量子点的示意图

（引自 Beirne G J，et al. Phys. Rev. Lett.，2006，96(137401)）

1.3.3　二维电子气耦合量子点

　　量子点的耦合即为量子点之间通过共享电子,显现出一些新奇的性质.除通过各种直接相互作用,如前所说的各种效应外,两个量子点还可以通过所谓二维电子气进行耦合[91-95].二维电子气是指电子在二维空间上可以自由移动,但是在第三个维度上的运动受到限制.在半导体异质界面,量子阱、超晶格乃至液氦表面的二维电子气都有广泛研究.如图 1.18 所示,门限(gate-defined)双量子点装置形成于 GaAs/AlGaAs 异质结构,二维电子气处于表面下,密度~2×10^{11} cm^{-2}.当施加负偏压时,门电极产生双势阱.隧穿势垒由电势 V_L 和 V_R 控制,L 与 R 门电极作为电子库与量子点相连,使得电子可以在两个量子点之间传递,分别用于控制两个量子点中的电子数目.T 门电极则用来调节量子点之间的势垒,从而控制其隧穿强度.当向量子点系统中注入两个电子时,由泡利不相容原理,这两个电子的自旋相反,以自旋为标志,得到$|\uparrow\downarrow\rangle$和$|\downarrow\uparrow\rangle$两个态.在这两个态基础上可以实现自旋 Rabi 振荡和交换逻辑操作[96].

　　二维电子气不但可以将两个量子点耦合在一起,特别是可以为多个量子点提供耦合渠道[97-100].如图 1.19 所示,在 GaAs/$Al_{0.3}Ga_{0.7}As$ 异质结构中的三个量子点被 15 个 Cr:Au 门电极所限,表面下 57 nm 处有二维电子气,其电子密度和迁移率分别为 $n_s = 4.5\times10^{11}$ cm^{-2} 和 $\mu =$

$400\,000\,\mathrm{cm}^2 \cdot \mathrm{V}^{-1} \cdot \mathrm{s}^{-1}$，即此三个量子点通过二维电子气耦合，形成分子整流器[101]．

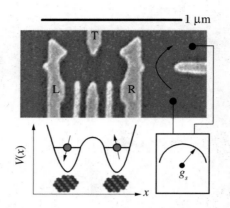

图 1.18　样品 SEM 像

　　包括二维电子气表面静电门电极．

　　（引自 Petta J R，et al. Science，2005，309(2180)）

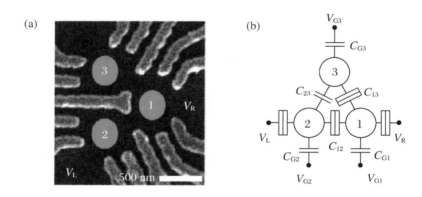

图 1.19　三量子点 SEM 图(a)及其等效电路图(b)

　　（引自 Vidan A，et al. Appl. Phys. Lett.，2004，85(3602)）

1.4 微腔中的量子点

量子点与腔耦合的研究涉及 II～IV 型自组织量子点[102,103]、界面涨落型量子点[104,105]与各种微腔的相互作用,但主要集中在 InAs/GaAs 自组织量子点与 GaAs/GaAlAs 微腔.10 K 时 InAs 量子点发光峰范围可通过控制其尺寸在 0.9～1.2 μm 范围内调节[106].因为无缺陷的量子点能将激子局域其内,防止扩散导致的无辐射激子复合,所以具有很高的量子产率($\eta \sim 1$)[107],因此 $T < 100 \sim 200$ K 时,基本上热致光发射可以忽略.

将量子点置于如图 1.20 所示的微腔中,设其激发态跃迁频率与腔模频率共振.理想情况下,即对无损耗微腔,量子点弛豫可以忽略,所发出的光子在腔中振荡,又重新被量子点吸收产生跃迁,然后再次发射,如此循环,形成所谓的真空 Rabi 振荡.此时自发辐射过程可逆,称为强耦合[108].实际上,微腔总是存在损耗:腔的吸收、透射总会导致光子泄漏;对开腔而言,自发辐射到连续能级或者非共振模式也会导致量子点辐射弛豫.这些退相干过程很弱时,仍可视作强耦合,此时 Rabi 振荡逐步衰减;这些退相干过程很快时,衰减很强,量子点与微腔的相互作用为 Purcell 效应[109],即所谓弱耦合.当量子点与腔具有弱耦合相互作用时,可作为单模单光子源、纠缠光子对源,也可作为激光器[110,111],具有阈值电流低、波长长[112](如 GaAs 可达～1.55 μm)、功率大等优点,例如,量子点垂直腔表面发射激光器阈值电流低于 2 mA,工作电压小于 2 V,工作于 1.3 μm[113,114].由于退相干主要来自腔的损耗(由腔谐振品质因子 Q 表征),因此可以通过对腔的调整来控制量子点的光发射特性.

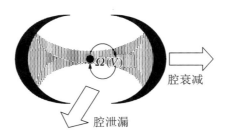

图 1.20 单量子点在微腔中的示意图

常见的微腔有柱形腔、碟形腔以及光子晶体微腔.从 1990 年以来,人们致力于发展改进能将光在一维或者数维限制在波长范围内的电介质微腔.主要有两种方法,有时单独使用,有时联合使用.其一是全内反射,在光纤(二维限制)中已有广泛研究,在微型球面腔[115-118]、微型环形腔[119]以及微型碟形腔[120]提供三维限制.其二是分布 Bragg 反射,主要用于一维光子带隙晶体[121].微柱腔[122]就同时使用沿柱轴向的波导和一维 Bragg 反射实现三维限制.

微型柱形腔:利用微型柱形腔首次制备了纵向微腔面发射激光器[123-127].增强自发辐射率和实现低阈值激光器方面的研究可以追溯到 1991 年[128,129].对柱形腔的研究很多[127-137].图 1.21 为典型柱形腔,此腔中量子点发射的单光子成为行波的概率达到 38%,比体材中的概率提高了两个数量级.同时,同一脉冲激发下的多光子发射概率为泊松光子统计的 1/7,是非常优秀的单光子源[138].

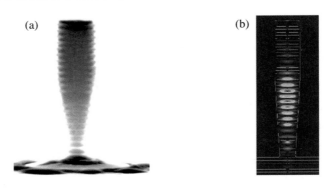

图 1.21　(a) 微型柱形腔 SEM 像,顶端直径为 0.6 μm,高为 4.2 μm;(b) 由 FDTD 方法计算所得的腔中基模电场分布图

　　(引自 Pelton M,et al. Phys. Rev. Lett.,2002,89(233602))

　　此外,将量子点置入柱形腔内还可以实现偏振单光子源.如图 1.22 所示的柱形腔横截面为椭圆形,上下分别为 20 层和 27 层 GaAs/Al$_{0.8}$Ga$_{0.2}$As 复合层构成的 Bragg 反射,中间置入一层低密度 InAs 量子点.由于形状各向异性从而导致光发射的两个偏振方向,这种结构可以提供接近 100% 的线偏振单光子发射[136].

微型碟形腔:碟形腔[139-142]支持一系列的回音壁模式(WGMs),这些模式由全内反射引导及限制在碟的横向边缘.一般碟形腔的制备要结合反应离子刻蚀(RIE)技术.利用 RIE 将多层结构刻蚀成短圆柱,作为碟形支架,然后将腔材料湿刻成碟形.图 1.23 为典型碟形腔的 SEM 像,是在 GaAs 基底上以分子束外延法制得的,包括直径为 5 μm 的 GaAs 微碟和 0.5 μm 高的 Al$_{0.65}$Ga$_{0.35}$As 支柱.碟形区域为 100 nm 的 GaAs 层/InAs 量子点层/100 nm 的 GaAs 层的三明治结构[143].量子点层由部分覆盖岛技术[144]制备,密度范围为≤10^8 cm^{-2}到~10^{10} cm^{-2},量子点直径为~40 nm 到 50 nm,高约 3 nm,发射光波长范围为 920～975 nm. 在此结构中, 几乎 100% 的激发脉冲都可产生单个光子的发射, 是非常理想的单光子源[139]. 调节碟形腔的尺寸、环境温度, 可以控制量子点与腔的强[142]、弱[140] 耦合.

图 1.22　横截面为椭圆的柱形腔 SEM 像

　　(引自 Daraei A, et al. Appl. Phys. Lett., 2006, 88(051113))

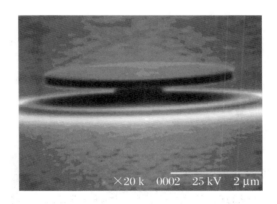

图 1.23　碟形结构

　　包括直径为 5 μm 的 GaAs 微碟和 0.5 μm 高的支柱, InAs 量子点置于 GaAs 微碟中.

　　(引自 Michler P, et al. Science, 2000, 290(2282))

　　光子晶体微腔: 使用光子晶体作为限制材料可以得到非常小的微腔. 如今三维光子晶体已经比较成熟, 能够制得光频微腔[145]. 与其他腔不同, 这种腔不存在连续非共振模. 目前只制备了一维[146,147] 和二维[148-156] 光子晶体微腔. 近年来的研究以二维光子晶体为主. 光子晶体微腔是在光子晶体中制造缺陷作为腔, 其形貌如图 1.24 所示. 此二维光子晶体在 GaAs 基底上利用低压有机金属化学蒸镀沉积法制备. 在 500 nm 的 $Al_{0.8}Ga_{0.2}As$ 层上生长 180 nm 的 GaAs 层, 在后者中置入低密度自组织 $In_{0.5}Ga_{0.5}As$ 量子点, 通过控制 InGaAs 覆盖率将量子点密度降至~3×10^8 cm^{-2}[157]. 通过电子束平版印刷和干刻蚀在 GaAs 层上制备空气孔洞阵列形成二维三角格子. 最后将下层 Al$_{0.8}$Ga$_{0.2}$As 以湿刻蚀法除去, 就形成二维光子晶体膜. 气孔周期 $a = 300$ nm, 直径 $r = 0.31a$, 只允许波长为 0.9~1.2 μm 的横电模通过. 边缘气孔相对于中间气孔有 s 的位移. 在此结构中, 单模自发辐射耦合效率高达 92%, 线性偏振度高达 95%[150], 非常适合应用在偏振编码的量子密码术中.

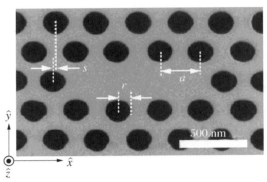

图 1.24　二维光子晶体 SEM 像

$a = 300$ nm, $r = 0.31a$, $s = 0.1a$.

（引自 Chang W H, et al. Phys. Rev. Lett., 2006, 96(117401)）

其他微腔: 最近, A. Muller 等人研究了一种新式腔作为纵向微腔表面发射激光器[158,159], 如图 1.25 所示, InAs 量子点密度约为 3×10^{10} cm^{-2}, 承载量子点的平台高约 300 Å, 直径长可到~9 μm（包括~2×10^4 个 InAs 量子点）, 短可到~0.1 μm（包括单个 InAs 量子点）, 由平版印刷术及刻蚀法得到. 平台上下分别为 30 层的 AlAs/GaAs 复合双层结构,

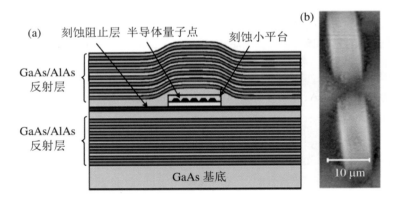

图 1.25　(a) 微腔结构示意图; (b) 埋层 AFM 像

（引自 Muller A, et al. Appl. Phys. Lett., 88(031107)）

用以提供纵向光学限制.横向光学限制则由平台导致的不同腔高提供.这种腔利用异质微结构排除了非有效区域的光吸收,同时量子点有效区域可通过平版印刷加以控制,从而控制有效量子点数目.最小尺寸平台甚至可以将单个量子点隔离出来.其品质因子可以达到33 000.由于由平版印刷术制备,全外延生长、无应力、散热性极好,因此适合实际大量制造.其单量子点基态激光可在～110 K下工作[158].

1.5　新型杂化量子点

虽然电荷量子比特的操控可以达到皮秒量级,但它们的退相干时间特别短.为了延长退相干时间,国内郭光灿院士领导的中国科学院量子信息重点实验室郭国平教授团队开展了新型杂化量子比特的制备和操控研究.这种杂化量子比特同样基于传统的耗尽型砷化镓/铝镓砷异质结.2016年,该研究组利用半导体量子点的多电子态轨道的非对称特性,首次在砷化镓半导体系统中实现了轨道杂化的新型量子比特(图1.26(a)),巧妙地将电荷量子比特超快特性与自旋量子比特的长相干特性融为一体,实现了超快操控和长相干的兼得[160].实验结果表明,该新型量子比特与电荷量子比特类似,可在百皮秒内实现从0到1的超快量子翻转;而其量子相干性却比一般电荷编码量子比特提高近十倍.2017年,他们进一步将双量子点结构扩展到三量子点结构,发现当中间量子点与其两侧量子点耦合强度非对称时,电子在双量子点中演化的能级结构可以被第三个量子点高效地"间接"调控(图1.26(b)).在保证比特相干时间的情况下,通过调节第三个量子点的电极电压,可清晰地观察到比特能级在2～15 GHz范围内连续可调[161].

在新材料领域,该研究组还研究了基于二维材料的半导体量子点,包括石墨烯和二硫化钼等材料[162-164].2009年,该组在国际上首先制备了基于石墨烯的电荷探测器,并于2011年制备了并联的石墨烯双量子点样品.2015年,该组又将石墨烯双量子点和超导微波谐振腔耦合起来,首次测定了石墨烯量子比特的相位相干时间及其奇特的四重周期特性,并首次在国际上实现了两个石墨烯电荷量子比特的相距60 μm的长程耦合(图1.27(a)),为实现集成化量子芯片迈出了重要的一步[162,163].

除石墨烯之外,二硫化钼由于具有合适的带隙、较强的自旋轨道耦合强度以及丰富的自旋-能谷相关的物理现象,因此在量子电子学,尤其是自旋电子学和能谷电子学中具有广阔的应用前景.2017年,该组经过大量的尝试,利用微纳加工、低温LED辐照等一系列现代半导体工艺手段,结合当前二维材料体系研究中广泛采用的氮化硼封装技术,有效减少了量子点结构中的杂质、缺陷等,首次在这类材料中实现了全电学可控的双量子点结构,并观察到器件电导随外磁场增大而下降的库仑阻塞反局域化现象(图1.27(b)),揭示了在二硫化钼这种材料中短程缺陷和自旋轨道耦合对电学输运性质的影响[164].

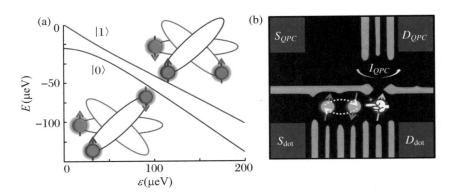

图1.26　(a) 杂化量子比特能级结构及电子轨道填充示意图;(b) 三量子点结构

　　扫描电子显微镜涂色示意图:左侧两个量子点(红色和蓝色箭头)构成杂化量子比特,右侧量子点(绿色箭头)调节杂化量子比特能级间隔.

　　(图片由郭国平教授提供)

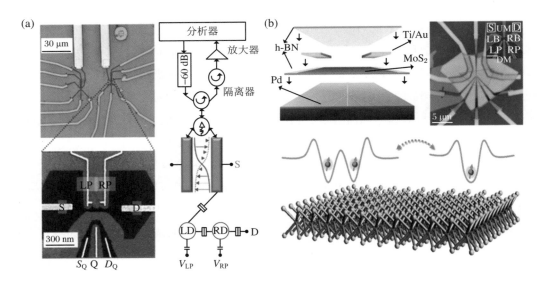

图1.27　(a) 基于石墨烯量子点和微波反射腔的比特长程耦合示意图;(b) 二硫化钼双量子点的结构示意图

　　(图片由郭国平教授提供)

量子计算:基于半导体量子点
Quantum Computation Based on Semiconductor Quantum Dots

参考文献

［1］ Gammon D，Shanabrook B V，Katzer D S. Interfaces in GaAs/AlAs Quantum Well Structures ［J］. Appl. Phys. Lett. ，1990，57(2710).

［2］ Gammon D，Shanabrook B V，Katzer D S. Excitons，Phonons and Interfaces in GaAs/AlAs Quantum Well Structures［J］. Phys. Rev. Lett. ，1991，67(1547).

［3］ Brunner K，Abstreiter G，Bohm G，et al. Sharp Line Photoluminescence of Excitons Localized at GaAs/AlGaAs Quantum Well Inhomogeneities［J］. Appl. Phys. Lett. ，1994，64(3320).

［4］ Zrenner A，Butov L V，Hagn M，et al. Quantum Dots Formed by Interface Fluctuations in AlAsGaAs Coupled Quantum Well Structures［J］. Phys. Rev. Lett. ，1994，72(3382).

［5］ Catellani A，Ballone P. Islands at Semiconductor Interfaces［J］. Phys. Rev. ，1992，B 45 (14197).

［6］ Tanaka M，Sakaki H. Atomistic Models of Interface Structures of GaAs $Al_x Ga_{1-x} As(x = 0.2 \sim 1)$ Quantum Wells Grown by Interrupted and Uninterrupted［J］. J. Cryst. Growth，1987，81(153).

［7］ Gammon D，Snow E S，Shanabrook B V，et al. Fine Structure Splitting in the Optical Spectra of Single GaAs Quantum Dots［J］. Phys. Rev. Lett. ，1996，76(3005).

［8］ Brunner K，Abstreiter G，Bohm G，et al. Sharp Line Photoluminescence and Two Photon Absorption of Zero Dimensional Biexcitons in a GaAs AlGaAs Structure［J］. Phys. Rev. Lett. ，1994，73(1138).

［9］ Gammon D，Snow E S，Katzer D S. Excited State Spectroscopy of Excitons in Single Quantum Dots［J］. Appl. Phys. Lett. ，1995，67(2391).

［10］ Bonadeo N H，Erland J，Gammon D，et al. Coherent Optical Control of the Quantum State of a Single Quantum Dot［J］. Science，1998，282(1473).

［11］ Stievater T H，Li X Q，Steel D G，et al. Rabi Oscillations of Excitons in Single Quantum Dots ［J］. Phys. Rev. Lett. ，2001，87(133603).

［12］ Stievater T H，Li X Q，Steel D G，et al. Transient Nonlinear Spectroscopy of Excitons and Biexcitons in Single Quantum Dots［J］. Phys. Rev. ，2002，B 65(205319).

［13］ Li X，Wu Y，Steel D G，et al. An all Optical Quantum Gate in a Semiconductor Quantum Dot ［J］. Science，2003，301(809).

［14］ Hours J，Senellart P，Peter E，et al. Exciton Radiative Lifetime Controlled by the Lateral Confinement Energy in a Single Quantum Dot［J］. Phys. Rev. ，2005，B 71(161306).

[15] Andreani L C, Panzarini G, Gerard J M. Strong Coupling Regime for Quantum Boxes in Pillar Microcavities: Theory[J]. Phys. Rev., 1999, B 60(13276).

[16] Chen G, Bonadeo N H, Steel D G, et al. Optically Induced Entanglement of Excitons in a Single Quantum Dot[J]. Science, 2000, 289(1906).

[17] Gerard J M, Sermage B, Gayral B, et al. Enhanced Spontaneous Emission by Quantum Boxes in a Monolithic Optical Microcavity[J]. Phys. Rev. Lett., 1998, 81(1110).

[18] Wang W H, Ghosh S, Mendoza F M, et al. Static and Dynamic Spectroscopy of(Al, Ga)As/GaAs Microdisk Lasers with Interface Fluctuation Quantum Dots[J]. Phys. Rev., 2005, B 71 (155306).

[19] Biolatti E, Iotti R C, Zanardi P, et al. Strong Coupling Regime for Quantum Boxes in Pillar Microcavities: Theory[J]. Phys. Rev. Lett., 85, 2000(5647).

[20] Troiani F, Hohenester U, Molinari E. Exploiting Exciton Interactions in Semiconductor Quantum Dots for Quantum Information Processing[J]. Phys. Rev., 2000, B 62(2263(R)).

[21] Mo Y M, Savage D E, Swartzentruber B S, et al. Kinetic Pathway in Stranski Krastanov Growth of Ge on Si(001)[J]. Phys. Rev. Lett., 1990, 65(1020).

[22] Eaglesham D J, Cerullo M. Dislocation Free Stranski Krastanow Growth of Ge on Si(100)[J]. Phys. Rev. Lett., 1990, 64(1943).

[23] Yoon T S, Zhao Z, Feng W, et al. Growth Behavior and Microstructure of Ge Self-Assembled Islands on Nanometer Scale Patterned Si Substrate[J]. J. Crys. Growth, 2006, 290(369).

[24] Yan B, Shi Y, Pu L, et al. Ge Dot/Si Multilayered Structures Through Ni Induced Lateral Crystallization[J]. Appl. Phys. Lett., 2006, 88(263110).

[25] Kima T W, Yoob K H, Kimc G H, et al. Transition Behavior from Uncoupled to Coupled Multiple Stacked CdSe/ZnSe Self-Assembled Quantum Dot Arrays[J]. Solid State Commun., 2005, 133(191).

[26] Vardi A, Akopian N, Bahir G, et al. Room Temperature Demonstration of GaN/AlN Quantum Dot Intraband Infrared Photodetector at Fiber-Optics Communication Wavelength[J]. Appl. Phys. Lett., 2006, 88(143101).

[27] Ke W C, Fu C P, Chen C Y, et al. Photoluminescence Properties of Self-Assembled InN Dots Embedded in GaN Grown by Metal Organic Vapor Phase Epitaxy[J]. Appl. Phys. Lett., 2006, 88(191913).

[28] Goldstein L, Glas F, Marczin J Y, et al. Growth by Molecular Beam Epitaxy and Characterization of InAs/GaAs Strained Layer Superlattices[J]. Appl. Phys. Lett., 1985, 47(1099).

[29] Guha S, Madhukar A, Rajkumar K C. Onset of Incoherency and Defect Introduction in the Initial Stages of Molecular Beam Epitaxical Growth of Highly Strained $In_x Ga_{1-x}$ As on GaAs(100) [J]. Appl. Phys. Lett., 1990, 57(2110).

[30] Chen J F, Hsiao R S, Huang W D, et al. Strain Relaxation and Induced Defects in InAsSb Self-Assembled Quantum Dots[J]. Appl. Phys. Lett., 2006, 88(233113).

[31] Zhang K, Heyn Ch, Hansen W, et al. Ordering and Shape of Self-Assembled InAs Quantum Dots on GaAs(001)[J]. Appl. Phys. Lett., 2000, 76(2229).

[32] Bruls D M, Vugs J W A M, Koenraad P M, et al. Determination of the Shape and Indium Distribution of Low Growth Rate InAs Quantum Dots by Cross Sectional Scanning Tunneling Microscopy[J]. Appl. Phys. Lett., 2002, 81(1708).

[33] Liu N, Lyeo H K, Shih C K, et al. Cross Sectional Scanning Tunneling Microscopy Study of InGaAs Quantum Dots on GaAs(001) Grown by Heterogeneous Droplet Epitaxy[J]. Appl. Phys. Lett., 2002, 80(4345).

[34] Chao K J, Shih C K, Gotthold D W, et al. Determination of 2D Pair Correlations and Pair Interaction Energies of In Atoms in Molecular Beam Epitaxially Grown InGaAs Alloys[J]. Phys. Rev. Lett., 1997, 79(4822).

[35] Kegel I, Metzger T H, Lorke A, et al. Nanometer Scale Resolution of Strain and Interdiffusion in Self-Assembled InAs/GaAs Quantum Dots[J]. Phys. Rev. Lett., 2000, 85(1694).

[36] Kegel I, Metzger T H, Lorke A, et al. Determination of Strain Fields and Composition of Self-Organized Quantum Dots Using X-ray Diffraction[J]. Phys. Rev., 2001, B 63(035318).

[37] Mui D S L, Leonard D, Coldren L A, et al. Surface Migration Induced Self-Aligned InAs Islands Grown by Molecular Beam Epitaxy[J]. Appl. Phys. Lett., 1995, 66(1620).

[38] Krzyzewski T, Joyce P, Bell G, et al. Wetting Layer Evolution in InAs/GaAs(001) Heteroepitaxy: Effects of Surface Reconstruction and Strain[J]. Surf. Sci., 2002, 517(8).

[39] Wasserman D, Lyon S A, Maciel M H A, et al. Formation of Self-Assembled InAs Quantum Dots on(110) GaAs Substrates[J]. Appl. Phys. Lett., 2003, 83(5050).

[40] Beirne G J, Hermannstadter C, Wang L, et al. Quantum Light Emission of Two Lateral Tunnel-Coupled(In, Ga)As/GaAs Quantum Dots Controlled by a Tunable Static Electric Field[J]. Phys. Rev. Lett., 2006, 96(137401).

[41] Madhukar A, Xie Q, Chen P, et al. Nature of Strained InAs Three Dimensional Island Formation and Distribution on GaAs(100)[J]. Appl. Phys. Lett., 1994, 64(2727).

[42] Solomon G S, Trezza J A, Harris J S. Effects of Monolayer Coverage, Flux Ratio, and Growth Rate on the Island Density of InAs Islands on GaAs[J]. Appl. Phys. Lett., 1995, 66(3161).

[43] González J C, Matinaga F M, Rodrigues W N, et al. On Three Dimensional Self Organization and Optical Properties of InAs Quantum-Dot Multilayers[J]. Appl. Phys. Lett., 2000, 76(3400).

[44] Xie Q, Madhukar A, Chen P, et al. Vertically Self Organized InAs Quantum Box Islands on GaAs(100)[J]. Phys. Rev. Lett., 1995, 75(2542).

[45] Tersoff J, Teichert C, Lagally M G. Self-Organization in Growth of Quantum Dot Superlattices [J]. Phys. Rev. Lett., 1996, 76(1675).

[46] Ren H W, Nishi K, Sugou S, et al. Control of InAs Self-Assembled Islands on GaAs Vicinal Surfaces by Annealing in Gas Source Molecular Beam Epitaxy[J]. Jpn. J. Appl. Phys., 1997, 36 (4118).

[47] Leonard D, Pond K, Petroff P M. Critical Layer Thickness for Self-Assembled InAs Islands on GaAs[J]. Appl. Phys. Lett., 1994, 50(11687).

[48] Mukhametzhanov I, Heitz R, Zeng J, et al. Independent Manipulation of Density and Size of Stress Driven Self-Assembled Quantum Dots[J]. Appl. Phys. Lett., 1998, 73(1841).

[49] Mukhametzhanov I, Wei Z, Heitz R, et al. Punctuated Island Growth: An Approach to Examination and Control of Quantum Dot Density, Size, and Shape Evolution[J]. Appl. Phys. Lett., 1999, 75(85).

[50] Suzuki T, Temko Y, Jacobi K. Shape, Size, and Number Density of InAs Quantum Dots Grown on the GaAs(113)B Surface at Various Temperatures[J]. Phys. Rev., 2003, B 67.

[51] Joyce P B, Krzyzewski T J, Bell G R, et al. Effect of Growth Rate on the Size, Composition, and Optical Properties of InAs/GaAs Quantum Dots Grown by Molecular Beam Epitaxy[J]. Phys. Rev., 2000, B 62(10891).

[52] Fukui T, Ando S, Tokura Y, et al. GaAs Tetrahedral Quantum Dot Structures Fabricated Using Selective Area Metalorganic Chemical Vapor Deposition[J]. Appl. Phys. Lett., 1991, 58 (2018).

[53] Birudavolu S, Nuntawong N, Balakrishnan G, et al. Selective Area Growth of InAs Quantum Dots Formed on a Patterned GaAs Substrate[J]. Appl. Phys. Lett., 2004, 85(2337).

[54] Zwiller V, Aichele T, Hatami F, et al. Growth of Single Quantum Dots on Preprocessed Structures: Single Photon Emitters on a Tip[J]. Appl. Phys. Lett., 2005, 86(091911).

[55] Baier M H, Watanabe S, Pelucchi E, et al. High Uniformity of Site Controlled Pyramidal Quantum Dots Grown on Prepatterned Substrates[J]. Appl. Phys. Lett., 2004, 84(1943).

[56] Hartmann A, Ducommun Y, Loubies L, et al. Structure and Photoluminescence of Single AlGaAs/GaAs Quantum Dots Grown in Inverted Tetrahedral Pyramids[J]. Appl. Phys. Lett., 1998, 73(2322).

[57] Sugiyama Y, Sakuma Y, Muto S, et al. Novel InGaAs/GaAs Quantum Dot Structures Formed in Tetrahedral Shaped Recesses on (111)B GaAs Substrate Using Metalorganic Vapor Phase Epitaxy [J]. Appl. Phys. Lett., 1995, 67(256).

[58] Hartmann A, Loubies L, Reinhardt F, et al. Self-limiting Growth of Quantum Dot Heterostructures on Nonplanar {111}B Substrates[J]. Appl. Phys. Lett., 71, 1314(1997).

[59] Baier M H, Pelucchi E, Kapon E, et al. Single Photon Emission from Site Controlled Pyramidal

Quantum Dots[J]. Appl. Phys. Lett., 2004, 84(648).

[60] Yu Y, Li M F, He J F, et al. Single InAs Quantum Dot Grown at the Junction of Branched Gold-Free GaAs Nanowire[J]. Nano Lett., 2013, 13(1399).

[61] Yu Y, Dou X M, Wei B, et al. Self-Assembled Quantum Dot Structures in a Hexagonal Nanowire for Quantum Photonics[J]. Adv. Mater., 2014, 26(2710).

[62] Xie Q, Madhukar A, Chen P, et al. Vertically Self-Organized InAs Quantum Box Islands on GaAs(100)[J]. Phys. Rev. Lett., 1995, 75(2542).

[63] Kienzle O, Ernst F, Rühle M, et al. Germanium Quantum Dots Embedded in Silicon: Quantitative Study of Self-Alignment and Coarsening[J]. Appl. Phys. Lett., 1999, 74(269).

[64] Schedelbeck G, Wegscheider W, Bichler M, et al. Coupled Quantum Dots Fabricated by Cleaved Edge Overgrowth: From Artificial Atoms to Molecules[J]. Science, 1997, 278(1792).

[65] Takagahara T. Quantum Dot Lattice and Enhanced Excitonic Optical Nonlinearity[J]. Surf. Sci., 1992, 267(310).

[66] Kayanuma Y. Resonant Interaction of Photons with a Random Array of Quantum Dots[J]. J. Phys. Soc. Jpn., 1993, 6.

[67] Lundstrom T, Schoenfeld W, Lee H, et al. Exciton Storage in Semiconductor Self-Assembled Quantum Dots[J]. Science, 1999, 286(2312).

[68] Leonard D, Krishnamurthy M, Reaves C M, et al. Direct Formation of Quantum Sized Dots from Uniform Coherent Islands of InGaAs on GaAs Surfaces[J]. Appl. Phys. Lett., 1993, 63(3203).

[69] Schoenfeld W V, Lundstrom T, Petroff P M, et al. Charge Separation in Coupled InAs Quantum Dots and Strain Induced Quantum Dots[J]. Appl. Phys. Lett., 1999, 74(2194).

[70] Solomon G S, Trezza J A, Marshall A F, et al. Vertically Aligned and Electronically Coupled Growth Induced InAs Islands in GaAs[J]. Phys. Rev. Lett., 1996, 76(952).

[71] Wu W, Tucker J R, Solomon G S, et al. Atom Resolved Scanning Tunneling Microscopy of Vertically Ordered InAs Quantum Dots[J]. Appl. Phys. Lett., 1997, 71(1083).

[72] Fafard S, Hinzer K, Springthorpe A J, et al. Temperature Effects in Semiconductor Quantum Dot Lasers[J]. Mater. Sci. Enginee., 1998, B 51(114).

[73] Legrand B, Grandidier B, Nys J P, et al. Scanning Tunneling Microscopy and Scanning Tunneling Spectroscopy of Self-Assembled InAs Quantum Dots[J]. Appl. Phys. Lett., 1998, 73(96).

[74] Wasilewski Z R, Fafard S, McCaffrey J P. Size and Shape Engineering of Vertically Stacked Self-Assembled Quantum Dots[J]. J. Cryst. Growth, 1999, 201202.

[75] McCaffrey J P, Robertson M D, Fafard S, et al. Determination of the Size, Shape, and Composition of Indium Flushed Self-Assembled Quantum Dots by Transmission Electron Microscopy[J]. J. Appl. Phys., 2000, 88(2272).

[76] Bayer M，Hawrylak P，Hinzer K，et al. Coupling and Entangling of Quantum States in Quantum Dot Molecules[J]. Science，2001，291(451).

[77] Hawrylak P，Fafard S，Wasilewski Z R. Engineering Quantum States in Self-Assembled Quantum Dots for Quantum Information Processing[J]. Condens. Matter. News，1999，7(16).

[78] Luyken R J，Lorke A，Fricke M，et al. Coulomb Coupling in Vertically Aligned Self-Assembled InAs Quantum Dots[J]. Nanotechnology，1999，10(14).

[79] Chan I H，Westervelt R M，Maranowski K D，et al. Strongly Capacitively Coupled Quantum Dots[J]. Appl. Phys. Lett.，2002，80(1818).

[80] Rogge M C，Fühner C，Keyser U F，et al. Spin Blockade in Capacitively Coupled Quantum Dots [J]. Appl. Phys. Lett.，2004，85(606).

[81] Blick R H，Haug R J，Weis J，et al. Single Electron Tunneling Through a Double Quantum Dot：The Artificial Molecule[J]. Phys. Rev.，1996，B 53(7899).

[82] Blick R H，Pfannkuche D，Haug R J，et al. Formation of a Coherent Mode in a Double Quantum Dot[J]. Phys. Rev. Lett.，1998，80(4032).

[83] Ota T，Ono K，Stopa M，et al. Single Dot Spectroscopy Via Elastic Single Electron Tunneling Through a Pair of Coupled Quantum Dots[J]. Phys. Rev. Lett.，2004，93.

[84] Liu H W，Fujisawa T，Hayashi T，et al. Pauli Spin Blockade in Cotunneling Transport Through a Double Quantum Dot[J]. Phys. Rev.，2005，B 72(161305(R)).

[85] Kagan C R，Murray C B，Bawendi M G. Long Range Resonance Transfer of Electronic Excitations in Close Packed CdSe Quantum Dot Solids[J]. Phys. Rev.，1996，B 54(8633).

[86] Gerardot B D，Strauf S，et al. Photon Statistics from Coupled Quantum Dots[J]. Phys. Rev. Lett.，2005，95(137403).

[87] Schmidt O G，Deneke C，Kiravittaya S，et al. Self-Assembled Nanoholes，Lateral Quantum Dot Molecules，and Rolled Up Nanotubes[J]. IEEE J. Sel. Top. Quantum Electron.，2002，8(1025).

[88] Songmuang R，Kiravittaya S，Schmidt O G. Formation of Lateral Quantum Dot Molecules around Self-Assembled Nanoholes[J]. Appl. Phys. Lett.，2003，82(2892).

[89] Krause B，Metzger T H，Rastelli A，et al. Shape，Strain，and Ordering of Lateral InAs Quantum Dot Molecules[J]. Phys. Rev.，2005，B 72(085339).

[90] Beirne G J，Hermannstadter C，Wang L，et al. Quantum Light Emission of Two Lateral Tunnel Coupled (In，Ga)As/GaAs Quantum Dots Controlled by a Tunable Static Electric Field[J]. Phys. Rev. Lett.，2006，96(137401).

[91] Kemerink M，Molenkamp L W. Stochastic Coulomb Blockade in a Double Quantum Dot[J]. Appl. Phys. Lett.，65，1012(1994).

[92] Blick R H，Haug R J，Weis J，et al. Single Electron Tunneling Through a Double Quantum Dot：The Artificial Molecule[J]. Phys. Rev.，1996，B 53(7899).

［93］ Blick R H，Pfannkuche D，Haug R J，et al. Formation of a Coherent Mode in a Double Quantum Dot[J]. Phys. Rev. Lett.，1998，80(4032).

［94］ Fujisawa T，Oosterkamp T H，van der Wiel W G，et al. Spontaneous Emission Spectrum in Double Quantum Dot Devices[J]. Science，1998，282(932).

［95］ Chan I H，Westervelt R M，Maranowski K D，et al. Strongly Capacitively Coupled Quantum Dots[J]. Appl. Phys. Lett.，2002，80(1818).

［96］ Petta J R，Johnson A C，Taylor J M，et al. Coherent Manipulation of Coupled Electron Spins in Semiconductor Quantum Dots[J]. Science，2005，309(2180).

［97］ Ru M，Meier C，Lorke A，et al. Role of Quantum Capacitance in Coupled Low Dimensional Electron Systems[J]. Phys. Rev.，2006，B 73(115334).

［98］ Slinker K A，Lewis K L M，Haselby C C，et al. Quantum Dots in Si/SiGe 2DEGs with Schottky Top Gated Leads[J]. New J. Phys.，2005，7(246).

［99］ Kim T W，Kim J H，Lee H S，et al. Effects of Two Dimensional Electron Gas on the Optical Properties of InAs/GaAs Quantum Dots in Modulation Doped Heterostructures[J]. Appl. Phys. Lett.，2005，86(021916).

［100］ Sigrist M，Fuhrer A，Ihn T，et al. Multiple Layer Local Oxidation for Fabricating Semiconductor Nanostructures[J]. Appl. Phys. Lett.，2004，85(3558).

［101］ Vidan A，Westervelt R M，Stopa M，et al. Triple Quantum Dot Charging Rectifier[J]. Appl. Phys. Lett.，2004，85(3602).

［102］ Besombes L，Kheng K，Martrou D. Exciton and Biexciton Fine Structure in Single Elongated Islands Grown on a Vicinal Surface[J]. Phys. Rev. Lett.，2000，85(425).

［103］ Kulakovskii V D，Bacher G，Weigand R，et al. Fine Structure of Biexciton Emission in Symmetric and Asymmetric CdSe/ZnSe Single Quantum Dots[J]. Phys. Rev. Lett.，1999，82(1780).

［104］ Brunner K，Abstreiter G，Bohm G，et al. Sharp Line Photoluminescence and Two Photon Absorption of Zero Dimensional Biexcitons in a GaAs/AlGaAs Structure[J]. Phys. Rev. Lett.，1994，73(1138).

［105］ Gammon D，Snow E S，Shanabrook B V，et al. Homogeneous Linewidths in the Optical Spectrum of a Single Gallium Arsenide Quantum Dot[J]. Science，1996，273(87).

［106］ Gérard J M，Génin J B，Lefebvre J，et al. Optical Investigation of the Self-Organized Growth of InAs/GaAs Quantum Boxes[J]. J. Crystal Growth，1995，150(351).

［107］ Gérard J M，Cabrol O，Sermage B. InAs Quantum Boxes Highly Efficient Radiative Traps for Light Emitting Devices on Si[J]. Appl. Phys. Lett.，1996，68(3123).

［108］ Reithmaier J P，Sek G，Loffler A，et al. Strong Coupling in a Single Quantum Dot Semiconductor Microcavity System[J]. Nature，2004，432(197).

［109］Purcell E M，Torrey H C，Pound R V. Resonance Absorption by Nuclear Magnetic Moments in a Solid［J］. Phys. Rev.，1946，B 69(37).

［110］Shimizu H，Saravanan S，Yoshida J，et al. Comparison between Multilayered InAs Quantum Dot Lasers with Different Dot Densities［J］. Appl. Phys. Lett.，2006，88(241117).

［111］Ulbrich N，Bauer J，Scarpa G，et al. Midinfrared Intraband Electroluminescence from AlInAs Quantum Dots［J］. Appl. Phys. Lett.，2003，83(1530).

［112］Ishi-Hayase J，Akahane K，Yamamoto N，et al. Long Dephasing Time in Self-Assembled InAs Quantum Dots at over $1.3\,\mu$m Wavelength［J］. Appl. Phys. Lett.，2006，88(261907).

［113］Chen H，Zou Z，Cao C，et al. High Differential Efficiency(>16%) Quantum Dot Microcavity Light Emitting Diode［J］. Appl. Phys. Lett.，2002，80(350).

［114］Ledentsov N N，Bimberg D，Ustinov V M，et al. Quantum Dots for VCSEL Applications at $\lambda=1.3\,\mu$m［J］. Physica，2002，13 E(871).

［115］Sandoghdar V，Treussart F，Hare J，et al. Very Low Threshold Whispering Gallery Mode Microsphere Laser［J］. Phys. Rev.，1996，A 54(R1777).

［116］Braginsky V B，Gorodetsky M L，Ilchenko V S. Quality Factor and Nonlinear Properties of Optical Whispering Gallery Modes［J］. Phys. Lett.，1989，A 137(393).

［117］Collot L，Lefèvre-Seguin V，Brune M，et al. Very High Q Whispering Gallery Mode Resonances Observed on Fused Silica Microspheres［J］. Europhys. Lett.，1993，23(327).

［118］Jia R，Jiang D S，Tan P H，et al. Quantum Dots in Glass Spherical Microcavity［J］. Appl. Phys. Lett.，2001，79(153).

［119］Armani D K，Kippenberg T J，Spillane S M，et al. Ultra High Q Toroid Microcavity on a Chip［J］. Nature，2003，421(925).

［120］McCall S L，Levi A F J，Slusher R E，et al. Whispering Gallery Mode Microdisk Lasers［J］. Appl. Phys. Lett.，1992，60(289).

［121］Yablonovitch E. Photonic Band Gap Structures［J］. J. Opt. Soc. Am.，1993，B 10(283).

［122］Gérard J M，Barrier D，Marzin J Y，et al. Quantum Boxes as Active Probes for Photonic Microstructures：The Pillar Microcavity Case［J］. Appl. Phys. Lett.，1996，69(449).

［123］Iga K，Koyama F，Kinoshita S. Surface Emitting Semiconductor Lasers［J］. IEEE J. Quant. Electron.，1988，24(1845).

［124］Scherer A，Jewell J L，Lee Y H，et al. Fabrication of Microlasers and Microresonator Optical Switches［J］. Appl. Phys. Lett.，1989，55(2724).

［125］Baba T，Hamano T，Koyama F，et al. Spontaneous Emission Factor of a Microcavity DBR Surface Emitting Laser［J］. IEEE J. Quant. Electron.，1991，27(1347).

［126］Yamamoto Y，Machida S. Microcavity Semiconductor Laser with Enhanced Spontaneous Emission［J］. Phys. Rev.，1991，A 44(657).

[127] Gérard J M，Barrier D，Marzin J Y，et al. Quantum Boxes as Active Probes for Photonic Microstructures：The Pillar Microcavity Case[J]. Appl. Phys. Lett.，1996，69(449).

[128] Gérard J M，Sermage B，Gayral B，et al. Enhanced Spontaneous Emission by Quantum Boxes in a Monolithic Optical Microcavity[J]. Phys. Rev. Lett.，1998，81(1110).

[129] Moreau E，Robert I，Gérard J M，et al. Single Mode Solid State Single Photon Source Based on Isolated Quantum Dots in Pillar Microcavities[J]. Appl. Phys. Lett.，2001，79(2865).

[130] Solomon G S，Pelton M，Yamamoto Y. Single Mode Spontaneous Emission from a Single Quantum Dot in a Three Dimensional Microcavity[J]. Phys. Rev. Lett.，2001，86(3903).

[131] Santori C，Fattal D，Vuckovic J，et al. Indistinguishable Photons from a Single Photon Device [J]. Nature，2002，419(594).

[132] Vuckovic J，Fattal D，Santori C，et al. Enhanced Single Photon Emission from a Quantum Dot in a Micropost Microcavity[J]. Appl. Phys. Lett.，2003，82(3596).

[133] Reithmaier J P，Sek G，Loffler A，et al. Strong Coupling in a Single Quantum Dot Semiconductor Microcavity System[J]. Nature，2004，432(197).

[134] Loffler A，Reithmaier J P，Sek G，et al. Semiconductor Quantum Dot Microcavity Pillars with High Quality Factors and Enlarged Dot Dimensions[J]. Appl. Phys. Lett.，2005，86(111105).

[135] Bennett A J，Unitt D C，Atkinson P，et al. High Performance Single Photon Sources from Photolithographically Defined Pillar Microcavities[J]. Opt. Express，2005，13(50).

[136] Daraei A，Tahraoui A，Sanvitto D，et al. Control of Polarized Single Quantum Dot Emission in High Quality Factor Microcavity Pillars[J]. Appl. Phys. Lett.，2006，88(051113).

[137] Reitzenstein S，Loffler A，Hofmann C，et al. Coherent Photonic Coupling of Semiconductor Quantum Dots[J]. Opt. Lett.，2006，31(1738).

[138] Pelton M，Santori C，et al. Efficient Source of Single Photons：A Single Quantum Dot in a Micropost Microcavity[J]. Phys. Rev. Lett.，2002，89(233602).

[139] Michler P，Kiraz A，Becher C，et al. A Quantum Dot Single Photon Turnstile Device[J]. Science，2000，290(2282).

[140] Gayral B，Gérard J M，Sermage B，et al. Time Resolved Probing of the Purcell Effect for InAs Quantum Boxes in GaAs Microdisks[J]. Appl. Phys. Lett.，2001，78(2828).

[141] Kiraz A，Michler P，Becher C，et al. Cavity Quantum Electrodynamics Using a Single InAs Quantum Dot in a Microdisk Structure[J]. Appl. Phys. Lett.，2001，78(3932).

[142] Peter E，Senellart P，Martrou D，et al. Exciton Photon Strong Coupling Regime for a Single Quantum Dot Embedded in a Microcavity[J]. Phys. Rev. Lett.，2005，95(067401).

[143] Benson O，Santori C，Pelton M，et al. Regulated and Entangled Photons from a Single Quantum Dot[J]. Phys. Rev. Lett.，2000，84(2513).

[144] Garcia J M，Mankad T，Holtz P O，et al. Electronic States Tuning of InAs Self-Assembled

Quantum Dots[J]. Appl. Phys. Lett., 1998, 72(3172).

[145] Noda S, Tomoda K, Yamamoto N, et al. Full Three Dimensional Photonic Bandgap Crystals at Near Infrared Wavelengths[J]. Science, 2000, 289(604).

[146] Foresi J S, Villeneuve P, Ferrera J, et al. Photonic Bandgap Microcavities in Optical Waveguides[J]. Nature, 1997, 390(143).

[147] Labilloy D, Benisty H, Weisbuch C, et al. Demonstration of Cavity Mode between Two Dimensional Photonic Crystal Mirrors[J]. Electron. Lett., 1997, 33(1978).

[148] Painter O J, Husain A, Scherer A, et al. Room Temperature Photonic Crystal Defect Lasers at Near Infrared Wavelengths in InGaAsP[J]. J. Lightwave Technol., 1999, 17(2082).

[149] Labilloy D, Benisty H, Weisbuch C, et al. High Finesse Disk Microcavity Based on a Circular Bragg Reflector, Appl. Phys. Lett., 1998, 73(1314).

[150] Chang W H, Chen W Y, Chang H S, et al. Efficient Single Photon Sources Based on Low Density Quantum Dotsin Photonic Crystal Nanocavities[J]. Phys. Rev. Lett., 2006, 96(117401).

[151] Akahane Y, Asano T, Song B S, et al. High Q Photonic Nanocavity in a Two Dimensional Photonic Crystal[J]. Nature, 2003, 425(944).

[152] Lodahl P, van Driel A F, Nikolaev I S, et al. Controlling the Dynamics of Spontaneous Emission from Quantum Dots by Photonic Crystals[J]. Nature, 2004, 430(654).

[153] Yoshie T, Scherer A, Chen H, et al. Optical Characterization of Two Dimensional Photonic Crystal Cavities with Indium Arsenide Quantum Dot Emitters[J]. Appl. Phys. Lett., 2001, 79(114).

[154] Happ T D, Tartakovskii I I, Kulakovskii V D, et al. Enhanced Light Emission of $In_x Ga_{1-x} As$ Quantum Dots in a Two Dimensional Photonic Crystal Defect Microcavity[J]. Phys. Rev., 2002, B 66(041303).

[155] Vuckovic J, Yamamoto Y. Photonic Crystal Microcavities for Cavity Quantum Electrodynamics with a Single Quantum Dot[J]. Appl. Phys. Lett., 2003, 82(2374).

[156] Yoshie T, Scherer A, Hendrickson J, et al. Vacuum Rabi Splitting with a Single Quantum Dot in a Photonic Crystal Nanocavity[J]. Nature, 2004, 432(200).

[157] Hsieh T P, Chang H S, Chen W Y, et al. Growth of Low Density InGaAs Quantum Dots for Single Photon Sources by Metal Organic Chemical Vapour Deposition[J]. Nanotechnology, 2006, 17(512).

[158] Muller A, Shih C K, Ahn J, et al. High Q(33000) All Epitaxial Microcavity for Quantum Dot Vertical Cavity[J]. Appl. Phys. Lett., 2006, 88(031107).

[159] Muller A, Shih C K, Ahn J, et al. Isolated Single Quantum Dot Emitters in all Epitaxial Microcavities[J]. Opt. Lett., 2006, 31(528).

[160] Cao G, Li H O, Yu G D, et al. Tunable Hybrid Qubit in a GaAs Double Quantum Dot[J].

Phys. Rev. Lett., 2016, 116(086801).

[161] Wang B C, Cao G, Li H O, et al. Tunable Hybrid Qubit in a Triple Quantum Dot[J]. Phys. Rev. Appl., 2017, 8(064035).

[162] Deng G W, Wei D, Johansson J R, et al. Charge Number Dependence of the Dephasing Rates of a Graphene Double Quantum Dot in a Circuit QED Architecture[J]. Phys. Rev. Lett., 2015, 115(126804).

[163] Deng G W, Zhu D, Wang X H, et al. Strongly Coupled Nanotube Electromechanical Resonators[J]. Nano Lett., 2016, 16(5456).

[164] Zhang Z Z, Song X X, Luo G, et al. Electrotunable Artificial Molecules Based on van der Waals Heterostructures[J]. Sci. Adv., 2017, 3(1701699).

第 2 章

半导体量子点基本相干特性
和单量子点探测技术

引言

　　半导体量子点由于其类似原子的分立能级结构而被称为"人工原子".这些分立的能级结构使得半导体量子点具有一些类似原子的相干光学特性,例如,尖锐的吸收和发射谱、量子干涉、量子拍、Rabi 振荡、反群聚光发射(单光子发射)和量子纠缠等.本章对量子点的基本相干特性和单量子点探测技术两部分内容进行简要介绍.其中量子点的基本相干特性部分包括量子干涉、量子拍和 Rabi 振荡;单量子点的探测技术包括差分透射法、纳米光谱成像法和纳光电流法.通过本章的介绍,大家将对半导体量子点的基本相干特性和基础实验技术有一个初步的了解.

2.1 半导体量子点基本相干特性

2.1.1 半导体量子点的分立能级结构

纳米尺寸的半导体量子点(QD)在三个维度上束缚电子和空穴,从而造成其导带和价带上的分立的态密度(DOS)分布.图2.1是半导体块材和量子点的态密度分布示意图,块材有连续的态密度,而量子点的导带和价带中都形成了类原子的分立的量子能级.

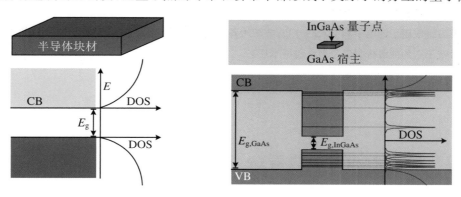

图2.1 半导体块材的连续态密度(DOS)分布和半导体量子点的分立量子能级

正是这些电子和空穴的分立的量子能级结构[1-7],使得半导体量子点具有类似原子的相干光学特性[8-14].在半导体量子点中,一个电子和一个空穴形成一个激子,因此激子的能级也是分立的.图2.2中给出了激子第一激发态$|e\rangle$、激子基态$|g\rangle$和激子真空态$|v\rangle$的能级示意图.

激子真空态表示没有激子,既没有电子也没有空穴.对于各向异性生长的量子点,激子的基态和激发态都将劈裂成两个正交的偏振本征态.激子在各能级上的寿命和能级劈裂值的大小可以利用下面介绍的量子干涉和量子拍进行实验测量.

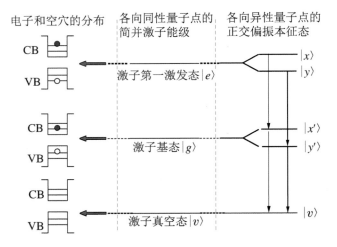

图 2.2　半导体量子点中激子能级图

　　左图为组成激子的电子和空穴的分布;中图为各向同性量子点激子的最低能量的三个能级;右图为各向异性量子点的能级劈裂以及正交偏振本征态.

2.1.2　量子干涉与能级寿命

　　量子干涉的原理通常被应用于测量量子态的能级寿命.下面采用波函数的方法简要分析量子干涉效应.对于一个二能级量子体系,其上、下态分别记为 $|1\rangle$ 和 $|0\rangle$(下同).当利用一对延时为 τ_d 的脉冲共振激发该二能级量子体系时(图 2.3),第一个和第二个脉冲作用下 $|1\rangle$ 态上的波函数可以分别表示为

$$\Psi_1^{(1)} = C_1^{(1)} \mid 1\rangle \mathrm{e}^{-\mathrm{i}\omega_1 t} \tag{2.1}$$

$$\Psi_1^{(2)} = C_1^{(2)} \mid 1\rangle \mathrm{e}^{-\mathrm{i}\omega_1 t} \tag{2.2}$$

其中 $C_1^{(2)} = \mathrm{e}^{\mathrm{i}\omega_1 \tau_d} C_1^{(1)}$,在双脉冲作用下 $|1\rangle$ 态上的总波函数为

$$\Psi_1(t, \tau_d) = \Psi_1^{(1)} + \Psi_1^{(2)} = (1 + \mathrm{e}^{\mathrm{i}\omega_1 \tau_d}) C_1^{(1)} \mid 1\rangle \mathrm{e}^{-\mathrm{i}\omega_1 t} \tag{2.3}$$

　　在弱激发条件下,粒子在 $|1\rangle$ 态上的归一化概率为

$$\mid C_1 \mid^2 = \left[1/(4 \mid C_1^{(1)} \mid^2) \right] \int_0^{\infty} \mathrm{d}t \Psi_1(t, \tau_d) \Psi_1^*(t, \tau_d)$$

$$= 1/2 + (1/2)\cos(\omega_1 \tau_d) \tag{2.4}$$

如果体系的退相干时间为 T_2,则(2.4)式修正为

$$|C_1|^2 = 1/2 + (1/2)\cos(\omega_1 \tau_d)\exp(-\tau_d/T_2) \tag{2.5}$$

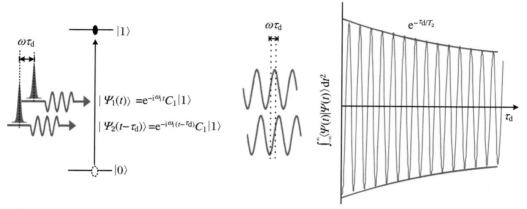

图 2.3　二能级体系在一对脉冲作用下的量子干涉,脉冲之间的延时为 τ_d,包络线的指数衰减速率由退相干时间 T_2 决定

(2.5)式表明粒子在 $|1\rangle$ 态上的概率 $|C_1|^2$ 随脉冲之间延时 τ_d 振荡,并以 $1/T_2$ 的速率衰减.图 2.4 是 InGaAs 量子点第一激发态上量子干涉包络线随脉冲延时的指数衰减关系,激光的偏振方向沿量子点的长轴.从衰减曲线拟合计算得到该量子态激子退相干时间 $T_2 = 40$ ps.

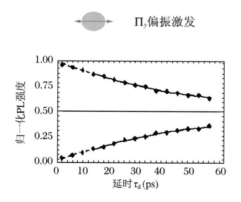

图 2.4　利用量子干涉测量 InGaAs 量子点第一激发态上激子退相干时间,归一化 PL 强度与粒子在激发态上的概率成正比

2.1.3 量子拍与能级劈裂

量子拍起源于两个精细能级结构的量子干涉,常被应用于测量两个能级之间的劈裂大小.下面采用波函数的方法简要描述量子拍的原理.

图2.5显示了各向异性量子点中激子的三个能级,激子真空态$|v\rangle$以及两个正交的偏振本征态$|x\rangle$和$|y\rangle$.两个偏振态的能级劈裂$\Delta = \omega_x - \omega_y$小于激光的频谱宽度$\Delta E$,采用偏振角为45°的线偏振光同时激发$|x\rangle$和$|y\rangle$态.

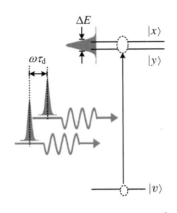
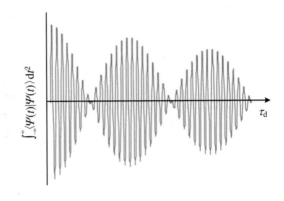

图2.5　两个能级劈裂的子能级在双脉冲作用下的量子拍

第一个脉冲和第二个脉冲对$|x\rangle$和$|y\rangle$构成的叠加态的波函数分别为

$$\Psi_1^{(1)} = C_x^{(1)}|x\rangle e^{-i\omega_x t} + C_y^{(1)}|y\rangle e^{-i\omega_y t} \tag{2.6}$$

$$\Psi_1^{(2)} = C_x^{(1)}|x\rangle e^{-i\omega_x(t-\tau_d)} + C_y^{(1)}|y\rangle e^{-i\omega_y(t-\tau_d)} \tag{2.7}$$

两个脉冲产生的总的波函数为

$$\Psi_1(t,\tau_d) = (1+e^{i\omega_x\tau_d})C_x^{(1)}|x\rangle e^{-i\omega_x t}$$
$$+ (1+e^{i\omega_y\tau_d})C_y^{(1)}|y\rangle e^{-i\omega_y t} \tag{2.8}$$

在弱激发条件下,在$|x\rangle$态和$|y\rangle$态上总的粒子数归一化概率为

$$|C_x|^2 + |C_y|^2 = \left[(1/4)(|C_x^{(1)}|^2 + |C_y^{(1)}|^2)\right]\int_0^\infty dt\,\Psi_1(t,\tau_d)\Psi_1^*(t,\tau_d)$$
$$= 1/2 + (1/2)\{\cos((\omega_x+\omega_y)\tau_d/2)\cos(\Delta\tau_d/2)$$
$$- \left[(|C_x^{(1)}|^2 - |C_y^{(1)}|^2)/(|C_x^{(1)}|^2 + |C_y^{(1)}|^2)\right]$$

$$\cdot \sin((\omega_x + \omega_y)\tau_d/2)\sin(\Delta\tau_d/2)\} \qquad (2.9)$$

当激光场的有效偏振角为 $45°$ 时,$|C_x^{(1)}|^2 = |C_y^{(1)}|^2$,并且考虑到退相干时间 T_2 的作用,(2.9)式修正为

$$|C_x|^2 + |C_y|^2 = 1/2 + (1/2)\cos((\omega_1 + \omega_2)\tau_d/2)\cos(\Delta\tau_d/2)\exp(-\tau_d/T_2)$$
$$(2.10)$$

(2.10)式表明量子干涉的振荡频率为 $(\omega_1 + \omega_2)/2$,而量子拍的频率为 $\Delta/2$.根据量子拍的周期 T_{osc} 可以求得两个能级劈裂的间距.图 2.6 是一个各向异性 InGaAs 量子点的量子拍的实验结果,激光偏振角为 $45°$,拍频周期约为 52 ps.

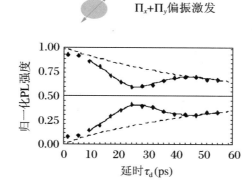

图 2.6　InGaAs 自组织量子点量子拍的测量结果,拍频的周期 $T_{osc} = 52$ ps,由此得到由量子点形状各向异性造成的能级劈裂约为 70 μeV

2.1.4　粒子数 Rabi 振荡

对于由 $|0\rangle$ 和 $|1\rangle$ 构成的二能级结构,记系统的波函数为

$$\Psi(\boldsymbol{r}, t) = C_0(t)|0\rangle e^{-i\omega_0 t} + C_1(t)|1\rangle e^{-i\omega_1 t} \qquad (2.11)$$

其中 $C_0(t)$ 和 $C_1(t)$ 分别为 $|0\rangle$ 和 $|1\rangle$ 态上的复概率振幅,并且简记 $|0\rangle = u_0(\boldsymbol{r})$,$|1\rangle = u_1(\boldsymbol{r})$,其薛定谔方程为

$$i\hbar \frac{\partial}{\partial t}\Psi(\boldsymbol{r}, t) = \hat{H}\Psi(\boldsymbol{r}, t) \qquad (2.12)$$

其中哈密顿量 $\hat{H} = \hat{H}_0 + \hat{\nu}$. 在电偶极相互作用下的相互作用能为

$$\hat{\nu} = e\hat{r} \cdot \hat{E}(R, t) \tag{2.13}$$

其相互作用能的分量形式:

$$\nu_{10} = \int u_1^*(r)\hat{\nu} u_0(r)\mathrm{d}t = -\frac{1}{2}\mu E(t)\mathrm{e}^{\mathrm{i}\omega_L t} \tag{2.14}$$

$\nu_{01} = \nu_{10}^*$,其中 μ 为 $|0\rangle$ 和 $|1\rangle$ 之间的跃迁偶极距,ω_L 为激发光场的频率. 讨论共振激发情况,$\omega_L = \omega_1 - \omega_0$,由方程(2.11)～(2.14)得到复概率振幅的运动方程组:

$$\frac{\mathrm{d}}{\mathrm{d}t}\begin{bmatrix} C_1(t) \\ C_0(t) \end{bmatrix} = \frac{\mathrm{i}}{2}\begin{bmatrix} 0 & \Omega(t) \\ \Omega^*(t) & 0 \end{bmatrix}\begin{bmatrix} C_1(t) \\ C_0(t) \end{bmatrix} \tag{2.15}$$

其中 $\Omega(t) = \mu E(t)/\hbar$ 表示 Rabi 频率. 方程(2.15)的解为

$$\begin{bmatrix} C_1(t) \\ C_0(t) \end{bmatrix} = \begin{bmatrix} \cos\frac{1}{2}\theta(t) & \mathrm{i}\sin\frac{1}{2}\theta(t) \\ \mathrm{i}\sin\frac{1}{2}\theta(t) & \cos\frac{1}{2}\theta(t) \end{bmatrix}\begin{bmatrix} C_1(0) \\ C_0(0) \end{bmatrix} \tag{2.16}$$

其中 $\theta(t) = \int_0^t \Omega(t')\mathrm{d}t'$ 为脉冲面积. 当系统的初态处在 $|0\rangle$ 态时,即 $C_0(0) = 1$,$C_1(0) = 0$,则 $|1\rangle$ 态上复概率振幅随脉冲面积的变化关系为

$$C_1(t) = \mathrm{i}\sin\frac{1}{2}\theta(t) \tag{2.17}$$

$|C_1(t)|^2$ 表示粒子处于 $|1\rangle$ 态上的概率(或者简称为 $|1\rangle$ 态上的粒子数),(2.17)式表明它随脉冲面积 $\theta(t)$ 呈现正弦振荡,此即 Rabi 振荡[15-17]. 粒子数的 Rabi 振荡是量子体系中独有的,没有经典对应量. 由(2.16)式得到二能级体系在相干外场的激发下波函数变换矩阵与脉冲面积 θ 的关系为

$$R(\theta) = \begin{bmatrix} \cos\frac{1}{2}\theta & \mathrm{i}\sin\frac{1}{2}\theta \\ \mathrm{i}\sin\frac{1}{2}\theta & \cos\frac{1}{2}\theta \end{bmatrix} \tag{2.18}$$

当 $\theta = \pi/2$ 时,波函数变换矩阵为

$$R\left(\theta = \frac{\pi}{2}\right) = \frac{\sqrt{2}}{2}\begin{bmatrix} 1 & \mathrm{e}^{\mathrm{i}\pi} \\ \mathrm{e}^{\mathrm{i}\pi} & 1 \end{bmatrix} \tag{2.19}$$

该式表示粒子处在 $|0\rangle$ 态和 $|1\rangle$ 态上的概率相等.

当 $\theta = \pi$ 时，波函数变换矩阵为

$$R(\theta = \pi) = \mathrm{i} \begin{bmatrix} 0 & 1 \\ 1 & 0 \end{bmatrix} \tag{2.20}$$

该式表示粒子数从 $|0\rangle$ 态到 $|1\rangle$ 态的翻转，即一个量子比特的翻转.

图 2.7 是根据 (2.17) 式得到的理想二能级体系 $|1\rangle$ 态上粒子数随激发脉冲面积 θ 的振荡关系，这是无衰减的 Rabi 振荡. 当 $\theta = 2n\pi$ 时，全部粒子处在 $|0\rangle$ 态；当 $\theta = (2n+1)\pi$ 时，全部粒子处在 $|1\rangle$ 态.

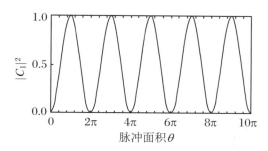

图 2.7　理想二能级体系 $|1\rangle$ 态上粒子数随激发脉冲面积的振荡——Rabi 振荡

图 2.8 是目前为止文献中报道的半导体量子点中观测到的最多周期的 Rabi 振荡，其 Rabi 振荡周期达到 10π. 它是在自组织 InGaAs 量子点激子的激发态上观测到的. 退相干效应造成 Rabi 振荡的振幅迅速衰减.[18-37] 图中实线为有衰减粒子数运动方程的数值解.

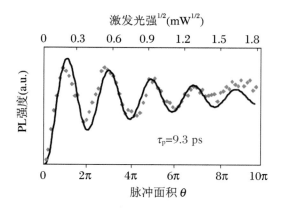

图 2.8　在自组织 InGaAs 量子点激子激发上观测到的粒子数随激发脉冲面积的 Rabi 振荡，其周期为
　　　　10π，退相干效应造成 Rabi 振荡的振幅迅速衰减
　　　图中实线为有衰减粒子数运动方程的数值解.
　　　（引自 Wang Q Q, et al. Phys. Rev., 2005, B 72(035306)）

值得注意的是,在以上三小节的简要理论分析中采用的是波函数复概率振幅方法,该方法的优点是能给出理想体系波函数的运动特征以及波函数变换矩阵,而且清晰简明,便于原理性理解和分析.但是,在讨论实际有衰减体系的粒子数运动时,波函数复概率振幅方法不再适用,应该采用粒子数密度矩阵方法和光学 Bloch 方程,这将在以后的各章节中逐步进行详细的介绍和讨论.

2.2　单量子点探测技术

2.2.1　差分透射法

差分透射法通常简记为 DT,其技术方法与非线性光学中的泵浦(pump)-探测(probe)类似.首先用泵浦光激发量子点,将激子由下能级 $|0\rangle$ 激发到上能级 $|1\rangle$.然后利用相同频率的低强度的探测光的透过率的变化,DT 得到上能级 $|1\rangle$ 上粒子数的信息.当泵浦光的强度为 0 时,所有粒子数处在下能级 $|0\rangle$,差分透射率 DT 取最小值 0.当增加泵浦光的强度使所有粒子数处于上能级 $|1\rangle$ 时,DT 取最大值.所以,DT 信号正比于上能级 $|1\rangle$ 的粒子数.

采用差分透射法探测单量子点信号时必须使掩模尺寸足够小,使得在该小孔区域中只有一个量子点与激光频率共振.差分透射法的优点是可以通过改变探测光与泵浦光的位相延迟直接观测上态粒子数随时间的衰减变化,而且可以观测激子基态的粒子数.但是在强场激发下其他非线性效应造成的影响难以扣除.

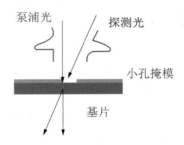

图 2.9　利用差分透射法测量单量子点的原理示意图

图 2.10 是 T. H. Stievater 等 2001 年首次在半导体量子点中用差分透射法观测到的激子基态上粒子数随激发场的振荡关系.

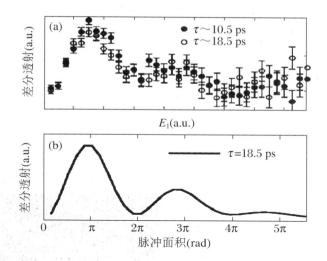

图 2.10　第一次用差分透射法观测到 InGaAs 涨落型量子点差分透过率随激发振幅的振荡
τ 表示探测光的延时.
（引自 Stievater T H, et al. Phys. Rev. Lett.，2001，87(133603)）

2.2.2　纳米光谱成像法

纳米光谱成像技术中的探测量是量子点中激子在复合时的发光强度. 如图 2.11 所示，激子被激光场激发到第一激发态 $|e\rangle$，将部分能量转移给声子后无辐射弛豫到激子基态 $|g\rangle$，然后基态激子中的电子和空穴复合而发光. 光致发光的强度与 $|e\rangle$ 态上粒子数成正比. 在这种情况下，激光场的激发使得粒子数在 $|e\rangle$ 态和 $|v\rangle$ 态之间振荡，$|g\rangle$ 态的作用是监测 $|e\rangle$ 态上的粒子数.

图 2.12 是单量子点的光谱成像示意图. 多个量子点的发光信号同时被收集进入光谱仪，由于每个量子点的衍射爱里斑的尺寸（∼400 nm）远大于量子点尺寸（∼10 nm）和间距，这些量子点在空间上的光学成像是不可分辨的. 但是，由于量子点形状和大小的涨落使得各个量子点的发光波长不相同，经过光栅衍射后在频谱上的位置不相同，从而在频谱上是可分辨的. 图 2.13 是第一次利用纳米光谱成像法在 InGaAs 自组织量子点中观测到的 Rabi 振荡.

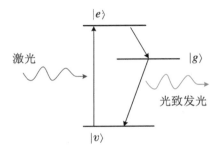

图 2.11　半导体量子点中激子激发和复合发光示意图

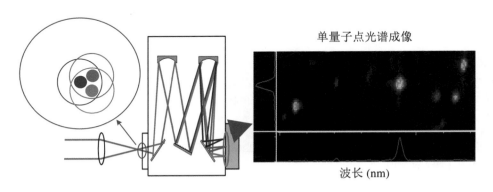

图 2.12　单量子点的光谱成像示意图

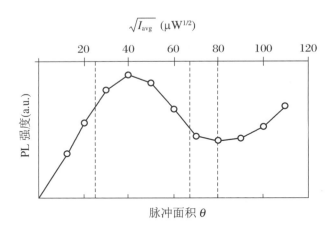

图 2.13　第一次利用纳米光谱成像法在 InGaAs 自组织量子点中观测到的 Rabi 振荡

　　（引自 Htoon H，et al. Phys. Rev. Lett.，2002，88(087401)）

2.2.3 纳光电流法

2002 年，A. Zrenner 等报道了利用量子点光电二极管的光电流来观测单量子点的Rabi振荡的技术.实验原理就是将二能级量子点系统中的相干光学激发的载流子转化为电流并对其进行观测.其单量子点光电二极管的结构和二能级模型分别见图 2.14(a)和(b).光电流的大小与激发的粒子数成正比.图 2.15 是观测到的光电流随激发振幅的振荡.

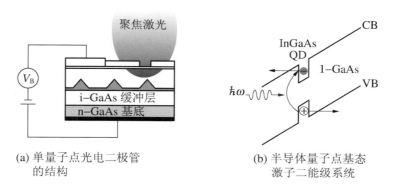

(a) 单量子点光电二极管
    的结构

(b) 半导体量子点基态
    激子二能级系统

图 2.14　量子点中的二能级系统和单量子点光电二极管

（引自 Zrenner A，et al. Nature，2002，418(612)）

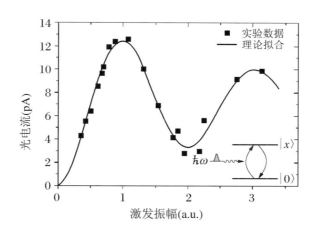

图 2.15　第一次用纳光电流法观测到的 Rabi 振荡

（引自 Zrenner A，et al. Nature，2002，418(612)）

参考文献

［1］ Gammon D，Snow E S，Shanabrook B V，et al. Homogeneous Linewidths in the Optical Spectrum of a Single Gallium Arsenide Quantum Dot［J］. Science，1996，273(87).

［2］ Gammon D，Snow E S，Shanabrook B V，et al. Fine Structure Splitting in the Optical Spectra of Single GaAs Quantum Dots［J］. Phys. Rev. Lett.，1996，76(3005).

［3］ Xia J B，Li J. Electronic Structure of Quantum Spheres with Wurtzite Structure［J］. Phys. Rev.，1999，B 60(11540).

［4］ Zhu Y H，Zhang X W，Xia J B. Electron States in InAs Quantum Spheres and Ellipsoids［J］. Phys. Rev.，2006，B 73(165326).

［5］ Wang L，Kim J，Zunger A. Electronic Structures of ［110］ Faceted Self-Assembled Pyramidal InAs/GaAs Quantum Dots［J］. Phys. Rev.，1999，B 59(5678).

［6］ Grundmann M，Stier O，Bimberg D. InAs/GaAs Pyramidal Quantum Dots：Strain Distribution，Optical Phonons，and Electronic Structure［J］. Phys. Rev.，1995，B 52(11969).

［7］ Jiang H，Singh J. Strain Distribution and Electronic Spectra of InAs/GaAs Self-Assembled Dots：An Eight Band Study［J］. Phys. Rev.，1997，B 56(4696).

［8］ Brunner K，Abstreiter G，Bohm G，et al. Sharp Line Photoluminescence and Two Photon Absorption of Zero Dimensional Biexcitons in a GaAs/AlGaAs Structure［J］. Phys. Rev. Lett.，1994，73(1138).

［9］ Brunner K，Abstreiter G，Bohm G，et al. Weimann. Sharp Line Photoluminescence of Excitons Localized at GaAs/AlGaAs Quantum Well Inhomogeneities［J］. Appl. Phys. Lett.，1994，64(3320).

［10］ Benson O，Santori C，Pelton M，et al. Regulated and Entangled Photons from a Single Quantum Dot［J］. Phys. Rev. Lett.，2000，84(2513).

［11］ Santori C，Pelton M，Solomon G，et al. Triggered Single Photons from a Quantum Dot［J］. Phys. Rev. Lett.，2001，86(1502).

［12］ Michler P，Kiraz A，Becher C，et al. A Quantum Dot Single Photon Turnstile Device［J］. Science，2000，290(2282).

［13］ Bonadeo N H，Erland J，Gammon D，et al. Coherent Optical Control of the Quantum State of a Single Quantum Dot［J］. Science，1998，282(1473).

［14］ Toda Y，Sugimoto T，Nishioka M，et al. Near-Field Coherent Excitation Spectroscopy of

InGaAs/GaAs Self-Assembled Quantum Dots[J]. Appl. Phys. Lett., 2000, 76(3887).

[15] Allen L, Eberly J H. Optical Resonance and Two Level Atoms[M]. New York: Wiley, 1975.

[16] Knight P L, Milonni P W. The Rabi Frequency in Optical Spectra[J]. Physics Reports, 1980, 66 (21).

[17] Gibbs H M. Incoherent Resonance Fluorescence from a Rb Atomic Beam Excited by a Short Coherent Optical Pulse[J]. Phys. Rev., 1973, A8(446).

[18] Htoon H, Kulik D, Baklenov O, et al. Carrier Relaxation and Quantum Decoherence of Excited States in Self-Assembled Quantum Dots[J]. Phys. Rev., 2001, B 63(241303(R)).

[19] Toda Y, Moriwaki O, Nishioka M, et al. Efficient Carrier Relaxation Mechanism in InGaAs/GaAs Self-Assembled Quantum Dots Based on the Existence of Continuum States[J]. Phys. Rev. Lett., 1999, 82(4114).

[20] Benisty H. Reduced Electron Phonon Relaxation Rates in Quantum Box Systems: Theoretical Analysis[J]. Phys Rev., 1995, B 51(13281).

[21] Benisty H, Sotomayor Torrès C M, Weisbuch C. Intrinsic Mechanism for the Poor Luminescence Properties of Quantum Box Systems[J]. Phys Rev., 1991, B 44(10945).

[22] Sun Z, Xu Z Y, Yang X D, et al. Nonradiative Recombination Effect on Photoluminescence Decay Dynamics in GaInNAs/GaAs Quantum Well[J]. Appl. Phys. Lett., 2006, 88(011912).

[23] Mukai K, Ohtsuka N, Shoji H, et al. Phonon Bottleneck in Self Formed $In_x Ga_{1-x}$ As/GaAs Quantum Dots by Electroluminescence and Time Resolved Photoluminescence[J]. Phys. Rev., 1996, B 54(5243).

[24] Heitz R, Veit M, Ledentsov N N, et al. Energy Relaxation by Multiphonon Processes in InAs/GaAs Quantum Dots[J]. Phys. Rev., 1997, B 56(10435).

[25] Schmidt K H, Ribeiro G M, Oestreich M, et al. Carrier Relaxation and Electronic Structure in InAs Self-Assembled Quantum Dots[J]. Phys. Rev., 1996, B 54(11346).

[26] Steer M J, Mowbray D J, Tribe W R, et al. Electronic Energy Levels and Energy Relaxation Mechanisms in Self-Organized InAs/GaAs Quantum Dots[J]. Phys. Rev., 1996, B 54(17738).

[27] Sosnowski T S, Norris T B, Jiang H, et al. Rapid Carrier Relaxation in $In_{0.4} Ga_{0.6}$ As/GaAs Quantum Dots Characterized by Differential Transmission Spectroscopy[J]. Phys. Rev., 1998, B 57(9423).

[28] Ohnesorge B, Albrecht M, Oshinowo J, et al. Rapid Carrier Relaxation in Self-Assembled $In_x Ga_{1-x}$ As/GaAs Quantum Dots[J]. Phys. Rev., 1996, B 54(11532).

[29] Morris D, Perret N, Fafard S. Carrier Energy Relaxation by Means of Auger Processes in InAs/GaAs Self-Assembled Quantum Dots[J]. Appl. Phys. Lett., 1999, 75(3593).

[30] Inoshita T, Sakaki H. Electron Relaxation in a Quantum Dot: Significance of Multiphonon Processes[J]. Phys. Rev., 1992, B 46(7260).

[31] Bockelman U, Egeler T. Electron Relaxation in Quantum Dots by Means of Auger Processes[J]. Phys. Rev., 1992, B 46(15574).

[32] Efros Al L, Kharchenko V A, Rosen M. Breaking the Phonon Bottleneck in Nanometer Quantum Dots: Role of Auger Like Processes[J]. Solid State Commun., 1995, 93(281).

[33] Sercel P C. Multiphonon Assisted Tunneling Through Deep Levels: A Rapid Energy Relaxation Mechanism in Nonideal Quantum Dot Heterostructures[J]. Phys. Rev., 1995, B 51(14532).

[34] Li X Q, Arakawa Y. Ultrafast Energy Relaxation in Quantum Dots Through Defect States: A Lattice Relaxation Approach[J]. Phys. Rev., 1997, B 56(10423).

[35] Stievater T H, Xiaoqin Li, Steel D G, et al. Rabi Oscillations of Excitons in Single Quantum Dots[J]. Phys. Rev. Lett., 2001, 87(133603).

[36] Zrenner A, Beham E, Stufler S, et al. Coherent Properties of a Two Level System Based on a Quantum Dot Photodiode[J]. Nature, 2002, 418(612).

[37] Kamada H, Gotoh H, Temmyo J, et al. Exciton Rabi Oscillation in a Single Quantum Dot[J]. Phys. Rev. Lett., 2001, 87(246401).

[38] Jiang H, Singh J. Strain Tensor and Electron and Hole Spectra in Self Assembled InGaAs/GaAs and SiGe/Si Quantum Dots[J]. Physica, 1998, E 2(720).

第3章

半导体量子点激子量子比特旋转及其品质因子

引言

单个量子比特的操控是量子计算的基础性的第一步[1-7]. 由于脉冲面积 θ 为 π 时的 Rabi 振荡意味着粒子数由一个量子态翻转到另一个量子态,即一个量子比特的翻转,所以半导体量子点在量子计算领域的第一个标志性研究工作是 T. H. Stievater 等于 2001 年首次在 InGaAs 量子点中实现了 Rabi 振荡[2].

本章将比较详细地介绍 InGaAs 固态半导体量子点的自由旋转和动力旋转(即 Rabi 振荡[6,8,9])的操控及其品质因子的测定.本章共分 4 节,3.1 节介绍量子比特旋转基本概念;3.2 节和 3.3 节分别介绍 InGaAs 半导体量子点激子量子比特自由旋转品质因子 Q。

和动力旋转（即 Rabi 振荡）品质因子 Q_R；3.4 节则讨论固态量子点体系中影响 Rabi 振荡品质因子 Q_R 的复杂的退相干机制.

3.1 量子比特旋转基本概念

3.1.1 二能级体系波函数矢量与量子比特球

对于二能级量子体系，系统的波函数 Ψ 由 $|0\rangle$ 和 $|1\rangle$ 的相干叠加而构成，其一般表达式为[3]

$$\Psi = |c_0\||0\rangle + |c_1|e^{i\phi}|1\rangle \tag{3.1}$$

其中 ϕ 表示 $|0\rangle$ 态和 $|1\rangle$ 态上的相对位相角，$|c_0|^2$ 和 $|c_1|^2$ 分别表示 $|0\rangle$ 态和 $|1\rangle$ 态上的概率.对于无衰减的理想体系，$c_0 = \cos\theta/2$，$c_1 = \sin\theta/2$，而且 θ 值正好就是定义的脉冲面积.注意 $c_i(t)$ 和 $C_i(t)$ 的差别，比较(3.1)式和(2.11)式可以得到 $c_i(t) = C_i(t)e^{-i\omega_i t}$，可见 $C_i(t)$ 代表在相互作用表象中的复概率振幅.

以 $|0\rangle$ 态和 $|1\rangle$ 态作为两个态矢量，则系统波函数的所有可能的态矢量的末端组成如图 3.1 所示的一个单位半径的球面，此球被称为量子比特球.其中 $|0\rangle$ 态和 $|1\rangle$ 态的态矢量的末端分别位于量子比特球的南极和北极.可见由两个量子态 $|0\rangle$ 态和 $|1\rangle$ 态构成的量子比特比经典比特含有更丰富的信息，也呈现更丰富的特性.

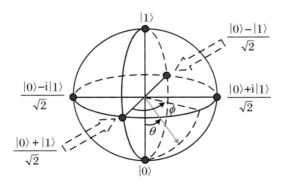

图 3.1 量子比特球示意图

3.1.2 二能级体系粒子数运动方程

对于有衰减的体系求解粒子数运动方程,需要采用密度矩阵的方法.密度投影算符$\hat{\rho}$的定义为

$$\hat{\rho} = |\Psi\rangle\langle\Psi| \tag{3.2}$$

密度矩阵元

$$\rho_{ij} = \langle i|\hat{\rho}|j\rangle = c_i c_j^* \quad (i,j = 0,1) \tag{3.3}$$

其中ρ_{00}和ρ_{11}分别表示$|0\rangle$态和$|1\rangle$态上的粒子数.由薛定谔方程得到密度矩阵主方程

$$\dot{\hat{\rho}} = -\frac{\mathrm{i}}{\hbar}[\hat{H},\hat{\rho}] + L(\hat{\rho}) \tag{3.4}$$

其中$L(\hat{\rho})$是耗散项.在旋转波近似下,二能级系统的哈密顿量为

$$\hat{H} = \hbar\omega_1\hat{\sigma}_{11} + \hbar\omega_0\hat{\sigma}_{00} + \frac{1}{2}\hbar(\hat{\sigma}_{10}\Omega(t)\mathrm{e}^{-\mathrm{i}\omega_L t} + \mathrm{h.c.}) \tag{3.5}$$

其中ω_1,ω_0分别是$|1\rangle$和$|0\rangle$态的本征频率,$\hat{\sigma}_{11} = |1\rangle\langle1|$,$\hat{\sigma}_{00} = |0\rangle\langle0|$,$\hat{\sigma}_{10} = |1\rangle\langle0|$为$|1\rangle\sim|0\rangle$之间偶极跃迁算符,$\omega_L$是激发光场的频率.$\Omega(t) = \mu E(t)/\hbar$是$|1\rangle\sim|0\rangle$之间跃迁的 Rabi 频率,$\mu$是$|1\rangle\sim|0\rangle$之间跃迁的偶极矩,$E(t)$是激发光场的包络.

耗散项$L(\hat{\rho})$的表达式为[10]

$$L(\hat{\rho}) = \frac{1}{2}\gamma_{10}(2\hat{\sigma}_{01}\hat{\rho}\hat{\sigma}_{10} - \hat{\sigma}_{11}\hat{\rho} - \hat{\rho}\hat{\sigma}_{11}) \tag{3.6}$$

由(3.4)～(3.6)式得到

$$\begin{aligned}
\frac{\mathrm{d}}{\mathrm{d}t}\rho_{11} &= \frac{\mathrm{d}}{\mathrm{d}t}\langle1|\hat{\rho}|1\rangle \\
&= -(\mathrm{i}/\hbar)\langle1|\hat{H}\hat{\rho} - \hat{\rho}\hat{H}|1\rangle + \langle1|L(\hat{\rho})|1\rangle \\
&= -\mathrm{i}\frac{\Omega}{2}(\langle1|\hat{\sigma}_{10}\hat{\rho}|1\rangle\mathrm{e}^{-\mathrm{i}\omega_L t} - \langle1|\hat{\rho}\hat{\sigma}_{01}|1\rangle\mathrm{e}^{\mathrm{i}\omega_L t}) \\
&\quad -\frac{1}{2}\gamma_{10}\langle1|(2\hat{\sigma}_{01}\hat{\rho}\hat{\sigma}_{10} - \hat{\sigma}_{11}\hat{\rho} - \hat{\rho}\hat{\sigma}_{11})|1\rangle \\
&= -\mathrm{i}\frac{\Omega}{2}(\rho_{01}\mathrm{e}^{-\mathrm{i}\omega_L t} - \rho_{10}\mathrm{e}^{\mathrm{i}\omega_L t}) - \gamma_{10}\rho_{11}
\end{aligned} \tag{3.7}$$

做变换：$\widetilde{\rho}_{01} = \rho_{01}e^{-i\omega_L t}$，$\widetilde{\rho}_{10} = \rho_{10}e^{i\omega_L t}$，则（3.7）式可以简化为

$$\frac{\mathrm{d}}{\mathrm{d}t}\rho_{11} = -\,\mathrm{i}\,\frac{\Omega}{2}(\widetilde{\rho}_{01} - \widetilde{\rho}_{10}) - \gamma_{10}\rho_{11} \tag{3.8}$$

$$\begin{aligned}
\frac{\mathrm{d}}{\mathrm{d}t}\rho_{10} &= \frac{\mathrm{d}}{\mathrm{d}t}\langle 1 \mid \hat{\rho} \mid 0\rangle \\
&= -\,(\mathrm{i}/\hbar)\langle 1 \mid \hat{H}\hat{\rho} - \hat{\rho}\hat{H} \mid 0\rangle + \langle 1 \mid L(\hat{\rho}) \mid 0\rangle \\
&= -\,\mathrm{i}\Big[\Big\langle 1 \Big| \Big(\omega_1\hat{\sigma}_{11} + \omega_0\hat{\sigma}_{00} + \frac{1}{2}(\hat{\sigma}_{10}\Omega e^{-i\omega_L t} + h.c.)\Big)\hat{\rho} \\
&\quad - \hat{\rho}\Big(\omega_1\hat{\sigma}_{11} + \omega_0\hat{\sigma}_{00} + \frac{1}{2}(\hat{\sigma}_{10}\Omega e^{-i\omega_L t} + h.c.)\Big)\Big| 0\Big\rangle\Big] \\
&\quad - \frac{1}{2}\gamma_{10}\langle 1 \mid 2\hat{\sigma}_{01}\hat{\rho}\hat{\sigma}_{10} - \hat{\sigma}_{11}\hat{\rho} - \hat{\rho}\hat{\sigma}_{11} \mid 0\rangle \\
&= -\,\mathrm{i}\Big[\omega_1\rho_{10} + \frac{1}{2}\Omega e^{-i\omega_L t}\rho_{00} - \omega_0\rho_{10} - \frac{1}{2}\Omega e^{-i\omega_L t}\rho_{11}\Big] - \frac{1}{2}\gamma_{10}\rho_{10} \tag{3.9}
\end{aligned}$$

$$\begin{aligned}
\frac{\mathrm{d}}{\mathrm{d}t}\widetilde{\rho}_{10} &= \frac{\mathrm{d}}{\mathrm{d}t}(\rho_{10}e^{i\omega_L t}) \\
&= -\,\mathrm{i}\delta\rho_{10}e^{i\omega_L t} - \frac{1}{2}\mathrm{i}\Omega\rho_{00} + \frac{1}{2}\mathrm{i}\Omega\rho_{11} - \frac{1}{2}\gamma_{10}\rho_{10}e^{i\omega_L t} \\
&= -\,\mathrm{i}\delta\widetilde{\rho}_{10} - \frac{1}{2}\mathrm{i}\Omega\rho_{00} + \frac{1}{2}\mathrm{i}\Omega\rho_{11} - \frac{1}{2}\gamma_{10}\widetilde{\rho}_{10} \tag{3.10}
\end{aligned}$$

其中失谐量 $\delta = \omega_1 - \omega_0 - \omega_L = \omega_{10} - \omega_L$.

同理可以求得

$$\frac{\mathrm{d}}{\mathrm{d}t}\widetilde{\rho}_{01} = \mathrm{i}\delta\widetilde{\rho}_{01} - \frac{1}{2}\mathrm{i}\Omega\rho_{11} + \frac{1}{2}\mathrm{i}\Omega\rho_{00} - \frac{1}{2}\gamma_{10}\widetilde{\rho}_{01} \tag{3.11}$$

由粒子数守恒关系式 $\rho_{00} + \rho_{11} = 1$ 得到

$$\frac{\mathrm{d}}{\mathrm{d}t}\rho_{00} = -\frac{\mathrm{d}}{\mathrm{d}t}\rho_{11} = \mathrm{i}\frac{\Omega}{2}(\widetilde{\rho}_{01} - \widetilde{\rho}_{10}) + \gamma_{10}\rho_{11} \tag{3.12}$$

综合（3.8），（3.10）～（3.12）式得到二能级系统的粒子数运动方程组为

$$\begin{cases}
\dfrac{\mathrm{d}}{\mathrm{d}t}\rho_{11} = -\,\mathrm{i}\,\dfrac{1}{2}\Omega(\widetilde{\rho}_{01} - \widetilde{\rho}_{10}) - \gamma_{10}\rho_{11} \\[2mm]
\dfrac{\mathrm{d}}{\mathrm{d}t}\rho_{00} = -\dfrac{\mathrm{d}}{\mathrm{d}t}\rho_{11} = \mathrm{i}\,\dfrac{1}{2}\Omega(\widetilde{\rho}_{01} - \widetilde{\rho}_{10}) + \gamma_{10}\rho_{11} \\[2mm]
\dfrac{\mathrm{d}}{\mathrm{d}t}\widetilde{\rho}_{10} = \dfrac{\mathrm{d}}{\mathrm{d}t}\widetilde{\rho}_{01}^{*} = -\,\mathrm{i}\delta\widetilde{\rho}_{10} - \dfrac{1}{2}\mathrm{i}\Omega\rho_{00} + \dfrac{1}{2}\mathrm{i}\Omega\rho_{11} - \dfrac{1}{2}\gamma_{10}\widetilde{\rho}_{10}
\end{cases} \tag{3.13}$$

以上一组微分方程的最后一项都与 γ_{10} 有关，它是由主方程中的耗散项 $L(\hat{\rho})$ 而得

到,虽然耗散项 $L(\hat{\rho})$ 的量子力学推导过程比较复杂(可以参见文献[10]),但是(3.13)各式中的衰减项的物理意义还是十分清晰的. ρ_{11} 式中衰减项 $-\gamma_{10}\rho_{11}$ 表示 $|1\rangle$ 态上粒子数 ρ_{11} 以 γ_{10} 的速率衰减;ρ_{00} 式中衰减相关项 $+\gamma_{10}\rho_{11}$ 表示 $|0\rangle$ 态上粒子数 ρ_{00} 的增加量;非对角项(ρ_{01} 和 ρ_{10})式中衰减项的 $1/2$ 因子可以理解为对 γ_{10} 和 γ_{01} 求平均,而在该系统中,由于 $|0\rangle$ 和 $|1\rangle$ 的能级间隔比较大,从 $|0\rangle$ 态到 $|1\rangle$ 态的能量弛豫不会发生,即 $\gamma_{01}=0$.

对于实际的固态体系,还存在一种纯位相的退相干[11-15](通常记为 γ_{ph}),它并不直接改变各态上的能级寿命(即不影响 γ_{10}),而是改变密度矩阵中的非对角项(即 ρ_{01} 和 ρ_{10}).可以用经典力学统计平均方法求得 γ_{ph} 的关系式.纯位相退相干 γ_{ph} 的产生机制是热振动引起的量子能级的微小随机涨落.可以通过降低温度的方法减小 γ_{ph}.一般认为在 In-GaAs 半导体量子点中,当温度降低到 $10\,\mathrm{K}$ 以下时,γ_{ph} 的影响可以忽略.当考虑 γ_{ph} 的影响时,(3.13)式中的非对角项应该修正为[16]

$$\frac{\mathrm{d}}{\mathrm{d}t}\widetilde{\rho}_{10} = \frac{\mathrm{d}}{\mathrm{d}t}\widetilde{\rho}_{01}^{*} = -\mathrm{i}\delta\widetilde{\rho}_{10} + \frac{1}{2}\mathrm{i}\Omega(\rho_{11}-\rho_{00}) - \left(\frac{1}{2}\gamma_{10}+\gamma_{ph}\right)\widetilde{\rho}_{10} \tag{3.14}$$

3.1.3 二能级体系 Bloch 矢量与 Bloch 球

将方程组(3.6)～(3.8)中的参量进行变换得到一组实参量 U,V 和 W,其变换式为[17]

$$U = \widetilde{\rho}_{10} + \widetilde{\rho}_{10}^{*} \tag{3.15}$$

$$V = \mathrm{i}(\widetilde{\rho}_{10} - \widetilde{\rho}_{10}^{*}) \tag{3.16}$$

$$W = \rho_{11} - \rho_{00} \tag{3.17}$$

由(3.13)～(3.17)式得到 (U,V,W) 的运动方程组为

$$\begin{cases} \dot{U} = -\Delta V - U/T_2 \\ \dot{V} = \Delta U - V/T_2 + \Omega_L W \\ \dot{W} = -(W+1)/T_1 - \Omega_L V \end{cases} \tag{3.18}$$

其中 $T_1 = 1/\gamma_{10}$,表示 $|1\rangle$ 态能级寿命.T_2 为系统的退相干时间,T_2 与 T_1 和纯位相退相干的关系为

$$\frac{1}{T_2} = \frac{1}{2T_1} + \gamma_{ph} \tag{3.19}$$

由 U,V 和 W 构成一个矢量 $\boldsymbol{U} = U\hat{e}_1 + V\hat{e}_2 + W\hat{e}_3$,称之为 Bloch 矢量.方程组 (3.18)则称为光学 Bloch 方程.由 Bloch 矢量构成一个球,称之为 Bloch 球(如图 3.2 所示).

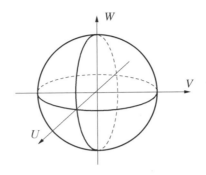

图 3.2 Bloch 球

由于 Bloch 矢量由密度矩阵元构成,而波函数矢量由复概率振幅构成,如果不考虑衰减,这两者所描述的物理体系完全相同,只是方式不同而已,所以 Bloch 球与量子比特球上各点是相互对应的.在某种意义上,这两者是等价的.

下面进一步定性分析理想体系中 Bloch 矢量在 Bloch 球上的运动特征.对于理想无衰减体系,$T_1 = T_2 = \infty$,光学 Bloch 方程简化为

$$\frac{\mathrm{d}}{\mathrm{d}t}\begin{bmatrix} U(t) \\ V(t) \\ W(t) \end{bmatrix} = \begin{bmatrix} 0 & -\delta & 0 \\ \delta & 0 & \Omega_L(t) \\ 0 & -\Omega_L(t) & 0 \end{bmatrix}\begin{bmatrix} U(t) \\ V(t) \\ W(t) \end{bmatrix} \tag{3.20}$$

在共振激发下,$\delta = 0$,Bloch 矢量的解为

$$\begin{bmatrix} U(t) \\ V(t) \\ W(t) \end{bmatrix} = \begin{bmatrix} 1 & 0 & 0 \\ 0 & \cos\theta & -\sin\theta \\ 0 & \sin\theta & \cos\theta \end{bmatrix}\begin{bmatrix} U(0) \\ V(0) \\ W(0) \end{bmatrix} \tag{3.21}$$

考虑到初始条件 $U(0) = V(0) = 0, W(0) = -1$,得到

$$\begin{bmatrix} U(t) \\ V(t) \\ W(t) \end{bmatrix} = \begin{bmatrix} 0 \\ \sin\theta(t) \\ -\cos\theta(t) \end{bmatrix} \tag{3.22}$$

(3.22)式表明 Bloch 矢量在 $(\hat{e}_2, \hat{e}_3)$ 平面内沿子午线运动,随着 θ 由 0 增加到 π,Bloch 矢量由南极转向北极.可见,波函数矢量在量子比特球上的运动与 Bloch 矢量在

Bloch 球上的运动有很多相同和相似之处.

3.1.4　量子比特旋转及其品质因子的定义

量子比特旋转操作有两条代表性的旋转路径,即沿赤道线旋转和沿子午线旋转[18].沿赤道线旋转改变的是 $|0\rangle$ 态和 $|1\rangle$ 态的相对位相角 ϕ,而在 $|0\rangle$ 态和 $|1\rangle$ 态的粒子数均保持不变(各为 0.5),故波函数矢量沿量子比特球的赤道线的旋转被称为位相旋转.位相 ϕ 旋转的波函数变换矩阵为

$$U(\phi) = \begin{pmatrix} \mathrm{e}^{-\mathrm{i}\phi/2} & 0 \\ 0 & \mathrm{e}^{-\mathrm{i}\phi/2} \end{pmatrix} \tag{3.23}$$

波函数矢量沿量子比特球的子午线旋转改变的是极角 θ,θ 的改变代表 $|0\rangle$ 态和 $|1\rangle$ 态上的粒子数分布的改变.而且 θ 值正好是脉冲面积,所以旋转 θ 改变粒子数分布就是 Rabi 振荡,因此沿子午线的量子比特旋转被称为 Rabi 旋转或者动力旋转.Rabi 旋转的波函数变换矩阵为

$$R(\theta) = \begin{pmatrix} \cos\dfrac{1}{2}\theta & \mathrm{i}\sin\dfrac{1}{2}\theta \\ \mathrm{i}\sin\dfrac{1}{2}\theta & \cos\dfrac{1}{2}\theta \end{pmatrix} \tag{3.24}$$

对于一个能级间距为 $E_1 - E_0$、退相干时间为 T_C 的二能级系统,其量子比特自由旋转的品质因子 Q_0 的定义式为[19]

$$Q_0 = ((E_1 - E_0)/\hbar)T_C = 2\pi\nu_L T_C \tag{3.25}$$

其中 ν_L 为能级间距 $E_1 - E_0$ 所对应的光频($E_1 - E_0 = h\nu_L$),$\nu_L T_C$ 则表示在退相干时间内振荡的次数(即量子比特旋转的圈数):$N_{\mathrm{rot}}(t = T_C)$.而当 $t = T_C$ 时,其振荡的振幅 A_{osc} 衰减到归一化振荡振幅 A_0 的 $1/\mathrm{e}$(对应于 Bloch 矢量和波函数矢量的长度由 1 缩小到 $1/\mathrm{e}$).因此量子比特自由旋转的品质因子 Q_0 的另一种表示形式为

$$Q_0 = 2\pi N_{\mathrm{rot}}(t = T_C) = \phi \quad (A_{\mathrm{osc}} = A_0/\mathrm{e}) \tag{3.26}$$

用类比的方法引入量子比特动力旋转品质因子 Q_R 用于描述量子比特 θ 旋转的衰减特性,参照量子比特自由旋转品质因子 Q_0 的计算关系式(3.26)得到 Q_R 的关系式:

$$Q_R = 2\pi N_{\mathrm{rot}}(t = T_C) = \theta \quad (A_{\mathrm{osc}} = A_0/\mathrm{e}) \tag{3.27}$$

（3.26）式与（3.27）式在形式上相似，差别在于：（3.26）式中的N_{rot}表示波函数态矢量沿量子比特球的赤道的旋转圈数，而（3.27）式中的N_{rot}表示态矢量沿量子比特球的子午线的旋转圈数.

3.2　半导体量子点激子量子比特自由旋转品质因子Q_0

3.2.1　双脉冲激发下二能级体系粒子数运动方程

对于两个振动方向相同、幅值相等、频率为ω_L且延时为τ_d的脉冲，总的 Rabi 频率$\Omega(t)$为两个脉冲对应的 Rabi 频率的相干叠加：

$$\Omega(t) = \Omega_1(t) + \Omega_2(t)\mathrm{e}^{\mathrm{i}\omega_L\tau_d} \tag{3.28}$$

根据（3.13）～（3.17）式可以得到

$$
\begin{aligned}
\frac{\mathrm{d}}{\mathrm{d}t}U &= \frac{\mathrm{d}}{\mathrm{d}t}(\widetilde{\rho}_{10} + \widetilde{\rho}_{10}^*)\\
&= -\mathrm{i}\delta(\widetilde{\rho}_{10} - \widetilde{\rho}_{10}^*) - \frac{1}{2}\gamma_{10}(\widetilde{\rho}_{10} + \widetilde{\rho}_{10}^*) + \frac{\mathrm{i}}{2}(\Omega - \Omega^*)(\rho_{11} - \rho_{00})\\
&= -\delta V - \sin(\omega_L\tau_d)\Omega_2 W - \frac{1}{2}\gamma_{10}U
\end{aligned}
\tag{3.29}
$$

$$
\begin{aligned}
\frac{\mathrm{d}}{\mathrm{d}t}V &= \mathrm{i}\frac{\mathrm{d}}{\mathrm{d}t}(\widetilde{\rho}_{10} - \widetilde{\rho}_{10}^*)\\
&= \delta(\widetilde{\rho}_{10} + \widetilde{\rho}_{10}^*) - \frac{1}{2}(\Omega + \Omega^*)(\rho_{11} - \rho_{00}) - \mathrm{i}\frac{1}{2}\gamma_{10}(\widetilde{\rho}_{10} - \widetilde{\rho}_{10}^*)\\
&= \delta U - [\Omega_1 + \Omega_2\cos(\omega_L\tau_d)]W - \frac{1}{2}\gamma_{10}V
\end{aligned}
\tag{3.30}
$$

$$
\begin{aligned}
\frac{\mathrm{d}}{\mathrm{d}t}W &= \frac{\mathrm{d}}{\mathrm{d}t}(\rho_{11} - \rho_{00})\\
&= -\mathrm{i}\Omega\widetilde{\rho}_{01} + \mathrm{i}\Omega^*\widetilde{\rho}_{10} - 2\gamma_{10}\rho_{11}\\
&= \mathrm{i}[(\Omega_1 + \Omega_2\mathrm{e}^{-\mathrm{i}\omega_L\tau_d})\widetilde{\rho}_{10} - (\Omega_1 + \Omega_2\mathrm{e}^{\mathrm{i}\omega_L\tau_d})\widetilde{\rho}_{10}^*] - 2\gamma_{10}\rho_{11}\\
&= \mathrm{i}\Omega_1(\widetilde{\rho}_{10} - \widetilde{\rho}_{10}^*) + \mathrm{i}\Omega_2(\mathrm{e}^{-\mathrm{i}\omega_L\tau_d}\widetilde{\rho}_{10} - \mathrm{e}^{\mathrm{i}\omega_L\tau_d}\widetilde{\rho}_{10}^*) - \gamma_{10}(W + 1)\\
&= [\Omega_1 + \Omega_2\cos(\omega_L\tau_d)]V + \Omega_2\sin(\omega_L\tau_d)U - \gamma_{10}(W + 1)
\end{aligned}
\tag{3.31}
$$

量子计算：基于半导体量子点
Quantum Computation Based on Semiconductor Quantum Dots

方程组(3.29)~(3.31)的矩阵形式为

$$
\frac{\mathrm{d}}{\mathrm{d}t}\begin{bmatrix} U \\ V \\ W \end{bmatrix} = \begin{bmatrix} -1/T_2 & -\delta & -\Omega_2\sin(\omega_L\tau_d) \\ \delta & -1/T_2 & -\Omega_1+\Omega_2\cos(\omega_L\tau_d) \\ \Omega_2\sin(\omega_L\tau_d) & \Omega_1+\Omega_2\cos(\omega_L\tau_d) & -1/T_1 \end{bmatrix}
$$

$$
\cdot \begin{bmatrix} U \\ V \\ W \end{bmatrix} - \begin{bmatrix} 0 \\ 0 \\ 1/T_1 \end{bmatrix} \tag{3.32}
$$

求解(3.32)即可得到双脉冲作用下光学 Bloch 矢量的运动方程.对于共振激发下的无衰减体系,$\delta = 0$,$1/T_2 = 0$,$1/T_1 = 0$,(3.32)式简化为

$$
\frac{\mathrm{d}}{\mathrm{d}t}\begin{bmatrix} U \\ V \\ W \end{bmatrix} = \begin{bmatrix} 0 & 0 & -\Omega_2\sin(\omega_L\tau_d) \\ 0 & 0 & -\Omega_1+\Omega_2\cos(\omega_L\tau_d) \\ \Omega_2\sin(\omega_L\tau_d) & \Omega_1+\Omega_2\cos(\omega_L\tau_d) & 0 \end{bmatrix} \begin{bmatrix} U \\ V \\ W \end{bmatrix}
$$

$$
\tag{3.32'}
$$

当激发场很弱,即 Ω_1,$\Omega_2 \ll 1$ 时,可以得到(3.32′)式的近似解:

$$
W \approx -\cos(\theta_1 + \theta_2\cos\phi_d) \tag{3.33}
$$

其中 θ_1 和 θ_2 分别为第一个脉冲和第二个脉冲的输入脉冲面积,$\phi_d = \omega_L\tau_d$ 为两个脉冲之间的位相延迟,由(3.33)式求得上能级粒子数的关系式:

$$
\rho_{11} = (W+1)/2 \approx \sin^2\big[(1+\cos\phi_d)\theta_1/2\big] \tag{3.34}
$$

其中假设一对激发脉冲的输入脉冲面积相等.注意(3.34)式只有在输入脉冲面积很小时才成立.该式表明 ρ_{11} 随两个脉冲之间的位相延迟 ϕ_d 振荡,当 $\phi_d = 2m\pi(m = 0,1,2,\cdots)$ 时,$\rho_{11} = \sin^2\theta_1$ 取极大值;当 $\phi_d = (2m+1)\pi(m = 0,1,2,\cdots)$ 时,$\rho_{11} = 0$ 取极小值;这正是量子干涉的结果.

对于实际有衰减体系,量子干涉[3]极大值和极小值的包络线的线型与输入脉冲面积有关.当输入脉冲面积较小时,包络线的线型为对称分布;当输入脉冲面积较大时,包络线的线型为非对称分布.

3.2.2　激子量子比特自由旋转及其品质因子 Q_0

在实验中,通过调节两个 $\pi/2$ 脉冲的延时实现 ϕ 旋转.实验采用掺钛蓝宝石脉冲激

光作为激发光源,脉冲宽度为 9.3 ps,脉冲重复频率为 80 MHz. 实验过程中半导体量子点样品恒温在 5 K. 半导体量子点的光致发光信号经过物镜收集后传输到光谱仪,在面阵 CCD 上得到多个量子点在空间和频谱上分立的像. 由 CCD 上像点的光子计数值表示该量子点的光致发光强度,从而得到其激发态的激子数[9,16,19]. 在两个脉冲的间歇期间,波函数态矢量在量子比特的赤道面内做旋转,旋转的位相角 ϕ 与脉冲延时 τ_d 和脉冲激光频率 ω_L 的关系为 $\phi = \omega_L \tau_d$. 经过第二个 $\pi/2$ 脉冲的作用后,激发态 $|1\rangle$ 上的粒子数随位相角 ϕ 的不同而振荡. 当 $\phi = (2m+1)\pi \, (m=0,1,2,\cdots)$ 时,经过第二个 $\pi/2$ 脉冲的作用后系统的态矢量指向量子比特球的南极(如图 3.3(a)所示),此时激发态上的粒子数达到极小值;当 $\phi = 2m\pi \, (m=0,1,2,\cdots)$ 时,经过第二个 $\pi/2$ 脉冲的作用后系统的态矢量指向量子比特球的北极(如图 3.3(b)所示),此时激发态上的粒子数达到极大值.

图 3.3(c)和(d)分别是在两个脉冲的重叠区间和非重叠区间激发态粒子数随位相角 ϕ 在 4π 范围内的振荡关系(点为实验观测值,线为理论拟合值).图 3.3(e)给出了激发态粒子数的极大值和极小值随位相角 ϕ 变化的实验观测点和理论模拟曲线,图中可见,激发态粒子数的极大值与极小值的差随位相角 ϕ 值的增大而呈指数衰减.这种衰减是由量子系统中的退相干效应造成的.当 $\phi \approx 9.8 \times 10^4$ 时(对应时间延迟为 45 ps),粒子数振荡的振幅下降到 $1/e$.由图 3.3(e)可知,该半导体量子点的激子量子比特的自由旋转品质因子 $Q_0 \approx 9.8 \times 10^{4}$[19].

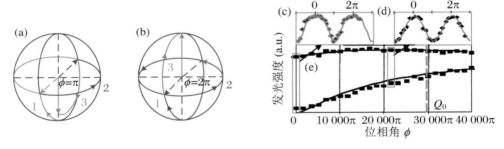

图 3.3　(a)和(b)分别为两个脉冲面积 θ 值为 $\pi/2$,位相延迟为 π 和 2π 的脉冲激发下波函数态矢量运动示意图;(c)和(d)分别为当 ϕ 处于 $(0, 2\pi)$ 和 $(22\,000, 22\,002\pi)$ 范围内时,激发态粒子数随位相 ϕ 旋转的振荡;(e)为粒子数随 ϕ 的振荡包络

对于量子比特的自由旋转(位相 ϕ 旋转),其旋转的频率是二能级的能级间隙 ΔE 所对应的光频率 ω_L.增大能量间隙 ΔE 有利于提高自由旋转品质因子 Q_0 的值.在位相角 ϕ 旋转过程中,激发光场的强度是一个固定值,量子系统的退相干系数是一个与 ϕ 值无关的常量.

3.3 半导体量子点激子量子比特 Rabi 振荡品质因子 Q_R

3.3.1 单个半导体量子点中 10π Rabi 振荡的观测

通过改变脉冲激发场的强度可以操控量子系统波函数态矢量在量子比特球上与极轴的夹角 θ,从而实现量子比特的 θ 旋转,即量子比特的动力旋转.其物理过程的实质就是二能级系统在共振激发下的 Rabi 振荡.而且 θ 角的值正好就是 Rabi 振荡中的脉冲输入面积,它与激发光波的电场强度的关系为 $\theta(t) = (\mu/\hbar)\int_{-\infty}^{t} E(t')\mathrm{d}t'$ [17],其中 μ 为二能级系统的跃迁偶极矩,$E(t)$ 为激发场的电场强度随时间变化的包络函数.对于 ps/fs 锁模脉冲激光,$E(t) = E_0\mathrm{sech}(t/\tau_p)$,$E_0$ 和 τ_p 分别为脉冲的峰值振幅和脉宽.

对于一个无衰减的二能级系统,激发态上的粒子数与脉冲输入面积 θ 的关系为 $\rho_{11} = \sin^2(\theta/2)$,即粒子数随激发光波的电场强度呈周期振荡,当 $\theta = (2m+1)\pi(m = 0,1,2,\cdots)$ 时,激发态粒子达到极大值,系统波函数矢量指向量子比特球的北极(如图 3.4(a)所示);当 $\theta = 2m\pi(m = 0,1,2,\cdots)$ 时,激发态的粒子数达到极小值,系统波函数态矢量指向量子比特球的南极(如图 3.4(b)所示).图 3.4(c)是半导体量子点中激发态粒子数随 θ 的振荡关系,点为实验观测值,实线为光学 Bloch 方程给出的理论模拟曲线.由图 3.4(c)可见,随着 θ 值的增大,Rabi 振荡的振幅指数衰减.通过定量分析得到在 $\theta \approx 6\pi$ 时其 Rabi 振荡的振幅下降到初始值的 1/e.由图 3.4(c)得到该半导体量子点量子比特的动力旋转品质因子 $Q_R \approx 18$ [19].

造成 Rabi 振荡的振幅衰减的原因是半导体量子点体系中退相干效应随着激发光波的电场强度的增加(即 θ 值增加)而迅速增大.对于量子比特的动力旋转(θ 旋转),其旋转频率是 Rabi 振荡频率 Ω,而 Rabi 频率与二能级之间的跃迁偶极矩 μ 成正比.由于 Rabi 振荡频率远远小于位相旋转的频率,因此动力旋转品质 Q_R 远远小于自由旋转品质因子 Q_0.由于造成 Rabi 振荡振幅随 θ 增加而衰减的关键因素是系统退相干系数随光场而变化的增量,因此在保持相同 θ 值的条件下,通过适当增加激发脉冲宽度而降低激发光场强度将有利于获得较高的动力旋转品质因子 Q_R.

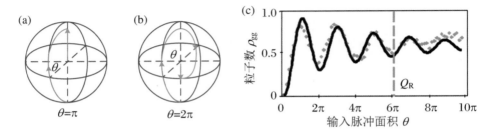

图 3.4　(a)和(b)分别为 θ 由 0 增加到 π 和 2π 时系统波函数态矢量旋转示意图;(c)为 θ 由 0 增加到 10π 时激发态粒子数的振荡曲线

3.3.2　激发脉冲宽度对 Rabi 振荡品质因子 Q_R 的影响

当激发光脉冲宽度不同时,量子点中 Rabi 振荡衰减特性也不相同,图 3.5(a)为不同脉宽下 Rabi 振荡的实验结果以及相应理论模拟[16].可见,随着脉冲宽度的增加,Rabi 振荡的周期增多,Rabi 振荡的衰减速率明显减小.当脉冲宽度为 5.4 ps 时,Rabi 振荡周期大约为 7.5π;而当脉冲宽度增加到 9.3 ps 时,Rabi 振荡的周期大约为 10π.图 3.5(b)显示了 Rabi 振荡品质因子随激发脉冲宽度的变化情况,这个实验结果定性地判断在半导

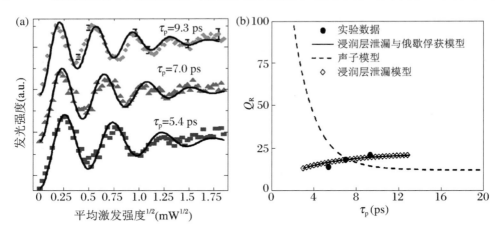

图 3.5　(a) 不同激发脉冲宽度时,量子点中 Rabi 振荡的振荡特性;(b) 品质因子随激发脉冲宽度的变化

体量子点中主要退相干机制不是声子过程[11,20-23]（因为声子退相干模型得到的结论是 Q_R 随脉冲宽度增大而减小[11]）.

3.4 Rabi 振荡退相干机制的分析

3.4.1 浸润层泄漏与 Auger 俘获的影响

在生长 InGaAs 自组织量子点时,通常先在基底上生长一薄层浸润层.量子点与浸润层相连,因此量子点与浸润层之间存在相互作用[24-31].当考虑浸润层能级的影响时,其能级结构如图 3.6 所示,其中 $|w\rangle$ 为浸润层连续能级.在光场作用下,量子点中激子主要被激发到激子激发态 $|e\rangle$,同时一部分激子从真空态激发到浸润层,即粒子数泄漏到浸润层,其泄漏速率为[27]

$$\gamma_{vw} = \pi \rho_{\mathrm{WL}} \mu_{\mathrm{WL}}^2 E^2(t)/(2\hbar) \tag{3.35}$$

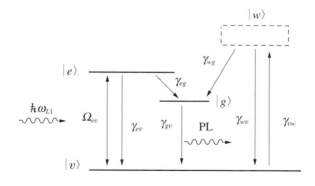

图 3.6 含浸润层能级的四能级体系

其中 μ_{WL} 是浸润层和真空态之间的跃迁偶极距,$\rho_{\mathrm{WL}} = 2\Gamma_w/[\pi(\Gamma_w^2 + 4\delta_w^2)]$ 是浸润层的态密度,Γ_w 是浸润层的能级展宽,δ_w 是浸润层的失谐量,其大小为几十到几百毫电子伏特,$E(t)$ 为电场振幅.同时,浸润层中的粒子也可通过 Auger 等过程被激子基态俘获而回到量子点系统中,其俘获速率由 γ_{wv} 描述.粒子数俘获有两种方式[26-31]（见图 3.7）:

① 浸润层中较低能级上的一个电子(空穴)跃迁到浸润层更高能级,同时另外一个电子(空穴)衰减到量子点的激子基态,见图 3.7(a);② 浸润层中的一个电子(空穴)衰减到量子点的激子基态,同时量子点激子基态中的一个空穴(电子)跃迁到更高的能级,见图 3.7(b).

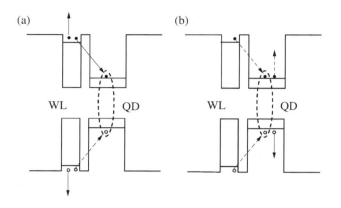

图 3.7　半导体量子点中激子 Auger 俘获两种途径示意图

系统的相互作用哈密顿量为

$$\hat{H}^{(i)} = \frac{1}{2}\hbar\big[\hat{\sigma}_{ev}^{(i)}(t)\Omega_{ev}(t)\mathrm{e}^{-\mathrm{i}\omega_{L1}t} + \mathrm{h.c.}\big] \tag{3.36}$$

其中上标(i)表示相互作用表象,$\Omega_{ev}(t)\mathrm{e}^{-\mathrm{i}\omega_{L1}t}$是$|e\rangle \sim |v\rangle$之间跃迁的 Rabi 频率,$\omega_{L1}$是激发光场的频率.$\hat{\sigma}_{mn}^{(i)} = \hat{\sigma}_{mn}\mathrm{e}^{\mathrm{i}\omega_{mn}t}$是偶极跃迁算符,$\hat{\sigma}_{mn} = |m\rangle\langle n|$是 Schrödinger 表象中的偶极跃迁算符,ω_{mn}是$|m\rangle$与$|n\rangle$之间的跃迁频率.

系统的主方程为

$$\frac{\mathrm{d}}{\mathrm{d}t}\hat{\rho} = -(\mathrm{i}/\hbar)[\hat{H}^{(i)},\hat{\rho}] + L(\hat{\rho}) \tag{3.37}$$

其中$L(\hat{\rho})$为系统的耗散项,其表达式为

$$
\begin{aligned}
L(\hat{\rho}) = \frac{1}{2}\big[&\gamma_{eg}(2\hat{\sigma}_{ge}^{(i)}\hat{\rho}\hat{\sigma}_{eg}^{(i)} - \hat{\sigma}_{ee}\hat{\rho} - \hat{\rho}\hat{\sigma}_{ee}) \\
&+ \gamma_{vw}(2\hat{\sigma}_{wv}^{(i)}\hat{\rho}\hat{\sigma}_{vw}^{(i)} - \hat{\sigma}_{vv}\hat{\rho} - \hat{\rho}\hat{\sigma}_{vv}) \\
&+ \gamma_{ev}(2\hat{\sigma}_{ve}^{(i)}\hat{\rho}\hat{\sigma}_{ev}^{(i)} - \hat{\sigma}_{ee}\hat{\rho} - \hat{\rho}\hat{\sigma}_{ee}) \\
&+ \gamma_{gv}(2\hat{\sigma}_{vg}^{(i)}\hat{\rho}\hat{\sigma}_{gv}^{(i)} - \hat{\sigma}_{gg}\hat{\rho} - \hat{\rho}\hat{\sigma}_{gg}) \\
&+ \gamma_{wg}(2\hat{\sigma}_{gw}^{(i)}\hat{\rho}\hat{\sigma}_{wg}^{(i)} - \hat{\sigma}_{ww}\hat{\rho} - \hat{\rho}\hat{\sigma}_{ww})
\end{aligned}
$$

$$+ \gamma_{wv} (2 \hat{\sigma}_{vw}^{(i)} \hat{\rho} \hat{\sigma}_{wv}^{(i)} - \hat{\sigma}_{ww} \hat{\rho} - \hat{\rho} \hat{\sigma}_{ww})] \tag{3.38}$$

$\gamma_{ij} (i, j = e, g, v, w)$ 表示从 $|i\rangle$ 态到 $|j\rangle$ 态的弛豫速率. 其中 γ_{vw} 为激子泄漏速率, γ_{wg} 为激子俘获速率, 上式中忽略了纯位相退相干(pure dephasing)项.

由方程(3.36)~(3.38)可得系统的粒子数运动方程为(推导参见附录3.1)

$$\frac{\mathrm{d}}{\mathrm{d}t} \rho_{vv} = -\frac{\mathrm{i}}{2} \Omega_{ev} (\tilde{\rho}_{ev} - \tilde{\rho}_{ve}) + \gamma_{gv} \rho_{gg} + \gamma_{wv} \rho_{ww} - \gamma_{vw} \rho_{vv} + \gamma_{ev} \rho_{ee};$$

$$\frac{\mathrm{d}}{\mathrm{d}t} \rho_{ee} = -\frac{\mathrm{i}}{2} \Omega_{ev} (\tilde{\rho}_{ve} - \tilde{\rho}_{ev}) - (\gamma_{eg} + \gamma_{ev}) \rho_{ee};$$

$$\frac{\mathrm{d}}{\mathrm{d}t} \rho_{gg} = -\gamma_{gv} \rho_{gg} + \gamma_{eg} \rho_{ee} + \gamma_{wg} \rho_{ww};$$

$$\frac{\mathrm{d}}{\mathrm{d}t} \rho_{ww} = -(\gamma_{wg} + \gamma_{wv}) \rho_{ww} + \gamma_{vw} \rho_{vv};$$

$$\frac{\mathrm{d}}{\mathrm{d}t} \tilde{\rho}_{ve} = \mathrm{i} \delta_{ev} \tilde{\rho}_{ve} + \frac{\mathrm{i}}{2} \Omega_{ev} (\rho_{vv} - \rho_{ee}) - \frac{1}{2} (\gamma_{eg} + \gamma_{ev} + \gamma_{vw}) \tilde{\rho}_{ve};$$

$$\frac{\mathrm{d}}{\mathrm{d}t} \tilde{\rho}_{ev} = -\mathrm{i} \delta_{ev} \tilde{\rho}_{ev} - \frac{\mathrm{i}}{2} \Omega_{ev} (\rho_{vv} - \rho_{ee}) - \frac{1}{2} (\gamma_{eg} + \gamma_{ev} + \gamma_{vw}) \tilde{\rho}_{ev} \tag{3.39}$$

同理可定义粒子数赝矢量 $\boldsymbol{\rho} = \{ \rho_{vv}, \rho_{ee}, \rho_{gg}, \rho_{ww}, \tilde{\rho}_{ve}, \tilde{\rho}_{ev} \}$, 则(3.39)式可简化为

$$\frac{\mathrm{d}}{\mathrm{d}t} \boldsymbol{\rho}(t) = \boldsymbol{M}^{(\rho)}(t) \boldsymbol{\rho}(t) - \boldsymbol{\Gamma}^{(\rho)} \boldsymbol{\rho}(t) \tag{3.40}$$

其中

$$\boldsymbol{M}^{(\rho)}(t) = \frac{\mathrm{i}}{2} \begin{bmatrix} 0 & 0 & 0 & 0 & \Omega_{ev} & -\Omega_{ev} \\ 0 & 0 & 0 & 0 & -\Omega_{ev} & \Omega_{ev} \\ 0 & 0 & 0 & 0 & 0 & 0 \\ 0 & 0 & 0 & 0 & 0 & 0 \\ \Omega_{ev} & -\Omega_{ev} & 0 & 0 & 2\delta_{ev} & 0 \\ -\Omega_{ev} & \Omega_{ev} & 0 & 0 & 0 & -2\delta_{ev} \end{bmatrix} \tag{3.41}$$

$$\boldsymbol{\Gamma}^{(\rho)} = \begin{bmatrix} \gamma_{vw} & -\gamma_{ev} & -\gamma_{gv} & -\gamma_{wv} & 0 & 0 \\ 0 & \gamma_{eg} + \gamma_{ev} & 0 & 0 & 0 & 0 \\ 0 & -\gamma_{eg} & \gamma_{gv} & -\gamma_{wg} & 0 & 0 \\ -\gamma_{vw} & 0 & 0 & \gamma_{wg} + \gamma_{wv} & 0 & 0 \\ 0 & 0 & 0 & 0 & \dfrac{\gamma_{eg} + \gamma_{ev} + \gamma_{vw}}{2} & 0 \\ 0 & 0 & 0 & 0 & 0 & \dfrac{\gamma_{eg} + \gamma_{ev} + \gamma_{vw}}{2} \end{bmatrix} \tag{3.42}$$

图 3.8 中,圆点表示实验测得的数据,虚线表示仅考虑泄漏过程得到的 Rabi 振荡.可见,仅考虑粒子从量子点向浸润层的泄漏可以得到与实验相符的振荡衰减速率,但是由于粒子泄漏导致量子点中激子基态的粒子数平均值减少,在理论曲线中表现为粒子数振荡后沿下降,与实验不符,因此仅考虑粒子从量子点向浸润层的泄漏也不足以解释量子点中的退相干现象.

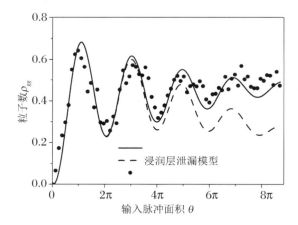

图 3.8 同时考虑量子点向浸润层的泄漏以及从浸润层回到量子点所得粒子数振荡随入射脉冲面积的变化

圆点为实验数据,实线为理论计算结果.

同时考虑粒子从量子点向浸润层的泄漏以及从浸润层通过 Auger 俘获等过程回到量子点的过程,这一过程往往与浸润层粒子数相关,浸润层粒子数越多,俘获效率越高,浸润层粒子数越少,俘获效率越低.设此俘获速率与浸润层粒子数成正比,即[25]

$$\gamma_{wg} = C\rho_{ww} \tag{3.43}$$

其中 C 为 Auger 俘获常数,则粒子数振荡随入射脉冲面积的变化如图 3.9 中实线所示.显然,不但粒子数振荡衰减与实验符合良好,而且振荡后沿也与实验结果非常吻合.可见,浸润层与量子点的相互作用中,粒子的运动是双向的:一方面,在光场激发下,一部分粒子会泄漏到浸润层;另一方面,浸润层中的粒子也会通过 Auger 等渠道回到量子点中,参与量子点中激子基态的退相干过程.

因此,粒子从量子点向浸润层的泄漏以及从浸润层回到量子点的过程是非常重要的退相干机制,而浸润层是导致量子点中退相干现象的重要因素之一.

考虑浸润层能级对量子点激子 Rabi 振荡品质因子 Q_R 的影响,可以得到不同入射脉冲宽度时 Rabi 振荡品质因子 Q_R 的变化趋势,如图 3.9 所示.其中,圆点表示实验数据;

虚线为声子退相干导致的 Rabi 振荡品质因子 Q_R 随入射脉冲宽度的变化[20]；菱形表示仅考虑粒子从量子点向浸润层的泄漏；若同时考虑粒子从浸润层回到量子点的俘获过程，所得结果由实线表示.

由图 3.9 可见，声子退相干导致的 Q_R 随脉宽的变化与实验数据相反，所以这种情况之下，声子不是主要的退相干机制.考虑浸润层之后的理论模拟结果中，Q_R 随脉宽的增大而增加，与实验数据符合良好，即从 Rabi 振荡品质因子这一方面来看，浸润层退相干也是主要退相干机制之一.

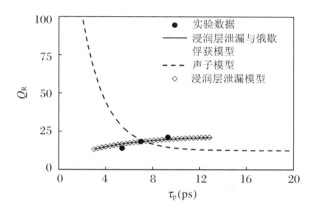

图 3.9　各种退相干机制下，Rabi 振荡品质因子 Q_R 随入射脉冲宽度的变化

3.4.2　双激子的影响

不考虑浸润层等外部跃迁，只考虑双激子跃迁对粒子数的影响，能级结构如图 3.10 所示.

在旋转波近似下，相互作用表象中系统的哈密顿量为

$$\hat{H}^{(i)} = \frac{1}{2}\hbar\big[\hat{\sigma}_{ev}^{(i)}(t)\Omega_{ev}(t)e^{-i\omega_{L1}t} + \hat{\sigma}_{be}^{(i)}(t)\Omega_{be}(t)e^{-i\omega_{L2}t} + \text{h.c.}\big] \quad (3.44)$$

其中上标 (i) 表示相互作用表象，$\Omega_{ev}(t)e^{-i\omega_{L1}t}$，$\Omega_{be}(t)e^{-i\omega_{L2}t}$ 分别是 $|e\rangle \sim |v\rangle$，$|b\rangle \sim |e\rangle$ 之间跃迁的 Rabi 频率，ω_{L1}，ω_{L2} 是激发光场的频率.$\hat{\sigma}_{mn}^{(i)} = \hat{\sigma}_{mn}e^{i\omega_{mn}t}$ 是偶极跃迁算符，$\hat{\sigma}_{mn} = |m\rangle\langle n|$ 是 Schrödinger 表象中的偶极跃迁算符，ω_{mn} 是 $|m\rangle$ 与 $|n\rangle$ 之间的跃迁频率.

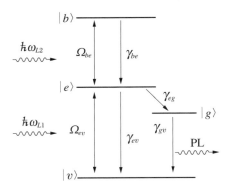

图 3.10　双激子-激子四能级体系

系统的主方程为

$$\frac{\mathrm{d}}{\mathrm{d}t}\hat{\rho} = -(\mathrm{i}/\hbar)\big[\hat{H}^{(i)},\hat{\rho}\big] + L(\hat{\rho}) \tag{3.45}$$

其中 $L(\hat{\rho})$ 为系统的耗散项，其表达式为

$$\begin{aligned}
L(\hat{\rho}) = \frac{1}{2}\big[&\gamma_{be}(2\,\hat{\sigma}_{eb}^{(i)}\hat{\rho}\,\hat{\sigma}_{be}^{(i)} - \hat{\sigma}_{bb}\hat{\rho} - \hat{\rho}\,\hat{\sigma}_{bb}) \\
&+ \gamma_{eg}(2\,\hat{\sigma}_{ge}^{(i)}\hat{\rho}\,\hat{\sigma}_{eg}^{(i)} - \hat{\sigma}_{ee}\hat{\rho} - \hat{\rho}\,\hat{\sigma}_{ee}) \\
&+ \gamma_{ev}(2\,\hat{\sigma}_{ve}^{(i)}\hat{\rho}\,\hat{\sigma}_{ev}^{(i)} - \hat{\sigma}_{ee}\hat{\rho} - \hat{\rho}\,\hat{\sigma}_{ee}) \\
&+ \gamma_{gv}(2\,\hat{\sigma}_{vg}^{(i)}\hat{\rho}\,\hat{\sigma}_{gv}^{(i)} - \hat{\sigma}_{gg}\hat{\rho} - \hat{\rho}\,\hat{\sigma}_{gg})\big]
\end{aligned} \tag{3.46}$$

$\gamma_{ij}(i,j = b,e,g,v)$ 表示从 $|i\rangle$ 态到 $|j\rangle$ 态的弛豫速率. 该体系的粒子数运动方程为

$$\frac{\mathrm{d}}{\mathrm{d}t}\rho_{vv} = -\frac{\mathrm{i}}{2}\Omega_{ev}(\tilde{\rho}_{ev} - \tilde{\rho}_{ve}) + \gamma_{gv}\rho_{gg} + \gamma_{ev}\rho_{ee};$$

$$\frac{\mathrm{d}}{\mathrm{d}t}\rho_{ee} = -\frac{\mathrm{i}}{2}\Omega_{ev}(\tilde{\rho}_{ve} - \tilde{\rho}_{ev}) - \frac{\mathrm{i}}{2}\Omega_{be}(\tilde{\rho}_{be} - \tilde{\rho}_{eb})$$
$$\qquad + \gamma_{be}\rho_{bb} - (\gamma_{eg} + \gamma_{ev})\rho_{ee};$$

$$\frac{\mathrm{d}}{\mathrm{d}t}\rho_{gg} = -\gamma_{gv}\rho_{gg} + \gamma_{eg}\rho_{ee};$$

$$\frac{\mathrm{d}}{\mathrm{d}t}\rho_{bb} = -\frac{\mathrm{i}}{2}\Omega_{be}(\tilde{\rho}_{eb} - \tilde{\rho}_{be}) - \gamma_{be}\rho_{bb};$$

$$\frac{\mathrm{d}}{\mathrm{d}t}\tilde{\rho}_{ve} = \mathrm{i}\delta_{ev}\tilde{\rho}_{ve} + \frac{\mathrm{i}}{2}(\Omega_{be}\tilde{\rho}_{vb} + \Omega_{ev}\rho_{vv} - \Omega_{ev}\rho_{ee})$$
$$\qquad - \frac{1}{2}(\gamma_{ev} + \gamma_{eg})\tilde{\rho}_{ve};$$

$$\frac{\mathrm{d}}{\mathrm{d}t}\tilde{\rho}_{ev} = -\mathrm{i}\delta_{ev}\tilde{\rho}_{ev} - \frac{\mathrm{i}}{2}(\Omega_{be}\tilde{\rho}_{bv} + \Omega_{ev}\rho_{vv} - \Omega_{ev}\rho_{ee})$$
$$-\frac{1}{2}(\gamma_{ev} + \gamma_{eg})\tilde{\rho}_{ev};$$

$$\frac{\mathrm{d}}{\mathrm{d}t}\tilde{\rho}_{eb} = \mathrm{i}\delta_{be}\tilde{\rho}_{eb} - \frac{\mathrm{i}}{2}(\Omega_{be}\rho_{bb} + \Omega_{ev}\tilde{\rho}_{vb} - \Omega_{be}\rho_{ee})$$
$$-\frac{1}{2}(\gamma_{ev} + \gamma_{be} + \gamma_{eg})\tilde{\rho}_{eb};$$

$$\frac{\mathrm{d}}{\mathrm{d}t}\tilde{\rho}_{be} = -\mathrm{i}\delta_{be}\tilde{\rho}_{be} + \frac{\mathrm{i}}{2}(\Omega_{be}\rho_{bb} + \Omega_{ev}\tilde{\rho}_{bv} - \Omega_{be}\rho_{ee})$$
$$-\frac{1}{2}(\gamma_{ev} + \gamma_{be} + \gamma_{eg})\tilde{\rho}_{be};$$

$$\frac{\mathrm{d}}{\mathrm{d}t}\tilde{\rho}_{vb} = \mathrm{i}(\delta_{be} + \delta_{ev})\tilde{\rho}_{vb} + \frac{\mathrm{i}}{2}(\Omega_{be}\tilde{\rho}_{ve} - \Omega_{ev}\tilde{\rho}_{eb})$$
$$-\frac{1}{2}\gamma_{be}\tilde{\rho}_{vb};$$

$$\frac{\mathrm{d}}{\mathrm{d}t}\tilde{\rho}_{bv} = -\mathrm{i}(\delta_{be} + \delta_{ev})\tilde{\rho}_{bv} - \frac{\mathrm{i}}{2}(\Omega_{be}\tilde{\rho}_{ev} - \Omega_{ev}\tilde{\rho}_{be})$$
$$-\frac{1}{2}\gamma_{be}\tilde{\rho}_{bv} \tag{3.47}$$

定义粒子数赝矢量 $\boldsymbol{\rho} = \{\rho_{vv}, \rho_{ee}, \rho_{gg}, \rho_{bb}, \tilde{\rho}_{ve}, \tilde{\rho}_{ev}, \tilde{\rho}_{eb}, \tilde{\rho}_{be}, \tilde{\rho}_{vb}, \tilde{\rho}_{bv}\}$，则(3.47)式可简化为

$$\frac{\mathrm{d}}{\mathrm{d}t}\boldsymbol{\rho}(t) = \boldsymbol{M}^{(\rho)}(t)\boldsymbol{\rho}(t) - \boldsymbol{\Gamma}^{(\rho)}\boldsymbol{\rho}(t) \tag{3.48}$$

其中

$$\boldsymbol{M}^{(\rho)}(t) = \frac{\mathrm{i}}{2}\begin{pmatrix} 0 & 0 & 0 & 0 & \Omega_{ev} & -\Omega_{ev} & 0 & 0 & 0 & 0 \\ 0 & 0 & 0 & 0 & -\Omega_{ev} & \Omega_{ev} & \Omega_{be} & -\Omega_{be} & 0 & 0 \\ 0 & 0 & 0 & 0 & 0 & 0 & 0 & 0 & 0 & 0 \\ 0 & 0 & 0 & 0 & 0 & 0 & -\Omega_{be} & \Omega_{be} & 0 & 0 \\ \Omega_{ev} & -\Omega_{ev} & 0 & 0 & 2\delta_{ev} & 0 & 0 & 0 & \Omega_{be} & 0 \\ -\Omega_{ev} & \Omega_{ev} & 0 & 0 & 0 & -2\delta_{ev} & 0 & 0 & 0 & -\Omega_{be} \\ 0 & \Omega_{be} & 0 & -\Omega_{be} & 0 & 0 & 2\delta_{be} & 0 & -\Omega_{ev} & 0 \\ 0 & -\Omega_{be} & 0 & \Omega_{be} & 0 & 0 & 0 & -2\delta_{be} & 0 & \Omega_{ev} \\ 0 & 0 & 0 & 0 & \Omega_{be} & 0 & -\Omega_{ev} & 0 & 2(\delta_{ev} + \delta_{be}) & 0 \\ 0 & 0 & 0 & 0 & 0 & -\Omega_{be} & 0 & \Omega_{ev} & 0 & -2(\delta_{ev} + \delta_{be}) \end{pmatrix} \tag{3.49}$$

$$\boldsymbol{\Gamma}^{(\rho)} = \begin{pmatrix} 0 & -\gamma_{ev} & -\gamma_{gv} & 0 & 0 & 0 & 0 & 0 & 0 & 0 \\ 0 & \gamma_{ev}+\gamma_{eg} & 0 & -\gamma_{be} & 0 & 0 & 0 & 0 & 0 & 0 \\ 0 & -\gamma_{eg} & \gamma_{gv} & 0 & 0 & 0 & 0 & 0 & 0 & 0 \\ 0 & 0 & 0 & \gamma_{be} & 0 & 0 & 0 & 0 & 0 & 0 \\ 0 & 0 & 0 & 0 & \dfrac{\gamma_{ev}+\gamma_{eg}}{2} & 0 & 0 & 0 & 0 & 0 \\ 0 & 0 & 0 & 0 & 0 & \dfrac{\gamma_{ev}+\gamma_{eg}}{2} & 0 & 0 & 0 & 0 \\ 0 & 0 & 0 & 0 & 0 & 0 & \dfrac{\gamma_{ev}+\gamma_{be}+\gamma_{eg}}{2} & 0 & 0 & 0 \\ 0 & 0 & 0 & 0 & 0 & 0 & 0 & \dfrac{\gamma_{ev}+\gamma_{be}+\gamma_{eg}}{2} & 0 & 0 \\ 0 & 0 & 0 & 0 & 0 & 0 & 0 & 0 & \dfrac{\gamma_{be}}{2} & 0 \\ 0 & 0 & 0 & 0 & 0 & 0 & 0 & 0 & 0 & \dfrac{\gamma_{be}}{2} \end{pmatrix} \tag{3.50}$$

根据(3.47)式,并取双激子的失谐量 $\delta_{be} = 2\,\mathrm{meV}$,激子激发态的失谐量 δ_{ev} 为零,可得此体系中激子基态的粒子数振荡随入射脉冲面积的变化,如图 3.11 所示.

由图 3.11 可见,当激发脉冲宽度 $\tau_p = 7.0\,\mathrm{ps}$ 时,由于频谱太窄,双激子态的失谐量太大,双激子对 Rabi 振荡衰减的影响非常有限,基本上不引起激子基态上 Rabi 振荡振幅的变化.因此,当 $\tau_p > 5.0\,\mathrm{ps}$ 时,双激子对 Rabi 振荡退相干的贡献可以忽略不计[27].

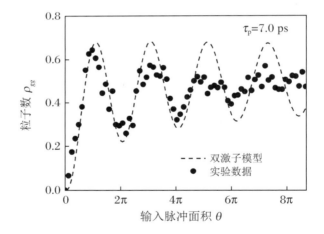

图 3.11 双激子-激子体系中粒子数振荡随入射脉冲面积的变化

圆点为实验数据,虚线为理论计算结果. $\delta_{be} = 2\,\mathrm{meV}$,$\delta_{ev} = 0$,$\tau_p = 7.0\,\mathrm{ps}$.

3.4.3　纯位相退相干的影响

以上两小节讨论了粒子数多能级跃迁对 Rabi 振荡衰减的影响.本小节讨论纯位相退相干对 Rabi 振荡衰减的影响.相对于多能级跃迁而言,纯位相退相干的粒子数运动方程要简单一些.

考虑如图 3.12 所示的一个含激发态的三能级体系:真空态$|v\rangle$、激子激发态$|e\rangle$和激子基态$|g\rangle$.在光场 $\hbar\omega_{L1}$ 的作用下,激子从真空态$|v\rangle$被激发到激发态$|e\rangle$,一部分无辐射弛豫到激子基态$|g\rangle$,然后复合发光,另一部分直接无辐射弛豫回到真空态.

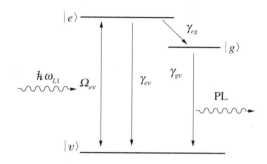

图 3.12　三能级结构示意图

系统的相互作用哈密顿量为

$$\hat{H}^{(i)} = \frac{1}{2}\hbar\big[\hat{\sigma}_{ev}^{(i)}(t)\Omega_{ev}(t)\mathrm{e}^{-\mathrm{i}\omega_{L1}t} + \mathrm{h.c.}\big] \tag{3.51}$$

其中上标(i)表示相互作用表象,$\Omega_{ev}(t)\mathrm{e}^{-\mathrm{i}\omega_{L1}t}$ 是$|e\rangle\sim|v\rangle$之间跃迁的 Rabi 频率,ω_{L1}是激发光场的频率.$\hat{\sigma}_{mn}^{(i)} = \hat{\sigma}_{mn}\mathrm{e}^{\mathrm{i}\omega_{mn}t}$ 是偶极跃迁算符,$\hat{\sigma}_{mn}$是 Schrödinger 表象中的偶极跃迁算符,ω_{mn}是$|m\rangle$与$|n\rangle$之间的跃迁频率.

系统的主方程为

$$\frac{\mathrm{d}}{\mathrm{d}t}\hat{\rho} = -(\mathrm{i}/\hbar)\big[\hat{H}^{(i)},\hat{\rho}\big] + L(\hat{\rho}) \tag{3.52}$$

其中 $L(\hat{\rho})$为系统的耗散项,其表达式为

$$L(\hat{\rho}) = \frac{1}{2}\big[\gamma_{eg}(2\,\hat{\sigma}_{ge}^{(i)}\hat{\rho}\,\hat{\sigma}_{eg}^{(i)} - \hat{\sigma}_{ee}\hat{\rho} - \hat{\rho}\,\hat{\sigma}_{ee})$$

$$+ \gamma_{gv}(2\hat{\sigma}_{vg}^{(i)}\hat{\rho}\hat{\sigma}_{gv}^{(i)} - \hat{\sigma}_{gg}\hat{\rho} - \hat{\rho}\hat{\sigma}_{gg})$$

$$+ \gamma_{ev}(2\hat{\sigma}_{ve}^{(i)}\hat{\rho}\hat{\sigma}_{ev}^{(i)} - \hat{\sigma}_{ee}\hat{\rho} - \hat{\rho}\hat{\sigma}_{ee})] \tag{3.53}$$

$\gamma_{ij}(i,j=e,g,v)$ 表示从 $|i\rangle$ 态到 $|j\rangle$ 态的弛豫速率. 考虑纯位相退相干 γ_{ph} 的影响, 可以得到包含纯位相退相干 γ_{ph} 的粒子数运动方程为

$$\frac{\mathrm{d}}{\mathrm{d}t}\rho_{vv} = -\frac{\mathrm{i}}{2}\Omega_{ev}(\tilde{\rho}_{ev} - \tilde{\rho}_{ve}) + \gamma_{ev}\rho_{ee} + \gamma_{gv}\rho_{gg};$$

$$\frac{\mathrm{d}}{\mathrm{d}t}\rho_{ee} = -\frac{\mathrm{i}}{2}\Omega_{ev}(\tilde{\rho}_{ve} - \tilde{\rho}_{ev}) - (\gamma_{eg} + \gamma_{ev})\rho_{ee};$$

$$\frac{\mathrm{d}}{\mathrm{d}t}\rho_{gg} = -\gamma_{gv}\rho_{gg} + \gamma_{eg}\rho_{ee};$$

$$\frac{\mathrm{d}}{\mathrm{d}t}\tilde{\rho}_{ve} = \mathrm{i}\delta_{ev}\tilde{\rho}_{ve} + \frac{\mathrm{i}}{2}\Omega_{ev}(\rho_{vv} - \rho_{ee}) - \frac{1}{2}(\gamma_{eg} + \gamma_{ev} + \gamma_{ph})\tilde{\rho}_{ve};$$

$$\frac{\mathrm{d}}{\mathrm{d}t}\tilde{\rho}_{ev} = -\mathrm{i}\delta_{ev}\tilde{\rho}_{ev} - \frac{\mathrm{i}}{2}\Omega_{ev}(\rho_{vv} - \rho_{ee}) - \frac{1}{2}(\gamma_{eg} + \gamma_{ev} + \gamma_{ph})\tilde{\rho}_{ev} \tag{3.54}$$

定义粒子数赝矢量 $\boldsymbol{\rho} = \{\rho_{vv}, \rho_{ee}, \rho_{gg}, \tilde{\rho}_{ve}, \tilde{\rho}_{ev}\}$, 则 (3.54) 式简化为

$$\frac{\mathrm{d}}{\mathrm{d}t}\boldsymbol{\rho}(t) = \boldsymbol{M}^{(\rho)}(t)\boldsymbol{\rho}(t) - \boldsymbol{\Gamma}^{(\rho)}\boldsymbol{\rho}(t) \tag{3.55}$$

$$\boldsymbol{M}^{(\rho)}(t) = \frac{\mathrm{i}}{2}\begin{pmatrix} 0 & 0 & 0 & \Omega_{ev} & -\Omega_{ev} \\ 0 & 0 & 0 & -\Omega_{ev} & \Omega_{ev} \\ 0 & 0 & 0 & 0 & 0 \\ \Omega_{ev} & -\Omega_{ev} & 0 & 2\delta_{ev} & 0 \\ -\Omega_{ev} & \Omega_{ev} & 0 & 0 & -2\delta_{ev} \end{pmatrix} \tag{3.56}$$

$$\boldsymbol{\Gamma}^{(\rho)} = \begin{pmatrix} 0 & -\gamma_{ev} & -\gamma_{gv} & 0 & 0 \\ 0 & \gamma_{eg} + \gamma_{ev} & 0 & 0 & 0 \\ 0 & -\gamma_{eg} & -\gamma_{gv} & 0 & 0 \\ 0 & 0 & 0 & \frac{1}{2}(\gamma_{eg} + \gamma_{ev} + \gamma_{ph}) & 0 \\ 0 & 0 & 0 & 0 & \frac{1}{2}(\gamma_{eg} + \gamma_{ev} + \gamma_{ph}) \end{pmatrix} \tag{3.57}$$

考虑到 Rabi 振荡的振幅随激发光强增大而减小, 我们在纯位相退相干因子 γ_{ph} 中引入与强度相关的项, 即 $\gamma_{ph} = \gamma_{ph0} + CI/\tau_{p}$, 其中 γ_{ph0} 为由量子点本身性质决定的内禀纯位相退相干[11-16], CI/τ_{p} 为强度相关项. 将此关系式代入 (3.54) 式中进行理论模拟, 所得粒子数振荡曲线如图 3.13 中实线所示, 这种模型的计算结果也可以较好地拟合实验结果.

而且，γ_{ph} 强度相关模型计算的量子点 Rabi 振荡品质因子随脉冲宽度的变化与实验结果也符合得非常好.我们并不认为实际量子点中在 10 K 以下时有这样强的纯位相退相干效应.本节理论分析表明：复杂的浸润层等多能级跃迁与简单的三能级体系中强度相关纯位相退相干引起的 Rabi 振荡衰减的特性是相同的.因此，当只考虑粒子数随入射场的变化时，可以用简单的纯位相退相干模型来等效地分析复杂的多能级跃迁体系的 Rabi 振荡衰减特性.

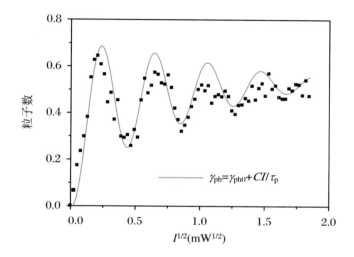

图 3.13　γ_{ph} 强度相关时 Rabi 振荡理论计算结果(实线)与实验结果(小方点)

　　计算参数：$\tau_p = 7.0$ ps，$\gamma_{eg} = 0.044\ 4$ ps^{-1}，$\gamma_{gv} = 0.005$ ps^{-1}，$\gamma_{ev} = 0.005$ ps^{-1}，$\gamma_{ph} = 0 + 6.28 I/\tau_p$ ps^{-1}.

参考文献

[1] Chen P, Piermarocchi C, Sham L J. Control of Exciton Dynamics in Nanodots for Quantum Operations[J]. Phys. Rev. Lett., 2001，87(067401).

[2] Stievater T H, Li X Q, Steel D G, et al. Rabi Oscillations of Excitons in Single Quantum Dots[J]. Phys. Rev. Lett., 2001，87(133603).

[3] Htoon H, Takagahara T, Kulik D, et al. Interplay of Rabi Oscillations and Quantum Interference in Semiconductor Quantum Dots[J]. Phys. Rev. Lett., 2002，88(087401).

[4] Zrenner A，Beham E，Stufler S，et al. Coherent Properties of a Two Level System Based on a Quantum Dot Photodiode[J]. Nature，2002，418(612).

[5] Borri P，Langbein W，Schneider S，et al. Rabi Oscillations in the Excitonic Ground State Transition of InGaAs Quantum Dots[J]. Phys. Rev.，2002，B 66(081306(R)).

[6] Kamada H，Gotoh H，Temmyo J，et al. Exciton Rabi Oscillation in a Single Quantum Dot[J]. Phys. Rev. Lett.，2001，87(246401).

[7] Li X Q，Wu Y W，Steel D，et al. An all Optical Quantum Gate in a Semiconductor Quantum Dot [J]. Science，2003，301(809).

[8] Piermarocchi C，Chen P C，Dale Y S，et al. Theory of Fast Quantum Control of Exciton Dynamics in Semiconductor Quantum Dots[J]. Phys. Rev.，2002，B 65(075307).

[9] Wang Q Q，Muller A，Cheng M T，et al. Coherent Control of a V Type Three Level System in a Single Quantum Dot[J]. Phys. Rev. Lett.，2005，95(187404).

[10] Puri. Mathematical Methods of Quantum Optics[M]. New York：Springer，2001.

[11] Borri P，Langbein W，Schneider S，et al. Ultralong Dephasing Time in InGaAs Quantum Dots [J]. Phys. Rev. Lett.，2001，87(157401).

[12] Vagov A，Axt V M，Kuhn T. Electron Phonon Dynamics in Optically Excited Quantum Dots：Exact Solution for Multiple Ultrashort Laser Pulses[J]. Phys. Rev.，2002，B 66(165312).

[13] Vagov A，Axt V M，Kuhn T. Impact of Pure Dephasing on the Nonlinear Optical Response of Single Quantum Dots and Dot Ensembles[J]. Phys. Rev.，2003，B 67(115338).

[14] Vagov A，Axt V M，Kuhn T，et al. Nonmonotonous Temperature Dependence of the Initial Decoherence in Quantum Dots[J]. Phys. Rev.，2004，B 70(201305(R)).

[15] Axt V M，Kuhn T，Vagov A，et al. Phonon Induced Pure Dephasing in Exciton Biexciton Quantum Dot Systems Driven by Ultrafast Laser Pulse Sequences[J]. Phys. Rev.，2005，B 72 (125309).

[16] Wang Q Q，Muller A，Bianucci P，et al. Decoherence Processes During Optical Manipulation of Excitonic Qubits in Semiconductor Quantum Dots[J]. Phys. Rev.，2005，B 72(035306).

[17] Allen L，Eberly J H. Optical Resonance and Two Level Atoms[M]. New York：Dover，1987.

[18] Nielsen M A，Chuang I L. Quantum Computation and Quantum Information[M]. Cambridge：Cambridge University Press，2000.

[19] Wang Q Q，Muller A，Bianucci P，et al. Quality Factors of Qubit Rotations in Single Semiconductor Quantum Dots[J]. Appl. Phys. Lett.，2005，87(031904).

[20] Förstner J，Weber C，Danckwerts J，et al. Phonon Assisted Damping of Rabi Oscillations in Semiconductor Quantum Dots[J]. Phys. Rev. Lett.，2003，91(127401).

[21] Krummheuer B，Axt V M，Kuhn T. Theory of Pure Dephasing and the Resulting Absorption Line Shape in Semiconductor Quantum Dots[J]. Phys. Rev.，2002，B 65(195313).

［22］ Inoshita T，Sakaki H. Density of States and Phonon Induced Relaxation of Electrons in Semiconductor Quantum Dots［J］. Phys. Rev.，1997，B 56(4355(R)).

［23］ Castella H，Zimmermann R. Coherent Control for a Two Level System Coupled to Phonons［J］. Phys. Rev.，1999，B 59(7801(R)).

［24］ Zhou H J，Liu S D，Cheng M T，et al. Rabi Oscillation Damped by Exciton Leakage and Auger Capture in Quantum Dots［J］. Opt. Lett.，2005，30(3213).

［25］ Raymond S，Hinzer K，Fafard S，et al. Experimental Determination of Auger Capture Coefficients in Self-Assembled Quantum Dots［J］. Phys. Rev.，2000，B 61(16331(R)).

［26］ Uskov A V，McInerney J，Adler F，et al. Auger Carrier Capture Kinetics in Self Assembled Quantum Dot Structures［J］. Appl. Phys. Lett.，1998，72(58).

［27］ Villas-Bôas J M，Ulloa S E，Govorov A O. Decoherence of Rabi Oscillations in a Single Quantum Dot［J］. Phys. Rev. Lett.，2005，94(057404).

［28］ Ohnesorge B，Albrecht M，Oshinowo J，et al. Rapid Carrier Relaxation in Self-Assembled $In_x Ga_{1-x} As/GaAs$ Quantum Dots［J］. Phys. Rev.，1996，B 54(11532).

［29］ Janet L P. Intraband Auger Processes and Simple Models of the Ionization Balance in Semiconductor Quantum Dot Lasers［J］. Phys. Rev.，1994，B 49(11272).

［30］ Uskov A V，Adler F，Schweizer H，et al. Auger Carrier Relaxation in Self-Assembled Quantum Dots by Collisions with Two Dimensional Carriers［J］. J. Appl. Phys.，1997，81(7895).

［31］ Magnusdottir I，Bischoff S，Uskov A V，et al. Geometry Dependence of Auger Carrier Capture Rates into Cone Shaped Self-Assembled Quantum Dots［J］. Phys. Rev.，2003，B 67(205326).

第 4 章

半导体量子点中的量子逻辑运算

引言

在上一章介绍的半导体量子点中单个量子比特旋转操作的基础上,本章进一步讨论在半导体量子点两个量子比特体系中进行基本量子逻辑门和量子算法等量子操作.由于量子逻辑门是未来量子计算机的基本逻辑单元,因此本章涉及的研究内容是未来基于半导体量子点激子的量子计算机的基础.本章的介绍将表明半导体量子点作为载体执行量子计算的可行性.本章共分5节,4.1节简要介绍有关量子逻辑门和量子算法的基本概念;4.2节和4.3节分别讨论单个半导体量子点中两个量子比特控制旋转门 CROT 和交换操作(SWAP)的全光操控理论方案和实验结果;4.4节介绍在单个半导体量子点中进行常规和优化 Deutsch‐Jozsa 算法的全光操控方案和阶段性实验结果;4.5节介绍三量子比特 Toffoli 门操作.

4.1 量子逻辑门和量子算法基本概念

4.1.1 基本量子逻辑门

量子信息处理就是对编码的量子态进行一系列的幺正操作.对量子位最基本的幺正操作称为量子逻辑门.量子逻辑门按照它作用的量子位的数目可分为单量子比特门和多量子比特门.量子逻辑门可以通过对相应 Hilbert 空间中基矢的幺正作用来定义.任意一个量子逻辑门都有相应的表示矩阵.因为幺正操作作用后的态矢也要满足归一化条件,所以量子逻辑门的表示矩阵 U 必须是酉矩阵(unitary),即 $U^+ U = I$,其中 U^+ 是 U 的转置共轭(由取 U 的转置和复共轭得到),I 是单位矩阵.酉性限制是对量子逻辑门的唯一限制.因此量子逻辑门有很多种.下面仅介绍在半导体量子点中已经实现的三种最基本的量子逻辑门.

A. Hadamard 门

单量子比特的 Hadamard 门简记为 H,它是最有用的量子逻辑门之一.H 门的表示矩阵为

$$H = \frac{1}{\sqrt{2}} \begin{bmatrix} 1 & 1 \\ 1 & -1 \end{bmatrix} \tag{4.1}$$

其中基矢 $|0\rangle = (1, 0)^T$,$|1\rangle = (0, 1)^T$,上标"T"表示对行列式的转置.H 门对基矢 $|0\rangle$ 和 $|1\rangle$ 的演化作用表示为

$$H |0\rangle = \frac{1}{\sqrt{2}}(|0\rangle + |1\rangle), \quad H |1\rangle = \frac{1}{\sqrt{2}}(|0\rangle - |1\rangle) \tag{4.2}$$

(4.2)式可合并写成

$$H |x\rangle = \sum_{z \in \langle 0,1 \rangle} (-1)^{x \cdot z} |z\rangle / \sqrt{2} \tag{4.3}$$

其中 $|x\rangle = |0\rangle$ 或 $|1\rangle$,$x \cdot z$ 是 x 和 z 的模 2 按位内积(即如果 n 个量子比特态 $|x\rangle =$

$|x_1,\cdots,x_n\rangle, |z\rangle = |z_1,\cdots,z_n\rangle, z_i$ 和 $x_i = 0$ 或 1,则 $x \cdot z = x_1 \cdot z_1 + \cdots + x_n \cdot z_n$). H 门也可用投影算子形式表示为

$$H = \frac{1}{\sqrt{2}}(|0\rangle\langle 1| + |1\rangle\langle 0| + |0\rangle\langle 0| - |1\rangle\langle 1|) \tag{4.4}$$

显然,H 门把 $|0\rangle$ 变到 $|0\rangle$ 和 $|1\rangle$ 的叠加态 $\frac{1}{\sqrt{2}}(|0\rangle + |1\rangle)$,把 $|1\rangle$ 同样变到 $|0\rangle$ 和 $|1\rangle$ 的叠加态 $\frac{1}{\sqrt{2}}(|0\rangle - |1\rangle)$. 又因为 H 的逆矩阵 $H^{-1} = H$,所以 H 门把 $|0\rangle$ 和 $|1\rangle$ 的叠加态 $\frac{1}{\sqrt{2}}(|0\rangle + |1\rangle)$ 变回 $|0\rangle$,H 门同样把 $|0\rangle$ 和 $|1\rangle$ 的叠加态 $\frac{1}{\sqrt{2}}(|0\rangle - |1\rangle)$ 变回 $|1\rangle$. 该性质使得 H 门作为量子算法的编码和解码操作,在量子计算方面发挥关键性的作用.

上述过程很容易推广到任意量子位的输入量子比特态上,该变换就是 n 个 H 门同时作用到 n 个量子比特态上. 我们以 $H^{\otimes n} = H \otimes \cdots \otimes H$ 表示 n 个 H 门的并行作用,"$\otimes$"表示"张量积". 例如,当 $n = 2$ 时,两个量子位态矢空间的基底可由一个量子位基矢直积构成:

$$|00\rangle = \begin{pmatrix} 1 \\ 0 \\ 0 \\ 0 \end{pmatrix}, \quad |01\rangle = \begin{pmatrix} 0 \\ 1 \\ 0 \\ 0 \end{pmatrix}, \quad |10\rangle = \begin{pmatrix} 0 \\ 0 \\ 1 \\ 0 \end{pmatrix}, \quad |11\rangle = \begin{pmatrix} 0 \\ 0 \\ 0 \\ 1 \end{pmatrix} \tag{4.5}$$

在这组基下,$H^{\otimes 2}$ 门的表示矩阵为

$$H^{\otimes 2} = \frac{1}{\sqrt{2}}\begin{pmatrix} 1 & 1 \\ 1 & -1 \end{pmatrix} \otimes \frac{1}{\sqrt{2}}\begin{pmatrix} 1 & 1 \\ 1 & -1 \end{pmatrix} = \frac{1}{2}\begin{pmatrix} 1 & 1 & 1 & 1 \\ 1 & -1 & 1 & -1 \\ 1 & 1 & -1 & -1 \\ 1 & -1 & -1 & 1 \end{pmatrix} \tag{4.6}$$

由(4.6)式的矩阵形式可以得到 $H^{\otimes 2}$ 门对基矢的演化作用为

$$\begin{cases} H^{\otimes 2}|00\rangle = \frac{1}{2}(|00\rangle + |01\rangle + |10\rangle + |11\rangle) \\ H^{\otimes 2}|01\rangle = \frac{1}{2}(|00\rangle - |01\rangle + |10\rangle - |11\rangle) \\ H^{\otimes 2}|10\rangle = \frac{1}{2}(|00\rangle + |01\rangle - |10\rangle - |11\rangle) \\ H^{\otimes 2}|11\rangle = \frac{1}{2}(|00\rangle - |01\rangle - |10\rangle + |11\rangle) \end{cases} \tag{4.7}$$

所以对任意两个量子比特态 $|x\rangle = |x_1, x_2\rangle$，有

$$H^{\otimes 2}|x_1, x_2\rangle = \sum_{z \in \{0,1\}^{\otimes 2}} (-1)^{x \cdot z} |z\rangle / \sqrt{2} \tag{4.8}$$

即 $H^{\otimes 2}$ 门作用到任意基态 $|00\rangle$，$|01\rangle$，$|10\rangle$ 或 $|11\rangle$ 上，得到所有基态的叠加态. 同样地，$H^{\otimes 2}$ 门可以把 (4.7) 式右边的任意叠加态变回输入初态 $|00\rangle$，$|01\rangle$，$|10\rangle$ 或 $|11\rangle$. $H^{\otimes 2}$ 门也可用投影算子形式表示为

$$H^{\otimes 2} = \left[\frac{1}{\sqrt{2}} (|0\rangle\langle 1| + |1\rangle\langle 0| + |0\rangle\langle 0| - |1\rangle\langle 1|) \right]^{\otimes 2} \tag{4.9}$$

同理，$H^{\otimes n}$ 门的表示矩阵为

$$H^{\otimes n} = \frac{1}{\sqrt{2}} \begin{bmatrix} 1 & 1 \\ 1 & -1 \end{bmatrix} \otimes \cdots \otimes \frac{1}{\sqrt{2}} \begin{bmatrix} 1 & 1 \\ 1 & -1 \end{bmatrix} \tag{4.10}$$

n 个 H 门并行作用到 n 个量子比特态 $|x\rangle$ 上，得到

$$H^{\otimes n}|x\rangle = \sum_{z \in \{0,1\}^{\otimes n}} (-1)^{x \cdot z} |z\rangle / \sqrt{2^n} \tag{4.11}$$

其中 $|z\rangle$ 为 n 个量子比特态空间的基矢. 由 (4.11) 式可知，H 门的作用效率非常高，仅用 n 个 H 门就产生了 2^n 个基态的叠加态. $H^{\otimes n}$ 门也可用投影算子形式表示为

$$H^{\otimes n} = \left[\frac{1}{\sqrt{2}} (|0\rangle\langle 1| + |1\rangle\langle 0| + |0\rangle\langle 0| - |1\rangle\langle 1|) \right]^{\otimes n} \tag{4.12}$$

B. 量子非门 X 和受控非门 CNOT

单量子比特的量子非门简记为 X，对基矢态 $|0\rangle$ 和 $|1\rangle$ 的演化作用为

$$X|0\rangle = |1\rangle, \quad X|1\rangle = |0\rangle \tag{4.13}$$

对应着经典逻辑非门——NOT 操作. 它的表示矩阵为

$$X = \begin{bmatrix} 0 & 1 \\ 1 & 0 \end{bmatrix} \tag{4.14}$$

正是泡利矩阵 σ_x，所以把它记为 X，也称为泡利-X 门. 量子非门 X 和 $\theta = \pi$ 的 Rabi 旋转所对应的粒子数交换操作结果是相同的[1]. 量子非门 X 也可用投影算子形式表示为

$$X = |0\rangle\langle 1| + |1\rangle\langle 0| \tag{4.15}$$

两个量子比特体系的受控非门记为 CNOT 门.因为任意多个量子比特门都可以由单量子比特门和 CNOT 门复合而成[2],所以 CNOT 门是量子逻辑门中最有用的量子门之一.CNOT 门的表示矩阵简记为 U_{CNOT} 或 U_{CN},其矩阵形式为

$$U_{\mathrm{CNOT}} = \begin{pmatrix} 1 & 0 & 0 & 0 \\ 0 & 1 & 0 & 0 \\ 0 & 0 & 0 & 1 \\ 0 & 0 & 1 & 0 \end{pmatrix} \tag{4.16}$$

它对基矢的演化作用为

$$|00\rangle \rightarrow |00\rangle, \quad |01\rangle \rightarrow |01\rangle, \quad |10\rangle \rightarrow |11\rangle, \quad |11\rangle \rightarrow |10\rangle \tag{4.17}$$

CNOT 门的投影算子形式可表示为

$$|0\rangle\langle 0| \otimes I + |1\rangle\langle 1| \otimes X \tag{4.18}$$

其中 I 是一个量子比特的恒等操作,X 是另外一个量子比特的非门.这样的两个量子比特门称为控制 X 门(即 CNOT 门),第一个量子位称为控制位,第二个量子位称为靶位.当第一个量子位处于 $|0\rangle$ 态时,控制 X 门对靶位进行 I 操作;当第二个量子位处于 $|1\rangle$ 态时,控制 X 门对靶位进行 X 操作.CNOT 门的作用可概括表示为

$$|c\rangle|t\rangle \rightarrow |c\rangle|c \oplus t\rangle \tag{4.19}$$

这里输入比特 $|c\rangle$ 和 $|t\rangle$ 分别表示 $|0\rangle$ 和 $|1\rangle$,$\oplus$ 表示模 2 加,即当 $|c\rangle$ 和 $|t\rangle$ 均为 $|0\rangle$ 或 $|1\rangle$ 时 $|c \oplus t\rangle = |0\rangle$,反之 $|c \oplus t\rangle = |1\rangle$.所以 CNOT 门的作用效果为当且仅当控制位为 1 时靶位将翻转.

当 X 门变为单量子比特 $\theta = \pi$ 的 Rabi 旋转门 $R(\pi)$ 时,就得到两个量子比特的控制旋转门 CROT,其投影算子形式可表示为

$$|0\rangle\langle 0| \otimes I + |1\rangle\langle 1| \otimes R(\pi) \tag{4.20}$$

作用效果为当且仅当控制位为 1 时靶位将发生单量子比特 $\theta = \pi$ 的 Rabi 旋转.由单量子比特 Rabi 旋转门的定义可得 CROT 门的演化作用表示式:

$$|00\rangle \rightarrow |00\rangle, \quad |01\rangle \rightarrow |01\rangle, \quad |10\rangle \rightarrow -|11\rangle, \quad |11\rangle \rightarrow |10\rangle \tag{4.21}$$

同样地,CROT 门的表示矩阵为

$$U_{\mathrm{CROT}} = \begin{pmatrix} 1 & 0 & 0 & 0 \\ 0 & 1 & 0 & 0 \\ 0 & 0 & 0 & -1 \\ 0 & 0 & 1 & 0 \end{pmatrix} \tag{4.22}$$

显然，CROT 门对基矢 $|10\rangle$ 作用后的态矢为 $-|11\rangle$，相对于 CNOT 门的作用结果多了一个位相因子 -1，这是 CROT 门和 CNOT 门的唯一差别，由靶位上单量子比特 $\theta = \pi$ 的 Rabi 旋转所致.

C. 量子交换门 S

量子交换操作(swap operation)表示对换两个量子比特的状态，简记为 S. 这是一个基本的两个量子比特门，其表示矩阵为

$$S = \begin{pmatrix} 1 & 0 & 0 & 0 \\ 0 & 0 & 1 & 0 \\ 0 & 1 & 0 & 0 \\ 0 & 0 & 0 & 1 \end{pmatrix} \tag{4.23}$$

演化作用为

$$|00\rangle \to |00\rangle, \quad |01\rangle \to |10\rangle, \quad |10\rangle \to |01\rangle, \quad |11\rangle \to |11\rangle \tag{4.24}$$

除了上述 Hadamard 门、控制非门和量子交换门以外，量子比特门还包括相位门、与门(AND)、或门(OR)、异或门(XOR)、与非门(NAND)、或非门(NOR)、三位控制 $-U$ 门和 Toffoli 门，等等[2]. 一个通用性的结果是：任意多量子比特门都可以由单量子比特门和 CNOT 门复合而成. 所以从某种意义上说，CNOT 门和单量子比特门是所有其他量子逻辑门的原型.

4.1.2 量子逻辑门的符号表示和量子线路

量子状态的变化可以用量子计算的语言来描述. 类似于经典计算机是由包含连线和逻辑门的线路构造的，量子计算机是由包含连线和基本量子逻辑门的量子线路构造的. 连线用于传送信息，而量子逻辑门负责处理信息，把信息从一种形式转换为另一种形式. 在量子线路中，不同的量子逻辑门有相应的符号表示. 图 4.1 给出了单量子比特的 Hadamard 门 H、两个量子比特的受控非门 U_{CNOT} 以及量子交换门 S 的量子线路符号表示.

在图 4.1 所示的量子线路中，线路的读法是从左到右. 每条线表示量子线路中的连线，连线不一定对应物理上的接线，而可能对应一段时间或一个从空间的一处移到另一处的物理粒子，如光子. 一些经典线路中特有的概念在量子线路中通常不会出现. 首先，

量子线路不允许出现回路,也就是说量子线路是无环的.其次,经典线路允许连线汇合,因为这个操作是不可逆的,因而也是非酉的,因此在量子线路中不允许连线汇合.最后,产生一个比特的多个拷贝在量子线路中也是不允许的.

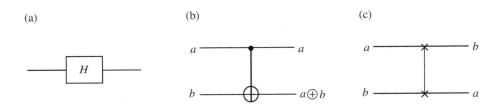

图 4.1　量子逻辑门的量子线路符号表示. (a) H 门; (b) 受控非门 U_{CNOT}; (c) 量子交换门 S

4.1.3　量子算法

量子计算机是服从量子力学规律的计算机,它可以支持新类型的量子算法.从物理观点来看,量子计算机是一个量子力学系统,量子计算过程就是这个量子力学系统的量子态的演化过程,可归结为制备物理态、演化物理态、对物理态进行测量三个步骤.由于量子态具有态叠加、量子干涉和量子纠缠等特性,因此量子计算有许多不同于经典计算的新特点,且已经发现量子计算机在指数加速、非指数加速、"相对黑盒"的指数加速这三个方面超越了经典计算机[3],从而可以解决某些经典计算机不能解决的问题.

下面用量子算法的实现来说明量子线路是如何超越经典线路的.为了说明量子算法的基本概念,我们首先介绍经典理论中有关算法的基本概念[4].为了解决一个特定的问题,计算机按照一个严密组织的指令序列工作,最后给出问题的解答.这个用于求解某一类问题的特殊指定的指令序列集合就是一个算法.算法是求解一类问题的方法,算法本身并不依赖于具体的机器和具体的计算机语言.算法的复杂性是衡量算法难易程度的尺度.一个具体的算法,如果用其解决具体的问题需要耗费大量的计算资源,这个算法就被认为是难的,反之就被认为是容易的.一般地,限制计算机能力的计算资源有两类:计算时间和计算机内存空间.

一个问题的大小用一个整数 n 表示,n 是这个问题需要输入的信息量的度量,例如,一个数的大小就可用存储这个数需要的计算机存储器的"比特"数目来衡量.解这个问题的算法需要的时间(或计算步数)一般为 n 的某个函数 $T(n)$. 若随着 n 的增加,$T(n)$ 的增加速度不超过 n 的一个多项式的增加速度,就称这一算法是多项式时间算法,也称为有效算法;不是多项式时间的算法称为指数算法,也称为无效算法.

在理论计算机科学的研究领域,一类重要的问题就是"是"或"非"的"判断问题".对任意一个判断问题,如果它能用多项式时间算法求解,我们称之为 P 类问题;如果迄今为止人们还没有找到它的多项式时间算法(但并未证明它没有多项式时间算法),我们称此类问题为 NP 类问题.属于 NP 类问题的例子有:旅行推销员问题(假定有 N 个城市,旅行推销员希望找到一条行遍所有城市的路线,使总旅程最小)、分解大数质因子的问题、哈密顿环路问题(即已知连接 N 个城市的一个网络,问是否存在一条旅行路线,使起点和终点都在同一个城市,而其他城市经过一次并且只经过一次)、地图着色问题(即已知一张地图,是否能够只用四种颜色,使任何两个有共同边界的国家着色不同),等等.

量子计算机中的"黑盒"就是可以完成某些计算任务的一系列幺正变换.假设我们有一个"量子黑盒",为"黑盒"制备一个输入态,测量输出态就可以得到计算结果."相对黑盒"的指数加速就是指:供给"量子黑盒"经典态叠加形式的量子态输入和供给与经典输入比较,具有指数类型的加速.

为了更加直观地介绍量子算法,下面我们给出量子算法中最基本的 Deutsch - Jozsa (D - J)算法[5-7].考虑最简单的 Deutsch 问题.设函数 $f(x)$ 计算 n 位输入数 x 的函数值:

$$f(x):\{0, 1\}^n \rightarrow \{0, 1\} \tag{4.25}$$

则自变量 x 为 0 和 $2^n - 1$ 之间的任意整数,$x = |x_1, \cdots, x_n\rangle = |x_1\rangle |x_2\rangle \cdots |x_n\rangle$,$x_i = 0$ 或 $1(i = 1, 2, \cdots, n)$. 若对所有输入数 x,$f(x)$ 都是 0 或都是 1,则称 $f(x)$ 是常数函数;若对严格一半的输入数 x,$f(x) = 0$,对另一半的输入数 x,$f(x) = 1$,则称 $f(x)$ 是平衡函数. Deutsch 问题就是判断 $f(x)$ 的函数类型问题.如果采用经典算法,至少需要计算 $2^{n-1} + 1$ 次才能确定出 $f(x)$ 的函数类型,所以经典情况下所需要的计算时间随着自变量的位数呈指数增长. D - J 算法就是通过一次量子逻辑运算判断出 $f(x)$ 的函数类型,是一种最基本的"相对黑盒"加速的量子算法.

图 4.2(a)给出了 D - J 算法的量子线路,其中带有"/"的线表示穿过此线的一组 n 量子比特.整个线路中的寄存器分为 n 个量子比特的控制寄存器和一个量子比特的函数寄存器,其输入初态分别为 $|0\rangle^{\otimes n}$ 和 $|1\rangle$. 量子黑盒 U_{f-c-N} 执行一个幺正变换:

$$U_{f-c-N}:|x, y\rangle \rightarrow |x, y \oplus f(x)\rangle \tag{4.26}$$

这个变换当且仅当 $f(x) = 1$ 时函数寄存器上的量子位 $|y\rangle$ 才翻转,因此这是一个用函数值 $f(x)$ 控制的控制非门操作,称之为 f 控制非门 U_{f-c-N}. 如果把 U_{f-c-N} 作用到 $|x\rangle \frac{1}{\sqrt{2}}[|0\rangle - |1\rangle]$ 上,则有

$$U_{f\text{-}c\text{-}N}: \mid x\rangle \frac{1}{\sqrt{2}}\left[\mid 0\rangle - \mid 1\rangle\right] \rightarrow \mid x\rangle \frac{1}{\sqrt{2}}\left[\mid 0 \oplus f(x)\rangle - \mid 1 \oplus f(x)\rangle\right] \quad (4.27)$$

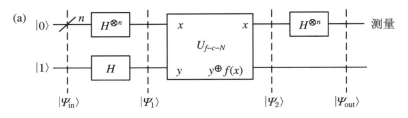

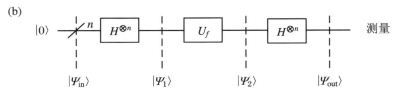

图4.2 (a) 常规 D–J 算法的量子线路图;(b) 优化 D–J 算法的量子线路图

若 $f(x) = 0$,则

$$\frac{1}{\sqrt{2}}\left[\mid 0 \oplus f(x)\rangle - \mid 1 \oplus f(x)\rangle\right] = \frac{1}{\sqrt{2}}\left[\mid 0\rangle - \mid 1\rangle\right] = (-1)^{f(x)}\frac{1}{\sqrt{2}}\left[\mid 0\rangle - \mid 1\rangle\right]$$

若 $f(x) = 1$,则

$$\frac{1}{\sqrt{2}}\left[\mid 0 \oplus f(x)\rangle - \mid 1 \oplus f(x)\rangle\right] = \frac{1}{\sqrt{2}}\left[\mid 1\rangle - \mid 0\rangle\right] = (-1)^{f(x)}\frac{1}{\sqrt{2}}\left[\mid 0\rangle - \mid 1\rangle\right]$$

所以有

$$U_{f\text{-}c\text{-}N} \mid x\rangle \frac{1}{\sqrt{2}}\left[\mid 0\rangle - \mid 1\rangle\right] = (-1)^{f(x)} \mid x\rangle \frac{1}{\sqrt{2}}\left[\mid 0\rangle - \mid 1\rangle\right] \quad (4.28)$$

下面给出具体的算法步骤.系统的输入态为

$$\mid \Psi_{in}\rangle = \mid 0\rangle^{\otimes n} \mid 1\rangle \quad (4.29)$$

经过控制寄存器和函数寄存器上 H 门的编码作用后,得到

$$\mid \Psi_1\rangle = H^{\otimes(n+1)} \mid \Psi_{in}\rangle = \sum_{x \in \{0,1\}^n} \frac{\mid x\rangle}{\sqrt{2^n}}\left[\frac{\mid 0\rangle - \mid 1\rangle}{\sqrt{2}}\right] \quad (4.30)$$

控制寄存器和函数寄存器上的态矢分别是相应基矢的平衡叠加态.接下来通过 f 控制非门 $U_{f\text{-}c\text{-}N}$ 进行函数 $f(x)$ 的计算,给出

$$|\Psi_2\rangle = U_{f-c-N}|\Psi_1\rangle = U_{f-c-N}\sum_{x\in\{0,1\}^n}\frac{|x\rangle}{\sqrt{2^n}}\left[\frac{|0\rangle-|1\rangle}{\sqrt{2}}\right]$$

$$= \sum_{x\in\{0,1\}^n}\frac{(-1)^{f(x)}|x\rangle}{\sqrt{2^n}}\left[\frac{|0\rangle-|1\rangle}{\sqrt{2}}\right] \tag{4.31}$$

各个态矢增加了与函数值 $f(x)$ 有关的位相因子.再利用控制寄存器上的 H 变换进行解码,得到系统的终态 $|\Psi_{out}\rangle$ 为

$$|\Psi_{out}\rangle = H^{\otimes n}\otimes I|\Psi_2\rangle = H^{\otimes n}\otimes I\sum_{x\in\{0,1\}^n}\frac{(-1)^{f(x)}|x\rangle}{\sqrt{2^n}}\left[\frac{|0\rangle-|1\rangle}{\sqrt{2}}\right]$$

$$= \sum_{z\in\{0,1\}^n}\sum_{x\in\{0,1\}^n}\frac{(-1)^{x\cdot z+f(x)}|z\rangle}{\sqrt{2^n}}\left[\frac{|0\rangle-|1\rangle}{\sqrt{2}}\right] \tag{4.32}$$

在控制寄存器上,$|0\rangle^{\otimes n}$ 的幅度是 $\sum_x(-1)^{f(x)}/2^n$.当 $f(x)$ 是常函数时,$|0\rangle^{\otimes n}$ 的幅度是 $+1$ 或 -1.因为 D-J 算法过程中的所有变换均为幺正变换,$|\Psi_{out}\rangle$ 具有单位长度,所以当 $f(x)$ 是常函数时,所有其他幅度必须为 0,控制寄存器的全部量子比特都为 0.当 $f(x)$ 是平衡函数时,$|0\rangle^{\otimes n}$ 的正负幅度相互抵消,幅度为 0,控制寄存器的至少一位测量结果为非零.归纳起来,若控制寄存器的 n 位测量结果均为 0,则函数是常函数,否则函数是平衡函数.所以利用量子态的叠加性质,运行 D-J 算法一次并测量控制寄存器上的输出结果就可以判断出 $f(x)$ 的函数类型,从而实现指数加速的目的.

由(4.28)式可知,f 控制非门 U_{f-c-N} 对输入态 $|x\rangle\frac{(|0\rangle-|1\rangle)}{\sqrt{2}}$ 的作用就是乘上与函数值 $f(x)$ 有关的位相因子 $(-1)^{f(x)}$,而因子 $|x\rangle\frac{1}{\sqrt{2}}(|0\rangle-|1\rangle)$ 本身并不改变.若简化 D-J 算法的量子线路,去掉函数寄存器并将 f 控制非门 U_{f-c-N} 用 f 控制门 U_f 代替:

$$U_f:|x\rangle = (-1)^{f(x)}|x\rangle \tag{4.33}$$

则得到优化 D-J 算法[8],如图 4.2(b)所示.显然,f 控制门 U_f 只改变输入态的位相因子.相对于原始 D-J 算法(这里也称为常规 D-J 算法),优化 D-J 算法的指令更简洁,对函数类型的判断更高效.且 David Collins 在文献[8]中证明,当输入量子比特大于 2 时,位相变换 U_f 作用后系统的态处于纠缠态,从而更能显示出用量子计算来解决 Deutsch 问题的优势.

除了 D-J 算法,"相对黑盒"加速的量子算法还包括 Bernstein-Vazirani 算法[9]、

Simon 问题算法[10]等. Grover 随机数据库搜索的量子算法[3,11,12]不是相对经典指数加速的算法,但它可以把搜索问题从经典的 N 步缩小到 $\sqrt{N}$ 步,从而显示出量子加速的魅力. 1994 年,美国 AT&T 公司的研究者 Peter Shor 发现的 Shor 分解大数质因子的量子算法[13]不仅解决了分解大数质因子问题,对广泛使用的公开密钥系统 RSA[14](它是以三个发明者的名字首字母命名的)产生了巨大威胁,而且它也是一个真正地把经典计算中的 NP 问题转化为 P 问题的算法,为量子计算机的研究注入了新的活力. 上述算法亦可参见相关文献[2,4],在此不做详细介绍.

4.1.4 量子操作保真度

考虑任意一个量子逻辑门,为计算其实际操作后的实验结果和理想情况下的理论结果的吻合程度,我们介绍有关量子逻辑门的保真度的概念[15]. 设系统的基态为 $|j\rangle (j = 1, 2, \cdots, n)$,任意输入初态为 $|\Psi_{\text{in}}\rangle = \sum_j c_j |j\rangle$,且需满足归一化条件 $\sum_j |c_j|^2 = 1$,则量子逻辑门 $\hat{U}$ 的保真度定义为

$$
\begin{aligned}
F &= \overline{\langle \Psi_{\text{in}} | \hat{U}^+ \hat{\rho}_{\text{out}} \hat{U} | \Psi_{\text{in}} \rangle} \\
&= \overline{\langle \Psi_{\text{in}} | \hat{U}^+ \hat{U}_p | \Psi_{\text{in}} \rangle \langle \Psi_{\text{in}} | \hat{U}_p^+ \hat{U} | \Psi_{\text{in}} \rangle} \\
&= \overline{| \langle \Psi_{\text{in}} | \hat{U}_p^+ \hat{U} | \Psi_{\text{in}} \rangle |^2} \\
&= \sum_{ijkl} \overline{c_i^* c_j c_k^* c_l} I_{ij} I_{lk}^*
\end{aligned}
\tag{4.34}
$$

这里 $\hat{\rho}_{\text{out}}$ 表示输出密度矩阵,横线表示对所有可能输入态对应的函数值取平均,$\hat{U}_p$ 表示 $\hat{U}$ 对应的实际量子逻辑变换,$I_{ij} = \langle i | \hat{U}_p^+ \hat{U} | j \rangle$,$i, j, k, l = 1, 2, \cdots, n$.

在四能级系统中,系统的基态为 $|j\rangle = |00\rangle, |01\rangle, |10\rangle, |11\rangle$. 由超球面的归一化条件,可得[16]

$$
F = \frac{1}{10} \sum_i |I_{ii}|^2 + \frac{1}{20} \sum_{i \neq j} (I_{ii} I_{jj}^* + I_{ij}^* I_{ij})
\tag{4.35}
$$

所以在两个量子比特的四能级系统中,只要得到 $\hat{U}_p |j\rangle (|j\rangle = |00\rangle, |01\rangle, |10\rangle, |11\rangle)$,即初态分别为四个基态时的输出结果,代入(4.35)式,就可以得到该量子逻辑门 $\hat{U}$ 的保真度.

由于任意一个量子算法都是由一系列幺正变换组成的,所以该算法的表示矩阵可由其幺正变换的表示矩阵的乘积得到. 输入任意的初始基态,经过该量子算法作用后

量子计算:基于半导体量子点
Quantum Computation Based on Semiconductor Quantum Dots

测量得到相应的输出终态,然后把该算法的表示矩阵和相应的输出终态代入(4.34)式,就可以得到该算法操作的保真度.

4.2 单个半导体量子点中实现控制旋转门 CROT

4.2.1 半导体量子点双激子构成的两个量子比特体系

图 4.3 是半导体量子点非简并双激子的四能级结构示意图,该系统构成一个两个量子比特体系.其中 $|00\rangle$ 是激子真空态(简记为 $|v\rangle$),$|01\rangle$ 和 $|10\rangle$ 分别是 x 偏振和 y 偏振激子态(分别简记为 $|x\rangle$ 和 $|y\rangle$),$|11\rangle$ 则是双激子态(简记为 $|b\rangle$).即第一个和第二个量子比特分别对应于 y 偏振和 x 偏振的激子态,0 或 1 分别表示是否存在激子.由图可知,采用 Π_y 线偏振光激发可实现 $|00\rangle\leftrightarrow|10\rangle$ 以及 $|10\rangle\leftrightarrow|11\rangle$ 之间的 Rabi 振荡,采用 Π_x 线偏振光激发可实现 $|00\rangle\leftrightarrow|01\rangle$ 以及 $|01\rangle\leftrightarrow|11\rangle$ 之间的 Rabi 振荡.

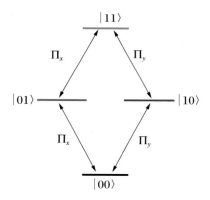

图 4.3 半导体量子点非简并双激子系统的能级结构示意图

为了讨论方便,在描述与两个量子比特的四个能级有关的参量(例如,复概率振幅 C 和 Rabi 频率 Ω 等)时,分别用下标 0,1,2 和 3 标记对应的四个能级态 $|00\rangle$,$|01\rangle$,$|10\rangle$ 和 $|11\rangle$.例如,用 C_0,C_1,C_2 和 C_3 分别表示 $|00\rangle$,$|01\rangle$,$|10\rangle$ 和 $|11\rangle$ 态的复概率振幅.四个基矢张成一个两个量子比特的态空间,系统的态矢可表示为

$$|\Psi(t)\rangle = C_0(t)|00\rangle + C_1(t)|01\rangle + C_2(t)|10\rangle + C_3(t)|11\rangle$$
$$= C_v(t)|v\rangle + C_x(t)|x\rangle + C_y(t)|y\rangle + C_b(t)|b\rangle \qquad (4.36)$$

4.2.2 理想双激子体系中控制旋转门 CROT 操作方案

假设图 4.3 中的四个跃迁都是共振激发,通过旋转波近似可得到理想情况下各个态的复概率振幅随时间 t 的运动方程:

$$\frac{\mathrm{d}}{\mathrm{d}t}\begin{pmatrix} C_0(t) \\ C_1(t) \\ C_2(t) \\ C_3(t) \end{pmatrix} = \frac{1}{2}\mathrm{i}\begin{pmatrix} 0 & \Omega_{0,1}^* & \Omega_{0,2}^* & 0 \\ \Omega_{0,1} & 0 & 0 & \Omega_{1,3} \\ \Omega_{0,2} & 0 & 0 & \Omega_{2,3} \\ 0 & \Omega_{1,3}^* & \Omega_{2,3}^* & 0 \end{pmatrix}\begin{pmatrix} C_0(t) \\ C_1(t) \\ C_2(t) \\ C_3(t) \end{pmatrix} \qquad (4.37)$$

其中 $\Omega_{i,j}$ 表示 $|i\rangle \leftrightarrow |j\rangle$ 跃迁的 Rabi 频率($i,j=0,1,2,3$),且 $\Omega_{i,j}=\Omega_{j,i}^*$,Rabi 频率与激发光脉冲各个参量的关系为

$$\left.\begin{aligned} \Omega_{0,1}(t) &= (\varepsilon_{0,1}\mu_{0,1}/\hbar)\,\mathrm{sech}((t-t_{0,1}(0))/\tau_p)\exp(\mathrm{i}\phi_{0,1}) \\ \Omega_{0,2}(t) &= (\varepsilon_{0,2}\mu_{0,2}/\hbar)\,\mathrm{sech}((t-t_{0,2}(0))/\tau_p)\exp(\mathrm{i}\phi_{0,2}) \\ \Omega_{1,3}(t) &= (\varepsilon_{1,3}\mu_{1,3}/\hbar)\,\mathrm{sech}((t-t_{1,3}(0))/\tau_p)\exp(\mathrm{i}\phi_{1,3}) \\ \Omega_{2,3}(t) &= (\varepsilon_{2,3}\mu_{2,3}/\hbar)\,\mathrm{sech}((t-t_{2,3}(0))/\tau_p)\exp(\mathrm{i}\phi_{2,3}) \end{aligned}\right\} \qquad (4.38)$$

其中 $\mu_{i,j}$ 表示 $|i\rangle \rightarrow |j\rangle$ 的跃迁偶极矩($i,j=0,1,2,3$),$\varepsilon_{i,j}$,$\phi_{i,j}$ 和 $t_{i,j}(0)$ 则分别表示对应激发光脉冲的峰值电场、相对位相及其脉冲中心.

在执行控制旋转门 CROT 之前,假设系统的初态处于 $|10\rangle$ 态,即初始条件偏置为

$$(C_0(t_0), C_1(t_0), C_2(t_0), C_3(t_0)) = (0, 0, 1, 0) \qquad (4.39)$$

然后采用 Π_y 线偏振光共振激发 $|10\rangle \leftrightarrow |11\rangle$ 跃迁(对应的 Rabi 频率为 $\Omega_{2,3}$),其他 Rabi 频率为 0,即 $\Omega_{0,1}=\Omega_{0,2}=\Omega_{1,3}=0$,代入方程(4.37)可得

$$\frac{\mathrm{d}}{\mathrm{d}t}\begin{pmatrix} C_0(t) \\ C_1(t) \\ C_2(t) \\ C_3(t) \end{pmatrix} = \frac{\mathrm{i}}{2}\begin{pmatrix} 0 & 0 & 0 & 0 \\ 0 & 0 & 0 & 0 \\ 0 & 0 & 0 & \Omega_{2,3}(t) \\ 0 & 0 & \Omega_{2,3}^*(t) & 0 \end{pmatrix}\begin{pmatrix} C_0(t) \\ C_1(t) \\ C_2(t) \\ C_3(t) \end{pmatrix} \qquad (4.40)$$

量子计算:基于半导体量子点
Quantum Computation Based on Semiconductor Quantum Dots

方程组(4.40)的解析解为

$$\begin{pmatrix} C_0(t) \\ C_1(t) \\ C_2(t) \\ C_3(t) \end{pmatrix} = \begin{pmatrix} 1 & 0 & 0 & 0 \\ 0 & 1 & 0 & 0 \\ 0 & 0 & \cos(\theta_{2,3}/2) & \mathrm{i}\sin(\theta_{2,3}/2) \\ 0 & 0 & \mathrm{i}\sin(\theta_{2,3}/2) & \cos(\theta_{2,3}/2) \end{pmatrix} \begin{pmatrix} C_0(t_0) \\ C_1(t_0) \\ C_2(t_0) \\ C_3(t_0) \end{pmatrix} \quad (4.41)$$

其中 $\theta_{2,3} = \int_0^t \Omega_{2,3}(t)\mathrm{d}t$ 表示 t_0 到 t 时刻激光脉冲的输入脉冲面积. 代入初态条件 (4.39)式得到粒子数运动关系式:

$$\begin{pmatrix} |C_0(\theta_{2,3})|^2 \\ |C_1(\theta_{2,3})|^2 \\ |C_2(\theta_{2,3})|^2 \\ |C_3(\theta_{2,3})|^2 \end{pmatrix} = \begin{pmatrix} 0 \\ 0 \\ \cos^2(\theta_{2,3}/2) \\ \sin^2(\theta_{2,3}/2) \end{pmatrix} \quad (4.42)$$

其中 $|C_0|^2$, $|C_1|^2$, $|C_2|^2$ 和 $|C_3|^2$ 分别表示 $|00\rangle$, $|01\rangle$, $|10\rangle$ 和 $|11\rangle$ 态上的粒子数. 此时可得理想情况下双激子态的粒子数 $|C_3|^2$ 随输入脉冲面积 $\theta_{2,3}$ 的振荡曲线, 如图 4.4 所示. 在理想情况下, 当输入脉冲面积 $\theta_{2,3} = \pi$ 时, 所有的粒子都处于 $|11\rangle$ 态, 即完成了 CROT 门操作.

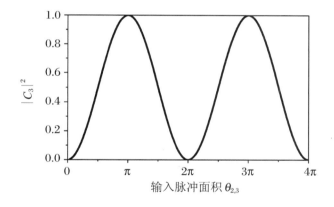

图 4.4　理想情况下双激子态粒子数 $|C_3|^2$ 随输入脉冲面积 $\theta_{2,3}$ 的振荡曲线

4.2.3 实际双激子体系中 CROT 操作的粒子数运动和实验结果

在实际量子点系统中,粒子振荡的振幅随激发强度的增加而衰减,粒子的动力学过程更加复杂[17-19].计入衰减项后,该量子点体系的激子动力学方程为

$$\frac{\mathrm{d}}{\mathrm{d}t}\boldsymbol{\rho}(t) = \boldsymbol{M}^{(\rho)}(t)\boldsymbol{\rho}(t) + \boldsymbol{\Gamma}^{(\rho)}\boldsymbol{\rho}(t) \tag{4.43}$$

其中密度矩阵矢量

$$\boldsymbol{\rho} = \{\rho_{0,0}, \rho_{1,1}, \rho_{2,2}, \rho_{3,3}, \tilde{\rho}_{0,1}, \tilde{\rho}_{1,0}, \tilde{\rho}_{0,2}, \tilde{\rho}_{2,0}, \tilde{\rho}_{1,3}, \tilde{\rho}_{3,1}, \tilde{\rho}_{2,3}, \tilde{\rho}_{3,2}, \tilde{\rho}_{1,2}, \tilde{\rho}_{2,1}, \tilde{\rho}_{3,0}, \tilde{\rho}_{0,3}\}$$

$$\rho_{i,j}(t) = C_i(t) C_j^*(t) \quad (i,j = 0,1,2,3)$$

则 $\rho_{0,0}(t)$,$\rho_{1,1}(t)$,$\rho_{2,2}(t)$ 和 $\rho_{3,3}(t)$ 分别表示 t 时刻 $|00\rangle$ 态、$|01\rangle$ 态、$|10\rangle$ 态和 $|11\rangle$ 态上的粒子数.$\boldsymbol{M}^{(\rho)}(t)$ 为光场驱动项(见式(4.44)),$\boldsymbol{\Gamma}^{(\rho)}$ 为衰减项,且

$$\boldsymbol{\Gamma}^{(\rho)} = \begin{bmatrix} \boldsymbol{\Gamma}_{\mathrm{I}} & 0 \\ 0 & \boldsymbol{\Gamma}_{\mathrm{II}} \end{bmatrix}$$

$\boldsymbol{\Gamma}_{\mathrm{I}}$ 和 $\boldsymbol{\Gamma}_{\mathrm{II}}$ 的关系式见(4.45)式.

(4.44)式中的 δ 为失谐量,(4.45)式中的 $\gamma_{i,j}(i \neq j)$ 表示 $|i\rangle$ 态→$|j\rangle$ 态的衰减速率.上式中取 $\gamma_{1,2} = \gamma_{2,1}$,公式(4.43)~(4.45)的推导见附录4.1.

下面给出实际有衰减体系 CROT 操作的理论拟合结果和实验观测值.同样,初态时刻所有的粒子都位于 $|10\rangle$ 态,接下来采用 Π_y 线偏振光激发脉冲共振激发 $|10\rangle \leftrightarrow |11\rangle$ 跃迁.由方程(4.43)可拟合得到双激子态的粒子数 $\rho_{3,3}$ 随有效输入脉冲面积 $\theta_{2,3}$ 的振荡曲线,见图 4.5(a).

2003 年,X. Q. Li 等在四能级半导体量子点系统中实现了控制旋转门 CROT[20,21],如图 4.5(b)所示.该图给出了实验观测到的双激子态粒子数 $\rho_{3,3}$ 随输入脉冲面积 $\theta_{2,3}$ 的变化曲线.当 $\theta_{2,3} = \pi$ 时,$|11\rangle$ 态上的粒子数达到最大,即完成了 CROT 门操作,实验结果和理论分析一致.该操作的实验保真度为 0.7[20].如果激子和双激子的寿命延长,则该操作的保真度将会更高.

$$M^{(\rho)}(t) = \frac{i}{2}\begin{pmatrix}
0 & 0 & 0 & \Omega_{1,0} & -\Omega_{1,0} & \Omega_{1,0} & 0 & 0 & 0 & 0 & 0 & 0 \\
0 & 0 & 0 & -\Omega_{1,0} & \Omega_{1,0} & 0 & -\Omega_{2,0} & \Omega_{2,0} & -\Omega_{2,0} & 0 & 0 & 0 \\
0 & 0 & 0 & 0 & 0 & -\Omega_{2,0} & \Omega_{2,0} & 0 & \Omega_{2,0} & \Omega_{3,1} & -\Omega_{3,1} & 0 \\
\Omega_{1,0} & -\Omega_{1,0} & 0 & 2\delta_{1,0} & 0 & 0 & 0 & 0 & -\Omega_{3,1} & \Omega_{3,1} & 0 & 0 \\
-\Omega_{1,0} & \Omega_{1,0} & 0 & 0 & -2\delta_{1,0} & 0 & 0 & 0 & \Omega_{3,2} & -\Omega_{3,2} & \Omega_{3,2} & 0 \\
\Omega_{2,0} & 0 & -\Omega_{2,0} & 0 & 0 & 2\delta_{2,0} & 0 & 0 & -\Omega_{3,2} & \Omega_{3,2} & 0 & 0 \\
-\Omega_{2,0} & \Omega_{2,0} & 0 & 0 & 0 & 0 & -2\delta_{2,0} & 0 & 0 & 0 & 0 & 0 \\
0 & 0 & 0 & 0 & 0 & 0 & 0 & 2\delta_{3,1} & 0 & 0 & 0 & 0 \\
0 & 0 & 0 & \Omega_{1,0} & 0 & 0 & \Omega_{2,0} & 0 & -\Omega_{2,0} & -\Omega_{3,2} & \Omega_{3,1} & \Omega_{1,0} \\
0 & 0 & -\Omega_{1,0} & 0 & \Omega_{3,2} & 0 & \Omega_{3,1} & 0 & 2(\delta_{2,0}-\delta_{1,0}) & 0 & 0 & 0 \\
0 & \Omega_{3,1} & 0 & -\Omega_{2,0} & 0 & -\Omega_{1,0} & 0 & -2\delta_{3,2} & 0 & -2(\delta_{2,0}-\delta_{1,0}) & 0 & -\Omega_{2,0} \\
0 & -\Omega_{3,1} & 0 & \Omega_{3,1} & 0 & -\Omega_{3,2} & 0 & 0 & -\Omega_{3,2} & 2(\delta_{3,1}+\delta_{1,0}) & 0 & 2(\delta_{3,1}+\delta_{1,0}) \\
\end{pmatrix}$$

$$(4.44)$$

$$\Gamma_{\mathrm{I}}=\begin{pmatrix}
0 & \gamma_{1,0} & \gamma_{2,0} & 0 & 0 & 0 & 0 & 0 \\
0 & -\gamma_{1,0}-\gamma_{1,2} & \gamma_{1,2} & \gamma_{3,1} & 0 & 0 & 0 & 0 \\
0 & \gamma_{1,2} & -\gamma_{2,0}-\gamma_{1,2} & \gamma_{3,2} & 0 & 0 & 0 & 0 \\
0 & 0 & 0 & -\gamma_{3,1}-\gamma_{3,2} & 0 & 0 & 0 & 0 \\
0 & 0 & 0 & 0 & -\dfrac{\gamma_{1,0}-\gamma_{1,2}}{2} & 0 & 0 & 0 \\
0 & 0 & 0 & 0 & 0 & -\dfrac{\gamma_{1,0}-\gamma_{1,2}}{2} & 0 & 0 \\
0 & 0 & 0 & 0 & 0 & 0 & -\dfrac{\gamma_{2,0}-\gamma_{1,2}}{2} & 0 \\
0 & 0 & 0 & 0 & 0 & 0 & 0 & -\dfrac{\gamma_{2,0}-\gamma_{1,2}}{2}
\end{pmatrix}$$

$$\Gamma_{\mathrm{II}}=\begin{pmatrix}
-\dfrac{\gamma_{3,1}-\gamma_{3,2}-\gamma_{1,0}-\gamma_{1,2}}{2} & 0 & 0 & 0 & 0 & 0 & 0 & 0 \\
0 & -\dfrac{\gamma_{3,1}-\gamma_{3,2}-\gamma_{1,0}-\gamma_{1,2}}{2} & 0 & 0 & 0 & 0 & 0 & 0 \\
0 & 0 & -\dfrac{\gamma_{3,1}-\gamma_{3,2}-\gamma_{2,0}-\gamma_{1,2}}{2} & 0 & 0 & 0 & 0 & 0 \\
0 & 0 & 0 & -\dfrac{\gamma_{1,0}-\gamma_{2,0}-2\gamma_{1,2}}{2} & 0 & 0 & 0 & 0 \\
0 & 0 & 0 & 0 & -\dfrac{\gamma_{1,0}-\gamma_{2,0}-2\gamma_{1,2}}{2} & 0 & 0 & 0 \\
0 & 0 & 0 & 0 & 0 & -\dfrac{\gamma_{3,1}-\gamma_{3,2}}{2} & 0 & 0 \\
0 & 0 & 0 & 0 & 0 & 0 & -\dfrac{\gamma_{3,1}-\gamma_{3,2}}{2} & 0 \\
0 & 0 & 0 & 0 & 0 & 0 & 0 & -\dfrac{\gamma_{3,1}-\gamma_{3,2}}{2}
\end{pmatrix}$$

$$(4.45)$$

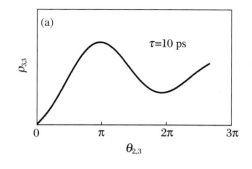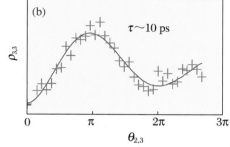

图 4.5 (a) 非理想情况下双激子态粒子数 $\rho_{3,3}$ 随输入脉冲面积 $\theta_{2,3}$ 的理论振荡曲线；(b) 实验观测到的双激子态粒子数 $\rho_{3,3}$ 随输入脉冲面积 $\theta_{2,3}$ 的变化曲线

（引自 Li X, et al. Science，2003，301(809)）

4.3 利用量子交换操作实现两个量子比特态上的粒子数交换

4.3.1 理想半导体量子点体系两个量子比特态上的粒子数交换

在两个量子比特体系中（图 4.6(a)），粒子数在态 $|00\rangle \leftrightarrow |01\rangle$（或者 $|00\rangle \leftrightarrow |10\rangle$）之间翻转时，称为各自单量子比特的 Rabi 旋转. 将粒子数偏置在 $|10\rangle$ 态（或者 $|11\rangle$ 态）上，再进行态 $|10\rangle \rightarrow |11\rangle$（或者 $|11\rangle \rightarrow |10\rangle$）上的粒子数翻转，就是上一节所讲的控制旋转门 CROT. 这两种操作在前面都已经进行了介绍. 本节介绍粒子数在两个量子比特态之间的交换操作，即粒子数在 $|01\rangle$ 态和 $|10\rangle$ 态之间的交换. 交换操作的表示矩阵见(4.23)式.

由于在半导体量子点中，$|01\rangle$ 态和 $|10\rangle$ 态之间的偶极跃迁是禁戒的，所以不能采用前面所介绍的单用一个激光脉冲共振激发 $|01\rangle$ 和 $|10\rangle$ 之间的跃迁来实现这两个态上的粒子数翻转. 虽然粒子不能直接从 $|01\rangle$ 态跃迁到 $|10\rangle$ 态，但是理论上至少存在两条间接跃迁的通道，即通过 $|00\rangle$ 态的耦合或者 $|11\rangle$ 态的耦合. $|00\rangle$ 态的耦合更便于实现. 当采用

$|00\rangle$态耦合时,$|11\rangle$态是空置的,该系统退化为各向异性的 V 型半导体量子点体系.在该系统中,只有三个能级上的粒子数有变化,且可以很方便地进行粒子数交换操作.下面给出粒子数交换操作的详细实现过程.这里基态$|00\rangle$、激子态$|01\rangle$和$|10\rangle$、双激子态$|11\rangle$分别用$|v\rangle$,$|x\rangle$和$|y\rangle$以及$|b\rangle$表示.

该量子点系统的波函数同(4.36)式:

$$| \Psi(t)\rangle = C_v(t)| v\rangle + C_x(t)| x\rangle + C_y(t)| y\rangle + C_b(t)| b\rangle \qquad (4.46)$$

采用线偏振光激发,其偏振方向与x轴的夹角记为α(图4.6(b)).x偏振和y偏振方向的 Rabi 频率分别记为Ω_x和Ω_y,且

$$\Omega_x(t) = \mu_x\varepsilon(t)\cos\alpha/\hbar, \qquad \Omega_y(t) = \mu_y\varepsilon(t)\sin\alpha/\hbar \qquad (4.47)$$

其中μ_x和μ_y分别为$|x\rangle\leftrightarrow|v\rangle$和$|y\rangle\leftrightarrow|v\rangle$之间的跃迁偶极矩,则该体系的复概率振幅运动方程为

$$\frac{\mathrm{d}}{\mathrm{d}t}\begin{pmatrix} C_v(t) \\ C_x(t) \\ C_y(t) \\ C_b(t) \end{pmatrix} = \frac{\mathrm{i}}{2}\begin{pmatrix} 0 & \Omega_x & \Omega_y & 0 \\ \Omega_x & 0 & 0 & 0 \\ \Omega_y & 0 & 0 & 0 \\ 0 & 0 & 0 & 0 \end{pmatrix}\begin{pmatrix} C_v(t) \\ C_x(t) \\ C_y(t) \\ C_b(t) \end{pmatrix} \qquad (4.48)$$

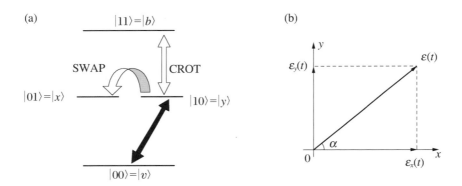

图4.6 (a) 两个量子比特的量子点体系,并给出了 CROT 门和 SWAP 门操作的相应位置;(b) 线偏振激发光场的偏振示意图,偏振方向与x轴的夹角记为α

为了求方程组(4.48)的解析解,定义有效偏振角 $\alpha_{\text{eff}} = \arctan\left[(\mu_y \sin\alpha)/(\mu_x \cos\alpha)\right]$,有效脉冲面积 $\theta_{\text{eff}}(t) = (\mu_{\text{eff}}/\hbar)\int_{-\infty}^{t} \varepsilon(t')\mathrm{d}t'$ 和有效跃迁偶极矩 $\mu_{\text{eff}} = \sqrt{\mu_x^2 \cos^2\alpha + \mu_y^2 \sin^2\alpha}$.

对于理想无衰减体系,当能级劈裂 $\Delta = 0$ 且失谐量 $\delta = 0$ 时,方程组(4.48)的解析解为[22]

$$
\begin{bmatrix}
C_v(t) \\
C_x(t) \\
C_y(t) \\
C_b(t)
\end{bmatrix}
= \mathscr{R}(\alpha_{\text{eff}}, \theta_{\text{eff}})
\begin{bmatrix}
C_v(t_0) \\
C_x(t_0) \\
C_y(t_0) \\
C_b(t_0)
\end{bmatrix}
$$

$$
\mathscr{R}(\alpha_{\text{eff}}, \theta_{\text{eff}}) =
\begin{bmatrix}
\cos\frac{1}{2}\theta_{\text{eff}} & \mathrm{i}\cos\alpha_{\text{eff}}\sin\frac{1}{2}\theta_{\text{eff}} & \mathrm{i}\sin\alpha_{\text{eff}}\sin\frac{1}{2}\theta_{\text{eff}} & 0 \\
\mathrm{i}\cos\alpha_{\text{eff}}\sin\frac{1}{2}\theta_{\text{eff}} & 1 - 2\cos^2\alpha_{\text{eff}}\sin^2\frac{1}{4}\theta_{\text{eff}} & -\sin 2\alpha_{\text{eff}}\sin^2\frac{1}{4}\theta_{\text{eff}} & 0 \\
\mathrm{i}\sin\alpha_{\text{eff}}\sin\frac{1}{2}\theta_{\text{eff}} & -\sin 2\alpha_{\text{eff}}\sin^2\frac{1}{4}\theta_{\text{eff}} & 1 - 2\sin^2\alpha_{\text{eff}}\sin^2\frac{1}{4}\theta_{\text{eff}} & 0 \\
0 & 0 & 0 & 1
\end{bmatrix}
$$

$$(4.49)$$

当 $\alpha_{\text{eff}} = 0$ 时,有

$$
\mathscr{R}(\alpha_{\text{eff}} = 0, \theta_{\text{eff}}) =
\begin{bmatrix}
\cos\frac{1}{2}\theta_{\text{eff}} & \mathrm{i}\sin\frac{1}{2}\theta_{\text{eff}} & 0 & 0 \\
\mathrm{i}\sin\frac{1}{2}\theta_{\text{eff}} & \cos\frac{1}{2}\theta_{\text{eff}} & 0 & 0 \\
0 & 0 & 1 & 0 \\
0 & 0 & 0 & 1
\end{bmatrix}
\qquad (4.50)
$$

所以 $\alpha_{\text{eff}} = 0$ 的操作对应于 $|x\rangle \leftrightarrow |v\rangle$ 之间的 Rabi 振荡. 当 $\alpha_{\text{eff}} = \pi/2$ 时,有

$$
\mathscr{R}(\alpha_{\text{eff}} = \pi/2, \theta_{\text{eff}}) =
\begin{bmatrix}
\cos\frac{1}{2}\theta_{\text{eff}} & 0 & \mathrm{i}\sin\frac{1}{2}\theta_{\text{eff}} & 0 \\
0 & 1 & 0 & 0 \\
\mathrm{i}\sin\frac{1}{2}\theta_{\text{eff}} & 0 & \cos\frac{1}{2}\theta_{\text{eff}} & 0 \\
0 & 0 & 0 & 1
\end{bmatrix}
\qquad (4.51)
$$

所以 $\alpha_{\text{eff}} = \pi/2$ 的操作对应于 $|y\rangle \leftrightarrow |v\rangle$ 之间的 Rabi 振荡. 当 $\alpha_{\text{eff}} = \pi/4$ 时,有

$$\mathscr{R}(\alpha_{\text{eff}} = \pi/4, \theta_{\text{eff}}) = \begin{pmatrix} \cos\dfrac{1}{2}\theta_{\text{eff}} & \dfrac{\sqrt{2}}{2}\mathrm{i}\sin\dfrac{1}{2}\theta_{\text{eff}} & \dfrac{\sqrt{2}}{2}\mathrm{i}\sin\dfrac{1}{2}\theta_{\text{eff}} & 0 \\ \dfrac{\sqrt{2}}{2}\mathrm{i}\sin\dfrac{1}{2}\theta_{\text{eff}} & 1 - \sin^2\dfrac{1}{4}\theta_{\text{eff}} & -\sin^2\dfrac{1}{4}\theta_{\text{eff}} & 0 \\ \dfrac{\sqrt{2}}{2}\mathrm{i}\sin\dfrac{1}{2}\theta_{\text{eff}} & -\sin^2\dfrac{1}{4}\theta_{\text{eff}} & 1 - \sin^2\dfrac{1}{4}\theta_{\text{eff}} & 0 \\ 0 & 0 & 0 & 1 \end{pmatrix} \tag{4.52}$$

当 $\alpha_{\text{eff}} = \pi/4$ 且初始时刻的粒子分别位于 $|v\rangle$ 态或 $|y\rangle$ 态时,计算可得

$$|C_x(t)|^2 - |C_y(t)|^2 = \begin{cases} 0, & C_y(0) = 0, \ C_v(0) = 1 \\ 2\sin^2\dfrac{1}{4}\theta_{\text{eff}} - 1, & C_y(0) = 1, \ C_v(0) = 0 \end{cases} \tag{4.53}$$

(4.53)式表明,当初始时刻粒子数偏置在 $|v\rangle$ 态时,若有效偏振角 $\alpha_{\text{eff}} = \pi/4$,则 $|y\rangle$ 态和 $|x\rangle$ 态的粒子数始终相等;当初始时刻粒子数偏置在 $|y\rangle$ 态(或者在 $|x\rangle$ 态)时,利用有效偏振角 $\alpha_{\text{eff}} = \pi/4$ 的偏振脉冲可以实现粒子数在 $|y\rangle$ 态和 $|x\rangle$ 态之间振荡. 当 $\alpha_{\text{eff}} = \pi/4$ 并且 $\theta_{\text{eff}} = 2\pi$ 时,由(4.52)式可得

$$\mathscr{R}(\alpha_{\text{eff}} = \pi/4, \theta_{\text{eff}} = 2\pi) = \begin{pmatrix} 1 & 0 & 0 & 0 \\ 0 & 0 & -1 & 0 \\ 0 & -1 & 0 & 0 \\ 0 & 0 & 0 & 1 \end{pmatrix} \tag{4.54}$$

$$\begin{pmatrix} |C_v(\alpha_{\text{eff}} = \pi/4), \theta_{\text{eff}} = 2\pi|^2 \\ |C_x(\alpha_{\text{eff}} = \pi/4), \theta_{\text{eff}} = 2\pi|^2 \\ |C_y(\alpha_{\text{eff}} = \pi/4), \theta_{\text{eff}} = 2\pi|^2 \\ |C_b(\alpha_{\text{eff}} = \pi/4), \theta_{\text{eff}} = 2\pi|^2 \end{pmatrix} = \begin{pmatrix} 1 & 0 & 0 & 0 \\ 0 & 0 & 1 & 0 \\ 0 & 1 & 0 & 0 \\ 0 & 0 & 0 & 1 \end{pmatrix} \begin{pmatrix} |C_v(0)|^2 \\ |C_x(0)|^2 \\ |C_y(0)|^2 \\ |C_b(0)|^2 \end{pmatrix} = \begin{pmatrix} |C_v(0)|^2 \\ |C_y(0)|^2 \\ |C_x(0)|^2 \\ |C_b(0)|^2 \end{pmatrix} \tag{4.55}$$

上式表明,当 $\alpha_{\text{eff}} = \pi/4$ 且 $\theta_{\text{eff}} = 2\pi$ 时,$|x\rangle$ 态和 $|y\rangle$ 态上的粒子数实现了交换. 该粒子数交换过程是通过真空态 $|v\rangle$ 的耦合进行的.

4.3.2　V 型体系在双脉冲激发下的粒子数运动特性

当采用 $|v\rangle$ 态耦合来实现 $|x\rangle$ 态和 $|y\rangle$ 态之间的粒子数交换操作时,双激子态 $|b\rangle$ 是空置的.此时只有 $|v\rangle$ 态、$|x\rangle$ 态和 $|y\rangle$ 态上的粒子数有变化,双激子 $|b\rangle$ 态上的粒子数恒为 0.该系统退化为由 $|v\rangle$ 态、$|x\rangle$ 态和 $|y\rangle$ 态组成的各向异性 V 型半导体量子点体系.在旋转波近似下,该 V 型体系在双脉冲激发时的系统哈密顿量为

$$
\begin{aligned}
\hat{H} =\ & \hbar\omega_x\hat{\sigma}_{xx} + \hbar\omega_y\hat{\sigma}_{yy} + \hbar\omega_v\hat{\sigma}_{vv} \\
& + \frac{1}{2}\hbar\big[\hat{\sigma}_{xv}\Omega_{x1}\mathrm{e}^{-\mathrm{i}\omega_L t} + \hat{\sigma}_{xv}\Omega_{x2}\mathrm{e}^{-\mathrm{i}\omega_L(t-\tau_d)} \\
& + \hat{\sigma}_{yv}\Omega_{y1}\mathrm{e}^{-\mathrm{i}\omega_L t} + \hat{\sigma}_{yv}\Omega_{y2}\mathrm{e}^{-\mathrm{i}\omega_L(t-\tau_d)} + \text{h.c.}\big]
\end{aligned}
\tag{4.56}
$$

其中 Ω_{x1} 和 Ω_{y1} 分别表示第一个脉冲激发跃迁 $|x\rangle\leftrightarrow|v\rangle$ 和 $|y\rangle\leftrightarrow|v\rangle$ 的 Rabi 频率,Ω_{x2} 和 Ω_{y2} 分别表示第二个脉冲激发跃迁 $|x\rangle\leftrightarrow|v\rangle$ 和 $|y\rangle\leftrightarrow|v\rangle$ 的 Rabi 频率.$\omega_x,\omega_y,\omega_v$ 分别是 $|x\rangle$ 态、$|y\rangle$ 态和 $|v\rangle$ 态的本征频率.描述该系统动力学过程的主方程为

$$
\frac{\mathrm{d}}{\mathrm{d}t}\hat{\rho} = -(\mathrm{i}/\hbar)\big[\hat{H}^{(i)},\hat{\rho}\big] + L(\hat{\rho})
\tag{4.57}
$$

其中 $L(\hat{\rho})$ 为耗散项,其表达式为

$$
\begin{aligned}
L(\hat{\rho}) = \frac{1}{2}\big[& \gamma_{xv}(2\hat{\sigma}_{vx}^{(i)}\hat{\rho}\,\hat{\sigma}_{xv}^{(i)} - \hat{\sigma}_{xx}\hat{\rho} - \hat{\rho}\,\hat{\sigma}_{xx}) \\
& + \gamma_{yv}(2\hat{\sigma}_{vy}^{(i)}\hat{\rho}\,\hat{\sigma}_{yv}^{(i)} - \hat{\sigma}_{yy}\hat{\rho} - \hat{\rho}\,\hat{\sigma}_{yy}) \\
& + \gamma_{xy}^{ph}(2\hat{\sigma}_{yx}^{(i)}\hat{\rho}\,\hat{\sigma}_{xy}^{(i)} - \hat{\sigma}_{xx}\hat{\rho} - \hat{\rho}\,\hat{\sigma}_{xx}) \\
& + \gamma_{yx}^{ph}(2\hat{\sigma}_{xy}^{(i)}\hat{\rho}\,\hat{\sigma}_{yx}^{(i)} - \hat{\sigma}_{yy}\hat{\rho} - \hat{\rho}\,\hat{\sigma}_{yy}) \\
& + \gamma_{xy}^{dp}(2\hat{\sigma}_{vx}^{(i)}\hat{\rho}\,\hat{\sigma}_{yv}^{(i)} - \hat{\sigma}_{yx}^{(i)}\hat{\rho} - \hat{\rho}\,\hat{\sigma}_{yx}^{(i)}) \\
& + \gamma_{yx}^{dp}(2\hat{\sigma}_{vy}^{(i)}\hat{\rho}\,\hat{\sigma}_{xv}^{(i)} - \hat{\sigma}_{xy}^{(i)}\hat{\rho} - \hat{\rho}\,\hat{\sigma}_{xy}^{(i)})\big]
\end{aligned}
\tag{4.58}
$$

上式中忽略了纯位相退相干(pure dephasing)项.在以后的计算中取 $\gamma_{xy}^{ph} = \gamma_{yx}^{ph}$.其中 γ_{xy}^{ph} 是由声子等过程造成的 $|x\rangle,|y\rangle$ 之间激子自旋弛豫速率,γ_{xy}^{dp} 是由 $|x\rangle\sim|v\rangle$,$|y\rangle\sim|v\rangle$ 偶极跃迁干涉导致的 $|x\rangle,|y\rangle$ 之间能量交换速率.引入两个量子比特的光学 Bloch 矢量

$$S = (U_1, U_2, U_3, V_1, V_2, V_3, W_1, W_2)$$

其中

$$U_1 = \rho_{xv}e^{i\omega_L t} + \mathrm{c.c.}$$

$$V_1 = i\rho_{xv}e^{i\omega_L t} + \mathrm{c.c.}$$

$$W_1 = \rho_{xx} - \rho_{vv}$$

是量子比特 $|x\rangle \leftrightarrow |v\rangle$ 的光学 Bloch 矢量；

$$U_2 = \rho_{yv}e^{i\omega_L t} + \mathrm{c.c.}$$

$$V_2 = i\rho_{yv}e^{i\omega_L t} + \mathrm{c.c.}$$

$$W_2 = \rho_{yy} - \rho_{vv}$$

是量子比特 $|y\rangle \leftrightarrow |v\rangle$ 的光学 Bloch 矢量；

$$U_3 = \rho_{xy} + \mathrm{c.c.}$$

$$V_3 = -i\rho_{xy} + \mathrm{c.c.}$$

是两个量子比特的耦合项.

在旋转波近似条件下,双脉冲激发时两个量子比特的光学 Bloch 矢量满足的运动方程为

$$\dot{\boldsymbol{S}}(t) = (\boldsymbol{M}(t) + \boldsymbol{M}_{QI}(t))\boldsymbol{S}(t) - \boldsymbol{\varGamma}\boldsymbol{S}(t) - \boldsymbol{\varLambda} \tag{4.59}$$

其中 $\boldsymbol{M}(t)$ 对应第一个激光脉冲的作用,与量子干涉无关;$\boldsymbol{M}_{QI}(t)$ 对应两个激光脉冲的共同作用,与量子干涉有关.它们的表达式分别为

$$\boldsymbol{M}(t) = \frac{1}{2}\begin{pmatrix} 0 & 0 & 0 & 0 & 0 & -\Omega_{y1} & 0 & 0 \\ 0 & 0 & 0 & 0 & 0 & \Omega_{x1} & 0 & 0 \\ 0 & 0 & 0 & \Omega_{y1} & \Omega_{x1} & 0 & 0 & 0 \\ 0 & 0 & -\Omega_{y1} & 0 & 0 & 0 & -2\Omega_{x1} & 0 \\ 0 & 0 & -\Omega_{x1} & 0 & 0 & 0 & 0 & -2\Omega_{y1} \\ \Omega_{y1} & -\Omega_{x1} & 0 & 0 & 0 & 0 & 0 & 0 \\ 0 & 0 & 0 & 2\Omega_{x1} & \Omega_{y1} & 0 & 0 & 0 \\ 0 & 0 & 0 & \Omega_{x1} & 2\Omega_{y1} & 0 & 0 & 0 \end{pmatrix} \tag{4.60}$$

$$M_{OI}(t) = \frac{1}{2}
\begin{pmatrix}
0 & 0 & 0 & 0 & -\sin\phi\,\Omega_{y2} & 0 & -\cos\phi\,\Omega_{y2} & 0 \\
0 & 0 & 0 & 0 & -\sin\phi\,\Omega_{x2} & 0 & \cos\phi\,\Omega_{x2} & 0 \\
\sin\phi\,\Omega_{x2} & \sin\phi\,\Omega_{y2} & \cos\phi\,\Omega_{y2} & 0 & 0 & \sin\phi\,\Omega_{y2} & 0 & -2\sin\phi\,\Omega_{y2} \\
0 & 0 & 0 & 0 & -\cos\phi\,\Omega_{y2} & 0 & \cos\phi\,\Omega_{x2} & 0 \\
0 & 0 & 0 & 0 & -\cos\phi\,\Omega_{x2} & 0 & \sin\phi\,\Omega_{y2} & 0 \\
\cos\phi\,\Omega_{y2} & \sin\phi\,\Omega_{y2} & \sin\phi\,\Omega_{y2} & 0 & 0 & -\sin\phi\,\Omega_{y2} & 0 & -2\cos\phi\,\Omega_{y2} \\
2\sin\phi\,\Omega_{x2} & 2\cos\phi\,\Omega_{y2} & \cos\phi\,\Omega_{x2} & 0 & 0 & \cos\phi\,\Omega_{y2} & 0 & 0 \\
\sin\phi\,\Omega_{x2} & \sin\phi\,\Omega_{y2} & \cos\phi\,\Omega_{x2} & 0 & 0 & 2\cos\phi\,\Omega_{y2} & 0 & 0
\end{pmatrix}
\tag{4.61}$$

$$\Gamma =
\begin{pmatrix}
\frac{1}{2}\gamma_{xv} + \frac{1}{2}\gamma_{xy}^{ph} & 0 & 0 & -\delta_x & 0 & 0 & 0 & 0 \\
\frac{1}{2}\gamma_{xy}^{ph} + \frac{1}{2}\gamma_{yv} & \frac{1}{2}\gamma_{xv} + \frac{1}{2}\gamma_{yv} + \gamma_{xy}^{ph} & 0 & 0 & \delta_x & 0 & 0 & 0 \\
0 & 0 & \frac{1}{2}\gamma_{xv} + \frac{1}{2}\gamma_{yv} + \gamma_{xy}^{ph} & 0 & 0 & \delta_y & 0 & 0 \\
-\delta_y & 0 & 0 & \Delta & 0 & 0 & -\Delta & 0 \\
0 & 0 & \frac{1}{2}\gamma_{xy}^{dp} + \frac{1}{2}\gamma_{xy}^{ph} & \frac{1}{2}\gamma_{xv} + \frac{1}{2}\gamma_{xy}^{ph} & \frac{1}{2}\gamma_{xy}^{dp} & \frac{1}{2}\gamma_{xy}^{dp} & 0 & \frac{1}{3}\gamma_{xy}^{dp} \\
0 & 0 & 0 & 0 & 0 & \frac{1}{2}\gamma_{yv} + \frac{1}{2}\gamma_{xy}^{ph} & 0 & 0 \\
0 & 0 & 0 & 0 & 0 & 0 & \frac{4}{3}\gamma_{xv} - \frac{1}{3}\gamma_{yv} + \gamma_{xy}^{ph} & -\frac{2}{3}\gamma_{xv} - \gamma_{xy}^{ph} + \frac{2}{3}\gamma_{yv} \\
0 & 0 & 0 & 0 & 0 & 0 & -\frac{2}{3}\gamma_{yv} - \gamma_{xy}^{ph} + \frac{2}{3}\gamma_{xv} & \frac{4}{3}\gamma_{yv} - \frac{1}{3}\gamma_{xv} + \gamma_{xy}^{ph}
\end{pmatrix}
\tag{4.62}$$

$$\boldsymbol{\Lambda} = \left(0,0,\frac{2}{3}\gamma_{xy}^{dp},0,0,0,\frac{2}{3}\gamma_{xv}+\frac{1}{3}\gamma_{yv},\frac{2}{3}\gamma_{yv}+\frac{1}{3}\gamma_{xv}\right)^{\mathrm{T}} \tag{4.63}$$

(4.61)式中的 ϕ 是由延时导致的两个脉冲之间的位相差,$\phi = \omega_L \tau_{\mathrm{d}}$.

在各向异性的半导体量子点中,由于 $|x\rangle \sim |v\rangle$ 和 $|y\rangle \sim |v\rangle$ 跃迁偏振垂直,因此 $\gamma_{xy}^{dp} = 2\sqrt{\omega_{xv}^3 \omega_{yv}^3} \cdot \boldsymbol{\mu}_x \cdot \boldsymbol{\mu}_y / (3\hbar c^3) = 0$. 其中(4.62)式中的 γ_{xy}^{ph} 只影响系统的相干性,但并不影响 $|x\rangle$,$|y\rangle$ 上的粒子数.因此,在计算模拟时可以省略.

设双脉冲激发该 V 型体系,且两个激光脉冲的有效偏振角均为 $\pi/4$,即 $\alpha_{\mathrm{eff1}} = \alpha_{\mathrm{eff2}} = \pi/4$,第一个脉冲的有效脉冲面积 $\theta_{\mathrm{eff1}} = \pi$,第二个脉冲的有效脉冲面积 θ_{eff2} 可调,这里简记为 θ_{eff}.由(4.59)式可通过数值模拟得到 $|x\rangle$ 态和 $|y\rangle$ 态量子干涉的最大值和最小值随第二个脉冲的有效脉冲面积 θ_{eff} 的变化关系,见图 4.7(a)和(c),其中图(a)对应理想(无衰减和能级劈裂)情况,图(c)对应非理想情况.此时,$|x\rangle$ 态和 $|y\rangle$ 态上的粒子数振荡随 θ_{eff} 的振荡完全相同.在理想情况下,系统几乎没有量子干涉(见图 4.7(a)).在非理想情况下,出现了明显的量子干涉效应(见图 4.7(c)).

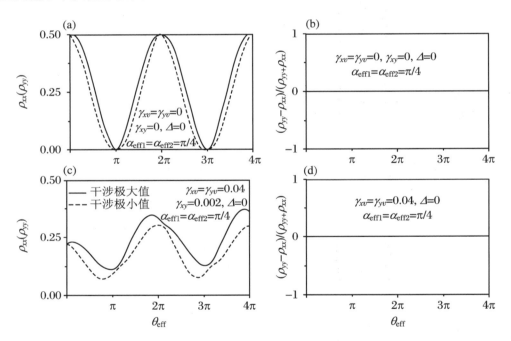

图 4.7 (a) 理想体系、(c) 实际有衰减体系量子干涉的最大振幅(实线)和最小振幅(虚线)随有效脉冲面积 θ_{eff} 的变化;(b) 理想体系、(d) 实际有衰减体系的偏振因子随有效脉冲面积 θ_{eff} 的变化图中参量单位为 ps^{-1}.

定义偏振因子 $R_P = (\rho_{yy} - \rho_{xx})/(\rho_{yy} + \rho_{xx})$. 由(4.59)式,可拟合得到当 $\alpha_{eff1} = \alpha_{eff2} = \pi/4$ 且 $\theta_{eff1} = \pi$ 时,偏振因子 R_P 随输入脉冲面积 θ_{eff} 的变化曲线,见图4.7(b)(理想情况)和(d)(非理想情况). 由图4.7(b)和(d)可知,当两个有效偏振角都是 $\pi/4$ 时,R_P 值恒为零,两个态的振荡完全相同,不能实现两个量子比特态上的粒子数交换.

为了实现两个量子比特态上的粒子数交换,令 $\alpha_{eff1} = 0$,$\theta_{eff1} = \pi$,$\alpha_{eff2} = \pi/4$. 第一个脉冲将粒子数全部泵浦到 $|y\rangle$ 态,第二个脉冲同时激发 $|x\rangle \leftrightarrow |v\rangle$ 和 $|y\rangle \leftrightarrow |v\rangle$ 两个跃迁. 图4.8给出了不同体系中 $|x\rangle$ 态和 $|y\rangle$ 态量子干涉的极大值和极小值随第二个脉冲的有效脉冲面积 θ_{eff} 的变化关系. 当系统没有衰减和能级劈裂时,系统几乎没有量子干涉现象,见图4.8(a)和(b);当系统有衰减而没有能级劈裂时,量子干涉明显增强,见图4.8(d)和(e);当系统同时有衰减和能级劈裂时,量子干涉现象变得更强,见图4.8(g)和(h).这表明能级衰减和能级劈裂可以

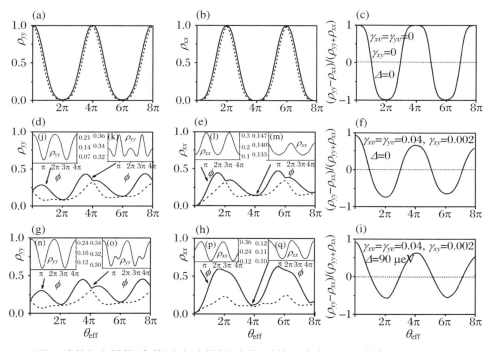

图4.8　量子干涉的极大振幅(实线)和极小振幅(虚线)随输入脉冲面积 θ_{eff} 的变化关系

(a)和(b)是理想体系,(d)和(e)是简并体系,$\gamma_{xv} = \gamma_{yv} = 0.04 \text{ ps}^{-1}$,$\gamma_{xy} = 0.02 \text{ ps}^{-1}$ 和 $\Delta = 0$;(g)和(h)是实际体系,$\gamma_{xv} = \gamma_{yv} = 0.04 \text{ ps}^{-1}$,$\gamma_{xy} = 0.002 \text{ ps}^{-1}$ 和 $\Delta = 90 \text{ μeV}$;(c),(f)和(i)分别是三种体系中偏振因子随有效输入脉冲面积 θ_{eff} 的变化;插图(j)~(q)是 $|x\rangle$ 态和 $|y\rangle$ 态上的粒子数随两个输入脉冲之间延时的变化曲线,其中(j),(l),(n)和(p)中的有效输入脉冲面积 $\theta_{eff} = \pi$,(k),(m),(o)和(q)中的有效输入脉冲面积 $\theta_{eff} = 4\pi$.

增强半导体量子点中的量子干涉. 图 4.8(j)~(q) 给出了当 θ_{eff} 取不同值时 $|x\rangle$ 态和 $|y\rangle$ 态上的粒子数随两个脉冲之间位相差的振荡曲线. 由图可知, 粒子数的振荡线形与 θ_{eff} 的值有关. 当输入脉冲面积为 $\theta_{eff} = \pi$ 时, $|x\rangle$ 态和 $|y\rangle$ 态上的粒子数随位相的振荡曲线类似于正弦曲线; 当输入脉冲面积 $\theta_{eff} = 4\pi$ 时, $|x\rangle$ 态和 $|y\rangle$ 态上的粒子数随位相的振荡变得很复杂. 图 4.8(c), (f) 和 (i) 分别给出了三种情况下偏振因子随有效输入脉冲面积 θ_{eff} 的变化曲线. 由图可知, 尽管 $|x\rangle$ 态和 $|y\rangle$ 态之间的偶极跃迁是禁戒的, 但是当有效输入脉冲面积为 $2k\pi(k = 1,2,\cdots)$ 时, 仍然可以实现 $|x\rangle$ 态和 $|y\rangle$ 态上的粒子数交换.

4.3.3　两个量子比特态上的粒子数交换操作实验结果

2005 年, Q. Q. Wang 等利用自组织 $In_{0.5}Ga_{0.5}As$ 半导体量子点, 实现了两个量子比特态上的粒子数交换操作, 见文献[23]. 图 4.9 是 V 型三能级半导体量子点体系在单脉冲 (左) 和双脉冲激发下 (右) 的光致发光信号, 即 PL 谱, 实线是根据方程组 (4.56)~(4.62) 模拟得到的理论结果. 当忽略 $|x\rangle$ 和 $|y\rangle$ 态之间的自旋弛豫时, 光致发光信号与粒子数成正比. 图 4.9(a) 和 (b) 是采用单脉冲激发时 $|x\rangle$ 和 $|y\rangle$ 态上的粒子数随输入脉冲面积的变化曲线, 激光脉冲的偏向角为 $\pi/4$, 此时 $|x\rangle$ 和 $|y\rangle$ 态同时被激发. 由于退相干的影响, $|x\rangle$ 态和 $|y\rangle$ 态上的粒子数振荡很快衰减.

由图可以看出, $|x\rangle$ 和 $|y\rangle$ 态上的粒子数以相同的周期振荡, 它们的差值几乎为零 (图 4.9(c)). 因此在这种情况下, 不能实现两个比特态之间的粒子数交换. 图 4.9(d) 和 (e) 是系统在双脉冲激发下的动力学过程. 第一个脉冲是预脉冲, 将粒子泵浦到 $|y\rangle$, 第二个激发脉冲的偏向角为 $\pi/4$, 脉冲面积记为 θ_{eff}, 同时激发两个跃迁 $|x\rangle \leftrightarrow |v\rangle$ 和 $|y\rangle \leftrightarrow |v\rangle$. 体系中出现了量子干涉的现象. 图 4.9(d) 和 (e) 中的虚线是 $|x\rangle$ 态和 $|y\rangle$ 态量子干涉振幅最大值和最小值的平均值. 图 4.9(f) 是 $|x\rangle$ 和 $|y\rangle$ 态上的粒子数平均值的差随第二个激光脉冲的输入脉冲面积 θ_{eff} 的振荡曲线. 当输入脉冲面积为 2π 时, 实现了 $|x\rangle$ 和 $|y\rangle$ 态上的粒子数交换, 也就是实现了两个量子比特态上的粒子数交换. 实验结果和理论分析一致.

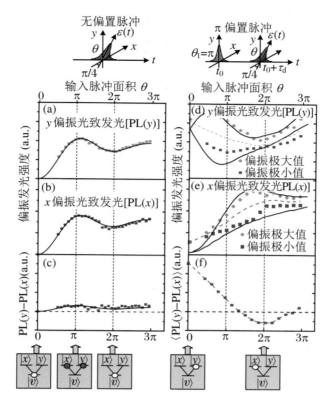

图 4.9　半导体量子点 V 型三能级系统中激子在单脉冲(左)和双脉冲(右)作用下的动力学过程

　　(a),(b)是单脉冲作用下 $|x\rangle$ 态和 $|y\rangle$ 态上的粒子数随输入脉冲面积的变化;(c)是 $|x\rangle$ 态和 $|y\rangle$ 态上粒子数之差随输入脉冲面积的变化;(d),(e)是系统在双脉冲作用下 $|x\rangle$ 态和 $|y\rangle$ 态上的量子干涉极大值和极小值随第二个脉冲的输入脉冲面积 θ_{eff} 的变化曲线;(f)是 $|x\rangle$ 态和 $|y\rangle$ 态上的粒子数平均值之差.图中拟合时用衰减强度相关模型代替了量子点与浸润层跃迁的相互作用导致的退相干.

4.4　半导体量子点中 Deutsch–Jozsa 量子逻辑运算

4.4.1　单量子比特优化 Deutsch–Jozsa 算法的操控方案

　　首先给出利用 H 门来实现单量子比特优化 D-J 算法的计算过程.此时共有四种函数:

$$f_1(x) = 0, \quad f_2(x) = 1, \quad f_3(x) = x, \quad f_4(x) = 1 - x \tag{4.64}$$

f 控制门 $U_{fj}(j = 1,2,3,4)$ 的表示矩阵分别为

$$\left. \begin{aligned} \boldsymbol{U}_{f1} &= \begin{bmatrix} 1 & 0 \\ 0 & 1 \end{bmatrix}, & \boldsymbol{U}_{f2} &= -\begin{bmatrix} 1 & 0 \\ 0 & 1 \end{bmatrix} \\ \boldsymbol{U}_{f3} &= \begin{bmatrix} 1 & 0 \\ 0 & -1 \end{bmatrix}, & \boldsymbol{U}_{f4} &= -\begin{bmatrix} 1 & 0 \\ 0 & -1 \end{bmatrix} \end{aligned} \right\} \tag{4.65}$$

由上式可知,除了一个整体相位因子 -1 外,两个常函数和两个平衡函数分别具有相同的幺正变换.设系统的输入态为 $|\Psi_{in}\rangle = |0\rangle = (1, 0)^{\mathrm{T}}$.通过 H 门的编码作用后,得到

$$|\Psi_1\rangle = H |0\rangle = \frac{1}{\sqrt{2}} \begin{bmatrix} 1 & 1 \\ 1 & -1 \end{bmatrix} \begin{bmatrix} 1 \\ 0 \end{bmatrix} = \frac{1}{\sqrt{2}} \begin{bmatrix} 1 \\ 1 \end{bmatrix} \tag{4.66}$$

再把幺正变换 U_{fj} 作用到 $|\Psi_1\rangle$ 上,可得

$$\left. \begin{aligned} |\Psi_2\rangle_{f1, f2} &= \boldsymbol{U}_{f1, f2} |\Psi_1\rangle = (-1)^{f_{1,2}(0)} \frac{1}{\sqrt{2}} \begin{bmatrix} 1 \\ 1 \end{bmatrix} \\ |\Psi_2\rangle_{f3, f4} &= \boldsymbol{U}_{f3, f4} |\Psi_1\rangle = (-1)^{f_{3,4}(0)} \frac{1}{\sqrt{2}} \begin{bmatrix} 1 \\ 1 \end{bmatrix} \end{aligned} \right\} \tag{4.67}$$

最后利用 H 门进行解码,得到系统的终态 $|\Psi_{out}\rangle$ 为

$$\begin{aligned} |\Psi_{out}\rangle_{f1, f2} &= H |\Psi_2\rangle_{f1, f2} = \frac{1}{\sqrt{2}} \begin{bmatrix} 1 & 1 \\ 1 & -1 \end{bmatrix} \cdot (-1)^{f_{1,2}(0)} \frac{1}{\sqrt{2}} \begin{bmatrix} 1 \\ 1 \end{bmatrix} \\ &= (-1)^{f_{1,2}(0)} \begin{bmatrix} 1 \\ 0 \end{bmatrix} = \pm |0\rangle; \\ |\Psi_{out}\rangle_{f3, f4} &= H |\Psi_2\rangle_{f3, f4} = \frac{1}{\sqrt{2}} \begin{bmatrix} 1 & 1 \\ 1 & -1 \end{bmatrix} \cdot (-1)^{f_{3,4}(0)} \frac{1}{\sqrt{2}} \begin{bmatrix} 1 \\ 1 \end{bmatrix} \\ &= (-1)^{f_{3,4}(0)} \begin{bmatrix} 1 \\ 0 \end{bmatrix} = \pm |1\rangle \end{aligned} \tag{4.68}$$

若 $f(x)$ 为常函数,则系统的终态为基态 $\pm |0\rangle$;若 $f(x)$ 为平衡函数,则系统的终态为激子态 $\pm |1\rangle$.因此,测量系统的终态,就能一次确定出 $f(x)$ 的函数类型,从而可实现指数加速的目的.

下面给出利用 Rabi 旋转和位相旋转实现单量子比特优化 D-J 算法的具体步骤[24].设系统的输入态为 $|\Psi_{in}\rangle = |0\rangle = (1, 0)^{\mathrm{T}}$.首先采用单量子比特的 Rabi $\pi/2$ 旋转操作对系统编码,此时系统的波函数为

$$| \Psi_1 \rangle = R\left(\theta = \frac{\pi}{2}\right) | \Psi_{\text{in}} \rangle = \frac{1}{\sqrt{2}} \begin{pmatrix} 1 & -1 \\ 1 & 1 \end{pmatrix} \begin{pmatrix} 1 \\ 0 \end{pmatrix} = \frac{1}{\sqrt{2}} \begin{pmatrix} 1 \\ 1 \end{pmatrix} \qquad (4.69)$$

然后采用位相旋转操作 $U(\phi)$：

$$U(\phi) = \begin{pmatrix} \mathrm{e}^{-\mathrm{i}\phi/2} & 0 \\ 0 & \mathrm{e}^{\mathrm{i}\phi/2} \end{pmatrix} \qquad (4.70)$$

其中 ϕ 为位相变换方位角. 位相旋转操作 $U(\phi)$ 只改变输入态的位相因子. 选择适当的 ϕ 值, 可实现 f 控制门 U_{fj}, 见表 4.1. 采用适当的位相旋转操作 $U(\phi)$ 作用到 $|\Psi_1\rangle$ 上, 可得

$$| \Psi_2 \rangle_{f1} = | \Psi_2(\phi = 4n\pi) \rangle = U(\phi = 4n\pi) | \Psi_1 \rangle$$

$$= \begin{pmatrix} 1 & 0 \\ 0 & 1 \end{pmatrix} \cdot \frac{1}{\sqrt{2}} \begin{pmatrix} 1 \\ 1 \end{pmatrix} = \frac{1}{\sqrt{2}} \begin{pmatrix} 1 \\ 1 \end{pmatrix} ;$$

$$| \Psi_2 \rangle_{f2} = | \Psi_2(\phi = 4n\pi + 2\pi) \rangle = U(\phi = 4n\pi + 2\pi) | \Psi_1 \rangle$$

$$= \begin{pmatrix} -1 & 0 \\ 0 & -1 \end{pmatrix} \cdot \frac{1}{\sqrt{2}} \begin{pmatrix} 1 \\ 1 \end{pmatrix} = -\frac{1}{\sqrt{2}} \begin{pmatrix} 1 \\ 1 \end{pmatrix} ;$$

$$| \Psi_2 \rangle_{f3} = \mathrm{i} | \Psi_2(\phi = 4n\pi + \pi) \rangle = \mathrm{i}U(\phi = 4n\pi + \pi) | \Psi_1 \rangle$$

$$= \mathrm{i} \begin{pmatrix} -\mathrm{i} & 0 \\ 0 & -\mathrm{i} \end{pmatrix} \cdot \frac{1}{\sqrt{2}} \begin{pmatrix} 1 \\ 1 \end{pmatrix} = \frac{1}{\sqrt{2}} \begin{pmatrix} 1 \\ -1 \end{pmatrix} ;$$

$$| \Psi_2 \rangle_{f4} = \mathrm{i} | \Psi_2(\phi = 4n\pi + 3\pi) \rangle = \mathrm{i}U(\phi = 4n\pi + 3\pi) | \Psi_1 \rangle$$

$$= \mathrm{i} \begin{pmatrix} -\mathrm{i} & 0 \\ 0 & -\mathrm{i} \end{pmatrix} \cdot \frac{1}{\sqrt{2}} \begin{pmatrix} 1 \\ 1 \end{pmatrix} = \frac{1}{\sqrt{2}} \begin{pmatrix} -1 \\ 1 \end{pmatrix} \qquad (4.71)$$

表 4.1　不同的位相角和 f 控制门 U_{fj} 的对应关系 $(n = 0, 1, 2, \cdots)$

位相角 ϕ	f 控制门 U_{fj}	位相角 ϕ	f 控制门 U_{fj}
$4n\pi$	U_{f1}	$2\pi + 4n\pi$	U_{f2}
$\pi + 4n\pi$	$-\mathrm{i}U_{f3}$	$3\pi + 4n\pi$	$-\mathrm{i}U_{f4}$

最后同编码过程一样, 用单量子比特的 Rabi $\pi/2$ 旋转操作对系统进行解码, 得到系统的终态 $|\Psi_{\text{out}}\rangle$. 计算可得

$$|\Psi_{\text{out}}\rangle_{f1} = |\Psi_{\text{out}}(\phi = 4n\pi)\rangle = \boldsymbol{R}\left(\theta = \frac{1}{2}\pi\right)|\Psi_2(\phi = 4n\pi)\rangle$$

$$= \frac{1}{\sqrt{2}}\begin{bmatrix} 1 & -1 \\ 1 & 1 \end{bmatrix} \cdot \frac{1}{\sqrt{2}}\begin{bmatrix} 1 \\ 1 \end{bmatrix} = \begin{bmatrix} 0 \\ 1 \end{bmatrix} = |1\rangle;$$

$$|\Psi_{\text{out}}\rangle_{f2} = |\Psi_{\text{out}}(\phi = 4n\pi + 2\pi)\rangle$$

$$= \boldsymbol{R}\left(\theta = \frac{1}{2}\pi\right)|\Psi_2(\phi = 4n\pi + 2\pi)\rangle$$

$$= \frac{1}{\sqrt{2}}\begin{bmatrix} 1 & -1 \\ 1 & 1 \end{bmatrix} \cdot \left(-\frac{1}{\sqrt{2}}\right)\begin{bmatrix} 1 \\ 1 \end{bmatrix} = -\begin{bmatrix} 0 \\ 1 \end{bmatrix} = -|1\rangle;$$

$$|\Psi_{\text{out}}\rangle_{f3} = \mathrm{i}|\Psi_{\text{out}}(\phi = 4n\pi + \pi)\rangle$$

$$= \mathrm{i}\boldsymbol{R}\left(\theta = \frac{1}{2}\pi\right)|\Psi_2(\phi = 4n\pi + \pi)\rangle$$

$$= \frac{\mathrm{i}}{\sqrt{2}}\begin{bmatrix} 1 & -1 \\ 1 & 1 \end{bmatrix} \cdot \frac{\mathrm{i}}{\sqrt{2}}\begin{bmatrix} -1 \\ 1 \end{bmatrix} = \begin{bmatrix} 1 \\ 0 \end{bmatrix} = |0\rangle;$$

$$|\Psi_{\text{out}}\rangle_{f4} = \mathrm{i}|\Psi_{\text{out}}(\phi = 4n\pi + 3\pi)\rangle$$

$$= \mathrm{i}\boldsymbol{R}\left(\theta = \frac{1}{2}\pi\right)|\Psi_2(\phi = 4n\pi + 3\pi)\rangle$$

$$= \frac{\mathrm{i}}{\sqrt{2}}\begin{bmatrix} 1 & -1 \\ 1 & 1 \end{bmatrix} \cdot \frac{\mathrm{i}}{\sqrt{2}}\begin{bmatrix} 1 \\ -1 \end{bmatrix} = -\begin{bmatrix} 1 \\ 0 \end{bmatrix} = -|0\rangle \tag{4.72}$$

若 $f(x)$ 为常函数,则系统的终态为 $\pm|1\rangle$ 态;若 $f(x)$ 为平衡函数,则系统的终态为 $\pm|0\rangle$ 态.因此,测量系统的终态,就能一次确定出 $f(x)$ 的函数类型.因操作 $U_{\pi/2}$ 和 H 门略有不同,导致这两种方案的输出结果正好相反,但不影响对 $f(x)$ 函数类型的判断.

4.4.2　单量子比特优化 Deutsch - Jozsa 算法的实验结果

在半导体量子点系统中,利用自组织的 InGaAs 量子点可实现单量子比特的优化 D - J 算法.考虑如图 4.10 所示的单激子能级图,$|0\rangle$ 表示系统基态 $|v\rangle$,$|1\rangle$ 和 $|1'\rangle$ 分别表示激子第一激发态 $|e\rangle$ 和激子基态 $|g\rangle$.激发态的激子非辐射跃迁到激子基态 $|1'\rangle$.用 PL 谱探测激子基态 $|1'\rangle$ 上的粒子数,从而得到激子态 $|1\rangle$ 上的粒子数.图 4.11 给出了利用自组织的 InGaAs 量子点来实现单量子比特优化 D - J 算法的实验步骤.

图 4.12 给出了用分子束外延生长的 $In_{0.5}Ga_{0.5}As$ 自组织量子点来实现单比特优化 D-J 算法的终态测量结果[24]. 其中图（a）给出了 PL 谱随延时 τ_d 的变化曲线. 图（b）～ (e) 分别给出了当延时 τ_d 取不同值时, PL 谱随位相角 ϕ 的变化曲线. 当两个脉冲之间的相对相位为 $2n\pi$, 即采用幺正变换 U_{f1} 或 U_{f2} 时, PL 值最大, 处于激子态 $|1\rangle$ 上的粒子最多; 当两个脉冲之间的相对相位为 $(2n+1)\pi$, 即采用幺正变换 U_{f3} 或 U_{f4} 时, PL 值最小, 处于激子态 $|1\rangle$ 上的粒子最少. 所以可由 PL 值一次判断出 $f(x)$ 的函数类型, 从而实现了单量子比特的优化 D-J 算法.

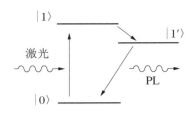

图 4.10 单激子能级图

$|0\rangle$ 表示系统基态 $|v\rangle$, $|1\rangle$ 和 $|1'\rangle$ 分别表示激子的第一激发态 $|e\rangle$ 和激子基态 $|g\rangle$.

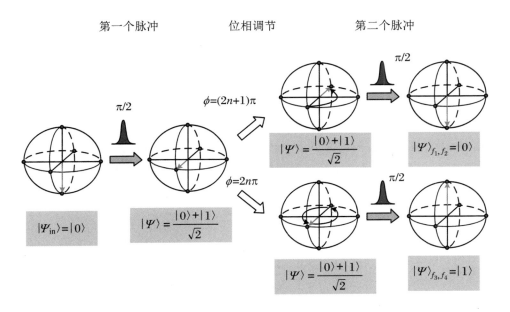

图 4.11 用 Rabi 旋转和位相旋转实现单量子比特优化 D-J 算法的实验步骤

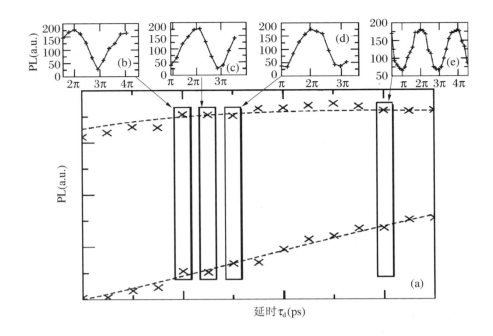

图 4.12　(a) PL 谱随延时 τ_d 的变化曲线；(b)～(e) PL 谱随位相角 ϕ 的变化曲线

4.4.3　两个量子比特常规 Deutsch‐Jozsa 算法的操控方案

首先给出利用标准 H 门实现两个量子比特常规 D‐J 算法的计算过程. 此时控制寄存器和函数寄存器上的态矢均为单量子比特态，所以函数 $f(x)$ 的自变量为单量子位态矢空间的基底 $|0\rangle$ 和 $|1\rangle$. 此时共有四种函数情况，同 (4.64) 式. f 控制非门 $U_{f\text{-}c\text{-}N}$ 的表示矩阵为

$$U_{f1\text{-}c\text{-}N}=\begin{pmatrix}1&0&0&0\\0&1&0&0\\0&0&1&0\\0&0&0&1\end{pmatrix};\quad U_{f2\text{-}c\text{-}N}=\begin{pmatrix}0&1&0&0\\1&0&0&0\\0&0&0&1\\0&0&1&0\end{pmatrix};$$

$$U_{f3\text{-}c\text{-}N}=\begin{pmatrix}1&0&0&0\\0&1&0&0\\0&0&0&1\\0&0&1&0\end{pmatrix};\quad U_{f4\text{-}c\text{-}N}=\begin{pmatrix}0&1&0&0\\1&0&0&0\\0&0&1&0\\0&0&0&1\end{pmatrix} \tag{4.73}$$

显然,任一输入态通过控制非门 U_{f1-c-N},因其是恒等操作,输入态将保持不变;任一输入态通过控制非门 U_{f2-c-N},将交换基态 $|00\rangle \leftrightarrow |01\rangle$ 以及 $|10\rangle \leftrightarrow |11\rangle$ 上的复概率;任一输入态通过控制非门 U_{f3-c-N},将交换基态 $|10\rangle \leftrightarrow |11\rangle$ 上的复概率;任一输入态通过控制非门 U_{f4-c-N},将交换基态 $|00\rangle \leftrightarrow |01\rangle$ 上的复概率.

设系统的输入初态为 $|\Psi_{in}\rangle = |01\rangle = (0,1,0,0)^{T}$. 经过控制寄存器和函数寄存器上两个 H 门的编码作用后,系统的波函数为

$$
\begin{aligned}
|\Psi_1\rangle = \boldsymbol{H}^{\otimes 2} |\Psi_{in}\rangle &= \frac{1}{\sqrt{2}}\begin{pmatrix} 1 & 1 \\ 1 & -1 \end{pmatrix} \otimes \frac{1}{\sqrt{2}}\begin{pmatrix} 1 & 1 \\ 1 & -1 \end{pmatrix}\begin{pmatrix} 0 \\ 1 \\ 0 \\ 0 \end{pmatrix} \\
&= \frac{1}{2}\begin{pmatrix} 1 & 1 & 1 & 1 \\ 1 & -1 & 1 & -1 \\ 1 & 1 & -1 & -1 \\ 1 & -1 & -1 & 1 \end{pmatrix}\begin{pmatrix} 0 \\ 1 \\ 0 \\ 0 \end{pmatrix} = \frac{1}{2}\begin{pmatrix} 1 \\ -1 \\ 1 \\ -1 \end{pmatrix}
\end{aligned} \tag{4.74}
$$

把 f 控制非门 U_{fi-c-N} 作用到 $|\Psi_1\rangle$ 上,可得

$$
|\Psi_2\rangle_{f1} = \boldsymbol{U}_{f1-c-N}|\Psi_1\rangle = \begin{pmatrix} 1 & 0 & 0 & 0 \\ 0 & 1 & 0 & 0 \\ 0 & 0 & 1 & 0 \\ 0 & 0 & 0 & 1 \end{pmatrix} \cdot \frac{1}{2}\begin{pmatrix} 1 \\ -1 \\ 1 \\ -1 \end{pmatrix} = \frac{1}{2}\begin{pmatrix} 1 \\ -1 \\ 1 \\ -1 \end{pmatrix};
$$

$$
|\Psi_2\rangle_{f2} = \boldsymbol{U}_{f2-c-N}|\Psi_1\rangle = \begin{pmatrix} 0 & 1 & 0 & 0 \\ 1 & 0 & 0 & 0 \\ 0 & 0 & 0 & 1 \\ 0 & 0 & 1 & 0 \end{pmatrix} \cdot \frac{1}{2}\begin{pmatrix} 1 \\ -1 \\ 1 \\ -1 \end{pmatrix} = \frac{1}{2}\begin{pmatrix} -1 \\ 1 \\ -1 \\ 1 \end{pmatrix};
$$

$$
|\Psi_2\rangle_{f3} = \boldsymbol{U}_{f3-c-N}|\Psi_1\rangle = \begin{pmatrix} 1 & 0 & 0 & 0 \\ 0 & 1 & 0 & 0 \\ 0 & 0 & 0 & 1 \\ 0 & 0 & 1 & 0 \end{pmatrix} \cdot \frac{1}{2}\begin{pmatrix} 1 \\ -1 \\ 1 \\ -1 \end{pmatrix} = \frac{1}{2}\begin{pmatrix} 1 \\ -1 \\ -1 \\ 1 \end{pmatrix};
$$

$$
|\Psi_2\rangle_{f4} = \boldsymbol{U}_{f4-c-N}|\Psi_1\rangle = \begin{pmatrix} 0 & 1 & 0 & 0 \\ 1 & 0 & 0 & 0 \\ 0 & 0 & 1 & 0 \\ 0 & 0 & 0 & 1 \end{pmatrix} \cdot \frac{1}{2}\begin{pmatrix} 1 \\ -1 \\ 1 \\ -1 \end{pmatrix} = \frac{1}{2}\begin{pmatrix} -1 \\ 1 \\ 1 \\ -1 \end{pmatrix} \tag{4.75}
$$

再利用两个 H 门进行解码,得到系统的终态 $|\Psi_{\text{out}}\rangle$. 计算可得

$$|\Psi_{\text{out}}\rangle_{f1} = H^{\otimes 2}|\Psi_2\rangle_{f1} = \frac{1}{2}\begin{pmatrix} 1 & 1 & 1 & 1 \\ 1 & -1 & 1 & -1 \\ 1 & 1 & -1 & -1 \\ 1 & -1 & -1 & 1 \end{pmatrix} \cdot \frac{1}{2}\begin{pmatrix} 1 \\ -1 \\ 1 \\ -1 \end{pmatrix} = \begin{pmatrix} 0 \\ 1 \\ 0 \\ 0 \end{pmatrix} = |01\rangle;$$

$$|\Psi_{\text{out}}\rangle_{f2} = H^{\otimes 2}|\Psi_2\rangle_{f2} = \frac{1}{2}\begin{pmatrix} 1 & 1 & 1 & 1 \\ 1 & -1 & 1 & -1 \\ 1 & 1 & -1 & -1 \\ 1 & -1 & -1 & 1 \end{pmatrix} \cdot \frac{1}{2}\begin{pmatrix} -1 \\ 1 \\ -1 \\ 1 \end{pmatrix} = \begin{pmatrix} 0 \\ -1 \\ 0 \\ 0 \end{pmatrix} = -|01\rangle;$$

$$|\Psi_{\text{out}}\rangle_{f3} = H^{\otimes 2}|\Psi_2\rangle_{f3} = \frac{1}{2}\begin{pmatrix} 1 & 1 & 1 & 1 \\ 1 & -1 & 1 & -1 \\ 1 & 1 & -1 & -1 \\ 1 & -1 & -1 & 1 \end{pmatrix} \cdot \frac{1}{2}\begin{pmatrix} 1 \\ -1 \\ -1 \\ 1 \end{pmatrix} = \begin{pmatrix} 0 \\ 0 \\ 0 \\ 1 \end{pmatrix} = -|11\rangle;$$

$$|\Psi_{\text{out}}\rangle_{f4} = H^{\otimes 2}|\Psi_2\rangle_{f4} = \frac{1}{2}\begin{pmatrix} 1 & 1 & 1 & 1 \\ 1 & -1 & 1 & -1 \\ 1 & 1 & -1 & -1 \\ 1 & -1 & -1 & 1 \end{pmatrix} \cdot \frac{1}{2}\begin{pmatrix} -1 \\ 1 \\ 1 \\ -1 \end{pmatrix} = \begin{pmatrix} 0 \\ 0 \\ 0 \\ -1 \end{pmatrix} = |11\rangle \tag{4.76}$$

当 $f(x)$ 为常函数时,第一个量子位为 0;当 $f(x)$ 为平衡函数时,第一个量子位为 1. 所以测量输出态的第一个量子位就可以一次判断出 $f(x)$ 的函数类型.

下面给出在图 4.3 所示的四能级半导体量子点系统中,利用单量子比特的 Rabi 旋转操作来实现两个量子比特常规 D-J 算法的实验方案[25],见图 4.13. 其中 h_1 门和 h_2 门为单量子比特的 Rabi 旋转操作,旋转方位角分别为 $-\pi/2$ 和 $\pi/2$,其表示矩阵为

$$h_1 = R\left(\theta = -\frac{\pi}{2}\right) = \frac{1}{\sqrt{2}}\begin{pmatrix} 1 & 1 \\ -1 & 1 \end{pmatrix}, \quad h_2 = R\left(\theta = \frac{\pi}{2}\right) = \frac{1}{\sqrt{2}}\begin{pmatrix} 1 & -1 \\ 1 & 1 \end{pmatrix} \tag{4.77}$$

$$h_1 \otimes h_2 = \frac{1}{\sqrt{2}}\begin{pmatrix} 1 & 1 \\ -1 & 1 \end{pmatrix} \otimes \frac{1}{\sqrt{2}}\begin{pmatrix} 1 & -1 \\ 1 & 1 \end{pmatrix} = \frac{1}{2}\begin{pmatrix} 1 & 1 & -1 & -1 \\ -1 & 1 & 1 & -1 \\ 1 & 1 & 1 & 1 \\ -1 & 1 & -1 & 1 \end{pmatrix} \tag{4.78}$$

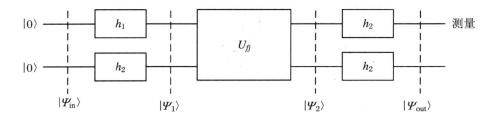

图 4.13　两个量子比特 D‑J 算法的实现方案

幺正操作 U_{fj} 定义为

$$U_{fj} \mid y, x\rangle = R(\pi)_x^{1-2f_j(y)} \mid y, x\rangle \tag{4.79}$$

其中 $R(\pi)_x$ 表示对第二个量子比特 $|x\rangle$ 进行 $\theta = \pi$ 的 Rabi 旋转操作：

$$R(\pi)_x = \begin{pmatrix} 0 & -1 \\ 1 & 0 \end{pmatrix}_x \tag{4.80}$$

$$\left. \begin{aligned} U_{fj} \begin{pmatrix} \mid 00\rangle \\ \mid 01\rangle \end{pmatrix} &= R(\pi)_x^{1-2f_j(0)} \begin{pmatrix} \mid 00\rangle \\ \mid 01\rangle \end{pmatrix} = (-1)^{f_j(0)} \begin{pmatrix} -\mid 01\rangle \\ \mid 00\rangle \end{pmatrix} \\ U_{fj} \begin{pmatrix} \mid 10\rangle \\ \mid 11\rangle \end{pmatrix} &= R(\pi)_x^{1-2f_j(1)} \begin{pmatrix} \mid 10\rangle \\ \mid 11\rangle \end{pmatrix} = (-1)^{f_j(1)} \begin{pmatrix} -\mid 11\rangle \\ \mid 10\rangle \end{pmatrix} \end{aligned} \right\} \tag{4.81}$$

所以幺正操作 U_{fj} 的表示矩阵为

$$U_{f1} = \begin{pmatrix} 0 & 1 & 0 & 0 \\ -1 & 0 & 0 & 0 \\ 0 & 0 & 0 & 1 \\ 0 & 0 & -1 & 0 \end{pmatrix}; \quad U_{f2} = \begin{pmatrix} 0 & -1 & 0 & 0 \\ 1 & 0 & 0 & 0 \\ 0 & 0 & 0 & -1 \\ 0 & 0 & 1 & 0 \end{pmatrix};$$

$$U_{f3} = \begin{pmatrix} 0 & 1 & 0 & 0 \\ -1 & 0 & 0 & 0 \\ 0 & 0 & 0 & -1 \\ 0 & 0 & 1 & 0 \end{pmatrix}; \quad U_{f4} = \begin{pmatrix} 0 & -1 & 0 & 0 \\ 1 & 0 & 0 & 0 \\ 0 & 0 & 0 & 1 \\ 0 & 0 & -1 & 0 \end{pmatrix} \tag{4.82}$$

设系统的输入初态为 $\mid \Psi_{in}\rangle = \mid 00\rangle = (1, 0, 0, 0)^T$. 首先采用单量子比特的 Rabi $-\pi/2$ 和 $\pi/2$ 旋转操作对系统进行编码. 编码作用后, 系统的波函数为

$$|\Psi_1\rangle = \boldsymbol{h}_1 \otimes \boldsymbol{h}_2 |00\rangle = \frac{1}{2}\begin{pmatrix} 1 & 1 & -1 & -1 \\ -1 & 1 & 1 & -1 \\ 1 & 1 & 1 & 1 \\ -1 & 1 & -1 & 1 \end{pmatrix}\begin{pmatrix} 1 \\ 0 \\ 0 \\ 0 \end{pmatrix} = \frac{1}{2}\begin{pmatrix} 1 \\ -1 \\ 1 \\ -1 \end{pmatrix} \tag{4.83}$$

然后采用 x 偏振和 y 偏振的激光脉冲共振激发,其旋转方位角分别记为 ϕ_x 和 ϕ_y. 调节 ϕ_x 和 ϕ_y 可完成不同的幺正操作 U_{fj},见表 4.2. 幺正操作 U_{fj} 作用后,系统的波矢为

$$|\Psi_2\rangle_{f1} = \boldsymbol{U}_{f1}|\Psi_1\rangle = \boldsymbol{U}(\phi_x = 4k\pi+\pi, \phi_y = 4k'\pi+\pi)|\Psi_1\rangle$$

$$= \begin{pmatrix} 0 & 1 & 0 & 0 \\ -1 & 0 & 0 & 0 \\ 0 & 0 & 0 & 1 \\ 0 & 0 & -1 & 0 \end{pmatrix} \cdot \frac{1}{2}\begin{pmatrix} 1 \\ -1 \\ 1 \\ -1 \end{pmatrix} = -\frac{1}{2}\begin{pmatrix} 1 \\ 1 \\ 1 \\ 1 \end{pmatrix};$$

$$|\Psi_2\rangle_{f2} = \boldsymbol{U}_{f2}|\Psi_1\rangle = \boldsymbol{U}(\phi_x = 4k\pi-\pi, \phi_y = 4k'\pi-\pi)|\Psi_1\rangle$$

$$= \begin{pmatrix} 0 & -1 & 0 & 0 \\ 1 & 0 & 0 & 0 \\ 0 & 0 & 0 & -1 \\ 0 & 0 & 1 & 0 \end{pmatrix} \cdot \frac{1}{2}\begin{pmatrix} 1 \\ -1 \\ 1 \\ -1 \end{pmatrix} = \frac{1}{2}\begin{pmatrix} 1 \\ 1 \\ 1 \\ 1 \end{pmatrix};$$

$$|\Psi_2\rangle_{f3} = \boldsymbol{U}_{f3}|\Psi_1\rangle = \boldsymbol{U}(\phi_x = 4k\pi+\pi, \phi_y = 4k'\pi-\pi)|\Psi_1\rangle$$

$$= \begin{pmatrix} 0 & 1 & 0 & 0 \\ -1 & 0 & 0 & 0 \\ 0 & 0 & 0 & -1 \\ 0 & 0 & 1 & 0 \end{pmatrix} \cdot \frac{1}{2}\begin{pmatrix} 1 \\ -1 \\ 1 \\ -1 \end{pmatrix} = \frac{1}{2}\begin{pmatrix} -1 \\ -1 \\ 1 \\ 1 \end{pmatrix};$$

$$|\Psi_2\rangle_{f4} = \boldsymbol{U}_{f4}|\Psi_1\rangle = \boldsymbol{U}(\phi_x = 4k\pi-\pi, \phi_y = 4k'\pi+\pi)|\Psi_1\rangle$$

$$= \begin{pmatrix} 0 & -1 & 0 & 0 \\ 1 & 0 & 0 & 0 \\ 0 & 0 & 0 & 1 \\ 0 & 0 & -1 & 0 \end{pmatrix} \cdot \frac{1}{2}\begin{pmatrix} 1 \\ -1 \\ 1 \\ -1 \end{pmatrix} = \frac{1}{2}\begin{pmatrix} 1 \\ 1 \\ -1 \\ -1 \end{pmatrix} \tag{4.84}$$

表 4.2　幺正操作 U_{fj} 与两个旋转方位角 ϕ_x 和 ϕ_y 的对应关系 $(k, k' = 0, \cdots, n)$

U_{fj}	U_{f1}	U_{f2}	U_{f3}	U_{f4}
ϕ_x	$4k\pi+\pi$	$4k\pi-\pi$	$4k\pi+\pi$	$4k\pi-\pi$
ϕ_y	$4k'\pi+\pi$	$4k'\pi-\pi$	$4k'\pi-\pi$	$4k'\pi+\pi$

最后采用两个 $\theta = \pi/2$ 的单量子比特 Rabi 旋转操作进行解码,该操作的变换矩阵为

$$\boldsymbol{h}_2 \otimes \boldsymbol{h}_2 = \frac{1}{\sqrt{2}}\begin{pmatrix} 1 & -1 \\ 1 & 1 \end{pmatrix} \otimes \frac{1}{\sqrt{2}}\begin{pmatrix} 1 & -1 \\ 1 & 1 \end{pmatrix} = \frac{1}{2}\begin{pmatrix} 1 & 1 & 1 & 1 \\ -1 & 1 & -1 & 1 \\ -1 & -1 & 1 & 1 \\ 1 & -1 & -1 & 1 \end{pmatrix} \qquad (4.85)$$

解码作用后,系统的终态为

$$\begin{aligned}
|\Psi_{\text{out}}\rangle_{f1} &= \boldsymbol{h}_2 \otimes \boldsymbol{h}_2 |\Psi_2\rangle_{f1} \\
&= \frac{1}{2}\begin{pmatrix} 1 & 1 & 1 & 1 \\ -1 & 1 & -1 & 1 \\ -1 & -1 & 1 & 1 \\ 1 & -1 & -1 & 1 \end{pmatrix} \cdot \left(-\frac{1}{2}\right)\begin{pmatrix} 1 \\ 1 \\ 1 \\ 1 \end{pmatrix} = -\begin{pmatrix} 1 \\ 0 \\ 0 \\ 0 \end{pmatrix} = -|00\rangle;
\end{aligned}$$

$$\begin{aligned}
|\Psi_{\text{out}}\rangle_{f2} &= \boldsymbol{h}_2 \otimes \boldsymbol{h}_2 |\Psi_2\rangle_{f2} \\
&= \frac{1}{2}\begin{pmatrix} 1 & 1 & 1 & 1 \\ -1 & 1 & -1 & 1 \\ -1 & -1 & 1 & 1 \\ 1 & -1 & -1 & 1 \end{pmatrix} \cdot \frac{1}{2}\begin{pmatrix} 1 \\ 1 \\ 1 \\ 1 \end{pmatrix} = \begin{pmatrix} 1 \\ 0 \\ 0 \\ 0 \end{pmatrix} = |00\rangle;
\end{aligned}$$

$$\begin{aligned}
|\Psi_{\text{out}}\rangle_{f3} &= \boldsymbol{h}_2 \otimes \boldsymbol{h}_2 |\Psi_2\rangle_{f3} \\
&= \frac{1}{2}\begin{pmatrix} 1 & 1 & 1 & 1 \\ -1 & 1 & -1 & 1 \\ -1 & -1 & 1 & 1 \\ 1 & -1 & -1 & 1 \end{pmatrix} \cdot \frac{1}{2}\begin{pmatrix} -1 \\ -1 \\ 1 \\ 1 \end{pmatrix} = \begin{pmatrix} 0 \\ 0 \\ 1 \\ 0 \end{pmatrix} = |10\rangle;
\end{aligned}$$

$$\begin{aligned}
|\Psi_{\text{out}}\rangle_{f4} &= \boldsymbol{h}_2 \otimes \boldsymbol{h}_2 |\Psi_2\rangle_{f4} \\
&= \frac{1}{2}\begin{pmatrix} 1 & 1 & 1 & 1 \\ -1 & 1 & -1 & 1 \\ -1 & -1 & 1 & 1 \\ 1 & -1 & -1 & 1 \end{pmatrix} \cdot \frac{1}{2}\begin{pmatrix} 1 \\ 1 \\ -1 \\ -1 \end{pmatrix} = -\begin{pmatrix} 0 \\ 0 \\ 1 \\ 0 \end{pmatrix} = -|10\rangle \qquad (4.86)
\end{aligned}$$

由上式可知,如果 $f(x)$ 为常函数,则系统的终态为 $\pm|00\rangle$,即系统的基态;如果 $f(x)$ 为平衡函数,则系统的终态为 $\pm|10\rangle$,即 y 偏振态.所以探测激子 $|10\rangle$ 上的粒子数就可以区分出 $f(x)$ 的函数类型.

下面给出理想情况下两个量子比特常规 D - J 算法的详细实现过程.设系统的初态为 $|\Psi_{\text{in}}\rangle = |00\rangle = (1,0,0,0)^{\text{T}}$,四个不同强度的线偏振激光脉冲共振激发.选择适当的

脉冲面积 $\theta_{i,j}$ 和位相角 $\phi_{i,j}$，可完成两个量子比特常规 D-J 算法的编码、U_{fi} 操作和解码过程，见表 4.3，这里略去了位相角的周期 $2k\pi$.把表中参数代入复概率振幅随时间 t 的运动方程(4.37)，可得相应各态的复概率振幅随时间 t 的变化曲线，即 D-J 算法的理论拟合曲线，见图 4.14.这里(a)和(b)分别对应常函数 f_1 和 f_2，(c)和(d)分别对应平衡函数 f_3 和 f_4.

表 4.3　两个量子比特常规 D-J 算法的编码、U_{fi} 操作和解码过程
　　　　所采用的脉冲面积 $\theta_{i,j}$ 和位相角 $\phi_{i,j}$

操作过程	$\theta_{i,j}$	$\phi_{i,j}$
编码操作	$\theta_{1,0} = \theta_{2,0} = \theta_{1,3}$ $= \theta_{2,3} = 0.5\pi$	$\phi_{1,3} = \phi_{2,0} = 0.5\pi,$ $\phi_{2,3} = \phi_{1,0} = -0.5\pi$
U_{f1}	$\theta_{1,0} = \theta_{2,3} = \pi$	$\phi_{1,0} = \phi_{2,3} = 0.5\pi$
U_{f2}	$\theta_{1,0} = \theta_{2,3} = \pi$	$\phi_{1,0} = \phi_{2,3} = -0.5\pi$
U_{f3}	$\theta_{1,0} = \theta_{2,3} = \pi$	$\phi_{1,0} = 0.5\pi, \phi_{2,3} = -0.5\pi$
U_{f4}	$\theta_{1,0} = \theta_{2,3} = \pi$	$\phi_{1,0} = -0.5\pi, \phi_{2,3} = 0.5\pi$
解码操作	$\theta_{1,0} = \theta_{2,0} = \theta_{1,3}$ $= \theta_{2,3} = 0.5\pi$	$\phi_{1,3} = \phi_{2,0} = \phi_{2,3} = \phi_{1,0}$ $= -0.5\pi$

（U_{fi} 操作对应表格左侧纵向标注 "U_{fi} 操作"）

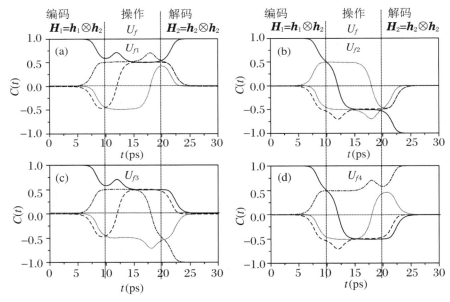

图 4.14　理想情况下常规 D-J 算法的拟合曲线

其中点线、点划线、虚线和实线分别对应 $|11\rangle$ 态、$|10\rangle$ 态、$|01\rangle$ 态和 $|00\rangle$ 态.（a）和（b）分别对应常函数 f_1 和 f_2；（c）和（d）分别对应平衡函数 f_3 和 f_4.

由图 4.14 可知, 当 $t = 10$ ps 时完成编码操作, 此时系统的态矢为 $|\Psi_1\rangle = (1/2)(-|11\rangle + |10\rangle - |01\rangle + |00\rangle)$. 当 $t = 20$ ps 时完成不同的幺正操作 U_{fi}. 当 $t = 25$ ps 时完成解码操作. 若 $f(x)$ 是常函数, 则系统的终态为真空态 $\pm|00\rangle$; 若 $f(x)$ 是平衡函数, 则系统的终态为 y 偏振的激子态 $\pm|10\rangle$. 所以探测激子态 $|10\rangle$ 上的粒子数就可以一次区分出 $f(x)$ 的函数类型.

4.4.4　两个量子比特优化 Deutsch－Jozsa 算法的操控方案

首先给出利用 H 门实现两个量子比特优化 D－J 算法的详细计算过程. 布尔函数 $f(x)$ 的定义域为 $\{|00\rangle, |01\rangle, |10\rangle, |11\rangle\}$, 共有 8 种情况, 见表 4.4. f 控制门 U_f 的变换矩阵为

$$
U_f \begin{pmatrix} |00\rangle \\ |01\rangle \\ |10\rangle \\ |11\rangle \end{pmatrix} = \begin{pmatrix} (-1)^{f(00)} & 0 & 0 & 0 \\ 0 & (-1)^{f(01)} & 0 & 0 \\ 0 & 0 & (-1)^{f(10)} & 0 \\ 0 & 0 & 0 & (-1)^{f(11)} \end{pmatrix} \begin{pmatrix} |00\rangle \\ |01\rangle \\ |10\rangle \\ |11\rangle \end{pmatrix} \tag{4.87}
$$

表 4.4　$f(x)$ 为平衡函数或常函数时对应的函数值

自变量	平 衡 函 数						常 函 数	
x	$f_1(x)$	$f_2(x)$	$f_3(x)$	$f_4(x)$	$f_5(x)$	$f_6(x)$	$f_7(x)$	$f_8(x)$
$\lvert 00\rangle$	1	0	1	0	0	1	1	0
$\lvert 01\rangle$	0	1	1	0	1	0	1	0
$\lvert 10\rangle$	1	0	0	1	1	0	1	0
$\lvert 11\rangle$	0	1	0	1	0	1	1	0

与函数 $f_j(x)$ 相应的 f 控制门 U_{fj} 的表示矩阵为

$$
U_{f1} = \begin{pmatrix} -1 & 0 & 0 & 0 \\ 0 & 1 & 0 & 0 \\ 0 & 0 & -1 & 0 \\ 0 & 0 & 0 & 1 \end{pmatrix}; \quad U_{f2} = \begin{pmatrix} 1 & 0 & 0 & 0 \\ 0 & -1 & 0 & 0 \\ 0 & 0 & 1 & 0 \\ 0 & 0 & 0 & -1 \end{pmatrix}; \quad U_{f3} = \begin{pmatrix} -1 & 0 & 0 & 0 \\ 0 & -1 & 0 & 0 \\ 0 & 0 & 1 & 0 \\ 0 & 0 & 0 & 1 \end{pmatrix};
$$

$$U_{f4} = \begin{pmatrix} 1 & 0 & 0 & 0 \\ 0 & 1 & 0 & 0 \\ 0 & 0 & -1 & 0 \\ 0 & 0 & 0 & -1 \end{pmatrix}; \quad U_{f5} = \begin{pmatrix} 1 & 0 & 0 & 0 \\ 0 & -1 & 0 & 0 \\ 0 & 0 & -1 & 0 \\ 0 & 0 & 0 & 1 \end{pmatrix}; \quad U_{f6} = \begin{pmatrix} -1 & 0 & 0 & 0 \\ 0 & 1 & 0 & 0 \\ 0 & 0 & 1 & 0 \\ 0 & 0 & 0 & -1 \end{pmatrix};$$

$$U_{f7} = \begin{pmatrix} -1 & 0 & 0 & 0 \\ 0 & -1 & 0 & 0 \\ 0 & 0 & -1 & 0 \\ 0 & 0 & 0 & -1 \end{pmatrix}; \quad U_{f8} = \begin{pmatrix} 1 & 0 & 0 & 0 \\ 0 & 1 & 0 & 0 \\ 0 & 0 & 1 & 0 \\ 0 & 0 & 0 & 1 \end{pmatrix} \tag{4.88}$$

设系统的初态为基态,$|\Psi_{in}\rangle = |00\rangle = (1,0,0,0)^T$. 通过两个 H 门的编码作用,系统的波函数为

$$|\Psi_1\rangle = H^{\otimes 2}|\Psi_{in}\rangle = \frac{1}{\sqrt{2}}\begin{pmatrix} 1 & 1 \\ 1 & -1 \end{pmatrix} \otimes \frac{1}{\sqrt{2}}\begin{pmatrix} 1 & 1 \\ 1 & -1 \end{pmatrix}\begin{pmatrix} 1 \\ 0 \\ 0 \\ 0 \end{pmatrix}$$

$$= \frac{1}{2}\begin{pmatrix} 1 & 1 & 1 & 1 \\ 1 & -1 & 1 & -1 \\ 1 & 1 & -1 & -1 \\ 1 & -1 & -1 & 1 \end{pmatrix}\begin{pmatrix} 1 \\ 0 \\ 0 \\ 0 \end{pmatrix} = \frac{1}{2}\begin{pmatrix} 1 \\ 1 \\ 1 \\ 1 \end{pmatrix} \tag{4.89}$$

位相操作 U_f 作用后输出的波函数为

$$|\Psi_2\rangle_{f1} = U_{f1}|\Psi_1\rangle = \begin{pmatrix} -1 & 0 & 0 & 0 \\ 0 & 1 & 0 & 0 \\ 0 & 0 & -1 & 0 \\ 0 & 0 & 0 & 1 \end{pmatrix} \cdot \frac{1}{2}\begin{pmatrix} 1 \\ 1 \\ 1 \\ 1 \end{pmatrix} = \frac{1}{2}\begin{pmatrix} -1 \\ 1 \\ -1 \\ 1 \end{pmatrix};$$

$$|\Psi_2\rangle_{f2} = U_{f2}|\Psi_1\rangle = \begin{pmatrix} 1 & 0 & 0 & 0 \\ 0 & -1 & 0 & 0 \\ 0 & 0 & 1 & 0 \\ 0 & 0 & 0 & -1 \end{pmatrix} \cdot \frac{1}{2}\begin{pmatrix} 1 \\ 1 \\ 1 \\ 1 \end{pmatrix} = -\frac{1}{2}\begin{pmatrix} -1 \\ 1 \\ -1 \\ 1 \end{pmatrix};$$

$$|\Psi_2\rangle_{f3} = U_{f3}|\Psi_1\rangle = \begin{pmatrix} -1 & 0 & 0 & 0 \\ 0 & -1 & 0 & 0 \\ 0 & 0 & 1 & 0 \\ 0 & 0 & 0 & 1 \end{pmatrix} \cdot \frac{1}{2}\begin{pmatrix} 1 \\ 1 \\ 1 \\ 1 \end{pmatrix} = \frac{1}{2}\begin{pmatrix} -1 \\ -1 \\ 1 \\ 1 \end{pmatrix};$$

$$|\Psi_2\rangle_{f4} = U_{f4}|\Psi_1\rangle = \begin{pmatrix} 1 & 0 & 0 & 0 \\ 0 & 1 & 0 & 0 \\ 0 & 0 & -1 & 0 \\ 0 & 0 & 0 & -1 \end{pmatrix} \cdot \frac{1}{2}\begin{pmatrix} 1 \\ 1 \\ 1 \\ 1 \end{pmatrix} = -\frac{1}{2}\begin{pmatrix} -1 \\ -1 \\ 1 \\ 1 \end{pmatrix};$$

$$|\Psi_2\rangle_{f5} = U_{f5}|\Psi_1\rangle = \begin{pmatrix} 1 & 0 & 0 & 0 \\ 0 & -1 & 0 & 0 \\ 0 & 0 & -1 & 0 \\ 0 & 0 & 0 & 1 \end{pmatrix} \cdot \frac{1}{2}\begin{pmatrix} 1 \\ 1 \\ 1 \\ 1 \end{pmatrix} = \frac{1}{2}\begin{pmatrix} 1 \\ -1 \\ -1 \\ 1 \end{pmatrix};$$

$$|\Psi_2\rangle_{f6} = U_{f6}|\Psi_1\rangle = \begin{pmatrix} -1 & 0 & 0 & 0 \\ 0 & 1 & 0 & 0 \\ 0 & 0 & 1 & 0 \\ 0 & 0 & 0 & -1 \end{pmatrix} \cdot \frac{1}{2}\begin{pmatrix} 1 \\ 1 \\ 1 \\ 1 \end{pmatrix} = -\frac{1}{2}\begin{pmatrix} 1 \\ -1 \\ -1 \\ 1 \end{pmatrix};$$

$$|\Psi_2\rangle_{f7} = U_{f7}|\Psi_1\rangle = \begin{pmatrix} -1 & 0 & 0 & 0 \\ 0 & -1 & 0 & 0 \\ 0 & 0 & -1 & 0 \\ 0 & 0 & 0 & -1 \end{pmatrix} \cdot \frac{1}{2}\begin{pmatrix} 1 \\ 1 \\ 1 \\ 1 \end{pmatrix} = -\frac{1}{2}\begin{pmatrix} 1 \\ 1 \\ 1 \\ 1 \end{pmatrix};$$

$$|\Psi_2\rangle_{f8} = U_{f8}|\Psi_1\rangle = \begin{pmatrix} 1 & 0 & 0 & 0 \\ 0 & 1 & 0 & 0 \\ 0 & 0 & 1 & 0 \\ 0 & 0 & 0 & 1 \end{pmatrix} \cdot \frac{1}{2}\begin{pmatrix} 1 \\ 1 \\ 1 \\ 1 \end{pmatrix} = \frac{1}{2}\begin{pmatrix} 1 \\ 1 \\ 1 \\ 1 \end{pmatrix} \tag{4.90}$$

再利用两个 H 门进行解码,得到系统的终态 $|\Psi_{out}\rangle$.计算可得

$$|\Psi_{out}\rangle_{f1} = H^{\otimes 2}|\Psi_2\rangle_{f1}$$

$$= \frac{1}{2}\begin{pmatrix} 1 & 1 & 1 & 1 \\ 1 & -1 & 1 & -1 \\ 1 & 1 & -1 & -1 \\ 1 & -1 & -1 & 1 \end{pmatrix} \cdot \frac{1}{2}\begin{pmatrix} -1 \\ 1 \\ -1 \\ 1 \end{pmatrix} = -\begin{pmatrix} 0 \\ 1 \\ 0 \\ 0 \end{pmatrix} = -|01\rangle;$$

$$|\Psi_{out}\rangle_{f2} = H^{\otimes 2}|\Psi_2\rangle_{f2}$$

$$= \frac{1}{2}\begin{pmatrix} 1 & 1 & 1 & 1 \\ 1 & -1 & 1 & -1 \\ 1 & 1 & -1 & -1 \\ 1 & -1 & -1 & 1 \end{pmatrix} \cdot \left(-\frac{1}{2}\right)\begin{pmatrix} -1 \\ 1 \\ -1 \\ 1 \end{pmatrix} = \begin{pmatrix} 0 \\ 1 \\ 0 \\ 0 \end{pmatrix} = |01\rangle;$$

$$|\Psi_{out}\rangle_{f3} = H^{\otimes 2}|\Psi_2\rangle_{f3}$$

$$= \frac{1}{2}\begin{pmatrix} 1 & 1 & 1 & 1 \\ 1 & -1 & 1 & -1 \\ 1 & 1 & -1 & -1 \\ 1 & -1 & -1 & 1 \end{pmatrix} \cdot \frac{1}{2}\begin{pmatrix} -1 \\ -1 \\ 1 \\ 1 \end{pmatrix} = -\begin{pmatrix} 0 \\ 0 \\ 1 \\ 0 \end{pmatrix} = -|10\rangle ;$$

$$|\Psi_{\text{out}}\rangle_{f4} = \boldsymbol{H}^{\otimes 2} |\Psi_2\rangle_{f4}$$

$$= \frac{1}{2}\begin{pmatrix} 1 & 1 & 1 & 1 \\ 1 & -1 & 1 & -1 \\ 1 & 1 & -1 & -1 \\ 1 & -1 & -1 & 1 \end{pmatrix} \cdot \left(-\frac{1}{2}\right)\begin{pmatrix} -1 \\ -1 \\ 1 \\ 1 \end{pmatrix} = \begin{pmatrix} 0 \\ 0 \\ 1 \\ 0 \end{pmatrix} = |10\rangle ;$$

$$|\Psi_{\text{out}}\rangle_{f5} = \boldsymbol{H}^{\otimes 2} |\Psi_2\rangle_{f5}$$

$$= \frac{1}{2}\begin{pmatrix} 1 & 1 & 1 & 1 \\ 1 & -1 & 1 & -1 \\ 1 & 1 & -1 & -1 \\ 1 & -1 & -1 & 1 \end{pmatrix} \cdot \frac{1}{2}\begin{pmatrix} 1 \\ -1 \\ -1 \\ 1 \end{pmatrix} = \begin{pmatrix} 0 \\ 0 \\ 0 \\ 1 \end{pmatrix} = |11\rangle ;$$

$$|\Psi_{\text{out}}\rangle_{f6} = \boldsymbol{H}^{\otimes 2} |\Psi_2\rangle_{f6}$$

$$= \frac{1}{2}\begin{pmatrix} 1 & 1 & 1 & 1 \\ 1 & -1 & 1 & -1 \\ 1 & 1 & -1 & -1 \\ 1 & -1 & -1 & 1 \end{pmatrix} \cdot \left(-\frac{1}{2}\right)\begin{pmatrix} 1 \\ -1 \\ -1 \\ 1 \end{pmatrix} = -\begin{pmatrix} 0 \\ 0 \\ 0 \\ 1 \end{pmatrix} = -|11\rangle ;$$

$$|\Psi_{\text{out}}\rangle_{f7} = \boldsymbol{H}^{\otimes 2} |\Psi_2\rangle_{f7}$$

$$= \frac{1}{2}\begin{pmatrix} 1 & 1 & 1 & 1 \\ 1 & -1 & 1 & -1 \\ 1 & 1 & -1 & -1 \\ 1 & -1 & -1 & 1 \end{pmatrix} \cdot \left(-\frac{1}{2}\right)\begin{pmatrix} 1 \\ 1 \\ 1 \\ 1 \end{pmatrix} = -\begin{pmatrix} 1 \\ 0 \\ 0 \\ 0 \end{pmatrix} = -|00\rangle ;$$

$$|\Psi_{\text{out}}\rangle_{f8} = \boldsymbol{H}^{\otimes 2} |\Psi_2\rangle_{f8}$$

$$= \frac{1}{2}\begin{pmatrix} 1 & 1 & 1 & 1 \\ 1 & -1 & 1 & -1 \\ 1 & 1 & -1 & -1 \\ 1 & -1 & -1 & 1 \end{pmatrix} \cdot \frac{1}{2}\begin{pmatrix} 1 \\ 1 \\ 1 \\ 1 \end{pmatrix} = \begin{pmatrix} 1 \\ 0 \\ 0 \\ 0 \end{pmatrix} = |00\rangle \tag{4.91}$$

当 $f(x)$ 为常函数时,各个量子位均为 0;当 $f(x)$ 为平衡函数时,至少一个量子位为 1.所以测量基态 $|00\rangle$ 上的粒子数就可以一次判断出 $f(x)$ 的函数类型.

下面给出在图 4.3 所示的半导体四能级量子点系统中,采用四个不同强度的线偏振激

量子计算:基于半导体量子点
Quantum Computation Based on Semiconductor Quantum Dots

光脉冲共振激发跃迁,来实现两个量子比特的优化 D-J 算法的全光操控方案[26].设系统的输入初态 $|\Psi_{\text{in}}\rangle = |00\rangle = (1,0,0,0)^{\mathrm{T}}$.同两个量子比特的常规 D-J 算法中一样,用类 H 门 h_1 和 h_2 来完成编码过程.编码作用后系统的波函数见(4.83)式.接下来用一个或两个激光脉冲共振激发跃迁,来实现相应的 f 控制门 $U_{fj}(j=1,2,\cdots,8)$,见表 4.5.

表 4.5 U_{fj} 操作所采用的脉冲面积 $\theta_{i,j}$ 和位相角 $\phi_{i,j}$

ϕ_{I}	θ_{I}	R_{I}	ϕ_{II}	θ_{II}	R_{II}	U_{fj}
$\phi_{2,0}=0.5\pi$	$\theta_{2,0}=4k\pi+2\pi$	$\lvert10\rangle\leftrightarrow\lvert00\rangle$	—	—	—	U_{f1}
$\phi_{3,1}=0.5\pi$	$\theta_{3,1}=4k\pi+2\pi$	$\lvert11\rangle\leftrightarrow\lvert01\rangle$	—	—	—	U_{f2}
$\phi_{1,0}=0.5\pi$	$\theta_{1,0}=4k\pi+2\pi$	$\lvert01\rangle\leftrightarrow\lvert00\rangle$	—	—	—	U_{f3}
$\phi_{3,2}=0.5\pi$	$\theta_{3,2}=4k\pi+2\pi$	$\lvert11\rangle\leftrightarrow\lvert10\rangle$	—	—	—	U_{f4}
$\phi_{1,0}=0.5\pi$	$\theta_{1,0}=4k\pi+2\pi$	$\lvert01\rangle\leftrightarrow\lvert00\rangle$	$\phi_{2,0}=0.5\pi$	$\theta_{2,0}=4k\pi+2\pi$	$\lvert10\rangle\leftrightarrow\lvert00\rangle$	U_{f5}
$\phi_{3,1}=0.5\pi$	$\theta_{3,1}=4k\pi+2\pi$	$\lvert11\rangle\leftrightarrow\lvert01\rangle$	$\phi_{1,0}=0.5\pi$	$\theta_{1,0}=4k\pi+2\pi$	$\lvert01\rangle\leftrightarrow\lvert00\rangle$	U_{f6}
$\phi_{3,1}=0.5\pi$	$\theta_{3,1}=4k\pi+2\pi$	$\lvert11\rangle\leftrightarrow\lvert01\rangle$	$\phi_{2,0}=0.5\pi$	$\theta_{2,0}=4k\pi+2\pi$	$\lvert10\rangle\leftrightarrow\lvert00\rangle$	U_{f7}
$\phi_{3,1}=2k'\pi$	$\theta_{3,1}=4k\pi$	$\lvert11\rangle\leftrightarrow\lvert01\rangle$	$\phi_{2,0}=2k'\pi$	$\theta_{2,0}=4k\pi$	$\lvert10\rangle\leftrightarrow\lvert00\rangle$	U_{f8}

用一个激光脉冲共振激发跃迁,可实现 f 控制门 $U_{f1}\sim U_{f4}$;用两个激光脉冲共振激发跃迁,可实现 f 控制门 $U_{f5}\sim U_{f8}$.其中 ϕ_{I},θ_{I} 和 R_{I}(ϕ_{II},θ_{II} 和 R_{II})分别表示第一(二)个激光脉冲的位相角、脉冲面积和相应的激光跃迁.f 控制门 U_{fj} 作用后,系统相应的输出波函数为

$$|\Psi_2\rangle_{f1} = U_{f1}|\Psi_1\rangle = \begin{pmatrix} -1 & 0 & 0 & 0 \\ 0 & 1 & 0 & 0 \\ 0 & 0 & -1 & 0 \\ 0 & 0 & 0 & 1 \end{pmatrix} \cdot \frac{1}{2}\begin{pmatrix} 1 \\ -1 \\ 1 \\ -1 \end{pmatrix} = -\frac{1}{2}\begin{pmatrix} 1 \\ 1 \\ 1 \\ 1 \end{pmatrix};$$

$$|\Psi_2\rangle_{f2} = U_{f2}|\Psi_1\rangle = \begin{pmatrix} 1 & 0 & 0 & 0 \\ 0 & -1 & 0 & 0 \\ 0 & 0 & 1 & 0 \\ 0 & 0 & 0 & -1 \end{pmatrix} \cdot \frac{1}{2}\begin{pmatrix} 1 \\ -1 \\ 1 \\ -1 \end{pmatrix} = \frac{1}{2}\begin{pmatrix} 1 \\ 1 \\ 1 \\ 1 \end{pmatrix};$$

$$|\Psi_2\rangle_{f3} = U_{f3}|\Psi_1\rangle = \begin{pmatrix} -1 & 0 & 0 & 0 \\ 0 & -1 & 0 & 0 \\ 0 & 0 & 1 & 0 \\ 0 & 0 & 0 & 1 \end{pmatrix} \cdot \frac{1}{2}\begin{pmatrix} 1 \\ -1 \\ 1 \\ -1 \end{pmatrix} = \frac{1}{2}\begin{pmatrix} -1 \\ 1 \\ 1 \\ -1 \end{pmatrix};$$

$$|\Psi_2\rangle_{f4} = U_{f4}|\Psi_1\rangle = \begin{pmatrix} 1 & 0 & 0 & 0 \\ 0 & 1 & 0 & 0 \\ 0 & 0 & -1 & 0 \\ 0 & 0 & 0 & -1 \end{pmatrix} \cdot \frac{1}{2}\begin{pmatrix} 1 \\ -1 \\ 1 \\ -1 \end{pmatrix} = \frac{1}{2}\begin{pmatrix} 1 \\ -1 \\ -1 \\ 1 \end{pmatrix};$$

$$|\Psi_2\rangle_{f5} = U_{f5}|\Psi_1\rangle = \begin{pmatrix} 1 & 0 & 0 & 0 \\ 0 & -1 & 0 & 0 \\ 0 & 0 & -1 & 0 \\ 0 & 0 & 0 & 1 \end{pmatrix} \cdot \frac{1}{2}\begin{pmatrix} 1 \\ -1 \\ 1 \\ -1 \end{pmatrix} = \frac{1}{2}\begin{pmatrix} 1 \\ 1 \\ -1 \\ -1 \end{pmatrix};$$

$$|\Psi_2\rangle_{f6} = U_{f6}|\Psi_1\rangle = \begin{pmatrix} -1 & 0 & 0 & 0 \\ 0 & 1 & 0 & 0 \\ 0 & 0 & 1 & 0 \\ 0 & 0 & 0 & -1 \end{pmatrix} \cdot \frac{1}{2}\begin{pmatrix} 1 \\ -1 \\ 1 \\ -1 \end{pmatrix} = \frac{1}{2}\begin{pmatrix} -1 \\ -1 \\ 1 \\ 1 \end{pmatrix};$$

$$|\Psi_2\rangle_{f7} = U_{f7}|\Psi_1\rangle = \begin{pmatrix} -1 & 0 & 0 & 0 \\ 0 & -1 & 0 & 0 \\ 0 & 0 & -1 & 0 \\ 0 & 0 & 0 & -1 \end{pmatrix} \cdot \frac{1}{2}\begin{pmatrix} 1 \\ -1 \\ 1 \\ -1 \end{pmatrix} = \frac{1}{2}\begin{pmatrix} -1 \\ 1 \\ -1 \\ 1 \end{pmatrix};$$

$$|\Psi_2\rangle_{f8} = U_{f8}|\Psi_1\rangle = \begin{pmatrix} 1 & 0 & 0 & 0 \\ 0 & 1 & 0 & 0 \\ 0 & 0 & 1 & 0 \\ 0 & 0 & 0 & 1 \end{pmatrix} \cdot \frac{1}{2}\begin{pmatrix} 1 \\ -1 \\ 1 \\ -1 \end{pmatrix} = \frac{1}{2}\begin{pmatrix} 1 \\ -1 \\ 1 \\ -1 \end{pmatrix} \tag{4.92}$$

最后同编码过程一样,选用类 H 门 h_1 和 h_2 完成优化 D-J 算法的解码过程. 解码作用后,系统的波函数为

$$|\Psi_{\text{out}}\rangle_{f1} = h_1 \otimes h_2 |\Psi_2\rangle_{f1}$$
$$= \frac{1}{2} \cdot \begin{pmatrix} 1 & 1 & -1 & -1 \\ -1 & 1 & 1 & -1 \\ 1 & 1 & 1 & 1 \\ -1 & 1 & -1 & 1 \end{pmatrix} \cdot \left(-\frac{1}{2}\right)\begin{pmatrix} 1 \\ 1 \\ 1 \\ 1 \end{pmatrix} = -\begin{pmatrix} 0 \\ 0 \\ 1 \\ 0 \end{pmatrix} = -|10\rangle;$$

$$|\Psi_{\text{out}}\rangle_{f2} = h_1 \otimes h_2 |\Psi_2\rangle_{f2}$$
$$= \frac{1}{2}\begin{pmatrix} 1 & 1 & -1 & -1 \\ -1 & 1 & 1 & -1 \\ 1 & 1 & 1 & 1 \\ -1 & 1 & -1 & 1 \end{pmatrix} \cdot \frac{1}{2}\begin{pmatrix} 1 \\ 1 \\ 1 \\ 1 \end{pmatrix} = \begin{pmatrix} 0 \\ 0 \\ 1 \\ 0 \end{pmatrix} = |10\rangle;$$

$$| \Psi_{\text{out}} \rangle_{f3} = \boldsymbol{h}_1 \otimes \boldsymbol{h}_2 | \Psi_2 \rangle_{f3}$$

$$= \frac{1}{2} \begin{pmatrix} 1 & 1 & -1 & -1 \\ -1 & 1 & 1 & -1 \\ 1 & 1 & 1 & 1 \\ -1 & 1 & -1 & 1 \end{pmatrix} \cdot \frac{1}{2} \begin{pmatrix} -1 \\ 1 \\ 1 \\ -1 \end{pmatrix} = \begin{pmatrix} 0 \\ 1 \\ 0 \\ 0 \end{pmatrix} = | 01 \rangle;$$

$$| \Psi_{\text{out}} \rangle_{f4} = \boldsymbol{h}_1 \otimes \boldsymbol{h}_2 | \Psi_2 \rangle_{f4}$$

$$= \frac{1}{2} \begin{pmatrix} 1 & 1 & -1 & -1 \\ -1 & 1 & 1 & -1 \\ 1 & 1 & 1 & 1 \\ -1 & 1 & -1 & 1 \end{pmatrix} \cdot \frac{1}{2} \begin{pmatrix} 1 \\ -1 \\ -1 \\ 1 \end{pmatrix} = - \begin{pmatrix} 0 \\ 1 \\ 0 \\ 0 \end{pmatrix} = - | 01 \rangle;$$

$$| \Psi_{\text{out}} \rangle_{f5} = \boldsymbol{h}_1 \otimes \boldsymbol{h}_2 | \Psi_2 \rangle_{f5}$$

$$= \frac{1}{2} \begin{pmatrix} 1 & 1 & -1 & -1 \\ -1 & 1 & 1 & -1 \\ 1 & 1 & 1 & 1 \\ -1 & 1 & -1 & 1 \end{pmatrix} \cdot \frac{1}{2} \begin{pmatrix} 1 \\ 1 \\ -1 \\ -1 \end{pmatrix} = \begin{pmatrix} 1 \\ 0 \\ 0 \\ 0 \end{pmatrix} = | 00 \rangle;$$

$$| \Psi_{\text{out}} \rangle_{f6} = \boldsymbol{h}_1 \otimes \boldsymbol{h}_2 | \Psi_2 \rangle_{f6}$$

$$= \frac{1}{2} \begin{pmatrix} 1 & 1 & -1 & -1 \\ -1 & 1 & 1 & -1 \\ 1 & 1 & 1 & 1 \\ -1 & 1 & -1 & 1 \end{pmatrix} \cdot \left(-\frac{1}{2} \right) \begin{pmatrix} 1 \\ 1 \\ -1 \\ -1 \end{pmatrix} = - \begin{pmatrix} 1 \\ 0 \\ 0 \\ 0 \end{pmatrix} = - | 00 \rangle;$$

$$| \Psi_{\text{out}} \rangle_{f7} = \boldsymbol{h}_1 \otimes \boldsymbol{h}_2 | \Psi_2 \rangle_{f7}$$

$$= \frac{1}{2} \begin{pmatrix} 1 & 1 & -1 & -1 \\ -1 & 1 & 1 & -1 \\ 1 & 1 & 1 & 1 \\ -1 & 1 & -1 & 1 \end{pmatrix} \cdot \left(-\frac{1}{2} \right) \begin{pmatrix} 1 \\ -1 \\ 1 \\ -1 \end{pmatrix} = \begin{pmatrix} 0 \\ 0 \\ 0 \\ 1 \end{pmatrix} = | 11 \rangle;$$

$$| \Psi_{\text{out}} \rangle_{f8} = \boldsymbol{h}_1 \otimes \boldsymbol{h}_2 | \Psi_2 \rangle_{f8}$$

$$= \frac{1}{2} \begin{pmatrix} 1 & 1 & -1 & -1 \\ -1 & 1 & 1 & -1 \\ 1 & 1 & 1 & 1 \\ -1 & 1 & -1 & 1 \end{pmatrix} \cdot \frac{1}{2} \begin{pmatrix} 1 \\ -1 \\ 1 \\ -1 \end{pmatrix} = - \begin{pmatrix} 0 \\ 0 \\ 0 \\ 1 \end{pmatrix} = - | 11 \rangle \tag{4.93}$$

从上式可知,如果 $f(x)$ 为常函数,则系统的粒子数位于双激子态 $|11\rangle$;如果 $f(x)$ 为平衡函数,则系统的粒子数位于激子态 $|01\rangle$ 或 $|10\rangle$ 或基态 $|00\rangle$ 上. 因此可以通过测量双激子

态 $|11\rangle$ 上的粒子数来判断 $f(x)$ 的函数类型.

图 4.15 给出了上述两个量子比特优化 D‑J 算法在理想情况下(失谐量和衰减均为

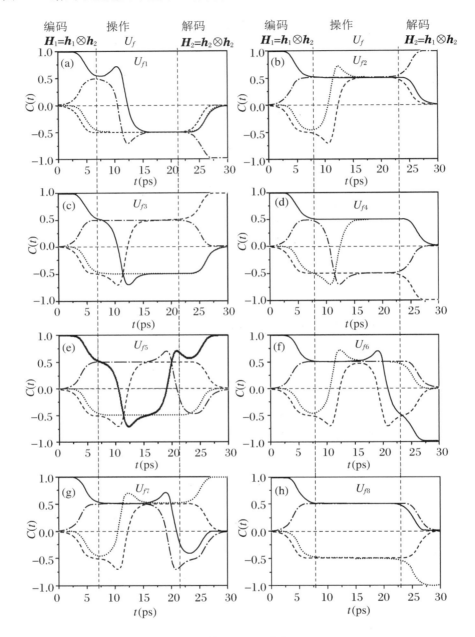

图 4.15　理想情况下两个量子比特优化 D‑J 算法的拟合曲线

其中点线、点划线、虚线和实线分别对应 $|11\rangle$ 态、$|10\rangle$ 态、$|01\rangle$ 态和 $|00\rangle$ 态. (a)~(f)对应平衡函数 $f_1 \sim f_6$;(g)和(h)对应常函数 f_7 和 f_8.

0)的理论拟合曲线.当 $t = 7$ ps 时完成编码操作,得到平衡叠加态 $|\Psi_1\rangle = (1/2)\cdot$ $(-|11\rangle + |10\rangle - |01\rangle + |00\rangle)$;当 $t = 22$ ps 时完成不同的幺正操作 U_{fj};当 $t = 27$ ps 时完成解码操作.由图可知,(a)~(f)分别对应平衡函数 $f_1 \sim f_6$,系统的终态分别为 $\pm|00\rangle$,$\pm|10\rangle$ 或 $\pm|01\rangle$;(g)和(h)分别对应常函数 f_7 和 f_8,系统的终态为双激子态 $\pm|11\rangle$.

在实际量子点系统中,因能量衰减,激子的动力学过程将更加复杂[7,18,19],这里假设实际情况下各个态的复概率振幅随时间 t 的运动方程为

$$
\begin{cases}
\dot{C}_3(t) = \dfrac{1}{2}\mathrm{i}\Omega_{3,1}C_1(t) + \dfrac{1}{2}\mathrm{i}\Omega_{3,2}C_2(t) - (\gamma_{3,1} + \gamma_{3,2})C_3(t) \\[2mm]
\dot{C}_1(t) = \dfrac{1}{2}\mathrm{i}\Omega_{3,1}^*C_3(t) + \dfrac{1}{2}\mathrm{i}\Omega_{0,1}C_0(t) + \gamma_{3,1}C_3(t) - \gamma_{1,0}C_1(t) \\[2mm]
\dot{C}_2(t) = \dfrac{1}{2}\mathrm{i}\Omega_{3,2}^*C_3(t) + \dfrac{1}{2}\mathrm{i}\Omega_{0,2}C_0(t) + \gamma_{3,2}C_3(t) - \gamma_{2,0}C_2(t) \\[2mm]
\dot{C}_0(t) = \dfrac{1}{2}\mathrm{i}\Omega_{0,1}^*C_1(t) + \dfrac{1}{2}\mathrm{i}\Omega_{0,2}^*C_2(t) + \gamma_{1,0}C_1(t) + \gamma_{2,0}C_2(t)
\end{cases}
\tag{4.94}
$$

其中 $\gamma_{i,j}$ 表示 $|i\rangle \to |j\rangle$ 态的衰减速率.下面给出计入衰减项时优化 D-J 算法随时间 t 的演化过程,这里我们选用 U_{f7} 操作.图 4.16(a)给出了当激子态和双激子态的寿命分别为 250 ps 和 125 ps 时四个态的粒子数随时间 t 的变化关系.当优化 D-J 算法的所有操作完成,即 $t = 30$ ps 时,双激子态上的粒子数为 0.9.图 4.16(b)为当优化 D-J 算法的所有操作完成时四个态的粒子数随激子态的衰减速率 γ 的变化关系,这里假设激子态寿命是双激子态寿命的两倍.

下面我们探讨幺正操作 $U_{fj}(j = 1, 2, \cdots, 8)$ 的保真度,这里选用平衡函数 f_1 和常函数 f_7 对应的幺正操作 U_{f1} 和 U_{f7},U_{f1} 和 U_{f7} 的保真度分别用 F_1 和 F_7 表示.图 4.16(c)给出了 F_1 和 F_7 随激子态衰减速率 γ 的变化关系,同样假设激子态寿命是双激子态寿命的两倍.当激子态寿命和双激子态寿命分别为 100 ps 和 50 ps 时,U_{f1} 和 U_{f7} 的保真度分别为 0.88 和 0.84.随着激子态和双激子态寿命的延长,U_{f1} 和 U_{f7} 的保真度也将增加.显然,其他幺正操作 U_{fj} 也有类似的性质.

除了上面所讲的利用半导体量子点来实现 D-J 算法以外,利用其他载体,如分子核磁共振[27-47]、离子阱[48]、腔量子电动力学装置[49,50]、原子系综[51-53]、线性光学系统[54,55]、受限单光子源[56]、Josephson 结[57,58],等等,有关 D-J 算法的理论和实验实现也都取得了重要的研究进展.

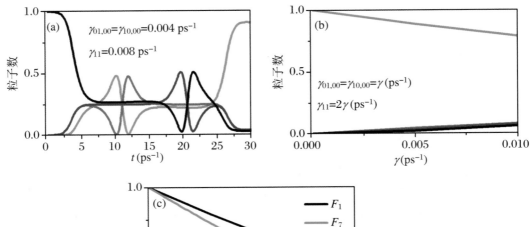

图 4.16　(a) 当 $\gamma_{01,00} = \gamma_{10,00} = 0.004\ \text{ps}^{-1}$ 且 $\gamma_{11} = 0.008\ \text{ps}^{-1}$ 时,各态粒子数随时间 t 的变化;(b) 当所有 D-J 算法操作完成后各态粒子数随激子衰减速率 γ 的变化关系,这里设双激子态的衰减速率是激子态衰减速率的两倍;(c) 幺正操作 U_{f1} 和 U_{f7} 的保真度 F_1 和 F_7 随激子衰减速率 γ 的变化关系

4.5　三量子比特 Toffoli 门操作

4.5.1　三量子比特逻辑门操作

　　Toffoli 门是一种重要的操作三个量子比特的量子逻辑门,又被称为控-控-非门(controlled-controlled-not gate,CCNOT),是一种通用可逆逻辑门,任意可逆电路都可

量子计算:基于半导体量子点
Quantum Computation Based on Semiconductor Quantum Dots

由 Toffoli 门构造得到[59]. 它具有三路输入和三路输出,其中前两个是操作子,后一个是观测子. 其前两个控制比特都置|1⟩时,对第三个靶比特进行类似于经典的逻辑非门处理,反之则不做操作,整体输入输出表达式可以写为表 4.6.

表 4.6

输入			输出		
0	0	0	0	0	0
0	0	1	0	0	1
0	1	0	0	1	0
0	1	1	0	1	1
1	0	0	1	0	0
1	0	1	1	0	1
1	1	0	1	1	1
1	1	1	1	1	0

三量子比特 Toffoli 门由两个控制比特和一个目标比特构成,目标比特的量子态受控于两个控制比特的量子态,是量子计算研究中一个普适的量子逻辑门. Toffoli 门是构建量子纠错码的关键元素之一,用单比特门和两比特门组合来构建三量子比特 Toffoli 门需要多达六个两比特控制非门和十个单比特门,因此一次性构建三量子比特 Toffoli 门可以大幅减少量子比特门操控的次数,突破现有退相干时间的限制,进一步提高量子计算的效率. 多个量子比特的耦合是实现三量子比特 Toffoli 门的基础.

4.5.2　电荷量子比特的耦合

逻辑门是计算机运算的基本单元,现代计算机的核心部件为全电控的半导体芯片 CPU,开发与现代半导体工艺兼容的半导体全电控量子芯片是量子计算机研制的重要方向之一,半导体量子点量子比特的制备、操控和多比特扩展是该研究方向的核心任务. 近年来,研究者在基于半导体量子点电荷量子比特的耦合理论和实验研究方面取得了长足的进步[60-63],特别是国内郭光灿院士领导的郭国平教授团队在半导体量子点电子电荷量子比特的制备和超快逻辑门操控方面取得了多项突破.

A.　半导体量子点单电荷量子比特[64]

从可大规模集成化半导体单电子晶体管的设计制备出发,在砷化镓铝异质结中制备

了集成双路量子探测通道的栅型双量子点复合结构,并且通过调节加载在栅电极上电脉冲的高度和宽度,该课题组成功实现了国际上最快速的皮秒量级单比特超快普适电控量子逻辑门,比国际上公开报道的电控半导体逻辑门运算速度提高了近两个量级,从而在量子相干时间内可以完成更多次的量子逻辑门操作,有利于实用化量子芯片所必需的多量子比特集成和运算.这种半导体量子点电子电荷量子比特是基于传统的耗尽型砷化镓铝异质结制备的,图 4.17 是这种单量子比特芯片的表面电极结构扫描电子显微镜图片.每一个双量子点构成一个电荷量子比特,其基态和激发态可以通过电荷在两个量子点中的位置决定——电子占据左边($|L\rangle$)或者右边量子点($|R\rangle$).

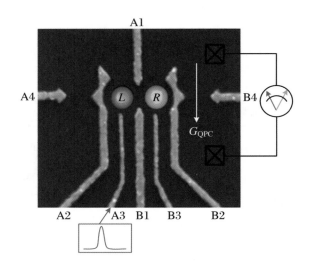

图 4.17 单电荷量子比特电极结构扫描电子显微镜图[64]

（图片由郭国平教授提供）

电荷量子比特的哈密顿量可以写成

$$H_C = \varepsilon_c \sigma_z / 2 + t \sigma_x \tag{4.95}$$

这里,ε_c 表示$|L\rangle$和$|R\rangle$之间的失谐量,t 表示两个量子点之间的隧穿速率.当施加一个脉冲到某一个电极的时候,可以通过改变失谐量来操控这个量子比特的哈密顿量,达到比特相干操控的目的,其操作速度可以达到皮秒量级.

B. 半导体量子点两电荷量子比特的耦合与控制非门[65]

在实现上述半导体超快普适单比特电荷量子逻辑门的基础上,2015 年该团队又在多量子比特的扩展上取得了重要进展(图 4.18).通过库仑相互作用,两个电荷量子比特可

以被耦合起来,进而实现两量子比特操作.其相互作用哈密顿量可以写成

$$H_{2C} = [\varepsilon_1(\sigma_z \otimes I) + \varepsilon_2(I \otimes \sigma_z)]/2 + t_1(\sigma_x \otimes I) + t_2(I \otimes \sigma_x)$$
$$+ J_{12}(\sigma_z - I) \otimes (\sigma_z - I)/4 \tag{4.96}$$

这里,ε_i 和 t_i 分别表示失谐量和量子点间的隧穿速率,其中 $i = 1, 2$ 表示两个量子比特,而 J_{12} 表示比特间的相互作用.当其中一个量子比特的能量发生变化的时候,另外一个量子比特的能级也会发生变化.

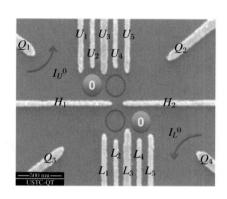

图 4.18　两电荷量子比特电极结构扫描电子显微镜图[65]

（图片由郭国平教授提供）

该研究组利用标准半导体微纳加工工艺,设计制备了多种半导体强耦合电控量子点结构,使两量子比特间的耦合强度超过 $100\ \mu eV$.同时,他们不断改进量子比特逻辑操控中的高频脉冲信号的精确控制等方面,使得脉冲序列间的精度控制在皮秒量级,并最终实现了两个电荷量子比特的控制非门（CNOT 门）,其操控最短在百皮秒量级内完成.与国际上电子自旋两量子比特的最高水平（百纳秒量级）相比,新的半导体两量子比特的操控速度提高了数百倍.

原则上由单比特逻辑单元和两比特控制非逻辑单元,就可以实现任意量子计算过程.电荷编码单比特和两比特的量子逻辑门的完成,表明电荷量子比特虽然相干时间比自旋量子比特短两个量级左右,却具有快两个量级以上的逻辑门运算速度,并且具有易于全电操控、可集成化、兼容传统半导体工艺技术等重要优点,是进一步研制实用化半导体量子计算的坚实基础.

4.5.3　半导体电荷量子比特实现 Toffoli 门操作[66]

为了达到一次性构建三量子比特 Toffoli 门、大幅减少量子比特门操控的次数的目的,2018 年中国科学技术大学郭光灿院士团队还创新性地制备了半导体六量子点芯片,在国际上首次实现了半导体体系中的三量子比特逻辑门操控,为未来研制集成化半导体量子芯片迈出了坚实的一步[66].郭光灿团队中的郭国平教授研究组与肖明教授、李海欧研究员、曹刚等人合作,通过理论计算分析,设计了 T 型电极开口式六量子点结构.

如图 4.19 所示为电子束刻蚀方法制备的三量子比特结构扫描电镜图像,上部左侧双量子点是目标比特,上部右侧双量子点和下部双量子点各自构成一个控制比特去操控目标比特(0 和 1 表示量子比特的两种状态).其相互作用哈密顿量可以写成

$$H_{3q} = H_1 \otimes I \otimes I + I \otimes H_2 \otimes I + I \otimes I \otimes H_3$$
$$+ J_{12} \frac{I - \sigma_z}{2} \otimes \frac{I - \sigma_z}{2} \otimes I + J_{13} \frac{I - \sigma_z}{2} \otimes I \otimes \frac{I - \sigma_z}{2} \quad (4.97)$$

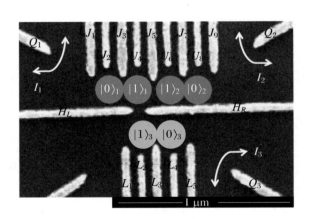

图 4.19　三量子比特结构示意图
(引自 Li H O, et al. Phys. Rev. Appl., 2018,9(024015))

这里,H_i 是第 i 个量子比特哈密顿量,σ_z 表示 Pauli 矩阵,J_{12} 和 J_{13} 表示比特间的相互作用能量.该结构使得控制比特与目标比特有较强的耦合,同时两个目标比特之间的耦合较小,这很好地满足了实现两个控制比特对目标比特受控非门的操控要求.如图 4.20 所示,通过对控制比特 2(左图)和控制比特 3(右图)本征态的操控,可以实现对目标比特的

振幅(上图)和相位(下图)的完美调节.利用优化设计的高频脉冲量子测控电路,成功实现了国际上首个基于半导体量子点体系的三电荷量子比特 Toffoli 逻辑门,进一步提升量子计算的效率,为可扩展、可集成化半导体量子芯片的研制奠定了坚实的基础.

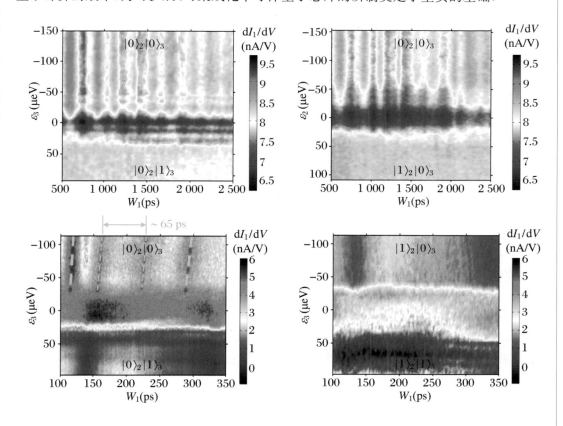

图 4.20　调节控制比特 2 和控制比特 3 的本征态实现对目标比特的振幅(上图)和相位(下图)的操控
(引自 Li H O, et al. Phys. Rev. Appl., 2018, 9(024015))

参考文献

[1] Stievater T H, Li X Q, Steel D G, et al. Rabi Oscillations of Excitons in Single Quantum Dots [J]. Phys. Rev. Lett., 2001, 87(133603).

［2］Neilson M A，Chuang I L. Quantum Computation and Quantum Information［M］. Cambridge：Cambridge University Press，2000.

［3］Priskill J. Quantum Information and Quantum Computation［M］.California：California Institude of Technology，1998.

［4］李承祖，等.量子通信和量子计算［M］.长沙:国防科技大学出版社,2000.

［5］Deutsch D. Quantum Theory，the Church Turing Principle and the Universal Quantum Computer［J］. Proc. R. Soc. London，Ser.，1985，A 400(97).

［6］Deutsch D，Jozsa R. Rapid Solution of Problems by Quantum Computation［J］. Proc. R. Soc. London，1992，A 493(553).

［7］Cleve R，Ekert A，Macchiavello C，et al. Quantum Algorithms Revisited［J］. Proc. R. Soc. London，1998，A 454(339).

［8］Collins D，Kim K W，Holton W C. Deutsch Jozsa Algorithm as a Test of Quantum Computation［J］. Phys. Rev.，1998，A 58(1633(R)).

［9］Bernstein E，Vazirani U. Proc. 25th Annual ACM Symposium on the Theory of Computing［C］. New York：ACM Press，1993.

［10］Simon D. Proc. 35th Annual Symposium on the Foundation of Computer Science［C］. Los Alamitos：IEEE Computer Society，1994.

［11］Grover L K. A Fast Quantum Mechanics Algorithm for Database Search［C］//Proc. 28th ACM Symposium on Theory of Computation，1996.

［12］Grover L K. Quantum Mechanics Helps in Searching for a Needle in a Haystack［J］. Phys. Rev. Lett.，1997，79(325).

［13］Shor P W. Algorithm for Quantum Computation Discretelog and Factoring［C］. Proc. 35th IEEE Symposium on Foundations of Computer Science，1994.

［14］Rivest R，Shamir A，Adleman L. On Digital Signatures and Public Key Cryptosystems［D］. MIT Laboratory for Computer Science，MIT/LCS/TR212，1979.

［15］Poyatos J F，Cirac J L，Zoller P. Complete Characterization of a Quantum Process the Two Bit Quantum Gate［J］. Phys. Rev. Lett.，1997，78(390).

［16］Piermarocchi C，et al. Theory of Fast Quantum Control of Exciton Dynamics in Semiconductor Quantum Dots［J］. Phys. Rev.，2002，B 65(075307).

［17］Förstner J，Weber C，Knorr A. Phonon Assisted Damping of Rabi Oscillations in Semiconductor Quantum Dots［J］. Phys. Rev. Lett.，2003，91(127401).

［18］Villas-Bôas J M，Ulloa S E，Govorov A O. Decoherence of Rabi Oscillations in a Single Quantum Dot［J］. Phys. Rev. Lett.，2005，94(057404).

［19］Wang Q Q，Muller A，Bianucci P，et al. Decoherence Processes During Optical Manipulation of Excitonic Qubits in Semiconductor Quantum Dots［J］. Phys. Rev.，2005，B 72(035306).

[20] Li X Q, Wu Y W, Steel D C, et al. An All Optical Quantum Gate in a Semiconductor Quantum Dot[J]. Science, 2003, 301(809).

[21] Gurudev Dutt M V, Wu Y W, Li X Q, et al. Physics of Semiconductors[C]. 27th International Conference on the Physics of Semiconductors, 2005.

[22] Zhou H J, Cheng M T, Liu S D, et al. Complex Probability Amplitudes of Three States in a V Type System with Two Orthogonal Substates[J]. Physica, 2005, E 28(219).

[23] Wang Q Q, Muller A, Cheng M T, et al. Coherent Control of a V Type Three Level System in a Single Quantum Dot[J]. Phys. Rev. Lett., 2005, 95(187404).

[24] Bianucci P, Muller A, Shih C K, et al. Experimental Realization of the One Qubit Deutsch Jozsa Algorithm in a Quantum Dot[J]. Phys. Rev., 2004, B 69(161303).

[25] Chen P, Piermarocchi C, Sham L. Control of Exciton Dynamics in Nanodots for Quantum Operations[J]. Phys. Rev. Lett., 2001, 87(067401).

[26] Wang X, Cheng M T, Liu S D, et al. Refined Two Qubit Deutsch Jozsa Algorithm in a Single Semiconductor Quantum Dot[J]. to be published.

[27] Chuang I L, Vandersypen L M K, Zhou X, et al. Experimental Realization of a Quantum Algorithm[J]. Nature, 1988, 393(143).

[28] Jones T F, Mosca M. Implementation of a Quantum Algorithm on a Nuclear Magnetic Resonance Quantum Computer[J]. J. Chem. Phys., 1998, 109(1648).

[29] Marx R, Fahmy A F, Myers J M, et al. Approaching Five Bit NMR Quantum Computing[J]. Phys. Rev., 2000, A 62(012310).

[30] Dorai K, Kumar A. Implementing Quantum Logic Operations, Pseudopure States, and the Deutsch Jozsa Algorithm Using Noncommuting Selective Pulses in NMR[J]. Phys. Rev., 2000, A 61(042306).

[31] Collins D, Kim K W, Holton W C, et al. NMR Quantum Computation with Indirectly Coupled Gates[J]. Phys. Rev., 2000, A 62(022304).

[32] Kim J, Lee J S, Lee S, et al. Implementation of the Refined Deutsch Jozsa Algorithm on a Three Bit NMR Quantum Computer[J]. Phys. Rev., 2000, A 62(022312).

[33] Dorai K, Mahesh T S, et al. Quantum Computation Using NMR[J]. Curr. Sci., 2000, 79(1447).

[34] Jones J A. NMR Quantum Computation[J]. Prog. Nucl. Magn. Reson. Spectrosc., 2001, 38(325).

[35] Mahesh T S, Dorai K, et al. Implementing Logic Gates and the Deutsch Jozsa Quantum Algorithm by Two Dimensional NMR Using Spin and Transition Selective Pulses[J]. J. Magn. Reson., 2001, 148(95).

[36] Murali K V R M, Sinha N, Mahesh T S, et al. Quantum Information Processing by Nuclear Magnetic Resonance: Experimental Implementation of Half Adder and Subtractor Operations Using an Oriented Spin 7/2 System[J]. Phys. Rev., 2002, A 66(022313).

[37] Kessel A R, Yakovleva N M. Implementation Schemes in NMR of Quantum Processors and the Deutsch Jozsa Algorithm by Using Virtual Spin Representation[J]. Phys. Rev., 2002, A 66(062322).

[38] Vala J, Amitay Z, Zhang B, et al. Experimental Implementation of the Deutsch Jozsa Algorithm for Three Qubit Functions Using Pure Coherent Molecular Superpositions[J]. Phys. Rev., 2002, A 66(062316).

[39] Wei D X, Luo J, Sun X P, et al. NMR Experimental Realization of Seven Qubit DJ Algorithm and Controlled Phase Shift Gates with Improved Precision[J]. Chin. Sci. Bull., 2003, 48(239).

[40] Mahesh T S, Sinha N, Ghosh A, et al. Quantum Information Processing by NMR Using Strongly Coupled Spins[J]. Curr. Sci., 2003, 85(932).

[41] Das R, Kumar A. Use of Quadrupolar Nuclear for Quantum Information Processing by Nuclear Magnetic Resonance: Implementation of a Quantum Algorithm[J]. Phys. Rev., 2003, A 68(032304).

[42] Ermakov V L, Fung B M. Nuclear Magnetic Resonance Implementation of the Deutsch Jozsa Algorithm Using Different Initial States[J]. J. Chem. Phys., 2003, 118(10376).

[43] Mangold O, Heidebrecht A, Mehring M. NMR Tomography of the Three Qubit Deutsch Jozsa Algorithm[J]. Phys. Rev., 2004, A 70(042307).

[44] Das R, Kumar S, Kumar A. Use of Non-Adiabatic Geometric Phase for Quantum Computing by NMR[J]. J. Magn. Reson., 2005, 177(318).

[45] Mitra A, Ghosh A, Das R, et al. Experimental Implementation of Local Adiabatic Evolution Algorithms by an NMR Quantum Information Processor[J]. J. Magn. Reson., 2005, 177(285).

[46] Das R, Kumar A. Experimental Implementation of a Quantum Algorithm in a Multiqubit NMR System Formed by an Oriented 7/2 Spin[J]. Appl. Phys. Lett., 2006, 89(024107).

[47] Gopinath T, Kumar A. Geometric Quantum Computation Using Fictitious Spin 1/2 Subspaces of Strongly Dipolar Coupled Nuclear Spins[J]. Phys. Rev., 2006, A 73(022326).

[48] Gulde S, Riebe M, Lancaster G P T, et al. Implementation of DJ Algorithm in Iron Trap Quantum Computer[J]. Nature, 2003, 421(48).

[49] Zheng S B. Scheme for Implementing the Deutsch Jozsa Algorithm in Cavity QED[J]. Phys. Rev., 2004, A 70(034301).

[50] Dong P, Song W, Cao Z L. Implementing Deutsch Jozsa Algorithm in Cavity QED[J]. Commun. Theor. Phys., 2006, 46(241).

[51] Dasgupta S, Biswas A, Agarwal G S. Implementing Deutsch Jozsa Algorithm Using Light Shifts and Atomic Ensembles[J]. Phys. Rev., 2005, A 71(012333).

[52] Dong P, Xue Z Y, Yang M, et al. Scheme for Implementing the Deutsch Jozsa Algorithm Via Atomic Ensembles[J]. quant ph/0510139.

[53] Dasgupta S, Agarwal G S. Two Bit Deutsch Jozsa Algorithm Using an Atomic Ensemble[J]. quant ph/0601105.

［54］ Takeuchi S. Experimental Demonstration of a Three Qubit Quantum Computation Algorithm Using a Single Photon and Linear Optics［J］. Phys. Rev. , 2000，A 62(032301).

［55］ Takeuchi S. A Simple Quantum Computer：Experimental Realization of Quantum Computation Algorithms with Linear Optics［J］. Electron. Commun. JAPAN PART Ⅲ Fundam. Electron. Sci. , 2001，84(52).

［56］ Scholz M，Aichele T，Ramelow S，et al. Deutsch Jozsa Algorithm Using Triggered Single Photons from a Single Quantum Dot［J］. Phys. Rev. Lett. , 2006，96(180501).

［57］ Siewert J，Fazio R. Implementation of the Deutsch Jozsa Algorithm with Josephson Charge Qubits［J］. J. Mod. Opt. , 2002，49(1245).

［58］ Schuch N，Siewert J. Implementation of the Four Bit Deutsch Jozsa Algorithm with Josephson Charge Qubits［J］. Phys. Status Solidi B Basic Res. , 2002，233(482).

［59］ Fedorov A，Steffen L，Baur M，et al. Implementation of a Toffoli Gate with Superconducting Circuits［J］. Nature, 2011，481(170).

［60］ Zhang X，Li H O，Wang K，et al. Qubits based on Semiconductor Quantum Dots［J］. Chin. Phys. , 2018，B27(020305).

［61］ Shulman M D，Dial O E，Harvey S P，et al. Demonstration of Entanglement of Electrostatically Coupled Singlet-Triplet Qubits［J］. Science，2012，336(202).

［62］ Wong C H. High-Fidelity ac Gate Operations of a Three-Electron Double Quantum Dot Qubit ［J］. Phys. Rev. , 2016，B93(035409).

［63］ Wang B C，Cao G，Chen B B，et al. Photon-Assisted Tunneling in an Asymmetrically Coupled Triple Quantum Dot［J］. J. Appl. Phys. , 2016，120(064302).

［64］ Cao G，Li H O，Tu T，et al. Ultrafast Universal Quantum Control of a Quantum-Dot Charge Qubit Using Landau-Zener-Stuckelberg Interference［J］. Nat. Commun. , 2013，4(1401).

［65］ Li H O，Cao G，Yu G D，et al. Conditional Rotation of Two Strongly Coupled Semiconductor Charge Qubits［J］. Nat. Commun. , 2015，6(7681).

［66］ Li H O，Cao G，Yu G D，et al. Controlled Quantum Operations of a Semiconductor Three-Qubit System［J］. Phys. Rev. Appl. , 2018，9(024015).

第 5 章

半导体量子点中激子自旋弛豫
和自旋交换

引言

　　半导体量子点中的自旋有很长的退相干时间,因而具有很高的应用价值[1-7].其自旋动力学的研究包含非常丰富的物理内容,例如自旋弛豫[8-10]、自旋翻转[11]、荷电激子的自旋转移[12]以及明激子与暗激子的自旋转移[13],等等.本章介绍的对象是半导体量子点中的激子自旋.激子的总自旋由其中的电子和空穴的自旋决定.形状各向异性量子点中激子的本征能级变为线偏振态,因此通常采用线偏振光相关的技术进行激子自旋的研究和操控.本章共分 3 节:5.1 节介绍半导体量子点中激子自旋基础知识;5.2 节介绍半导体量子点中激子自旋弛豫的特点及其内在和外在弛豫机制;5.3 节介绍利用 U_f 操作进行激子自旋的交换.

5.1 半导体量子点中能级解简并与线偏振本征态及其激子自旋

激子由导带电子和价带空穴构成,分为两种,Frank 激子是指半径为晶格常数量级的激子,Wannier 激子半径很大.在禁带宽度不大的半导体中,主要是 Wannier 激子,其束缚能和激子半径能较好地用类氢模型描述.

电子自旋为 $\pm 1/2$,价带空穴有两种,轻空穴自旋为 $\pm 1/2$,重空穴自旋为 $\pm 3/2$.由于量子点在生长方向上(z 方向)的强量子限制效应,轻空穴能级与重空穴能级相差甚远,因而最低激子能级由价带重空穴与导带电子构成,其自旋态有四种:$\left| +\frac{1}{2}, -\frac{3}{2} \right\rangle$, $\left| -\frac{1}{2}, +\frac{3}{2} \right\rangle$, $\left| +\frac{1}{2}, +\frac{3}{2} \right\rangle$ 以及 $\left| -\frac{1}{2}, -\frac{3}{2} \right\rangle$. $|i, j\rangle$ 中,i 表示电子自旋,j 表示空穴自旋.其中,前两种自旋态自旋角动量为 -1 和 $+1$,满足选择定则,分别可以复合发射右旋 σ^+ 或者左旋 σ^- 圆偏振光,或者由右旋或左旋圆偏振光激发产生,称为明态,相应激子称为明激子[14];后两种自旋态自旋角动量为 -2 和 $+2$,不满足选择定则,不能直接复合发射单个圆偏振光子或由单个圆偏振光子激发得到,称为暗态,相应激子称为暗激子[11, 15, 16].不考虑电子-空穴交换相互作用,激子本征态为这几个自旋态的线性组合的四重简并态.在形状各向异性量子点中,由形状不对称导致的电子-空穴长距交换相互作用使得四重简并态发生劈裂,明暗激子之间发生劈裂,其能量差为 $10\sim100~\mu\mathrm{eV}$.设量子点为椭圆形,长轴和短轴方向分别为 y 和 x,则激子本征态为沿 y 和 x 方向的偏振态,为明激子态线性组合 $\left(\left| \frac{1}{2}, -\frac{3}{2} \right\rangle + \left| -\frac{1}{2}, \frac{3}{2} \right\rangle \right)/\sqrt{2}$ 以及 $\left(\left| \frac{1}{2}, -\frac{3}{2} \right\rangle - \left| -\frac{1}{2}, \frac{3}{2} \right\rangle \right)/\sqrt{2}$,其中,长轴方向对应能量较低的态.因此,$y$ 偏振态和 x 偏振态也可视为自旋不同的两个态,这两个偏振态之间的转换即可视为自旋翻转,其发光为 y 方向或 x 方向的线偏振光,也可由 y 方向或 x 方向的线偏振光激发得到.

5.2　半导体量子点中激子自旋弛豫特性

5.2.1　半导体量子点中激子自旋弛豫的实验观测

对半导体量子点中激子自旋弛豫的实验观测有很多文献报道[2-4],大多数都是采用泵浦-探测技术观测多量子点集合体系自旋不同的偏振态上粒子数随时间的衰减特性,对于共振激发单量子点中的自旋弛豫的报道较少.下面介绍我们提出的利用偏振 Rabi 振荡方法观测单个量子点中的自旋弛豫[17],该方法的优点是可以对多个单量子点同时进行观测,而且包含不同激发强度下偏振度的变化等信息,这样有利于从不同的层面研究半导体量子点中的自旋弛豫机制.图 5.1 给出了同一个样品上 4 个 InGaAs 量子点的两个正交的线偏振方向上的光致发光强度(即粒子数)与激发振幅($E \propto \sqrt{I}$)的振荡关系.

图 5.1 中按其跃迁偶极矩 μ 的大小将量子点依次标记为 A,B,C 和 D.激发光的偏振方向为 $\vec{x}$,所以 x 方向的光致发光信号 PL_x 呈现出明显的 Rabi 振荡,μ 值大小可以根据其振荡周期计算得到.由于自旋弛豫作用,PL_y 也呈现微小振幅的振荡.PL_x 的总体趋势是随激光振幅 E 增大而增大,这表明自旋弛豫也是随 E 增大而增大.为了定量分析 PL_x 和 PL_y 的相对变化,定义偏振度 $R_\mathrm{p} = \dfrac{\mathrm{PL}_x - \mathrm{PL}_y}{\mathrm{PL}_x + \mathrm{PL}_y}$.由图 5.1 可见,偏振度 R_p 随激发光强 I 的增加而线性下降,R_p 的拟合关系式为 $R_\mathrm{p} = R_\mathrm{p}(I = 0) - \alpha I$,其中 α 为 R_p 随 I 的下降速率.

一个有趣的实验现象是,这四个量子点的跃迁偶极矩相差大约 7 倍,然而其偏振度 R_p 的减小速率 α 却变化很小.另一个实验现象是当 $I \rightarrow 0$ 时,其偏振度 $R_\mathrm{p}(I = 0) < 1$.这两个实验现象可以分别用量子点的自旋弛豫的外在和内在机制进行解释.

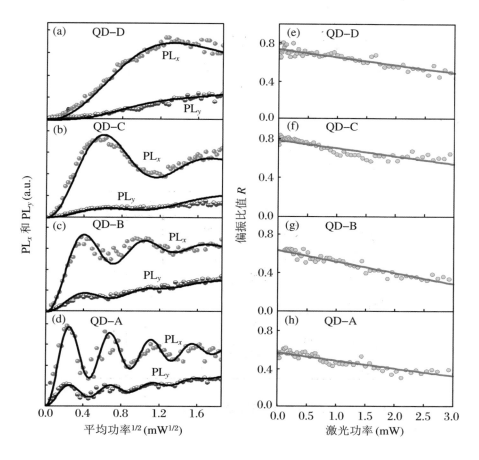

图 5.1　(a)～(d) 四个量子点的偏振光致发光强度(PL$_x$ 和 PL$_y$)与激发振幅(E)的振荡关系；(e)～(h) 相应的偏振度与激发强度(I)的关系

5.2.2　半导体量子点中激子自旋弛豫的外在机制分析

相对于原子分子体系而言,固态半导体量子点中激子自旋弛豫机制非常复杂,总体上可以分为外在机制和内在机制两大类.外在机制是指偏振态上的粒子数与量子点之外的固态媒质发生相互作用而引起的自旋弛豫[18-21],这种弛豫的特点与量子点自身的特性无关;而内在机制是指粒子数在单个量子点内部或者量子点之间的相互作用而引起的自旋弛豫,这种弛豫强烈依赖于量子点本身的特性参数[22-28].这里首先介绍其外在机制.影响半导体量子点自旋弛豫的外在机制有多种(浸润层跃迁和声子弛豫等),其中量子点的浸润层起着重要作用.在前面的 3.3.2 小节中我们利用粒子到浸润层的泄漏和从浸润层的俘获模型很好地解释了不同激发脉冲宽度下,Rabi 振荡品质因子的变化特征.在这里,我们利用这个模型对自旋弛豫的特性进行了分析.如图 5.2 所示是涉及粒子数向浸润层泄漏和俘获的自旋弛豫的多能级图.在这种模型下的哈密顿量为

$$\hat{H}^{(i)} = \frac{1}{2}\hbar\big[\hat{\sigma}_{x'v}^{(i)}\Omega_{x'v}(t)\mathrm{e}^{-\mathrm{i}\omega_L t} + \mathrm{h.c.}\big] \tag{5.1}$$

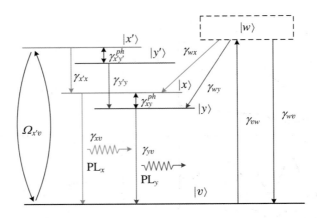

5.2　粒子数向浸润层泄漏以及从浸润层俘获模型下能级结构示意图

密度算符主方程为 $\hat{\dot{\rho}} = -\frac{\mathrm{i}}{\hbar}\big[\hat{H}^{(i)},\hat{\rho}\big] + L(\hat{\rho})$,其中耗散项为

$$
\begin{aligned}
L(\hat{\rho}) = \frac{1}{2}\big[& \gamma_{x'x}(2\hat{\sigma}_{xx'}^{(i)}\hat{\rho}\hat{\sigma}_{x'x}^{(i)} - \hat{\sigma}_{x'x'}\hat{\rho} - \hat{\rho}\hat{\sigma}_{x'x'}) \\
& + \gamma_{y'y}(2\hat{\sigma}_{yy'}^{(i)}\hat{\rho}\hat{\sigma}_{y'y}^{(i)} - \hat{\sigma}_{y'y'}\hat{\rho} - \hat{\rho}\hat{\sigma}_{y'y'}) \\
& + \gamma_{x'y'}^{ph}(2\hat{\sigma}_{y'x'}^{(i)}\hat{\rho}\hat{\sigma}_{x'y'}^{(i)} - \hat{\sigma}_{x'x'}\hat{\rho} - \hat{\rho}\hat{\sigma}_{x'x'}) \\
& + \gamma_{y'x'}^{ph}(2\hat{\sigma}_{x'y'}^{(i)}\hat{\rho}\hat{\sigma}_{y'x'}^{(i)} - \hat{\sigma}_{y'y'}\hat{\rho} - \hat{\rho}\hat{\sigma}_{y'y'}) \\
& + \gamma_{x'y'}^{dp}(2\hat{\sigma}_{vx'}^{(i)}\hat{\rho}\hat{\sigma}_{y'v}^{(i)} - \hat{\sigma}_{y'x'}^{'(i)}\hat{\rho} - \hat{\rho}\hat{\sigma}_{y'x'}^{(i)}) \\
& + \gamma_{y'x'}^{dp}(2\hat{\sigma}_{vy'}^{(i)}\hat{\rho}\hat{\sigma}_{x'v}^{(i)} - \hat{\sigma}_{x'y'}^{(i)}\hat{\rho} - \hat{\rho}\hat{\sigma}_{x'y'}^{(i)}) \\
& + \gamma_{xy}^{ph}(2\hat{\sigma}_{yx}^{(i)}\hat{\rho}\hat{\sigma}_{xy}^{(i)} - \hat{\sigma}_{xx}\hat{\rho} - \hat{\rho}\hat{\sigma}_{xx}) \\
& + \gamma_{yx}^{ph}(2\hat{\sigma}_{xy}^{(i)}\hat{\rho}\hat{\sigma}_{yx}^{(i)} - \hat{\sigma}_{yy}\hat{\rho} - \hat{\rho}\hat{\sigma}_{yy}) \\
& + \gamma_{x'v}(2\hat{\sigma}_{vx'}^{(i)}\hat{\rho}\hat{\sigma}_{x'v}^{(i)} - \hat{\sigma}_{x'x'}\hat{\rho} - \hat{\rho}\hat{\sigma}_{x'x'}) \\
& + \gamma_{y'v}(2\hat{\sigma}_{vy'}^{(i)}\hat{\rho}\hat{\sigma}_{y'v}^{(i)} - \hat{\sigma}_{y'y'}\hat{\rho} - \hat{\rho}\hat{\sigma}_{y'y'})
\end{aligned}
$$

$$+ \gamma_{xv}(2\hat{\sigma}_{vx}^{(i)}\hat{\rho}\hat{\sigma}_{xv}^{(i)} - \hat{\sigma}_{xx}\hat{\rho} - \hat{\rho}\hat{\sigma}_{xx})$$

$$+ \gamma_{yv}(2\hat{\sigma}_{vy}^{(i)}\hat{\rho}\hat{\sigma}_{yv}^{(i)} - \hat{\sigma}_{yy}\hat{\rho} - \hat{\rho}\hat{\sigma}_{yy})$$

$$+ \gamma_{wx}(2\hat{\sigma}_{xw}^{(i)}\hat{\rho}\hat{\sigma}_{wx}^{(i)} - \hat{\sigma}_{ww}\hat{\rho} - \hat{\rho}\hat{\sigma}_{ww})$$

$$+ \gamma_{wy}(2\hat{\sigma}_{yw}^{(i)}\hat{\rho}\hat{\sigma}_{wy}^{(i)} - \hat{\sigma}_{ww}\hat{\rho} - \hat{\rho}\hat{\sigma}_{ww})$$

$$+ \gamma_{wv}(2\hat{\sigma}_{vw}^{(i)}\hat{\rho}\hat{\sigma}_{wv}^{(i)} - \hat{\sigma}_{ww}\hat{\rho} - \hat{\rho}\hat{\sigma}_{ww})$$

$$+ \gamma_{vw}(2\hat{\sigma}_{wv}^{(i)}\hat{\rho}\hat{\sigma}_{vw}^{(i)} - \hat{\sigma}_{vv}\hat{\rho} - \hat{\rho}\hat{\sigma}_{vv})] \tag{5.2}$$

粒子数向浸润层 $|w\rangle$ 的泄漏速率的近似关系式为[29] $\gamma_{vw} = \dfrac{\pi}{2\hbar}\rho_{WL}\mu_{WL}^2 E^2(t)$，粒子数俘获速率为 $\gamma_{wx} = C_x\rho_{WL}$，$\gamma_{wy} = C_y\rho_{WL}$. 式中 $\gamma_{x'y'}^{ph}$，$\gamma_{y'x'}^{ph}$，γ_{xy}^{ph}，γ_{yx}^{ph} 是由声子等过程造成的 $|x'\rangle$，$|y'\rangle$ 以及 $|x\rangle$，$|y\rangle$ 之间的激子自旋弛豫速率. 由偶极跃迁 $|x'\rangle \sim |v\rangle$，$|y'\rangle \sim |v\rangle$ 干涉导致的 $|x'\rangle$，$|y'\rangle$ 之间的激子自旋弛豫速率 $\gamma_{x'y'}^{dp} = 0$.

定义粒子数赝矢量 $\boldsymbol{\rho} = \{\rho_{vv}, \rho_{x'x'}, \rho_{y'y'}, \rho_{xx}, \rho_{yy}, \rho_{ww}, \widetilde{\rho}_{vx}, \widetilde{\rho}_{x'v}, \widetilde{\rho}_{vy}, \widetilde{\rho}_{y'v}, \widetilde{\rho}_{x'y'}, \widetilde{\rho}_{y'x'}\}$，并取交叉弛豫 $\gamma_{x'y'}^{ph} = \gamma_{y'x'}^{ph}$，$\gamma_{xy}^{ph} = \gamma_{yx}^{ph}$，得到 $\boldsymbol{\rho}$ 满足的方程为

$$\frac{\mathrm{d}}{\mathrm{d}t}\boldsymbol{\rho}(t) = \boldsymbol{M}^{(\rho)}(t)\boldsymbol{\rho}(t) - \boldsymbol{\Gamma}^{(\rho)}\boldsymbol{\rho}(t) \tag{5.3}$$

其中

$$\boldsymbol{M}^{(\rho)}(t) = \frac{\mathrm{i}}{2}\begin{pmatrix} 0 & 0 & 0 & 0 & 0 & 0 & \Omega_{x'v} & -\Omega_{x'v} & 0 & 0 & 0 & 0 \\ 0 & 0 & 0 & 0 & 0 & 0 & -\Omega_{x'v} & \Omega_{x'v} & 0 & 0 & 0 & 0 \\ 0 & 0 & 0 & 0 & 0 & 0 & 0 & 0 & 0 & 0 & 0 & 0 \\ 0 & 0 & 0 & 0 & 0 & 0 & 0 & 0 & 0 & 0 & 0 & 0 \\ 0 & 0 & 0 & 0 & 0 & 0 & 0 & 0 & 0 & 0 & 0 & 0 \\ 0 & 0 & 0 & 0 & 0 & 0 & 0 & 0 & 0 & 0 & 0 & 0 \\ \Omega_{x'v} & -\Omega_{x'v} & 0 & 0 & 0 & 0 & 2\delta_{x'v} & 0 & 0 & 0 & 0 & 0 \\ -\Omega_{x'v} & \Omega_{x'v} & 0 & 0 & 0 & 0 & 0 & -2\delta_{x'v} & 0 & 0 & 0 & 0 \\ 0 & 0 & 0 & 0 & 0 & 0 & 0 & 0 & 0 & 0 & -\Omega_{x'v} & 0 \\ 0 & 0 & 0 & 0 & 0 & 0 & 0 & 0 & 0 & 0 & 0 & \Omega_{x'v} \\ 0 & 0 & 0 & 0 & 0 & 0 & 0 & 0 & -\Omega_{x'v} & 0 & -2\delta_{x'v} & 0 \\ 0 & 0 & 0 & 0 & 0 & 0 & 0 & 0 & 0 & \Omega_{x'v} & 0 & 2\delta_{x'v} \end{pmatrix} \tag{5.4}$$

耗散项为

$$\boldsymbol{\Gamma}^{(\rho)} = \begin{bmatrix} \boldsymbol{\Gamma}_{\mathrm{I}} & 0 \\ 0 & \boldsymbol{\Gamma}_{\mathrm{II}} \end{bmatrix} \tag{5.5}$$

其中

$$\boldsymbol{\Gamma}_{\mathrm{I}} = \begin{bmatrix} \gamma_{vw} & -\gamma_{x'v} & -\gamma_{y'v} & -\gamma_{xv} & -\gamma_{yv} & -\gamma_{wv} \\ 0 & \gamma_{x'x} + \gamma_{x'y'}^{ph} + \gamma_{x'v} & -\gamma_{x'y'}^{ph} & 0 & 0 & 0 \\ 0 & -\gamma_{x'y'}^{ph} & \gamma_{y'y} + \gamma_{x'y'}^{ph} + \gamma_{y'v} & 0 & 0 & 0 \\ 0 & -\gamma_{x'x} & 0 & \gamma_{xv} + \gamma_{xy}^{ph} & -\gamma_{xy}^{ph} & -\gamma_{wx} \\ 0 & 0 & -\gamma_{y'y} & -\gamma_{xy}^{ph} & \gamma_{xy}^{ph} + \gamma_{yv} & -\gamma_{wy} \\ -\gamma_{vw} & 0 & 0 & 0 & 0 & \gamma_{wx} + \gamma_{wy} + \gamma_{wv} \end{bmatrix}$$

$$\boldsymbol{\Gamma}_{\mathrm{II}} = \begin{bmatrix} A & 0 & 0 & 0 & 0 & 0 \\ 0 & A & 0 & 0 & 0 & 0 \\ 0 & 0 & B & 0 & 0 & 0 \\ 0 & 0 & 0 & B & 0 & 0 \\ 0 & 0 & 0 & 0 & C & 0 \\ 0 & 0 & 0 & 0 & 0 & C \end{bmatrix}$$

上式中

$$A = \frac{\gamma_{x'x} + \gamma_{x'y'}^{ph} + \gamma_{x'v} + \gamma_{vw}}{2}$$

$$B = \frac{\gamma_{y'y} + \gamma_{x'y'}^{ph} + \gamma_{y'v} + \gamma_{vw}}{2}$$

$$C = \frac{\gamma_{y'y} + \gamma_{x'x} + 2\gamma_{x'y'}^{ph} + \gamma_{x'v} + \gamma_{y'v}}{2}$$

通过求解这个方程组,可以得到各态粒子数在 Π_x 偏振激发下的动力学特性.

图 5.3 给出了 $|x\rangle$ 态和 $|y\rangle$ 态上粒子数以及偏振度 R_p 与 Π_x 偏振激发场的振荡变化关系.由此可见,采用粒子向浸润层泄漏和从浸润层俘获模型的理论模拟计算结果与实验数据符合得很好,如果不考虑俘获过程,则模拟结果明显与实验结果不符.这也再一次说明半导体量子点中粒子数的俘获过程在与激发强度相关的退相干和自旋弛豫过程中起着很重要的作用.

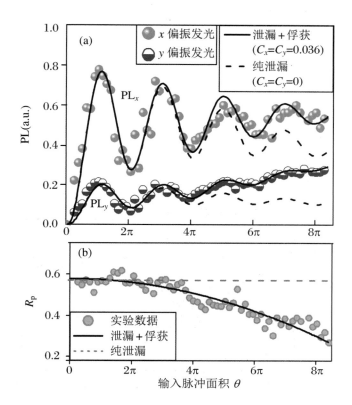

图 5.3 $|x\rangle$态和$|y\rangle$态上粒子数以及偏振度 R_p 与 Π_x 偏振激发场的振荡变化关系

其中点为实验数据;实线为向浸润层泄漏和俘获模型所得到的理论模拟结果,该模型与实验数据符合得非常好;虚线为只有泄漏而没有俘获时的理论模拟结果,该模型明显与实验不符.

5.2.3 半导体量子点中激子自旋弛豫的内在机制分析

在上一小节中,我们介绍了半导体量子点中两个正交偏振态上粒子数分布的偏振度 R_p 与激发光强有近似关系式: $R_p = R_p(I = 0) - \alpha I$,不同量子点的 α 值的变化不大,因为它由外在自旋弛豫机制(粒子数的泄漏和俘获)所决定.本小节我们将说明 $R_p(I = 0)$ 由量子点的内在弛豫机制所决定,因为它与量子点的自旋弛豫 γ_{xy} 有关.在激发光强很弱 $I \rightarrow 0$ 时,可以得到偏振度的关系式:

$$R_p(I = 0, \tau = 0) = \frac{1}{1 + \gamma_{xv}/\gamma_{xy}} \tag{5.6}$$

图 5.4 给出了不同脉冲宽度的外场激发下的弱场偏振度 $R_p(I{\rightarrow}0)$.实验观测结果表明,不同脉冲宽度对 $R_p(I{\rightarrow}0)$值的影响很小.理论模拟计算结果是 $R_p(I=0,\tau=0)$ $\geqslant R_p(I=0,\tau>0)$.而实验结果是随着 τ_p 从 9 ps 减小到~5 ps,$R_p(I{\rightarrow}0)$略有减小,这个微小的减小量在实验误差范围之内.所以,采用这三个脉冲宽度下的 $R_p(I{\rightarrow}0)$ 的平均值近似作为 $R_p(I\rightarrow0,\tau\rightarrow0)$ 的值.由此得到这四个量子点值 γ_{xv}/γ_{xy}.如果取 $1/\gamma_{xv}\approx1$ ns,则得到这四个量子点的自旋弛豫时间分别为 2.9,3.4,7.5,5.1 ns.这表明激子有很长的自旋寿命.这个结论与其他方法得到的结论一致.

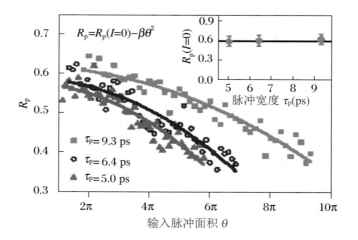

图 5.4 不同脉冲宽度下偏振度 R_p 与脉冲面积的关系

点为实验数据,实线为拟合曲线.插图为 $R_p(I=0)$ 与 τ_p 的关系.

5.3 利用 U_f 控制门实现激子自旋交换

5.3.1 U_f 控制门与类 Deutsch 量子逻辑运算

在上一章中介绍了两个量子比特优化 D-J 运算,它由 Hadamard 门编码、f 控制门 U_f 和 Hadamard 门解码三部分构成.由 D-J 运算输出波函数(4.91)式可知,f 控制门

U_{f1} 和 U_{f2} 对应的系统终态为 x 偏振态 $\pm|x\rangle$(即 $\pm|01\rangle$),f 控制门 U_{f1} 和 U_{f3} 对应的系统终态为 y 偏振态 $\pm|y\rangle$(即 $\pm|10\rangle$).所以在单个半导体量子点中,可以利用 f 控制门 U_{fj} ($j=1,2,\cdots,4$)来实现两个激子自旋态 $|x\rangle$ 和 $|y\rangle$ 上粒子数的交换.

两个量子比特体系的 Hadamard 门编码涉及四个量子态,这四个态之间的偶极跃迁 ($|v\rangle \sim |x\rangle$,$|v\rangle \sim |y\rangle$,$|x\rangle \sim |b\rangle$ 和 $|y\rangle \sim |b\rangle$)所对应的四个 Rabi 振荡频率都不为 0. 当采用编码、f 控制门 U_f 和解码的方法进行激子自旋态 $|x\rangle$ 和 $|y\rangle$ 上粒子数的交换时,有一种简化的编码和解码方案,简化的方案中只涉及三个量子态($|v\rangle$,$|x\rangle$ 和 $|y\rangle$),即双激子态是闲置的,与双激子跃迁有关的两个 Rabi 振荡频率为 0($\Omega_{x,b}=0$,$\Omega_{y,b}=0$),只需要与单激子跃迁对应的两个 Rabi 振荡频率(分别简记为 Ω_x 和 Ω_y).对这种简化编码、f 控制门 U_f 和简化解码的运算,我们称之为一种类 D-J 运算.

5.3.2 利用类 Deutsch 逻辑运算实现激子自旋交换

讨论理想无衰减体系,设能级劈裂 $\Delta=0$,失谐量 $\delta=0$,共振激发单激子态 $|x\rangle$ 和 $|y\rangle$,双激子态没有激发.在编码过程中各个态的复概率振幅随时间 t 的运动方程为

$$
\frac{\mathrm{d}}{\mathrm{d}t}
\begin{pmatrix} C_v(t) \\ C_x(t) \\ C_y(t) \\ C_b(t) \end{pmatrix}
= \frac{\mathrm{i}}{2}
\begin{pmatrix}
0 & \Omega_x & \Omega_y & 0 \\
\Omega_x & 0 & 0 & 0 \\
\Omega_y & 0 & 0 & 0 \\
0 & 0 & 0 & 0
\end{pmatrix}
\begin{pmatrix} C_v(t) \\ C_x(t) \\ C_y(t) \\ C_b(t) \end{pmatrix}
\tag{5.7}
$$

方程(5.7)的解析解为

$$
\begin{pmatrix} C_v(t) \\ C_x(t) \\ C_y(t) \\ C_b(t) \end{pmatrix}
= \mathscr{R}_{\text{encode}}(\alpha_{\text{eff}}, \theta_{\text{eff}})
\begin{pmatrix} C_v(t_0) \\ C_x(t_0) \\ C_y(t_0) \\ C_b(t_0) \end{pmatrix}
\tag{5.8}
$$

$$
\mathscr{R}_{\text{encode}} =
\begin{pmatrix}
\cos\frac{1}{2}\theta_{\text{eff}} & \mathrm{i}\cos\alpha_{\text{eff}}\sin\frac{1}{2}\theta_{\text{eff}} & \mathrm{i}\sin\alpha_{\text{eff}}\sin\frac{1}{2}\theta_{\text{eff}} & 0 \\
\mathrm{i}\cos\alpha_{\text{eff}}\sin\frac{1}{2}\theta_{\text{eff}} & 1-2\cos^2\alpha_{\text{eff}}\sin^2\frac{1}{4}\theta_{\text{eff}} & -\sin2\alpha_{\text{eff}}\sin^2\frac{1}{4}\theta_{\text{eff}} & 0 \\
\mathrm{i}\sin\alpha_{\text{eff}}\sin\frac{1}{2}\theta_{\text{eff}} & -\sin2\alpha_{\text{eff}}\sin^2\frac{1}{4}\theta_{\text{eff}} & 1-2\sin^2\alpha_{\text{eff}}\sin^2\frac{1}{4}\theta_{\text{eff}} & 0 \\
0 & 0 & 0 & 1
\end{pmatrix}
\tag{5.9}
$$

对于编码激光脉冲，$\alpha_{\text{eff}} = \pi/4, \theta_{\text{eff}}(t) = \pi/2$，编码后的系统波函数由初态 $|\Psi_{\text{in}}\rangle = (1,0,0,0)^{\mathrm{T}}$ 变为

$$
|\Psi_{\text{encode}}\rangle = \mathscr{R}_{\text{encode}}\left(\alpha_{\text{eff}} = \frac{\pi}{4}, \theta_{\text{eff}} = \frac{\pi}{2}\right)\begin{pmatrix} 1 \\ 0 \\ 0 \\ 0 \end{pmatrix}
$$

$$
= \begin{pmatrix} \dfrac{1}{\sqrt{2}} & \dfrac{1}{2}\mathrm{i} & \dfrac{1}{2}\mathrm{i} & 0 \\[2mm] \dfrac{1}{2}\mathrm{i} & \dfrac{2+\sqrt{2}}{4} & -\dfrac{2-\sqrt{2}}{4} & 0 \\[2mm] \dfrac{1}{2}\mathrm{i} & -\dfrac{2-\sqrt{2}}{4} & -\dfrac{2-\sqrt{2}}{4} & 0 \\[2mm] 0 & 0 & 0 & 1 \end{pmatrix}\begin{pmatrix} 1 \\ 0 \\ 0 \\ 0 \end{pmatrix} = \begin{pmatrix} \dfrac{1}{\sqrt{2}} \\[2mm] \dfrac{1}{2}\mathrm{i} \\[2mm] \dfrac{1}{2}\mathrm{i} \\[2mm] 0 \end{pmatrix} \tag{5.10}
$$

在解码过程中各个态的复概率振幅随时间 t 的运动方程为

$$
\frac{\mathrm{d}}{\mathrm{d}t}\begin{pmatrix} C_v(t) \\ C_x(t) \\ C_y(t) \\ C_b(t) \end{pmatrix} = \frac{\mathrm{i}}{2}\begin{pmatrix} 0 & \Omega_x \mathrm{e}^{-\mathrm{i}\phi_x} & \Omega_y \mathrm{e}^{-\mathrm{i}\phi_y} & 0 \\ \Omega_x \mathrm{e}^{-\mathrm{i}\phi_x} & 0 & 0 & 0 \\ \Omega_y \mathrm{e}^{-\mathrm{i}\phi_y} & 0 & 0 & 0 \\ 0 & 0 & 0 & 0 \end{pmatrix}\begin{pmatrix} C_v(t) \\ C_x(t) \\ C_y(t) \\ C_b(t) \end{pmatrix} \tag{5.11}
$$

其中 ϕ_x 和 ϕ_y 分别表示 Ω_x 和 Ω_y 对应的解码光脉冲与编码光脉冲的位相延迟，记 $\phi_y = \phi_{\text{d}}$，$\phi_{xy} = \phi_x - \phi_y$，则有 $\phi_x = \phi_{xy} + \phi_{\text{d}}$. $\phi_{xy} = \phi_x - \phi_y$ 表示 Ω_x 和 Ω_y 对应的解码激光脉冲的相对位相差. 方程(5.11)的解析解为

$$
\begin{pmatrix} C_v(t) \\ C_x(t) \\ C_y(t) \\ C_b(t) \end{pmatrix} = \mathscr{R}_{\text{decode}}(\alpha_{\text{eff}}, \theta_{\text{eff}})U(\phi_{\text{d}}, \phi_{xy})\begin{pmatrix} C_v(t_0) \\ C_x(t_0) \\ C_y(t_0) \\ C_b(t_0) \end{pmatrix} \tag{5.12}
$$

$$
\mathscr{R}_{\text{decode}}(\alpha_{\text{eff}}, \theta_{\text{eff}})U(\phi_{\text{d}}, \phi_{xy})
$$

$$
= \begin{pmatrix} \cos\frac{1}{2}\theta_{\text{eff}} & \mathrm{i}\cos\alpha_{\text{eff}}\sin\frac{1}{2}\theta_{\text{eff}}\exp(-\mathrm{i}\phi_x) & \mathrm{i}\sin\alpha_{\text{eff}}\sin\frac{1}{2}\theta_{\text{eff}}\exp(-\mathrm{i}\phi_y) & 0 \\ \mathrm{i}\cos\alpha_{\text{eff}}\sin\frac{1}{2}\theta_{\text{eff}}\exp(\mathrm{i}\phi_x) & 1-2\cos^2\alpha_{\text{eff}}\sin^2\frac{1}{4}\theta_{\text{eff}} & -\sin 2\alpha_{\text{eff}}\sin^2\frac{1}{4}\theta_{\text{eff}}\exp(\mathrm{i}\phi_{xy}) & 0 \\ \mathrm{i}\sin\alpha_{\text{eff}}\sin\frac{1}{2}\theta_{\text{eff}}\exp(\mathrm{i}\phi_y) & -\sin 2\alpha_{\text{eff}}\sin^2\frac{1}{4}\theta_{\text{eff}}\exp(-\mathrm{i}\phi_{xy}) & 1-2\sin^2\alpha_{\text{eff}}\sin^2\frac{1}{4}\theta_{\text{eff}} & 0 \\ 0 & 0 & 0 & 1 \end{pmatrix} \tag{5.13}
$$

对于解码激光脉冲，$\alpha_{\text{eff}} = \pi/4$，$\theta_{\text{eff}}(t) = \pi$，调节 ϕ_d 和 ϕ_{xy} 实现 f 控制门 $U_{fj}(j = 1,$ $2,\cdots,4)$，解码操作完成以后，系统的终态可以表示为

$$| \Psi_{\text{out}} \rangle = \mathscr{R}_{\text{decode}}\left(\alpha_{\text{eff}} = \frac{\pi}{4}, \theta_{\text{eff}} = \pi\right) U_f(\phi_d, \phi_{xy}) | \Psi_{\text{encode}} \rangle$$

$$= \begin{pmatrix} 0 & \frac{\sqrt{2}}{2}i\exp[-i(\phi_d + \phi_{xy})] & \frac{\sqrt{2}}{2}i\exp(-i\phi_d) & 0 \\ \frac{\sqrt{2}}{2}i\exp[i(\phi_d + \phi_{xy})] & \frac{1}{2} & -\frac{1}{2}\exp(i\phi_{xy}) & 0 \\ \frac{\sqrt{2}}{2}i\exp(i\phi_d) & -\frac{1}{2}\exp(-i\phi_{xy}) & \frac{1}{2} & 0 \\ 0 & 0 & 0 & 1 \end{pmatrix} \begin{pmatrix} \frac{1}{\sqrt{2}} \\ \frac{1}{2}i \\ \frac{1}{2}i \\ 0 \end{pmatrix}$$

$$= \frac{i}{2} \begin{pmatrix} (i/\sqrt{2})\{\exp[-i(\phi_d + \phi_{xy})] + \exp(-i\phi_d)\} \\ (1/2)(1 - \exp(i\phi_{xy})) + \exp[i(\phi_d + \phi_{xy})] \\ (1/2)(1 - \exp(-i\phi_{xy})) + \exp(i\phi_d) \\ 0 \end{pmatrix} \tag{5.14}$$

当 $\phi_{xy} = 0$ 和 π 时，输出波函数分别为

$$| \Psi_{\text{out}} \rangle = \begin{cases} \begin{pmatrix} (-1/\sqrt{2})\exp(-i\phi_d) \\ (i/2)\exp(i\phi_d) \\ (i/2)\exp(i\phi_d) \\ 0 \end{pmatrix}, & \phi_{xy} = 0 \\ \begin{pmatrix} 0 \\ \exp(i\phi_d/2)\sin(\phi_d/2) \\ i\exp(i\phi_d/2)\cos(\phi_d/2) \\ 0 \end{pmatrix}, & \phi_{xy} = \pi \end{cases} \tag{5.15}$$

由(5.15)式得到，当 $\phi_{xy} = \pi$ 时，解码后各态上的粒子数 $| C_v |^2$，$| C_x |^2$，$| C_y |^2$ 和 $| C_b |^2$ 随位相延迟 ϕ_d 的变化关系为

$$\begin{pmatrix} | C_v(\phi_d) |^2 \\ | C_x(\phi_d) |^2 \\ | C_y(\phi_d) |^2 \\ | C_b(\phi_d) |^2 \end{pmatrix} = \begin{pmatrix} 0 \\ \sin^2(\phi_d/2) \\ \cos^2(\phi_d/2) \\ 0 \end{pmatrix} \tag{5.16}$$

所以，当 $\phi_{xy} = \pi$ 时，系统粒子数随位相延迟 ϕ_d 在两个激子自旋态 $|x\rangle$ 和 $|y\rangle$ 之间振荡.

图5.5 为两个量子比特耦合量子点系统中四个态的粒子数的操控和演化. 当 $\phi_{xy} = \pi$

时,粒子数在两个量子比特态 $|x\rangle$ 和 $|y\rangle$ 之间关于位相延迟 ϕ_d 做振荡. 此时若 $\phi_d = 2k\pi$,则系统的所有粒子位于 $|y\rangle$ 态;若 $\phi_d = 2k\pi + \pi$,则系统的所有粒子位于 $|x\rangle$ 态. 当 $\phi_{xy} = 0$ 时,$|x\rangle$ 和 $|y\rangle$ 态上的粒子数之差 $|C_y|^2 - |C_x|^2 \equiv 0$,即 $|x\rangle$ 和 $|y\rangle$ 态上的粒子数始终相等.

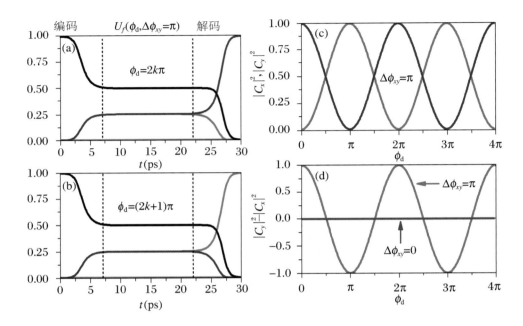

图 5.5　两个量子比特耦合量子点系统中四个态的粒子数的操控和演化

（a），（b）粒子数 $|C_v|^2$，$|C_x|^2$，$|C_y|^2$ 和 $|C_b|^2$ 在编码和解码操作过程中随时间 t 的演化曲线; (a) $\phi_{xy} = \pi$ 且 $\phi_d = 2k\pi$;（b）$\phi_{xy} = \pi$ 且 $\phi_d = 2k\pi + \pi$;（c）当 $\phi_{xy} = \pi$ 时,$|x\rangle$ 和 $|y\rangle$ 态上的粒子数 $|C_x|^2$ 和 $|C_y|^2$ 随位相延迟 ϕ_d 的振荡曲线;（d）当 $\phi_{xy} = 0$ 或 π 时,$|x\rangle$ 和 $|y\rangle$ 态上的粒子数之差 $|C_y|^2 - |C_x|^2$ 随位相延迟 ϕ_d 的变化曲线.

参考文献

［1］Bracker A S，Stinaff E A，Gammon D，et al. Optical Pumping of the Electronic and Nuclear Spin of Single Charge Tunable Quantum Dots[J]. Phys. Rev. Lett.，2005，94(047402).

〔 2 〕 Paillard M，Marie X，Renucci P，et al. Spin Relaxation Quenching in Semiconductor Quantum Dots〔J〕. Phys. Rev. Lett.，2001，86(1634).

〔 3 〕 Favero I，Cassabois G，Voisin C，et al. Fast Exciton Spin Relaxation in Single Quantum Dots 〔J〕. Phys. Rev.，2005，B 71(233304).

〔 4 〕 Stievater T H，Li X Q，Cubel T，et al. Measurement of Relaxation between Polarization Eigenstates in Single Quantum Dots〔J〕. Appl. Phys. Lett.，2002，81(4251).

〔 5 〕 Fiederling R，Keim M，Reuscher G，et al. Injection and Detection of a Spin Polarized Current in a Light Emitting Diode〔J〕. Nature，1999，402(787790).

〔 6 〕 Imamoglu A，Awschalom D D，Burkard G，et al. Quantum Information Processing Using Quantum Dot Spins and Cavity QED〔J〕. Phys. Rev. Lett.，1999，83(4204).

〔 7 〕 Burkard G，Loss D，DiVincenzo D P. Coupled Quantum Dots as Quantum Gates〔J〕. Phys. Rev.，1999，B 59(2070).

〔 8 〕 Braun P F，Marie X，Lombez L，et al. Direct Observation of the Electron Spin Relaxation Induced by Nuclei in Quantum Dots〔J〕. Phys. Rev. Lett.，2005，94(116601).

〔 9 〕 Hanson R，Witkamp B，Vandersypen L M，et al. Zeeman Energy and Spin Relaxation in a One Electron Quantum Dot〔J〕. Phys. Rev. Lett.，2003，91(196802).

〔10〕 Nahálkov P，Sprinzl D，Maly P，et al. Two Phonon Assisted Exciton Spin Relaxation Due to Exchange Interaction in Spherical Quantum Dots〔J〕. Phys. Rev.，2007，B 75(113306).

〔11〕 Snoke D W，Hübner J，Rühle W W，et al. Spin Flip from Dark to Bright States in InP Quantum Dots〔J〕. Phys. Rev.，2004，B 70(115329).

〔12〕 Seufert J，Bacher G，et al. Spin Injection into a Single Self-Assembled Quantum Dot〔J〕. Phys. Rev.，2004，B 69(035311).

〔13〕 Smith J M，Dalgarno P A，Warburton R J，et al. Voltage Control of the Spin Dynamics of an Exciton in a Semiconductor Quantum Dot〔J〕. Phys. Rev. Lett.，2005，94(197402).

〔14〕 Furis M，Htoon H，Petruska M A，et al. Bright Exciton Fine Structure and Anisotropic Exchange in CdSe Nanocrystal Quantum Dots〔J〕. Phys. Rev.，2006，B 73(241313).

〔15〕 Bagga A，Chattopadhyay P K，Ghosh S. Dark and Bright Excitonic States in Nitride Quantum Dots〔J〕. Phys. Rev.，2005，B 71(115327).

〔16〕 Nirmal M，Norris D J，Kuno M，et al. Observation of the 'Dark Exciton' in CdSe Quantum Dots〔J〕. Phys. Rev. Lett.，1995，75(3728).

〔17〕 Wang Q Q，Muller A，Bianucci P，et al. Internal and External Polarization Memory Loss in Single Semiconductor Quantum Dots〔J〕. Appl. Phys. Lett.，2006，89(142112).

〔18〕 Htoon H，Kulik D，Baklenov O，et al. Carrier Relaxation and Quantum Decoherence of Excited States in Self-Assembled Quantum Dots〔J〕. Phys. Rev.，2001，B 63(241303).

〔19〕 Vasanelli A，Ferreira R，Bastard G. Continuous Absorption Background and Decoherence in

Quantum Dots[J]. Phys. Rev. Lett., 2002, 89(216804).

[20] Wang Q Q, Muller A, Bianucci P, et al. Decoherence Processes during Optical Manipulation of Excitonic Qubits in Semiconductor Quantum Dots[J]. Phys. Rev., 2005, B 72(035306).

[21] Trumm S, Wesseli M, Krenner H J, et al. Spin Preserving Ultrafast Carrier Capture and Relaxation in InGaAs Quantum Dots[J]. Appl. Phys. Lett., 2005, 87(153113).

[22] Patton B, Woggon U, Langbein W. Coherent Control and Polarization Readout of Individual Excitonic States[J]. Phys. Rev. Lett., 2005, 95(266401).

[23] Stufler S, Ester P, Zrenner A, et al. Quantum Optical Properties of a Single $In_x Ga_{1-x} AsGaAs$ Quantum Dot Two Level System[J]. Phys. Rev., 2005, B 72(121301).

[24] Stufler S, Machnikowski P, Ester P, et al. Two Photon Rabi Oscillations in a Single $In_x Ga_{1-x} As/GaAs$ Quantum Dot[J]. Phys. Rev., 2006, B 73(125304).

[25] Frstner J, Weber C, Danckwerts J, et al. Phonon Assisted Damping of Rabi Oscillations in Semiconductor Quantum Dots[J]. Phys. Rev. Lett., 2003, 91(127401).

[26] Vagov A, Axt V M, Kuhn T. Impact of Pure Dephasing on the Nonlinear Optical Response of Single Quantum Dots and Dot Ensembles[J]. Phys. Rev., 2003, B 67(115338).

[27] Takagahara T. Theory of Exciton Dephasing in Semiconductor Quantum Dots[J]. Phys. Rev., 1999, B 60(2638).

[28] Muller A, Wang Q Q, Bianucci P, et al. Determination of Anisotropic Dipole Moments in Self-Assembled Quantum Dots Using Rabi Oscillations[J]. Appl. Phys. Lett., 2004, 84(981).

[29] Villas-Bôas J M, Ulloa S E, Govorov A O. Decoherence of Rabi Oscillations in a Single Quantum Dot[J]. Phys. Rev. Lett., 2005, 94(057404).

第 6 章

半导体量子点单光子发射

引言

单光子器件在量子信息处理中具有很重要的应用价值.虽然将激光场的光强降低到非常微弱时可以获得多光子概率很小的近似单光子源,但是这种获得单光子的方法在实际应用时有很大的限制.理想的单光子源是来自单个量子体系的非经典光发射.基于半导体量子点的固态单光子源可以采用现有的半导体集成技术进行制备,相对于单分子和单原子体系而言具有更稳定的光发射性能,因此它是一种很有应用前景的固态单光子器件材料.本章首先介绍经典场和量子场的光发射统计特性,然后介绍连续激发和脉冲激发下的单光子发射特性,重点讨论脉冲激发下二阶自相关函数的运动方程和单光子发射效率,最后介绍单个 InGaAs 半导体量子点的单光子发射特性的实验观测结果.

6.1 光发射统计特性基本概念

根据光发射的统计特性,可以将光源分为经典光源和非经典光源两大类.经典光源包括普通热辐射光源和相干光源,非经典光源则来自量子荧光辐射.图 6.1 显示了这几种光源发射光子的时间序列示意图.对于普通光源,例如热辐射光源,它发射的光子是群聚的,从探测光子的角度看就是在比较短的延迟时间间隔 τ 内,同时接收多个光子的概率比较大,这种现象叫作光子群聚,这种光子统计性质由超泊松分布描述.与之对照,从激光器发射的相干光在两个光子之间没有固定的时间间隔,光子之间完全没有关联,换句话说,对于任何延迟时间间隔 τ,探测到两个光子的概率相同,这种光子统计性质由泊松分布描述.对于单个量子系统,例如一个原子或一个分子,则发射反群聚光子,也就是说,如果探测到一个光子,那么就不太可能立即探测到另一个光子.反群聚的物理机制是很容易理解的,假如一个二能级原子在时刻 $t = 0$ 发射一个光子,那么它就不可能马上发射下一个,这是由于原子从激发态回到基态,再从基态跃迁到激发态发射下一个光子需要一定的时间,这就造成了在相继光子发射之间有一段空闲时间,其统计行为由亚泊松分布描述.

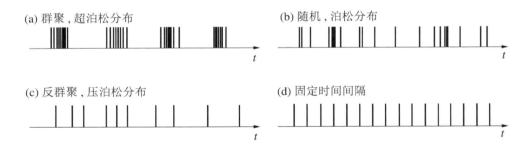

图 6.1 几种光源发射光子时间序列示意图

(a) 普通热辐射光源发射的光子是群聚的;(b) 激光器发射相干光的光子是随机分布的;(c) 非经典光源发射的光子是反群聚的;(d) 理想可控单光子源发射的光子具有特定的时间间隔.图中每条竖线代表一个光子发射事件.

光子发射的群聚和非群聚特性可以用零延时二阶自相关度 $g^{(2)}(0)$ 进行定量分析.延

时 τ 的二阶自相关度定义为

$$g^{(2)}(\tau) = \frac{\langle n_1(t) n_2(t+\tau) \rangle}{\overline{n}^2} \tag{6.1}$$

其中 $\overline{n} = \langle n_1 \rangle = \langle n_2 \rangle$，$n_1(t)$，$n_2(t+\tau)$ 分别表示两个光子计数器在 t 和 $t+\tau$ 时记录的光子数.

表 6.1　经典场与非经典场光发射统计特性

发 射 场 类 型		归一化二阶自相关函数	群聚特性	统计分布
经典场	热辐射场	$g^{(2)}(0) > 1$	群　聚	超泊松分布
	相干光场	$g^{(2)}(0) = 1$	无群聚	泊松分布
非 经 典 场		$0 \leqslant g^{(2)}(0) < 1$	反群聚	亚泊松分布

通常,理想单光子源可以由三个重要的指标参数描述,它们分别是纯度(purity)、不可区分度(indistinguishability)和亮度(brightness)或提取效率(extraction efficiency)[1].其中,纯度与光场含有的光子数相关,可以由零延时的二阶关联函数 $g^2(0)$ 表征,$g^2(0)$ 可以通过 Hanbury Brown and Twiss 实验测量.对理想单光子源,$g^2(0) = 0$.不可区分度由平均光子波包重叠度 M 表征.M 可以通过 Hong-Ou-Mandel 干涉进行测量[2].对于理想单光子源,$M = 1$.目前对单光子源亮度并没有统一的定义,这取决于不同的场合,一般指能收集到的光子的概率.比如将进入第一个棱镜的每个脉冲激发所能够收集到的光子数定义为亮度[3].

6.2　连续激发下单光子发射

6.2.1　双时归一化二阶自相关函数的量子力学形式

对于连续波激发,量子力学形式的归一化二阶自相关函数定义为[4]

$$g^{(2)}(\tau) = \lim_{t \to \infty} g^{(2)}(r_1, t; r_2, t+\tau) \tag{6.2}$$

其中 $g^{(2)}(r_1, t; r_2, t+\tau)$ 为双时(自)相关函数,定义为[5]

$$g^{(2)}(\tau) = \frac{\langle \hat{E}(\boldsymbol{r}_1, t) \, \hat{E}(\boldsymbol{r}_2, t+\tau) \, \hat{E}^+(\boldsymbol{r}_2, t+\tau) \, \hat{E}^+(\boldsymbol{r}_1, t) \rangle}{\langle \hat{E}(\boldsymbol{r}_1, t) \, \hat{E}^+(\boldsymbol{r}_1, t) \rangle \langle \hat{E}(\boldsymbol{r}_2, t+\tau) \, \hat{E}^+(\boldsymbol{r}_2, t+\tau) \rangle} \tag{6.3}$$

其中 $\boldsymbol{r}_1, \boldsymbol{r}_2$ 表示探测器的位置. 在 $\boldsymbol{r}_1, \boldsymbol{r}_2$ 处分别由探测器 1,2 探测到的从单量子点中的激子复合发射的荧光光场的场算符,可以利用源-场关系式由激子的偶极矩跃迁算符来表示[5]:

$$\left. \begin{aligned} \hat{E}^+(\boldsymbol{r}, t) &= f(\boldsymbol{r}) \, \hat{\sigma}\left(t - \frac{|\boldsymbol{r}|}{c}\right) \\ \hat{E}(\boldsymbol{r}, t) &= f^*(\boldsymbol{r}) \, \hat{\sigma}^+\left(t - \frac{|\boldsymbol{r}|}{c}\right) \end{aligned} \right\} \tag{6.4}$$

其中 $f(\boldsymbol{r}), f^*(\boldsymbol{r})$ 是与时间无关的比例因子, $\hat{\sigma}$ 是激子的偶极矩跃迁算符. 场算符和跃迁算符的固定推迟时间 $|\boldsymbol{r}|/c$ 可以不计,以及比例因子 $f(\boldsymbol{r}), f^*(\boldsymbol{r})$ 在归一化的相关函数表达式中可以消去,所以发射光场相干性的计算就转变成计算跃迁算符乘积的期望值的问题. 从而二能级模型中激子基态 $|1\rangle$ 的归一化的二阶相关函数表达式为

$$g^{(2)}(t, \tau) = \frac{\langle \hat{\sigma}_{01}^+(t) \, \hat{\sigma}_{01}^+(t+\tau) \, \hat{\sigma}_{01}(t+\tau) \, \hat{\sigma}_{01}(t) \rangle}{\langle \hat{\sigma}_{01}^+(t) \, \hat{\sigma}_{01}(t) \rangle \langle \hat{\sigma}_{01}^+(t+\tau) \, \hat{\sigma}_{01}(t+\tau) \rangle} \tag{6.5}$$

其中 $\hat{\sigma}_{01} = |0\rangle\langle 1|, \hat{\sigma}_{01}^+ = |1\rangle\langle 0|$. 在 $\tau = 0$ 时, $\hat{\sigma}_{01}^+(t) \, \hat{\sigma}_{01}^+(t) = \hat{\sigma}_{01}(t) \, \hat{\sigma}_{01}(t) = 0$, 由 (6.5) 式得到 $g^{(2)} = 0$, 这说明单个二能级量子体系所发射的光是反群聚的; 在 $\tau \neq 0$ 时, (6.5) 式的求解需要计算量子力学算符的期望值并需要利用量子回归定理和粒子数运动方程.

6.2.2 量子力学算符的期望值和量子回归定理

一个量子力学算符 $\hat{\vartheta}(t)$ 的期望值 $\langle \hat{\vartheta}(t) \rangle$ 可以由密度算符 $\hat{\rho}(t)$ 表示,密度算符的定义式为

$$\hat{\rho}(t) = |\Psi(t)\rangle\langle\Psi(t)| \tag{6.6}$$

$\hat{\vartheta}(t)$ 的期望值的关系式为

$$\begin{aligned} \langle \hat{\vartheta}(t) \rangle &= \langle \Psi(t) | \hat{\vartheta}(t) | \Psi(t) \rangle \\ &= \sum_k \langle \Psi(t) | k \rangle \langle k | \hat{\vartheta}(t) | \Psi(t) \rangle \\ &= \sum_k \langle k | \hat{\vartheta}(t) | \Psi(t) \rangle \langle \Psi(t) | k \rangle \end{aligned}$$

$$= \text{tr}\big[\hat{\vartheta}(t)\,\hat{\rho}(t)\big] \tag{6.7}$$

式中 tr［］表示求迹运算. 在相互作用表象中

$$\langle\hat{\sigma}_{01}(t)\rangle = \text{tr}\big[\hat{\sigma}_{01}(t)\,\hat{\rho}(t)\big] = \text{tr}\big[\hat{\sigma}_{01}\,\hat{\rho}(t)\big]\exp(-\text{i}\omega_1 t)$$
$$= \rho_{10}(t)\exp(-\text{i}\omega_1 t) = \tilde{\rho}_{10}(t)$$
$$\langle\hat{\sigma}_{01}^+(t)\rangle = \text{tr}\big[\hat{\sigma}_{01}^+(t)\,\hat{\rho}(t)\big] = \text{tr}\big[\hat{\sigma}_{01}^+\,\hat{\rho}(t)\big]\exp(\text{i}\omega_1 t)$$
$$= \rho_{01}(t)\exp(\text{i}\omega_1 t) = \tilde{\rho}_{01}(t)$$
$$\langle\hat{\sigma}_{01}^+(t)\,\hat{\sigma}_{01}(t)\rangle = \text{tr}\big[\hat{\sigma}_{01}^+(t)\,\hat{\sigma}_{01}(t)\,\hat{\rho}(t)\big] = \text{tr}\big[\hat{\sigma}_{10}\,\hat{\sigma}_{01}\,\hat{\rho}(t)\big]$$
$$= \rho_{11}(t)$$

归一化二阶自相关函数 $g^{(2)}(t,\tau)$ 中涉及对含两个时间变量的算符求期望值,这需要利用 Lax 的量子回归定理[6]使之变为对单时算符求期望值的叠加. 量子回归定理可表述成[5]:假设任一算符 $\hat{A}$ 在 $t+\tau$ 时刻的期望值与一组算符 $\hat{A}_m$ 在较早的 t 时刻的期望值之间按下式相联系:

$$\langle\hat{A}(t+\tau)\rangle = \sum_m f_m(\tau)\langle\hat{A}_m(t)\rangle \tag{6.8}$$

则量子回归定理给出关系式

$$\langle\hat{B}(t)\,\hat{A}(t+\tau)\,\hat{C}(t)\rangle = \sum_m f_m(\tau)\langle\hat{B}(t)\,\hat{A}_m(t)\,\hat{C}(t)\rangle \tag{6.9}$$

式中大写字母表示任意算符. 这样,该定理就用单时刻的期望值表示双时刻的期望值. 这个定理将应用到求解二阶相关函数的问题上. 量子回归定理的相关推论见附录 6.1.

6.2.3 归一化二阶自相关函数的稳态解

将(6.5)式中的双时算符表示成如下形式:

$$\langle\hat{\sigma}_{11}(t+\tau)\rangle = \alpha_1(\tau) + \alpha_2(\tau)\langle\hat{\sigma}_{01}(t)\rangle$$
$$+ \alpha_3(\tau)\langle\hat{\sigma}_{01}^+(t)\rangle + \alpha_4(\tau)\langle\hat{\sigma}_{11}(t)\rangle \tag{6.10}$$

借助于量子回归定理(6.9)[6],可得

$$\langle\hat{\sigma}_{01}^+(t)\,\hat{\sigma}_{01}^+(t+\tau)\,\hat{\sigma}_{01}(t+\tau)\,\hat{\sigma}_{01}(t)\rangle = \alpha_1(\tau)\langle\hat{\sigma}_{01}^+(t)\,\hat{\sigma}_{01}(t)\rangle \tag{6.11}$$

将此式代入相关函数的定义式得到

$$g^{(2)}(t, \tau) = \frac{\alpha_1(\tau) \langle \hat{\sigma}_{01}^{+}(t) \, \hat{\sigma}_{01}(t) \rangle}{\langle \hat{\sigma}_{01}^{+}(t) \, \hat{\sigma}_{01}(t) \rangle \langle \hat{\sigma}_{01}^{+}(t+\tau) \, \hat{\sigma}_{01}(t+\tau) \rangle}$$

$$= \frac{\alpha_1(\tau)}{\rho_{11}(t+\tau)} \tag{6.12}$$

二能级体系的粒子数运动方程为

$$\begin{cases} \dfrac{\mathrm{d}\rho_{11}}{\mathrm{d}t} = R_{\mathrm{eff}}\rho_{00} - \Gamma\rho_{11} \\ \rho_{00} + \rho_{11} = 1 \end{cases} \tag{6.13}$$

求得其 ρ_{11} 的通解为

$$\rho_{11}(t) = \frac{R_{\mathrm{eff}}}{\Gamma + R_{\mathrm{eff}}}\{1 - \exp[-(\Gamma + R_{\mathrm{eff}})t]\}$$

$$+ \rho_{11}(0)\exp[-(\Gamma + R_{\mathrm{eff}})t] \tag{6.14}$$

其中 R_{eff} 和 Γ 分别为等效泵浦速率和激子复合速率,(6.14)式可以改写为

$$\rho_{11}(t+\tau) = \frac{R_{\mathrm{eff}}}{\Gamma + R_{\mathrm{eff}}}\{1 - \exp[-(\Gamma + R_{\mathrm{eff}})\tau]\}$$

$$+ \rho_{11}(t)\exp[-(\Gamma + R_{\mathrm{eff}})\tau] \tag{6.15}$$

t 充分地长,达到稳态条件后,由(6.13)式以及定义式(6.12)有

$$g^{(2)}(\tau) = \lim_{t \to \infty} g^{(2)}(t, \tau) = \frac{\alpha_1(\tau)}{\alpha_1(\infty)} \tag{6.16}$$

由(6.10),(6.11)式和附录 6.1.4 得到

$$\alpha_1(\tau) = \frac{R_{\mathrm{eff}}}{\Gamma + R_{\mathrm{eff}}}\{1 - \exp[-(\Gamma + R_{\mathrm{eff}})\tau]\} \tag{6.17}$$

最后得到二能级量子体系在连续激发下光发射的归一化二阶自相关函数为

$$g^{(2)}(\tau) = 1 - \exp[-(\Gamma + R_{\mathrm{eff}})\tau] \tag{6.18}$$

由此可见,归一化的二阶相关函数可以由指数函数描述,光子反群聚时间常数由等效泵浦速率和激子复合速率共同决定.

对于实际测量的归一化的二阶相关函数,由于测量系统噪声的存在,(6.18)式应该修正为[7]

$$g^{(2)}(\tau) = 1 - \exp[-(\Gamma + R_{\mathrm{eff}})\tau](S/N)^2/(1 + S/N)^2 \tag{6.19}$$

其中 S/N 表示信噪比.(6.19)式表明,测量系统的噪声使得零延时的归一化二阶自相关

函数值 $g^{(2)}(0)$ 不为 0.

6.2.4　多个独立量子点体系的归一化二阶自相关函数

下面讨论多个量子点与单个量子点的归一化二阶自相关函数的差别. 设有 N 个量子点彼此独立的发射光子, 则

$$\hat{E}(t) = \sum_{i=1}^{N} \hat{E}_i(t), \quad \hat{\sigma}(t) = \sum_{i=1}^{N} \hat{\sigma}_i(t) \tag{6.20}$$

那么

$$\langle \hat{\sigma}^+(t) \hat{\sigma}(t) \rangle = N \langle \hat{\sigma}_i^+(t) \hat{\sigma}_i(t) \rangle \tag{6.21}$$

$$\langle \hat{\sigma}^+(t+\tau) \hat{\sigma}(t+\tau) \rangle = N \langle \hat{\sigma}_i^+(t+\tau) \hat{\sigma}_i(t+\tau) \rangle \tag{6.22}$$

$$\langle \hat{\sigma}^+(t) \hat{\sigma}^+(t+\tau) \hat{\sigma}(t+\tau) \hat{\sigma}(t) \rangle$$

$$= \sum_{i,j=1}^{N} \langle \hat{\sigma}_j^+(t) \hat{\sigma}_i^+(t+\tau) \hat{\sigma}_i(t+\tau) \hat{\sigma}_j(t) \rangle$$

$$= N \langle \hat{\sigma}_i^+(t) \hat{\sigma}_i^+(t+\tau) \hat{\sigma}_i(t+\tau) \hat{\sigma}_i(t) \rangle$$

$$+ \sum_{\substack{i,j=1 \\ i \neq j}}^{N} \langle \hat{\sigma}_j^+(t) \hat{\sigma}_i^+(t+\tau) \hat{\sigma}_i(t+\tau) \hat{\sigma}_j(t) \rangle \tag{6.23}$$

由于 N 个量子点间发射光子是彼此独立的, 所以[8]

$$\langle \hat{\sigma}_j^+(t) \hat{\sigma}_i^+(t+\tau) \hat{\sigma}_i(t+\tau) \hat{\sigma}_j(t) \rangle$$

$$= \langle \hat{\sigma}_i^+(t+\tau) \hat{\sigma}_i(t+\tau) \rangle \langle \hat{\sigma}_j^+(t) \hat{\sigma}_j(t) \rangle \tag{6.24}$$

将上式代入(6.23)式得

$$\langle \hat{\sigma}^+(t) \hat{\sigma}^+(t+\tau) \hat{\sigma}(t+\tau) \hat{\sigma}(t) \rangle$$

$$= N \langle \hat{\sigma}_i^+(t) \hat{\sigma}_i^+(t+\tau) \hat{\sigma}_i(t+\tau) \hat{\sigma}_i(t) \rangle$$

$$+ N(N-1) \langle \hat{\sigma}_i^+(t+\tau) \hat{\sigma}_i(t+\tau) \rangle \langle \hat{\sigma}_j^+(t) \hat{\sigma}_j(t) \rangle \tag{6.25}$$

由(6.12)式有

$$g^{(2)}(t,\tau) = \frac{\langle \hat{\sigma}^+(t) \hat{\sigma}^+(t+\tau) \hat{\sigma}(t+\tau) \hat{\sigma}(t) \rangle}{\langle \hat{\sigma}^+(t) \hat{\sigma}(t) \rangle \langle \hat{\sigma}^+(t+\tau) \hat{\sigma}(t+\tau) \rangle}$$

$$= \frac{N(N-1)}{N^2} + \frac{1}{N} \frac{\langle \hat{\sigma}_i^+(t) \hat{\sigma}_i^+(t+\tau) \hat{\sigma}_i(t+\tau) \hat{\sigma}_i(t) \rangle}{\langle \hat{\sigma}_i^+(t) \hat{\sigma}_i(t) \rangle \langle \hat{\sigma}_i^+(t+\tau) \hat{\sigma}_i(t+\tau) \rangle} \tag{6.26}$$

由此得到 N 个独立量子点的归一化二阶自相关函数为

$$g^{(2)}(\tau) = \lim_{t \to \infty} g^{(2)}(t,\tau) = \frac{N(N-1)}{N^2} + \frac{1}{N}g_i^{(2)}(\tau) \tag{6.27}$$

其中 $g_i^{(2)}(\tau)$ 为第 i 个单量子点的归一化二阶自相关函数.

不考虑噪声的影响,将(6.18)式代入(6.27)式得到[8]

$$g^{(2)}(\tau) = \frac{N(N-1)}{N^2} + \frac{1}{N}[1 - \exp(-\tau/\tau_d)] = 1 - \frac{1}{N}\exp(-\tau/\tau_d) \tag{6.28}$$

图 6.2 中展示了连续激发不考虑噪声影响的情况下 $N = 1,2,3,10\,000$ 个量子点激子复合光发射的归一化二阶自相关函数 $g^{(2)}(\tau)$. 当 $N = 1$ 时,对应于单量子点发射,$g^{(2)}(0) = 0$;当 $N \geqslant 2$ 时,$g^{(2)}(0) \geqslant 0.5$,所以若实验测量的零延时的归一化二阶自相关函数 $g^{(2)}(0) < 0.5$,则说明发射源是单个量子发射体;当 $N \gg 1$ 时,$g^{(2)}(0)$ 将趋近于 1,这是由于 N 个量子点中的激子随机复合产生光子,其发射光子的时间序列如图 6.1(b)所示,所以当 N 的数量很大时,反聚束效应将消失.

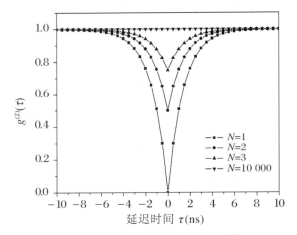

图 6.2　连续激发下 N 个量子点光发射的归一化二阶自相关函数 $g^{(2)}(\tau)$
其中 $\tau_d = 1.4$ ns.

6.3　脉冲激发下单光子发射

6.3.1　脉冲激发下二阶自相关函数的定义

脉冲激发下的光子统计性质已有大量的实验研究[9-18],但是相关的理论研究却较少[19],我们在这方面进行了相关的探讨[20-22].在脉冲激发下,归一化二阶自相关函数的定义式(6.2)不再适用,一方面是由于双时相关函数 $g^{(2)}(\boldsymbol{r}_1,t;\boldsymbol{r}_2,t+\tau)$ 的分母会出现零值;另一方面即使只考虑 $g^{(2)}(\boldsymbol{r}_1,t;\boldsymbol{r}_2,t+\tau)$ 的分子项,但由于是脉冲激发,激子复合产生的荧光场也是脉冲形式的,从而不存在极限值,但下面的定义可以解决这两个方面的问题,脉冲激发下二阶自相关函数定义为

$$G^{(2)}(t,\tau) = \langle \hat{E}(\boldsymbol{r}_1,t)\,\hat{E}(\boldsymbol{r}_2,t+\tau)\,\hat{E}^+(\boldsymbol{r}_2,t+\tau)\,\hat{E}^+(\boldsymbol{r}_1,t)\rangle \tag{6.29}$$

利用源-场关系式(6.4)把发射光场相干性的计算转变成对跃迁算符乘积的期望值的计算.不计场算符和跃迁算符的固定推迟时间 $|\boldsymbol{r}|/c$,(6.29)式变为

$$\begin{aligned}G^{(2)}(t,\tau) = {}&|f(\boldsymbol{r}_1)|^2|f(\boldsymbol{r}_2)|^2\\&\cdot\langle\hat{\sigma}_{ge}^+(t)\,\hat{\sigma}_{ge}^+(t+\tau)\,\hat{\sigma}_{ge}(t+\tau)\,\hat{\sigma}_{ge}(t)\rangle\end{aligned} \tag{6.30}$$

设

$$\widetilde{G}^{(2)}(t,\tau) = \frac{G^{(2)}(t,\tau)}{|f(\boldsymbol{r}_1)|^2|f(\boldsymbol{r}_2)|^2} \tag{6.31}$$

则

$$\begin{aligned}\widetilde{G}^{(2)}(t,\tau) &= \langle\hat{\sigma}_{ge}^+(t)\,\hat{\sigma}_{ge}^+(t+\tau)\,\hat{\sigma}_{ge}(t+\tau)\,\hat{\sigma}_{ge}(t)\rangle\\&= \langle\hat{\sigma}_{ge}^+(t)\,\hat{\sigma}_{ee}(t+\tau)\,\hat{\sigma}_{ge}(t)\rangle\end{aligned} \tag{6.32}$$

通过对上式关于 t 的积分得到的二阶自相关函数即可解决前面提到的问题[19],即

$$\widetilde{G}^{(2)}(\tau) = \lim_{T_d\to\infty}\int_0^{T_d}\widetilde{G}^{(2)}(t,\tau)\mathrm{d}t \tag{6.33}$$

上式中的 T_d 表示总探测时间,它远大于激子复合产生的荧光脉冲的脉宽.(6.33)式中

$\widetilde{G}^{(2)}(t,\tau)$ 的求解需要利用粒子数运动方程和量子回归定理.

6.3.2 脉冲激发下粒子数运动方程

脉冲激发下单量子点中光子发射单激子能级结构示意图如图 6.3 所示. $|v\rangle$, $|e\rangle$, $|g\rangle$ 分别为激子真空态、激子第一激发态以及激子基态. γ_{eg} 是从 $|e\rangle$ 到 $|g\rangle$ 的无辐射弛豫速率, γ_{gv} 是处于激子基态 $|g\rangle$ 的电子空穴对复合速率. 量子点受到脉冲激发后产生一个电子-空穴对, 通过与声子作用电子-空穴对无辐射弛豫到激子基态, 然后复合发射光子.

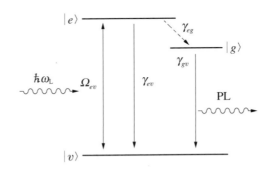

图 6.3　脉冲激发下单量子点中光子发射单激子能级结构示意图

在旋转波近似下, 相互作用表象中系统的相互作用哈密顿量为[5]

$$\hat{H}^{(i)} = \frac{1}{2}\hbar\left[\hat{\sigma}_{ev}^{(i)}\Omega_{ev}(t)\mathrm{e}^{-\mathrm{i}\omega_L t} + \mathrm{h.\,c.}\right] \tag{6.34}$$

其中上标 (i) 表示相互作用表象, $\Omega(t)\mathrm{e}^{-\mathrm{i}\omega_L t}$ 是相互作用表象中 $|e\rangle\sim|v\rangle$ 之间跃迁的 Rabi 频率. $\hat{\sigma}_{ev}^{(i)} = \hat{\sigma}_{ev}\mathrm{e}^{\mathrm{i}\omega_{ev}t}$ 是相互作用表象中的偶极跃迁算符, $\hat{\sigma}_{ev} = |e\rangle\langle v|$ 是 Schrödinger 表象中的偶极跃迁算符, ω_L 是激发光场的频率, ω_{ev} 是 $|e\rangle$ 与 $|v\rangle$ 之间的跃迁频率.

系统的主方程为 $\dot{\hat{\rho}} = -(\mathrm{i}/\hbar)\left[\hat{H}^{(i)}, \hat{\rho}\right] + L(\hat{\rho})$. 其中耗散项 $L(\hat{\rho})$ 为

$$\begin{aligned}
L(\hat{\rho}) = \frac{1}{2}\big[&\gamma_{ev}(2\hat{\sigma}_{ve}^{(i)}\hat{\rho}\hat{\sigma}_{ev}^{(i)} - \hat{\sigma}_{ee}\hat{\rho} - \hat{\rho}\hat{\sigma}_{ee}) \\
&+ \gamma_{eg}(2\hat{\sigma}_{ge}^{(i)}\hat{\rho}\hat{\sigma}_{eg}^{(i)} - \hat{\sigma}_{ee}\hat{\rho} - \hat{\rho}\hat{\sigma}_{ee}) \\
&+ \gamma_{gv}(2\hat{\sigma}_{vg}^{(i)}\hat{\rho}\hat{\sigma}_{gv}^{(i)} - \hat{\sigma}_{gg}^{(i)}\hat{\rho} - \hat{\rho}\hat{\sigma}_{gg}^{(i)})\big]
\end{aligned} \tag{6.35}$$

上式中忽略了纯位相退相干(pure dephasing)项的影响.

将哈密顿量(6.34)式和耗散项(6.35)式代入主方程中,可以得到各个密度矩阵元的运动方程(附录3.1).定义粒子数赝矢量 $\boldsymbol{\rho} = \{\rho_{vv}, \rho_{ee}, \rho_{gg}, \tilde{\rho}_{ve}, \tilde{\rho}_{ev}\}$,可以将系统粒子数运动方程写成矩阵形式:

$$\frac{\mathrm{d}}{\mathrm{d}t}\boldsymbol{\rho}(t) = \boldsymbol{M}^{(\rho)}(t)\boldsymbol{\rho}(t) - \boldsymbol{\Gamma}^{(\rho)}\boldsymbol{\rho}(t) \tag{6.36}$$

其中 $\boldsymbol{M}^{(\rho)}$ 为外场驱动项,$\boldsymbol{\Gamma}^{(\rho)}$ 为衰减项,其矩阵形式分别为

$$\boldsymbol{M}^{(\rho)}(t) = \frac{\mathrm{i}}{2}\begin{pmatrix} 0 & 0 & 0 & \Omega_{ev} & -\Omega_{ev} \\ 0 & 0 & 0 & -\Omega_{ev} & \Omega_{ev} \\ 0 & 0 & 0 & 0 & 0 \\ \Omega_{ev} & -\Omega_{ev} & 0 & 2\delta_{ev} & 0 \\ -\Omega_{ev} & \Omega_{ev} & 0 & 0 & -2\delta_{ev} \end{pmatrix} \tag{6.37}$$

$$\boldsymbol{\Gamma}^{(\rho)} = \begin{pmatrix} 0 & -\gamma_{ev} & -\gamma_{gv} & 0 & 0 \\ 0 & \gamma_{eg}+\gamma_{ev} & 0 & 0 & 0 \\ 0 & -\gamma_{eg} & \gamma_{gv} & 0 & 0 \\ 0 & 0 & 0 & \dfrac{\gamma_{eg}+\gamma_{ev}}{2} & 0 \\ 0 & 0 & 0 & 0 & \dfrac{\gamma_{eg}+\gamma_{ev}}{2} \end{pmatrix} \tag{6.38}$$

由(6.36)~(6.38)式可以求得 ρ_{ee},ρ_{gg} 以及 ρ_{vv} 的动力学过程.

6.3.3　脉冲激发下二阶自相关函数的运动方程

由 $|g\rangle \sim |v\rangle$ 的激子复合发射光子的自相关函数 $G^{(2)}_{gv \to gv}(\tau)$ 可以通过对 $G^{(2)}_{gv \to gv}(t,\tau)$ 积分而求得[19],即

$$G^{(2)}_{gv \to gv}(\tau) = \lim_{T_d \to \infty}\int_0^{T_d} G^{(2)}_{gv \to gv}(t,\tau)\mathrm{d}t \tag{6.39}$$

其中双时相关函数 $G^{(2)}_{gv \to gv}(t,\tau)$ 的表达式为[5]

$$G^{(2)}_{gv \to gv}(t,\tau) = \langle \hat{\sigma}^+_{vg}(t)\,\hat{\sigma}^+_{vg}(t+\tau)\,\hat{\sigma}_{vg}(t+\tau)\,\hat{\sigma}_{vg}(t)\rangle \tag{6.40}$$

通过求解一组微分方程可以求得 $G^{(2)}_{gv \to gv}(t,\tau)$ 的值,该微分方程中所涉及的参量简记为

$$G_{mm}^{(2)}(t,\tau) = \langle \hat{\sigma}_{vg}^{+}(t) \hat{\sigma}_{vm}^{+}(t+\tau) \hat{\sigma}_{vm}(t+\tau) \hat{\sigma}_{vg}(t) \rangle$$

$$(m = v, e, g) \tag{6.41}$$

$$G_{mn}^{(2)}(t,\tau) = \langle \hat{\sigma}_{vg}^{+}(t) \hat{\sigma}_{mn}(t+\tau) \hat{\sigma}_{vg}(t) \rangle$$

$$(m, n = v, e, g; m \neq n) \tag{6.42}$$

对 $G_{ev}^{(2)}(t,\tau)$ 和 $G_{ve}^{(2)}(t,\tau)$ 做变换：$\widetilde{G}_{ev}^{(2)}(t,\tau) = G_{ev}^{(2)}(t,\tau) \cdot e^{-i\omega_L(t+\tau)}$，$\widetilde{G}_{ve}^{(2)}(t,\tau) = G_{ev}^{(2)}(t,\tau) e^{i\omega_L(t+\tau)}$. 定义该体系中对应的双时二阶相关矢量 $\boldsymbol{G}_{gv \to gv}(t,\tau) = \{G_{vv}^{(2)}(t,\tau),$ $G_{ee}^{(2)}(t,\tau), G_{gg}^{(2)}(t,\tau), \widetilde{G}_{ve}^{(2)}(t,\tau), \widetilde{G}_{ev}^{(2)}(t,\tau)\}$. 由系统的主方程可以得到矢量 $\boldsymbol{G}_{gv \to gv}(t,\tau)$ 中各参量随延时 τ 的运动方程,其矩阵形式为

$$\frac{\mathrm{d}}{\mathrm{d}\tau} \boldsymbol{G}_{gv \to gv}(t,\tau) = \boldsymbol{M}^{(G)}(t+\tau) \boldsymbol{G}_{gv \to gv}(t,\tau) - \boldsymbol{\Gamma}^{(G)} \boldsymbol{G}_{gv \to gv}(t,\tau) \tag{6.43}$$

其中

$$\boldsymbol{M}^{(G)}(t+\tau) = -\mathrm{i}\,\frac{1}{2}\begin{bmatrix} 0 & 0 & 0 & \Omega_{ev} & -\Omega_{ev} \\ 0 & 0 & 0 & -\Omega_{ev} & \Omega_{ev} \\ 0 & 0 & 0 & 0 & 0 \\ \Omega_{ev} & -\Omega_{ev} & 0 & 2\delta_{ev} & 0 \\ -\Omega_{ev} & \Omega_{ev} & 0 & 0 & -2\delta_{ev} \end{bmatrix} \tag{6.44}$$

$$\boldsymbol{\Gamma}^{(G)} = \begin{bmatrix} 0 & -\gamma_{ev} & -\gamma_{gv} & 0 & 0 \\ 0 & \gamma_{ev}+\gamma_{eg} & 0 & 0 & 0 \\ 0 & -\gamma_{eg} & \gamma_{gv} & 0 & 0 \\ 0 & 0 & 0 & \dfrac{\gamma_{ev}+\gamma_{eg}}{2} & 0 \\ 0 & 0 & 0 & 0 & \dfrac{\gamma_{ev}+\gamma_{eg}}{2} \end{bmatrix} \tag{6.45}$$

方程(6.43)的推导见附录6.2. 由定义式(6.41),(6.42)可以得到 $\boldsymbol{G}_{gv \to gv}(t,\tau)$ 的初值为 $\boldsymbol{G}_{gv \to gv}(t,0) = \{\rho_{xx}(t),0,0,0,0\}$. 对比(6.37)和(6.44)以及(6.38)与(6.45)式可以看出,$\boldsymbol{M}^{(\rho)}(t)$ 与 $\boldsymbol{M}^{(G)}(t+\tau)$ 在形式上仅仅相差一个负号,而 $\boldsymbol{\Gamma}^{(\rho)}$ 与 $\boldsymbol{\Gamma}^{(G)}$ 的表达式完全相同.

6.3.4 单光子发射效率

对于单个双曲正割型脉冲 $E(t) = E_0 \mathrm{sech}[(t-t_0)/\tau_p]$,可得 $\Omega(t) = \Omega_0 \mathrm{sech}[(t-$

$t_0)/\tau_p$],其中 Ω_0 为 Rabi 频率 Ω 的幅值,t_0 为脉冲中心,τ_p 为脉宽,脉冲面积 $\theta = \int_{-\infty}^{\infty} \Omega(t)\,\mathrm{d}t$ [23],所以单个双曲正割型脉冲的面积为 $\theta = \pi\tau_p\Omega_0$. 图 6.4 是在脉宽为 6 ps 的脉冲激发下,脉冲面积 $\theta = 0.5\pi, \pi, 1.5\pi, 2\pi$ 时的激子基态的二阶相关函数. 由图可知二阶相关函数 $G_{gv\to gv}^{(2)}(\tau)$ 由一系列的峰组成,在零延迟时间处的峰受到压制,而其他延迟时间处的峰则是周期排列的,周期等于激发脉冲的周期,与实验结果一致. 由图可知,当脉冲面积较小时,在零延迟时间处的峰受到高度的压制,这种情况下量子点在一个脉冲激发下只产生一个光子的概率大. 而当脉冲面积较大时,在零延迟时间处有一个分裂的峰,这个分裂的峰的相对面积越大,说明在一个脉冲激发下产生多个光子的概率越大 [17].

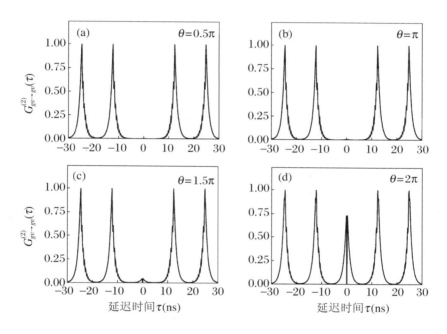

图 6.4 脉冲面积 $\theta = 0.5\pi(a), \pi(b), 1.5\pi(c), 2\pi(d)$ 时的激子基态光发射的二阶相关函数,激发脉冲的脉宽为 6 ps

为了研究在一个脉冲激发下单光子产生概率的大小,引入参量 p,它被定义为二阶相关函数在零延迟时间处的尖峰的面积与在较大的延迟时间处的尖峰的面积的比值. p 值越小,单光子发射概率越大 [17]. 图 6.5 为四种脉宽的脉冲激发下参量 p 随不同激发强度的变化. 在弱激发下 ($\theta < \pi$),四种脉宽的 p 值变化平缓. 而激发强度较强时,对于 τ_p = 60 ps,20 ps 和 6 ps,p 值出现振荡,且后两种情况振荡得更剧烈,而对于 τ_p = 600 ps 的情况,p 值没有振荡,随着激发强度的增加而增大,曲线平滑. 从这四幅图中可以看出,脉宽越小,参量 p 随着激发强度的增加而振荡得越显著.

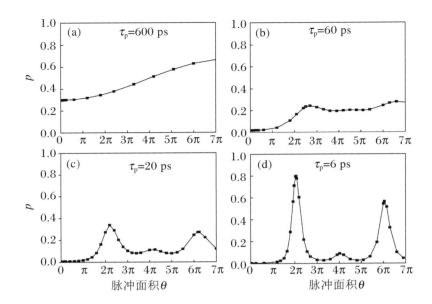

图 6.5　不同脉宽的脉冲激发下,参量 p 随脉冲面积 θ 的变化

　　参量 p 定义为二阶相关函数在零延迟时间处的尖峰的面积与在较大的延迟时间处的尖峰的面积的比值. 双曲正割型脉冲面积 $\theta = \pi \tau_p \Omega_0$.

　　图 6.6 显示了在脉宽为 6 ps 的脉冲激发下,参量 p 和激子基态布居的平均值 $\bar{\rho}_{gg}$ 随脉冲面积 θ 的振荡情况. 当 $\bar{\rho}_{gg}$ 随脉冲面积 θ 变化幅度很大时,在 $\bar{\rho}_{gg}$ 为极小值的地方对应着参量 p 的极大值. 下面对其进行定性说明.

　　利用脉冲激发的二阶相关函数的定义式为

$$G_{gv \to gv}^{(2)}(\tau) = \lim_{T_d \to \infty} \int_0^{T_d} G_{gv \to gv}^{(2)}(t,\tau)\mathrm{d}t$$

以及

$$G_{gg}^{(2)}(t,\tau) + G_{vv}^{(2)}(t,\tau) + G_{ee}^{(2)}(t,\tau) = \rho_{gg}(t)$$

得到

$$G_{gg}^{(2)}(\tau) + G_{vv}^{(2)}(\tau) + G_{ee}^{(2)}(\tau) = NT\bar{\rho}_{gg} \tag{6.46}$$

其中 $G_{vv}^{(2)}(\tau) = \lim\limits_{T_d \to \infty} \int_0^{T_d} G_{vv}^{(2)}(t,\tau)\mathrm{d}t$, $G_{ee}^{(2)}(\tau) = \lim\limits_{T_d \to \infty} \int_0^{T_d} G_{ee}^{(2)}(t,\tau)\mathrm{d}t$, 以及考虑到脉冲的周期性, $\lim\limits_{T_d \to \infty} \int_0^{T_d} \rho_{gg}(t)\mathrm{d}t = NT\bar{\rho}_{gg}$, $\bar{\rho}_{gg}$ 为在一个激发周期 T 内激子基态布居的平均值,表达式为

$$\bar{\rho}_{gg} = \frac{1}{T} \int_T \rho_{gg}(t) \mathrm{d}t \tag{6.47}$$

图 6.6 反映了 $\bar{\rho}_{gg}$ 是脉冲面积 θ 的函数. 由 (6.47) 式可知, 在 $\tau \neq 0$ 处的峰的面积也会发生起伏, 但对于 $\tau = 0$ 处的峰, 其已被压制, 面积变化不大, 所以由于 $\tau \neq 0$ 处的峰和 $\tau = 0$ 处的峰随光强变化的幅度不同, 因此它们的相对比值 ρ 随之出现振荡. 当 $\bar{\rho}_{gg}$ 变化幅度很大时, 随着 $\bar{\rho}_{gg}$ 的减小, $\tau \neq 0$ 处的峰的面积也会相应减少, 但比 $\tau = 0$ 处的峰的面积减少得多, 从而参量 p 增加, 所以在 $\bar{\rho}_{gg}$ 为极小值的地方对应着参量 p 的极大值. 这一结论的前提条件是 $\bar{\rho}_{gg}$ 随脉冲面积 θ 变化的幅度要大.

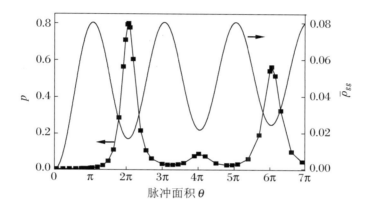

图 6.6　在脉宽为 6 ps 的脉冲激发下, 参量 p 和激子基态布居的平均值 $\bar{\rho}_{gg}$ 随脉冲面积 θ 的振荡情况

　　对于理想的单光子光源, 在脉冲激发下, 其二阶相关函数在零延迟时间附近是没有峰的, 即 $p = 0$, 形状如图 6.4(a) 所示, 但实际情况是或多或少总存在一定的概率发射多个光子, 这样二阶相关函数在零延迟时间附近将出现一个低峰, 如图 6.4(b)~(d) 所示. 对于单光子光源, p 越小越理想, 由图 6.5 可知, 要得到尽量小的 p 就要降低激发强度. 但激发强度不能无限制地降低, 如果太低, 虽然能够实现单光子发射, 但数量很少. 所以要选择一个合适的激发强度, 一方面要 p 尽量小, 从而实现单光子发射, 另一方面也要保证能够产生尽量多的单光子. 下面定义的参量 η 考虑了这两方面的因素:

$$\eta = \tau_{gv} T \bar{\rho}_{gg}(1 - p) \tag{6.48}$$

其中 $\bar{\rho}_{gg}$ 为在一个激发周期 T 内激子基态布居的平均值, 表达式如 (6.47) 式所示, $\tau_{gv} T \bar{\rho}_{gg}$ 反映了发射光子数量的多少, 其值越大, 表示激发的光子数越多; 参量 p 被定义为激子基态二阶相关函数在零延迟时间处的尖峰的面积与在较大的延迟时间处的尖峰的面积的比值, 它反映了发射单光子的程度, p 越小 (即 $1 - p$ 越大), 表示发射单

个光子的概率越大. 在激发强度很弱时, 由图 6.5 可知随着激发强度的降低, p 虽然也有所降低, 但下降得非常缓慢, 趋近于一个非零常数, 而由图 6.6 可知 $\bar{\rho}_{gg}$ 随着激发强度的降低而迅速降为零, 所以在激发强度很弱时, 参量 η 随着激发强度的降低而迅速地降低, 这说明产生单光子的概率大但数量太少. 在激发强度较强时, 由图 6.6 可知随着激发强度的增强, $\bar{\rho}_{gg}$ 在较大值处产生振荡, 而由图 6.6 也可知 p 也在较大值处产生振荡, 所以在激发强度较强时, 参量 η 随着激发强度的增加在较小值处产生振荡, 这说明产生光子的数量大但产生单光子的概率小.

综上所述, 参量 η 越大, 表示发射单光子的效率越高. 图 6.7(a)为在脉宽为 6 ps 的脉冲激发下, 参量 η 随脉冲面积 θ 的变化情况. 图中显示了在脉冲面积 $\theta \approx \pi$ 时参量 η 最大. 图 6.7(b)给出了 $\eta_{\max}$ 与脉宽的关系, 脉宽越短, $\eta_{\max}$ 越大.

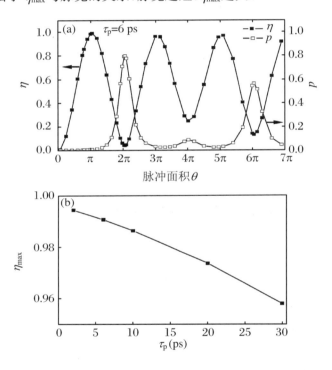

图 6.7　(a) 在脉宽为 6 ps 的脉冲激发下参量 η 和 p 随脉冲面积 θ 的振荡; (b) 不同脉宽下单光子发射效率最大值的变化

6.4 脉冲激发下交叉偏振单光子发射

6.4.1 V型多能级体系粒子数运动方程

图 6.8 是交叉单光子发射的 V 型三能级系统激子能级示意图. $|x'\rangle$ 和 $|y'\rangle$ 是两个正交偏振本征态的激发态, $|x\rangle$ 和 $|y\rangle$ 分别是相应的基态. 用有效偏振角为 $\pi/4$ 的线偏振激发系统, 激子被激发到 $|x'\rangle$ 和 $|y'\rangle$ 态, 然后分别无辐射地弛豫到相应的基态 $|x\rangle$ 和 $|y\rangle$, 最后由 $|x\rangle \to |v\rangle$ 和 $|y\rangle \to |v\rangle$ 辐射跃迁发射光子, 这两种跃迁发射两个光子的偏振方向也是正交的.

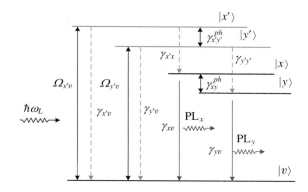

图 6.8　半导体量子点 V 型体系激子能级示意图

$|x'\rangle$ 和 $|y'\rangle$ 是两个正交偏振本征态的激发态, $|x\rangle$ 和 $|y\rangle$ 分别是它们对应的基态, $|v\rangle$ 是激子真空态.

在旋转波近似下, 系统的相互作用哈密顿量为[5]

$$\hat{H}^{(i)} = \frac{1}{2}\hbar\left[\hat{\sigma}^{(i)}_{x'v}\Omega_{x'v}(t)\mathrm{e}^{-\mathrm{i}\omega_L t} + \hat{\sigma}^{(i)}_{y'v}\Omega_{y'v}(t)\mathrm{e}^{-\mathrm{i}\omega_L t} + \mathrm{h.c.}\right] \tag{6.49}$$

其中上标 (i) 表示相互作用表象, $\Omega_{x'v}(t)\mathrm{e}^{-\mathrm{i}\omega_L t}$, $\Omega_{y'v}(t)\mathrm{e}^{-\mathrm{i}\omega_L t}$ 分别是相互作用表象中 $|x'\rangle \sim |v\rangle$ 和 $|y'\rangle \sim |v\rangle$ 之间跃迁的 Rabi 频率. $\hat{\sigma}^{(i)}_{x'v} = \hat{\sigma}_{x'v}\mathrm{e}^{\mathrm{i}\omega_{x'v}t}$, $\hat{\sigma}^{(i)}_{y'v} = \hat{\sigma}_{y'v}\mathrm{e}^{\mathrm{i}\omega_{y'v}t}$ 是相互作用表象中的偶极跃迁算符, $\hat{\sigma}_{x'v} = |x'\rangle\langle v|$, $\hat{\sigma}_{y'v} = |y'\rangle\langle v|$ 是 Schrödinger 表象中的偶极

跃迁算符，ω_L 是激发光场的频率，$\omega_{x'v}$，$\omega_{y'v}$ 分别是 $|x'\rangle$ 与 $|v\rangle$ 之间以及 $|y'\rangle$ 与 $|v\rangle$ 之间的跃迁频率.

系统的主方程为 $\dot{\hat{\rho}} = -(i/\hbar)\left[\hat{H}^{(i)}, \hat{\rho}\right] + L(\hat{\rho})$. 其中耗散项 $L(\hat{\rho})$ 为

$$
\begin{aligned}
L(\hat{\rho}) = \frac{1}{2}\Big[& \gamma_{x'x}(2\,\hat{\sigma}_{xx'}^{(i)}\,\hat{\rho}\,\hat{\sigma}_{x'x}^{(i)} - \hat{\sigma}_{x'x'}\,\hat{\rho} - \hat{\rho}\,\hat{\sigma}_{x'x'}) \\
& + \gamma_{y'y}(2\,\hat{\sigma}_{yy'}^{(i)}\,\hat{\rho}\,\hat{\sigma}_{y'y}^{(i)} - \hat{\sigma}_{y'y'}\,\hat{\rho} - \hat{\rho}\,\hat{\sigma}_{y'y'}) \\
& + \gamma_{x'y'}^{ph}(2\,\hat{\sigma}_{y'x'}^{(i)}\,\hat{\rho}\,\hat{\sigma}_{x'y'}^{(i)} - \hat{\sigma}_{x'x'}\,\hat{\rho} - \hat{\rho}\,\hat{\sigma}_{x'x'}) \\
& + \gamma_{y'x'}^{ph}(2\,\hat{\sigma}_{x'y'}^{(i)}\,\hat{\rho}\,\hat{\sigma}_{y'x'}^{(i)} - \hat{\sigma}_{y'y'}\,\hat{\rho} - \hat{\rho}\,\hat{\sigma}_{y'y'}) \\
& + \gamma_{xy}^{ph}(2\,\hat{\sigma}_{yx}^{(i)}\,\hat{\rho}\,\hat{\sigma}_{xy}^{(i)} - \hat{\sigma}_{xx}\,\hat{\rho} - \hat{\rho}\,\hat{\sigma}_{xx}) \\
& + \gamma_{yx}^{ph}(2\,\hat{\sigma}_{xy}^{(i)}\,\hat{\rho}\,\hat{\sigma}_{yx}^{(i)} - \hat{\sigma}_{yy}\,\hat{\rho} - \hat{\rho}\,\hat{\sigma}_{yy}) \\
& + \gamma_{x'y'}^{dp}(2\,\hat{\sigma}_{vx'}^{(i)}\,\hat{\rho}\,\hat{\sigma}_{y'v}^{(i)} - \hat{\sigma}_{y'x'}^{(i)}\,\hat{\rho} - \hat{\rho}\,\hat{\sigma}_{y'x'}^{(i)}) \\
& + \gamma_{y'x'}^{dp}(2\,\hat{\sigma}_{vy'}^{(i)}\,\hat{\rho}\,\hat{\sigma}_{x'v}^{(i)} - \hat{\sigma}_{x'y'}^{(i)}\,\hat{\rho} - \hat{\rho}\,\hat{\sigma}_{x'y'}^{(i)}) \\
& + \gamma_{x'v}(2\,\hat{\sigma}_{vx'}^{(i)}\,\hat{\rho}\,\hat{\sigma}_{x'v}^{(i)} - \hat{\sigma}_{x'x'}\,\hat{\rho} - \hat{\rho}\,\hat{\sigma}_{x'x'}) \\
& + \gamma_{y'v}(2\,\hat{\sigma}_{vy'}^{(i)}\,\hat{\rho}\,\hat{\sigma}_{y'v}^{(i)} - \hat{\sigma}_{y'y'}\,\hat{\rho} - \hat{\rho}\,\hat{\sigma}_{y'y'}) \\
& + \gamma_{xv}(2\,\hat{\sigma}_{vx}^{(i)}\,\hat{\rho}\,\hat{\sigma}_{xv}^{(i)} - \hat{\sigma}_{xx}\,\hat{\rho} - \hat{\rho}\,\hat{\sigma}_{xx}) \\
& + \gamma_{yv}(2\,\hat{\sigma}_{vy}^{(i)}\,\hat{\rho}\,\hat{\sigma}_{yv}^{(i)} - \hat{\sigma}_{yy}\,\hat{\rho} - \hat{\rho}\,\hat{\sigma}_{yy})\Big]
\end{aligned}
\tag{6.50}
$$

上式中忽略了纯位相退相干项的影响. 在下面的计算中，取 $\gamma_{x'y'}^{ph} = \gamma_{y'x'}^{ph}, \gamma_{xy}^{ph} = \gamma_{yx}^{ph}. \gamma_{x'y'}^{ph}$，$\gamma_{y'x'}^{ph}, \gamma_{xy}^{ph}, \gamma_{yx}^{ph}$ 是由声子等过程造成的激子自旋弛豫速率. 由偶极跃迁导致的 $|x'\rangle$，$|y'\rangle$ 之间的自旋弛豫速率为 $\gamma_{x'y'}^{dp} = 0$.

将哈密顿量(6.49)式和耗散项(6.50)式代入主方程中，可以得到各个密度矩阵元的运动方程（见附录 5.1）. 为了使方程的形式更简明，引入参量 $\tilde{\rho}_{vy'} = \mathrm{e}^{i\delta_{y'v}t}\rho_{vy'}$，$\tilde{\rho}_{y'v} = \mathrm{e}^{-i\delta_{y'v}t}\rho_{y'v}$，$\tilde{\rho}_{x'y'} = \mathrm{e}^{-i(\delta_{x'v}-\delta_{y'v})t}\rho_{x'y'}$. 该系统的粒子数赝矢量 $\boldsymbol{\rho} = \{\rho_{vv}, \rho_{x'x'}, \rho_{y'y'}, \rho_{xx}, \rho_{yy}, \tilde{\rho}_{vx'}, \tilde{\rho}_{x'v}, \tilde{\rho}_{vy'}, \tilde{\rho}_{y'v}, \tilde{\rho}_{x'y'}, \tilde{\rho}_{y'x'}\}$，可以将上面的运动方程写成矩阵形式：

$$
\frac{\mathrm{d}}{\mathrm{d}t}\boldsymbol{\rho}(t) = \boldsymbol{M}^{(\rho)}(t)\boldsymbol{\rho}(t) - \boldsymbol{\Gamma}^{(\rho)}\boldsymbol{\rho}(t)
\tag{6.51}
$$

其中 $\boldsymbol{M}^{(\rho)}$ 为外场驱动项，$\boldsymbol{\Gamma}^{(\rho)}$ 为衰减项，其矩阵形式分别为

$$M^{(\rho)}(t) = \frac{\mathrm{i}}{2}\begin{pmatrix} 0 & 0 & 0 & 0 & 0 & \Omega_{x'v} & -\Omega_{x'v} & \Omega_{y'v} & -\Omega_{y'v} & 0 & 0 \\ 0 & 0 & 0 & 0 & 0 & -\Omega_{x'v} & \Omega_{x'v} & 0 & 0 & 0 & 0 \\ 0 & 0 & 0 & 0 & 0 & 0 & 0 & -\Omega_{y'v} & \Omega_{y'v} & 0 & 0 \\ 0 & 0 & 0 & 0 & 0 & 0 & 0 & 0 & 0 & 0 & 0 \\ 0 & 0 & 0 & 0 & 0 & 0 & 0 & 0 & 0 & 0 & 0 \\ \Omega_{x'v} & -\Omega_{x'v} & 0 & 0 & 0 & 2\delta_{x'v} & 0 & 0 & 0 & 0 & -\Omega_{y'v} \\ -\Omega_{x'v} & \Omega_{x'v} & 0 & 0 & 0 & 0 & -2\delta_{x'v} & 0 & 0 & \Omega_{y'v} & 0 \\ \Omega_{y'v} & 0 & -\Omega_{y'v} & 0 & 0 & 0 & 0 & 2\delta_{y'v} & 0 & -\Omega_{x'v} & 0 \\ -\Omega_{y'v} & 0 & \Omega_{y'v} & 0 & 0 & 0 & 0 & 0 & -2\delta_{y'v} & 0 & \Omega_{x'v} \\ 0 & 0 & 0 & 0 & 0 & 0 & \Omega_{y'v} & -\Omega_{x'v} & 0 & -2\Delta & 0 \\ 0 & 0 & 0 & 0 & 0 & -\Omega_{y'v} & 0 & 0 & \Omega_{x'v} & 0 & 2\Delta \end{pmatrix}$$

$$\tag{6.52}$$

$$\boldsymbol{\Gamma}^{(\rho)} = \begin{pmatrix} \boldsymbol{\Gamma}_{\mathrm{I}} & 0 \\ 0 & \boldsymbol{\Gamma}_{\mathrm{II}} \end{pmatrix} \tag{6.53}$$

其中

$$\boldsymbol{\Gamma}_{\mathrm{I}} = \begin{pmatrix} 0 & -\gamma_{x'v} & -\gamma_{y'v} & -\gamma_{xv} & -\gamma_{yv} \\ 0 & \gamma_{x'x}+\gamma^{ph}_{x'y'}+\gamma_{x'v} & -\gamma^{ph}_{x'y'} & 0 & 0 \\ 0 & -\gamma^{ph}_{x'y'} & \gamma_{y'y}+\gamma^{ph}_{x'y'}+\gamma_{y'v} & 0 & 0 \\ 0 & -\gamma_{x'x} & 0 & \gamma_{xv}+\gamma^{ph}_{xy} & -\gamma^{ph}_{xy} \\ 0 & 0 & -\gamma_{y'y} & -\gamma^{ph}_{xy} & \gamma_{yv}+\gamma^{ph}_{xy} \end{pmatrix}$$

$$\boldsymbol{\Gamma}_{\mathrm{II}} = \begin{pmatrix} A & 0 & 0 & 0 & 0 & 0 \\ 0 & A & 0 & 0 & 0 & 0 \\ 0 & 0 & B & 0 & 0 & 0 \\ 0 & 0 & 0 & B & 0 & 0 \\ 0 & 0 & 0 & 0 & C & 0 \\ 0 & 0 & 0 & 0 & 0 & C \end{pmatrix}$$

上式中

$$A = \frac{\gamma_{x'x}+\gamma^{ph}_{x'y'}+\gamma_{x'v}}{2}, \quad B = \frac{\gamma_{y'y}+\gamma^{ph}_{x'y'}+\gamma_{y'v}}{2}$$

$$C = \frac{\gamma_{y'y}+\gamma_{x'x}+2\gamma^{ph}_{x'y'}+\gamma_{x'v}+\gamma_{y'v}}{2}$$

由(6.51)~(6.53)式可以求得 $\rho_{x'x'}$，$\rho_{y'y'}$，ρ_{xx}，ρ_{yy} 以及 ρ_{vv} 的动力学过程.

6.4.2 V 型多能级体系二阶互相关函数运动方程

由 $|x\rangle\sim|v\rangle$ 和 $|y\rangle\sim|v\rangle$ 的激子复合所发射的光子的二阶交叉相关函数 $G^{(2)}_{xv\rightarrow yv}(\tau)$ 通过对 $G^{(2)}_{xv\rightarrow yv}(t,\tau)$ 求积分而得到[19]，即

$$G^{(2)}_{xv\rightarrow yv}(\tau) = \lim_{T_d\rightarrow\infty}\int_0^{T_d} G^{(2)}_{xv\rightarrow yv}(t,\tau)\mathrm{d}t \quad (\tau > 0) \tag{6.54}$$

其中 $G^{(2)}_{xv\rightarrow yv}(t,\tau)$ 表示先辐射 $|x\rangle\sim|v\rangle$ 光子后辐射 $|y\rangle\sim|v\rangle$ 光子的双时二阶互相关函数，其关系式为[5]

$$G^{(2)}_{xv\rightarrow yv}(t,\tau) = \langle \hat{\sigma}^+_{vx}(t)\hat{\sigma}^+_{vy}(t+\tau)\hat{\sigma}_{vy}(t+\tau)\hat{\sigma}_{vx}(t)\rangle \tag{6.55}$$

通过求解一组微分方程可以得到 $G^{(2)}_{xv\rightarrow yv}(t,\tau)$ 的值，将该微分方程组中涉及的参量简记为

$$G^{(2)}_{mm}(t,\tau) = \langle \hat{\sigma}^+_{vx}(t)\hat{\sigma}^+_{vm}(t+\tau)\hat{\sigma}_{vm}(t+\tau)\hat{\sigma}_{vx}(t)\rangle$$
$$(m = v,x',y',x,y) \tag{6.56}$$

$$G^{(2)}_{mn}(t,\tau) = \langle \hat{\sigma}^+_{vx}(t)\hat{\sigma}_{mn}(t+\tau)\hat{\sigma}_{vx}(t)\rangle$$
$$(m,n = v,x',y',x,y; m\neq n) \tag{6.57}$$

注意在(6.56)式中 $G^{(2)}_{mm}(t,\tau) = G^{(2)}_{xv\rightarrow mv}(t,\tau)(m = v,x',y',x,y)$，表示 $|x\rangle\sim|v\rangle$ 和 $|m\rangle\sim|v\rangle$ 跃迁辐射光子的双时二阶相关函数. 而(6.57)式中的参量为辅助参量，对辅助参量进行旋转波变换：$\widetilde{G}^{(2)}_{vx'} = \mathrm{e}^{\mathrm{i}\omega_L(t+\tau)}G^{(2)}_{vx'}$，$\widetilde{G}^{(2)}_{vy'} = \mathrm{e}^{\mathrm{i}\omega_L(t+\tau)}G^{(2)}_{vy'}$，$\widetilde{G}^{(2)}_{x'v} = \mathrm{e}^{-\mathrm{i}\omega_L(t+\tau)}G^{(2)}_{x'v}$，$\widetilde{G}^{(2)}_{y'v} = \mathrm{e}^{-\mathrm{i}\omega_L(t+\tau)}G^{(2)}_{y'v}$. 定义该 V 型多能级体系中 $G^{(2)}_{xv\rightarrow yv}(t,\tau)$ 对应的双时二阶相关函数矢量 $\boldsymbol{G}_{xv\rightarrow yv}(t,\tau)$：

$$\boldsymbol{G}_{xv\rightarrow yv}(t,\tau) = \{G^{(2)}_{vv},G^{(2)}_{x'x'},G^{(2)}_{y'y'},G^{(2)}_{xx},G^{(2)}_{yy},\widetilde{G}^{(2)}_{vx'},\widetilde{G}^{(2)}_{x'v},\widetilde{G}^{(2)}_{vy'},$$
$$\widetilde{G}^{(2)}_{y'v},\widetilde{G}^{(2)}_{x'y'},\widetilde{G}^{(2)}_{y'x'}\} \tag{6.58}$$

由系统的主方程可以得到矢量 $\boldsymbol{G}_{xv\rightarrow yv}(t,\tau)$ 中各参量随延时 τ 的运动方程(参见附录 6.3)，其矩阵形式为

$$\frac{\mathrm{d}}{\mathrm{d}\tau}\boldsymbol{G}_{xv\rightarrow yv}(t,\tau) = \boldsymbol{M}^{(G)}(t+\tau)\boldsymbol{G}_{xv\rightarrow yv}(t,\tau) - \boldsymbol{\varGamma}^{(G)}\boldsymbol{G}_{xv\rightarrow yv}(t,\tau) \tag{6.59}$$

其中

$$\boldsymbol{M}^{(G)}(t+\tau) = -\frac{\mathrm{i}}{2}\begin{pmatrix} 0 & 0 & 0 & 0 & 0 & \Omega_{x'v} & -\Omega_{x'v} & \Omega_{y'v} & -\Omega_{y'v} & 0 & 0 \\ 0 & 0 & 0 & 0 & 0 & -\Omega_{x'v} & \Omega_{x'v} & 0 & 0 & 0 & 0 \\ 0 & 0 & 0 & 0 & 0 & 0 & 0 & -\Omega_{y'v} & \Omega_{y'v} & 0 & 0 \\ 0 & 0 & 0 & 0 & 0 & 0 & 0 & 0 & 0 & 0 & 0 \\ 0 & 0 & 0 & 0 & 0 & 0 & 0 & 0 & 0 & 0 & 0 \\ \Omega_{x'v} & -\Omega_{x'v} & 0 & 0 & 0 & 2\delta_{x'v} & 0 & 0 & 0 & 0 & -\Omega_{y'v} \\ -\Omega_{x'v} & \Omega_{x'v} & 0 & 0 & 0 & 0 & -2\delta_{x'v} & 0 & 0 & \Omega_{y'v} & 0 \\ \Omega_{y'v} & 0 & -\Omega_{y'v} & 0 & 0 & 0 & 0 & 2\delta_{y'v} & 0 & -\Omega_{x'v} & 0 \\ -\Omega_{y'v} & 0 & \Omega_{y'v} & 0 & 0 & 0 & 0 & 0 & -2\delta_{y'v} & 0 & \Omega_{x'v} \\ 0 & 0 & 0 & 0 & 0 & \Omega_{y'v} & -\Omega_{x'v} & 0 & 0 & -2\Delta & 0 \\ 0 & 0 & 0 & 0 & 0 & -\Omega_{y'v} & 0 & 0 & \Omega_{x'v} & 0 & 2\Delta \end{pmatrix}$$

$$\tag{6.60}$$

$$\boldsymbol{\Gamma}^{(G)} = \begin{pmatrix} \boldsymbol{\Gamma}_{\mathrm{I}} & 0 \\ 0 & \boldsymbol{\Gamma}_{\mathrm{II}} \end{pmatrix} \tag{6.61}$$

其中

$$\boldsymbol{\Gamma}_{\mathrm{I}} = \begin{pmatrix} 0 & -\gamma_{x'v} & -\gamma_{y'v} & -\gamma_{xv} & -\gamma_{yv} \\ 0 & \gamma_{x'x}+\gamma_{x'y'}^{ph}+\gamma_{x'v} & -\gamma_{x'y'}^{ph} & 0 & 0 \\ 0 & -\gamma_{x'y'}^{ph} & \gamma_{y'y}+\gamma_{x'y'}^{ph}+\gamma_{y'v} & 0 & 0 \\ 0 & -\gamma_{x'x} & 0 & \gamma_{xv}+\gamma_{xy}^{ph} & -\gamma_{xy}^{ph} \\ 0 & 0 & -\gamma_{y'y} & -\gamma_{xy}^{ph} & \gamma_{yv}+\gamma_{xy}^{ph} \end{pmatrix}$$

$$\boldsymbol{\Gamma}_{\mathrm{II}} = \begin{pmatrix} A & 0 & 0 & 0 & 0 & 0 \\ 0 & A & 0 & 0 & 0 & 0 \\ 0 & 0 & B & 0 & 0 & 0 \\ 0 & 0 & 0 & B & 0 & 0 \\ 0 & 0 & 0 & 0 & C & 0 \\ 0 & 0 & 0 & 0 & 0 & C \end{pmatrix}$$

上式中

$$A = \frac{\gamma_{x'x}+\gamma_{x'y'}^{ph}+\gamma_{x'v}}{2}, \quad B = \frac{\gamma_{y'y}+\gamma_{x'y'}^{ph}+\gamma_{y'v}}{2}$$

$$C = \frac{\gamma_{y'y}+\gamma_{x'x}+2\gamma_{x'y'}^{ph}+\gamma_{x'v}+\gamma_{y'v}}{2}$$

由 $G_{xv\to yv}(t,\tau)$ 的定义知，$G_{xv\to yv}(t,\tau)$ 的初值为 $G_{xv\to yv}(t,0^+) = \{\rho_{xx}(t), 0, 0, 0, 0,$ $0, 0, 0, 0, 0\}$. 比较 $M^{(\rho)}(t)$ 和 $M^{(G)}(t+\tau)$ 可知，两者在形式上仅仅相差一个负号，而 $\Gamma^{(\rho)}$ 与 $\Gamma^{(G)}$ 的表达式相同.

通过方程(6.54)和关系式(6.59)可以求得 $G^{(2)}_{xv\to yv}(\tau)$ 在 $\tau > 0$ 时的值. 由相同的方法可以求得先辐射 $|y\rangle \sim |v\rangle$ 光子后辐射 $|x\rangle \sim |v\rangle$ 光子的双时二阶互相关函数 $G^{(2)}_{yv\to xv}(t, \tau)$ 在 $\tau > 0$ 时的值，利用关系式 $G^{(2)}_{xv\to yv}(t, -\tau) = G^{(2)}_{yv\to xv}(t, \tau)$ 可以得到 $G^{(2)}_{xv\to yv}(\tau)$ 在 $\tau < 0$ 时的值[5].

6.4.3 交叉偏振单光子发射

图 6.9(c)和(d)分别是当输入脉冲面积为 0.5π 和 2π 时 $G^{(2)}_{xv\to yv}(\tau)$ 随着时间延时 τ 的变换曲线. 在弱激发条件下，$\tau = 0$ 时刻的二阶相关函数值被很强地抑制，这表明两个跃迁 $|x\rangle \to |v\rangle$ 和 $|y\rangle \to |v\rangle$ 发射光子的过程不能同时进行. 由于激发脉冲的有效偏向角

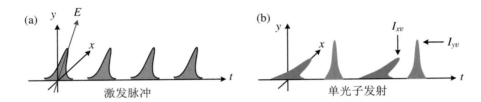

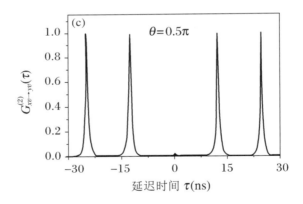

图 6.9　(a) 激发脉冲的示意图；(b) 激发脉冲的有效偏向角为 $\pi/4$ 时，交叉偏振的单光子发射的示意图；(c)和(d)分别是输入脉冲面积为 0.5π 和 2π 时，I_{xv} 和 I_{yv} 光子发射的二阶交叉相关函数 $G^{(2)}_{xv\to yv}(\tau)$ 随时间延时的变化

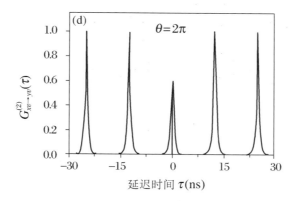

续图 6.9　(a) 激发脉冲的示意图；(b) 激发脉冲的有效偏向角为 $\pi/4$ 时，交叉偏振的单光子发射的示意
图；(c) 和 (d) 分别是输入脉冲面积为 0.5π 和 2π 时，I_{xv} 和 I_{yv} 光子发射的二阶交叉相关函数
$G^{(2)}_{xv \to yv}(\tau)$ 随时间延时的变化

为与 x 方向成 45° 角，$|x\rangle$ 态上的粒子数与 $|y\rangle$ 态上的粒子数相等，因此最有可能的交叉偏振的单光子发射过程是两个跃迁 $|x\rangle \to |v\rangle$ 和 $|y\rangle \to |v\rangle$ 相互间隔发射光子，如图 6.9 (a) 所示. 当有效偏向角为 0°（或 90°）时，交叉偏振的单光子发射将会变成完全的 x 偏振（或 y 偏振）的单光子发射，而没有交叉偏振的单光子发射.

图 6.10(a) 和 (c) 分别是单光子发射概率 p 和单光子发射效率 $\eta = (1 - p) \cdot (\Gamma_{xv} \bar{\rho}_{xx}(t) + \Gamma_{yv} \bar{\rho}_{yy}(t))$ 随输入脉冲面积的变化关系. 由图可以看出，当输入脉冲面积大约为 π 时，η 达到最大值 $\eta_{\max}$，这种特性与前面所述的三能级相同. 图 6.10(b) 和 (d) 是单光子发射概率 p 以及单光子发射效率 η 的最大值 $\eta_{\max}$ 随脉冲宽度 τ_p 的变化关系，表明单光子发射概率以及发射效率的最大值都随着脉冲宽度的增大而减小.

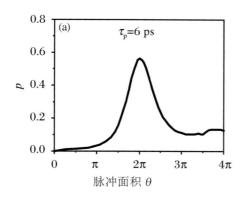
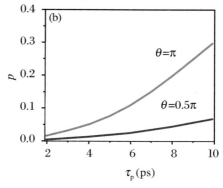

图 6.10　(a) 参量 p 随输入脉冲面积的变化；(b) p 随激发脉冲的脉冲宽度的变化；(c) 单光子发射效率随输入脉冲面积的变化；(d) 单光子发射效率的最大值随激发脉冲的脉冲宽度的变化

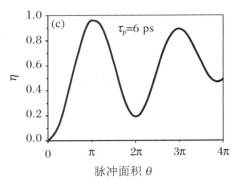
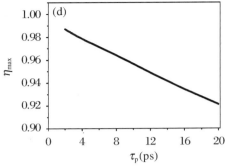

续图 6.10　(a) 参量 p 随输入脉冲面积的变化；(b) p 随激发脉冲的脉冲宽度的变化；(c) 单光子发射效率随输入脉冲面积的变化；(d) 单光子发射效率的最大值随激发脉冲的脉冲宽度的变化

6.5　由脉冲激发过渡到连续激发

方程(6.60)同样也适用于连续光激发的情况. 图 6.11(a)～(c)是激子激发态$|e\rangle$上的粒子数(黑线)在不同激发脉冲的脉冲宽度 τ_p 时随时间的变化. 由图可以看出，当脉冲宽度是脉冲重复周期的 1/20 时，粒子数的振荡和脉冲的振幅 $\varepsilon(t)$(灰线)呈现出明显的脉冲激发特性；当脉冲宽度与激发脉冲的重复周期相同时，达到稳定后，激发脉冲的振幅呈现出恒场的特性，此时$|e\rangle$上的粒子数振荡也显示出与系统在恒场激发下相同的曲线[23]. 图 6.11(d)～(f)是不同脉冲宽度下由方程(6.59)计算得到的二阶自相关函数，当脉冲宽度远小于重复周期时，二阶相关函数展现了明显的周期性，显示了脉冲激发下的特性. 当脉冲宽度等于重复周期时(图 6.11(f))，此时计算所得的二阶相关函数与实验所得的系统在恒场激发下的曲线相同[24-27]. 这说明方程(6.60)不仅适用于脉冲激发，也适用于恒场激发.

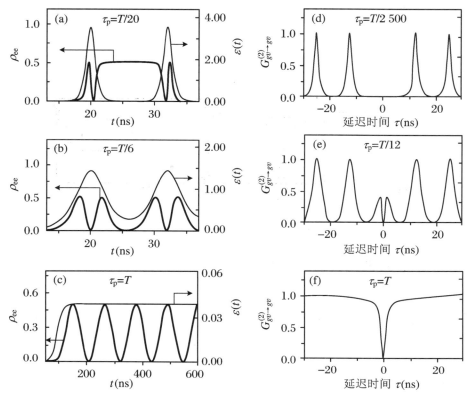

图 6.11 (a)～(c)是激发场振幅(细线)和粒子数随时间的变化;(d)～(f)是不同脉冲宽度下由方程(6.58)得到的二阶自相关函数

模拟中的参量为 $\gamma_{eg} = 0.200 \text{ ps}^{-1}$,$\gamma_{gv} = 0.001 \text{ ps}^{-1}$,$\Delta = 0$.

6.6 半导体量子点单光子发射实验观测

6.6.1 HBT 光子相关度测量装置

采用 Hanbury-Brown-Twiss(HBT)[28]光子相关测量装置(见图 6.12)测量 InGaAs 自组织量子点的光子相关(亦称二阶相关)特性.样品置于 10 K、量子点的光致发光收集进光谱仪后在面阵 CCD 上进行光谱成像,选定特定的单个量子点后经过光谱仪的出射狭缝进入 HBT 装置,50%的分光束将光分为两路分别进入两个单光子计数器,在光子计数软件的控制下得到两个计数器上光子与延时的分布,即二阶相关函数.

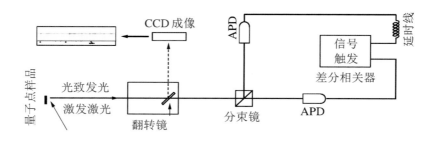

图 6.12　HBT 光子相关装置测量二阶自相关函数

　　该实验中的关键技术之一是提高单量子点单光子发射的收集效率和降低噪声,为此提出了几种改进的技术方案,例如微腔法、大数值孔径微珠透镜法以及共焦光子显微镜的方法.我们采用一种非常简单的方法,即侧面成像法.如图 6.13 所示,将样品侧面切开,垂直放置,样品的侧切面与光谱仪狭缝方向互相垂直,这样可以大大降低被激发的量子点数目,从而降低噪声,同时量子点中间层的波导效应使得进入光学收集系统的光强明显提高.

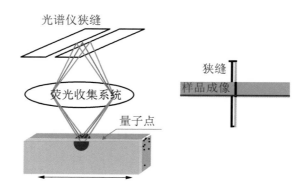

图 6.13　侧截面单量子点光谱成像法示意图

6.6.2 连续激发下归一化二阶自相关度的测量

图 6.14(a)显示的是自组织 InGaAs 量子点的连续光激发下侧截面光谱成像,采用非共振激发,仍然可以得到清晰的分立量子点的光谱像.图 6.14(b)则是测量的归一化的二阶自相关函数 $g^{(2)}(\tau)$,在零延时附近的谷表明反群聚发射特性,$g^{(2)}(0)=0.2$,该值小于 0.5,表明所测光信号来源于单个量子点.从指数拟合得到能级寿命约为 1.3 ns,即平均两个单光子发射的间隙时间为 1.3 ns.

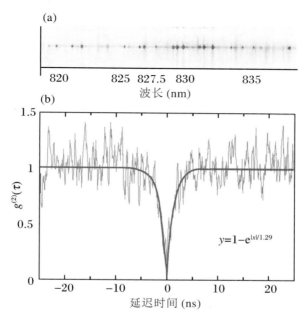

图 6.14 (a) 量子点光谱成像;(b) 归一化二阶自相关函数 $g^{(2)}(\tau)$
激发光源采用连续的激光二极管.

6.6.3 脉冲激发下二阶自相关函数的测量

图 6.15(a)是在脉冲激发下侧截面单量子点光谱成像.脉冲光的重复频率为 80 MHz,脉冲宽度为 6 ps.图 6.15(b)是相应的光发射二阶自相关函数,它由一系列的峰构成,峰的间距为 12.5 ns,由激发脉冲的重复频率决定.$\tau=0$ 附近的中心峰被抑制,这

表明有很强的反聚束发射.

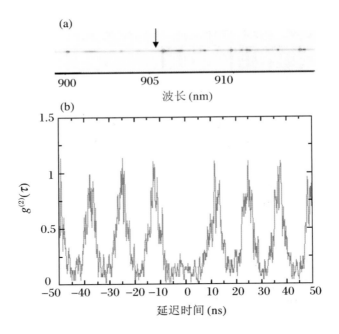

图 6.15　(a) 量子点光谱成像；(b) 二阶自相关函数
　　　　激发光源采用 Ti 蓝宝石皮秒脉冲激发器.

以上光子相关实验给出两个结论：① 光谱成像法得到了单个量子点的像；② InGaAs 自组织量子点是一种很有应用前景的单光子发射源.

6.7　半导体量子点单光子源的研究进展

近年来,基于量子点的单光子源被广泛研究.利用腔以及波导和量子点相互作用的两种结构得到了很大的关注.中国科学技术大学潘建伟院士课题组在量子点单光子源方面做出了一系列开创性的工作(图 6.16).由于此前单光子的产生依赖于非共振激发亮子点,不可避免地带来单光子发射时间抖动、激子退相干等,引起光子全同性下降,只能达到 70% 左右.2013 年,他们将 InGaAs 量子点嵌入平面微腔中,利用 π 脉冲共振激发,得到了纯度为 99.7%、不可区分度为 97% 的高品质单光子源,信噪比超过 300∶1,发展的脉冲共振光学激发技术从根本上消除了量子点的消相干效应,解决了单光子源确定性产生和高品质两个基本问题[29],如图 6.17 所示.随后,他们采用绝热快速通道的方式(adiabatic rapid passage),实现了与激光激发功率涨落无关的鲁棒性(robust)单光子源(图 6.18),利用啁啾脉冲激发量子点的带电激子态,将不可区分度提高到 99.5%,π 脉冲下的双光子干涉至今一直保持最高对比度纪录[30].

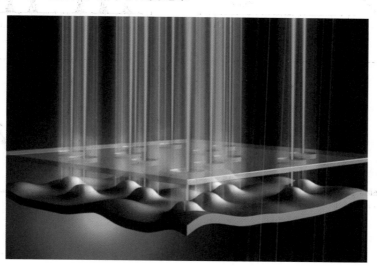

图 6.16　半导体量子点单光子源示意图
（图片由陆朝阳教授提供）

在腔与量子点相互作用的结构中,2016 年以前,人们很难得到纯度、不可区分度和亮度(或提取效率)三个指标都很好的单光子源,这三个指标始终存在此消彼长的问题,无法同时满足.究其原因,在于量子点置于微腔中,虽然通过 Purcell 效应可以得到高的不可区分度和亮度,但是需要非共振激发,这会降低光子全同性,此外,这种方法在得到最大不可区分度时亮度不是最大的[31],这无疑限制了其应用.将量子点置于微腔中,在共振激发的条件下,可以得到不可区分度近理想的单光子源,但其提取效率受限[30].2016 年,潘建伟院士课题组实现了高纯度(99.1%)、高不可区分性(98.5%)以及高提取效率(66%)"三项全能"的单光子源[32].他们将量子点置于微柱腔(micropillar)中,采用 π 脉冲共振激发,得到了近理想的单光子源.图 6.19(a)是它们的系统结构示意图.量子点由分子外延术生长,将其置于一个微柱型腔中.图 6.19(b)给出了纯度以及提取效率随输入

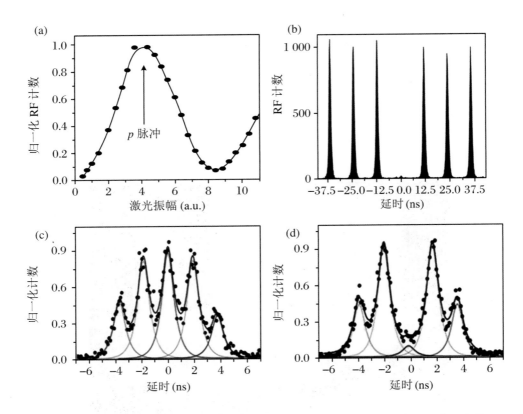

图 6.17　(a) Rabi 振荡;(b) 光子反聚束效应;2 ns 延迟时(c) 偏振垂直和(d) 偏振水平的双光子 HOM 干涉

（引自 He Y M, et al. Nat. Nanotech., 2013, 8(213)）

脉冲面积的变化. 在脉冲面积为 π 时,提取效率可达 66%,此时,由 HBT 实验给出的零延时的关联函数 $g^2(0) = 0.009$,相应的纯度为 99.1%. 图 6.19(c)和(d)分别是偏振为垂直和平行的 Hong-Ou-Mandel 双光子干涉测量结果. HOM 双光子干涉可见度定义为 $\eta = (g_{\perp}^2(0) - g_{\parallel}^2(0))/g_{\perp}^2(0)$,其中 $g_{\perp}^2(0)$、$g_{\parallel}^2(0)$ 分别表示偏振垂直和平行时零延时的二阶相关函数. 双光子不可区分度 M 与可见度 η 的关系可以写为 $M = \eta(R^2 + T^2)/(2RT)$,这里的 R 和 T 分别是第一个分束器的反射和透射率[1]. 若 $R = T = 0.5$,则 $M = \eta$.图 6.19(c)显示对偏振垂直的光子,零延时的峰值几乎与旁边峰值相同. 图 6.19(d)显示对偏振平行(相同)的光子,零延时的峰值几乎为 0.这表明光子的不可区分度很大,扣除多光子发射概率,其不可区分度可以达到 98.5%.紧接着,他们又进一步证明了这种基于微柱腔结构的单光子源能够产生接近傅里叶变换极限的单光子,单光子之间的高全同性可以保持 15 μs 以上(图 6.20),支持大于 1 000 光子的大尺度光量子信息研究[33].其亮度比传统基于参量下转换的光源亮度提高了 10 倍,所需的激光功率仅为纳瓦量级.

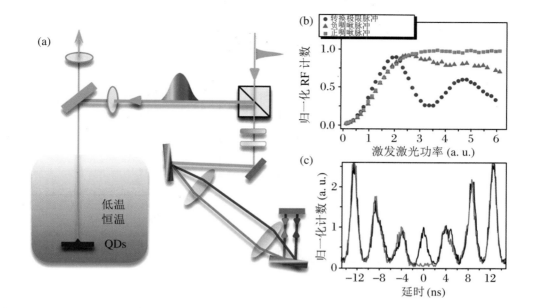

图 6.18 （a）快速绝热通道实验装置示意图；（b）三种不同啁啾情形下共振荧光强度随功率的依赖关
　　　　系；（c）饱和脉冲激发下 HOM 双光子干涉

（引自 Wei Y J, et al. Nano Lett., 2014，14(6515)）

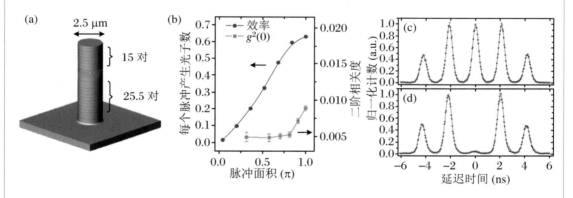

图 6.19 （a）量子点置于微柱腔的结构示意图；（b）提取效率和零延时的关联函数随脉冲面积的变化；
　　　　（c）垂直偏振和（d）水平偏振的 Hong-Ou-Mandel 双光子干涉

（引自 Ding X，et al. Phys. Rev. Lett.，2016，116(020401)）

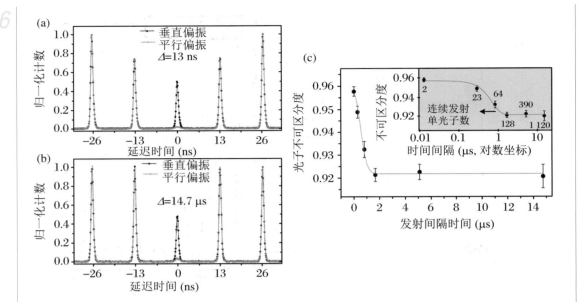

图 6.20 光子发射时间间隔为(a) 13 ns 和(b) 14.7 μs 下的双光子 HOM 干涉;(c) 光子全同性随发射时
间(发射光子数)间隔的变化关系

（引自 Wang H，et al. Phys. Rev. Lett.，2016，116(213601)）

利用上述高性能量子点单光子源,通过电控可编程的光量子线路,构建了针对多光子"玻色取样"任务的光量子计算原型机,玻色采样实验装置如图 6.21 所示.实验测试表明(图 6.22),该原型机的"玻色取样"速度不仅比国际同行类似的之前所有实验加快至少24 000 倍,同时,和经典算法比较,也比人类历史上第一台电子管计算机(ENIAC)和第一台晶体管计算机(TRADIC)运行速度快 10~100 倍[34].进一步的实验证明,在允许一定光子数损耗的情况下,玻色采样仍然能够保持原来的复杂度,且速度比标准玻色采样更快[35].

同年,法国 Senellart 教授课题组将量子点置于微柱腔中,采用电学控制以降低电荷噪声.在共振激发的条件下,实现了 $g^2(0) = 0.002\ 8 \pm 0.001\ 2$,不可区分度为 $0.995\ 6 \pm 0.004\ 5$ 以及提取效率为 65% 的单光子源[3].除了微柱腔外,人们还研究了将量子点置于氧化物孔径腔(Oxide aperture cavity)、光子晶体微腔等各种不同的腔中.其中光子晶体微腔具有超高的品质因子和超小的模式体积,是非常适合产生非经典光的,这也是早期研究量子点单光子的热点体系之一[36,37].但是品质因子高通常是通过降低与外界的耦合等得到的,这将导致该体系的收集效率低.

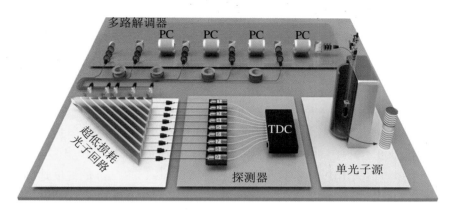

图 6.21 玻色采样实验装置示意图

（图片由陆朝阳教授提供）

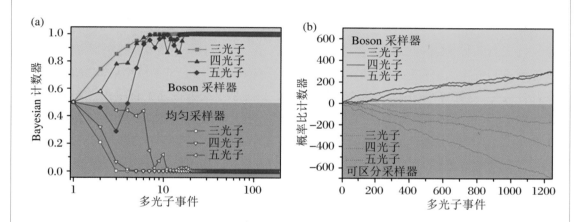

图 6.22 采用(a) 贝叶斯分析和(b) 似然比方法对玻色采样实验结果的验证

（引自 Wang H，et al. Nat. Photonics，2017，11(361)）

以上的方案很多都是共振激发激子态. 随着进一步的研究，人们发现共振激发两能级系统可能会产生双光子发射，这是因为随着输入脉冲面积的增加会导致重复激发[38]，它是抑制单光子源纯度进一步提高的因素之一. 因而，利用双光子激发双激子态产生单光子成为了增强单光子纯度的手段之一. K. D. Jons 教授课题组采用双光子激发等技术在不扣除背景的情况下实现了 $g^2(0) = (7.5 \pm 1.6) \times 10^{-5}$ 的单光子发射，将量子点产生单光子纯度提高到了 99.992 5%[39]. 斯坦福大学 K. Muller 教授课题组对双光子激发双激子态产生单光子进行了详细的理论分析和实验验证[40]. 这也为如何进一步提高单光子纯度提供了新的思路.

由于波导可以直接实现光的传导,因此将量子点置于波导中产生单光子也是研究量子点单光子源的方向之一.J. Glaudon 等人将 InAs 量子点置于 GaAs 纳米线中,采用非共振激发的方式,得到了提取效率为 72%的单光子源[41].之后,M. E. Reimer 等人通过精确定位量子点,利用"自下而上"生长技术,得到了提取效率为 42%的单光子源[42]. A. Laucht 等人将量子点置于 GaAs 光子晶体波导中,得到了 $g^2(0) = 0.27 \pm 0.07$ 的单光子源[43].之后,P. Lodahl 课题组将量子点置于波导中,采用p-壳层激发,得到了纯度大于99.4%、不可区分度达到(94 ± 1)%的单光子源[44].在通信波段,2018 年,S. Haffouz 等人将 InAsP 量子点嵌入 InP 纳米线中,实现了波长 880~1 550 nm 的纯度达到98%的通信波段的单光子源[45].硅是现代电子器件中常用的材料,马里兰大学 E. Waks 课题组通过精确放置 InAs/InP 量子点位置,利用绝热渐狭方法(adiabatic tapering approach)实现了将量子点能量转移至硅波导,其单光子纯度可以达到 0.75[46].这项工作使得制造多量子点与大尺度硅光子器件的复合体系成为可能.需要指出的是:量子点置于波导中,受限于量子点与波导耦合强度有限,如何进一步提高光子的不可区分度是值得下一步研究的课题.

腔-波导耦合体系可以结合腔与波导的优势.因而,基于量子点-微腔-波导耦合的复合体系也是近年来研究的重要结构.其中的微腔有 F-P 腔、光子晶体微腔等,波导有光子晶体波导、光纤等.英国谢菲尔德大学 A. M. Fox 小组最近报道了将量子点嵌入光子晶体腔中,采用 π 脉冲共振激发,在波导-量子点-光子晶体微腔复合体系中得到纯度大于 97.4%、不可区分度达到 90%的单光子源[47],其结构和实验结果如图 6.23 所示.光纤是传导光的重要载体,在量子信息处理中有重要作用.最近,研究人员用 F-P 微腔和单模光纤耦合,采用共振激发得到了腔-光纤耦合效率为 85%、纯度为 97%、不可区分度为90%的单光子源[48].在保证 Purcell 增强的情况下,尽可能地提高光纤和腔的耦合是提高单光子纯度和亮度的途径之一.

近年来,二维单原子层材料由于具有特殊的电学、光学性质,已经成为非常有前途的研究方向,如图 6.24 所示[49].过渡金属硫化物(transition metal dichalcogenides,TM-DC)是一种拥有石墨烯结构的二维材料,拥有直接带隙.当二维材料上存在缺陷时,可以俘获载流子形成局域激子.这些缺陷可通过机械剥离、化学气相沉积等方式产生,形成的局域激子在光致激发下可产生可见光波段的单光子.2015 年,国际上有 4 个研究组先后在二维单原子层材料 WSe$_2$中发现了非经典单光子发射[50-53].实验验证其二阶关联函数为~14%.单光子具有极窄的谱线线宽~0.13 meV,比 WSe$_2$二维单原子层非定域的谷激子的线宽小两个数量级(图 6.25).通过磁光测量发现缺陷中的激子具有异常大的 g 因子,大约为8.7,远大于单原子层谷激子和 InAs 量子点.和其他的单光子系统相比,这种基于单原子层的单光子器件不仅利于光子的读取和控制,并且可方便地制备和实现与其他光电器件平台的结合，例如微纳结构谐振腔，实现高效光量子信息处理线路.

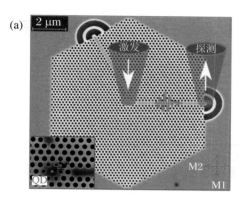

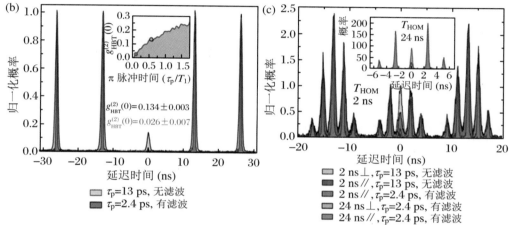

图 6.23　基于波导-量子点-光子晶体微腔复合体系的单光子源.（a）扫描电子显微镜给出的系统结构；

　　　　（b）HBT 实验结果；（c）Hong-Ou-Mandel 双光子干涉实验结果

（引自 Liu F，et al. Nat. Nanotech.，2018，13(835)）

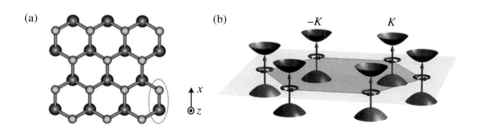

图 6.24　（a）二维材料六方晶格结构；（b）二维材料的谷自旋

（引自 Xu X，et al. Nat. Phys.，2014，10(343)）

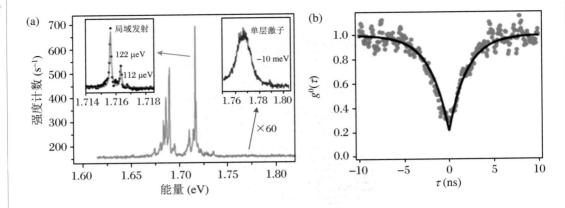

图 6.25 二维单原子层材料的(a) 光谱性质和(b) 二阶关联函数

（引自 He Y M, et al. Nat. Nanotechnol., 2015, 10(497); Srivastava A, et al. Nat. Nanotechnol., 2015, 10(491)）

1.3 μm 波段是光纤通信窗口, 具有潜在的应用价值. 虽然国际上已经制备出 InP 基 InAs 单量子点并实现 1.3 μm 波段单光子发射, 但 InP 基缺乏很好的低应变 DBR 材料体系, 只能通过制备光子晶体腔或类光子晶体微纳结构以提高单量子点的荧光收集, 制备难度高且芯片利用率低, 而 GaAs 基具有可集成 AlAs/GaAs 低应变 DBR 以提高荧光收集的优点, 适于制备 DBR 微柱阵列. 通常, S-K 应力驱动模式生长的 InAs/GaAs 单量子点由于应力积累其波段在 900 nm 附近; 增加淀积量只会同时增加量子点尺寸和密度. 牛智川课题组成功地在 GaAs 基上通过应力耦合双层点结构延缓 InAs 量子点中的应力积累, 生长出 1.3 μm 长波长单量子点: 底层量子点按照传统的 900 nm 波段低密度 InAs 量子点条件生长, 其作为种子层提供应力位点; 在生长合适厚度 GaAs 应力耦合层后, 顶层量子点优先在应力位点上成岛并长大, 其发光波长拓展到 1.3 μm; 在无应力位点区则形成高密度小点(发光波长为 1.1 μm), 可通过光谱区分. 同时, 课题组将这种单量子点集成到 1.3 μm 波段 AlAs/GaAs DBR 微腔中(下 DBR: 24 对, 上 DBR: 8 对)并刻蚀微柱阵列, 通过优化等离子刻蚀工艺使微柱侧壁达到光滑(图 6.26(a)扫描电镜图所示), 改善了荧光收集效率. 如图 6.26(e)所示, 在饱和激发功率下, 其饱和计数率达到60 000/s, 换算到一阶透镜前达到 3.45 MHz. 图 6.26(c)是其变温光谱, 通过拟合腔模光谱包络以及激子峰强度随失谐量的变化(图 6.26(b)), 可以估计其 Q 值仅为 360. Q 值较低的原因与腔内其他量子点吸收有关. 在腔模共振时, 量子点发光寿命从自然寿命1.25 ns 降低到 0.66 ns(显示 Purcell 增强效应)[54]. 在饱和激发功率下, 其二阶关联函数 $g^2(0)$ 仅为 0.14, 如图 6.26(e)所示. 课题组还基于 900 nm 波段 DBR 微柱耦合 InAs 单量子点, 通过光纤粘和,实现 920 nm 单光子光纤耦合输出,可替代共聚焦光路,便于推广[55].

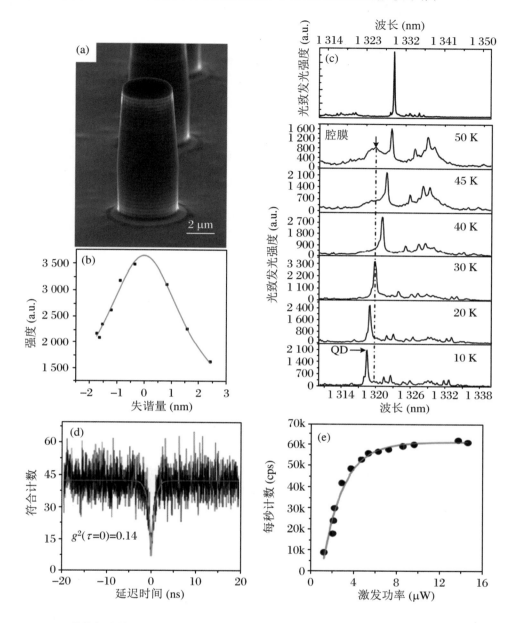

图 6.26 DBR 微柱耦合的 1.3 μm 波段 InAs/GaAs 单量子点. (a) 扫描电镜图;(b) 激子发光强度随失谐
量的变化;(c) 变温光谱;(d) 二阶关联函数 $g^2(0)$;(e) 光子计数随激发功率的变化
(图片由牛智川研究员提供)

参考文献

［ 1 ］ Senellart P，Solomon G，White A. High-Performance Semiconductor Quantum-Dot Single-Photon Sources［J］. Nat. Nanotech.，2017，12(1026).

［ 2 ］ Hong C K，Ou Z Y，Mandel L. Measurement of Subpicosecond Time Intervals between Two Photons by Interference［J］. Phys. Rev. Lett.，1987，59(2044).

［ 3 ］ Somaschi N，Giesz V，Santis L D，et al. Near-Optimal Single-Photon Sources in the Solid State ［J］. Nat. Photon.，2016，10(340).

［ 4 ］ Swain S，Zhou P，Ficek Z. Intensity-Intensity Correlations and Quantum Interference in a Driven Three Level Atom［J］. Phys. Rev.，2000，A 61(043410).

［ 5 ］ Loudon R. The Quantum Theory of Light ［M］. 2nd ed. New York：Oxford University Press，1983.

［ 6 ］ Lax M. Quantum Noise. Ⅺ. Multitime Correspondence between Quantum and Classical Stochastic Processes［J］. Phys. Rev.，1968，172(350).

［ 7 ］ Becher C，Kiraz A，Michler P，et al. Nonclassical Radiation from a Single Self-Assembled InAs Quantum Dot［J］. Phys. Rev.，2001，B 63(121312).

［ 8 ］ Kitson S C，Jonsson P，Rarity J G，et al. Intensity Fluctuation Spectroscopy of Small Numbers of Dye Molecules in a Microcavity［J］. Phys. Rev.，1998，A 58(620).

［ 9 ］ Michler P，Kiraz A，Becher C，et al. A Quantum Dot Single Photon Turnstile Device［J］. Science，2000，290(2282).

［10］ Santori C，Pelton M，Solomon G，et al. Triggered Single Photons from a Quantum Dot［J］. Phys. Rev. Lett.，2001，86(1502).

［11］ Thompson R M，Stevenson R M，Shields A J，et al. Single Photon Emission from Exciton Complexes in Individual Quantum Dots［J］. Phys. Rev.，2001，B 64(201302).

［12］ Zwiller V，Aichele T，Seifert W，et al. Generating Visible Single Photons on Demand with Single InP Quantum Dots［J］. Appl. Phys. Lett.，2003，82(1509).

［13］ Regelman D V，Mizrahi U，Gershoni D，et al. Semiconductor Quantum Dot：A Quantum Light Source of Multicolor Photons with Tunable Statistics［J］. Phys. Rev. Lett.，2001，87(257401).

［14］ Hours J，Varoutsis S，Gallart M，et al. Single Photon Emission from Individual GaAs Quantum Dots［J］. Appl. Phys. Lett.，2003，82(2206).

［15］ Zwiller V，Blom H，Jonsson P，et al. Correlation Spectroscopy of Excitons and Biexcitons on a

Single Quantum Dot[J]. Appl. Phys. Lett.，2001，78(2476).

[16] Sebald K，Michler P，Passow T，et al. Single Photon Emission of CdSe Quantum Dots at Temperatures up to 200 K[J]. Appl. Phys. Lett.，2002，81(2920).

[17] Michler P，Imamoglu A，Mason M D，et al. Quantum Correlation among Photons from a Single Quantum Dot at Room Temperature[J]. Nature，2000，406(968).

[18] Mirin R P. Photon Antibunching at High Temperature from a Single InGaAs/GaAs Quantum Dot [J]. App. Phys. Lett.，2003，84(1260).

[19] Kiraz A，Atature M，Imamoglu A. Quantum Dot Single Photon Sources：Prospects for Applications in Linear Optics Quantum Information Processing[J]. Phys. Rev.，2004，A 69(032305).

[20] Li Y Y，Cheng M T，Zhou H J，et al. Second Order Correlation Function of the Photon Emission from a Single Quantum Dot[J]. Chin. Phys. Lett.，2005，22(2960).

[21] 李耀义，程木田，周慧君，等.脉冲激发下三能级体系半导体量子点的单光子发射效率[J].物理学报，2006，55(1781).

[22] Cheng M T，Xiao S，Liu S D，et al. Dynamics and the Statistics of Three Photon Cascade Emissions from Single Semiconductor Quantum Dots with Pulse Excitation[J]. J. Mod. Opt.，2006，53(2129).

[23] Allen L，Eberly J H. Optical Resoncence and Two Level Atoms[M]. New York：Dover，1987.

[24] Malko A，Oberli D Y，Baier M H，et al. Single Photon Emission from Pyramidal Quantum Dots：The Impact of Hole Thermalization on Photon Emission Statistics[J]. Phys. Rev.，2005，B 72 (195332).

[25] Baier M H，Pelucchi E，Kapon E，et al. Single Photon Emission from Site Controlled Pyramidal Quantum Dots[J]. App. Phys. Lett.，2003，84(648).

[26] Aichele T，Zwiller V，Benson O. Visible Single Photon Generation from Semiconductor Quantum Dots[J]. New J. Phys.，2004，6(90).

[27] Michler P. Single Quantum Dots：Fundamentals，Applications，and New Concepts[M]. Berlin：Springer Verlag，2003.

[28] Brown R H，Twiss R Q. Correlation between Photons in Two Coherent Beams of Light[J]. Nature，1956，178(1046).

[29] He Y M，He Y，Wei Y J，et al. On-Demand Semiconductor Single-Photon Source with Near-Unity Indistinguishability[J]. Nat. Nanotech.，2013，8(213).

[30] Wei Y J，He Y M，Chen M C，et al. Deterministic and Robust generation of Single Photons from a Single Quantum Dot with 99.5% Indistinguishability Using Adiabatic Rapid Passage[J]. Nano Lett.，2014，14(6515).

[31] Gazzano O，S M de Vasconcellos，Arnold C，et al. Bright Solid-State Sources of Indistinguishable Single Photons[J]. Nat. Commun.，2013，4(1425).

[32] Ding X，He Y，Duan Z C，et al. On-Demand Single Photons with High Extraction Efficiency and Near-Unity Indistinguishability from a Resonantly Driven Quantum Dot in a Micropillar[J]. Phys. Rev. Lett.，2016，116(020401).

[33] Wang H，Duan Z C，Li Y H，et al. Near-Transform-Limited Single Photons from an Efficient Solid-State Quantum Emitter[J]. Phys. Rev. Lett.，2016，116(213601).

[34] Wang H，He Y，Li Y H，et al. High-Efficiency Multiphoton Boson Sampling[J]. Nat. Photonics，2017，11(361).

[35] Wang H，Li W，Jiang X，et al. Toward Scalable Boson Sampling with Photon Loss[J]. Phys. Rev. Lett.，2018，120(230502).

[36] Yoshie T，Scherer A，Hendrickson J，et al. Vacuum Rabi Splitting with a Single Quantum Dot in a Photonic Crystal Nanocavity[J]. Nature，2004，432(200).

[37] Englund D，Fattal D，Waks E，et al. Controlling the Spontaneous Emission Rate of Single Quantum Dots in a Two-Dimensional Photonic Crystal[J]. Phys. Rev. Lett.，2005，95(013904).

[38] Fischer K A，Hanschke L，Wierzbowski J，et al. Signatures of Two-Photon Pulses from a Quantum Two-Level System[J]. Nat. Phys.，2017，13(649).

[39] Schweickert L，Jöns K D，Zeuner K D，et al. On-Demand Generation of Background-Free Single Photons from a Solid-State Source[J]. Appl. Phys. Lett.，2018，112(093106).

[40] Hanschke L，Fischer K A，Appel S，et al. Quantum Dot Single-Photon Sources with Ultra-Low Multi-Photon Probability[J]. NPJ Quantum Inform.，2018，4(43).

[41] Claudon J，Bleuse J，Malik N S，et al. A Highly Efficient Single-Photon Source based on a Quantum Dot in a Photonic Nanowire[J]. Nat. Photon.，2010，4(174).

[42] Reimer M E，Bulgarini G，Akopian N，et al. Bright Single-Photon Sources in Bottom-Up Tailored Nanowires[J]. Nat. Commun.，2012，3(737).

[43] Laucht A，Pütz S，Günthner T，et al. A Waveguide-Coupled on-Chip Single-Photon Source[J]. Phys. Rev.，2012，X2(011014).

[44] Kiršanskė G，Thyrrestrup H，Daveau R S，et al. Indistinguishable and Efficient Single Photons from a Quantum Dot in a Planar Nanobeam Waveguide[J]. Phys. Rev.，2017，B 96(165306).

[45] Haffouz S，Zeuner K D，Dalacu D，et al. Bright Single InAsP Quantum Dots at Telecom Wavelengths in Position-Controlled InP Nanowires: The Role of the Photonic Waveguide[J]. Nano Lett.，2018，18(3047).

[46] Kim J H，Aghaeimeibodi S，Richardson C J K，et al. Hybrid Integration of Solid-State Quantum Emitters on a Silicon Photonic Chip[J]. Nano Lett.，2017，17(7394).

[47] Liu F，Brash A J，O'Hara J，et al. High Purcell Factor Generation of Indistinguishable on-Chip Single Photons[J]. Nat. Nanotech.，2018，13(835).

[48] Snijders H，Frey J A，Norman J，et al. Fiber-Coupled Cavity-QED Source of Identical Single

Photons[J]. Phys. Rev. Appl.，2018，9(031002).

[49] Xu X，Yao W，Xiao D，et al. Spin and Pseudospins in Layered Transition Metal Dichalcogenides [J]. Nat. Phys.，2014，10(343).

[50] He Y M，Clark G，Schaibley J R，et al. Single Quantum Emitters in Monolayer Semiconductors [J]. Nat. Nanotechnol.，2015，10(497).

[51] Srivastava A，Sidler M，Allain A V，et al. Optically Active Quantum Dots in Monolayer WSe2 [J]. Nat. Nanotechnol.，2015，10(491).

[52] Koperski M，Nogajewski K，Arora A，et al. Single Photon Emitters in Exfoliated WSe2 Structures[J]. Nat. Nanotechnol.，2015，10(503).

[53] Chakraborty C，Kinnischtzke L，Goodfellow K M，et al. Voltage-Controlled Quantum Light from an Atomically Thin Semiconductor[J]. Nat. Nanotechnol.，2015，10(507).

[54] Chen Z S，Ma B，Shang X J，et al. Bright Single-Photon Source at 1.3 m based on InAs Bilayer Quantum Dot in Micropillar[J]. Nanoscale Res. Lett.，2017，12(378).

[55] Ma B，Chen Z S，Wei S H，et al. Single Photon Extraction from Self-Assembled Quantum Dots Via Stable Fiber Array Coupling[J]. Appl. Phys. Lett.，2017，110(142104).

第 7 章

半导体量子点级联多光子发射

引言

利用量子级联光发射效应可以产生按一定时间顺序发射的多个光子. 这种可控有序多光子源在量子信息处理中同样具有重要的应用价值. 半导体量子点多激子体系所产生的级联光子对还有一个显著的优点, 即级联光子的能量是不相同的, 这将有利于实际应用. 此外, 对于耦合量子点双激子体系而言, 级联光子对的发射是其耦合的一个重要特征. 因此, 对该体系中的级联光子对的探测是研究其耦合效应的一个重要途径和方法. 本章介绍单量子点中三能级双激子体系和四能级三激子体系在脉冲激发下的级联光发射特性, 重点介绍耦合量子点四能级双激子体系在脉冲激发下的粒子数和二阶互相关函数的运动方程, 并分析多种参数对其级联光发射特性的影响.

7.1　单量子点中双激子三能级体系级联光子对的发射特性

7.1.1　双激子三能级体系粒子数运动方程

当激发脉冲的脉宽小于几个 ps 时,量子点中容易产生双激子[1].激子和双激子的跃迁可以产生偏振平行的光子对.图 7.1 是激子-双激子三能级结构示意图.三个能级分别为双激子态$|b\rangle$,激子态$|e\rangle$以及真空态$|v\rangle$.

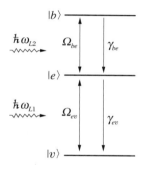

图 7.1　激子-双激子三能级结构示意图

在旋转波近似下,相互作用表象中系统的相互作用哈密顿量为[2]

$$\hat{H}^{(i)} = \frac{1}{2}\hbar\left[\Omega_{ev}\mathrm{e}^{-\mathrm{i}\omega_{L1}t}\hat{\sigma}_{ev}^{(i)}(t) + \Omega_{be}\mathrm{e}^{-\mathrm{i}\omega_{L2}t}\hat{\sigma}_{be}^{(i)}(t) + \mathrm{h.c.}\right] \tag{7.1}$$

其中上标(i)表示相互作用表象,$\Omega_{ev}(t)\mathrm{e}^{-\mathrm{i}\omega_{L1}t}$,$\Omega_{be}\mathrm{e}^{-\mathrm{i}\omega_{L2}t}$分别是相互作用表象中$|e\rangle\sim|v\rangle$和$|b\rangle\sim|e\rangle$之间跃迁的 Rabi 频率,$\omega_{L1}$,$\omega_{L2}$分别是激发光场的频率.$\hat{\sigma}_{ev}^{(i)} = \hat{\sigma}_{ev}\mathrm{e}^{\mathrm{i}\omega_{ev}t}$,$\hat{\sigma}_{be}^{(i)} = \hat{\sigma}_{be}\mathrm{e}^{\mathrm{i}\omega_{be}t}$是相互作用表象中的偶极跃迁算符,$\hat{\sigma}_{ev} = |e\rangle\langle v|$,$\hat{\sigma}_{be} = |b\rangle\langle e|$是 Schrödinger 表象中的偶极跃迁算符,ω_{ev},ω_{be}分别是$|e\rangle$与$|v\rangle$以及$|b\rangle$与$|e\rangle$之间的跃迁频率.

系统的主方程为$\dot{\hat{\rho}} = -(\mathrm{i}/\hbar)[\hat{H}^{(i)},\hat{\rho}] + L(\hat{\rho})$,其中耗散项$L(\hat{\rho})$为

$$L(\hat{\rho}) = \frac{1}{2}\Big[\gamma_{be}(2\,\hat{\sigma}_{eb}^{(i)}\hat{\rho}\,\hat{\sigma}_{be}^{(i)} - \hat{\sigma}_{bb}\hat{\rho} - \hat{\rho}\,\hat{\sigma}_{bb})$$

$$+ \gamma_{ev}(2\,\hat{\sigma}_{ve}^{(i)}\hat{\rho}\,\hat{\sigma}_{ev}^{(i)} - \hat{\sigma}_{ee}\hat{\rho} - \hat{\rho}\,\hat{\sigma}_{ee})\Big] \tag{7.2}$$

上式中忽略了纯位相退相干项的影响.

将(7.1),(7.2)式代入主方程可以得到各个密度矩阵元的运动方程.定义粒子数赝矢量 $\boldsymbol{\rho} = \{\rho_{vv}, \rho_{ee}, \rho_{bb}, \tilde{\rho}_{ve}, \tilde{\rho}_{ev}, \tilde{\rho}_{eb}, \tilde{\rho}_{be}, \tilde{\rho}_{vb}, \tilde{\rho}_{bv}\}$,可以得到运动方程的矩阵形式(见附录3.1):

$$\frac{\mathrm{d}}{\mathrm{d}t}\boldsymbol{\rho}(t) = \boldsymbol{M}^{(\rho)}(t)\boldsymbol{\rho}(t) - \boldsymbol{\Gamma}^{(\rho)}\boldsymbol{\rho}(t) \tag{7.3}$$

其中 $\boldsymbol{M}^{(\rho)}$ 为外场驱动项,$\boldsymbol{\Gamma}^{(\rho)}$ 为衰减项,其矩阵形式分别为

$$\boldsymbol{M}^{(\rho)}(t) = \frac{\mathrm{i}}{2}\begin{pmatrix} 0 & 0 & 0 & \Omega_{ev} & -\Omega_{ev} & 0 & 0 & 0 & 0 \\ 0 & 0 & 0 & -\Omega_{ev} & \Omega_{ev} & \Omega_{be} & -\Omega_{be} & 0 & 0 \\ 0 & 0 & 0 & 0 & 0 & -\Omega_{be} & \Omega_{be} & 0 & 0 \\ \Omega_{ev} & -\Omega_{ev} & 0 & 2\delta_{ev} & 0 & 0 & 0 & \Omega_{be} & 0 \\ -\Omega_{ev} & \Omega_{ev} & 0 & 0 & -2\delta_{ev} & 0 & 0 & 0 & -\Omega_{be} \\ 0 & \Omega_{be} & -\Omega_{be} & 0 & 0 & 2\delta_{be} & 0 & -\Omega_{ev} & 0 \\ 0 & -\Omega_{be} & \Omega_{be} & 0 & 0 & 0 & -2\delta_{be} & 0 & \Omega_{ev} \\ 0 & 0 & 0 & \Omega_{be} & 0 & -\Omega_{ev} & 0 & 2(\delta_{ev}+\delta_{be}) & 0 \\ 0 & 0 & 0 & 0 & -\Omega_{be} & 0 & \Omega_{ev} & 0 & -2(\delta_{ev}+\delta_{be}) \end{pmatrix}$$
$$\tag{7.4}$$

$$\boldsymbol{\Gamma}^{(\rho)} = \begin{pmatrix} 0 & -\gamma_{ev} & 0 & 0 & 0 & 0 & 0 & 0 & 0 \\ 0 & \gamma_{ev} & -\gamma_{be} & 0 & 0 & 0 & 0 & 0 & 0 \\ 0 & 0 & \gamma_{be} & 0 & 0 & 0 & 0 & 0 & 0 \\ 0 & 0 & 0 & \dfrac{\gamma_{ev}}{2} & 0 & 0 & 0 & 0 & 0 \\ 0 & 0 & 0 & 0 & \dfrac{\gamma_{ev}}{2} & 0 & 0 & 0 & 0 \\ 0 & 0 & 0 & 0 & 0 & \dfrac{\gamma_{ev}+\gamma_{be}}{2} & 0 & 0 & 0 \\ 0 & 0 & 0 & 0 & 0 & 0 & \dfrac{\gamma_{ev}+\gamma_{be}}{2} & 0 & 0 \\ 0 & 0 & 0 & 0 & 0 & 0 & 0 & \dfrac{\gamma_{be}}{2} & 0 \\ 0 & 0 & 0 & 0 & 0 & 0 & 0 & 0 & \dfrac{\gamma_{be}}{2} \end{pmatrix} \tag{7.5}$$

由(7.3)～(7.5)式可以求得 ρ_{bb}，ρ_{ee} 以及 ρ_{vv} 的动力学过程.

7.1.2 双激子三能级体系二阶交叉相关函数运动方程

由 $|b\rangle\sim|e\rangle$ 和 $|e\rangle\sim|v\rangle$ 的激子复合所发射的光子的二阶交叉相关函数 $G_{be\to ev}^{(2)}(\tau)$ 通过对 $G_{be\to ev}^{(2)}(t,\tau)$ 求积分而得到[3]，即

$$G_{be\to ev}^{(2)}(\tau) = \lim_{T_d\to\infty}\int_0^{T_d} G_{be\to ev}^{(2)}(t,\tau)\mathrm{d}t \quad (\tau>0) \tag{7.6}$$

其中 $G_{be\to ev}^{(2)}(t,\tau)$ 表示先辐射 $|b\rangle\sim|e\rangle$ 光子后辐射 $|e\rangle\sim|v\rangle$ 光子的双时二阶互相关函数，其定义式为[2]

$$G_{be\to ev}^{(2)}(t,\tau) = \langle\hat{\sigma}_{eb}^+(t)\,\hat{\sigma}_{ve}^+(t+\tau)\,\hat{\sigma}_{ve}(t+\tau)\,\hat{\sigma}_{eb}(t)\rangle \tag{7.7}$$

通过求解一组微分方程可以得到 $G_{be\to ev}^{(2)}(t,\tau)$ 的值，将该微分方程组中涉及的参量简记为

$$G_{mm}^{(2)}(t,\tau) = \langle\hat{\sigma}_{eb}^+(t)\,\hat{\sigma}_{vm}^+(t+\tau)\,\hat{\sigma}_{vm}(t+\tau)\,\hat{\sigma}_{eb}(t)\rangle$$
$$(m = v,e,b) \tag{7.8}$$
$$G_{mn}^{(2)}(t,\tau) = \langle\hat{\sigma}_{eb}^+(t)\,\hat{\sigma}_{mn}(t+\tau)\,\hat{\sigma}_{eb}(t)\rangle$$
$$(m,n = v,e,b; m\neq n) \tag{7.9}$$

注意在(7.8)式中 $G_{mm}^{(2)}(t,\tau) = G_{be\to mv}^{(2)}(t,\tau)(m = v,e,b)$. 定义该双激子三能级体系中 $G_{be\to ev}^{(2)}(t,\tau)$ 对应的双时二阶相关函数矢量 $\boldsymbol{G}_{be\to ev}(t,\tau)$ 为

$$\boldsymbol{G}_{be\to ev}(t,\tau) = \{G_{vv}^{(2)}, G_{ee}^{(2)}, G_{bb}^{(2)}, \widetilde{G}_{ve}^{(2)}, \widetilde{G}_{ev}^{(2)}, \widetilde{G}_{eb}^{(2)}, \widetilde{G}_{be}^{(2)}, \widetilde{G}_{vb}^{(2)}, \widetilde{G}_{bv}^{(2)}\}$$

其中

$$\begin{cases}
\widetilde{G}_{ev}^{(2)} = \mathrm{e}^{-\mathrm{i}\omega_{L1}(t+\tau)}\langle\hat{\sigma}_{eb}^+(t)\,\hat{\sigma}_{ev}(t+\tau)\,\hat{\sigma}_{eb}(t)\rangle \\
\widetilde{G}_{ve}^{(2)} = \mathrm{e}^{\mathrm{i}\omega_{L1}(t+\tau)}\langle\hat{\sigma}_{eb}^+(t)\,\hat{\sigma}_{ve}(t+\tau)\,\hat{\sigma}_{eb}(t)\rangle \\
\widetilde{G}_{be}^{(2)} = \mathrm{e}^{-\mathrm{i}\omega_{L2}(t+\tau)}\langle\hat{\sigma}_{eb}^+(t)\,\hat{\sigma}_{be}(t+\tau)\,\hat{\sigma}_{eb}(t)\rangle \\
\widetilde{G}_{eb}^{(2)} = \mathrm{e}^{\mathrm{i}\omega_{L2}(t+\tau)}\langle\hat{\sigma}_{eb}^+(t)\,\hat{\sigma}_{eb}(t+\tau)\,\hat{\sigma}_{eb}(t)\rangle \\
\widetilde{G}_{bv}^{(2)} = \mathrm{e}^{-\mathrm{i}(\omega_{L1}+\omega_{L2})(t+\tau)}\langle\hat{\sigma}_{eb}^+(t)\,\hat{\sigma}_{bv}(t+\tau)\,\hat{\sigma}_{eb}(t)\rangle \\
\widetilde{G}_{vb}^{(2)} = \mathrm{e}^{\mathrm{i}(\omega_{L1}+\omega_{L2})(t+\tau)}\langle\hat{\sigma}_{eb}^+(t)\,\hat{\sigma}_{vb}(t+\tau)\,\hat{\sigma}_{eb}(t)\rangle
\end{cases} \tag{7.10}$$

由系统的主方程可以得到矢量 $\boldsymbol{G}_{be\to ev}(t,\tau)$ 中各参量随延时 τ 的运动方程(参见附录 7.1),其矩阵形式为

$$\frac{\mathrm{d}}{\mathrm{d}\tau}\boldsymbol{G}_{be\to ev}(t,\tau) = \boldsymbol{M}^{(G)}(t+\tau)\boldsymbol{G}_{be\to ev}(t,\tau) - \boldsymbol{\Gamma}^{(G)}\boldsymbol{G}_{be\to ev}(t,\tau) \tag{7.11}$$

其中

$$\boldsymbol{M}^{(G)}(t+\tau) = -\frac{\mathrm{i}}{2}\begin{pmatrix} 0 & 0 & 0 & \Omega_{ev} & -\Omega_{ev} & 0 & 0 & 0 & 0 \\ 0 & 0 & 0 & -\Omega_{ev} & \Omega_{ev} & \Omega_{be} & -\Omega_{be} & 0 & 0 \\ 0 & 0 & 0 & 0 & 0 & -\Omega_{be} & \Omega_{be} & 0 & 0 \\ \Omega_{ev} & -\Omega_{ev} & 0 & 2\delta_{ev} & 0 & 0 & 0 & \Omega_{be} & 0 \\ -\Omega_{ev} & \Omega_{ev} & 0 & 0 & -2\delta_{ev} & 0 & 0 & 0 & -\Omega_{be} \\ 0 & \Omega_{be} & -\Omega_{be} & 0 & 0 & 2\delta_{be} & 0 & -\Omega_{ev} & 0 \\ 0 & -\Omega_{be} & \Omega_{be} & 0 & 0 & 0 & -2\delta_{be} & 0 & \Omega_{ev} \\ 0 & 0 & 0 & \Omega_{be} & 0 & -\Omega_{ev} & 0 & 2(\delta_{ev}+\delta_{be}) & 0 \\ 0 & 0 & 0 & 0 & -\Omega_{be} & 0 & \Omega_{ev} & 0 & -2(\delta_{ev}+\delta_{be}) \end{pmatrix} \tag{7.12}$$

$$\boldsymbol{\Gamma}^{(G)} = \begin{pmatrix} 0 & -\gamma_{ev} & 0 & 0 & 0 & 0 & 0 & 0 & 0 \\ 0 & \gamma_{ev} & -\gamma_{be} & 0 & 0 & 0 & 0 & 0 & 0 \\ 0 & 0 & \gamma_{be} & 0 & 0 & 0 & 0 & 0 & 0 \\ 0 & 0 & 0 & \frac{\gamma_{ev}}{2} & 0 & 0 & 0 & 0 & 0 \\ 0 & 0 & 0 & 0 & \frac{\gamma_{ev}}{2} & 0 & 0 & 0 & 0 \\ 0 & 0 & 0 & 0 & 0 & \frac{\gamma_{ev}+\gamma_{be}}{2} & 0 & 0 & 0 \\ 0 & 0 & 0 & 0 & 0 & 0 & \frac{\gamma_{ev}+\gamma_{be}}{2} & 0 & 0 \\ 0 & 0 & 0 & 0 & 0 & 0 & 0 & \frac{\gamma_{be}}{2} & 0 \\ 0 & 0 & 0 & 0 & 0 & 0 & 0 & 0 & \frac{\gamma_{be}}{2} \end{pmatrix} \tag{7.13}$$

由 $\boldsymbol{G}_{be\to ev}(t,\tau)$ 的定义知,$\boldsymbol{G}_{be\to ev}(t,\tau)$ 的初值为 $\boldsymbol{G}_{be\to ev}(t,0^+) = \{0,\rho_{bb}(t),0,0,0,0,0,0,0\}$. 比较 $\boldsymbol{M}^{(\rho)}(t)$ 和 $\boldsymbol{M}^{(G)}(t+\tau)$ 可知,两者在形式上仅仅相差一个负号,而 $\boldsymbol{\Gamma}^{(\rho)}$ 与 $\boldsymbol{\Gamma}^{(G)}$ 的表达式相同.

通过方程(7.11)和关系式(7.6)可以求得 $G_{be \to ev}(t, \tau)$ 在 $\tau > 0$ 时的值. 由相同的方法可以求得先辐射 $|e\rangle \sim |v\rangle$ 光子后辐射 $|b\rangle \sim |e\rangle$ 光子的双时二阶互相关函数 $G_{ev \to be}^{(2)}(t, \tau)$ 在 $\tau > 0$ 时的值, 利用关系式 $G_{be \to ev}^{(2)}(t, -\tau) = G_{ev \to be}^{(2)}(t, \tau)$ 可以得到 $G_{be \to ev}(t, \tau)$ 在 $\tau < 0$ 时的值[1].

图 7.2(a) 是激发光场的示意图和光子对发射的示意图. 图 7.2(b) 和 (c) 分别是输入脉冲的脉冲面积 $\theta = \int \Omega_{ev}(t) \mathrm{d}t$ 为 0.5π 和 π 时 $G_{be \to ev}(\tau)$ 的值, 在计算中取 $\Omega_{ev}(t) = \Omega_{be}(t)$. 由图可知, 二阶相关函数 $G_{be \to ev}(\tau)$ 显示出反聚束效应 ($\tau < 0$) 和聚束效应 ($\tau > 0$), 这表明光子发射的过程是级联的[4], 理论计算与实验结果一致[5-7]. 首先由 $|b\rangle \sim |e\rangle$ 跃迁先辐射光子, 之后 $|e\rangle \sim |v\rangle$ 跃迁辐射光子. 图 7.2(a) 是该过程光子发射的简单示意图. 为了描述一个脉冲周期内级联光子对发射的概率大小, 引入参量 p, 定义为中间峰值的面积和周围峰值的面积的比. p 值越大, 单个周期内级联光子对发射的级联越大. 图 7.2(d) 是不同 $\Omega_{be}(t)/\Omega_{ev}(t)$ 值时 p 值随输入脉冲面积的变化. 由图可以看出, 对不同的 $\Omega_{be}(t)/\Omega_{ev}(t)$ 值, 当输入脉冲面积 $\theta < \pi/2$ 时, p 值较大, 表明单个周期内发射级联光子对的概率较大; 当输入脉冲面积大约为 π 时, p 值达到最小, 表明此时体系单个周期内辐射级联光子对的概率最小. 当输入脉冲面积较小时, $\Omega_{be}(t)/\Omega_{ev}(t)$ 值越小, 单个周期内辐射级联光子对的概率越大; 当输入脉冲面积较大时, $\Omega_{be}(t)/\Omega_{ev}(t)$ 值越大, 单个周期内辐射级联光子对的概率越大.

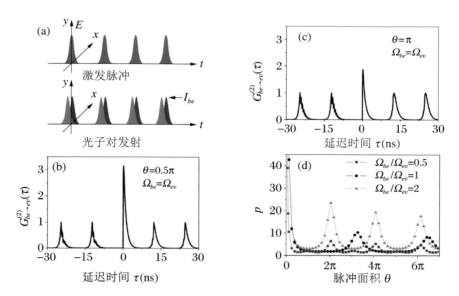

图 7.2　(a) 激发光场和光子发射示意图; (b), (c) 二阶相关函数的示意图; (d) p 随不同输入脉冲面积和不同 $\Omega_{be}(t)/\Omega_{ev}(t)$ 的变化

7.2 耦合量子点双激子体系级联光子对的发射特性

7.2.1 耦合量子点双激子体系的粒子数运动方程

为了实现大规模的固态量子计算,必须要实现量子点之间的耦合.基于两个耦合量子点产生纠缠的光子对可以实现一些量子比特门的操作[8-12]以及电子传输[13]等.简化的耦合量子点能级结构如图7.3(a)所示[14].四个能级分别为双激子态$|b\rangle$,量子点Ⅰ中的激子态$|x\rangle$,量子点Ⅱ中的激子态$|y\rangle$以及系统的真空态$|v\rangle$.量子点之间的偶极相互作用以及声子辅助的能量传输等使得两个量子点激子态$|x\rangle$以及$|y\rangle$态之间存在定向的能量传输γ_{xy}[15-16].

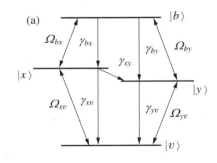

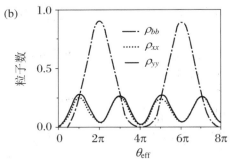

图 7.3　(a) 耦合量子点的简化能级示意图;(b) 共振激发下$|b\rangle$,$|x\rangle$,$|y\rangle$上的粒子数随输入脉冲面积θ_{eff}的变化

在旋转波近似下,相互作用表象中系统的相互作用哈密顿量为

$$\hat{H}^{(i)} = \frac{1}{2}\hbar\big[\hat{\sigma}^{(i)}_{xv}(t)\Omega_{xv}(t)\mathrm{e}^{-\mathrm{i}\omega_{L1}t} + \hat{\sigma}^{(i)}_{yv}(t)\Omega_{yv}(t)\mathrm{e}^{-\mathrm{i}\omega_{L1}t}$$

$$+ \hat{\sigma}^{(i)}_{bx}(t)\Omega_{bx}(t)\mathrm{e}^{-\mathrm{i}\omega_{L2}t} + \hat{\sigma}^{(i)}_{by}(t)\Omega_{by}(t)\mathrm{e}^{-\mathrm{i}\omega_{L2}t} + h.c.\big] \tag{7.14}$$

其中上标 (i) 表示相互作用表象, $\Omega_{xv}(t)\mathrm{e}^{-\mathrm{i}\omega_{L1}t}$, $\Omega_{yv}(t)\mathrm{e}^{-\mathrm{i}\omega_{L1}t}$, $\Omega_{bx}(t)\mathrm{e}^{-\mathrm{i}\omega_{L2}t}$, $\Omega_{by}(t)\mathrm{e}^{-\mathrm{i}\omega_{L2}t}$ 分别是相互作用表象中 $|x\rangle \sim |v\rangle$, $|y\rangle \sim |v\rangle$, $|b\rangle \sim |x\rangle$, $|b\rangle \sim |y\rangle$ 之间跃迁的 Rabi 频率. $\hat{\sigma}^{(i)}_{mn} = \hat{\sigma}_{mn}\mathrm{e}^{\mathrm{i}\omega_{mn}t}$ 是相互作用表象中的偶极跃迁算符, $\hat{\sigma}_{mn} = |m\rangle\langle n|$ 是 Schrödinger 表象中的偶极跃迁算符, ω_{mn} 是 $|m\rangle$ 与 $|n\rangle$ 之间的跃迁频率, ω_{L1}, ω_{L2} 是激发光场的频率.

系统动力学的主方程为 $\dot{\hat{\rho}} = -(\mathrm{i}/\hbar)\big[\hat{H}^{(i)},\hat{\rho}\big] + L(\hat{\rho})$, 其中耗散项 $L(\hat{\rho})$ 为

$$L(\hat{\rho}) = \frac{1}{2}\big[\gamma_{bx}(2\hat{\sigma}^{(i)}_{xb}\hat{\rho}\hat{\sigma}^{(i)}_{bx} - \hat{\sigma}_{bb}\hat{\rho} - \hat{\rho}\hat{\sigma}_{bb})$$

$$+ \gamma_{by}(2\hat{\sigma}^{(i)}_{yb}\hat{\rho}\hat{\sigma}^{(i)}_{by} - \hat{\sigma}_{bb}\hat{\rho} - \hat{\rho}\hat{\sigma}_{bb})$$

$$+ \gamma_{xv}(2\hat{\sigma}^{(i)}_{vx}\hat{\rho}\hat{\sigma}^{(i)}_{xv} - \hat{\sigma}_{xx}\hat{\rho} - \hat{\rho}\hat{\sigma}_{xx})$$

$$+ \gamma_{yv}(2\hat{\sigma}^{(i)}_{vy}\hat{\rho}\hat{\sigma}^{(i)}_{yv} - \hat{\sigma}_{yy}\hat{\rho} - \hat{\rho}\hat{\sigma}_{yy})$$

$$+ \gamma_{xy}(2\hat{\sigma}^{(i)}_{yx}\hat{\rho}\hat{\sigma}^{(i)}_{xy} - \hat{\sigma}_{xx}\hat{\rho} - \hat{\rho}\hat{\sigma}_{xx})\big] \tag{7.15}$$

将哈密顿量(7.14)和耗散项(7.15)代入系统的主方程,可以得到各个密度矩阵元的运动方程.

定义该系统的密度矩阵元矢量

$$\boldsymbol{\rho} = \{\rho_{vv}, \rho_{xx}, \rho_{yy}, \rho_{bb}, \tilde{\rho}_{vx}, \tilde{\rho}_{xv}, \tilde{\rho}_{vy}, \tilde{\rho}_{yv}, \tilde{\rho}_{xb}, \tilde{\rho}_{bx}, \tilde{\rho}_{yb}, \tilde{\rho}_{by}, \tilde{\rho}_{xy}, \tilde{\rho}_{yx}, \tilde{\rho}_{vb}, \tilde{\rho}_{bv}\}$$

可以将上面的运动方程写成矩阵形式:

$$\frac{\mathrm{d}}{\mathrm{d}t}\boldsymbol{\rho}(t) = \boldsymbol{M}^{(\rho)}(t)\boldsymbol{\rho}(t) - \boldsymbol{\Gamma}^{(\rho)}\boldsymbol{\rho}(t) \tag{7.16}$$

其中 $\boldsymbol{M}^{(\rho)}$ 为外场驱动项,其矩阵形式见(7.17)式; $\boldsymbol{\Gamma}^{(\rho)}$ 为衰减项,其矩阵形式见(7.18)式.

$$M(\rho) = \frac{\mathrm{i}}{2}\begin{pmatrix}
0 & 0 & 0 & \Omega_{xv} & 0 & 0 & 0 & 0 & \Omega_{xv} & 0 & 0 & 0 & 0 & 0\\
-\Omega_{xv} & 0 & 0 & -\Omega_{xv} & 0 & 0 & 0 & 0 & -\Omega_{xv} & 0 & 0 & 0 & 0 & 0\\
\Omega_{yv} & -\Omega_{yv} & 0 & 0 & \Omega_{yv} & 0 & 0 & 0 & \Omega_{yv} & 0 & 0 & 0 & 0 & 0\\
-\Omega_{yv} & \Omega_{yv} & 0 & 0 & -\Omega_{yv} & 0 & 2\delta_{xv} & 0 & 0 & 0 & 0 & 0 & 0 & 0\\
0 & 0 & 0 & 2\delta_{xv} & 0 & 0 & 0 & 0 & 0 & 0 & 0 & 0 & 0 & 0\\
0 & 0 & 0 & 0 & 0 & 0 & 0 & -2\delta_{xv} & 0 & 0 & 0 & 0 & 0 & 0\\
0 & 0 & \Omega_{bx} & 0 & 0 & 0 & 0 & 0 & 0 & 2\delta_{bx} & 0 & 0 & 0 & 0\\
0 & 0 & -\Omega_{bx} & 0 & 0 & 0 & 0 & 0 & 0 & 0 & -2\delta_{bx} & 0 & 0 & 0\\
0 & 0 & \Omega_{by} & -\Omega_{by} & 0 & 0 & 0 & 0 & 0 & 0 & 0 & 0 & 2\delta_{by} & 0\\
0 & 0 & -\Omega_{by} & \Omega_{by} & 0 & 0 & 0 & 0 & 0 & 0 & 0 & -2\delta_{by} & 0 & 0\\
\Omega_{yv} & -\Omega_{yv} & 0 & 0 & \Omega_{yv} & 0 & \Omega_{bx} & \Omega_{by} & 0 & 0 & 0 & 0 & 0 & 0\\
-\Omega_{xv} & \Omega_{xv} & 0 & 0 & -\Omega_{xv} & \Omega_{bx} & -\Omega_{bx} & 0 & -\Omega_{by} & \Omega_{by} & -\Omega_{bx} & \Omega_{bx} & 0 & 0\\
0 & 0 & 0 & 0 & 0 & 0 & 0 & 0 & 0 & 0 & 2\Delta & -2\Delta & 0 & 0\\
0 & 0 & 0 & 0 & 0 & \Omega_{yv} & -\Omega_{yv} & \Omega_{xv} & -\Omega_{xv} & \Omega_{yv} & \Omega_{bx} & 0 & 2(\delta_{bx}+\delta_{xv}) & -2(\delta_{bx}+\delta_{xv})
\end{pmatrix}$$

$$(7.17)$$

$$\boldsymbol{\varGamma}^{(\rho)} = \begin{pmatrix} \boldsymbol{\varGamma}_{\mathrm{I}} & 0 \\ 0 & \boldsymbol{\varGamma}_{\mathrm{II}} \end{pmatrix} \tag{7.18}$$

其中

$$\boldsymbol{\varGamma}_{\mathrm{I}} = \begin{pmatrix} 0 & -\gamma_{xv} & -\gamma_{yv} & 0 & 0 & 0 & 0 & 0 \\ 0 & \gamma_{xv}+\gamma_{xy} & 0 & -\gamma_{bx} & 0 & 0 & 0 & 0 \\ 0 & -\gamma_{xy} & \gamma_{yv} & -\gamma_{by} & 0 & 0 & 0 & 0 \\ 0 & 0 & 0 & \gamma_{by}+\gamma_{bx} & 0 & 0 & 0 & 0 \\ 0 & 0 & 0 & 0 & \dfrac{\gamma_{xv}+\gamma_{xy}}{2} & 0 & 0 & 0 \\ 0 & 0 & 0 & 0 & 0 & \dfrac{\gamma_{xv}+\gamma_{xy}}{2} & 0 & 0 \\ 0 & 0 & 0 & 0 & 0 & 0 & \dfrac{\gamma_{yv}}{2} & 0 \\ 0 & 0 & 0 & 0 & 0 & 0 & 0 & \dfrac{\gamma_{yv}}{2} \end{pmatrix}$$

$$\boldsymbol{\varGamma}_{\mathrm{II}} = \begin{pmatrix} A & 0 & 0 & 0 & 0 & 0 & 0 & 0 \\ 0 & A & 0 & 0 & 0 & 0 & 0 & 0 \\ 0 & 0 & B & 0 & 0 & 0 & 0 & 0 \\ 0 & 0 & 0 & B & 0 & 0 & 0 & 0 \\ 0 & 0 & 0 & 0 & C & 0 & 0 & 0 \\ 0 & 0 & 0 & 0 & 0 & C & 0 & 0 \\ 0 & 0 & 0 & 0 & 0 & 0 & D & 0 \\ 0 & 0 & 0 & 0 & 0 & 0 & 0 & D \end{pmatrix}$$

上式中

$$A = \frac{\gamma_{bx}+\gamma_{by}+\gamma_{xv}+\gamma_{xy}}{2}, \quad B = \frac{\gamma_{bx}+\gamma_{by}+\gamma_{yv}}{2}$$

$$C = \frac{\gamma_{xv}+\gamma_{yv}+\gamma_{xy}}{2}, \quad D = \frac{\gamma_{bx}+\gamma_{by}}{2}$$

图 7.3(b)是根据(7.16)～(7.18)式求得的在共振激发条件下双激子态$|b\rangle$、激子态$|x\rangle$和$|y\rangle$上的粒子数随有效输入脉冲面积 $\theta_{\text{eff}} = 2\int\Omega_{xv}(t)\mathrm{d}t$ 的变化关系.双激子态上粒子数的振荡周期是激子态$|x\rangle$,$|y\rangle$上的两倍,振幅是$|x\rangle$,$|y\rangle$上的大约4倍.由于$|x\rangle$,$|y\rangle$之间存在定向的能量传输,$|x\rangle$上的粒子数振幅要比$|y\rangle$上的小.

7.2.2 耦合量子点双激子体系的二阶交叉相关矢量运动方程

由$|b\rangle\sim|y\rangle$和$|x\rangle\sim|v\rangle$的激子复合所发射的光子的二阶交叉相关函数 $G^{(2)}_{by\to xv}(\tau)$ 通过对 $G^{(2)}_{by\to xv}(t,\tau)$ 求积分而得到[2],即

$$G^{(2)}_{by\to xv}(\tau) = \lim_{T_{\mathrm{d}}\to\infty}\int_0^{T_{\mathrm{d}}} G^{(2)}_{by\to xv}(t,\tau)\mathrm{d}t \quad (\tau > 0) \tag{7.19}$$

其中 $G^{(2)}_{by\to xv}(t,\tau)$ 表示先辐射$|b\rangle\sim|y\rangle$光子后辐射$|x\rangle\sim|v\rangle$光子的双时二阶互相关函数,其定义式为[2]

$$G^{(2)}_{by\to xv}(t,\tau) = \langle \hat{\sigma}^+_{yb}(t)\,\hat{\sigma}^+_{vx}(t+\tau)\,\hat{\sigma}_{vx}(t+\tau)\,\hat{\sigma}_{yb}(t)\rangle \tag{7.20}$$

通过求解一组微分方程可以得到 $G^{(2)}_{by\to xv}(t,\tau)$ 的值,将该微分方程组中涉及的参量简记为

$$G^{(2)}_{mm}(t,\tau) = \langle \hat{\sigma}^+_{yb}(t)\,\hat{\sigma}^+_{vm}(t+\tau)\,\hat{\sigma}_{vm}(t+\tau)\,\hat{\sigma}_{yb}(t)\rangle$$

$$(m = v,x,y,b) \tag{7.21}$$

$$G^{(2)}_{mn}(t,\tau) = \langle \hat{\sigma}^+_{yb}(t)\,\hat{\sigma}_{mn}(t+\tau)\,\hat{\sigma}_{yb}(t)\rangle$$

$$(m,n = v,x,y,b; m \neq n) \tag{7.22}$$

注意在(7.21)式中 $G^{(2)}_{mm}(t,\tau) = G^{(2)}_{by\to mv}(t,\tau)(m = v,x,y,b)$. 定义耦合量子点体系 $G^{(2)}_{by\to xv}(t,\tau)$ 中对应的双时二阶相关函数矢量 $\boldsymbol{G}_{by\to xv}(t,\tau)$:

$$\boldsymbol{G}_{by\to xv}(t,\tau) = \{ G^{(2)}_{vv}, G^{(2)}_{xx}, G^{(2)}_{yy}, G^{(2)}_{bb}, \widetilde{G}^{(2)}_{vx}, \widetilde{G}^{(2)}_{xv}, \widetilde{G}^{(2)}_{vy}, \widetilde{G}^{(2)}_{yv},$$

$$G_{xb}^{(2)}, G_{bx}^{(2)}, \widetilde{G}_{yb}^{(2)}, \widetilde{G}_{by}^{(2)}, \widetilde{G}_{xy}^{(2)}, \widetilde{G}_{yx}^{(2)}, \widetilde{G}_{vb}^{(2)}, \widetilde{G}_{bv}^{(2)} \} \qquad (7.23)$$

其中

$$\widetilde{G}_{by}^{(2)}(t,\tau) = e^{-i\omega_{L2}(t+\tau)} \langle \hat{\sigma}_{yb}^+(t) \hat{\sigma}_{by}(t+\tau) \hat{\sigma}_{yb}(t) \rangle$$

$$\widetilde{G}_{yb}^{(2)}(t,\tau) = e^{i\omega_{L2}(t+\tau)} \langle \hat{\sigma}_{yb}^+(t) \hat{\sigma}_{yb}(t+\tau) \hat{\sigma}_{yb}(t) \rangle$$

$$\widetilde{G}_{bx}^{(2)}(t,\tau) = e^{-i\omega_{L2}(t+\tau)} \langle \hat{\sigma}_{yb}^+(t) \hat{\sigma}_{bx}(t+\tau) \hat{\sigma}_{yb}(t) \rangle$$

$$\widetilde{G}_{xb}^{(2)}(t,\tau) = e^{i\omega_{L2}(t+\tau)} \langle \hat{\sigma}_{yb}^+(t) \hat{\sigma}_{xb}(t+\tau) \hat{\sigma}_{yb}(t) \rangle$$

$$\widetilde{G}_{xv}^{(2)}(t,\tau) = e^{-i\omega_{L1}(t+\tau)} \langle \hat{\sigma}_{yb}^+(t) \hat{\sigma}_{xv}(t+\tau) \hat{\sigma}_{yb}(t) \rangle$$

$$\widetilde{G}_{vx}^{(2)}(t,\tau) = e^{i\omega_{L1}(t+\tau)} \langle \hat{\sigma}_{yb}^+(t) \hat{\sigma}_{vx}(t+\tau) \hat{\sigma}_{yb}(t) \rangle$$

$$\widetilde{G}_{yv}^{(2)}(t,\tau) = e^{-i\omega_{L1}(t+\tau)} \langle \hat{\sigma}_{yb}^+(t) \hat{\sigma}_{yv}(t+\tau) \hat{\sigma}_{yb}(t) \rangle$$

$$\widetilde{G}_{vy}^{(2)}(t,\tau) = e^{i\omega_{L1}(t+\tau)} \langle \hat{\sigma}_{yb}^+(t) \hat{\sigma}_{vy}(t+\tau) \hat{\sigma}_{yb}(t) \rangle$$

$$\widetilde{G}_{bv}^{(2)}(t,\tau) = e^{-i(\omega_{L1}+\omega_{L2})(t+\tau)} \langle \hat{\sigma}_{yb}^+(t) \hat{\sigma}_{bv}(t+\tau) \hat{\sigma}_{yb}(t) \rangle$$

$$\widetilde{G}_{vb}^{(2)}(t,\tau) = e^{i(\omega_{L1}+\omega_{L2})(t+\tau)} \langle \hat{\sigma}_{yb}^+(t) \hat{\sigma}_{vb}(t+\tau) \hat{\sigma}_{yb}(t) \rangle$$

由系统的主方程可以得到矢量 $\boldsymbol{G}_{by \to xv}(t,\tau)$ 中各参量随延时 τ 的运动方程的矩阵形式(见附录7.2):

$$\frac{\mathrm{d}}{\mathrm{d}\tau} \boldsymbol{G}_{by \to xv}(t,\tau) = \boldsymbol{M}^{(G)}(t+\tau) \boldsymbol{G}_{by \to xv}(t,\tau) - \boldsymbol{\Gamma}^{(G)} \boldsymbol{G}_{by \to xv}(t,\tau) \qquad (7.24)$$

其中 $\boldsymbol{M}^{(G)}(t+\tau)$ 为外场驱动项,其矩阵形式见(7.25)式.

$$M^{(G)}(t+\tau) = -\frac{\mathrm{i}}{2}\begin{pmatrix} & & & & & & & & & & & & & \\ & & & & & & & & & & & & & \\ \end{pmatrix}$$

(7.25)

$$\boldsymbol{\Gamma}^{(G)} = \begin{bmatrix} \boldsymbol{\Gamma}_{\mathrm{I}} & 0 \\ 0 & \boldsymbol{\Gamma}_{\mathrm{II}} \end{bmatrix} \tag{7.26}$$

其中

$$\boldsymbol{\Gamma}_{\mathrm{I}} = \begin{bmatrix}
0 & -\gamma_{xv} & -\gamma_{yv} & 0 & 0 & 0 & 0 & 0 \\
0 & \gamma_{xv}+\gamma_{xy} & 0 & -\gamma_{bx} & 0 & 0 & 0 & 0 \\
0 & -\gamma_{xy} & \gamma_{yv} & -\gamma_{by} & 0 & 0 & 0 & 0 \\
0 & 0 & 0 & \gamma_{by}+\gamma_{bx} & 0 & 0 & 0 & 0 \\
0 & 0 & 0 & 0 & \dfrac{\gamma_{xv}+\gamma_{xy}}{2} & 0 & 0 & 0 \\
0 & 0 & 0 & 0 & 0 & \dfrac{\gamma_{xv}+\gamma_{xy}}{2} & 0 & 0 \\
0 & 0 & 0 & 0 & 0 & 0 & \dfrac{\gamma_{yv}}{2} & 0 \\
0 & 0 & 0 & 0 & 0 & 0 & 0 & \dfrac{\gamma_{yv}}{2}
\end{bmatrix}$$

$$\boldsymbol{\Gamma}_{\mathrm{II}} = \begin{bmatrix}
A & 0 & 0 & 0 & 0 & 0 & 0 & 0 \\
0 & A & 0 & 0 & 0 & 0 & 0 & 0 \\
0 & 0 & B & 0 & 0 & 0 & 0 & 0 \\
0 & 0 & 0 & B & 0 & 0 & 0 & 0 \\
0 & 0 & 0 & 0 & C & 0 & 0 & 0 \\
0 & 0 & 0 & 0 & 0 & C & 0 & 0 \\
0 & 0 & 0 & 0 & 0 & 0 & D & 0 \\
0 & 0 & 0 & 0 & 0 & 0 & 0 & D
\end{bmatrix}$$

式中

$$A = \frac{\gamma_{bx}+\gamma_{by}+\gamma_{xv}+\gamma_{xy}}{2}, \quad B = \frac{\gamma_{bx}+\gamma_{by}+\gamma_{yv}}{2}$$

$$C = \frac{\gamma_{xv}+\gamma_{yv}+\gamma_{xy}}{2}, \quad D = \frac{\gamma_{bx}+\gamma_{by}}{2}$$

由 $\boldsymbol{G}_{by\to xv}(t,\tau)$ 的定义知,$\boldsymbol{G}_{by\to xv}(t,\tau)$ 的初值为 $\boldsymbol{G}_{by\to xv}(t,0^{+}) = \{0,\rho_{bb}(t),0,0,0,0,$ $0,0,0,0,0,0,0,0,0,0\}$. 比较 $\boldsymbol{M}^{(\rho)}(t)$ 和 $\boldsymbol{M}^{(G)}(t+\tau)$ 可知,两者在形式上仅仅相差一个负号,而 $\boldsymbol{\Gamma}^{(\rho)}$ 与 $\boldsymbol{\Gamma}^{(G)}$ 的表达式相同.

通过方程(7.19)和关系式(7.24)可以求得 $\boldsymbol{G}_{by\to xv}(t,\tau)$ 在 $\tau > 0$ 时的值.由相同的方

法可以求得先辐射 $|x\rangle\sim|v\rangle$ 光子后辐射 $|b\rangle\sim|y\rangle$ 光子的双时二阶互相关函数 $G_{xv\to by}^{(2)}(t,\tau)$ 在 $\tau>0$ 时的值,利用关系式 $G_{by\to xv}^{(2)}(t,-\tau)=G_{xv\to by}^{(2)}(t,\tau)$ 可以得到 $G_{by\to xv}(t,\tau)$ 在 $\tau<0$ 时的值[2].

7.2.3 级联发射与脉冲面积的关系

图 7.4(a)和(b)是计算得到的当输入脉冲面积 $\theta_{\text{eff}}=2\int\Omega_{xv}(t)\mathrm{d}t$ 为 π 和 4π 时,$|b\rangle$ $\sim|y\rangle$ 和 $|x\rangle\sim|v\rangle$ 的激子复合所发射的光子的二阶交叉相关函数.图 7.4(c)是光子辐射顺序的示意图.由图可以看出,二阶交叉相关函数 $G_{by\to xv}^{(2)}(\tau)$ 展现出强的反聚束效应,这表明 $|b\rangle\sim|y\rangle$ 和 $|x\rangle\sim|v\rangle$ 跃迁在同一个脉冲周期内不能同时辐射光子,是一个单光子发射过程,理论计算与实验结果一致[17].为了描述这种单光子发射概率的大小,定义参量 p 为中间峰值的面积和周围面积的比值,p 值越小,单光子发射概率越大.图 7.4(d)是 p 值随输入脉冲面积的变化关系,由图可以看出,p 随输入脉冲面积增大而单调递增,这表明单个脉冲周期内单光子发射概率随输入脉冲面积的增大而减小.

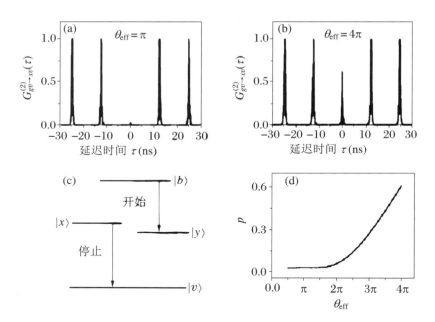

图 7.4 (a)和(b) 输入脉冲面积分别为 0.5π 和 2π 时,二阶交叉相关函数 $G_{by\to xv}^{(2)}(\tau)$ 随延时的关系;
(c) 光子发射过程的示意图;(d) p 随输入脉冲面积的变化关系

利用相同的方法可以求得由 $|b\rangle\sim|y\rangle$ 和 $|y\rangle\sim|v\rangle$ 的激子复合所发射的光子的二阶交叉相关函数 $G_{by\to yv}^{(2)}(\tau)$. 图 7.5(a) 和 (b) 是计算得到的当输入脉冲面积 $\theta_{\mathrm{eff}}=2\int_{-\infty}^{+\infty}\Omega_{xv}(t)\mathrm{d}t$ 为 π 和 4π 时,$|b\rangle\sim|y\rangle$ 和 $|y\rangle\sim|v\rangle$ 的激子复合所发射的光子的 $G_{by\to yv}^{(2)}(\tau)$. 图 7.5(c) 是光子辐射顺序的示意图.由图可以看出,此时耦合量子点的二阶交叉相关函数 $G_{by\to yv}^{(2)}(\tau)$ 与单量子点三能级双激子体系中的二阶交叉相关函数 $G_{be\to ev}^{(2)}(\tau)$ 展现出了相同的性质.由 $|b\rangle\sim|y\rangle$ 和 $|y\rangle\sim|v\rangle$ 的激子复合辐射光子是一个级联的过程.在单个周期内,级联发射光子对的概率随输入脉冲面积的增大而减小.利用本节所得的方程可以描述单量子点中具有不同偏振方向的激子-双激子体系光子的发射特性[18-21]以及纠缠光子对的发射特性[22-24].

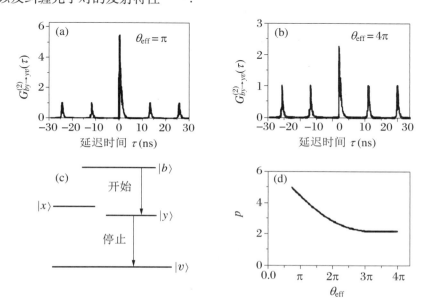

图 7.5　(a)和(b) 输入脉冲面积分别为 π 和 4π 时,二阶交叉相关函数 $G_{by\to yv}^{(2)}(\tau)$ 随延时的关系;(c) 光子发射过程的示意图;(d) p 随输入脉冲面积的变化关系

7.3　三激子体系级联光子对的发射特性

图 7.6(a)是三激子级联体系的能级结构示意图[25],$|p\rangle$,$|b\rangle$,$|x\rangle$,$|v\rangle$ 分别是三激

205

子态、双激子激发态、激子态以及真空态. $|b'\rangle$ 是双激子态的基态. Ω_{ij} 是 $|i\rangle\sim|j\rangle$ 跃迁的 Rabi 频率($i,j=p,b,x,v$). $\gamma_{mn}(m,n=p,b,b',x,v)$ 表示由 $|m\rangle$ 向 $|n\rangle$ 的衰减速率，我们对其在脉冲激发下的统计性质进行了研究[26].

7.3.1　三激子体系粒子数运动方程

在旋转波近似下，相互作用表象中系统的相互作用哈密顿量为

$$
\hat{H}^{(i)} = \frac{1}{2}\hbar\big[\hat{\sigma}_{xv}^{(i)}(t)\Omega_{xv}\mathrm{e}^{-\mathrm{i}\omega_{L1}t} + \hat{\sigma}_{bx}^{(i)}(t)\Omega_{bx}\mathrm{e}^{-\mathrm{i}\omega_{L2}t}
$$
$$
+ \hat{\sigma}_{pb}^{(i)}(t)\Omega_{pb}\mathrm{e}^{-\mathrm{i}\omega_{L3}t} + \mathrm{h.c.}\big] \tag{7.27}
$$

其中上标 (i) 表示相互作用表象，$\Omega_{pb}\mathrm{e}^{-\mathrm{i}\omega_{L3}t},\Omega_{bx}\mathrm{e}^{-\mathrm{i}\omega_{L2}t},\Omega_{xv}\mathrm{e}^{-\mathrm{i}\omega_{L1}t}$ 是相互作用表象中 $|p\rangle\sim|b\rangle,|b\rangle\sim|x\rangle,|x\rangle\sim|v\rangle$ 之间的 Rabi 跃迁频率，$\omega_{L1},\omega_{L2},\omega_{L3}$ 分别是激发光场的频率. $\hat{\sigma}_{pb}^{(i)}=\hat{\sigma}_{pb}\mathrm{e}^{\mathrm{i}\omega_{pb}t},\hat{\sigma}_{bx}^{(i)}=\hat{\sigma}_{bx}\mathrm{e}^{\mathrm{i}\omega_{bx}t},\hat{\sigma}_{xv}^{(i)}=\hat{\sigma}_{xv}\mathrm{e}^{\mathrm{i}\omega_{xv}t}$ 是相互作用表象中的偶极跃迁算符，$\hat{\sigma}_{pb}=|p\rangle\langle b|,\hat{\sigma}_{bx}=|b\rangle\langle x|,\hat{\sigma}_{xv}=|x\rangle\langle v|$ 是 Schrödinger 表象中的偶极跃迁算符，$\omega_{pb},\omega_{bx},\omega_{xv}$ 分别是 $|p\rangle\sim|b\rangle,|b\rangle\sim|x\rangle,|x\rangle\sim|v\rangle$ 之间的跃迁频率.

描述系统的主方程为 $\dot{\hat{\rho}}=-(\mathrm{i}/\hbar)[\hat{H}^{(i)},\hat{\rho}]+L(\hat{\rho})$，其中耗散项 $L(\hat{\rho})$ 为

$$
L(\hat{\rho}) = \frac{1}{2}\big[\gamma_{pb}(2\hat{\sigma}_{bp}^{(i)}\hat{\rho}\hat{\sigma}_{pb}^{(i)} - \hat{\rho}\hat{\sigma}_{pp} - \hat{\sigma}_{pp}\hat{\rho})
$$
$$
+ \gamma_{bb'}(2\hat{\sigma}_{b'b}^{(i)}\hat{\rho}\hat{\sigma}_{bb'}^{(i)} - \hat{\rho}\hat{\sigma}_{bb} - \hat{\sigma}_{bb}\hat{\rho})
$$
$$
+ \gamma_{b'x}(2\hat{\sigma}_{xb'}^{(i)}\hat{\rho}\hat{\sigma}_{b'x}^{(i)} - \hat{\rho}\hat{\sigma}_{b'b'} - \hat{\sigma}_{b'b'}\hat{\rho})
$$
$$
+ \gamma_{xv}(2\hat{\sigma}_{vx}^{(i)}\hat{\rho}\hat{\sigma}_{xv}^{(i)} - \hat{\rho}\hat{\sigma}_{xx} - \hat{\sigma}_{xx}\hat{\rho})\big] \tag{7.28}
$$

将哈密顿量(7.27)和耗散项(7.28)代入系统的主方程，可以得到各个密度矩阵元的运动方程. 定义该系统的密度矩阵元矢量 $\boldsymbol{\rho}=\{\rho_{vv},\rho_{xx},\rho_{bb},\rho_{b'b'},\rho_{pp},\tilde{\rho}_{vx},\tilde{\rho}_{xv},\tilde{\rho}_{xb},\tilde{\rho}_{bx},\tilde{\rho}_{bp},\tilde{\rho}_{pb},\tilde{\rho}_{vb},\tilde{\rho}_{bv},\tilde{\rho}_{xp},\tilde{\rho}_{px},\tilde{\rho}_{vp},\tilde{\rho}_{pv}\}$，可以将运动方程写成矩阵形式(见附录7.3)：

$$
\frac{\mathrm{d}}{\mathrm{d}t}\boldsymbol{\rho}(t) = \boldsymbol{M}^{(\rho)}(t)\boldsymbol{\rho}(t) - \boldsymbol{\Gamma}^{(\rho)}\boldsymbol{\rho}(t) \tag{7.29}
$$

其中 $\boldsymbol{M}^{(\rho)}$ 为外场驱动项，$\boldsymbol{\Gamma}^{(\rho)}$ 为衰减项，其矩阵形式分别为

$$M^{(p)}(t) = \frac{i}{2}\begin{pmatrix}
\Omega_{xv} & -\Omega_{xv} & 0 & 0 & 0 & \Omega_{xv} & -\Omega_{xv} & 0 & 0 & 0 & 0 & 0 \\
-\Omega_{xv} & \Omega_{xv} & \Omega_{xv} & -\Omega_{xv} & 0 & -\Omega_{xv} & \Omega_{xv} & 0 & 0 & 0 & 0 & 0 \\
0 & 0 & -\Omega_{pb} & \Omega_{pb} & 2\delta_{xv} & 0 & 0 & -2\delta_{xv} & 0 & 0 & 0 & 0 \\
0 & 0 & \Omega_{pb} & -\Omega_{pb} & 0 & 0 & 0 & 0 & 0 & 0 & 0 & 0 \\
\Omega_{bx} & & -\Omega_{bx} & & 0 & \Omega_{bx} & -\Omega_{bx} & 0 & 0 & \Omega_{bx} & 0 & 0 \\
-\Omega_{bx} & \Omega_{bx} & & & 2\delta_{bx} & & -2\delta_{bx} & & & & & \\
& & 2\delta_{bx} & -2\delta_{bx} & & & & & & & & \\
& & & & -\Omega_{bx} & \Omega_{xv} & -\Omega_{xv} & 2(\delta_{bx}+\delta_{xv}) & & -\Omega_{bx} & \Omega_{pb} & \\
& & & & & -2(\delta_{bx}+\delta_{xv}) & & & \Omega_{pb} & & -\Omega_{bx} & \\
& & & & & & & & -2(\delta_{pb}+\delta_{bx}) & 2(\delta_{pb}+\delta_{bx}) & & \\
& & & & & & -\Omega_{bp} & & \Omega_{xv} & \Omega_{xv} & 2(\delta_{pb}+\delta_{bx}+\delta_{xv}) & \\
\Omega_{xv} & \Omega_{xv} & \Omega_{bx} & \Omega_{pb} & \Omega_{bx} & -\Omega_{xv} & -\Omega_{bp} & -\Omega_{xv} & \Omega_{xv} & \Omega_{xv} & -\Omega_{xv} & -2(\delta_{pb}+\delta_{bx}+\delta_{xv})
\end{pmatrix}$$

$$(7.30)$$

$$
\boldsymbol{\Gamma}^{(p)} =
\begin{pmatrix}
-\gamma_{xv} & 0 & \gamma_{bb'} & 0 & 0 & 0 & 0 & 0 & 0 & 0 & 0 & 0 & 0 & 0 & 0 & 0 \\
\gamma_{xv} & 0 & -\gamma_{bb'} & 0 & 0 & 0 & 0 & 0 & 0 & 0 & 0 & 0 & 0 & 0 & 0 & 0 \\
0 & -\gamma_{b'x} & 0 & \gamma_{b'x} & 0 & 0 & 0 & 0 & 0 & 0 & 0 & 0 & 0 & 0 & 0 & 0 \\
0 & -\gamma_{pb} & 0 & \gamma_{pb} & 0 & 0 & 0 & 0 & 0 & 0 & 0 & 0 & 0 & 0 & 0 & 0 \\
0 & 0 & 0 & 0 & \frac{\gamma_{xv}}{2} & 0 & 0 & 0 & 0 & 0 & 0 & 0 & 0 & 0 & 0 & 0 \\
0 & 0 & 0 & 0 & 0 & \frac{\gamma_{xv}}{2} & 0 & 0 & 0 & 0 & 0 & 0 & 0 & 0 & 0 & 0 \\
0 & 0 & 0 & 0 & 0 & 0 & \frac{\gamma_{xv}+\gamma_{bb'}}{2} & 0 & 0 & 0 & 0 & 0 & 0 & 0 & 0 & 0 \\
0 & 0 & 0 & 0 & 0 & 0 & 0 & \frac{\gamma_{xv}+\gamma_{bb'}}{2} & 0 & 0 & 0 & 0 & 0 & 0 & 0 & 0 \\
0 & 0 & 0 & 0 & 0 & 0 & 0 & 0 & \frac{\gamma_{pb}+\gamma_{bb'}}{2} & 0 & 0 & 0 & 0 & 0 & 0 & 0 \\
0 & 0 & 0 & 0 & 0 & 0 & 0 & 0 & 0 & \frac{\gamma_{pb}+\gamma_{bb'}}{2} & 0 & 0 & 0 & 0 & 0 & 0 \\
0 & 0 & 0 & 0 & 0 & 0 & 0 & 0 & 0 & 0 & \frac{\gamma_{bb'}}{2} & 0 & 0 & 0 & 0 & 0 \\
0 & 0 & 0 & 0 & 0 & 0 & 0 & 0 & 0 & 0 & 0 & \frac{\gamma_{bb'}}{2} & 0 & 0 & 0 & 0 \\
0 & 0 & 0 & 0 & 0 & 0 & 0 & 0 & 0 & 0 & 0 & 0 & \frac{\gamma_{pb}+\gamma_{xv}}{2} & 0 & 0 & 0 \\
0 & 0 & 0 & 0 & 0 & 0 & 0 & 0 & 0 & 0 & 0 & 0 & 0 & \frac{\gamma_{pb}+\gamma_{xv}}{2} & 0 & 0 \\
0 & 0 & 0 & 0 & 0 & 0 & 0 & 0 & 0 & 0 & 0 & 0 & 0 & 0 & \frac{\gamma_{pb}}{2} & 0 \\
0 & 0 & 0 & 0 & 0 & 0 & 0 & 0 & 0 & 0 & 0 & 0 & 0 & 0 & 0 & \frac{\gamma_{pb}}{2}
\end{pmatrix}
\tag{7.31}
$$

由(7.29)～(7.31)式可以求得 ρ_{pp}，ρ_{bb}，ρ_{xx}，$\rho_{b'b'}$ 以及 ρ_{vv} 的动力学过程.

图 7.6(b) 是 $|p\rangle$，$|b\rangle$，$|x\rangle$ 三个态都在共振激发条件下的粒子数随输入脉冲面积 $\theta = \int \Omega_{xv}(t)\mathrm{d}t$ 的变换关系. 由图可以看出，三激子态上的粒子数振荡周期大约是双激子态和激子态上振荡周期的两倍. 当输入脉冲面积大约为 1.5π 时，三个态上的粒子数大致相等，表明此时三个态上发射光子的强度大约相同.

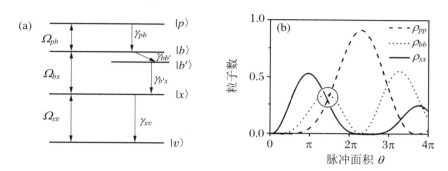

图 7.6 （a）三激子级联体系的能级结构示意图;(b) $|p\rangle$，$|b\rangle$，$|x\rangle$ 上的粒子数随输入脉冲面积的变化

7.3.2 三激子体系二阶交叉相关函数运动方程

由 $|p\rangle \sim |b\rangle$ 和 $|b'\rangle \sim |x\rangle$ 的激子复合所发射的光子的二阶交叉相关函数 $G_{pb \to b'x}^{(2)}(\tau)$ 通过对 $G_{pb \to b'x}^{(2)}(t,\tau)$ 求积分而得到，即

$$G_{pb \to b'x}^{(2)}(\tau) = \lim_{T_d \to \infty} \int_0^{T_d} G_{pb \to b'x}^{(2)}(t,\tau)\mathrm{d}t \quad (\tau > 0) \tag{7.32}$$

其中 $G_{pb \to b'x}^{(2)}(\tau)$ 表示先辐射 $|p\rangle \sim |b\rangle$ 光子后辐射 $|b'\rangle \sim |x\rangle$ 光子的双时二阶互相关函数，其定义式为[2]

$$G_{pb \to b'x}^{(2)}(t,\tau) = \langle \hat{\sigma}_{bp}^+(t)\, \hat{\sigma}_{xb'}^+(t+\tau)\, \hat{\sigma}_{xb'}(t+\tau)\, \hat{\sigma}_{bp}(t) \rangle \tag{7.33}$$

通过求解一组微分方程可以得到 $G_{pb \to b'x}^{(2)}(t,\tau)$ 的值，将该微分方程组中涉及的参量简记为

$$G_{mm}^{(2)}(t,\tau) = \langle \hat{\sigma}_{bp}^+(t)\, \hat{\sigma}_{xm}^+(t+\tau)\, \hat{\sigma}_{xm}(t+\tau)\, \hat{\sigma}_{bp}(t) \rangle$$
$$(m = v, x, b, b', p) \tag{7.34}$$

$$G_{mn}^{(2)}(t,\tau) = \langle \hat{\sigma}_{bp}^{+}(t)\,\hat{\sigma}_{mn}(t+\tau)\,\hat{\sigma}_{bp}(t)\rangle$$

$$(m,n = v,x,b,b',p; m \neq n) \tag{7.35}$$

在(7.34)式中 $G_{mm}^{(2)}(t,\tau) = G_{pb\to mx}^{(2)}(t,\tau)(m = v,x,b,b',p)$. 定义该体系中 $G_{pb\to b'x}^{(2)}(t,\tau)$ 对应的双时二阶相关函数矢量 $\boldsymbol{G}_{pb\to b'x}(t,\tau)$ 为

$$\boldsymbol{G}_{pb\to b'x}(t,\tau) = \{G_{vv}^{(2)}, G_{xx}^{(2)}, G_{bb}^{(2)}, G_{b'b'}^{(2)}, G_{pp}^{(2)}, \widetilde{G}_{vx}^{(2)}, \widetilde{G}_{xv}^{(2)}, \widetilde{G}_{xb}^{(2)}, \widetilde{G}_{bx}^{(2)},$$
$$\widetilde{G}_{bp}^{(2)}, \widetilde{G}_{pb}^{(2)}, \widetilde{G}_{vb}^{(2)}, \widetilde{G}_{bv}^{(2)}, \widetilde{G}_{xp}^{(2)}, \widetilde{G}_{px}^{(2)}, \widetilde{G}_{vp}^{(2)}, \widetilde{G}_{pv}^{(2)}\} \tag{7.36}$$

其中

$$\widetilde{G}_{pb}^{(2)}(t,\tau) = e^{-i\omega_{L3}(t+\tau)}\langle \hat{\sigma}_{bp}^{+}(t)\,\hat{\sigma}_{pb}(t+\tau)\,\hat{\sigma}_{bp}(t)\rangle$$

$$\widetilde{G}_{bp}^{(2)}(t,\tau) = e^{i\omega_{L3}(t+\tau)}\langle \hat{\sigma}_{bp}^{+}(t)\,\hat{\sigma}_{bp}(t+\tau)\,\hat{\sigma}_{bp}(t)\rangle$$

$$\widetilde{G}_{bx}^{(2)}(t,\tau) = e^{-i\omega_{L2}(t+\tau)}\langle \hat{\sigma}_{bp}^{+}(t)\,\hat{\sigma}_{bx}(t+\tau)\,\hat{\sigma}_{bp}(t)\rangle$$

$$\widetilde{G}_{xb}^{(2)}(t,\tau) = e^{i\omega_{L2}(t+\tau)}\langle \hat{\sigma}_{bp}^{+}(t)\,\hat{\sigma}_{xb}(t+\tau)\,\hat{\sigma}_{bp}(t)\rangle$$

$$\widetilde{G}_{xv}^{(2)}(t,\tau) = e^{-i\omega_{L1}(t+\tau)}\langle \hat{\sigma}_{bp}^{+}(t)\,\hat{\sigma}_{xv}(t+\tau)\,\hat{\sigma}_{bp}(t)\rangle$$

$$\widetilde{G}_{vx}^{(2)}(t,\tau) = e^{i\omega_{L1}(t+\tau)}\langle \hat{\sigma}_{bp}^{+}(t)\,\hat{\sigma}_{vx}(t+\tau)\,\hat{\sigma}_{bp}(t)\rangle$$

$$\widetilde{G}_{px}^{(2)}(t,\tau) = e^{-i(\omega_{L1}+\omega_{L3})(t+\tau)}\langle \hat{\sigma}_{bp}^{+}(t)\,\hat{\sigma}_{px}(t+\tau)\,\hat{\sigma}_{bp}(t)\rangle$$

$$\widetilde{G}_{xp}^{(2)}(t,\tau) = e^{i(\omega_{L1}+\omega_{L3})(t+\tau)}\langle \hat{\sigma}_{bp}^{+}(t)\,\hat{\sigma}_{xp}(t+\tau)\,\hat{\sigma}_{bp}(t)\rangle$$

$$\widetilde{G}_{pv}^{(2)}(t,\tau) = e^{-i(\omega_{L1}+\omega_{L2}+\omega_{L3})(t+\tau)}\langle \hat{\sigma}_{bp}^{+}(t)\,\hat{\sigma}_{pv}(t+\tau)\,\hat{\sigma}_{bp}(t)\rangle$$

$$\widetilde{G}_{vp}^{(2)}(t,\tau) = e^{i(\omega_{L1}+\omega_{L2}+\omega_{L3})(t+\tau)}\langle \hat{\sigma}_{bp}^{+}(t)\,\hat{\sigma}_{vp}(t+\tau)\,\hat{\sigma}_{bp}(t)\rangle$$

$$\widetilde{G}_{bv}^{(2)}(t,\tau) = e^{-i(\omega_{L2}+\omega_{L1})(t+\tau)}\langle \hat{\sigma}_{bp}^{+}(t)\,\hat{\sigma}_{bv}(t+\tau)\,\hat{\sigma}_{bp}(t)\rangle$$

$$\widetilde{G}_{vb}^{(2)}(t,\tau) = e^{i(\omega_{L2}+\omega_{L1})(t+\tau)}\langle \hat{\sigma}_{bp}^{+}(t)\,\hat{\sigma}_{vb}(t+\tau)\,\hat{\sigma}_{bp}(t)\rangle$$

由系统的主方程可以得到矢量 $\boldsymbol{G}_{pb\to b'x}(t,\tau)$ 中各参量随延时 τ 的运动方程,其矩阵形式为

$$\frac{\mathrm{d}}{\mathrm{d}t}\boldsymbol{G}_{pb\to b'x}(t,\tau) = \boldsymbol{M}^{(G)}(t+\tau)\boldsymbol{G}_{pb\to b'x}^{(2)}(t,\tau) - \boldsymbol{\Gamma}^{(G)}\boldsymbol{G}_{pb\to b'x}^{(2)}(t,\tau) \tag{7.37}$$

其中 $\boldsymbol{M}^{(G)}(t+\tau)$ 和 $\boldsymbol{\Gamma}^{(G)}$ 的关系式分别见(7.38)式和(7.39)式.

由 $\boldsymbol{G}_{pb\to b'x}(t,\tau)$ 的定义知,$\boldsymbol{G}_{pb\to b'x}(t,\tau)$ 的初值为 $\boldsymbol{G}_{pb\to b'x}(t,0^{+}) = \{0,\rho_{pp}(t),0,0,0,0,$ $0,0,0,0,0,0,0,0,0,0,0\}$. 比较 $\boldsymbol{M}^{(\rho)}(t)$ 和 $\boldsymbol{M}^{(G)}(t+\tau)$ 可知,两者在形式上仅仅相差一个负号,而 $\boldsymbol{\Gamma}^{(\rho)}$ 与 $\boldsymbol{\Gamma}^{(G)}$ 的表达式相同.

通过方程(7.32)和关系式(7.37)可以求得 $\boldsymbol{G}_{pb\to b'x}(\tau)$ 在 $\tau > 0$ 时的值. 由相同的方法可以求得先辐射 $|b'\rangle \sim |x\rangle$ 光子后辐射 $|p\rangle \sim |b\rangle$ 光子的双时二阶互相关函数 $\boldsymbol{G}_{b'x\to pb}(\tau)$ 在 $\tau > 0$ 时的值,利用关系式 $G_{pb\to b'x}^{(2)}(t,-\tau) = G_{b'x\to pb}^{(2)}(t,\tau)$ 可以得到 $\boldsymbol{G}_{pb\to b'x}(t,\tau)$ 在 $\tau < 0$ 时的值.

$$M^{(G)}(t+\tau)=-\frac{i}{2}\begin{pmatrix}
0 & 0 & 0 & 0 & \Omega_{xv} & -\Omega_{xv} & \Omega_{xv} & 0 & 0 & 0 & 0 & 0 \\
0 & 0 & 0 & 0 & -\Omega_{xv} & \Omega_{xv} & 0 & 0 & 0 & 0 & 0 & 0 \\
\Omega_{bx} & -\Omega_{bx} & \Omega_{bx} & 0 & 0 & \Omega_{xv} & 0 & 0 & 0 & 0 & 0 & 0 \\
-\Omega_{bx} & \Omega_{bx} & -\Omega_{bx} & -\Omega_{bx} & 2\delta_{xv} & 0 & 0 & \Omega_{bx} & -\Omega_{bx} & 0 & 0 & 0 \\
0 & 0 & 0 & \Omega_{pb} & 2\delta_{xv} & -2\delta_{xv} & 0 & -\Omega_{xv} & 0 & 0 & 0 & 0 \\
\Omega_{pb} & -\Omega_{pb} & \Omega_{pb} & 0 & -2\delta_{bx} & 2\delta_{bx} & 0 & \Omega_{xv} & 0 & 0 & 0 & 0 \\
-\Omega_{pb} & \Omega_{pb} & 0 & 0 & 2\delta_{bx} & 0 & 2(\delta_{bx}+\delta_{xv}) & 0 & 0 & 0 & 0 & 0 \\
0 & 0 & -\Omega_{pb} & 2\delta_{bx} & 0 & 0 & 0 & -2(\delta_{bx}+\delta_{xv}) & -\Omega_{bx} & \Omega_{bx} & 0 & 0 \\
0 & \Omega_{pb} & 0 & 0 & -\Omega_{xv} & \Omega_{pb} & \Omega_{pb} & 0 & 0 & 0 & \Omega_{pb} & 0 \\
0 & -\Omega_{bx} & \Omega_{bx} & \Omega_{bx} & 0 & 0 & 0 & \Omega_{bx} & -2(\delta_{pb}+\delta_{bx}) & 2(\delta_{pb}+\delta_{bx}) & 0 & -\Omega_{pb} \\
0 & 0 & 0 & 0 & -\Omega_{bx} & -\Omega_{xv} & -\Omega_{xv} & 0 & 0 & 2(\delta_{pb}+\delta_{bx}) & 2(\delta_{pb}+\delta_{bx}+\delta_{xv}) & -\Omega_{xv} \\
0 & 0 & 0 & 0 & 0 & 0 & \Omega_{xv} & -\Omega_{bp} & \Omega_{xv} & -\Omega_{pb} & 0 & -2(\delta_{pb}+\delta_{bx}+\delta_{xv})
\end{pmatrix}$$

(7.38)

$$
\Gamma^{(G)} =
\begin{pmatrix}
-\gamma_{xv} & \gamma_{xv} & 0 & 0 & 0 & 0 & 0 & 0 & 0 & 0 & 0 & 0 & 0 & 0 & 0 & 0 \\
0 & 0 & \gamma_{bb'} & -\gamma_{bb'} & 0 & 0 & 0 & 0 & 0 & 0 & 0 & 0 & 0 & 0 & 0 & 0 \\
0 & -\gamma_{b'x} & 0 & \gamma_{b'x} & 0 & 0 & 0 & 0 & 0 & 0 & 0 & 0 & 0 & 0 & 0 & 0 \\
0 & -\gamma_{pb} & 0 & \gamma_{pb} & 0 & 0 & 0 & 0 & 0 & 0 & 0 & 0 & 0 & 0 & 0 & 0 \\
0 & 0 & 0 & 0 & \dfrac{\gamma_{xv}}{2} & 0 & 0 & 0 & 0 & 0 & 0 & 0 & 0 & 0 & 0 & 0 \\
0 & 0 & 0 & 0 & 0 & \dfrac{\gamma_{xv}}{2} & 0 & 0 & 0 & 0 & 0 & 0 & 0 & 0 & 0 & 0 \\
0 & 0 & 0 & 0 & 0 & 0 & \dfrac{\gamma_{xv}+\gamma_{bb'}}{2} & 0 & 0 & 0 & 0 & 0 & 0 & 0 & 0 & 0 \\
0 & 0 & 0 & 0 & 0 & 0 & 0 & \dfrac{\gamma_{xv}+\gamma_{bb'}}{2} & 0 & 0 & 0 & 0 & 0 & 0 & 0 & 0 \\
0 & 0 & 0 & 0 & 0 & 0 & 0 & 0 & \dfrac{\gamma_{pb}+\gamma_{bb'}}{2} & 0 & 0 & 0 & 0 & 0 & 0 & 0 \\
0 & 0 & 0 & 0 & 0 & 0 & 0 & 0 & 0 & \dfrac{\gamma_{pb}+\gamma_{bb'}}{2} & 0 & 0 & 0 & 0 & 0 & 0 \\
0 & 0 & 0 & 0 & 0 & 0 & 0 & 0 & 0 & 0 & \dfrac{\gamma_{bb'}}{2} & 0 & 0 & 0 & 0 & 0 \\
0 & 0 & 0 & 0 & 0 & 0 & 0 & 0 & 0 & 0 & 0 & \dfrac{\gamma_{bb'}}{2} & 0 & 0 & 0 & 0 \\
0 & 0 & 0 & 0 & 0 & 0 & 0 & 0 & 0 & 0 & 0 & 0 & \dfrac{\gamma_{pb}+\gamma_{xv}}{2} & 0 & 0 & 0 \\
0 & 0 & 0 & 0 & 0 & 0 & 0 & 0 & 0 & 0 & 0 & 0 & 0 & \dfrac{\gamma_{pb}+\gamma_{xv}}{2} & 0 & 0 \\
0 & 0 & 0 & 0 & 0 & 0 & 0 & 0 & 0 & 0 & 0 & 0 & 0 & 0 & \dfrac{\gamma_{pb}}{2} & 0 \\
0 & 0 & 0 & 0 & 0 & 0 & 0 & 0 & 0 & 0 & 0 & 0 & 0 & 0 & 0 & \dfrac{\gamma_{pb}}{2}
\end{pmatrix}
\tag{7.39}
$$

7.3.3　级联发射与脉冲面积的关系

图7.7是由公式(7.32)和(7.37)计算得到的 $G^{(2)}_{pb \to b'x}(\tau)$. 由图可以看出,当延时 $\tau < 0$ 时, $G^{(2)}_{pb \to b'x}(\tau)$ 展现出反聚束效应;当延时 $\tau > 0$ 时, $G^{(2)}_{pb \to b'x}(\tau)$ 展现出聚束效应,这表明 $|p\rangle \sim |b\rangle$ 跃迁和 $|b'\rangle \sim |x\rangle$ 跃迁的激子复合所发射的光子是一个级联的光子对的发射过程. 为了描述这种级联的光子对发射的概率,引入参量 p 为二阶相关函数中间峰值的面积与旁边峰值的面积比. p 越大,单个脉冲周期内级联发射的概率越大. 当输入脉冲面积为 0.6π 时, p 值大约等于 8(图7.7(a)),而当输入脉冲面积为 1.4π 时, p 值降到了大约1.5(图7.7(b)). 图7.7(c)是 p 随输入脉冲面积的变化曲线,由图可以看出,随着输入脉冲面积的增大, p 值减小,这表明随着输入脉冲面积的增大,单个周期内级联光子对的发射概率变小.

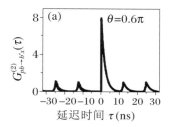 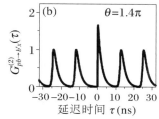 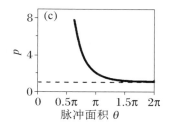

图 7.7　(a)和(b) 输入脉冲面积等于 0.6π 和 1.4π 时,二阶相关函数 $G^{(2)}_{pb \to b'x}(\tau)$ 随延时的变化;(c) p 随输入脉冲面积的变化

利用相同的方法可以得到由 $|b'\rangle \sim |x\rangle$ 和 $|x\rangle \sim |v\rangle$ 的激子复合所发射的光子的二阶交叉相关函数 $G^{(2)}_{b'x \to xv}(\tau)$. 图7.8(a)和(b)是当输入脉冲面积为 0.5π 和 1.4π 时的 $G^{(2)}_{b'x \to xv}(\tau)$,由图可以看出, $G^{(2)}_{b'x \to xv}(\tau)$ 同样显示出反聚束($\tau < 0$)和聚束($\tau > 0$)的性质,表明由 $|b'\rangle \sim |x\rangle$ 和 $|x\rangle \sim |v\rangle$ 的激子复合所发射的光子的过程也是级联的过程.

图7.8(c)是 p 随输入脉冲的变化图. 由图可以看出,单个脉冲周期内光子由 $|b'\rangle \sim |x\rangle$ 跃迁和 $|x\rangle \sim |v\rangle$ 跃迁辐射级联光子对的概率随着输入脉冲面积的增大而减小. $G^{(2)}_{b'x \to xv}(\tau)$ 旁边的峰值没有 $G^{(2)}_{pb \to b'x}(\tau)$ 旁边峰值陡峭是因为双激子态的寿命要比三激子态的寿命长.

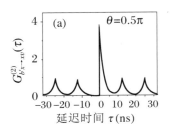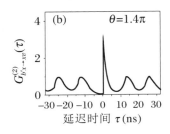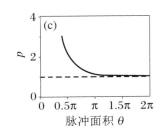

图 7.8 (a)和(b) 输入脉冲面积等于 0.5π 和 1.4π 时,二阶相关函数 $G^{(2)}_{b'x\to xv}(\tau)$ 随延时的变化;(c) p 随输入脉冲面积的变化

在连续光激发下,由于大的失谐量,很难测得由 $|p\rangle\sim|b\rangle$ 和 $|x\rangle\sim|v\rangle$ 的激子复合所发射的光子的二阶交叉相关函数 $G^{(2)}_{pb\to xv}(\tau)^{[25]}$,但在脉冲激发下可以实现.图 7.9(a)和(b)是在输入脉冲面积为 0.4π 和 1.4π 时 $G^{(2)}_{pb\to xv}(\tau)$ 的值.由图可以看出,$G^{(2)}_{pb\to xv}(\tau)$ 同样也展现出反聚束($\tau<0$)和聚束($\tau>0$)的性质.p 值随着输入脉冲面积的增大而减小,当输入脉冲面积大约为 1.8π 时,p 值减小到 1.

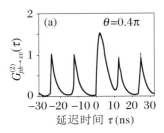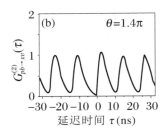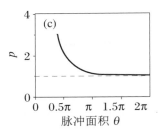

图 7.9 (a)和(b) 输入脉冲面积等于 0.4π 和 1.4π 时,二阶相关函数 $G^{(2)}_{pb\to xv}(\tau)$ 随延时的变化;(c) p 随输入脉冲面积的变化

由三个二阶相关函数 $G^{(2)}_{pb\to b'x}(\tau)$,$G^{(2)}_{b'x\to xv}(\tau)$,$G^{(2)}_{pb\to xv}(\tau)$ 的特性可以看出,在三个跃迁 $|p\rangle\sim|b\rangle$,$|b'\rangle\sim|x\rangle$,$|x\rangle\sim|v\rangle$ 同时被脉冲激发时,可以得到三级联的光子.发射三级联光子的概率随着输入脉冲面积的增大而减小.

参考文献

［1］ Villas-Bôas J M，Ulloa S E，Govorov A O. Decoherence of Rabi Oscillations in a Single Quantum Dot［J］. Phys. Rev. Lett.，2005，94(057404).

［2］ Loudon R. The Quantum Theory of Light［M］. 2nd ed. New York：Oxford University Press，1983.

［3］ Kiraz A，Atature M，Imamoglu A. Quantum Dot Single Photon Sources：Prospects for Applications in Linear Optics Quantum Information Processing［J］. Phys. Rev.，2004，A 69(032305).

［4］ Spect A，Roger G，Reynaud S，et al. Time Correlations between the Two Sidebands of the Resonance Fluorescence Triplet［J］. Phys. Rev. Lett.，1980，45(617).

［5］ Moreau E，Robert I，Manin L，et al. Quantum Cascade of Photons in Semiconductor Quantum Dots［J］. Phys. Rev. Lett.，2001，87(183601).

［6］ Stevenson R M，Thompson R M，Shields A J，et al. Quantum Dots as a Photon Source for Passive Quantum Key Encoding［J］. Phys. Rev.，2002，B 66(081302(R)).

［7］ Philip I R，Moreau E，Varoutsis S，et al. Generation of Non-Classical Light by Single Quantum Dots［J］. J. Lumin.，2003，120(37).

［8］ Burkard G，Loss D，DiVincenzo D P. Coupled Quantum Dots as Quantum Gates［J］. Phys. Rev.，1999，B 59(2070).

［9］ Calarco T，Datta A，Fedichev P，et al. Spin Based all Optical Quantum Computation with Quantum Dots：Understanding and Suppressing Decoherence［J］. Phys. Rev.，2003，A 68(12310).

［10］ Gywat O，Burkard G，Loss D. Biexcitons in Coupled Quantum Dots as a Source of Entangled Photons［J］. Phys. Rev.，2002，B 65(205329).

［11］ Lovett B W，Reina J H，Nazir A，et al. Optical Schemes for Quantum Computation in Quantum Dot Molecules［J］. Phys. Rev.，2003，B 68(205319).

［12］ Biolatti E，Iotti R C，Zanardi P，et al. Quantum Information Processing with Semiconductor Macroatoms［J］. Phys. Rev. Lett.，2000，85(5647).

［13］ Li S S，Abliz A，Yang F H，et al. Electron Transport through Coupled Quantum Dots［J］. J. Appl. Phys.，2003，94(5402).

［14］ Gerardot B D，Strauf S，et al. Photon Statistics from Coupled Quantum Dots［J］. Phys. Rev. Lett.，2005，95(137403).

［15］ Govorov A O. Spin-Forster Transfer in Optically Excited Quantum Dots［J］. Phys. Rev.，2005，

B 71(155323).

[16] Nazir A, Lovett B W, Barrett S D, et al. Anticrossings in Forster Coupled Quantum Dots[J]. Phys. Rev., 2005, B 71(045334).

[17] Beirne G J, Hermannstädter C, Wang L, et al. Quantum Light Emission of Two Lateral Tunnel Coupled(In, Ga)As/GaAs Quantum Dots Controlled by a Tunable Static Electric Field[J]. Phys. Rev. Lett., 2006, 96(137401).

[18] Santori C, Fattal D, Pelton M, et al. Polarization Correlated Photon Pairs from a Single Quantum Dot[J]. Phys. Rev., 2002, B 66(045308).

[19] Ulrich S M, Strauf S, Michler P, et al. Triggered Polarization Correlated Photon Pairs from a Single CdSe Quantum Dot[J]. Appl. Phys. Lett., 2003, 83(1848).

[20] Ulrich S M, Benyoucef M, Michler P, et al. Correlated Photon Pair Emission from a Charged Single Quantum Dot[J]. Phys. Rev., 2005, B 71(235328).

[21] Stace T M, Miburn G J, Barnes C H W. Entangled Two Photon Source Using Biexciton Emissioni of an Asymmetric Quantum Dot in a Cavity[J]. Phys. Rev., 2003, B 67(085317).

[22] Akopian N, Lindner N H, Poem E, et al. Entangled Photon Pairs from Semiconductor Quantum Dots[J]. Phys. Rev. Lett., 2006, 96(130501).

[23] Stevenson R M, Young R J, Atkinson P, et al. A Semiconductor Source of Triggered Entangled Photon Pairs[J]. Nature, 2006, 439(179).

[24] Young R J, Stevenson R M, Atkinson P, et al. Improved Fidelity of Triggered Entangled Photons from Single Quantum Dots[J]. New J. Phys., 2006, 8(29).

[25] Persson J, Aichele T, Zwiller V, et al. Three Photon Cascade from Single Self-Assembled InP Quantum Dots[J]. Phys. Rev., 2004, B 69(233314).

[26] Cheng M T, Xiao S, Liu S D, et al. Dynamics and the Statistics of Three Photon Cascade Emissions from Single Semiconductor Quantum Dots with Pulse Excitation[J]. J. Mod. Opt., 2006, 53(2129).

第8章

半导体量子点中可控纠缠光子对的发射

引言

半导体量子点单激子体系具有单光子发射特性.而双激子和多激子体系则具有可控有序多光子发射的特性.这两者分别在前两章进行了介绍.当双激子体系中发射的一对光子的路径不可区分时,这一对光子具有纠缠特性.在半导体芯片上外延生长的量子点发射纠缠光子在固态集成微光电子器件中具有极其重要的潜在应用价值[1-16].本章将介绍在半导体芯片上量子点实现纠缠光发射的两种方法:能级调控法[17-20]和频谱过滤法[21].本章共分5节,8.1节介绍"光子对"偏振纠缠基本概念;8.2节介绍半导体量子点双激子体系能级结构;8.3节介绍简并双激子体系纠缠光子发射特性;8.4节介绍非简并双激子体系频谱过滤及其纠缠度与频谱窗函数宽度和脉冲面积等参量的关系;8.5节介绍半导体量子点纠缠光源的研究进展.

8.1 "光子对"偏振纠缠基本概念

8.1.1 "光子对"偏振态偏振密度矩阵

对单光子偏振体系,设平行偏振态 $|H\rangle = (1 \quad 0)^T$、垂直偏振态 $|V\rangle = (0 \quad 1)^T$、与垂直方向夹角为 $45°$ 偏振态 $|D\rangle = (|H\rangle - |V\rangle)/\sqrt{2}$、与垂直方向夹角为 $-45°$ 偏振态 $|\overline{D}\rangle = (|H\rangle + |V\rangle)/\sqrt{2}$、左旋圆偏振态 $|L\rangle = (|H\rangle + \mathrm{i}|V\rangle)/\sqrt{2}$、右旋圆偏振态 $|R\rangle = (|H\rangle - \mathrm{i}|V\rangle)/\sqrt{2}$. 双光子偏振态可以表示为单光子偏振态直积的形式.设"光子对"偏振体系由多个相互独立的、权重(weights)分别为 W_n 的偏振态 $|\Phi_n\rangle (n = 1, 2, \cdots)$ 所构成,系统偏振密度算符可以写为[22]

$$\hat{\rho}_{\mathrm{pol}} = \sum_n W_n |\Phi_n\rangle\langle\Phi_n| \tag{8.1}$$

为了将上式改写为矩阵的形式,以 $|\varphi_{m(m')}\rangle = |HH\rangle, |VV\rangle, |HV\rangle, |VH\rangle$ 为基矢,偏振态 $|\Phi_n\rangle$ 满足关系

$$\left.\begin{aligned} |\Phi_n\rangle &= \sum_{m'} a_{m'}^{(n)} |\varphi_{m'}\rangle \\ \langle\Phi_n| &= \sum_m a_m^{(n)*} \langle\varphi_m| \end{aligned}\right\} \tag{8.2}$$

将(8.2)式代入(8.1)式,密度算符可以改写为

$$\hat{\rho}_{\mathrm{pol}} = \sum_{nm'm} W_n a_{m'}^{(n)} a_m^{(n)*} |\varphi_{m'}\rangle\langle\varphi_m| \tag{8.3}$$

从而得到在态 $|\varphi_j\rangle$ 和 $\langle\varphi_i|$ 间的偏振密度矩阵元为

$$\langle\varphi_i| \hat{\rho}_{\mathrm{pol}} |\varphi_j\rangle = \sum_n W_n a_i^{(n)} a_j^{(n)*} \tag{8.4}$$

由(8.4)式即可求得以 $|HH\rangle, |VV\rangle, |HV\rangle, |VH\rangle$ 为基矢的"光子对"偏振密度矩阵 ρ_{pol}.

8.1.2　光子偏振态的变换

实际系统发射"光子对"的偏振态不可知,需要通过探测装置确定"光子对"的偏振态和偏振密度矩阵.图8.1为偏振态实验探测装置示意图,"光子对"的两个光子分别通过上下两条光路,调整 $\lambda/4,\lambda/2$ 波片的快轴与垂直方向的夹角 q 和 h,得到一组 16 个不同偏振变换光路下的平均光子对计数[23,24](the average number of coincidence counts),可以算得系统发射"光子对"偏振态.实验中为了方便测量和计算,对一条光路,一般取夹角 q 和 h 的值如表8.1所示,其允许通过光子的偏振态分别为:平行偏振态 $|H\rangle$、垂直偏振态 $|V\rangle$、与垂直方向夹角为 45° 偏振态 $|D\rangle$、与垂直方向夹角为 -45° 偏振态 $|\bar{D}\rangle$、左旋圆偏振态 $|L\rangle$、右旋圆偏振态 $|R\rangle$.

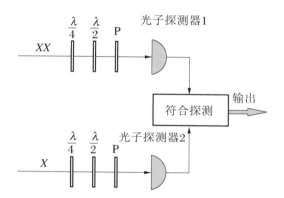

图 8.1　实验探测"光子对"偏振态装置示意图

　　P 为偏振片,"光子对"的两个光子分别通过上下两条光路.

表 8.1　以 $|H\rangle,|V\rangle$ 为基矢,六组 $\lambda/4,\lambda/2$ 波片的快轴与垂直方向的
夹角 q 和 h 的设置以及相应的偏振变换矩阵的矩阵元

	q	h	$\langle m|\hat{U}_m|m\rangle$	
			$a(q,h)$	$b(q,h)$
$\hat{U}_H$	0°	45°	$(1-\mathrm{i})/\sqrt{2}$	0
$\hat{U}_V$	0°	0°	0	$-(1+\mathrm{i})/\sqrt{2}$
$\hat{U}_L$	90°	22.5°	$(1+\mathrm{i})/2$	$-(1-\mathrm{i})/2$

	q	h	$\langle m\mid\hat{U}_m\mid m\rangle$	
			$a(q,h)$	$b(q,h)$
$\hat{U}_R$	$0°$	$22.5°$	$(1-\mathrm{i})/2$	$-(1+\mathrm{i})/2$
$\hat{U}_{\bar{D}}$	$45°$	$-22.5°$	$-(1-\mathrm{i})/2$	$(1+\mathrm{i})/2$
$\hat{U}_D$	$45°$	$22.5°$	$(1+\mathrm{i})/2$	$-(1+\mathrm{i})/2$

对图 8.1 中的一条光路, $\lambda/4$, $\lambda/2$ 波片的偏振变换矩阵分别为

$$
\left.\begin{aligned}
\hat{U}_{QWP}(q) &= \frac{1}{\sqrt{2}}\begin{pmatrix} \mathrm{i}-\cos(2q) & \sin(2q) \\ \sin(2q) & \mathrm{i}+\cos(2q) \end{pmatrix} \\
\hat{U}_{HWP}(h) &= \frac{1}{\sqrt{2}}\begin{pmatrix} \cos(2h) & -\sin(2h) \\ -\sin(2h) & -\cos(2h) \end{pmatrix}
\end{aligned}\right\} \tag{8.5}
$$

偏振片 P 的透光方向设置为垂直方向,其偏振变换矩阵为 $\hat{U}_{\mathrm{pol}} = (0\ \ 1)^{\mathrm{T}}$,则一条光路总的偏振变换矩阵可写为

$$
\begin{aligned}
\hat{U}_C &= \hat{U}_{QWP}(q) \cdot \hat{U}_{HWP}(h) \cdot \hat{U}_{\mathrm{pol}} \\
&= a(h,q)\mid H\rangle + b(h,q)\mid V\rangle \\
&= \begin{pmatrix} a(h,q) & 0 \\ 0 & b(h,q) \end{pmatrix} \quad (C = H,V,R,L,D)
\end{aligned} \tag{8.6}
$$

其中

$$
\left.\begin{aligned}
a(h,q) &= \frac{1}{\sqrt{2}}\{\sin(2h) - \mathrm{i}\sin[2(h-q)]\} \\
b(h,q) &= -\frac{1}{\sqrt{2}}\{\cos(2h) + \mathrm{i}\cos[2(h-q)]\}
\end{aligned}\right\} \tag{8.7}
$$

表 8.1 也给出了不同光路设置下的偏振变换矩阵元. 两条光路共同作用的偏振变换矩阵由单条光路变换矩阵的直积构成,即整个光路变换矩阵 $\hat{U}_{mn}(m,n = H,V,L,R,D)$ 可写为

$$
\begin{aligned}
\hat{U}_{mn} &= \hat{U}_m \otimes \hat{U}_n \\
&= a(h_1,q_1)a(h_2,q_2)\mid HH\rangle \\
&\quad + a(h_1,q_1)b(h_2,q_2)\mid HV\rangle \\
&\quad + b(h_1,q_1)a(h_2,q_2)\mid VH\rangle
\end{aligned}
$$

$$+ b(h_1, q_1)b(h_2, q_2) \mid VV\rangle$$

$$= \begin{pmatrix} A & 0 & 0 & 0 \\ 0 & B & 0 & 0 \\ 0 & 0 & C & 0 \\ 0 & 0 & 0 & D \end{pmatrix} \tag{8.8}$$

其中

$$A = a(h_1, q_1)a(h_2, q_2)$$

$$B = a(h_1, q_1)b(h_2, q_2)$$

$$C = b(h_1, q_1)a(h_2, q_2)$$

$$D = b(h_1, q_1)b(h_2, q_2)$$

$$\mid HH\rangle = \mid H\rangle \otimes \mid H\rangle$$

$$= \frac{1}{2}(\mid \overline{D}\,\overline{D}\rangle + \mid D\,\overline{D}\rangle + \mid \overline{D}D\rangle + \mid DD\rangle)$$

$$= \frac{1}{2}(\mid LL\rangle + \mid LR\rangle + \mid RL\rangle + \mid RR\rangle);$$

$$\mid VV\rangle = \mid V\rangle \otimes \mid V\rangle$$

$$= \frac{1}{2}(\mid \overline{D}\,\overline{D}\rangle - \mid D\,\overline{D}\rangle - \mid \overline{D}D\rangle + \mid DD\rangle)$$

$$= -\frac{1}{2}(\mid LL\rangle - \mid LR\rangle - \mid RL\rangle + \mid RR\rangle);$$

$$\mid HV\rangle = \mid H\rangle \otimes \mid V\rangle$$

$$= \frac{1}{2}(\mid \overline{D}\,\overline{D}\rangle - \mid D\,\overline{D}\rangle + \mid \overline{D}D\rangle - \mid DD\rangle)$$

$$= \frac{1}{2i}(\mid LL\rangle - \mid LR\rangle + \mid RL\rangle - \mid RR\rangle);$$

$$\mid VH\rangle = \mid V\rangle \otimes \mid H\rangle$$

$$= \frac{1}{2}(\mid \overline{D}\,\overline{D}\rangle + \mid D\,\overline{D}\rangle - \mid \overline{D}D\rangle - \mid DD\rangle)$$

$$= \frac{1}{2i}(\mid LL\rangle + \mid LR\rangle - \mid RL\rangle - \mid RR\rangle) \tag{8.9}$$

表 8.2 给出了一组 16 个不同偏振变换矩阵 $\hat{U}_{mn}$ 的矩阵元.

表 8.2　以 $|HH\rangle$, $|VV\rangle$, $|HV\rangle$, $|VH\rangle$ 为基矢, 16 个双光子偏振态变换矩阵的矩阵元

	$\langle mn | \hat{U}_{mn} | mn \rangle$			
	$a(q_1, h_1)$	$b(q_1, h_1)$	$a(q_1, h_1)$	$b(q_1, h_1)$
	$\cdot a(q_2, h_2)$	$\cdot b(q_2, h_2)$	$\cdot b(q_2, h_2)$	$\cdot a(q_2, h_2)$
$\hat{U}_{HH}$	$-\mathrm{i}$	0	0	0
$\hat{U}_{HV}$	0	0	-1	0
$\hat{U}_{VV}$	0	i	0	0
$\hat{U}_{VH}$	0	0	0	-1
$\hat{U}_{RH}$	$-\mathrm{i}/\sqrt{2}$	0	0	$-1/\sqrt{2}$
$\hat{U}_{RV}$	0	$\mathrm{i}/\sqrt{2}$	$-1/\sqrt{2}$	0
$\hat{U}_{DV}$	0	$\mathrm{i}/\sqrt{2}$	$-\mathrm{i}/\sqrt{2}$	0
$\hat{U}_{DH}$	$1/\sqrt{2}$	0	0	$-1/\sqrt{2}$
$\hat{U}_{DR}$	$1/2$	$\mathrm{i}/2$	$-\mathrm{i}/2$	$-1/2$
$\hat{U}_{RD}$	$1/2$	$\mathrm{i}/2$	$-1/2$	$-\mathrm{i}/2$
$\hat{U}_{HD}$	$1/\sqrt{2}$	0	$-1/\sqrt{2}$	0
$\hat{U}_{VD}$	0	$\mathrm{i}/\sqrt{2}$	0	$-\mathrm{i}/\sqrt{2}$
$\hat{U}_{VL}$	0	$1/\sqrt{2}$	0	$-\mathrm{i}/\sqrt{2}$
$\hat{U}_{HL}$	$1/\sqrt{2}$	0	$\mathrm{i}/\sqrt{2}$	0
$\hat{U}_{DD}$	$\mathrm{i}/2$	$\mathrm{i}/2$	$-\mathrm{i}/2$	$-\mathrm{i}/2$
$\hat{U}_{RL}$	$1/2$	$1/2$	$\mathrm{i}/2$	$-\mathrm{i}/2$

8.1.3　光子偏振态偏振密度矩阵的测量

设"光子对"偏振叠加态为

$$\Phi = a_{HH} \mid HH\rangle + a_{HV} \mid HV\rangle + a_{VH} \mid VH\rangle + a_{VV} \mid VV\rangle$$

$$\doteq (a_{HH} \quad a_{HV} \quad a_{VH} \quad a_{VV})^{\mathrm{T}} \quad (a_{HH}^2 + a_{HV}^2 + a_{VH}^2 + a_{VV}^2 = 1) \quad (8.10)$$

通过光路作用后的光子偏振态可以写为

$$\Psi_{mn} = \hat{U}_{mn} \cdot \Phi = \hat{U}_{mn} \cdot \begin{pmatrix} a_{HH} \\ a_{HV} \\ a_{VH} \\ a_{VV} \end{pmatrix}$$

$$= \begin{pmatrix} A & 0 & 0 & 0 \\ 0 & B & 0 & 0 \\ 0 & 0 & C & 0 \\ 0 & 0 & 0 & D \end{pmatrix} \cdot \begin{pmatrix} a_{HH} \\ a_{HV} \\ a_{VH} \\ a_{VV} \end{pmatrix}$$

$$= \begin{pmatrix} A \cdot a_{HH} \\ B \cdot a_{HV} \\ C \cdot a_{VH} \\ D \cdot a_{VV} \end{pmatrix} \quad (8.11)$$

式中 $A = a(h_1, q_1)a(h_2, q_2)$，$B = a(h_1, q_1)b(h_2, q_2)$，$C = b(h_1, q_1)a(h_2, q_2)$，$D = b(h_1, q_1)b(h_2, q_2)$．

上式也可以改写为

$$\begin{aligned} \Psi_{mn} &= \sum_{mn} k_{mn} \mid mn\rangle \\ &= a(h_1, q_1) \cdot a(h_2, q_2) \cdot a_{HH} \mid HH\rangle \\ &\quad + a(h_1, q_1) \cdot b(h_2, q_2) \cdot a_{HV} \mid HV\rangle \\ &\quad + b(h_1, q_1) \cdot a(h_2, q_2) \cdot a_{VH} \mid VH\rangle \\ &\quad + b(h_1, q_1) \cdot b(h_2, q_2) \cdot a_{VV} \mid VV\rangle \end{aligned} \quad (8.12)$$

其中 $\mid mn\rangle = \mid HH\rangle, \mid VV\rangle, \mid HV\rangle, \mid VH\rangle$．已知光路作用后探测到平均光子对计数[23]：

$$n_{mn} = N\langle \Psi_{mn} \mid \rho_{\mathrm{pol}} \mid \Psi_{mn}\rangle \quad (8.13)$$

其中 ρ_{pol} 为"光子对"的偏振密度矩阵，N 为与光子流及实验探测器效率有关的常数（a constant dependent on the photon flux and detector efficiencies），可得叠加态

(8.10)的光子对计数 n_{mn} 满足关系：

$$n_{mn} \propto \sum_{mn} k_{mn} k_{mn}^*$$ (8.14)

实验中测得一组 16 个不同偏振变换矩阵下的平均光子对计数 n_{mn}，通过下式即可计算系统偏振密度矩阵：

$$\rho_{\text{pol}} = \sum_{mn} M_{mn} n_{mn} / (n_{HH} + n_{HV} + n_{VV} + n_{VH})$$ (8.15)

其中 M_{mn} 由选定的 16 个变换矩阵决定，表 8.2 给出的 16 个变换矩阵所确定的 M_{mn} 为

$$\hat{M}_{HH} = \frac{1}{2} \begin{pmatrix} 2 & -(1-i) & -(1+i) & 1 \\ -(1+i) & 0 & i & 0 \\ -(1-i) & -i & 0 & 0 \\ 1 & 0 & 0 & 0 \end{pmatrix};$$

$$\hat{M}_{HV} = \frac{1}{2} \begin{pmatrix} 0 & -(1-i) & 0 & 1 \\ -(1+i) & 2 & i & -(1+i) \\ 0 & -i & 0 & 0 \\ 1 & -(1-i) & 0 & 0 \end{pmatrix};$$

$$\hat{M}_{VV} = \frac{1}{2} \begin{pmatrix} 0 & 0 & 0 & 1 \\ 0 & 0 & i & -(1+i) \\ 0 & -i & 0 & -(1-i) \\ 1 & -(1-i) & -(1+i) & 2 \end{pmatrix};$$

$$\hat{M}_{VH} = \frac{1}{2} \begin{pmatrix} 0 & 0 & -(1+i) & 1 \\ 0 & 0 & i & 0 \\ -(1-i) & -i & 2 & -(1-i) \\ 1 & 0 & -(1+i) & 0 \end{pmatrix};$$

$$\hat{M}_{RH} = \frac{1}{2} \begin{pmatrix} 0 & 0 & 2i & -(1+i) \\ 0 & 0 & 1-i & 0 \\ -2i & 1+i & 0 & 0 \\ -(1-i) & 0 & 0 & 0 \end{pmatrix};$$

$$\hat{M}_{RV} = \frac{1}{2} \begin{pmatrix} 0 & 0 & 0 & -(1+i) \\ 0 & 0 & 1-i & 2i \\ 0 & 1+i & 0 & 0 \\ -(1-i) & -2i & 0 & 0 \end{pmatrix};$$

$$\hat{M}_{DV} = \frac{1}{2}\begin{bmatrix} 0 & 0 & 0 & -(1+\mathrm{i}) \\ 0 & 0 & -(1-\mathrm{i}) & 2 \\ 0 & -(1+\mathrm{i}) & 0 & 0 \\ -(1-\mathrm{i}) & 2 & 0 & 0 \end{bmatrix};$$

$$\hat{M}_{DH} = \frac{1}{2}\begin{bmatrix} 0 & 0 & 2 & -(1+\mathrm{i}) \\ 0 & 0 & -(1-\mathrm{i}) & 0 \\ 2 & -(1+\mathrm{i}) & 0 & 0 \\ -(1-\mathrm{i}) & 0 & 0 & 0 \end{bmatrix};$$

$$\hat{M}_{DR} = \begin{bmatrix} 0 & 0 & 0 & \mathrm{i} \\ 0 & 0 & -\mathrm{i} & 0 \\ 0 & \mathrm{i} & 0 & 0 \\ -\mathrm{i} & 0 & 0 & 0 \end{bmatrix}; \qquad \hat{M}_{DD} = \begin{bmatrix} 0 & 0 & 0 & 1 \\ 0 & 0 & 1 & 0 \\ 0 & 1 & 0 & 0 \\ 1 & 0 & 0 & 0 \end{bmatrix};$$

$$\hat{M}_{RD} = \begin{bmatrix} 0 & 0 & 0 & \mathrm{i} \\ 0 & 0 & \mathrm{i} & 0 \\ 0 & -\mathrm{i} & 0 & 0 \\ -\mathrm{i} & 0 & 0 & 0 \end{bmatrix};$$

$$\hat{M}_{HD} = \frac{1}{2}\begin{bmatrix} 0 & 2 & 0 & -(1+\mathrm{i}) \\ 2 & 0 & -(1+\mathrm{i}) & 0 \\ 0 & -(1-\mathrm{i}) & 0 & 0 \\ -(1-\mathrm{i}) & 0 & 0 & 0 \end{bmatrix};$$

$$\hat{M}_{VD} = \frac{1}{2}\begin{bmatrix} 0 & 0 & 0 & -(1+\mathrm{i}) \\ 0 & 0 & -(1+\mathrm{i}) & 0 \\ 0 & -(1-\mathrm{i}) & 0 & 2 \\ -(1-\mathrm{i}) & 0 & 2 & 0 \end{bmatrix};$$

$$\hat{M}_{VL} = \frac{1}{2}\begin{bmatrix} 0 & 0 & 0 & -(1-\mathrm{i}) \\ 0 & 0 & 1-\mathrm{i} & 0 \\ 0 & 1+\mathrm{i} & 0 & -2\mathrm{i} \\ -(1+\mathrm{i}) & 0 & 2\mathrm{i} & 0 \end{bmatrix};$$

$$\hat{M}_{HL} = \frac{1}{2}\begin{bmatrix} 0 & -2\mathrm{i} & 0 & -(1-\mathrm{i}) \\ 2\mathrm{i} & 0 & 1-\mathrm{i} & 0 \\ 0 & 1+\mathrm{i} & 0 & 0 \\ -(1+\mathrm{i}) & 0 & 0 & 0 \end{bmatrix};$$

$$\hat{M}_{RL} = \begin{pmatrix} 0 & 0 & 0 & 1 \\ 0 & 0 & -1 & 0 \\ 0 & -1 & 0 & 0 \\ 1 & 0 & 0 & 0 \end{pmatrix} \tag{8.16}$$

8.1.4 纠缠判据与纠缠度[25]

A. 纠缠判据

根据"光子对"的偏振密度矩阵可以判断其是否偏振纠缠. 已知对两体系统,当且仅当密度矩阵 ρ_{AB}^p 不能分解为

$$\left. \begin{aligned} \rho_{AB}^p &= \sum_i p_i \rho_A^{(i)} \otimes \rho_B^{(i)} \\ \sum_i p_i &= 1 \end{aligned} \right\} \tag{8.17}$$

的形式时是纠缠的,否则是非纠缠的,其中 $\rho_A^{(i)}$ 和 $\rho_B^{(i)}$ 为部分求迹后的约化密度矩阵. 由此人们提出多种方法来判断密度矩阵是否可以分解为(8.17)式的形式,称为纠缠判据.

1) 两体态可分离性的部分转置正定判据——Peres 判据[26]

Peres 可分离判据:两体双态系统密度矩阵 ρ_{AB}^p 是可分离态的充要条件为对其任一体作部分转置运算后所得的矩阵 $\rho_{AB}^{T_A}$(或 $\rho_{AB}^{T_B}$)仍是半正定的,即不出现负本征值,也即对两体中任一体作部分转置后得到的矩阵仍然是一个密度矩阵. 当两体中一体是二维而另一体是三维时,Peres 判据仍是充要的;但对其他两体情况,Peres 判据是必要但非充分的.

2) 两体协方差关联张量 $C_{ij}(A,B)$ 及其判别法[27]

设单体 A 的态空间维数为 n,作用其上的全体 $n \times n$ 幺正矩阵共有 $s = n^2 - 1$ 个独立参数,于是也就有 s 个独立生成元. 记 SU(n)群这 s 个独立的厄密生成元为 $\Lambda_j(j = 1, 2, \cdots, s)$. 它们有对易关系:

$$[\Lambda_i, \Lambda_j] = 2\mathrm{i}\sum_{k=1}^s f_{ij}^k \Lambda_k, \quad \mathrm{tr}\Lambda_j = 0, \quad \mathrm{tr}(\Lambda_i \Lambda_j) = 2\delta_{ij} \tag{8.18}$$

其中系数 f_{ij}^k 为 SU(n)群的群结构常数. 同时,按照 Racah 定理,有 $n-1$ 个与这些生成元 $\Lambda_j(j = 1, 2, \cdots, s)$ 都对易的 Casimir 算符,其中群结构常数 f_{ij}^k 对两个脚标(ij)是反对称的,即给定 k 值下的全体(f_{ij}^k)组成全反对称 $s \times s$ 矩阵. 对 SU(2),群结构参数 f_{ij}^k 集合

简化为反对称张量 ε_{ijk}. 于是由这 s 个厄密生成元 $\Lambda_j (j = 1, 2, \cdots, s)$ 加上一个单位矩阵, 就可以构成 n 维全体矩阵集合中的一组"正交归一"基:

$$\left\{ Q_0 = \frac{1}{\sqrt{n}} I, \quad \hat{Q}_j = \hat{Q}_j^+ = \frac{1}{\sqrt{2}} \Lambda_j, \quad j = 1, 2, \cdots, n^2 - 1 \right\} \tag{8.19}$$

这些基元之间的正交性和各自的归一性分别体现为

$$\mathrm{tr} Q_i Q_j = 0, \quad \forall\, i \neq j; \quad \mathrm{tr} Q_i^2 = 1, \quad \forall\, i \tag{8.20}$$

它们虽然彼此非对易, 但都是厄密的, 可以代表一组力学量. 这组力学量是完备的, 可以用它们构成或者展开此 n 维态空间中的任意算符. 或者说, 表示此空间中的任何操作, 即

$$\Omega_A = \frac{1}{n} \omega_0 I + \frac{1}{2} \sum_{j=1}^{s} \omega_j \Lambda_j \tag{8.21}$$

这里, $\omega_0 = \mathrm{tr}(\Omega_A)$, $\omega_j = \mathrm{tr}(\Omega_A \Lambda_j)$.

于是 $\{\omega_0, \omega_1, \cdots, \omega_j, \cdots, \omega_s\}$ 这组矢量就唯一决定了算符 Ω_A.

按照这里 SU(n) 生成元展开的表达式, 可以组合成 $n - 1$ 个相互可对易的厄密算符, 连同单位算符, 形成一个可对易力学量完备组. 单体的任一态 ρ_A 可表示为

$$\rho_A = \frac{1}{n} I + \frac{1}{2} \sum_{j=1}^{s} \lambda_j \Lambda_j, \quad \lambda_j = \langle \Lambda_j \rangle = \mathrm{tr}(\rho_A \Lambda_j) \tag{8.22}$$

其中 λ_j 为实数.

推广到两体 $A + B$ 的情况. 设两体态空间的维数分别为 n_A, n_B, 令

$$\left. \begin{aligned} Q_{00} &= \frac{1}{\sqrt{n_A n_B}} I_A \otimes I_B = \frac{1}{\sqrt{n_A n_B}} I_{AB} \\[2mm] Q_{j0} &= \frac{1}{\sqrt{2}} \Lambda_j(A) \otimes \frac{1}{\sqrt{n_B}} I_B \\[2mm] Q_{0k} &= \frac{1}{\sqrt{n_A}} I_A \otimes \frac{1}{\sqrt{2}} \Lambda_k(B) \\[2mm] Q_{jk} &= \frac{1}{\sqrt{2}} \Lambda_j(A) \otimes \frac{1}{\sqrt{2}} \Lambda_k(B) \end{aligned} \right\} \tag{8.23}$$

这里, 基的数目为

$$\begin{aligned} 1 + S_A + S_B + S_A S_B &= 1 + (n_A^2 - 1) + (n_B^2 - 1) + (n_A^2 - 1)(n_B^2 - 1) \\ &= n_A^2 n_B^2 = n_{AB}^2 \end{aligned} \tag{8.24}$$

密度矩阵展开式为

$$\rho_{AB}^{p} = \frac{1}{n_A n_B} I_{AB} + \frac{1}{2n_B} \sum_{j=1}^{S_A} \lambda_j(A) [\Lambda_j(A) \otimes I_B]$$

$$+ \frac{1}{2n_A} \sum_{k=1}^{S_B} \lambda_k(B) [I_A \otimes \Lambda_k(B)]$$

$$+ \frac{1}{4} \sum_{j,k=1}^{S_A, S_B} K_{jk}(A, B) [\Lambda_j(A) \otimes \Lambda_k(B)] \tag{8.25}$$

其中期望值为

$$\left. \begin{array}{l} \lambda_j(A) = \langle \Lambda_j(A) \rangle = \mathrm{tr}(\rho_{AB} \Lambda_j(A) \otimes I_B) \\ \lambda_k(B) = \langle \Lambda_k(B) \rangle = \mathrm{tr}(\rho_{AB} I_A \otimes \Lambda_k(B)) \end{array} \right\} \tag{8.26}$$

关联张量 $K_{jk}(A, B)$ 为

$$K_{jk}(A, B) = \langle \Lambda_j(A) \Lambda_k(B) \rangle = \mathrm{tr}(\rho_{AB} \Lambda_j(A) \otimes \Lambda_k(B)) \tag{8.27}$$

引入协方差关联张量 $C_{jk}(A, B)$：

$$C_{jk}(A, B) = \langle (\Lambda_j(A) - \lambda_j(A))(\Lambda_k(B) - \lambda_k(B)) \rangle \tag{8.28}$$

即

$$C_{jk}(A, B) = K_{jk}(A, B) - \lambda_j(A) \lambda_k(B) \tag{8.29}$$

对直积态(非纠缠)，协方差关联张量 $C_{jk}(A, B)$ 全体为零，由此即可判断系统是否纠缠. 同理可将此判据推广到多个态混合的情况.

B. 四种纠缠度的定义

目前人们也提出多种纠缠度来表征系统纠缠特性，常用的四种为：

1) 部分熵纠缠度[28]（the partial entropy of entanglement）

当两体量子态处于纯态 $|\Phi\rangle_{AB}$ 时，部分熵纠缠度 $E_p(|\Phi\rangle_{AB})$ 定义为

$$\left\{ \begin{array}{l} E_p(|\Phi\rangle_{AB}) = S(\rho_A) \\ S(\rho_A) = -\mathrm{tr}^{(A)}(\rho_A \ln \rho_A) \\ \rho_A = \mathrm{tr}^{(B)} \rho_{AB}^{p} \equiv \mathrm{tr}^{(B)}(|\Phi\rangle_{AB} \langle \Phi |) \end{array} \right. \tag{8.30}$$

其中 $S(\rho_A)$ 是 von Neumann 熵. 为方便起见，一般将量子信息论中的 von Neumann 熵定义里的对数底数取为 2，从而使得 Bell 基的纠缠度归一为 1.

2) 相对熵纠缠度[29]（the relative entropy of entanglement）

对两体量子态 ρ_{AB}^{p}，相对熵纠缠度 $E_r(\rho_{AB}^{p})$ 定义为：态 ρ_{AB}^{p} 对于全体可分离态的相对

熵的最小值,即

$$E_{\mathrm{r}}(\rho_{AB}^p) = \min_{\sigma_{AB} \in D} S(\rho_{AB}^p \parallel \sigma_{AB}) \tag{8.31}$$

其中 $S(\rho_{AB}^p \parallel \sigma_{AB})$ 为态 ρ_{AB}^p 相对于可分离态 σ_{AB} 的相对熵.

$$\min_{\sigma_{AB} \in D} S(\rho_{AB}^p \parallel \sigma_{AB}) = \mathrm{tr}\{\rho_{AB}^p(\ln \rho_{AB}^p - \ln \sigma_{AB})\} \tag{8.32}$$

这里 D 是所有两体可分离态的集合. 由相对熵纠缠度的定义可以看出,这种纠缠度常常难以计算.

3) 可提纯纠缠度[30,31](entanglement of distillation)

N 分两体量子态 ρ_{AB}^p 为 Alice 和 Bob 所共享,Alice 和 Bob 通过经典通信能得到 EPR 对的个数最多为 $k(N)$,可提纯纠缠度 $D(\rho_{AB}^p)$ 定义为

$$D(\rho_{AB}^p) = \lim_{N \to \infty} \frac{k(N)}{N} \tag{8.33}$$

4) 形成纠缠度[31](entanglement of formation)

对两体量子态 ρ_{AB}^p,形成纠缠度 $E_{\mathrm{f}}(\rho_{AB}^p)$ 的定义为

$$E_{\mathrm{f}}(\rho_{AB}^p) = \min_{\langle p_i, |\Phi_i\rangle\rangle} \sum_i p_i E_{\mathrm{p}}(|\Phi_i\rangle_{AB}) \tag{8.34}$$

其中 $\{p_i, |\Phi_i\rangle_{AB}\}$ 是 ρ_{AB}^p 的任一分解,即 $\rho_{AB}^p = \sum_i p_i E_{\mathrm{p}} |\Phi_i\rangle_{AB}\langle\Phi_i|$,而 $E_{\mathrm{p}}(|\Phi_i\rangle_{AB})$ 为 $|\Phi_i\rangle_{AB}$ 的部分熵纠缠度. 这里 ρ_{AB}^p 分解不一定是相互正交的,只要求 $|\Phi_i\rangle_{AB}$ 是此两体的归一化纯态.

对两体纯态,以上不同纠缠度定义给出的纠缠度都是相等的. 在实际应用中,最规范的(canonical)是形成纠缠度(entanglement of formation). 对于任意两个比特的系统,形成纠缠度可通过下式计算:

$$E_{\mathrm{f}}(\rho_{AB}^p) = h\left(\frac{1 + \sqrt{1-\tau}}{2}\right) \tag{8.35}$$

这里 $h(x) = -x\log_2(x) - (1-x)\log_2(1-x)$,$\tau$ 是混乱度,其表达式为 $\tau = [\max\{\lambda_1 - \lambda_2 - \lambda_3 - \lambda_4, 0\}]^2$. λ_i 是矩阵 $\boldsymbol{R}$ 的本征值按照从大到小的排列. 矩阵 $\boldsymbol{R}$ 的定义为 $\boldsymbol{R} = \rho_{AB}^p \boldsymbol{\Sigma}(\rho_{AB}^p)^{\mathrm{T}} \boldsymbol{\Sigma}$. 这里 T 表示转置,$\boldsymbol{\Sigma}$ 是自旋翻转矩阵:

$$\boldsymbol{\Sigma} = \begin{pmatrix} 0 & 0 & 0 & -1 \\ 0 & 0 & 1 & 0 \\ 0 & 1 & 0 & 0 \\ -1 & 0 & 0 & 0 \end{pmatrix} \tag{8.36}$$

由 $h(x)$ 的表达式可以看出,$h(x)$ 是 τ 的增函数.$\tau = 1$ 时可以得到最大的形成纠缠度 1,$\tau = 0$ 时可以得到形成纠缠度 0.

8.2 半导体量子点精细能级结构

8.2.1 半导体量子点双激子体系能级结构

半导体量子点双激子能级结构如图 8.2 所示,其中 $|v\rangle$ 为真空态,$|b\rangle$ 为双激子态,受生长环境影响,量子点形状呈现出各向异性,造成激子态劈裂为两个具有一定能量差 Δ

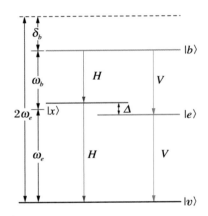

图 8.2 量子点双激子能级结构示意图

其中 $|b\rangle$ 为双激子态,$|v\rangle$ 为真空态,$|x\rangle$ 和 $|y\rangle$ 分别为两个正交本征激子态,其能级劈裂为 Δ,ω_e 和 ω_b 分别表示激子态和双激子态发射光子的平均角频率,δ_b 为双激子的结合能.

的正交本征能级 $|x\rangle$，$|y\rangle$。设粒子由双激子态 $|b\rangle$ 到激子态 $|x\rangle$（或由态 $|x\rangle$ 到真空态 $|v\rangle$）复合发射水平方向偏振光子，标记为 H；粒子由双激子态 $|b\rangle$ 到激子态 $|y\rangle$（或由态 $|y\rangle$ 到态 $|v\rangle$）复合发射垂直方向偏振光子，标记为 V。两个激子形成一个双激子消耗掉的一部分能量 δ_b 即为双激子的结合能，这一能量远大于激子态的能级劈裂 Δ，即激子态发射光子（平均角频率为 ω_e）与双激子态发射光子（平均角频率为 ω_b）能量差较大，通过滤波片可以将双激子态发射光子和激子态发射光子分离开。

在相互作用表象中，系统的相互作用哈密顿量为

$$\hat{H}^{(i)} = \frac{1}{2}\hbar\left[\hat{\sigma}_{bx}^{(i)}(t)\Omega_{bx}(t)\mathrm{e}^{-\mathrm{i}\omega_{L2}t} + \hat{\sigma}_{by}^{(i)}(t)\Omega_{by}(t)\mathrm{e}^{-\mathrm{i}\omega_{L2}t}\right.$$
$$\left. + \hat{\sigma}_{xv}^{(i)}(t)\Omega_{xv}(t)\mathrm{e}^{-\mathrm{i}\omega_{L1}t} + \hat{\sigma}_{yv}^{(i)}(t)\Omega_{yv}(t)\mathrm{e}^{-\mathrm{i}\omega_{L1}t} + \mathrm{h.c.}\right] \tag{8.37}$$

其中 $\Omega_{bx}(t) = \mu_{bx}\varepsilon_{bx}(t)/\hbar$，$\Omega_{by}(t) = \mu_{by}\varepsilon_{by}(t)/\hbar$，$\Omega_{xv}(t) = \mu_{xv}\varepsilon_{xv}(t)/\hbar$ 以及 $\Omega_{yv}(t) = \mu_{yv}\varepsilon_{yv}(t)/\hbar$ 分别表示粒子在态 $|b\rangle \sim |x\rangle$，$|b\rangle \sim |y\rangle$，$|x\rangle \sim |v\rangle$ 以及 $|y\rangle \sim |v\rangle$ 之间跃迁的 Rabi 振荡频率；μ_{bx}，μ_{by}，μ_{xv} 和 μ_{yv} 分别为相应的跃迁偶极矩；$\hat{\sigma}_{bx}^{(i)}$，$\hat{\sigma}_{by}^{(i)}$，$\hat{\sigma}_{xv}^{(i)}$ 和 $\hat{\sigma}_{yv}^{(i)}$ 为跃迁偶极矩算符；ω_{L1} 和 ω_{L2} 分别代表态 $|s\rangle \sim |v\rangle (s = x, y)$ 和态 $|b\rangle \sim |s\rangle (s = x, y)$ 之间激发脉冲角频率。

系统主方程为[32]

$$\frac{\mathrm{d}\hat{\rho}}{\mathrm{d}t} = -(\mathrm{i}/\hbar)[\hat{H}^{(i)}, \hat{\rho}] + L(\hat{\rho}) \tag{8.38}$$

系统粒子数运动方程和"光子对"发射二阶交叉相关函数参见第 7 章、附录 4.1 和附录 7.2。

8.2.2　量子点精细结构劈裂及其物理模型

在 2000 年左右，Benson 等人提出利用双激子级联发射实现确定性纠缠光源[33]。但是大量的实验表明，量子点的单激子态的两个明态并非能量简并的，而是有一个很大的能量劈裂，这个劈裂一般远大于其谱线的自然展宽，所以可以很容易在实验上分辨。这个劈裂被称为精细结构劈裂（fine structure splitting），缩写为 FSS。在数学上，一般认为它是由电子-空穴的交换关联作用产生的。基于这个图像，人们通常认为量子点的精细结构劈裂主要由量子点的宏观非对称性决定，所以它可以通过控制量子点的形貌来调控。但是，实验结果并不理想。中国科学技术大学龚明等人提出了新的理论模型并给出了详细的解释。理论上的突破在于认识到，这种劈裂其实是由量子点的对称性决定的。通过对称性分析可以得到这个结论。对于半导体材料而言，它的体材料的对称性为 T_d。对于半导体

纳米结构,它们的对称性是T_d的子群.这个子群和量子点的结构可能有密切关系.对于柱状量子点,它的对称性为D_{2d},此时单激子的两个明态有相同的不可约表示,所以它们的能级是严格简并的.对于三角形量子点,它的对称性为C_{3v},此时两个明态有相同的不可约表示,所以能量也是简并的.但是对于其他量子点,它们的对称性最多为C_{2v},此时两个明态分别属于Γ_2和Γ_4表示,因此能级不是简并的.这种不简并性给出了量子点的精细结构劈裂的本质.关于量子点的精细结构劈裂的简并性和量子点的对称性之间的关系,总结在图8.3中[34].

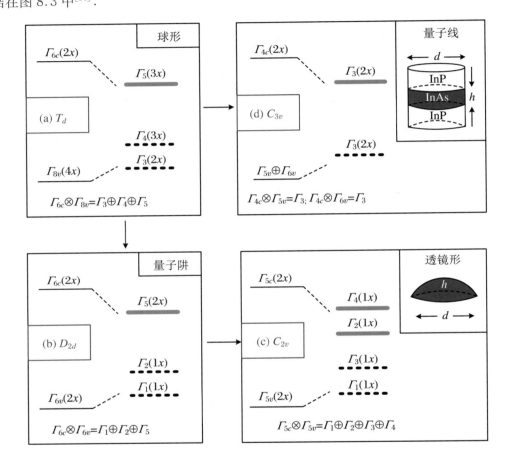

图 8.3　量子点的 FSS 以及和量子点的对称性之间的关系[34]

（引自 Singh R, et al. Phys. Rev. Lett., 2009, 103(063601)）

实验上在 2006 年终于实现了量子点的纠缠光源,但是这个结果并不容易,因为无法从大量的量子点中找出精细结构小于 $1\,\mu\mathrm{eV}$ 的量子点.在实验上通过控制磁场可以实现纠缠光源,但是该方案不是很成功,因为绝大部分的量子点的精细结构劈裂在外磁场下不会被调节到零,有些反而会变得很大.不同量子点在磁场下的反应也完全不同,似乎难以找到明显规律.在实验上碰到的情况和理论上碰到的情况非常相似,每个量子点都是不同的,即便两个量子点有相同的形貌,它们的原子构型不同,最终精细结构劈裂也完全不同.如何理解量子点的这些性质一直是理论上的难题.2010 年,龚明等人提出一个新的思想来研究它们的性质[35].在这个模型中(其原理图见图 8.4),假设量子点的主要对称性为 C_{2v},但是界面、缺陷以及可能的结构的非对称性等都会导致一些微弱的对称破缺.这种对称破缺项记为 C_1,它本质上表示没有任何对称性.因此,可以把描写量子点的哈密顿量分解为如下形式:

$$H = H_{2v} + V_1 \tag{8.39}$$

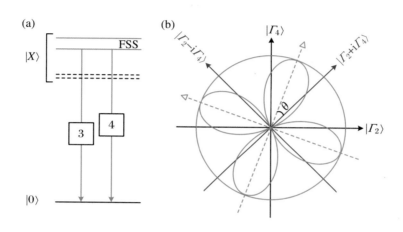

图 8.4 (a) 量子点中的精细结构劈裂;(b) 由于两个明态的耦合,它们的发光方向会偏离[110]和[1$\bar{1}$0]方向. Θ 为偏转角度或者极化角度[35].

(引自 Gong M,et al. Phys. Rev. Lett.,2011,106(227401))

将 V_1 当作微扰.首先考虑第一项的哈密顿形式,从量子点的对称性可知(见图 8.3 (d)的群表示),它的两个明态的对称表示为 Γ_2 和 Γ_4,它们属于不同的表示,所以能量是不同的. V_1 的贡献不会导致明态和暗态的耦合,因为它们有完全不同的角动量,所以在这两个基矢 $|\Gamma_2\rangle$ 和 $|\Gamma_4\rangle$ 下,可以得到如下有效的哈密顿量:

$$H = \begin{bmatrix} \delta & \kappa \\ \kappa & -\delta \end{bmatrix} = \delta\sigma_z + \kappa\sigma_x \tag{8.40}$$

其中,所有的参数都为实数.原因是,可以认为 C_1 的势能是实数,同时对于电子空穴系统,哈密顿的时间反演算子满足 $\Theta^2 = (-1)^2 = +1$,所以这些波函数将存在实表示,因此非对角部分也是实的. 在磁场下这个性质将不再成立. 因此, 量子点的光学性质完全由这两个参数决定. 在一般的情况下, 这两个参数都不等于零, 所以这个公式表明, 量子点的精细结构劈裂一般非零.

下面讨论在外界应力下的影响, 此时哈密顿将做如下改变:

$$H(p) = H_{2v}(p) + V_1(p) + V_s(n)p \tag{8.41}$$

其中 n 为外界作用力的方向, p 为外界作用力. 这里的 n 可以沿着任意方向, 外力则可能是电场, 也可能是应力. 假设这个外力的影响很小, 所以依旧采用微扰理论, 可得到如下新的哈密顿形式:

$$H(p) = \bar{E}(p) + \left(\delta + \frac{\alpha p}{2}\right)\sigma_z + (\kappa + \beta p)\sigma_x \tag{8.42}$$

这里, 引入了两个新的参数 α 和 β 来度量外力对这些量子态的影响. 所以外力的贡献以及量子点的微观结构等的影响均可以反映在这两个有效参数中. 外力除了影响精细结构劈裂外, 还可能导致能谱的整体移动, 这个影响全部归结在第一项. 这个模型可以严格求解, 所以它的所有性质可以解析确定. 比如这个模型对应的精细结构劈裂及偏转角度分别为

$$\Delta = \sqrt{4(\beta p + \kappa)^2 + (2\delta + \alpha p)^2}, \quad \tan\theta = \frac{-2\delta - \alpha p \mp \Delta}{2(\beta p + \kappa)} \tag{8.43}$$

在实验上, 这两个物理量可以直接测量, 从而可以通过测量精细结构劈裂以及偏转角随着外力的变化关系确定这几个参数的值 (图 8.5). 通过这些已经获得的参数可以预言新的结果, 并可用实验验证. 这个公式为最近在实验上调控量子点的精细结构劈裂提供了理论支持.

这个模型可以给出如下预言:

1. 对于一般的量子点, 精细结构劈裂不为零. 即便在单轴外力下, 精细结构劈裂也不会为零, 即存在精细结构劈裂的下限 (lower bound). 这个下限以及对应的外力大小可以由如下公式解析确定:

$$\Delta_c = \frac{2(\alpha\kappa - 2\beta\delta)}{\sqrt{\alpha^2 + 4\beta^2}}, \quad p_c = -2\frac{\alpha\delta + 2\beta\kappa}{\alpha^2 + 4\beta^2} \tag{8.44}$$

此外, 如果 $|p - p_c| \gg \delta, \kappa$, 则精细结构劈裂和 p 将线性依赖于外力. 这几个性质已经在实验上得到了验证. 这里主要讨论应力的影响, 对于外加电场, 也可以得到类似结论[36].

2. 哈密顿具有可加性, 即不同外力的贡献是可加的. 如果考虑若干独立外力, 那么其对应的哈密顿为如下形式:

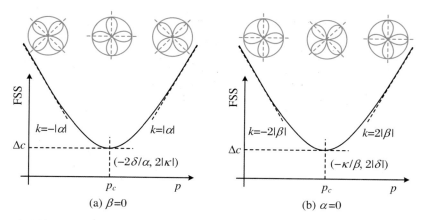

图 8.5　量子点的精细结构劈裂和外力的关系[35]. (a) 应力沿[110]方向; (b) 应力沿[100]方向
在这两个极限下, β 和 α 会分别为零.

(引自 Gong M, et al. Phys. Rev. Lett., 2011, 106(227401))

$$H(p_1, p_2, \cdots) = \bar{E}(p) + \delta \sigma_z + \kappa \sigma_x + \sum_i \left(\frac{\alpha_i p_i}{2} \right) \sigma_z + (\beta_i p_i) \sigma_x \quad (8.45)$$

其中每个参数都可以独立测量. 利用这些独立确定的参数可以对一般情况给出很好的理论预言. 基于这个性质, 可以证明如果要完全消除量子点的精细结构劈裂, 则需要让对角和非对角系数完全为零, 所以至少需要两个独立外力才能完全消除量子点的精细结构劈裂[37]. 此时, 它们的激子能量将完全确定, 也就是说无法消除精细结构劈裂, 同时可以调节量子点的发光波长. 在很多应用中, 考虑到不同量子点尺寸不同, 它们的发光位置也不同, 所以即便消除了精细结构劈裂, 也难以调节两个不相同的量子点, 使其有相同的发光波长. 为了达到这个目的, 必须要使用至少三个独立的外力. 基于这个想法, 王建平等人提出了一个新的概念, 即波长可调的纠缠光源[38]. 最近的一些实验都是延续这样的思路展开的[39-44]. 这些结构都可以用文献[35]的理论描述(图 8.6).

3. 对于量子点系统而言, δ 和 κ 可以认为是完全独立随机的. 这个结果可以解释为什么在实验上很难观察到精细结构趋于零的量子点. 我们可以期待这个结论, 因为这两个参数和量子点的形貌以及结构没有简单的关系, 并且大量的实验表明, 量子点的精细结构劈裂没有简单的规律. 在文献[45]中, 龚明等人通过大量的实验数据以及经验赝势(empirical pseudopotential)计算, 确认了该结论(图 8.7).

4. 这种可调节性和量子点的波长无关. 目前这一点还没有得到实验验证. 但是在未来的实验中, 如果要实现较高温度下的纠缠光源, 那么其量子点的发光波长一定要远离半导体材料的体发光位置, 此时, 这种和波长无关的特性将变得非常重要.

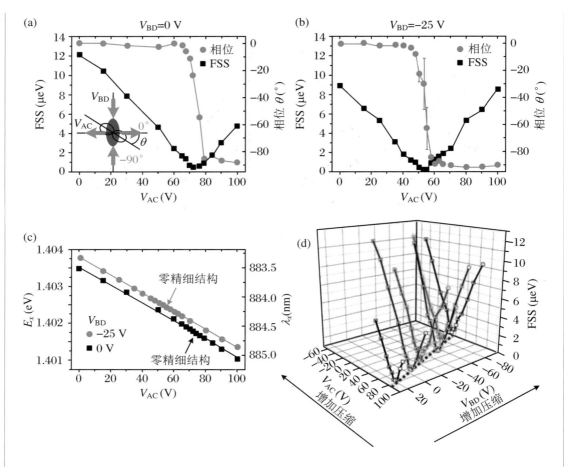

图 8.6　实验上精细结构劈裂和外界偏压之间的关系[44]

　　通过调节两个独立的偏压,可以在实验上完全消除量子点的精细结构劈裂(见图(d)).这些行为可以用文献[35]的理论解释.

　　(引自 Chen Y, et al. Nat. Commun.,2016,7(10387))

　　既然这两个明态属于不同的群表示,它们也将有不同的寿命.最近,熊稳等人还给出了新的理论预言[46].这里有一个基本逻辑问题,即在实验上测量到的寿命各向异性到底来自哪种相互作用?是由量子点的 C_{2v} 对称性导致的,还是由其 C_1 部分导致的?为此,定义了两个不同的各向异性寿命,即本征各向异性(intrinsic lifetime asymmetry)和测量各向异性,其中本征各向异性只由 C_{2v} 部分决定,但是它不可以直接测量,在实验上测量到的为测量各向异性.可以记这两个物理量为 $\delta\tau$ 和 δT.考虑到在实验上 δT 一般是通过拟合得到的,并且 $\delta\tau$ 远小于其平均寿命,因此,可以得到这两个物理量之间的简单关系:

$$\delta T = \delta\tau\cos 2\theta \tag{8.46}$$

量子计算:基于半导体量子点
Quantum Computation Based on Semiconductor Quantum Dots

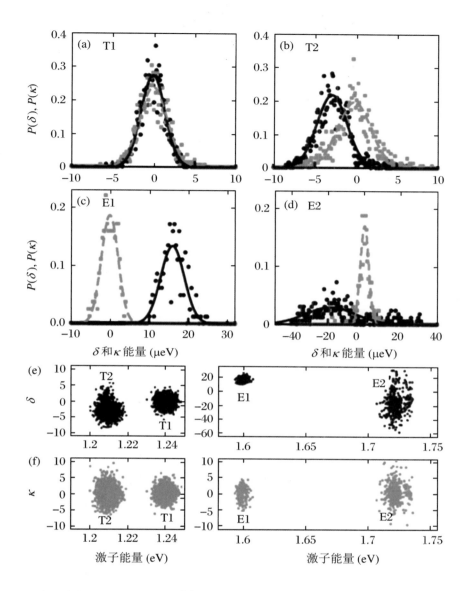

图 8.7　量子点系统中 δ 和 κ 的统计分布[45]

(a)和(b)为理论结果,(c)和(d)为实验结果.这些参数和激子能量完全没有关联.在统计上可以确认,这两个参数也没有关联.

(引自 Gong M, et al. Phys. Rev. B. 2014，89(205312))

这个关系可以如下理解,寿命各向异性原则上和精细结构劈裂及偏转角度有关,但是 δT 和 $\delta \tau$ 已经具有一样的量纲,所以它们之间只可能和无量纲的角度相关.如果没有 C_1 部

分,测量到的寿命差即为本征的寿命差,所以它们应该一样.但是对于 $\theta = \pi/4$,此时两个明态是同等权重的 $|3\rangle$ 和 $|4\rangle$,因此在实验上无法测量到各向异性.对于高对称量子点(图 8.3),$\delta\tau = 0$,因此无论无序导致什么样的偏转角度,也无法在实验上观察到测量各向异性.上述结论完美体现了这个性质.这里还讨论了可能的实验测量.在理论上,$\delta\tau \sim 0.1$ ns,所以在实验上是可以测量的.

总之,该二能级有效模型提供了一个新的途径来理解和调控量子点的光学性质,目前在制备量子点纠缠光源方面发挥了关键性作用.但是迄今为止该理论的很多预言并没有完全被实验证明,所以未来依旧有很多实验工作可以做.该模型是基于对称性得到的,具有普遍性,所以在其他材料中也可能用到.这些研究不仅可以加深人们对量子点光学性质的认识,也可能产生一些新的应用.

8.3 简并双激子体系纠缠光子发射特性

8.3.1 理想简并双激子体系纠缠光子发射特性

定义归一化"光子对"计数 n_{mn}^{U} 为

$$n_{mn}^{U} = n_{mn}/(n_{HH} + n_{HV} + n_{VV} + n_{VH}) \tag{8.47}$$

当系统激子态完全简并,即激子态间的能级劈裂 $\Delta = 0$,并且激子态间的自旋弛豫 $\gamma_{xy} = 0$ 时,系统产生 HH,VV 级联"光子对"的发射路径完全不可分,"光子对"偏振态为 $(|HH\rangle + |VV\rangle)/\sqrt{2}$,这是最大的纠缠态,此时在 16 个变换矩阵作用下的归一化"光子对"计数用 $n_{mn}^{(E)}$ 来表示,其值见表 8.3.

表 8.3 完全纠缠光子偏振态在 16 个变换矩阵作用下归一化"光子对"计数

HH	HV	VV	VH	RH	RV	DV	DH
0.5	0	0.5	0	0.25	0.25	0.25	0.25
DR	RD	HD	VD	VL	HL	DD	RL
0.25	0.25	0.25	0.25	0.25	0.25	0.5	0.5

此时的偏振密度矩阵 $\rho_{\text{pol}}^{(E)}$ 如图 8.8 所示,形成纠缠度为 1.

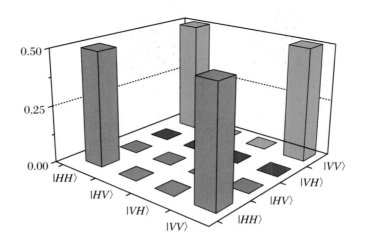

图 8.8　最大纠缠光子偏振态偏振密度矩阵,此时形成纠缠度为 1

8.3.2　自旋弛豫对二阶互相关函数和纠缠度的影响

Stevenson 等通过给系统外加磁场[17,18],使得量子点激子态达到简并,从而在量子点体系中得到纠缠"光子对"[18],但系统发射的"光子对"并不是最大纠缠的,这除了是因为存在杂散光等噪声信号外,另一个更重要的原因是激子态间有自旋弛豫,自旋弛豫产生的 HV 和 VH 光子对在激子态简并时发射路径也是不可分的. 当自旋弛豫 $\gamma_{xy} = 1\,\mathrm{ns}^{-1}$ 时,得到 16 个平均光子对计数 n_{mn} 如图 8.9 所示,此时的偏振密度矩阵如图 8.10(b)所示,计算得其形成纠缠度约为 0.403,即此时系统产生"光子对"是纠缠的,这与文献[18]的实验结果偏振密度矩阵和纠缠度符合较好,说明实验中[18]激子态间的自旋弛豫约为 $1\,\mathrm{ns}^{-1}$. 图 8.10(a)和(c)分别为自旋弛豫 $\gamma_{xy} = 0\,\mathrm{ns}^{-1}$ 和 $10\,\mathrm{ns}^{-1}$ 时的偏振密度矩阵,其形成纠缠度分别为 1 和 0.084.

改变激子态间的自旋弛豫,得到形成纠缠度随自旋弛豫的变化关系如图 8.10(d)所示. 随着激子态间自旋弛豫的增大,系统产生"光子对"的形成纠缠度逐渐减小. 当自旋弛豫为 0 时,系统发射"光子对"是最大纠缠的;当自旋弛豫 γ_{xy} 由 0 增大到 $2\,\mathrm{ns}^{-1}$ 时,形成纠缠度从 1 急剧减小到 0.2;当自旋弛豫 γ_{xy} 大于 $2\,\mathrm{ns}^{-1}$ 时,形成纠缠度缓慢减小;当自旋弛豫 γ_{xy} 大于 $7\,\mathrm{ns}^{-1}$ 时,形成纠缠度已小于 0.1.

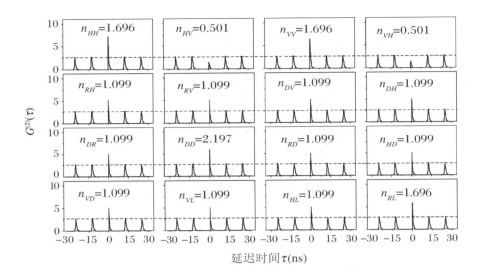

图 8.9　激子态简并体系发射"光子对"16 个偏振态下二阶相关函数

其中 $\theta_{\mathrm{eff}} = 2\pi$，自旋弛豫 $\gamma_{xy} = 1\ \mathrm{ns}^{-1}$，衰减 $\gamma_{bx} = \gamma_{by} = 4\ \mathrm{ns}^{-1}$，$\gamma_{xv} = \gamma_{yv} = 2\ \mathrm{ns}^{-1}$.

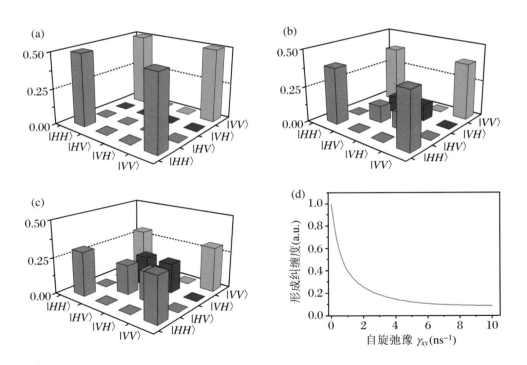

图 8.10　激子态简并，自旋弛豫分别为 $0\ \mathrm{ns}^{-1}$(a)、$1\ \mathrm{ns}^{-1}$(b)、$10\ \mathrm{ns}^{-1}$(c)时，系统的偏振密度矩阵；(d) 形成纠缠度随自旋弛豫的变化关系

8.4　非简并双激子体系频谱过滤与纠缠光子发射

8.4.1　非简并双激子体系非纠缠光子发射特性

当激子态间交叉弛豫为 0,激子态间存在较大的能级劈裂时,可以从能量上完全区分系统发射 HH,VV"光子对"的发射路径,系统产生的"光子对"是非纠缠的,在 16 个变换矩阵作用下的归一化"光子对"计数用 $n_{mn}^{(N)}$ 来表示,其值见表 8.4.

表 8.4　非纠缠光子偏振态在 16 个变换矩阵作用下归一化"光子对"计数

HH	HV	VV	VH	RH	RV	DV	DH
0.5	0	0.5	0	0.25	0.25	0.25	0.25
DR	RD	HD	VD	VL	HL	DD	RL
0.25	0.25	0.25	0.25	0.25	0.25	0.25	0.25

此时的偏振密度矩阵 $\rho_{\mathrm{pol}}^{(N)}$ 如图 8.11 所示,形成纠缠度为 0.

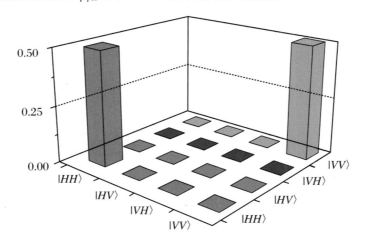

图 8.11　非纠缠光子偏振态偏振密度矩阵,此时形成纠缠度为 0

8.4.2　非简并双激子体系频谱过滤法产生纠缠光的原理[21]

如 8.4.1 小节所示,当量子点激子态能级非简并时,可以从能量上分辨系统"光子对"发射路径信息,故为了通过非简并量子点体系中产生纠缠光子对,需要擦除系统发射"光子对"的路径信息.使用 8.3.2 小节的方法通过给系统外加磁场使激子态能级简并一方面可以消除系统发射"光子对"的路径信息;另一方面也可以通过给系统加入频谱过滤窗函数擦除系统发射"光子对"的路径信息.

量子点系统发射的"光子对"终态(the final state of the cascade)可以写为

$$|\Psi\rangle = \alpha \mid p_H\rangle \mid HH\rangle \mid d_H\rangle + \beta \mid p_V\rangle \mid VV\rangle \mid d_V\rangle$$
$$+ \eta \mid p_{HV}\rangle \mid HV\rangle \mid d_{HV}\rangle + \kappa \mid p_{VH}\rangle \mid VH\rangle \mid d_{VH}\rangle \tag{8.48}$$

其中 $\mid p_{H(V)}\rangle$ 表示"光子对"波包(wave packet);$\mid d_{H(V)}\rangle$ 表示量子点终态(the final states of the QD);$\alpha, \beta, \eta, \kappa$ 为四种发射路径的复概率(amplitudes),在此满足:

$$\left.\begin{array}{l} \mid \alpha \mid^2 + \mid \beta \mid^2 + \mid \eta \mid^2 + \mid \kappa \mid^2 = 1 \\ \mid \alpha \mid^2 / \mid \eta \mid^2 = n_{HH}/n_{HV} \\ \alpha = \beta, \quad \eta = \kappa \end{array}\right\} \tag{8.49}$$

不考虑激子态间的自旋弛豫,即 $\eta = \kappa = 0$,系统发射"光子对"偏振密度矩阵可以写为

$$\boldsymbol{\rho}_{\text{pol}} = \begin{pmatrix} \mid \alpha \mid^2 & 0 & 0 & \gamma \\ 0 & 0 & 0 & 0 \\ 0 & 0 & 0 & 0 \\ \gamma^* & 0 & 0 & \mid \beta \mid^2 \end{pmatrix}$$
$$\gamma = \alpha\beta^* \langle p_H \mid p_V\rangle \langle d_H \mid d_V\rangle \tag{8.50}$$

量子点激子态能级劈裂较大时满足 $\langle p_H \mid p_V\rangle = 0$,则有 $\gamma = 0$,光子偏振态是非纠缠的.而通过给"光子对"波包加上一个投影(projection)作用因子 P,则可以产生纠缠光子偏振态,此时态 $\mid\Psi\rangle$ 用 $P\mid\Psi\rangle / \mid P\mid\Psi\rangle \mid$ 替换后得到

$$\gamma' = \frac{\alpha\beta^* \langle p_H \mid P \mid p_V\rangle}{\mid P \mid \Psi\rangle \mid^2} \langle d_H \mid d_V\rangle \tag{8.51}$$

若 P 因子作用后使 $\gamma' \neq 0$,则得到的"光子对"是纠缠的.

8.4.3　频谱法分析谱过滤非简并双激子体系纠缠光子发射

A. 偏振密度矩阵的频谱理论[21]

由二阶微扰理论(perturbation theory),并运用偶极近似和旋转波近似可以得到

$$A_H \equiv \alpha \langle k_1, k_2 \mid p_H \rangle = \frac{e^{i\phi_{p_u}\Gamma/2\pi}}{(\mid k_1 \mid + \mid k_2 \mid - \varepsilon_u)(\mid k_2 \mid - \varepsilon_H)} \tag{8.52}$$

同样可以写出 A_V 的表达式.下标 u 表示双激子态,k_1,k_2 为光子动量,$\varepsilon_j = E_j - \frac{i}{2}\Gamma_j (j = u, H, V)$ 是复能量(complex energies),$\Gamma_u = 2\Gamma_{H/V}$ 为辐射宽度(radiative widths),投影作用因子 P 是通过给系统加入两个宽度为 w 的窗函数来实现的,其滤波中心分别为 $(E_V + E_H)/2$ 和 $E_u - (E_V + E_H)/2$,用 W 表示窗函数.将这些表达式代入公式(8.51)和(8.52)可得

$$\gamma' = \frac{\iint dk_1 dk_2 A_H^* W A_V}{\iint dk_1 dk_2 A_H^* W A_H + \iint dk_1 dk_2 A_V^* W A_V} \tag{8.53}$$

上式分母是"光子对"探测概率.通过加入两个宽度为 w 的光谱窗函数,可以将 γ' 改写为

$$\gamma' = \frac{e^{i(\phi_V - \phi_H)}}{1 + i\Delta/\Gamma} \left(\frac{1}{2} + \frac{i}{4\pi \mid P \mid \Psi \rangle \mid^2} \lg \frac{\eta_-^2 + 1}{\eta_+^2 + 1} \right) \tag{8.54}$$

其中 $\pi \mid P \mid \Psi \rangle \mid^2 = \arctan \eta_+ + \arctan \eta_-$,$\eta_\pm = (w \pm \Delta)/\Gamma$,$\Delta = E_H - E_V$. 将式(8.54)代入式(8.50)即可求得窗函数宽度为 w 时系统的偏振密度矩阵.

B. 窗函数宽度对纠缠度的影响[21]

根据频谱理论计算得到的形成纠缠度随窗函数宽度 w 的变化关系如图 8.12 中虚线所示,图 8.12 中点线显示了当考虑能谱展宽(spectral diffusion)时形成纠缠度随窗函数宽度的变化关系,黑点为实验数据.

C. 能级劈裂对纠缠度的影响[21]

当设窗函数宽度为 25 μeV,由频谱理论,不考虑谱线展宽时计算得到的形成纠缠度随激子态能级劈裂的变化关系如图 8.13 中虚线所示.可见形成纠缠度随能级劈裂并不是单调变化的,随着能级劈裂的增大,形成纠缠度出现上升的趋势不合理,故这种模型具有一定的适用范围.

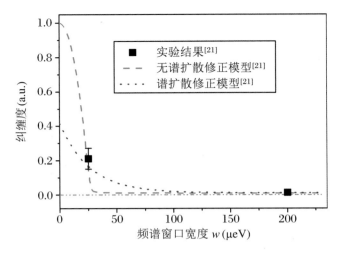

图 8.12 纠缠度随窗函数宽度 w 的变化关系

激子态能级劈裂为 27 μeV,光谱展宽为 50 μeV. 虚线为当不考虑光谱展宽时,由频谱理论计算得到的形成纠缠度随窗函数宽度的变化关系;点线为当考虑光谱展宽为 50 μeV 时,计算得到的形成纠缠度随窗函数宽度的变化关系.

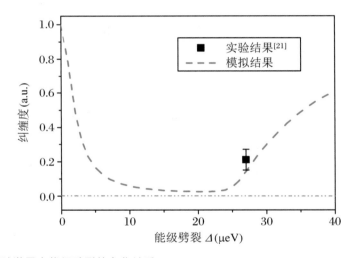

图 8.13 纠缠度随激子态能级劈裂的变化关系

光谱展宽为 50 μeV,窗函数宽度为 25 μeV,形成纠缠度随能级劈裂的变化关系. 可以看到能级劈裂大于 25 μeV 时,纠缠度随能级劈裂的变大而变大,故其模型在计算纠缠度随能级劈裂的变化关系时具有一定的适用范围.

8.4.4 主方程法分析谱过滤非简并双激子体系纠缠光发射

A. 理论模型

如图 8.12 和图 8.13 所示,文献[21]的模型在一定范围内可以解释实验数据,而系统发射光子与各态能级上粒子数的运动过程密切相关,下面将由系统发射光子能谱分布构建模型,分析粒子数密度矩阵与"光子对"偏振密度矩阵之间的关系,并讨论这种模型下得到的窗函数宽度、激子态的能级劈裂、激发脉冲强度以及激子态间的自旋弛豫对系统发射"光子对"纠缠特性的影响.

对于能级非简并体系,当加入频谱过滤窗函数后,可以部分擦除光子发射的路径信息,从而产生纠缠光子对.此时的平均光子对计数 n_{mn} 和偏振密度矩阵 ρ_{pol} 都与频谱过滤窗函数有关.图 8.14(a) 和 (b) 分别显示了双激子态(XX)和激子态(X)上水平偏振(H)和垂直偏振(V)发射的相对频谱分布和频谱过滤窗函数 $w^{[21]}$.在窗函数 w 内,在双激子态(XX)和激子态(X)上发射光子位于水平偏振(H)和垂直偏振(V)频谱重叠区域的归一化面积分别为 $\delta S_{XX}^w / S_{XX}^w$ 和 $\delta S_X^w / S_X^w$.当系统发射级联光子对的频谱分别位于交叠区 δS_{XX}^w 和 δS_X^w 时,其发射"光子对"的路径不可以区分,可认为这一部分"光子对"是纠缠的,于是形成纠缠光子对的概率为

$$g = \frac{\delta S_{XX}^w}{S_{XX}^w} \frac{\delta S_X^w}{S_X^w} \tag{8.55}$$

图 8.14(c) 显示了纠缠光子对概率 g 随窗函数宽度 w 的变化关系,随着窗函数宽度的增加,产生纠缠光子对的概率 g 因子很快从 1 减小到 0.08 左右.

整个系统的归一化平均光子对计数 $n_{mn}^{(U)}$ 可以近似表示为

$$n_{mn}^{(U)} = g n_{mn}^{(E)} + (1 - g) n_{mn}^{(N)} \tag{8.56}$$

当能级劈裂 $\Delta \to 0$ 时,满足 $n_{mn}^{(U)} \to n_{mn}^{(E)}$,即为激子态完全简并系统.当 $w \gg \Delta > 0$ 时,满足 $n_{mn}^{(U)} \to n_{mn}^{(N)}$,即为激子态非简并且未加入窗函数的系统.由 (8.56) 式可以得到其光子偏振密度矩阵 ρ_{pol} 与窗函数的关系

$$\rho_{\text{pol}} = g \rho_{\text{pol}}^{(E)} + (1 - g) \rho_{\text{pol}}^{(N)} \tag{8.57}$$

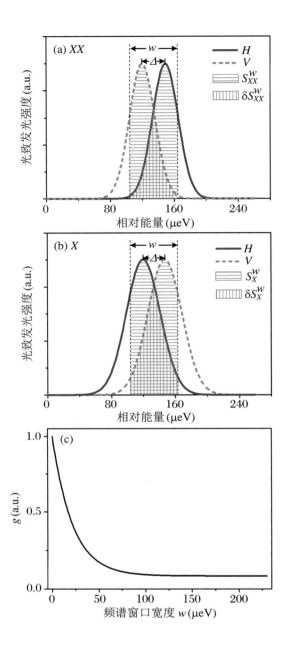

图 8.14 双激子态(a)、激子态(b)上粒子的频谱分布,其中激子态能级劈裂 $\Delta = 27\ \mu$eV,高斯函数宽度分别为 30 μeV (双激子)和45 μeV(激子),w 为加入窗函数的宽度;(c) g 因子随 w 的变化关系

B. 窗函数宽度对纠缠度的影响

当窗函数宽度为 25 μeV 时,算得产生纠缠光子对概率 g 约为 0.36,由(8.56)式得此时的 16 个平均光子对计数如图 8.15(a)所示,图 8.15(b)为其偏振密度矩阵.计算得此时

的形成纠缠度约为 0.21, 当窗函数宽度增加到 200 μeV 时, 形成纠缠度减小到 0.02 左右.

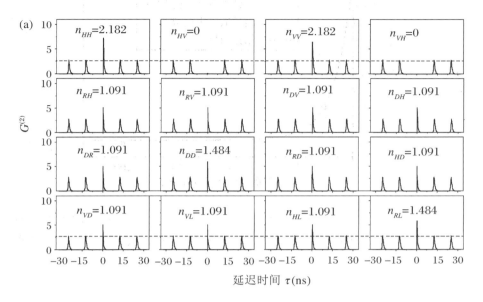

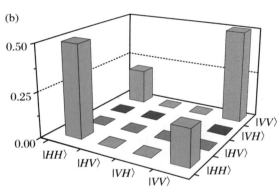

图 8.15　(a) 窗函数宽度为 25 μeV 时, 16 个不同偏振态下的二阶相关函数; (b) "光子对" 偏振密度矩阵, 形成纠缠度约为 0.21

　　图 8.16 中实线展示了形成纠缠度随窗函数宽度的变化关系, 模拟结果与文献[21] 实验结果符合较好. 随着窗函数宽度由 0 增大到 50 μeV, 形成纠缠度迅速由 1 减小到 0.05 左右; 当窗函数宽度大于 100 μeV 时, 形成纠缠度接近为 0, 即系统发射 "光子对" 为非纠缠的.

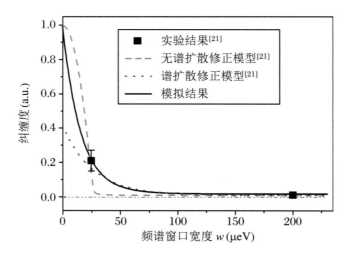

图 8.16　由光子能谱分布模型算得的形成纠缠度随窗函数宽度的变化关系(实线),以及当考虑(点线)、不考虑(虚线)谱线展宽时由文献[21]模型计算得到的形成纠缠度随窗函数的变化关系

C. 能级劈裂对纠缠度的影响

　　激子态间的能级劈裂阻碍了纠缠光子对的产生,图 8.17 表示窗函数宽度为 25 μeV 时,形成纠缠度与能级劈裂之间的关系. 当能级劈裂为 0,即激子态简并时,形成纠缠度为 1,系统发射"光子对"是最大纠缠的;随着能级劈裂的增大,形成纠缠度急剧减小,当能级劈裂大于 80 μeV 时,虽然加入了窗函数,系统发射"光子对"也是非纠缠的.

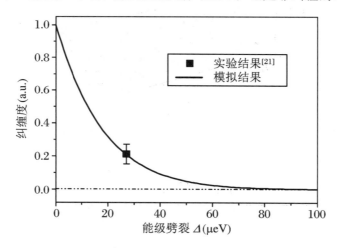

图 8.17　当窗函数宽度为 25 μeV 时,形成纠缠度随能级劈裂的变化关系

D. 脉冲面积对纠缠度的影响

图 8.18(a)展示了当激子态间自旋弛豫为 $0.01~\mathrm{ns^{-1}}$ 时,粒子数随有效输入脉冲面积的变化关系.当输入脉冲面积为 π 时,激子态的粒子数达到最大;当输入脉冲面积为 2π 时,双激子态的粒子数达到最大.图 8.18(b)是激子态间自旋弛豫分别为 $0.01~\mathrm{ns^{-1}}$(实线)、$0.1~\mathrm{ns^{-1}}$(虚线)、$1~\mathrm{ns^{-1}}$(点线)时,形成纠缠度随输入脉冲面积的变化关系.在一个双激子态粒子数振荡周期内($\theta_{\mathrm{eff}}=0\sim4\pi$),随着输入脉冲面积的增加,交叉发射路径的概率变大,从而造成形成纠缠度的减小.模拟结果表明,在弱激发下($\theta_{\mathrm{eff}}=0\sim2\pi$),系统发射"光子对"纠缠度减小较缓($\sim10\%$);而当输入脉冲面积由 2π 增加到 3.2π 时,即使激子态间的自旋弛豫很小(实线),形成纠缠度也急剧减小($\sim90\%$);当输入脉冲面积 $\theta_{\mathrm{eff}}=3.4\pi\sim4\pi$ 时,形成纠缠度基本为 0,即系统发射"光子对"是非纠缠的.

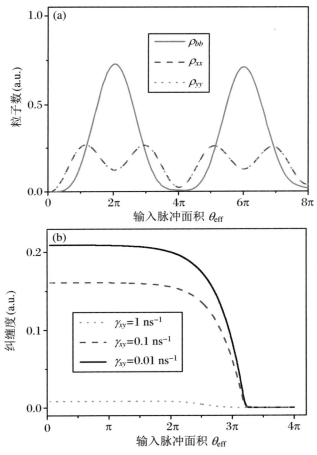

图 8.18　(a) 双激子体系中粒子数随输入脉冲面积的变化关系;(b) 当自旋弛豫分别为 $0.01~\mathrm{ns^{-1}}$(实线)、$0.1~\mathrm{ns^{-1}}$(虚线)、$1~\mathrm{ns^{-1}}$(点线)时,形成纠缠度随输入脉冲面积的变化关系

量子点形状的各向异性造成激子态能级的劈裂,从而阻碍了纠缠光子对的产生,通过给系统加入滤波窗函数,或者通过给系统外加磁场,使激子态达到简并都可以消除"光子对"发射路径信息,可以在激子态非简并量子点体系中产生纠缠的光子对.激子态间的能级劈裂和自旋弛豫都会破坏系统发射"光子对"的纠缠特性,所以要在量子点体系中得到最大纠缠的光子对,需要消除它们的作用.另一方面,激子态间存在自旋弛豫时,在弱激发下(输入脉冲面积小于 2π),系统发射"光子对"纠缠度受输入脉冲面积的影响较小;而在强激发下(输入脉冲面积从 2π 到 3.2π),系统发射"光子对"纠缠度急剧减小;当输入脉冲面积大于 3.4π 时,系统发射"光子对"基本上是非纠缠的.

8.5 半导体量子点纠缠光源的研究进展

量子纠缠光源在量子通信、量子计算中有非常重要的应用,是量子信息处理中的重要资源.自从 2006 年首次在实验中利用半导体量子点实现纠缠光子对的发射以来[47,48],人们在基于量子点纠缠光子对的产生方面取得了一系列重要的研究进展[49-53].例如,最近研究者通过采用双光子共振激发双激子态的方法[54,55],实现了对偏振纠缠光子对的可控操控[56].国内潘建伟院士、郭光灿院士等团队在高质量纠缠光子对的产生方面也做了大量工作,取得了一系列重要的研究成果.

8.5.1 确定性纠缠光源[57]

大规模量子计算技术的主要挑战是如何可扩展和高精度地实现量子态的制备与操控.多比特量子纠缠作为量子计算技术的核心指标,一直是国际各研究团队竞相角逐的焦点.然而,要实现多个量子比特的纠缠,需要实验的每个环节(量子态的品质、操控和测量)都保持极高的技术水平,并且随着量子比特数目的增加,噪声和串扰等因素带来的错误也随之增加,这对多量子体系的设计、加工和调控带来了巨大的挑战.

双光子纠缠是可扩展光量子信息处理的核心资源,其性能的主要衡量指标有纠缠保真度、产生和提取效率以及光子全同性.中国科学技术大学潘建伟院士及其同事陆朝阳、霍永恒等与国家纳米中心戴庆研究员合作,利用自组装半导体铟镓砷量子点实现了目前综合性能最优的确定性纠缠光源(图 8.19).研究人员通过设计宽带"靶眼"谐振腔,利用双光子脉冲共振激发,首次实现了保真度为90%、产生效率为59%、提取效率为62%、光子不可分辨性为90%的纠缠光源.该实验中发展的高品质纠缠光源技术未来将可进一步应用于高效率多光子纠缠实验和远距离量子通信等方面.

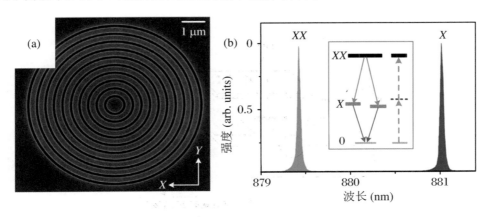

图8.19 同时结合高纠缠保真度、高纯度和高全同度的确定性纠缠光源[57]
(引自 Wang H, et al. Phys. Rev. Lett., 2019, 122(113602))

8.5.2 量子点精细结构调制及新型量子中继器[38]

利用半导体量子点的双激子自发辐射过程可以实现可控的、确定性的纠缠光源,比目前使用的参量光下的转换方法更为优越.但是实现量子点纠缠光源有个根本性的困难,即在量子点中,偏振方向垂直的两个光子在能量上存在微小的差别(即激子的精细结构),会破坏光子对的纠缠特性.为解决这一问题,可以采用改进制备工艺或热处理的方法提高量子点的对称性[58,59],另外也可采用如外加电场[60]、磁场[61]等方法解决这一问题.

中国科学技术大学郭光灿院士领导的中国科学院量子信息重点实验室何力新研究组深入研究了精细结构的产生机制,推导出了量子点中激子精细结构和偏振角在单轴应力下的唯象理论,并且给出了在外压下具有最小精细结构的量子点的简单判据[35].受到这个工作的启发,德国的 Trotta 小组实现了可控的量子点纠缠光源.但是由于每个量子点的发光能量都不一样,无法将不同量子点的纠缠光子对用于实现量子中继.通过对应力调节量子点微观机制的理解,何力新研究组在理论上证明了利用一组特殊的组合应力可以在大范围调节量子点发光能量的同时,将任意量子点的精细结构调节到接近于零,这样就解决了实现可扩展量子点纠缠光源的关键困难(图 8.20).他们同时提出了一个在目前技术能力下完全可以实现的可扩展纠缠光源的装置,利用该装置可以将不同量子点产生的纠缠光子级联起来,从而可实现量子中继、远距离的纠缠分发、高效率的多光子纠缠生成等.

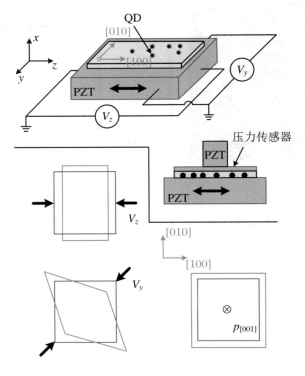

图 8.20　组合应力调整量子点精细结构[38]

（引自 Wang J，et al. Phys. Rev. Lett.，2015，115(067401)）

最近郭光灿院士团队龚明教授和中国科学院半导体所超晶格与微结构国家重点实验室骆军委研究员等,进一步从理论上揭示了自组装量子点中两个亮激子态寿命不同引起的寿命反对称性和实验上可观测物理量如精细结构分裂能和光偏振角（polarization angle）之间的精确关系,并且通过经验赝势数值方法进行了验证[46].进一步,这些精确关系可以在实验上通过研究光子偏振角随外部应力的演化来进行观测.

量子计算:基于半导体量子点
Quantum Computation Based on Semiconductor Quantum Dots

8.5.3 量子点按需发射纠缠光子[62]

国际上也采用这种施加应变的方法实现了量子点按需发射纠缠光子.奥地利林茨大学的 Daniel Huber 及其同事展示了一种基于半导体材料的纳米结构,通常由于量子点态的退相干作用,它们产生的纠缠对并不是完美缠绕在一起的,如前所述,精细结构分裂效应是一种主要的退相干机制.Huber 等人用压电器件对 GaAs 量子点施加应变解决了这个问题(图 8.21).这种应变改变了限制点内电子和空穴电位的对称性,从而消除了精细结构的分裂.在实验中,研究小组发现发射光子对之间的纠缠水平比先前报道的最佳量子点光源高 10%,几乎与参数转换光源相当.这些新的光源封装在微米厚的薄膜中,可以很容易地集成到集成光子电路中.

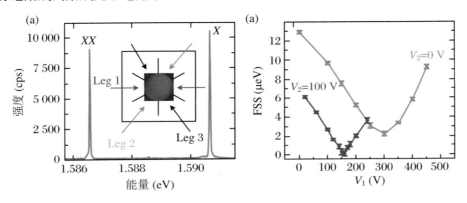

图 8.21　压电器件施加应变消除 GaAs 量子点精细结构的分裂[62]
（引自 Huber D，et al. Phys. Rev. Lett.，2018，121(033902)）

8.5.4 不同颜色独立光子间量子纠缠[63]

在实验上已有很多方法可产生纠缠光子,不过通过这些方法只能局域地产生光子间的量子纠缠.然而在量子网络等应用中,需要将来自不同光源的独立光子纠缠起来,进而实现多个终端间的纠缠连接.其中双光子干涉是实现独立光子间量子纠缠的最主要方法.不过双光子干涉对入射光子有非常严格的要求,即只有当两个光子具有同样的颜色(频率)时,才可以通过双光子干涉产生量子纠缠.然而在量子网络中有很多原因会导致不同终端发射的单光子具有不同颜色,而且即使原本频率一致的单光子也会由于平台的高速运动导致其频率发生移动.因此,如何在不同频率的独立光子间建立量子纠缠,成为可升级量子网络进一步发展所亟须解决的关键问题之一.

中国科学技术大学潘建伟院士团队在研究中首次提出可采用时间分辨测量与主动相位反馈相结合的方法,实现不同频率光子间的量子纠缠,并利用团队近年发展的窄带量子光源平台对此理论方案进行了实验演示,成功实现了将频率相差为 80 兆赫的两个独立光子纠缠起来[63].该频率差别超过每个入射光子各自频率宽度的 16 倍之多.该成果在未来对可升级量子网络具有重要的应用价值,可用于解决不同量子点间、不同物理体系间等因具有不同跃迁频率而难以进行纠缠连接的困难.

8.5.5 四维纠缠态实现量子密集编码[64]

量子密集编码是最重要的量子保密通信过程之一.以比特系统为例,初始时 A 和 B 两人共享一对纠缠光子,A 编码 2 比特的经典信息在其光子上,并把光子发送到 B,然后 B 对其手里的两个光子进行贝尔基测量,解码得到 A 发送的 2 比特信息.在这个过程中 A 只发送了 1 个量子比特到 B,但是 B 却接收到了 2 比特的经典信息.衡量密集编码的重要指标是信道容量,即 A 向 B 发送一个光子所能传输的比特数.在比特系统中,量子密集编码的信道容量极限为 2.直到 2017 年,基于完全的贝尔基测量[65],信道容量最大为 1.665.相比比特系统的二维纠缠,高维纠缠具有信道容量高、抵抗窃听能力强等优势,近年来被学术界广泛关注.中国科学技术大学郭光灿院士团队李传锋、柳必恒等人在自主研制的高品质三维纠缠源基础上[66],进一步制备出偏振-路径复合的四维纠缠源,保真度达到 98%.他们利用这种四维纠缠源成功识别了五类贝尔态,并实验演示了量子密集编码,一举把量子密集编码的信道容量纪录提升到了 2.09,超过了二维纠缠能达到的理论极限 2,充分展示了高维纠缠在量子通信中的优势,为高维纠缠在量子信息领域的深入研究打下重要基础[64].

8.5.6 基于椭圆微柱腔结构的量子点[67]

传统的共振荧光依赖于正交偏振消光技术滤除激光背景,这会导致 50% 单光子损失,从而限制系统效率.椭圆微柱腔由于对称性破缺使两个本征模式退简并,形成能量分离的正交线性偏振模式.中国科学技术大学潘建伟、陆朝阳研究团队通过将量子点置于椭圆微柱腔中,使量子点波长与某一腔模共振,产生较大的 Purcell 效应,获得了光子全同性为 97.6%、偏振度为 91% 的单光子,大幅降低了由于正交偏振消光带来的单光子损失(图 8.22 和图 8.23).

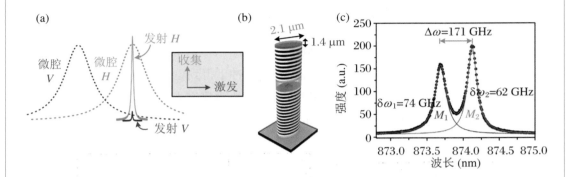

图 8.22　(a) 椭圆腔激发和收集原理示意图;(b) 椭圆腔结构示意图;(c) 椭圆腔的两种本征模式
（图片由陆朝阳教授提供）

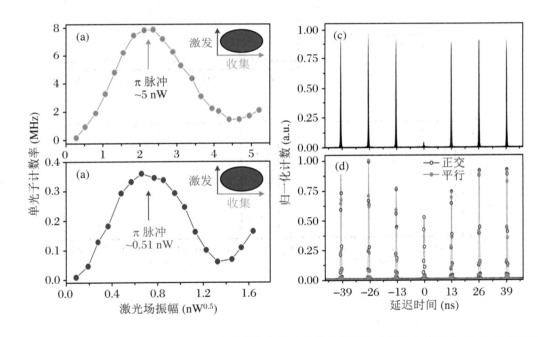

图 8.23　(a) 激发偏振与短轴平行;(b) 收集偏振与长轴平行及相反条件下的 Rabi 振荡;(c) 单光子性测试结果,$g^{(2)}(0) = 0.050$;(d) 光子全同性测试结果 97.6%
（图片由陆朝阳教授提供）

8.5.7 双色脉冲激光激发量子点[68]

传统的共振激发单光子与激光背景在频谱上重叠,从而不能通过光谱滤波的方式消除激光背景.中国科学技术大学潘建伟、陆朝阳研究团队使用了相位锁定的,分别与单光子红、蓝失谐的双色光场"共振"激发量子点,在 π 脉冲下得到单光子性为 98.8%、光子全同性为 96.2% 的单光子(图 8.24).这种双色激发方法为研究光与原子相互作用,产生频谱分离的不可区分的单光子提供了有用的工具.

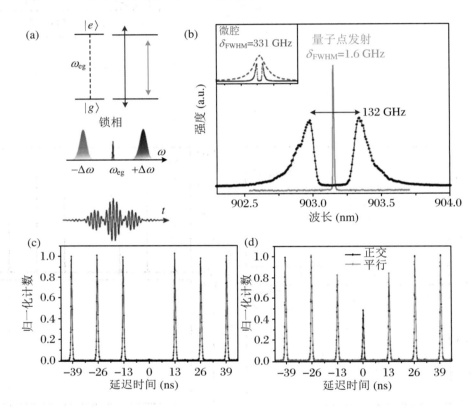

图 8.24 (a) 双色激发的能级(上)、频谱(中)、时域(下)示意图;(b) 双色激发激光、单光子和腔的频谱; (c) 单光子性测试结果,$g^{(2)}(0)=0.012(1)$;(d) 光子全同性测试结果 98.2%

(图片由陆朝阳教授提供)

参考文献

[1] Bell J S. On the Problem of Hidden Variables in Quantum Mechanics[J]. Rev. Mod. Phys.，1966，38(447).

[2] Einstein A，Podolsky B，Rosen N. Can Quantum Mechanical Description of Physical Reality Be Considered Complete? [J]. Phys. Rev.，1935，47(777).

[3] Clauser J F，Horne M A，Shimony A，et al. Proposed Experiment to Test Local Hidden Variable Theories[J]. Phys. Rev. Lett.，1969，23(880).

[4] Ekert A K. Quantum Cryptography Based on Bell's Theorem[J]. Phys. Rev. Lett.，1991，67(661).

[5] Gisin N，Ribordy G，Tittel W，et al. Quantum Cryptography[J]. Rev. Mod. Phys.，2002，74(145).

[6] Ekert A K，Rarity J G，Tapster P R，et al. Practical Quantum Cryptography Based on Two Photon Interferometry[J]. Phys. Rev. Lett.，1992，69(1293).

[7] Knill E，Laflamme R，Milburn G J. A Scheme for Efficient Quantum Computation with Linear Optics[J]. Nature，2001，409(46).

[8] Bianucci P，Muller A，Shih C K，et al. Experimental Realization of the One Qubit Deutsch Jozsa Algorithm in a Quantum Dot[J]. Phys. Rev.，2004，B 69(161303(R)).

[9] Berman G P，Brown G W，Hawley M E，et al. Solid State Quantum Computer Based on Scanning Tunneling Microscopy[J]. Phys. Rev. Lett.，2001，87(097902).

[10] Hong C K，Ou Z Y，Mandel L. Measurment of Subpicosecond Time Intervals between Two Photons by Interference[J]. Phys. Rev. Lett.，1987，59(2044).

[11] Mandel L，Wolf E. Optical Coherence and Quantum Optics [M]. Cambridge：Cambridge University Press，1995.

[12] Benson O，Santori C，Pelton M，et al. Regulated and Entangled Photons from a Single Quantum Dot[J]. Phys. Rev. Lett.，2000，84(2513).

[13] Visser P M，Allaart K，Lenstra D. Entangled Photons from Small Quantum Dots[J]. Phys. Rev.，2003，A 68(053805).

[14] Edamatsu K，Oohata G，Shimizu R，et al. Generation of Ultraviolet Entangled Photons in a Semiconductor[J]. Nature，2004，431(167).

[15] Walls D F，Milburn G J. Quantum Optics[M]. Berlin：Springer，1994.

［16］Bouwmeester D，Ekert A K，Zeilinger A. The Physics of Quantum Information［M］. Berlin：Springer，2000.

［17］Stevenson R M，Young R J，Atkinson P，et al. A Semiconductor Source of Triggered Entangled Photon Pairs［J］. Nature，2006，439(179).

［18］Young R J，Stevenson R M，Atkinson P，et al. Improved Fidelity of Triggered Entangled Photons from Single Quantum Dots［J］. New J. Phys.，2006，8(29).

［19］Gilchrist A，Resch K J，White A G. Source of Triggered Entangled Photon Pairs？［J］. Nature，2007，445(E4).

［20］Stevenson R M，Young R J，Atkinson P，et al. Stevenson et al. reply［J］. Nature 445，E5(2007).

［21］Akopian N，Lindner N H，Poem E，et al. Entangled Photon Pairs from Semiconductor Quantum Dots［J］. Phys. Rev. Lett.，2006，96(130501).

［22］Blum K. Density Matrix Theory and Applications［M］. New York：Plenum，1981.

［23］James D F V，Kwiat P G，Munro W J，et al. Measurement of Qubits［J］. Phys. Rev.，2001，A 64(052312).

［24］White A G，James D F V，Eberhard P H，et al. Nonmaximally Entangled States：Production，Characterization，and Utilization［J］. Phys. Rev. Lett.，1999，83(3103).

［25］张永德.量子信息物理原理［M］.北京：科学出版社，2006.

［26］Preskill J. Quantum Information and Quantum Computation［D］. CIT，1998.

［27］Mahler G，Weberru V A. Quantum Networks，Dynamics of Open Nanostructures［M］. 2nd ed. Berlin：Springer，1998.

［28］Phoenix S J D，Knight P L. Establishment of an Entangled Atom Field State in the Jaynes Cummings Model［J］. Phys. Rev.，1991，A 44(6023).

［29］Vedral V，Plenio M B，Rippin M A，et al. Quantifying Entanglement［J］. Phys. Rev. Lett.，1997，78(2275).

［30］Rains E M. Rigorous Treatment of Distillable Entanglement［J］. Phys. Rev.，1999，A 60(173).

［31］Bennett C H，DiVincenzo D P，Smolin J A，et al. Mixed State Entanglement and Quantum Error Correction［J］. Phys. Rev.，1996，A 54(3824).

［32］Mahler G，Weberru V A. Quantum Networks：Dynamics of Open Nanostructures［M］. Berlin：Springer，1998.

［33］Benson O，Santori C，Pelton M，et al. Regulated and Entangled Photons from a Single Quantum Dot［J］. Phys. Rev. Lett.，2000，84(2513).

［34］Singh R，Bester G. Nanowire Quantum Dots as an Ideal Source of Entangled Photon Pairs［J］. Phys. Rev. Lett.，2009，103(063601).

［35］Gong M，Zhang W，Guo G C，et al. Exciton Polarization，Fine-Structure Splitting，and the

Asymmetry of Quantum Dots under Uniaxial Stress[J]. Phys. Rev. Lett. ，2011，106(227401).

[36] Luo J W，Singh R，Zunger A，et al. Influence of the Atomic-Scale Structure on the Exciton Fine-Structure Splitting in InGaAs and GaAs Quantum Dots in a Vertical Electric Field[J]. Phys. Rev. ，2012，B 86(161302).

[37] Wang J，Gong M，Guo G C，et al. Eliminating the Fine Structure Splitting of Excitons in Self-Assembled InAs/GaAs Quantum Dots Via Combined Stresses[J]. Appl. Phys. Lett. ，2012，101 (063114).

[38] Wang J，Gong M，Guo G C，et al. Towards Scalable Entangled Photon Sources with Self-AssembledInAs/GaAsQuantum Dots[J]. Phys. Rev. Lett. ，2015，115(067401).

[39] Zhang J，Zallo E，Höfer B，et al. Electric-Field-Induced Energy Tuning of On-Demand Entangled-Photon Emission from Self-Assembled Quantum Dots[J]. Nano Lett. ，2017，17(501).

[40] Kuklewicz C E，Malein R N E，Petroff P M，et al. Electro-Elastic Tuning of Single Particles in Individual Self-Assembled Quantum Dots[J]. Nano Lett. ，2012，12(3761).

[41] Trotta R，Wildmann J S，Zallo E，et al. Highly Entangled Photons from Hybrid Piezoelectric-Semiconductor Quantum Dot Devices[J]. Nano Lett. ，2014，14(3439).

[42] Trotta R，Martín-Sánchez J，Wildmann J S，et al. Wavelength-Tunable Sources of Entangled Photons Interfaced with Atomic Vapours[J]. Nat. Commun. ，2016，7(10375).

[43] Zhang J，Wildmann J S，Ding F，et al. High Yield and Ultrafast Sources of Electrically Triggered Entangled-Photon Pairs based on Strain-Tunable Quantum Dots[J]. Nat. Commun. ，2015，6(10067).

[44] Chen Y，Zhang J，Zopf M，et al. Wavelength-Tunable Entangled Photons from Silicon-Integrated III-V Quantum Dots[J]. Nat. Commun. ，2016，7(10387).

[45] Gong M，Hofer B，Zallo E，et al. Statistical Properties of Exciton Fine Structure Splitting and Polarization Angles in Quantum Dot Ensembles[J]. Phys. Rev. ，2014，B 89(205312).

[46] Xiong W，Xu X，Luo J W，et al. Fundamental Intrinsic Lifetimes in Semiconductor Self-Assembled Quantum Dots[J]. Phys. Rev. Applied，2018，10(044009).

[47] Akopian N，Lindner N H，Poem E，et al. Entangled Photon Pairs from Semiconductor Quantum Dots[J]. Phys. Rev. Lett. ，2006，96(130501).

[48] Young R J，Stevenson R M，Atkinson P，et al. Improved Fidelity of Triggered Entangled Photons from Single Quantum Dots[J]. New J. Phys. ，2006，8(29).

[49] Orieux A，Versteegh M A M，Jöns K D，et al. Semiconductor Devices for Entangled Photon Pair Generation：a Review[J]. Rep. Prog. Phys. ，2017，80(076001).

[50] Hafenbrak R，Ulrich S M，Michler P，et al. Triggered Polarization-Entangled Photon Pairs from a Single Quantum Dot up to 30 K[J]. New J. Phys. ，2007，9(315).

[51] Dousse A，Suffczyński J，Beverstos A，et al. Ultrabright Source of Entangled Photon Pairs[J].

Nature，2010，466(217).

［52］Juska G，Dimastrodonato V，Mereni L O，et al. Towards Quantum-Dot Arrays of Entangled Photon Emitters［J］. Nature Photonics，2013，7(527).

［53］Kuroda T，Mano T，Ha N，et al. Symmetric Quantum Dots as Efficient Sources of Highly Entangled Photons：Violation of Bell's Inequality without Spectral and Temporal Filtering［J］. Phys. Rev.，2013，B 88(041306).

［54］Brunner K，Abstreiter G，Böhm G，et al. Sharp-Line Photoluminescence and Two-Photon Absorption of Zero-Dimensional Biexcitons in a GaAs/AlGaAs Structure［J］. Phys. Rev. Lett.，1994，73(1138).

［55］Stufler S，Machnikowski P，Ester P，et al. Two-photon Rabi Oscillations in a Single $In_x Ga_{1-x}$ As/GaAs Quantum Dot［J］. Phys. Rev.，2006，B 73(125304).

［56］Müller M，Bounouar S，Jöns K D，et al. On-Demand Generation of Indistinguishable Polarization-Entangled Photon Pairs［J］. Nat. Photon.，2014，8(224).

［57］Wang H，Hu H，Chung T H，et al. On-Demand Semiconductor Source of Entangled Photons Which Simultaneously Has High Fidelity，Efficiency and Indistinguishability［J］. Phys. Rev. Lett.，2019，122(113602).

［58］Huo Y H，Rastelli A，Schmidt O G. Ultra-Small Excitonic Fine Structure Splitting in Highly Symmetric Quantum Dots on GaAs (001) Substrate［J］. Appl. Phys. Lett.，2013，102(152105).

［59］Langbein W，Borri P，Woggon U，et al. Control of Fine-Structure Splitting and Biexciton Binding in $In_x Ga_{1-x}$ As Quantum Dots by Annealing［J］. Phys. Rev.，2004，B 69(161301).

［60］Marcet S，Ohtani K，Ohno H. Vertical Electric Field Tuning of the Exciton Fine Structure Splitting and Photon Correlation Measurements of GaAs Quantum Dot［J］. Appl. Phys. Lett.，2010，96(101117).

［61］Stevenson R M，Young R J，See P，et al. Magnetic-Field-Induced Reduction of the Exciton Polarization Splitting in InAs Quantum Dots［J］. Phys. Rev.，2006，B 73(033306).

［62］Huber D，Reindl M，S F C da Silva，et al. Strain-Tunable GaAs Quantum Dot：a Nearly Dephasing-Free Source of Entangled Photon Pairs on Demand［J］. Phys. Rev. Lett.，2018，121(033902).

［63］Zhao T M，Zhang H，Yang J，et al. Entangling Different-Color Photons Via Time-Resolved Measurement and Active Feed Forward［J］. Phys. Rev. Lett.，2014，112(103602).

［64］Hu X M，Guo Y，Liu B H，et al. Beating the Channel Capacity Limit for Superdense Coding with Entangled Ququarts［J］. Sci. Adv.，2018，4(9304).

［65］Williams B P，Sadlier R J，HumbleT S. Superdense Coding over Optical Fiber Links with Complete Bell-State Measurements［J］. Phys. Rev. Lett.，2017，118(050501).

［66］Hu X M，Chen J S，Liu B H，et al. Experimental Test of Compatibility-Loophole-Free Contextuality with Spatially Separated Entangled Qutrits[J]. Phys. Rev. Lett., 2016, 117(170403).

［67］ He Y M，Wang H，Gerhardt S，et al. Polarized Indistinguishable Single Photons from a Quantum Dot in an Elliptical Micropillar[J]. arXiv：1809.10992.

［68］ He Y M，Wang H，Wang C，et al. Coherently Driving a Single Quantum Two-Level System with Dichromatic Laser Pulses[J]. arXiv：1905.00275.

附录

附录 1.1   半导体量子点中量子计算和量子信息标志性实验研究进展（2001~2019）

时间	研究进展	量子点体系	量子点制备方法	原 始 文 献
2001	首次观测到激子 Rabi 振荡	InGaAs	界面涨落型	Stievater T H, et al. Phys. Rev. Lett. , 2001, 87(133603)
2002	单电子二极管中实现 Rabi 振荡	InGaAs	自组织型	Zrenner A, et al. Nature (London), 2002, 418(612)

时间	研究进展	量子点体系	量子点制备方法	原 始 文 献
2003	量子控制非门 CNOT 的实现	InGaAs	界面涨落型	Li X, et al. Science, 2003, 301(809)
2004	一个量子比特 D-J 运算	InGaAs	自组织型	Bianucci P, et al. Phys. Rev., 2004, B 69(161303)(R)
2005	两个量子位的粒子数交换	InGaAs	自组织型	Wang Q Q, et al. Phys. Rev. Lett., 2005, 95(187404)
2006	半导体芯片上可控纠缠光子对	InAs/GaAs	自组织型	Stevenson R M, et al. Nature, 2006, 439(179)
2006	可控纠缠光子对发射	InAs	自组织型	Akopian N, et al. Phys. Rev. Lett., 2006, 96(130501)
2013	单电荷量子比特超快普适量子逻辑门	GaAs/AlGaAs	EBL/MBE	Cao G, et al. Nat. Commun., 2013, 4(1401)
2015	两电荷量子比特的控制非逻辑门	GaAs/AlGaAs	EBL/MBE	Li H O, et al. Nat. Commun., 2015, 6(7681)
2015	新型量子中继器	InAs/GaAs	自组织型	Wang J, et al. Phys. Rev. Lett., 2015, 115(067401)
2016	高提取效率、纯度和不可区分度的高质量量子点单光子源	InAs/GaAs	自组织型	Ding X, et al. Phys. Rev. Lett., 2016, 116(020401)
2018	芯片上单光子源	InGaAs	自组织型	Liu F, et al. Nat. Nanotech., 2018, 13(835)
2018	三量子比特 Toffoli 门	GaAs/AlGaAs	EBL/MBE	Li H O, et al. Phys. Rev. Appl., 2018, 9(024015)
2018	量子点按需发射纠缠光子	GaAs	MBE/Etching	Huber D, et al. Phys. Rev. Lett., 2018, 121(033902)
2019	确定性纠缠光源	GaAs	MBE	Wang H, et al. Phys. Rev. Lett., 2019, 122(113602)

附录 2.1　单量子点能级结构示意图以及单量子点探测技术

图 2.1.1 中 $|b\rangle$ 是双激子态，$|x'\rangle$，$|y'\rangle$ 分别是两个偏振垂直的激子激发态，$|x\rangle$，$|y\rangle$ 是它们相对应的基态. $|v\rangle$ 是系统真空态，$|w\rangle$ 是浸润层. $\Omega_{ij}(i,j=b,x',y',v)$ 是 $|i\rangle\sim|j\rangle$ 之间跃迁的 Rabi 频率. γ_{ij} 是从 $|i\rangle$ 态到 $|j\rangle$ 态的弛豫速率.

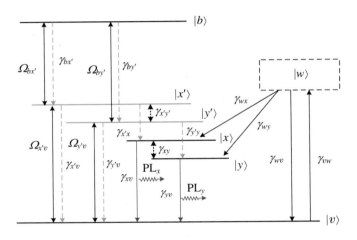

图 2.1.1　单量子点能级结构示意图

表 2.1.1 为三种单量子点探测技术特点对比.

表 2.1.1　三种单量子点探测技术特点对比

	差分透射法	纳米光谱成像法	纳电流法
探测量	差分透过率	光致发光	光致电流
探测信号时间可分辨性	可分辨	不可分辨	不可分辨
构成量子比特的两个能级	激子真空态和基态	激子真空态和第一激发态	激子真空态和基态

量子计算:基于半导体量子点
Quantum Computation Based on Semiconductor Quantum Dots

	差分透射法	纳米光谱成像法	纳电流法
对样品的要求	需要小孔掩模	无需小孔掩模	需要小孔掩模
可否同时观测 多个单量子点	不可以	可以	不可以

附录 3.1 含浸润层和双激子等多能级跃迁的粒子数运动方程

单量子点中包含浸润层和双激子等多能级跃迁的能级结构如图 3.1.1 所示. $|b\rangle$、$|e\rangle$、$|g\rangle$、$|v\rangle$ 以及 $|w\rangle$ 分别为双激子态、激子激发态、激子基态、真空态以及浸润层能级，其中浸润层能级包括一系列连续能级.

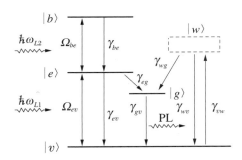

图 3.1.1　多能级系统结构示意图

在旋转波近似下，相互作用表象中系统的哈密顿量为

$$\hat{H}^{(i)} = \frac{1}{2}\hbar\big[\hat{\sigma}^{(i)}_{ev}(t)\Omega_{ev}(t)\mathrm{e}^{-\mathrm{i}\omega_{L1}t} + \hat{\sigma}^{(i)}_{be}(t)\Omega_{be}(t)\mathrm{e}^{-\mathrm{i}\omega_{L2}t} + \mathrm{h.c.}\big] \quad (3.1.1)$$

其中上标 (i) 表示相互作用表象，$\Omega_{ev}(t)\mathrm{e}^{-\mathrm{i}\omega_{L1}t}$ 和 $\Omega_{be}(t)\mathrm{e}^{-\mathrm{i}\omega_{L2}t}$ 分别是相互作用表象中 $|e\rangle\sim|v\rangle$ 和 $|b\rangle\sim|e\rangle$ 之间跃迁的 Rabi 频率，ω_{L1}，ω_{L2} 是激发光场的频率. $\hat{\sigma}^{(i)}_{mn} = \hat{\sigma}_{mn}\mathrm{e}^{\mathrm{i}\omega_{mn}t}$ 是相互作用表象中的偶极跃迁算符，$\hat{\sigma}_{mn} = |m\rangle\langle n|$ 是 Schrödinger 表象中的

265

偶极跃迁算符，ω_{mn} 是 $|m\rangle$ 与 $|n\rangle$ 之间的跃迁频率.

系统的主方程为

$$\frac{\mathrm{d}}{\mathrm{d}t}\hat{\rho} = -(\mathrm{i}/\hbar)\big[\hat{H}^{(i)}, \hat{\rho}\big] + L(\hat{\rho}) \tag{3.1.2}$$

其中 $L(\hat{\rho})$ 为系统的耗散项，其表达式为

$$
\begin{aligned}
L(\hat{\rho}) = \frac{1}{2}\big[&\gamma_{be}(2\hat{\sigma}_{eb}^{(i)}\hat{\rho}\hat{\sigma}_{be}^{(i)} - \hat{\sigma}_{bb}\hat{\rho} - \hat{\rho}\hat{\sigma}_{bb}) \\
&+ \gamma_{eg}(2\hat{\sigma}_{ge}^{(i)}\hat{\rho}\hat{\sigma}_{eg}^{(i)} - \hat{\sigma}_{ee}\hat{\rho} - \hat{\rho}\hat{\sigma}_{ee}) \\
&+ \gamma_{ev}(2\hat{\sigma}_{ve}^{(i)}\hat{\rho}\hat{\sigma}_{ev}^{(i)} - \hat{\sigma}_{ee}\hat{\rho} - \hat{\rho}\hat{\sigma}_{ee}) \\
&+ \gamma_{gv}(2\hat{\sigma}_{vg}^{(i)}\hat{\rho}\hat{\sigma}_{gv}^{(i)} - \hat{\sigma}_{gg}\hat{\rho} - \hat{\rho}\hat{\sigma}_{gg}) \\
&+ \gamma_{wg}(2\hat{\sigma}_{gw}^{(i)}\hat{\rho}\hat{\sigma}_{wg}^{(i)} - \hat{\sigma}_{ww}\hat{\rho} - \hat{\rho}\hat{\sigma}_{ww}) \\
&+ \gamma_{wv}(2\hat{\sigma}_{vw}^{(i)}\hat{\rho}\hat{\sigma}_{wv}^{(i)} - \hat{\sigma}_{ww}\hat{\rho} - \hat{\rho}\hat{\sigma}_{ww}) \\
&+ \gamma_{vw}(2\hat{\sigma}_{wv}^{(i)}\hat{\rho}\hat{\sigma}_{vw}^{(i)} - \hat{\sigma}_{vv}\hat{\rho} - \hat{\rho}\hat{\sigma}_{vv})\big]
\end{aligned} \tag{3.1.3}
$$

$\gamma_{ij}(i,j = b,e,g,v,w)$ 表示从 $|i\rangle$ 态到 $|j\rangle$ 态的弛豫速率. 其中 γ_{vw} 为激子泄漏速率，γ_{wg} 为激子俘获速率，上式中忽略了纯位相退相干项的影响.

$$
\begin{aligned}
\frac{\mathrm{d}}{\mathrm{d}t}\rho_{bb} &= \frac{\mathrm{d}}{\mathrm{d}t}\langle b|\hat{\rho}|b\rangle \\
&= -(\mathrm{i}/\hbar)\langle b|\hat{H}^{(i)}\hat{\rho} - \hat{\rho}\hat{H}^{(i)}|b\rangle + \langle b|L(\hat{\rho})|b\rangle \\
&= -\frac{\mathrm{i}}{2}\Omega_{be}\big[\rho_{eb}\mathrm{e}^{\mathrm{i}(\omega_{be}-\omega_{L2})t} - \rho_{be}\mathrm{e}^{-\mathrm{i}(\omega_{be}-\omega_{L2})t}\big] - \gamma_{be}\rho_{bb}
\end{aligned} \tag{3.1.4}
$$

做变换：

$$\rho_{be}\mathrm{e}^{-\mathrm{i}\delta_{be}t} = \widetilde{\rho}_{be}, \quad \rho_{eb}\mathrm{e}^{\mathrm{i}\delta_{be}t} = \widetilde{\rho}_{eb} \tag{3.1.5}$$

其中 $\delta_{be} = \omega_{be} - \omega_{L2}$.

将(3.1.5)代入(3.1.4)式得

$$\frac{\mathrm{d}}{\mathrm{d}t}\rho_{bb} = -\frac{\mathrm{i}}{2}\Omega_{be}(\widetilde{\rho}_{eb} - \widetilde{\rho}_{be}) - \gamma_{be}\rho_{bb} \tag{3.1.6}$$

$$
\begin{aligned}
\frac{\mathrm{d}}{\mathrm{d}t}\rho_{ee} &= \frac{\mathrm{d}}{\mathrm{d}t}\langle e|\hat{\rho}|e\rangle \\
&= -(\mathrm{i}/\hbar)\langle e|\hat{H}^{(i)}\hat{\rho} - \hat{\rho}\hat{H}^{(i)}|e\rangle + \langle e|L(\hat{\rho})|e\rangle \\
&= -\frac{\mathrm{i}}{2}\Omega_{ev}\big[\rho_{ve}\mathrm{e}^{\mathrm{i}(\omega_{ev}-\omega_{L1})t} - \rho_{ev}\mathrm{e}^{-\mathrm{i}(\omega_{ev}-\omega_{L1})t}\big]
\end{aligned}
$$

$$- \frac{\mathrm{i}}{2} \Omega_{be} \left[\rho_{be} \mathrm{e}^{-\mathrm{i}(\omega_{be} - \omega_{L2})t} - \rho_{eb} \mathrm{e}^{\mathrm{i}(\omega_{be} - \omega_{L2})t} \right]$$

$$+ \gamma_{be} \rho_{bb} - (\gamma_{eg} + \gamma_{ev}) \rho_{ee}$$

做变换：

$$\rho_{ve} \mathrm{e}^{\mathrm{i}\delta_{ev}t} = \widetilde{\rho}_{ve}, \quad \rho_{ev} \mathrm{e}^{-\mathrm{i}\delta_{ev}t} = \widetilde{\rho}_{ev} \tag{3.1.7}$$

其中 $\delta_{ev} = \omega_{ev} - \omega_{L1}$. 则

$$\frac{\mathrm{d}}{\mathrm{d}t} \rho_{ee} = - \frac{\mathrm{i}}{2} \Omega_{ev} (\widetilde{\rho}_{ve} - \widetilde{\rho}_{ev}) - \frac{\mathrm{i}}{2} \Omega_{be} (\widetilde{\rho}_{be} - \widetilde{\rho}_{eb})$$

$$+ \gamma_{be} \rho_{bb} - (\gamma_{eg} + \gamma_{ev}) \rho_{ee} \tag{3.1.8}$$

由

$$\frac{\mathrm{d}}{\mathrm{d}t} \rho_{gg} = \frac{\mathrm{d}}{\mathrm{d}t} \langle g \mid \hat{\rho} \mid g \rangle$$

$$= - (\mathrm{i}/\hbar) \langle g \mid \hat{H}^{(i)} \hat{\rho} - \hat{\rho} \hat{H}^{(i)} \mid g \rangle + \langle g \mid L(\hat{\rho}) \mid g \rangle$$

得

$$\frac{\mathrm{d}}{\mathrm{d}t} \rho_{gg} = - \gamma_{gv} \rho_{gg} + \gamma_{eg} \rho_{ee} + \gamma_{wg} \rho_{ww} \tag{3.1.9}$$

同理

$$\frac{\mathrm{d}}{\mathrm{d}t} \rho_{ww} = - (\gamma_{wg} + \gamma_{wv}) \rho_{ww} + \gamma_{vw} \rho_{vv} \tag{3.1.10}$$

$$\frac{\mathrm{d}}{\mathrm{d}t} \rho_{vv} = \frac{\mathrm{d}}{\mathrm{d}t} \langle v \mid \hat{\rho} \mid v \rangle$$

$$= - (\mathrm{i}/\hbar) \langle v \mid \hat{H}^{(i)} \hat{\rho} - \hat{\rho} \hat{H}^{(i)} \mid v \rangle + \langle v \mid L(\hat{\rho}) \mid v \rangle$$

$$= - \frac{\mathrm{i}}{2} \Omega_{ev} \left[\rho_{ev} \mathrm{e}^{-\mathrm{i}(\omega_{ev} - \omega_{L1})t} - \rho_{ve} \mathrm{e}^{\mathrm{i}(\omega_{ev} - \omega_{L1})t} \right] + \gamma_{ev} \rho_{ee}$$

$$+ \gamma_{gv} \rho_{gg} + \gamma_{wv} \rho_{ww} - \gamma_{vw} \rho_{vv} \tag{3.1.11}$$

将(3.1.7)代入(3.1.11)式得

$$\frac{\mathrm{d}}{\mathrm{d}t} \rho_{vv} = - \frac{\mathrm{i}}{2} \Omega_{ev} (\widetilde{\rho}_{ev} - \widetilde{\rho}_{ve}) + \gamma_{ev} \rho_{ee} + \gamma_{gv} \rho_{gg} + \gamma_{wv} \rho_{ww} - \gamma_{vw} \rho_{vv} \tag{3.1.12}$$

交叉项为

$$\frac{\mathrm{d}}{\mathrm{d}t} \rho_{eb} = \frac{\mathrm{d}}{\mathrm{d}t} \langle e \mid \hat{\rho} \mid b \rangle$$

$$
= -(\mathrm{i}/\hbar)\langle e \mid \hat{H}^{(i)}\hat{\rho} - \hat{\rho}\,\hat{H}^{(i)} \mid b\rangle + \langle e \mid L(\hat{\rho}) \mid b\rangle
$$

$$
= -\frac{\mathrm{i}}{2}(\Omega_{be}\rho_{bb}\mathrm{e}^{-\mathrm{i}(\omega_{be}-\omega_{L2})t} + \Omega_{ev}\rho_{vb}\mathrm{e}^{\mathrm{i}(\omega_{ev}-\omega_{L1})t}
$$

$$
- \Omega_{be}\rho_{ee}\mathrm{e}^{-\mathrm{i}(\omega_{be}-\omega_{L2})t}) - \frac{1}{2}(\gamma_{be} + \gamma_{eg} + \gamma_{ev})\rho_{eb} \tag{3.1.13}
$$

由(3.1.5)式得

$$
\frac{\mathrm{d}}{\mathrm{d}t}\widetilde{\rho}_{eb} = \mathrm{i}\delta_{be}\,\widetilde{\rho}_{eb} + \mathrm{e}^{\mathrm{i}\delta_{be}t}\left[-\frac{\mathrm{i}}{2}(\Omega_{be}\rho_{bb}\mathrm{e}^{-\mathrm{i}\delta_{be}t} + \Omega_{ev}\rho_{vb}\mathrm{e}^{\mathrm{i}\delta_{ev}t} - \Omega_{be}\rho_{ee}\mathrm{e}^{-\mathrm{i}\delta_{be}t})\right]
$$

$$
- \frac{1}{2}(\gamma_{be} + \gamma_{eg} + \gamma_{ev})\rho_{eb}\mathrm{e}^{\mathrm{i}\delta_{be}t} \tag{3.1.14}
$$

做变换：

$$
\rho_{vb}\mathrm{e}^{\mathrm{i}(\delta_{ev}+\delta_{be})t} = \widetilde{\rho}_{vb}, \quad \rho_{bv}\mathrm{e}^{-\mathrm{i}(\delta_{ev}+\delta_{be})t} = \widetilde{\rho}_{bv} \tag{3.1.15}
$$

将(3.1.15)代入(3.1.14)式得

$$
\frac{\mathrm{d}}{\mathrm{d}t}\widetilde{\rho}_{eb} = \mathrm{i}\delta_{be}\,\widetilde{\rho}_{eb} - \frac{\mathrm{i}}{2}\Omega_{be}\rho_{bb} + \frac{\mathrm{i}}{2}\Omega_{be}\rho_{ee} - \frac{\mathrm{i}}{2}\Omega_{ev}\widetilde{\rho}_{vb}
$$

$$
- \frac{1}{2}(\gamma_{be} + \gamma_{eg} + \gamma_{ev})\widetilde{\rho}_{eb} \tag{3.1.16}
$$

同理可以求得

$$
\frac{\mathrm{d}}{\mathrm{d}t}\widetilde{\rho}_{be} = -\mathrm{i}\delta_{be}\,\widetilde{\rho}_{be} + \frac{\mathrm{i}}{2}\Omega_{be}\rho_{bb} - \frac{\mathrm{i}}{2}\Omega_{be}\rho_{ee} + \frac{\mathrm{i}}{2}\Omega_{ev}\widetilde{\rho}_{bv}
$$

$$
- \frac{1}{2}(\gamma_{be} + \gamma_{eg} + \gamma_{ev})\widetilde{\rho}_{be} \tag{3.1.17}
$$

$$
\frac{\mathrm{d}}{\mathrm{d}t}\rho_{ev} = \frac{\mathrm{d}}{\mathrm{d}t}\langle e \mid \hat{\rho} \mid v\rangle
$$

$$
= -(\mathrm{i}/\hbar)\langle e \mid \hat{H}^{(i)}\hat{\rho} - \hat{\rho}\,\hat{H}^{(i)} \mid v\rangle + \langle e \mid L(\hat{\rho}) \mid v\rangle
$$

$$
= -\frac{\mathrm{i}}{2}(\Omega_{be}\rho_{bv}\mathrm{e}^{-\mathrm{i}(\omega_{be}-\omega_{L2})t} + \Omega_{ev}\rho_{vv}\mathrm{e}^{\mathrm{i}(\omega_{ev}-\omega_{L1})t}
$$

$$
- \Omega_{ev}\rho_{ee}\mathrm{e}^{\mathrm{i}(\omega_{ev}-\omega_{L1})t}) - \frac{1}{2}(\gamma_{ev} + \gamma_{eg} + \gamma_{vw})\rho_{ev} \tag{3.1.18}
$$

由(3.1.7)式得

$$
\frac{\mathrm{d}}{\mathrm{d}t}\widetilde{\rho}_{ev} = -\mathrm{i}\delta_{ev}\rho_{ev}\mathrm{e}^{-\mathrm{i}\delta_{ev}t} + \mathrm{e}^{-\mathrm{i}\delta_{ev}t}\left[-\frac{\mathrm{i}}{2}(\Omega_{be}\rho_{bv}\mathrm{e}^{-\mathrm{i}\delta_{be}t} + \Omega_{ev}\rho_{vv}\mathrm{e}^{\mathrm{i}\delta_{ev}t}\right.
$$

$$
\left. - \Omega_{ev}\rho_{ee}\mathrm{e}^{\mathrm{i}\delta_{ev}t}) - \frac{1}{2}(\gamma_{ev} + \gamma_{eg} + \gamma_{vw})\rho_{ev}\right]
$$

$$= -\mathrm{i}\delta_{ev}\rho_{ev}\mathrm{e}^{-\mathrm{i}\delta_{ev}t} - \frac{\mathrm{i}}{2}(\Omega_{be}\rho_{bv}\mathrm{e}^{-\mathrm{i}(\delta_{be}+\delta_{ev})t} + \Omega_{ev}\rho_{vv} - \Omega_{ev}\rho_{ee})$$

$$- \frac{1}{2}(\gamma_{ev} + \gamma_{eg} + \gamma_{vw})\rho_{ev}\mathrm{e}^{-\mathrm{i}\delta_{ev}t} \tag{3.1.19}$$

将(3.1.15)代入(3.1.19)式得

$$\frac{\mathrm{d}}{\mathrm{d}t}\widetilde{\rho}_{ev} = -\mathrm{i}\delta_{ev}\widetilde{\rho}_{ev} - \frac{\mathrm{i}}{2}\Omega_{ev}\rho_{vv} + \frac{\mathrm{i}}{2}\Omega_{ev}\rho_{ee} - \frac{\mathrm{i}}{2}\Omega_{be}\widetilde{\rho}_{bv}$$

$$- \frac{1}{2}(\gamma_{ev} + \gamma_{eg} + \gamma_{vw})\widetilde{\rho}_{ev} \tag{3.1.20}$$

同理可得

$$\frac{\mathrm{d}}{\mathrm{d}t}\widetilde{\rho}_{ve} = \mathrm{i}\delta_{ev}\widetilde{\rho}_{ve} + \frac{\mathrm{i}}{2}\Omega_{ev}\rho_{vv} - \frac{\mathrm{i}}{2}\Omega_{ev}\rho_{ee} + \frac{\mathrm{i}}{2}\Omega_{be}\widetilde{\rho}_{vb}$$

$$- \frac{1}{2}(\gamma_{ev} + \gamma_{eg} + \gamma_{vw})\widetilde{\rho}_{ve} \tag{3.1.21}$$

$$\frac{\mathrm{d}}{\mathrm{d}t}\rho_{bv} = \frac{\mathrm{d}}{\mathrm{d}t}\langle b \mid \hat{\rho} \mid v \rangle$$

$$= -(\mathrm{i}/\hbar)\langle b \mid \hat{H}^{(i)}\hat{\rho} - \hat{\rho}\hat{H}^{(i)} \mid v \rangle + \langle b \mid L(\hat{\rho}) \mid v \rangle$$

$$= -\frac{\mathrm{i}}{2}(\Omega_{ev}\rho_{be}\mathrm{e}^{-\mathrm{i}\delta_{ev}t} + \Omega_{be}\rho_{ev}\mathrm{e}^{-\mathrm{i}\delta_{be}t}) - \frac{1}{2}(\gamma_{be} + \gamma_{vw})\rho_{bv} \tag{3.1.22}$$

由(3.1.5),(3.1.7),(3.1.15)式可得

$$\frac{\mathrm{d}}{\mathrm{d}t}\widetilde{\rho}_{bv} = -\mathrm{i}(\delta_{be} + \delta_{ev})\widetilde{\rho}_{bv} + \frac{\mathrm{i}}{2}\Omega_{ev}\widetilde{\rho}_{be} - \frac{\mathrm{i}}{2}\Omega_{be}\widetilde{\rho}_{ev}$$

$$- \frac{1}{2}(\gamma_{be} + \gamma_{vw})\widetilde{\rho}_{bv} \tag{3.1.23}$$

同理可得

$$\frac{\mathrm{d}}{\mathrm{d}t}\widetilde{\rho}_{vb} = \mathrm{i}(\delta_{be} + \delta_{ev})\widetilde{\rho}_{vb} - \frac{\mathrm{i}}{2}\Omega_{ev}\widetilde{\rho}_{eb} + \frac{\mathrm{i}}{2}\Omega_{be}\widetilde{\rho}_{ve}$$

$$- \frac{1}{2}(\gamma_{be} + \gamma_{vw})\widetilde{\rho}_{vb} \tag{3.1.24}$$

由以上各式得到该系统的粒子数运动方程组为

$$\frac{\mathrm{d}}{\mathrm{d}t}\rho_{vv} = -\frac{\mathrm{i}}{2}\Omega_{ev}(\widetilde{\rho}_{ev} - \widetilde{\rho}_{ve}) + \gamma_{ev}\rho_{ee} + \gamma_{gv}\rho_{gg} + \gamma_{wv}\rho_{ww} - \gamma_{vw}\rho_{vv};$$

$$\frac{\mathrm{d}}{\mathrm{d}t}\rho_{ee} = -\frac{\mathrm{i}}{2}\Omega_{ev}(\widetilde{\rho}_{ve} - \widetilde{\rho}_{ev}) - \frac{\mathrm{i}}{2}\Omega_{be}(\widetilde{\rho}_{be} - \widetilde{\rho}_{eb}) + \gamma_{be}\rho_{bb}$$

$$- (\gamma_{eg} + \gamma_{ev}) \rho_{ee};$$

$$\frac{\mathrm{d}}{\mathrm{d}t} \rho_{gg} = - \gamma_{gv} \rho_{gg} + \gamma_{eg} \rho_{ee} + \gamma_{wg} \rho_{ww};$$

$$\frac{\mathrm{d}}{\mathrm{d}t} \rho_{bb} = - \frac{\mathrm{i}}{2} \Omega_{be} (\tilde{\rho}_{eb} - \tilde{\rho}_{be}) - \gamma_{be} \rho_{bb};$$

$$\frac{\mathrm{d}}{\mathrm{d}t} \rho_{ww} = - (\gamma_{wg} + \gamma_{wv}) \rho_{ww} + \gamma_{vw} \rho_{vv};$$

$$\frac{\mathrm{d}}{\mathrm{d}t} \tilde{\rho}_{ve} = \mathrm{i} \delta_{ev} \tilde{\rho}_{ve} + \frac{\mathrm{i}}{2} (\Omega_{be} \tilde{\rho}_{vb} + \Omega_{ev} \rho_{vv} - \Omega_{ev} \rho_{ee})$$
$$- \frac{1}{2} (\gamma_{ev} + \gamma_{eg} + \gamma_{vw}) \tilde{\rho}_{ve};$$

$$\frac{\mathrm{d}}{\mathrm{d}t} \tilde{\rho}_{ev} = - \mathrm{i} \delta_{ev} \tilde{\rho}_{ev} - \frac{\mathrm{i}}{2} (\Omega_{be} \tilde{\rho}_{bv} + \Omega_{ev} \rho_{vv} - \Omega_{ev} \rho_{ee})$$
$$- \frac{1}{2} (\gamma_{ev} + \gamma_{eg} + \gamma_{vw}) \tilde{\rho}_{ev};$$

$$\frac{\mathrm{d}}{\mathrm{d}t} \tilde{\rho}_{eb} = \mathrm{i} \delta_{be} \tilde{\rho}_{eb} - \frac{\mathrm{i}}{2} (\Omega_{be} \rho_{bb} + \Omega_{ev} \tilde{\rho}_{vb} - \Omega_{be} \rho_{ee})$$
$$- \frac{1}{2} (\gamma_{ev} + \gamma_{be} + \gamma_{eg}) \tilde{\rho}_{eb};$$

$$\frac{\mathrm{d}}{\mathrm{d}t} \tilde{\rho}_{be} = - \mathrm{i} \delta_{be} \tilde{\rho}_{be} + \frac{\mathrm{i}}{2} (\Omega_{be} \rho_{bb} + \Omega_{ev} \tilde{\rho}_{bv} - \Omega_{be} \rho_{ee})$$
$$- \frac{1}{2} (\gamma_{ev} + \gamma_{be} + \gamma_{eg}) \tilde{\rho}_{be};$$

$$\frac{\mathrm{d}}{\mathrm{d}t} \tilde{\rho}_{vb} = \mathrm{i} (\delta_{be} + \delta_{ev}) \tilde{\rho}_{vb} + \frac{\mathrm{i}}{2} (\Omega_{be} \tilde{\rho}_{ve} - \Omega_{ev} \tilde{\rho}_{eb})$$
$$- \frac{1}{2} (\gamma_{be} + \gamma_{vw}) \tilde{\rho}_{vb};$$

$$\frac{\mathrm{d}}{\mathrm{d}t} \tilde{\rho}_{bv} = - \mathrm{i} (\delta_{be} + \delta_{ev}) \tilde{\rho}_{bv} - \frac{\mathrm{i}}{2} (\Omega_{be} \tilde{\rho}_{ev} - \Omega_{ev} \tilde{\rho}_{be})$$
$$- \frac{1}{2} (\gamma_{be} + \gamma_{vw}) \tilde{\rho}_{bv} \tag{3.1.25}$$

定义粒子数赝矢量 $\boldsymbol{\rho} = \{\rho_{vv}, \rho_{ee}, \rho_{gg}, \rho_{bb}, \rho_{ww}, \tilde{\rho}_{ve}, \tilde{\rho}_{ev}, \tilde{\rho}_{eb}, \tilde{\rho}_{be}, \tilde{\rho}_{vb}, \tilde{\rho}_{bv}\}$，则粒子数运动方程组(3.1.25)可以写为

$$\frac{\mathrm{d}}{\mathrm{d}t} \boldsymbol{\rho} = \boldsymbol{M}^{(\rho)}(t) \boldsymbol{\rho}(t) - \boldsymbol{\Gamma}^{(\rho)} \boldsymbol{\rho}(t) \tag{3.1.26}$$

其中 $\boldsymbol{M}^{(\rho)}(t)$ 为驱动项矩阵，$\boldsymbol{\Gamma}^{(\rho)}$ 为耗散项矩阵，其表达式为

$$
\boldsymbol{M}^{(p)}(t) = \frac{\mathrm{i}}{2}
\begin{pmatrix}
0 & 0 & 0 & 0 & 0 & \Omega_{ev} & -\Omega_{ev} & 0 & 0 & 0 \\
\Omega_{ev} & 0 & 0 & 0 & \Omega_{ev} & -\Omega_{ev} & \Omega_{ev} & \Omega_{ev} & -\Omega_{be} & 0 \\
-\Omega_{ev} & 0 & 0 & 0 & -\Omega_{ev} & 0 & \Omega_{ev} & \Omega_{be} & 0 & 0 \\
0 & 0 & 0 & 0 & 0 & 2\delta_{ev} & 0 & 0 & -\Omega_{be} & 0 \\
\Omega_{be} & 0 & -\Omega_{be} & 0 & 0 & 0 & -2\delta_{ev} & 0 & 0 & 0 \\
-\Omega_{be} & 0 & \Omega_{be} & 0 & 0 & 0 & 0 & 2\delta_{be} & \Omega_{be} & 0 \\
0 & 0 & 0 & 0 & 0 & 0 & 0 & 0 & 0 & -\Omega_{be} \\
0 & 0 & 0 & 0 & \Omega_{be} & 0 & 0 & -2\delta_{be} & -\Omega_{ev} & \Omega_{ev} \\
0 & 0 & 0 & 0 & 0 & -\Omega_{ev} & -\Omega_{ev} & 0 & 2(\delta_{ev}+\delta_{be}) & 0 \\
0 & 0 & 0 & 0 & 0 & -\Omega_{be} & \Omega_{ev} & \Omega_{ev} & 0 & -2(\delta_{ev}+\delta_{be})
\end{pmatrix}
\tag{3.1.27}
$$

$$
\boldsymbol{\Gamma}^{(p)} =
\begin{pmatrix}
\gamma_{rw} & -\gamma_{ev} & -\gamma_{gv} & 0 & -\gamma_{rw} & 0 & 0 & 0 & 0 & 0 \\
0 & \gamma_{eg}+\gamma_{ev} & -\gamma_{eg} & 0 & 0 & 0 & 0 & 0 & 0 & 0 \\
0 & -\gamma_{eg} & \gamma_{gv} & 0 & 0 & 0 & 0 & 0 & 0 & 0 \\
0 & 0 & 0 & 0 & 0 & 0 & 0 & 0 & 0 & 0 \\
-\gamma_{rw} & 0 & -\gamma_{be} & 0 & 0 & 0 & 0 & 0 & 0 & 0 \\
0 & 0 & \gamma_{be} & 0 & 0 & 0 & 0 & 0 & 0 & 0 \\
0 & 0 & 0 & -\gamma_{wg} & 0 & \dfrac{\gamma_{ev}+\gamma_{rw}+\gamma_{eg}}{2} & 0 & 0 & 0 & 0 \\
0 & 0 & 0 & -\gamma_{wg} & 0 & 0 & \dfrac{\gamma_{ev}+\gamma_{rw}+\gamma_{eg}}{2} & 0 & 0 & 0 \\
0 & 0 & 0 & \gamma_{wg}+\gamma_{wv} & 0 & 0 & 0 & \dfrac{\gamma_{ev}+\gamma_{eg}+\gamma_{be}}{2} & 0 & 0 \\
0 & 0 & 0 & 0 & 0 & 0 & 0 & 0 & \dfrac{\gamma_{be}+\gamma_{rw}}{2} & 0 \\
0 & 0 & 0 & 0 & 0 & 0 & 0 & 0 & 0 & \dfrac{\gamma_{be}+\gamma_{rw}}{2}
\end{pmatrix}
\tag{3.1.28}
$$

简化模型 I：三能级体系

不考虑双激子态、浸润层能级的影响，系统退化成一个单纯的三能级体系，由真空态、激子激发态和激子基态组成，如图 3.1.2 所示.

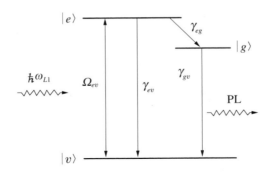

图 3.1.2　三能级结构示意图

在此模型下，$\Omega_{be} = 0$，$\gamma_{be} = \gamma_{wg} = \gamma_{vw} = \gamma_{wv} = 0$，多能级方程(3.1.25)化为

$$\frac{\mathrm{d}}{\mathrm{d}t}\rho_{vv} = -\frac{\mathrm{i}}{2}\Omega_{ev}(\widetilde{\rho}_{ev} - \widetilde{\rho}_{ve}) + \gamma_{ev}\rho_{ee} + \gamma_{gv}\rho_{gg};$$

$$\frac{\mathrm{d}}{\mathrm{d}t}\rho_{ee} = -\frac{\mathrm{i}}{2}\Omega_{ev}(\widetilde{\rho}_{ve} - \widetilde{\rho}_{ev}) - (\gamma_{eg} + \gamma_{ev})\rho_{ee};$$

$$\frac{\mathrm{d}}{\mathrm{d}t}\rho_{gg} = -\gamma_{gv}\rho_{gg} + \gamma_{eg}\rho_{ee};$$

$$\frac{\mathrm{d}}{\mathrm{d}t}\widetilde{\rho}_{ve} = \mathrm{i}\delta_{ev}\widetilde{\rho}_{ve} + \frac{\mathrm{i}}{2}\Omega_{ev}(\rho_{vv} - \rho_{ee}) - \frac{1}{2}(\gamma_{eg} + \gamma_{ev})\widetilde{\rho}_{ve};$$

$$\frac{\mathrm{d}}{\mathrm{d}t}\widetilde{\rho}_{ev} = -\mathrm{i}\delta_{ev}\widetilde{\rho}_{ev} - \frac{\mathrm{i}}{2}\Omega_{ev}(\rho_{vv} - \rho_{ee}) - \frac{1}{2}(\gamma_{eg} + \gamma_{ev})\widetilde{\rho}_{ev} \tag{3.1.29}$$

定义粒子数赝矢量 $\boldsymbol{\rho} = \{\rho_{vv}, \rho_{ee}, \rho_{gg}, \widetilde{\rho}_{ve}, \widetilde{\rho}_{ev}\}$，可以将(3.1.29)式写成矩阵形式：

$$\frac{\mathrm{d}}{\mathrm{d}t}\boldsymbol{\rho}(t) = \boldsymbol{M}^{(\rho)}(t)\boldsymbol{\rho}(t) - \boldsymbol{\Gamma}^{(\rho)}\boldsymbol{\rho}(t)$$

其中

$$\boldsymbol{M}^{(\rho)}(t) = \frac{\mathrm{i}}{2}\begin{pmatrix} 0 & 0 & 0 & \Omega_{ev} & -\Omega_{ev} \\ 0 & 0 & 0 & -\Omega_{ev} & \Omega_{ev} \\ 0 & 0 & 0 & 0 & 0 \\ \Omega_{ev} & -\Omega_{ev} & 0 & 2\delta_{ev} & 0 \\ -\Omega_{ev} & \Omega_{ev} & 0 & 0 & -2\delta_{ev} \end{pmatrix} \tag{3.1.30}$$

$$\boldsymbol{\Gamma}^{(\rho)} = \begin{pmatrix} 0 & -\gamma_{ev} & -\gamma_{gv} & 0 & 0 \\ 0 & \gamma_{eg}+\gamma_{ev} & 0 & 0 & 0 \\ 0 & -\gamma_{eg} & \gamma_{gv} & 0 & 0 \\ 0 & 0 & 0 & \dfrac{\gamma_{eg}+\gamma_{ev}}{2} & 0 \\ 0 & 0 & 0 & 0 & \dfrac{\gamma_{eg}+\gamma_{ev}}{2} \end{pmatrix} \tag{3.1.31}$$

简化模型Ⅱ：含浸润层能级的四能级体系

不考虑双激子能级，只考虑浸润层能级的影响，能级结构如图3.1.3所示，其中$|w\rangle$为浸润层连续能级．在光场作用下，一部分粒子从真空态被激发到浸润层，即粒子数泄漏到浸润层，然后通过Auger等过程被激子基态俘获．此模型中$\Omega_{be}=0,\gamma_{be}=0$，则粒子数运动方程(3.1.25)化为

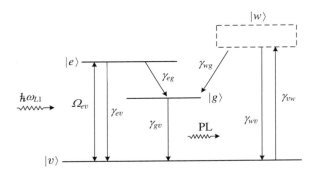

图3.1.3　仅考虑浸润层的四能级结构示意图

$$\frac{\mathrm{d}}{\mathrm{d}t}\rho_{vv} = -\frac{\mathrm{i}}{2}\Omega_{ev}(\widetilde{\rho}_{ev}-\widetilde{\rho}_{ve}) + \gamma_{gv}\rho_{gg} + \gamma_{wv}\rho_{ww} - \gamma_{vw}\rho_{vv} + \gamma_{ev}\rho_{ee};$$

$$\frac{\mathrm{d}}{\mathrm{d}t}\rho_{ee} = -\frac{\mathrm{i}}{2}\Omega_{ev}(\widetilde{\rho}_{ve}-\widetilde{\rho}_{ev}) - \gamma_{eg}\rho_{ee} - \gamma_{ev}\rho_{ee};$$

$$\frac{\mathrm{d}}{\mathrm{d}t}\rho_{gg} = -\gamma_{gv}\rho_{gg} + \gamma_{eg}\rho_{ee} + \gamma_{wg}\rho_{ww};$$

$$\frac{\mathrm{d}}{\mathrm{d}t}\rho_{ww} = -(\gamma_{wg}+\gamma_{wv})\rho_{ww} + \gamma_{vw}\rho_{vv};$$

$$\frac{\mathrm{d}}{\mathrm{d}t}\widetilde{\rho}_{ve} = \mathrm{i}\delta_{ev}\widetilde{\rho}_{ve} + \frac{\mathrm{i}}{2}\Omega_{ev}(\rho_{vv}-\rho_{ee}) - \frac{1}{2}(\gamma_{eg}+\gamma_{ev}+\gamma_{vw})\widetilde{\rho}_{ve};$$

$$\frac{\mathrm{d}}{\mathrm{d}t}\widetilde{\rho}_{ev} = -\mathrm{i}\delta_{ev}\widetilde{\rho}_{ev} - \frac{\mathrm{i}}{2}\Omega_{ev}(\rho_{vv}-\rho_{ee}) - \frac{1}{2}(\gamma_{eg}+\gamma_{ev}+\gamma_{vw})\widetilde{\rho}_{ev} \tag{3.1.32}$$

定义粒子数赝矢量 $\boldsymbol{\rho} = \{\rho_{vv}, \rho_{ee}, \rho_{gg}, \rho_{ww}, \tilde{\rho}_{ve}, \tilde{\rho}_{ev}\}$，将(3.1.32)式写成矩阵形式：

$$\frac{\mathrm{d}}{\mathrm{d}t}\boldsymbol{\rho}(t) = \boldsymbol{M}^{(\rho)}(t)\boldsymbol{\rho}(t) - \boldsymbol{\Gamma}^{(\rho)}\boldsymbol{\rho}(t)$$

其中

$$\boldsymbol{M}^{(\rho)}(t) = \frac{\mathrm{i}}{2}\begin{pmatrix} 0 & 0 & 0 & 0 & \Omega_{ev} & -\Omega_{ev} \\ 0 & 0 & 0 & 0 & -\Omega_{ev} & \Omega_{ev} \\ 0 & 0 & 0 & 0 & 0 & 0 \\ 0 & 0 & 0 & 0 & 0 & 0 \\ \Omega_{ev} & -\Omega_{ev} & 0 & 0 & 2\delta_{ev} & 0 \\ -\Omega_{ev} & \Omega_{ev} & 0 & 0 & 0 & -2\delta_{ev} \end{pmatrix} \quad (3.1.33)$$

$$\boldsymbol{\Gamma}^{(\rho)} = \begin{pmatrix} \gamma_{vw} & -\gamma_{ev} & -\gamma_{gv} & -\gamma_{wv} & 0 & 0 \\ 0 & \gamma_{eg}+\gamma_{ev} & 0 & 0 & 0 & 0 \\ 0 & -\gamma_{eg} & \gamma_{gv} & -\gamma_{wg} & 0 & 0 \\ -\gamma_{vw} & 0 & 0 & \gamma_{wg}+\gamma_{wv} & 0 & 0 \\ 0 & 0 & 0 & 0 & \dfrac{\gamma_{eg}+\gamma_{ev}+\gamma_{vw}}{2} & 0 \\ 0 & 0 & 0 & 0 & 0 & \dfrac{\gamma_{eg}+\gamma_{ev}+\gamma_{vw}}{2} \end{pmatrix}$$

$$(3.1.34)$$

简化模型Ⅲ：双激子模型

忽略浸润层，只考虑双激子对系统的影响，能级结构如图 3.1.4 所示.

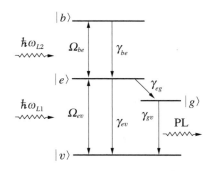

图 3.1.4　双激子能级结构图

不考虑浸润层，因此 $\gamma_{wg} = \gamma_{vw} = \gamma_{wv} = 0$，则粒子数运动方程(3.1.25)化为

$$\frac{\mathrm{d}}{\mathrm{d}t}\rho_{vv} = -\frac{\mathrm{i}}{2}\Omega_{ev}(\widetilde{\rho}_{ev} - \widetilde{\rho}_{ve}) + \gamma_{gv}\rho_{gg} + \gamma_{ev}\rho_{ee};$$

$$\frac{\mathrm{d}}{\mathrm{d}t}\rho_{ee} = -\frac{\mathrm{i}}{2}\Omega_{ev}(\widetilde{\rho}_{ve} - \widetilde{\rho}_{ev}) - \frac{\mathrm{i}}{2}\Omega_{be}(\widetilde{\rho}_{be} - \widetilde{\rho}_{eb})$$
$$+ \gamma_{be}\rho_{bb} - (\gamma_{eg} + \gamma_{ev})\rho_{ee};$$

$$\frac{\mathrm{d}}{\mathrm{d}t}\rho_{gg} = -\gamma_{gv}\rho_{gg} + \gamma_{eg}\rho_{ee};$$

$$\frac{\mathrm{d}}{\mathrm{d}t}\rho_{bb} = -\frac{\mathrm{i}}{2}\Omega_{be}(\widetilde{\rho}_{eb} - \widetilde{\rho}_{be}) - \gamma_{be}\rho_{bb};$$

$$\frac{\mathrm{d}}{\mathrm{d}t}\widetilde{\rho}_{ve} = \mathrm{i}\delta_{ev}\widetilde{\rho}_{ve} + \frac{\mathrm{i}}{2}(\Omega_{be}\widetilde{\rho}_{vb} + \Omega_{ev}\rho_{vv} - \Omega_{ev}\rho_{ee})$$
$$- \frac{1}{2}(\gamma_{ev} + \gamma_{eg})\widetilde{\rho}_{ve};$$

$$\frac{\mathrm{d}}{\mathrm{d}t}\widetilde{\rho}_{ev} = -\mathrm{i}\delta_{ev}\widetilde{\rho}_{ev} - \frac{\mathrm{i}}{2}(\Omega_{be}\widetilde{\rho}_{bv} + \Omega_{ev}\rho_{vv} - \Omega_{ev}\rho_{ee})$$
$$- \frac{1}{2}(\gamma_{ev} + \gamma_{eg})\widetilde{\rho}_{ev};$$

$$\frac{\mathrm{d}}{\mathrm{d}t}\widetilde{\rho}_{eb} = \mathrm{i}\delta_{be}\widetilde{\rho}_{eb} - \frac{\mathrm{i}}{2}(\Omega_{be}\rho_{bb} + \Omega_{ev}\widetilde{\rho}_{vb} - \Omega_{be}\rho_{ee})$$
$$- \frac{1}{2}(\gamma_{ev} + \gamma_{be} + \gamma_{eg})\widetilde{\rho}_{eb};$$

$$\frac{\mathrm{d}}{\mathrm{d}t}\widetilde{\rho}_{be} = -\mathrm{i}\delta_{be}\widetilde{\rho}_{be} + \frac{\mathrm{i}}{2}(\Omega_{be}\rho_{bb} + \Omega_{ev}\widetilde{\rho}_{bv} - \Omega_{be}\rho_{ee})$$
$$- \frac{1}{2}(\gamma_{ev} + \gamma_{be} + \gamma_{eg})\widetilde{\rho}_{be};$$

$$\frac{\mathrm{d}}{\mathrm{d}t}\widetilde{\rho}_{vb} = \mathrm{i}(\delta_{be} + \delta_{ev})\widetilde{\rho}_{vb} + \frac{\mathrm{i}}{2}(\Omega_{be}\widetilde{\rho}_{ve} - \Omega_{ev}\widetilde{\rho}_{eb}) - \frac{1}{2}\gamma_{be}\widetilde{\rho}_{vb};$$

$$\frac{\mathrm{d}}{\mathrm{d}t}\widetilde{\rho}_{bv} = -\mathrm{i}(\delta_{be} + \delta_{ev})\widetilde{\rho}_{bv} - \frac{\mathrm{i}}{2}(\Omega_{be}\widetilde{\rho}_{ev} - \Omega_{ev}\widetilde{\rho}_{be}) - \frac{1}{2}\gamma_{be}\widetilde{\rho}_{bv} \quad (3.1.35)$$

定义粒子数赝矢量 $\boldsymbol{\rho} = \{\rho_{vv}, \rho_{ee}, \rho_{gg}, \rho_{bb}, \widetilde{\rho}_{ve}, \widetilde{\rho}_{ev}, \widetilde{\rho}_{eb}, \widetilde{\rho}_{be}, \widetilde{\rho}_{vb}, \widetilde{\rho}_{bv}\}$，将(3.1.35)式写成矩阵形式：

$$\frac{\mathrm{d}}{\mathrm{d}t}\boldsymbol{\rho}(t) = \boldsymbol{M}^{(\rho)}(t)\boldsymbol{\rho}(t) - \boldsymbol{\Gamma}^{(\rho)}\boldsymbol{\rho}(t)$$

其中

$$
\boldsymbol{M}^{(\rho)}(t) = \frac{\mathrm{i}}{2}
\begin{pmatrix}
0 & 0 & 0 & 0 & \Omega_{ev} & -\Omega_{ev} & 0 & 0 & 0 & 0 \\
0 & 0 & 0 & 0 & -\Omega_{ev} & \Omega_{ev} & \Omega_{be} & -\Omega_{be} & 0 & 0 \\
0 & 0 & 0 & 0 & 0 & 0 & 0 & 0 & 0 & 0 \\
0 & 0 & 0 & 0 & 0 & 0 & -\Omega_{be} & \Omega_{be} & 0 & 0 \\
\Omega_{ev} & -\Omega_{ev} & 0 & 0 & 2\delta_{ev} & 0 & 0 & 0 & \Omega_{be} & 0 \\
-\Omega_{ev} & \Omega_{ev} & 0 & 0 & 0 & -2\delta_{ev} & 0 & 0 & 0 & -\Omega_{be} \\
0 & \Omega_{be} & 0 & -\Omega_{be} & 0 & 0 & 2\delta_{be} & 0 & -\Omega_{ev} & 0 \\
0 & -\Omega_{be} & 0 & \Omega_{be} & 0 & 0 & 0 & -2\delta_{be} & 0 & \Omega_{ev} \\
0 & 0 & 0 & 0 & \Omega_{be} & 0 & -\Omega_{ev} & 0 & 2(\delta_{ev}+\delta_{be}) & 0 \\
0 & 0 & 0 & 0 & 0 & -\Omega_{be} & 0 & \Omega_{ev} & 0 & -2(\delta_{ev}+\delta_{be})
\end{pmatrix}
\tag{3.1.36}
$$

$$
\boldsymbol{\Gamma}^{(\rho)} =
\begin{pmatrix}
0 & -\gamma_{ev} & -\gamma_{gv} & 0 & 0 & 0 & 0 & 0 & 0 & 0 \\
0 & \gamma_{ev}+\gamma_{eg} & 0 & -\gamma_{be} & 0 & 0 & 0 & 0 & 0 & 0 \\
0 & -\gamma_{eg} & \gamma_{gv} & 0 & 0 & 0 & 0 & 0 & 0 & 0 \\
0 & 0 & 0 & \gamma_{be} & 0 & 0 & 0 & 0 & 0 & 0 \\
0 & 0 & 0 & 0 & \dfrac{\gamma_{ev}+\gamma_{eg}}{2} & 0 & 0 & 0 & 0 & 0 \\
0 & 0 & 0 & 0 & 0 & \dfrac{\gamma_{ev}+\gamma_{eg}}{2} & 0 & 0 & 0 & 0 \\
0 & 0 & 0 & 0 & 0 & 0 & \dfrac{\gamma_{ev}+\gamma_{be}+\gamma_{eg}}{2} & 0 & 0 & 0 \\
0 & 0 & 0 & 0 & 0 & 0 & 0 & \dfrac{\gamma_{ev}+\gamma_{be}+\gamma_{eg}}{2} & 0 & 0 \\
0 & 0 & 0 & 0 & 0 & 0 & 0 & 0 & \dfrac{\gamma_{be}}{2} & 0 \\
0 & 0 & 0 & 0 & 0 & 0 & 0 & 0 & 0 & \dfrac{\gamma_{be}}{2}
\end{pmatrix}
\tag{3.1.37}
$$

简化模型Ⅳ：激子双激子三能级模型

忽略浸润层以及激子基态,能级结构如图 3.1.5 所示.

不考虑浸润层和激子基态,因此 $\gamma_{wg} = \gamma_{vw} = \gamma_{wv} = 0$, $\gamma_{eg} = \gamma_{gv} = 0$,则粒子数运动方程(3.1.35)化为

$$
\frac{\mathrm{d}}{\mathrm{d}t}\rho_{vv} = -\frac{\mathrm{i}}{2}\Omega_{ev}(\widetilde{\rho}_{ev} - \widetilde{\rho}_{ve}) + \gamma_{ev}\rho_{ee};
$$

$$
\frac{\mathrm{d}}{\mathrm{d}t}\rho_{ee} = -\frac{\mathrm{i}}{2}\Omega_{ev}(\widetilde{\rho}_{ve} - \widetilde{\rho}_{ev}) - \frac{\mathrm{i}}{2}\Omega_{be}(\widetilde{\rho}_{be} - \widetilde{\rho}_{eb}) + \gamma_{be}\rho_{bb} - \gamma_{ev}\rho_{ee};
$$

$$\frac{\mathrm{d}}{\mathrm{d}t}\rho_{bb} = -\frac{\mathrm{i}}{2}\Omega_{be}(\widetilde{\rho}_{eb} - \widetilde{\rho}_{be}) - \gamma_{be}\rho_{bb};$$

$$\frac{\mathrm{d}}{\mathrm{d}t}\widetilde{\rho}_{ve} = \mathrm{i}\delta_{ev}\widetilde{\rho}_{ve} + \frac{\mathrm{i}}{2}(\Omega_{be}\widetilde{\rho}_{vb} + \Omega_{ev}\rho_{vv} - \Omega_{ev}\rho_{ee}) - \frac{1}{2}\gamma_{ev}\widetilde{\rho}_{ve};$$

$$\frac{\mathrm{d}}{\mathrm{d}t}\widetilde{\rho}_{ev} = -\mathrm{i}\delta_{ev}\widetilde{\rho}_{ev} - \frac{\mathrm{i}}{2}(\Omega_{be}\widetilde{\rho}_{bv} + \Omega_{ev}\rho_{vv} - \Omega_{ev}\rho_{ee}) - \frac{1}{2}\gamma_{ev}\widetilde{\rho}_{ev};$$

$$\frac{\mathrm{d}}{\mathrm{d}t}\widetilde{\rho}_{eb} = \mathrm{i}\delta_{be}\widetilde{\rho}_{eb} - \frac{\mathrm{i}}{2}(\Omega_{be}\rho_{bb} + \Omega_{ev}\widetilde{\rho}_{vb} - \Omega_{be}\rho_{ee})$$
$$\qquad\qquad - \frac{1}{2}(\gamma_{ev} + \gamma_{be})\widetilde{\rho}_{eb};$$

$$\frac{\mathrm{d}}{\mathrm{d}t}\widetilde{\rho}_{be} = -\mathrm{i}\delta_{be}\widetilde{\rho}_{be} + \frac{\mathrm{i}}{2}(\Omega_{be}\rho_{bb} + \Omega_{ev}\widetilde{\rho}_{bv} - \Omega_{be}\rho_{ee})$$
$$\qquad\qquad - \frac{1}{2}(\gamma_{ev} + \gamma_{be})\widetilde{\rho}_{be};$$

$$\frac{\mathrm{d}}{\mathrm{d}t}\widetilde{\rho}_{vb} = \mathrm{i}(\delta_{be} + \delta_{ev})\widetilde{\rho}_{vb} + \frac{\mathrm{i}}{2}(\Omega_{be}\widetilde{\rho}_{ve} - \Omega_{ev}\widetilde{\rho}_{eb}) - \frac{1}{2}\gamma_{be}\widetilde{\rho}_{vb};$$

$$\frac{\mathrm{d}}{\mathrm{d}t}\widetilde{\rho}_{bv} = -\mathrm{i}(\delta_{be} + \delta_{ev})\widetilde{\rho}_{bv} - \frac{\mathrm{i}}{2}(\Omega_{be}\widetilde{\rho}_{ev} - \Omega_{ev}\widetilde{\rho}_{be}) - \frac{1}{2}\gamma_{be}\widetilde{\rho}_{bv} \qquad (3.1.38)$$

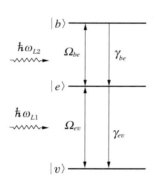

图 3.1.5　激子-双激子三能级系统能级结构图

定义粒子数赝矢量 $\boldsymbol{\rho} = \{\rho_{vv}, \rho_{ee}, \rho_{bb}, \widetilde{\rho}_{ve}, \widetilde{\rho}_{ev}, \widetilde{\rho}_{eb}, \widetilde{\rho}_{be}, \widetilde{\rho}_{vb}, \widetilde{\rho}_{bv}\}$，将(3.1.38)式写成矩阵形式：

$$\frac{\mathrm{d}}{\mathrm{d}t}\boldsymbol{\rho}(t) = \boldsymbol{M}^{(\rho)}(t)\boldsymbol{\rho}(t) - \boldsymbol{\Gamma}^{(\rho)}\boldsymbol{\rho}(t)$$

其中

$$M^{(\rho)}(t) = \frac{\mathrm{i}}{2}\begin{pmatrix} 0 & 0 & 0 & \Omega_{ev} & -\Omega_{ev} & 0 & 0 & 0 & 0 \\ 0 & 0 & 0 & -\Omega_{ev} & \Omega_{ev} & \Omega_{be} & -\Omega_{be} & 0 & 0 \\ 0 & 0 & 0 & 0 & 0 & -\Omega_{be} & \Omega_{be} & 0 & 0 \\ \Omega_{ev} & -\Omega_{ev} & 0 & 2\delta_{ev} & 0 & 0 & 0 & \Omega_{be} & 0 \\ -\Omega_{ev} & \Omega_{ev} & 0 & 0 & -2\delta_{ev} & 0 & 0 & 0 & -\Omega_{be} \\ 0 & \Omega_{be} & -\Omega_{be} & 0 & 0 & 2\delta_{be} & 0 & -\Omega_{ev} & 0 \\ 0 & -\Omega_{be} & \Omega_{be} & 0 & 0 & 0 & -2\delta_{be} & 0 & \Omega_{ev} \\ 0 & 0 & 0 & \Omega_{be} & 0 & -\Omega_{ev} & 0 & 2(\delta_{ev}+\delta_{be}) & 0 \\ 0 & 0 & 0 & 0 & -\Omega_{be} & 0 & \Omega_{ev} & 0 & -2(\delta_{ev}+\delta_{be}) \end{pmatrix}$$

$$(3.1.39)$$

$$\Gamma^{(\rho)} = \begin{pmatrix} 0 & -\gamma_{ev} & 0 & 0 & 0 & 0 & 0 & 0 & 0 \\ 0 & \gamma_{ev} & -\gamma_{be} & 0 & 0 & 0 & 0 & 0 & 0 \\ 0 & 0 & \gamma_{be} & 0 & 0 & 0 & 0 & 0 & 0 \\ 0 & 0 & 0 & \dfrac{\gamma_{ev}}{2} & 0 & 0 & 0 & 0 & 0 \\ 0 & 0 & 0 & 0 & \dfrac{\gamma_{ev}}{2} & 0 & 0 & 0 & 0 \\ 0 & 0 & 0 & 0 & 0 & \dfrac{\gamma_{ev}+\gamma_{be}}{2} & 0 & 0 & 0 \\ 0 & 0 & 0 & 0 & 0 & 0 & \dfrac{\gamma_{ev}+\gamma_{be}}{2} & 0 & 0 \\ 0 & 0 & 0 & 0 & 0 & 0 & 0 & \dfrac{\gamma_{be}}{2} & 0 \\ 0 & 0 & 0 & 0 & 0 & 0 & 0 & 0 & \dfrac{\gamma_{be}}{2} \end{pmatrix}$$

$$(3.1.40)$$

附录 4.1　激子-双激子四能级体系激子动力学方程

激子-双激子四能级体系的能级结构如图 4.1.1 所示，$|b\rangle$ 是双激子态，$|x\rangle$，$|y\rangle$ 是激子态，$|v\rangle$ 是系统真空态.

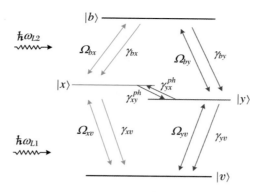

图 4.1.1　激子-双激子四能级体系的能级结构示意图

在旋转波近似下,相互作用表象中系统的相互作用哈密顿量为

$$\hat{H}^{(i)} = \frac{1}{2}\hbar\big[\hat{\sigma}_{xv}^{(i)}(t)\Omega_{xv}(t)\mathrm{e}^{-\mathrm{i}\omega_{L1}t} + \hat{\sigma}_{yv}^{(i)}(t)\Omega_{yv}(t)\mathrm{e}^{-\mathrm{i}\omega_{L1}t}$$

$$+ \hat{\sigma}_{bx}^{(i)}(t)\Omega_{bx}(t)\mathrm{e}^{-\mathrm{i}\omega_{L2}t} + \hat{\sigma}_{by}^{(i)}(t)\Omega_{by}(t)\mathrm{e}^{-\mathrm{i}\omega_{L2}t} + \mathrm{h.c.}\big] \qquad (4.1.1)$$

其中上标 (i) 表示相互作用表象, $\Omega_{xv}(t)\mathrm{e}^{-\mathrm{i}\omega_{L1}t}$, $\Omega_{yv}(t)\mathrm{e}^{-\mathrm{i}\omega_{L1}t}$, $\Omega_{bx}(t)\mathrm{e}^{-\mathrm{i}\omega_{L2}t}$, $\Omega_{by}(t)\mathrm{e}^{-\mathrm{i}\omega_{L2}t}$ 分别是相互作用表象中 $|x\rangle \sim |v\rangle$, $|y\rangle \sim |v\rangle$, $|b\rangle \sim |x\rangle$, $|b\rangle \sim |y\rangle$ 之间跃迁的 Rabi 频率. $\hat{\sigma}_{mn}^{(i)} = \hat{\sigma}_{mn}\mathrm{e}^{\mathrm{i}\omega_{mn}t}$ 是相互作用表象中的偶极跃迁算符, $\hat{\sigma}_{mn} = |m\rangle\langle n|$ 是 Schrödinger 表象中的偶极跃迁算符, ω_{mn} 是 $|m\rangle$ 与 $|n\rangle$ 之间的跃迁频率, ω_{L1}, ω_{L2} 是激发光场的频率.

系统的主方程为

$$\frac{\mathrm{d}}{\mathrm{d}t}\hat{\rho} = -(\mathrm{i}/\hbar)\big[\hat{H}^{(i)}, \hat{\rho}\big] + L(\hat{\rho}) \qquad (4.1.2)$$

其中 $L(\hat{\rho})$ 为系统的耗散项,其表达式为

$$\begin{aligned}
L(\hat{\rho}) = \frac{1}{2}\big[&\gamma_{bx}(2\hat{\sigma}_{xb}^{(i)}\hat{\rho}\hat{\sigma}_{bx}^{(i)} - \hat{\sigma}_{bb}\hat{\rho} - \hat{\rho}\hat{\sigma}_{bb}) \\
&+ \gamma_{by}(2\hat{\sigma}_{yb}^{(i)}\hat{\rho}\hat{\sigma}_{by}^{(i)} - \hat{\sigma}_{bb}\hat{\rho} - \hat{\rho}\hat{\sigma}_{bb}) \\
&+ \gamma_{xv}(2\hat{\sigma}_{vx}^{(i)}\hat{\rho}\hat{\sigma}_{xv}^{(i)} - \hat{\sigma}_{xx}\hat{\rho} - \hat{\rho}\hat{\sigma}_{xx}) \\
&+ \gamma_{yv}(2\hat{\sigma}_{vy}^{(i)}\hat{\rho}\hat{\sigma}_{yv}^{(i)} - \hat{\sigma}_{yy}\hat{\rho} - \hat{\rho}\hat{\sigma}_{yy}) \\
&+ \gamma_{xy}^{ph}(2\hat{\sigma}_{yx}^{(i)}\hat{\rho}\hat{\sigma}_{xy}^{(i)} - \hat{\sigma}_{xx}\hat{\rho} - \hat{\rho}\hat{\sigma}_{xx}) \\
&+ \gamma_{yx}^{ph}(2\hat{\sigma}_{xy}^{(i)}\hat{\rho}\hat{\sigma}_{yx}^{(i)} - \hat{\sigma}_{yy}\hat{\rho} - \hat{\rho}\hat{\sigma}_{yy})\big]
\end{aligned} \qquad (4.1.3)$$

$\gamma_{ij}(i,j=b,x,y,v)$ 是从 $|i\rangle$ 态到 $|j\rangle$ 态的弛豫速率,上式中忽略了纯位相退相干项的影响. $\gamma_{xy}^{ph},\gamma_{yx}^{ph}$ 是由声子等过程造成的 $|x\rangle,|y\rangle$ 之间的激子自旋弛豫速率.

$$
\begin{aligned}
\frac{\mathrm{d}}{\mathrm{d}t}\rho_{bb} &= \frac{\mathrm{d}}{\mathrm{d}t}\langle b \mid \hat{\rho} \mid b\rangle \\
&= -(\mathrm{i}/\hbar)\langle b \mid \hat{H}^{(i)}\hat{\rho} - \hat{\rho}\hat{H}^{(i)} \mid b\rangle + \langle b \mid L(\hat{\rho}) \mid b\rangle \\
&= -\mathrm{i}\frac{1}{2}(\Omega_{bx}\rho_{xb}\mathrm{e}^{\mathrm{i}(\omega_{bx}-\omega_{L2})t} + \Omega_{by}\rho_{yb}\mathrm{e}^{\mathrm{i}(\omega_{by}-\omega_{L2})t} \\
&\quad - \Omega_{bx}\rho_{bx}\mathrm{e}^{-\mathrm{i}(\omega_{bx}-\omega_{L2})t} - \Omega_{by}\rho_{by}\mathrm{e}^{-\mathrm{i}(\omega_{by}-\omega_{L2})t}) \\
&\quad - (\gamma_{bx} + \gamma_{by})\rho_{bb}
\end{aligned}
\tag{4.1.4}
$$

做变换:

$$
\rho_{xb}\mathrm{e}^{\mathrm{i}\delta_{bx}t} = \tilde{\rho}_{xb}, \qquad \rho_{bx}\mathrm{e}^{-\mathrm{i}\delta_{bx}t} = \tilde{\rho}_{bx} \tag{4.1.5}
$$

$$
\rho_{yb}\mathrm{e}^{\mathrm{i}\delta_{by}t} = \tilde{\rho}_{yb}, \qquad \rho_{by}\mathrm{e}^{-\mathrm{i}\delta_{by}t} = \tilde{\rho}_{by} \tag{4.1.6}
$$

其中 $\delta_{bx} = \omega_{bx} - \omega_{L2}$,$\delta_{by} = \omega_{by} - \omega_{L2}$.

将(4.1.5),(4.1.6)代入(4.1.4)式得

$$
\begin{aligned}
\frac{\mathrm{d}}{\mathrm{d}t}\rho_{bb} &= -\mathrm{i}\frac{1}{2}(\Omega_{bx}\tilde{\rho}_{xb} + \Omega_{by}\tilde{\rho}_{yb} - \Omega_{bx}\tilde{\rho}_{bx} - \Omega_{by}\tilde{\rho}_{by}) \\
&\quad - (\gamma_{bx} + \gamma_{by})\rho_{bb}
\end{aligned}
\tag{4.1.7}
$$

$$
\begin{aligned}
\frac{\mathrm{d}}{\mathrm{d}t}\rho_{xx} &= \frac{\mathrm{d}}{\mathrm{d}t}\langle x \mid \hat{\rho} \mid x\rangle \\
&= -(\mathrm{i}/\hbar)\langle x \mid \hat{H}^{(i)}\hat{\rho} - \hat{\rho}\hat{H}^{(i)} \mid x\rangle + \langle x \mid L(\hat{\rho}) \mid x\rangle \\
&= -\mathrm{i}\frac{1}{2}(\Omega_{bx}\rho_{bx}\mathrm{e}^{-\mathrm{i}\delta_{bx}t} + \Omega_{xv}\rho_{vx}\mathrm{e}^{\mathrm{i}\delta_{xv}t} - \Omega_{bx}\rho_{xb}\mathrm{e}^{\mathrm{i}\delta_{bx}t} \\
&\quad - \Omega_{xv}\rho_{xv}\mathrm{e}^{-\mathrm{i}\delta_{xv}t}) - (\gamma_{xv} + \gamma_{xy}^{ph})\rho_{xx} + \gamma_{bx}\rho_{bb} + \gamma_{yx}^{ph}\rho_{yy}
\end{aligned}
\tag{4.1.8}
$$

做变换:

$$
\rho_{xv}\mathrm{e}^{-\mathrm{i}\delta_{xv}t} = \tilde{\rho}_{xv}, \qquad \rho_{vx}\mathrm{e}^{\mathrm{i}\delta_{xv}t} = \tilde{\rho}_{vx} \tag{4.1.9}
$$

其中 $\delta_{xv} = \omega_{xv} - \omega_{L1}$.

将(4.1.5),(4.1.9)代入(4.1.8)式得

$$
\begin{aligned}
\frac{\mathrm{d}}{\mathrm{d}t}\rho_{xx} &= -\mathrm{i}\frac{1}{2}(\Omega_{bx}\tilde{\rho}_{bx} + \Omega_{xv}\tilde{\rho}_{vx} - \Omega_{bx}\tilde{\rho}_{xb} - \Omega_{xv}\tilde{\rho}_{xv}) \\
&\quad - (\gamma_{xv} + \gamma_{xy}^{ph})\rho_{xx} + \gamma_{bx}\rho_{bb} + \gamma_{yx}^{ph}\rho_{yy}
\end{aligned}
\tag{4.1.10}
$$

$$
\frac{\mathrm{d}}{\mathrm{d}t}\rho_{yy} = \frac{\mathrm{d}}{\mathrm{d}t}\langle y \mid \hat{\rho} \mid y\rangle
$$

$$= - (\mathrm{i}/\hbar)\langle y \mid \hat{H}{}^{(i)} \overset{\wedge}{\rho} - \overset{\wedge}{\rho} \hat{H}{}^{(i)} \mid y \rangle + \langle y \mid L(\overset{\wedge}{\rho}) \mid y \rangle$$

$$= - \mathrm{i} \frac{1}{2} (\Omega_{by}\rho_{by}\mathrm{e}^{-\mathrm{i}\delta_{by}t} + \Omega_{yv}\rho_{vy}\mathrm{e}^{\mathrm{i}\delta_{yv}t} - \Omega_{by}\rho_{yb}\mathrm{e}^{\mathrm{i}\delta_{by}t}$$

$$- \Omega_{yv}\rho_{yv}\mathrm{e}^{-\mathrm{i}\delta_{yv}t}) - (\gamma_{yv} + \gamma_{yx}^{ph})\rho_{yy} + \gamma_{xy}^{ph}\rho_{xx} + \gamma_{by}\rho_{bb} \tag{4.1.11}$$

做变换：

$$\rho_{yv}\mathrm{e}^{-\mathrm{i}\delta_{yv}t} = \widetilde{\rho}_{yv}, \quad \rho_{vy}\mathrm{e}^{\mathrm{i}\delta_{yv}t} = \widetilde{\rho}_{vy} \tag{4.1.12}$$

其中 $\delta_{yv} = \omega_{yv} - \omega_{L1}$.

将(4.1.6),(4.1.12)代入(4.1.11)式得

$$\frac{\mathrm{d}}{\mathrm{d}t}\rho_{yy} = - \mathrm{i} \frac{1}{2} (\Omega_{by}\widetilde{\rho}_{by} + \Omega_{yv}\widetilde{\rho}_{vy} - \Omega_{by}\widetilde{\rho}_{yb} - \Omega_{yv}\widetilde{\rho}_{yv})$$

$$- (\gamma_{yv} + \gamma_{yx}^{ph})\rho_{yy} + \gamma_{xy}^{ph}\rho_{xx} + \gamma_{by}\rho_{bb} \tag{4.1.13}$$

由粒子数守恒 $\rho_{vv} + \rho_{xx} + \rho_{yy} + \rho_{bb} = 1$ 得

$$\frac{\mathrm{d}}{\mathrm{d}t}\rho_{vv} = - \left(\frac{\mathrm{d}}{\mathrm{d}t}\rho_{xx} + \frac{\mathrm{d}}{\mathrm{d}t}\rho_{yy} + \frac{\mathrm{d}}{\mathrm{d}t}\rho_{bb} \right) \tag{4.1.14}$$

将(4.1.13),(4.1.10),(4.1.7)代入(4.1.14)式得

$$\frac{\mathrm{d}}{\mathrm{d}t}\rho_{vv} = - \mathrm{i} \frac{1}{2} (\Omega_{xv}\widetilde{\rho}_{xv} - \Omega_{xv}\widetilde{\rho}_{vx} + \Omega_{yv}\widetilde{\rho}_{yv} - \Omega_{yv}\widetilde{\rho}_{vy})$$

$$+ \gamma_{xv}\rho_{xx} + \gamma_{yv}\rho_{yy} \tag{4.1.15}$$

$$\frac{\mathrm{d}}{\mathrm{d}t}\rho_{xv} = \frac{\mathrm{d}}{\mathrm{d}t}\langle x \mid \overset{\wedge}{\rho} \mid v \rangle$$

$$= - (\mathrm{i}/\hbar)\langle x \mid \hat{H}{}^{(i)} \overset{\wedge}{\rho} - \overset{\wedge}{\rho} \hat{H}{}^{(i)} \mid v \rangle + \langle x \mid L(\overset{\wedge}{\rho}) \mid v \rangle$$

$$= - \mathrm{i} \frac{1}{2} (\Omega_{bx}\rho_{bv}\mathrm{e}^{-\mathrm{i}(\omega_{bx}-\omega_{L2})t} + \Omega_{xv}\rho_{vv}\mathrm{e}^{\mathrm{i}(\omega_{xv}-\omega_{L1})t}$$

$$- \Omega_{xv}\rho_{xx}\mathrm{e}^{\mathrm{i}(\omega_{xv}-\omega_{L1})t} - \Omega_{yv}\rho_{xy}\mathrm{e}^{\mathrm{i}(\omega_{yv}-\omega_{L1})t})$$

$$- \frac{1}{2}(\gamma_{xv} + \gamma_{xy}^{ph})\rho_{xv} \tag{4.1.16}$$

$$\frac{\mathrm{d}}{\mathrm{d}t}\left[\rho_{xv}\mathrm{e}^{-\mathrm{i}\delta_{xv}t}\right] = - \mathrm{i}\delta_{xv}\rho_{xv}\mathrm{e}^{-\mathrm{i}\delta_{xv}t} + \mathrm{e}^{-\mathrm{i}\delta_{xv}t}\left[- \mathrm{i} \frac{1}{2} (\Omega_{bx}\rho_{bv}\mathrm{e}^{-\mathrm{i}(\omega_{bx}-\omega_{L2})t}\right.$$

$$+ \Omega_{xv}\rho_{vv}\mathrm{e}^{\mathrm{i}(\omega_{xv}-\omega_{L1})t} - \Omega_{xv}\rho_{xx}\mathrm{e}^{\mathrm{i}(\omega_{xv}-\omega_{L1})t}$$

$$\left. - \Omega_{yv}\rho_{xy}\mathrm{e}^{\mathrm{i}(\omega_{yv}-\omega_{L1})t}) - \frac{1}{2}(\gamma_{xv} + \gamma_{xy}^{ph})\rho_{xv} \right] \tag{4.1.17}$$

做变换：

$$\rho_{bv}\mathrm{e}^{-\mathrm{i}(\delta_{xv}+\delta_{bx})t} = \widetilde{\rho}_{bv}, \quad \rho_{vb}\mathrm{e}^{\mathrm{i}(\delta_{xv}+\delta_{bx})t} = \widetilde{\rho}_{vb} \tag{4.1.18}$$

$$\rho_{xy}\mathrm{e}^{\mathrm{i}(\delta_{yv}-\delta_{xv})t} = \widetilde{\rho}_{xy}, \quad \rho_{yx}\mathrm{e}^{-\mathrm{i}(\delta_{yv}+\delta_{xv})t} = \widetilde{\rho}_{yx} \tag{4.1.19}$$

将(4.1.9),(4.1.18),(4.1.19)代入(4.1.17)式得

$$\frac{\mathrm{d}}{\mathrm{d}t}\widetilde{\rho}_{xv} = -\mathrm{i}\delta_{xv}\widetilde{\rho}_{xv} - \mathrm{i}\frac{1}{2}(\Omega_{bx}\widetilde{\rho}_{bv} + \Omega_{xv}\rho_{vv} - \Omega_{xv}\rho_{xx} - \Omega_{yv}\widetilde{\rho}_{xy})$$
$$- \frac{1}{2}(\gamma_{xv} + \gamma_{xy}^{ph})\widetilde{\rho}_{xv} \tag{4.1.20}$$

同理可以求得

$$\frac{\mathrm{d}}{\mathrm{d}t}\widetilde{\rho}_{vx} = \mathrm{i}\delta_{xv}\widetilde{\rho}_{vx} + \mathrm{i}\frac{1}{2}(\Omega_{bx}\widetilde{\rho}_{vb} + \Omega_{xv}\rho_{vv} - \Omega_{xv}\rho_{xx} - \Omega_{yv}\widetilde{\rho}_{yx})$$
$$- \frac{1}{2}(\gamma_{xv} + \gamma_{xy}^{ph})\widetilde{\rho}_{vx} \tag{4.1.21}$$

$$\frac{\mathrm{d}}{\mathrm{d}t}\rho_{yv} = \frac{\mathrm{d}}{\mathrm{d}t}\langle y \mid \hat{\rho} \mid v\rangle$$
$$= -(\mathrm{i}/\hbar)\langle y \mid \hat{H}^{(i)}\hat{\rho} - \hat{\rho}\hat{H}^{(i)} \mid v\rangle + \langle y \mid L(\hat{\rho}) \mid v\rangle$$
$$= -\mathrm{i}\frac{1}{2}(\Omega_{by}\rho_{bv}\mathrm{e}^{-\mathrm{i}(\omega_{by}-\omega_{L2})t} + \Omega_{yv}\rho_{vv}\mathrm{e}^{\mathrm{i}(\omega_{yv}-\omega_{L1})t}$$
$$- \Omega_{yv}\rho_{yy}\mathrm{e}^{\mathrm{i}(\omega_{yv}-\omega_{L1})t} - \Omega_{xv}\rho_{yx}\mathrm{e}^{\mathrm{i}(\omega_{xv}-\omega_{L1})t}) - \frac{1}{2}(\gamma_{yv} + \gamma_{yx}^{ph})\rho_{yv} \tag{4.1.22}$$

$$\frac{\mathrm{d}}{\mathrm{d}t}\left[\rho_{yv}\mathrm{e}^{-\mathrm{i}\delta_{yv}t}\right] = -\mathrm{i}\delta_{yv}\rho_{yv}\mathrm{e}^{-\mathrm{i}\delta_{yv}t} + \mathrm{e}^{-\mathrm{i}\delta_{yv}t}\left[-\mathrm{i}\frac{1}{2}(\Omega_{by}\rho_{bv}\mathrm{e}^{-\mathrm{i}(\omega_{by}-\omega_{L2})t}\right.$$
$$+ \Omega_{yv}\rho_{vv}\mathrm{e}^{\mathrm{i}(\omega_{yv}-\omega_{L1})t} - \Omega_{yv}\rho_{yy}\mathrm{e}^{\mathrm{i}(\omega_{yv}-\omega_{L1})t}$$
$$\left. - \Omega_{xv}\rho_{yx}\mathrm{e}^{\mathrm{i}(\omega_{xv}-\omega_{L1})t}) - \frac{1}{2}(\gamma_{yv} + \gamma_{yx}^{ph})\rho_{yv}\right] \tag{4.1.23}$$

将(4.1.12),(4.1.18)代入(4.1.23)式得

$$\frac{\mathrm{d}}{\mathrm{d}t}\widetilde{\rho}_{yv} = -\mathrm{i}\delta_{yv}\widetilde{\rho}_{yv} - \mathrm{i}\frac{1}{2}(\Omega_{by}\widetilde{\rho}_{bv} + \Omega_{yv}\rho_{vv} - \Omega_{yv}\rho_{yy} - \Omega_{xv}\widetilde{\rho}_{yx})$$
$$- \frac{1}{2}(\gamma_{yv} + \gamma_{yx}^{ph})\widetilde{\rho}_{yv} \tag{4.1.24}$$

同理可以求得

$$\frac{\mathrm{d}}{\mathrm{d}t}\widetilde{\rho}_{vy} = \mathrm{i}\delta_{yv}\widetilde{\rho}_{vy} + \mathrm{i}\frac{1}{2}(\Omega_{by}\widetilde{\rho}_{vb} + \Omega_{yv}\rho_{vv} - \Omega_{yv}\rho_{yy} - \Omega_{xv}\widetilde{\rho}_{xy})$$
$$- \frac{1}{2}(\gamma_{yv} + \gamma_{yx}^{ph})\widetilde{\rho}_{vy} \tag{4.1.25}$$

$$\frac{\mathrm{d}}{\mathrm{d}t}\rho_{bv} = \frac{\mathrm{d}}{\mathrm{d}t}\langle b \mid \hat{\rho} \mid v\rangle$$

$$= -(\mathrm{i}/\hbar)\langle b \mid \hat{H}^{(i)}\hat{\rho} - \hat{\rho}\hat{H}^{(i)} \mid v\rangle + \langle b \mid L(\hat{\rho}) \mid v\rangle$$

$$= -\mathrm{i}\frac{1}{2}(\Omega_{bx}\rho_{xv}\mathrm{e}^{\mathrm{i}(\omega_{bx}-\omega_{L2})t} + \Omega_{by}\rho_{yv}\mathrm{e}^{\mathrm{i}(\omega_{by}-\omega_{L2})t}$$

$$-\Omega_{xv}\rho_{bx}\mathrm{e}^{\mathrm{i}(\omega_{xv}-\omega_{L1})t} - \Omega_{yv}\rho_{by}\mathrm{e}^{\mathrm{i}(\omega_{yv}-\omega_{L1})t})$$

$$-\frac{1}{2}(\gamma_{bx} + \gamma_{by})\rho_{bv} \qquad (4.1.26)$$

$$\frac{\mathrm{d}}{\mathrm{d}t}\big[\rho_{bv}\mathrm{e}^{-\mathrm{i}(\delta_{bx}+\delta_{xv})t}\big] = -\mathrm{i}(\delta_{bx}+\delta_{xv})\rho_{bv}\mathrm{e}^{-\mathrm{i}(\delta_{bx}+\delta_{xv})t}$$

$$+ \mathrm{e}^{-\mathrm{i}(\delta_{bx}+\delta_{xv})t}\big[-(\mathrm{i}/2)(\Omega_{bx}\rho_{xv}\mathrm{e}^{\mathrm{i}(\omega_{bx}-\omega_{L2})t}$$

$$+ \Omega_{by}\rho_{yv}\mathrm{e}^{\mathrm{i}(\omega_{by}-\omega_{L2})t} - \Omega_{xv}\rho_{bx}\mathrm{e}^{\mathrm{i}(\omega_{xv}-\omega_{L1})t}$$

$$- \Omega_{yv}\rho_{by}\mathrm{e}^{\mathrm{i}(\omega_{yv}-\omega_{L1})t}) - \frac{1}{2}(\gamma_{bx}+\gamma_{by})\rho_{bv}\big]$$

$$= -\mathrm{i}(\delta_{bx}+\delta_{xv})\rho_{bv}\mathrm{e}^{-\mathrm{i}(\delta_{bx}+\delta_{xv})t}$$

$$- \mathrm{i}\frac{1}{2}(\Omega_{bx}\rho_{xv}\mathrm{e}^{-\mathrm{i}\delta_{xv}t} + \Omega_{by}\rho_{yv}\mathrm{e}^{-\mathrm{i}\delta_{yv}t}$$

$$- \Omega_{xv}\rho_{bx}\mathrm{e}^{-\mathrm{i}\delta_{bx}t} - \Omega_{yv}\rho_{by}\mathrm{e}^{-\mathrm{i}\delta_{by}t})$$

$$- \frac{1}{2}(\gamma_{bx}+\gamma_{by})\rho_{bv}\mathrm{e}^{-\mathrm{i}(\delta_{bx}+\delta_{xv})t} \qquad (4.1.27)$$

将 $(4.1.5),(4.1.6),(4.1.9),(4.1.12),(4.1.18)$ 代入 $(4.1.27)$ 式得

$$\frac{\mathrm{d}}{\mathrm{d}t}\widetilde{\rho}_{bv} = -\mathrm{i}(\delta_{bx}+\delta_{xv})\widetilde{\rho}_{bv} - \mathrm{i}\frac{1}{2}(\Omega_{bx}\widetilde{\rho}_{xv} + \Omega_{by}\widetilde{\rho}_{yv} - \Omega_{xv}\widetilde{\rho}_{bx} - \Omega_{yv}\widetilde{\rho}_{by})$$

$$- \frac{1}{2}(\gamma_{bx}+\gamma_{by})\widetilde{\rho}_{bv} \qquad (4.1.28)$$

同理可以求得

$$\frac{\mathrm{d}}{\mathrm{d}t}\widetilde{\rho}_{vb} = \mathrm{i}(\delta_{bx}+\delta_{xv})\widetilde{\rho}_{vb} + \mathrm{i}\frac{1}{2}(\Omega_{bx}\widetilde{\rho}_{vx} + \Omega_{by}\widetilde{\rho}_{vy}$$

$$- \Omega_{xv}\widetilde{\rho}_{xb} - \Omega_{yv}\widetilde{\rho}_{yb}) - \frac{1}{2}(\gamma_{bx}+\gamma_{by})\widetilde{\rho}_{vb} \qquad (4.1.29)$$

$$\frac{\mathrm{d}}{\mathrm{d}t}\rho_{xy} = \frac{\mathrm{d}}{\mathrm{d}t}\langle x \mid \hat{\rho} \mid y\rangle$$

$$= -(\mathrm{i}/\hbar)\langle x \mid \hat{H}^{(i)}\hat{\rho} - \hat{\rho}\hat{H}^{(i)} \mid y\rangle + \langle x \mid L(\hat{\rho}) \mid y\rangle$$

$$= -\mathrm{i}\frac{1}{2}(\Omega_{bx}\rho_{by}\mathrm{e}^{\mathrm{i}(\omega_{bx}-\omega_{L2})t} + \Omega_{xv}\rho_{vy}\mathrm{e}^{\mathrm{i}(\omega_{xv}-\omega_{L1})t}$$

$$- \Omega_{by}\rho_{xb}\mathrm{e}^{\mathrm{i}(\omega_{by} - \omega_{L2})t} - \Omega_{yv}\rho_{xv}\mathrm{e}^{\mathrm{i}(\omega_{yv} - \omega_{L1})t})$$

$$- \frac{1}{2}(\gamma_{xv} + \gamma_{yv} + \gamma_{xy}^{ph} + \gamma_{yx}^{ph})\rho_{xy} \tag{4.1.30}$$

$$\frac{\mathrm{d}}{\mathrm{d}t}\left[\rho_{xy}\mathrm{e}^{\mathrm{i}(\delta_{yv} - \delta_{xv})t}\right] = \mathrm{i}(\delta_{yv} - \delta_{xv})\rho_{xy}\mathrm{e}^{\mathrm{i}(\delta_{yv} - \delta_{xv})t}$$

$$+ \mathrm{e}^{\mathrm{i}(\delta_{yv} - \delta_{xv})t}\left[-\mathrm{i}\frac{1}{2}(\Omega_{bx}\rho_{by}\mathrm{e}^{\mathrm{i}(\omega_{bx} - \omega_{L2})t}\right.$$

$$+ \Omega_{xv}\rho_{vy}\mathrm{e}^{\mathrm{i}(\omega_{xv} - \omega_{L1})t} - \Omega_{by}\rho_{xb}\mathrm{e}^{\mathrm{i}(\omega_{by} - \omega_{L2})t}$$

$$\left. - \Omega_{yv}\rho_{xv}\mathrm{e}^{\mathrm{i}(\omega_{yv} - \omega_{L1})t}) - \frac{1}{2}(\gamma_{xv} + \gamma_{yv} + \gamma_{xy}^{ph} + \gamma_{yx}^{ph})\rho_{xy}\right]$$

$$\tag{4.1.31}$$

将(4.1.5),(4.1.6),(4.1.9),(4.1.12),(4.1.19)代入(4.1.31)式得

$$\frac{\mathrm{d}}{\mathrm{d}t}\tilde{\rho}_{xy} = \mathrm{i}(\delta_{yv} - \delta_{xv})\tilde{\rho}_{xy} - \mathrm{i}\frac{1}{2}(\Omega_{bx}\tilde{\rho}_{by} + \Omega_{xv}\tilde{\rho}_{vy} - \Omega_{by}\tilde{\rho}_{xb}$$

$$- \Omega_{yv}\tilde{\rho}_{xv}) - \frac{1}{2}(\gamma_{xv} + \gamma_{yv} + \gamma_{xy}^{ph} + \gamma_{yx}^{ph})\tilde{\rho}_{xy} \tag{4.1.32}$$

同理可以得到

$$\frac{\mathrm{d}}{\mathrm{d}t}\tilde{\rho}_{yx} = -\mathrm{i}(\delta_{yv} - \delta_{xv})\tilde{\rho}_{yx} + \mathrm{i}\frac{1}{2}(\Omega_{bx}\tilde{\rho}_{yb} + \Omega_{xv}\tilde{\rho}_{yv} - \Omega_{by}\tilde{\rho}_{bx}$$

$$- \Omega_{yv}\tilde{\rho}_{vx}) - \frac{1}{2}(\gamma_{xv} + \gamma_{yv} + \gamma_{xy}^{ph} + \gamma_{yx}^{ph})\tilde{\rho}_{yx} \tag{4.1.33}$$

$$\frac{\mathrm{d}}{\mathrm{d}t}\rho_{xb} = \frac{\mathrm{d}}{\mathrm{d}t}\langle x \mid \hat{\rho} \mid b\rangle$$

$$= -(\mathrm{i}/\hbar)\langle x \mid \hat{H}^{(i)}\hat{\rho} - \hat{\rho}\hat{H}^{(i)} \mid b\rangle + \langle x \mid L(\hat{\rho}) \mid b\rangle$$

$$= -\mathrm{i}\frac{1}{2}(\Omega_{bx}\rho_{bb}\mathrm{e}^{\mathrm{i}(\omega_{bx} - \omega_{L2})t} + \Omega_{xv}\rho_{vb}\mathrm{e}^{\mathrm{i}(\omega_{xv} - \omega_{L1})t}$$

$$- \Omega_{bx}\rho_{xx}\mathrm{e}^{\mathrm{i}(\omega_{bx} - \omega_{L2})t} - \Omega_{by}\rho_{xy}\mathrm{e}^{\mathrm{i}(\omega_{by} - \omega_{L2})t})$$

$$- \frac{1}{2}(\gamma_{bx} + \gamma_{by} + \gamma_{xv} + \gamma_{xy}^{ph})\rho_{xb} \tag{4.1.34}$$

$$\frac{\mathrm{d}}{\mathrm{d}t}\left[\rho_{xb}\mathrm{e}^{\mathrm{i}\delta_{bx}t}\right] = \mathrm{i}\delta_{bx}\rho_{xb}\mathrm{e}^{\mathrm{i}\delta_{bx}t} - \frac{1}{2}\mathrm{i}\mathrm{e}^{\mathrm{i}\delta_{bx}t}(\Omega_{bx}\rho_{bb}\mathrm{e}^{-\mathrm{i}(\omega_{bx} - \omega_{L2})t}$$

$$+ \Omega_{xv}\rho_{vb}\mathrm{e}^{\mathrm{i}(\omega_{xv} - \omega_{L1})t} - \Omega_{bx}\rho_{xx}\mathrm{e}^{-\mathrm{i}(\omega_{bx} - \omega_{L2})t}$$

$$- \Omega_{by}\rho_{xy}\mathrm{e}^{-\mathrm{i}(\omega_{by} - \omega_{L2})t})$$

$$- \frac{1}{2}(\gamma_{bx} + \gamma_{by} + \gamma_{xv} + \gamma_{xy}^{ph})\rho_{xb}\mathrm{e}^{\mathrm{i}\delta_{bx}t} \tag{4.1.35}$$

将$(4.1.5)$,$(4.1.18)$,$(4.1.19)$代入$(4.1.35)$式得

$$\frac{\mathrm{d}}{\mathrm{d}t}\widetilde{\rho}_{xb} = \mathrm{i}\delta_{bx}\widetilde{\rho}_{xb} - \mathrm{i}\frac{1}{2}(\Omega_{bx}\rho_{bb} + \Omega_{xv}\widetilde{\rho}_{vb} - \Omega_{bx}\rho_{xx} - \Omega_{by}\rho_{xy})$$
$$- \frac{1}{2}(\gamma_{bx} + \gamma_{by} + \gamma_{xv} + \gamma_{xy}^{ph})\widetilde{\rho}_{xb} \qquad (4.1.36)$$

同理可以求得

$$\frac{\mathrm{d}}{\mathrm{d}t}\widetilde{\rho}_{bx} = -\mathrm{i}\delta_{bx}\widetilde{\rho}_{bx} + \mathrm{i}\frac{1}{2}(\Omega_{bx}\rho_{bb} + \Omega_{xv}\widetilde{\rho}_{bv} - \Omega_{bx}\rho_{xx} - \Omega_{by}\rho_{yx})$$
$$- \frac{1}{2}(\gamma_{bx} + \gamma_{by} + \gamma_{xv} + \gamma_{xy}^{ph})\widetilde{\rho}_{bx} \qquad (4.1.37)$$

$$\frac{\mathrm{d}}{\mathrm{d}t}\rho_{yb} = \frac{\mathrm{d}}{\mathrm{d}t}\langle y \mid \hat{\rho} \mid b\rangle$$
$$= -(\mathrm{i}/\hbar)\langle y \mid \hat{H}^{(i)}\hat{\rho} - \hat{\rho}\hat{H}^{(i)} \mid b\rangle + \langle y \mid L(\hat{\rho}) \mid b\rangle$$
$$= -\mathrm{i}\frac{1}{2}(\Omega_{by}\rho_{bb}\mathrm{e}^{-\mathrm{i}(\omega_{by}-\omega_{L2})t} + \Omega_{yv}\rho_{vb}\mathrm{e}^{\mathrm{i}(\omega_{yv}-\omega_{L1})t}$$
$$- \Omega_{by}\rho_{yy}\mathrm{e}^{-\mathrm{i}(\omega_{by}-\omega_{L2})t} - \Omega_{bx}\rho_{yx}\mathrm{e}^{-\mathrm{i}(\omega_{bx}-\omega_{L2})t})$$
$$- \frac{1}{2}(\gamma_{bx} + \gamma_{by} + \gamma_{yv} + \gamma_{yx}^{ph})\rho_{yb} \qquad (4.1.38)$$

$$\frac{\mathrm{d}}{\mathrm{d}t}[\rho_{yb}\mathrm{e}^{\mathrm{i}\delta_{by}t}] = \mathrm{i}\delta_{by}\widetilde{\rho}_{yb} + \mathrm{e}^{\mathrm{i}\delta_{by}t}\left[-\frac{\mathrm{i}}{2}(\Omega_{by}\rho_{bb}\mathrm{e}^{-\mathrm{i}(\omega_{by}-\omega_{L2})t}\right.$$
$$+ \Omega_{yv}\rho_{vb}\mathrm{e}^{\mathrm{i}(\omega_{yv}-\omega_{L1})t} - \Omega_{by}\rho_{yy}\mathrm{e}^{-\mathrm{i}(\omega_{by}-\omega_{L2})t}$$
$$- \Omega_{bx}\rho_{yx}\mathrm{e}^{-\mathrm{i}(\omega_{bx}-\omega_{L2})t})$$
$$\left.- \frac{1}{2}(\gamma_{bx} + \gamma_{by} + \gamma_{yv} + \gamma_{yx}^{ph})\rho_{yb}\right] \qquad (4.1.39)$$

由于

$$\delta_{by} + \delta_{yv} = \omega_{by} - \omega_{L2} + \omega_{yv} - \omega_{L1} = (\omega_{by} + \omega_{yv}) - (\omega_{L2} + \omega_{L1})$$
$$= \omega_{bv} - (\omega_{L2} + \omega_{L1}) = \delta_{bx} + \delta_{xv}$$

将$(4.1.6)$,$(4.1.18)$代入$(4.1.39)$式得

$$\frac{\mathrm{d}}{\mathrm{d}t}\widetilde{\rho}_{yb} = \mathrm{i}\delta_{by}\widetilde{\rho}_{yb} - \mathrm{i}\frac{1}{2}(\Omega_{by}\rho_{bb} + \Omega_{yv}\widetilde{\rho}_{vb} - \Omega_{by}\rho_{yy} - \Omega_{bx}\rho_{yx})$$
$$- \frac{1}{2}(\gamma_{bx} + \gamma_{by} + \gamma_{yv} + \gamma_{yx}^{ph})\widetilde{\rho}_{yb} \qquad (4.1.40)$$

同理可以求得

$$\frac{\mathrm{d}}{\mathrm{d}t}\widetilde{\rho}_{by} = -\mathrm{i}\delta_{by}\widetilde{\rho}_{by} + \mathrm{i}\frac{1}{2}(\Omega_{by}\rho_{bb} + \Omega_{yv}\widetilde{\rho}_{bv} - \Omega_{by}\rho_{yy} - \Omega_{bx}\rho_{xy})$$

$$-\frac{1}{2}(\gamma_{bx} + \gamma_{by} + \gamma_{yv} + \gamma_{yx}^{ph})\widetilde{\rho}_{by} \tag{4.1.41}$$

由以上各式得系统的动力学方程：

$$\frac{\mathrm{d}}{\mathrm{d}t}\rho_{vv} = -\mathrm{i}\frac{1}{2}(\Omega_{xv}\widetilde{\rho}_{xv} - \Omega_{xv}\widetilde{\rho}_{vx} + \Omega_{yv}\widetilde{\rho}_{yv} - \Omega_{yv}\widetilde{\rho}_{vy}) + \gamma_{xv}\rho_{xx}$$

$$+ \gamma_{yv}\rho_{yy};$$

$$\frac{\mathrm{d}}{\mathrm{d}t}\rho_{xx} = -\mathrm{i}\frac{1}{2}(\Omega_{bx}\widetilde{\rho}_{bx} + \Omega_{xv}\widetilde{\rho}_{vx} - \Omega_{bx}\widetilde{\rho}_{xb} - \Omega_{xv}\widetilde{\rho}_{xv})$$

$$- (\gamma_{xv} + \gamma_{xy}^{ph})\rho_{xx} + \gamma_{bx}\rho_{bb} + \gamma_{yx}^{ph}\rho_{yy};$$

$$\frac{\mathrm{d}}{\mathrm{d}t}\rho_{yy} = -\mathrm{i}\frac{1}{2}(\Omega_{by}\widetilde{\rho}_{by} + \Omega_{yv}\widetilde{\rho}_{vy} - \Omega_{by}\widetilde{\rho}_{yb} - \Omega_{yv}\widetilde{\rho}_{yv})$$

$$- (\gamma_{yv} + \gamma_{yx}^{ph})\rho_{yy} + \gamma_{xy}^{ph}\rho_{xx} + \gamma_{by}\rho_{bb};$$

$$\frac{\mathrm{d}}{\mathrm{d}t}\rho_{bb} = -\mathrm{i}\frac{1}{2}(\Omega_{bx}\widetilde{\rho}_{xb} + \Omega_{by}\widetilde{\rho}_{yb} - \Omega_{bx}\widetilde{\rho}_{bx} - \Omega_{by}\widetilde{\rho}_{by})$$

$$- (\gamma_{bx} + \gamma_{by})\rho_{bb};$$

$$\frac{\mathrm{d}}{\mathrm{d}t}\rho_{vx} = \mathrm{i}\delta_{xv}\widetilde{\rho}_{vx} + \mathrm{i}\frac{1}{2}(\Omega_{bx}\widetilde{\rho}_{vb} + \Omega_{xv}\rho_{vv} - \Omega_{xv}\rho_{xx} - \Omega_{yv}\widetilde{\rho}_{yx})$$

$$- \frac{1}{2}(\gamma_{xv} + \gamma_{xy}^{ph})\widetilde{\rho}_{vx};$$

$$\frac{\mathrm{d}}{\mathrm{d}t}\widetilde{\rho}_{xv} = -\mathrm{i}\delta_{xv}\widetilde{\rho}_{xv} - \mathrm{i}\frac{1}{2}(\Omega_{bx}\widetilde{\rho}_{bv} + \Omega_{xv}\rho_{vv} - \Omega_{xv}\rho_{xx} - \Omega_{yv}\widetilde{\rho}_{xy})$$

$$- \frac{1}{2}(\gamma_{xv} + \gamma_{xy}^{ph})\widetilde{\rho}_{xv};$$

$$\frac{\mathrm{d}}{\mathrm{d}t}\widetilde{\rho}_{vy} = \mathrm{i}\delta_{yv}\widetilde{\rho}_{vy} + \mathrm{i}\frac{1}{2}(\Omega_{by}\widetilde{\rho}_{vb} + \Omega_{yv}\rho_{vv} - \Omega_{yv}\rho_{yy} - \Omega_{xv}\widetilde{\rho}_{xy})$$

$$- \frac{1}{2}(\gamma_{yv} + \gamma_{yx}^{ph})\widetilde{\rho}_{vy};$$

$$\frac{\mathrm{d}}{\mathrm{d}t}\widetilde{\rho}_{yv} = -\mathrm{i}\delta_{yv}\widetilde{\rho}_{yv} - \mathrm{i}\frac{1}{2}(\Omega_{by}\widetilde{\rho}_{bv} + \Omega_{yv}\rho_{vv} - \Omega_{yv}\rho_{yy} - \Omega_{xv}\widetilde{\rho}_{yx})$$

$$- \frac{1}{2}(\gamma_{yv} + \gamma_{yx}^{ph})\widetilde{\rho}_{yv};$$

$$\frac{\mathrm{d}}{\mathrm{d}t}\widetilde{\rho}_{xb} = \mathrm{i}\delta_{bx}\widetilde{\rho}_{xb} - \mathrm{i}\frac{1}{2}(\Omega_{bx}\rho_{bb} + \Omega_{xv}\widetilde{\rho}_{vb} - \Omega_{bx}\rho_{xx} - \Omega_{by}\rho_{xy})$$

$$-\frac{1}{2}(\gamma_{bx} + \gamma_{by} + \gamma_{xv} + \gamma_{xy}^{ph})\widetilde{\rho}_{xb};$$

$$\frac{\mathrm{d}}{\mathrm{d}t}\widetilde{\rho}_{bx} = -\mathrm{i}\delta_{bx}\widetilde{\rho}_{bx} + \mathrm{i}\frac{1}{2}(\Omega_{bx}\rho_{bb} + \Omega_{xv}\widetilde{\rho}_{bv} - \Omega_{bx}\rho_{xx} - \Omega_{by}\rho_{yx})$$
$$-\frac{1}{2}(\gamma_{bx} + \gamma_{by} + \gamma_{xv} + \gamma_{xy}^{ph})\widetilde{\rho}_{bx};$$

$$\frac{\mathrm{d}}{\mathrm{d}t}\widetilde{\rho}_{yb} = \mathrm{i}\delta_{by}\widetilde{\rho}_{yb} - \mathrm{i}\frac{1}{2}(\Omega_{by}\rho_{bb} + \Omega_{yv}\widetilde{\rho}_{vb} - \Omega_{by}\rho_{yy} - \Omega_{bx}\rho_{yx})$$
$$-\frac{1}{2}(\gamma_{bx} + \gamma_{by} + \gamma_{yv} + \gamma_{yx}^{ph})\widetilde{\rho}_{yb};$$

$$\frac{\mathrm{d}}{\mathrm{d}t}\widetilde{\rho}_{by} = -\mathrm{i}\delta_{by}\widetilde{\rho}_{by} + \mathrm{i}\frac{1}{2}(\Omega_{by}\rho_{bb} + \Omega_{yv}\widetilde{\rho}_{bv} - \Omega_{by}\rho_{yy} - \Omega_{bx}\rho_{xy})$$
$$-\frac{1}{2}(\gamma_{bx} + \gamma_{by} + \gamma_{yv} + \gamma_{yx}^{ph})\widetilde{\rho}_{by};$$

$$\frac{\mathrm{d}}{\mathrm{d}t}\widetilde{\rho}_{xy} = \mathrm{i}(\delta_{yv} - \delta_{xv})\widetilde{\rho}_{xy} - \mathrm{i}\frac{1}{2}(\Omega_{bx}\widetilde{\rho}_{by} + \Omega_{xv}\widetilde{\rho}_{vy} - \Omega_{by}\widetilde{\rho}_{xb}$$
$$- \Omega_{yv}\widetilde{\rho}_{xv}) - \frac{1}{2}(\gamma_{xv} + \gamma_{yv} + \gamma_{xy}^{ph} + \gamma_{yx}^{ph})\widetilde{\rho}_{xy};$$

$$\frac{\mathrm{d}}{\mathrm{d}t}\widetilde{\rho}_{yx} = -\mathrm{i}(\delta_{yv} - \delta_{xv})\widetilde{\rho}_{yx} + \mathrm{i}\frac{1}{2}(\Omega_{bx}\widetilde{\rho}_{yb} + \Omega_{xv}\widetilde{\rho}_{yv} - \Omega_{by}\widetilde{\rho}_{bx}$$
$$- \Omega_{yv}\widetilde{\rho}_{vx}) - \frac{1}{2}(\gamma_{xv} + \gamma_{yv} + \gamma_{xy}^{ph} + \gamma_{yx}^{ph})\widetilde{\rho}_{yx};$$

$$\frac{\mathrm{d}}{\mathrm{d}t}\widetilde{\rho}_{vb} = \mathrm{i}(\delta_{bx} + \delta_{xv})\widetilde{\rho}_{vb} + \mathrm{i}\frac{1}{2}(\Omega_{bx}\widetilde{\rho}_{vx} + \Omega_{by}\widetilde{\rho}_{vy} - \Omega_{xv}\widetilde{\rho}_{xb}$$
$$- \Omega_{yv}\widetilde{\rho}_{yb}) - \frac{1}{2}(\gamma_{bx} + \gamma_{by})\widetilde{\rho}_{vb};$$

$$\frac{\mathrm{d}}{\mathrm{d}t}\widetilde{\rho}_{bv} = -\mathrm{i}(\delta_{bx} + \delta_{xv})\widetilde{\rho}_{bv} - \mathrm{i}\frac{1}{2}(\Omega_{bx}\widetilde{\rho}_{xv} + \Omega_{by}\widetilde{\rho}_{yv} - \Omega_{xv}\widetilde{\rho}_{bx}$$
$$- \Omega_{yv}\widetilde{\rho}_{by}) - \frac{1}{2}(\gamma_{bx} + \gamma_{by})\widetilde{\rho}_{bv} \tag{4.1.42}$$

定义粒子数赝矢量 $\boldsymbol{\rho} = \{\rho_{vv}, \rho_{xx}, \rho_{yy}, \rho_{bb}, \widetilde{\rho}_{vx}, \widetilde{\rho}_{xv}, \widetilde{\rho}_{vy}, \widetilde{\rho}_{yv}, \widetilde{\rho}_{xb}, \widetilde{\rho}_{bx}, \widetilde{\rho}_{yb}, \widetilde{\rho}_{by}, \widetilde{\rho}_{xy}, \widetilde{\rho}_{yx}, \widetilde{\rho}_{vb}, \widetilde{\rho}_{bv}\}$,则方程(4.1.42)可以写为

$$\frac{\mathrm{d}}{\mathrm{d}t}\boldsymbol{\rho}(t) = \boldsymbol{M}^{(\rho)}(t)\boldsymbol{\rho}(t) - \boldsymbol{\Gamma}^{(\rho)}\boldsymbol{\rho}(t) \tag{4.1.43}$$

其中 $\boldsymbol{M}^{(\rho)}(t)$ 为光场驱动项,它的表达式为式(4.1.44);$\boldsymbol{\Gamma}^{(\rho)}$ 为衰减项,它的表达式为式(4.1.45).

$$M^{(\rho)}(t) = \frac{i}{2} \begin{pmatrix} \cdots \end{pmatrix} \tag{4.1.44}$$

$$\boldsymbol{\Gamma}^{(\rho)} = \begin{pmatrix} \boldsymbol{\Gamma}_{\mathrm{I}} & 0 \\ 0 & \boldsymbol{\Gamma}_{\mathrm{II}} \end{pmatrix} \tag{4.1.45}$$

其中

$$\boldsymbol{\Gamma}_{\mathrm{I}} = \begin{pmatrix} 0 & -\gamma_{xv} & -\gamma_{yv} & 0 & 0 & 0 & 0 & 0 \\ 0 & \gamma_{xv}+\gamma_{xy}^{ph} & -\gamma_{yx}^{ph} & -\gamma_{bx} & 0 & 0 & 0 & 0 \\ 0 & -\gamma_{xy}^{ph} & \gamma_{yv}+\gamma_{yx}^{ph} & -\gamma_{by} & 0 & 0 & 0 & 0 \\ 0 & 0 & 0 & \gamma_{by}+\gamma_{bx} & 0 & 0 & 0 & 0 \\ 0 & 0 & 0 & 0 & \dfrac{\gamma_{xv}+\gamma_{xy}^{ph}}{2} & 0 & 0 & 0 \\ 0 & 0 & 0 & 0 & 0 & \dfrac{\gamma_{xv}+\gamma_{xy}^{ph}}{2} & 0 & 0 \\ 0 & 0 & 0 & 0 & 0 & 0 & \dfrac{\gamma_{yv}+\gamma_{yx}^{ph}}{2} & 0 \\ 0 & 0 & 0 & 0 & 0 & 0 & 0 & \dfrac{\gamma_{yv}+\gamma_{yx}^{ph}}{2} \end{pmatrix} \tag{4.1.46}$$

$\boldsymbol{\Gamma}_{\mathrm{II}}$ 的表达式见式(4.1.47).

$$\Gamma_\parallel = \begin{pmatrix} \dfrac{\gamma_{bx} + \gamma_{by} + \gamma_{xv} + \gamma_{xy}^{ph}}{2} & 0 & 0 & 0 & 0 & 0 & 0 & 0 \\ 0 & \dfrac{\gamma_{bx} + \gamma_{by} + \gamma_{xv} + \gamma_{xy}^{ph}}{2} & 0 & 0 & 0 & 0 & 0 & 0 \\ 0 & 0 & \dfrac{\gamma_{bx} + \gamma_{by} + \gamma_{yv} + \gamma_{yx}^{ph}}{2} & 0 & 0 & 0 & 0 & 0 \\ 0 & 0 & 0 & \dfrac{\gamma_{bx} + \gamma_{by} + \gamma_{yv} + \gamma_{yx}^{ph}}{2} & 0 & 0 & 0 & 0 \\ 0 & 0 & 0 & 0 & \dfrac{\gamma_{xv} + \gamma_{yv} + \gamma_{xy}^{ph} + \gamma_{yx}^{ph}}{2} & 0 & 0 & 0 \\ 0 & 0 & 0 & 0 & 0 & \dfrac{\gamma_{xv} + \gamma_{yv} + \gamma_{xy}^{ph} + \gamma_{yx}^{ph}}{2} & 0 & 0 \\ 0 & 0 & 0 & 0 & 0 & 0 & \dfrac{\gamma_{bx} + \gamma_{by}}{2} & 0 \\ 0 & 0 & 0 & 0 & 0 & 0 & 0 & \dfrac{\gamma_{bx} + \gamma_{by}}{2} \end{pmatrix} \tag{4.1.47}$$

附录 4.2 双脉冲激发下 V 型三能级系统激子 动力学方程

V 型三能级系统的能级结构如图 4.2.1 所示，$|x\rangle,|y\rangle$ 是两个正交偏振的本征态，$|v\rangle$ 是系统的真空态.

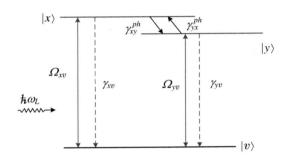

图 4.2.1 V 型三能级结构示意图

在双脉冲激发下，V 型三能级系统的哈密顿量为

$$\hat{H} = \hbar\omega_x\hat{\sigma}_{xx} + \hbar\omega_y\hat{\sigma}_{yy} + \hbar\omega_v\hat{\sigma}_{vv}$$
$$+ \frac{1}{2}\hbar\big[\hat{\sigma}_{xv}\Omega_{x1}\mathrm{e}^{-\mathrm{i}\omega_L t} + \hat{\sigma}_{xv}\Omega_{x2}\mathrm{e}^{-\mathrm{i}\omega_L(t-\tau_d)}$$
$$+ \hat{\sigma}_{yv}\Omega_{y1}\mathrm{e}^{-\mathrm{i}\omega_L t} + \hat{\sigma}_{yv}\Omega_{y2}\mathrm{e}^{-\mathrm{i}\omega_L(t-\tau_d)} + \mathrm{h.c.}\big] \tag{4.2.1}$$

其中 τ_d 是两个脉冲之间的延时；Ω_{x1},Ω_{y1} 分别是第一个脉冲激发跃迁 $|x\rangle\sim|v\rangle$ 和 $|y\rangle\sim$ $|v\rangle$ 的 Rabi 频率，Ω_{x2},Ω_{y2} 分别是第二个脉冲激发跃迁 $|x\rangle\sim|v\rangle$ 和 $|y\rangle\sim|v\rangle$ 的 Rabi 频率；ω_L 是激发光场的频率，$\omega_x,\omega_y,\omega_v$ 分别是 $|x\rangle,|y\rangle,|v\rangle$ 的本征频率；ω_{mn} 是 $|m\rangle\sim|n\rangle$ 之间的跃迁频率.

系统的主方程为

$$\frac{\mathrm{d}}{\mathrm{d}t}\hat{\rho} = -(\mathrm{i}/\hbar)\big[\hat{H}^{(i)},\hat{\rho}\big] + L(\hat{\rho}) \tag{4.2.2}$$

其中耗散项为

$$
\begin{aligned}
L(\hat{\rho}) = \frac{1}{2}\big[&\gamma_{xv}(2\,\hat{\sigma}_{vx}^{(i)}\,\hat{\rho}\,\hat{\sigma}_{xv}^{(i)} - \hat{\sigma}_{xx}\hat{\rho} - \hat{\rho}\,\hat{\sigma}_{xx}) \\
&+ \gamma_{yv}(2\,\hat{\sigma}_{vy}^{(i)}\,\hat{\rho}\,\hat{\sigma}_{yv}^{(i)} - \hat{\sigma}_{yy}\hat{\rho} - \hat{\rho}\,\hat{\sigma}_{yy}) \\
&+ \gamma_{xy}^{ph}(2\,\hat{\sigma}_{yx}^{(i)}\,\hat{\rho}\,\hat{\sigma}_{xy}^{(i)} - \hat{\sigma}_{xx}\hat{\rho} - \hat{\rho}\,\hat{\sigma}_{xx}) \\
&+ \gamma_{yx}^{ph}(2\,\hat{\sigma}_{xy}^{(i)}\,\hat{\rho}\,\hat{\sigma}_{yx}^{(i)} - \hat{\sigma}_{yy}\hat{\rho} - \hat{\rho}\,\hat{\sigma}_{yy}) \\
&+ \gamma_{xy}^{dp}(2\,\hat{\sigma}_{vx}^{(i)}\,\hat{\rho}\,\hat{\sigma}_{yv}^{(i)} - \hat{\sigma}_{yx}^{(i)}\hat{\rho} - \hat{\rho}\,\hat{\sigma}_{yx}^{(i)}) \\
&+ \gamma_{yx}^{dp}(2\,\hat{\sigma}_{vy}^{(i)}\,\hat{\rho}\,\hat{\sigma}_{xv}^{(i)} - \hat{\sigma}_{xy}^{(i)}\hat{\rho} - \hat{\rho}\,\hat{\sigma}_{xy}^{(i)})\big]
\end{aligned}
\tag{4.2.3}
$$

上式中忽略了纯位相退相干项的影响. γ_{xv},γ_{yv} 分别是 $|x\rangle\sim|v\rangle$, $|y\rangle\sim|v\rangle$ 跃迁的自发辐射速率, $\gamma_{xy}^{ph},\gamma_{yx}^{ph}$ 是由声子等过程造成的 $|x\rangle\sim|y\rangle$ 之间的激子自旋弛豫速率, $\gamma_{xy}^{dp} = 2\sqrt{\omega_{xv}^3\omega_{yv}^3}\cdot\boldsymbol{\mu}_x\cdot\boldsymbol{\mu}_y/(3\hbar c^3)$ 是由 $|x\rangle\sim|v\rangle$, $|y\rangle\sim|v\rangle$ 偶极跃迁干涉导致的 $|x\rangle,|y\rangle$ 之间的激子自旋弛豫速率.

为了更方便地讨论问题, 引入两个量子比特的光学 Bloch 矢量 $\boldsymbol{S} = (U_1, U_2, U_3, V_1, V_2, V_3, W_1, W_2)$, 其中 $U_1 = \rho_{xv}\mathrm{e}^{\mathrm{i}\omega_L t} + \mathrm{c.c.}$, $V_1 = \mathrm{i}\rho_{xv}\mathrm{e}^{\mathrm{i}\omega_L t} + \mathrm{c.c.}$, $W_1 = \rho_{xx} - \rho_{vv}$ 是 $|x\rangle\sim|v\rangle$ 跃迁的光学 Bloch 矢量; $U_2 = \rho_{yv}\mathrm{e}^{\mathrm{i}\omega_L t} + \mathrm{c.c.}$, $V_2 = \mathrm{i}\rho_{yv}\mathrm{e}^{\mathrm{i}\omega_L t} + \mathrm{c.c.}$, $W_2 = \rho_{yy} - \rho_{vv}$ 是 $|y\rangle\sim|v\rangle$ 跃迁的光学 Bloch 矢量; $U_3 = \rho_{xy} + \mathrm{c.c.}$, $V_3 = -\mathrm{i}\rho_{xy} + \mathrm{c.c.}$ 是两个量子比特的耦合项.

$$
\begin{aligned}
\frac{\mathrm{d}}{\mathrm{d}t}U_1 =\ & \frac{\mathrm{d}}{\mathrm{d}t}\big[\rho_{xv}\mathrm{e}^{\mathrm{i}\omega_L t} + \rho_{vx}\mathrm{e}^{-\mathrm{i}\omega_L t}\big] \\
=\ & \mathrm{i}\omega_L\rho_{xv}\mathrm{e}^{\mathrm{i}\omega_L t} + \mathrm{e}^{\mathrm{i}\omega_L t}\frac{\mathrm{d}}{\mathrm{d}t}\rho_{xv} - \mathrm{i}\omega_L\rho_{vx}\mathrm{e}^{-\mathrm{i}\omega_L t} + \mathrm{e}^{-\mathrm{i}\omega_L t}\frac{\mathrm{d}}{\mathrm{d}t}\rho_{vx} \\
=\ & -\mathrm{i}(\omega_{xv} - \omega_L)\rho_{xv}\mathrm{e}^{\mathrm{i}\omega_L t} + \mathrm{i}\frac{1}{2}(\Omega_{x1} + \Omega_{x2}\mathrm{e}^{\mathrm{i}\omega_L\tau_d})(\rho_{xx} - \rho_{vv}) \\
& + \mathrm{i}\frac{1}{2}\rho_{xy}(\Omega_{y1} + \Omega_{y2}\mathrm{e}^{\mathrm{i}\omega_L\tau_d}) - \frac{1}{2}(\gamma_{xv} + \gamma_{xy}^{ph})\rho_{xv}\mathrm{e}^{\mathrm{i}\omega_L t} \\
& - \frac{1}{2}\gamma_{xy}^{dp}\rho_{yv}\mathrm{e}^{\mathrm{i}\omega_L t} + \mathrm{i}(\omega_{xv} - \omega_L)\rho_{vx}\mathrm{e}^{-\mathrm{i}\omega_L t} \\
& - \mathrm{i}\frac{1}{2}(\Omega_{x1} + \Omega_{x2}\mathrm{e}^{-\mathrm{i}\omega_L\tau_d})(\rho_{xx} - \rho_{vv}) \\
& - \mathrm{i}\frac{1}{2}\rho_{yx}(\Omega_{y1} + \Omega_{y2}\mathrm{e}^{-\mathrm{i}\omega_L\tau_d}) - \frac{1}{2}(\gamma_{xv} + \gamma_{xy}^{ph})\rho_{vx}\mathrm{e}^{-\mathrm{i}\omega_L t} - \frac{1}{2}\gamma_{xy}^{dp}\rho_{vy}\mathrm{e}^{-\mathrm{i}\omega_L t} \\
=\ & -\delta_{xv}V_1 - \frac{1}{2}(\gamma_{xv} + \gamma_{xy}^{ph})U_1 - \Omega_{x2}\sin(\omega_L\tau_d)W_1 - \frac{1}{2}\gamma_{xy}^{dp}U_2 \\
& - \frac{1}{2}\Omega_{y2}\sin(\omega_L\tau_d)U_3 - \frac{1}{2}[\Omega_{y1} + \Omega_{y2}\cos(\omega_L\tau_d)]V_3
\end{aligned}
\tag{4.2.4}
$$

$$\frac{\mathrm{d}}{\mathrm{d}t}U_2 = \frac{\mathrm{d}}{\mathrm{d}t}\big[\rho_{yv}\mathrm{e}^{\mathrm{i}\omega_L t} + \rho_{vy}\mathrm{e}^{-\mathrm{i}\omega_L t}\big]$$

$$= \mathrm{i}\omega_L\rho_{yv}\mathrm{e}^{\mathrm{i}\omega_L t} + \mathrm{e}^{\mathrm{i}\omega_L t}\frac{\mathrm{d}}{\mathrm{d}t}\rho_{yv} - \mathrm{i}\omega_L\rho_{vy}\mathrm{e}^{-\mathrm{i}\omega_L t} + \mathrm{e}^{-\mathrm{i}\omega_L t}\frac{\mathrm{d}}{\mathrm{d}t}\rho_{vy}$$

$$= -\mathrm{i}(\omega_{yv} - \omega_L)\rho_{yv}\mathrm{e}^{\mathrm{i}\omega_L t} + \mathrm{i}\frac{1}{2}(\Omega_{y1} + \Omega_{y2}\mathrm{e}^{\mathrm{i}\omega_L\tau_\mathrm{d}})(\rho_{yy} - \rho_{vv})$$

$$+ \mathrm{i}\frac{1}{2}\rho_{yx}(\Omega_{x1} + \Omega_{x2}\mathrm{e}^{\mathrm{i}\omega_L\tau_\mathrm{d}}) - \frac{1}{2}(\gamma_{yv} + \gamma_{xy}^{ph})\rho_{yv}\mathrm{e}^{\mathrm{i}\omega_L t}$$

$$- \frac{1}{2}\gamma_{xy}^{dp}\rho_{xv}\mathrm{e}^{\mathrm{i}\omega_L t} + \mathrm{i}(\omega_{yv} - \omega_L)\rho_{vy}\mathrm{e}^{-\mathrm{i}\omega_L t}$$

$$- \mathrm{i}\frac{1}{2}(\Omega_{y1} + \Omega_{y2}\mathrm{e}^{-\mathrm{i}\omega_L\tau_\mathrm{d}})(\rho_{yy} - \rho_{vv}) - \mathrm{i}\frac{1}{2}\rho_{xy}(\Omega_{x1} + \Omega_{x2}\mathrm{e}^{-\mathrm{i}\omega_L\tau_\mathrm{d}})$$

$$- \frac{1}{2}(\gamma_{yv} + \gamma_{xy}^{ph})\rho_{vy}\mathrm{e}^{-\mathrm{i}\omega_L t} - \frac{1}{2}\gamma_{xy}^{dp}\rho_{vx}\mathrm{e}^{-\mathrm{i}\omega_L t}$$

$$= -\delta_{yv}V_2 - \frac{1}{2}(\gamma_{yv} + \gamma_{yx}^{ph})U_2 - \frac{1}{2}\gamma_{xy}^{dp}U_1 - \Omega_{y2}\sin(\omega_L\tau_\mathrm{d})W_2$$

$$- \frac{1}{2}\Omega_{x2}\sin(\omega_L\tau_\mathrm{d})U_3 + \frac{1}{2}\big[\Omega_{x1} + \Omega_{x2}\cos(\omega_L\tau_\mathrm{d})\big]V_3 \qquad (4.2.5)$$

$$\frac{\mathrm{d}}{\mathrm{d}t}U_3 = \frac{\mathrm{d}}{\mathrm{d}t}\big[\rho_{xy} + \rho_{yx}\big]$$

$$= \mathrm{i}(\delta_{xv} - \delta_{yv})\rho_{yx} - \frac{1}{2}(\gamma_{xv} + \gamma_{yv} + \gamma_{xy}^{ph} + \gamma_{yx}^{ph})\rho_{yx}$$

$$- \frac{1}{2}\gamma_{xy}^{dp}(\rho_{xx} + \rho_{yy}) - \mathrm{i}\frac{1}{2}(\Omega_{y1}\mathrm{e}^{-\mathrm{i}\omega_L t} + \Omega_{y2}\mathrm{e}^{-\mathrm{i}\omega_L(t-\tau_\mathrm{d})})\rho_{vx}$$

$$+ \mathrm{i}\frac{1}{2}(\Omega_{x1}\mathrm{e}^{\mathrm{i}\omega_L t} + \Omega_{x2}\mathrm{e}^{\mathrm{i}\omega_L(t-\tau_\mathrm{d})})\rho_{yv} - \mathrm{i}(\delta_x - \delta_y)\rho_{xy}$$

$$- \frac{1}{2}(\gamma_{xv} + \gamma_{yv} + \gamma_{xy}^{ph} + \gamma_{yx}^{ph})\rho_{xy}$$

$$+ \mathrm{i}\frac{1}{2}(\Omega_{y1}\mathrm{e}^{\mathrm{i}\omega_L t} + \Omega_{y2}\mathrm{e}^{\mathrm{i}\omega_L(t-\tau_\mathrm{d})})\rho_{xv} - \frac{1}{2}\gamma_{xy}^{dp}(\rho_{xx} + \rho_{yy})$$

$$- \mathrm{i}\frac{1}{2}(\Omega_{x1}\mathrm{e}^{-\mathrm{i}\omega_L t} + \Omega_{x2}\mathrm{e}^{-\mathrm{i}\omega_L(t-\tau_\mathrm{d})})\rho_{vy}$$

$$= \Delta V_3 - \frac{1}{2}(\gamma_{xv} + \gamma_{yv} + \gamma_{xy}^{ph} + \gamma_{yx}^{ph})U_3 - \frac{1}{3}\gamma_{xy}^{dp}(2 + W_1 + W_2)$$

$$+ \frac{1}{2}\Omega_{y2}\sin(\omega_L\tau_\mathrm{d})U_1 + \frac{1}{2}\big[\Omega_{y1} + \Omega_{y2}\cos(\omega_L\tau_\mathrm{d})\big]V_1$$

$$+ \frac{1}{2}\Omega_{x2}\sin(\omega_L\tau_\mathrm{d})U_2 + \frac{1}{2}\big[\Omega_{x1} + \Omega_{x2}\cos(\omega_L\tau_\mathrm{d})\big]V_2 \qquad (4.2.6)$$

其中 $\Delta = \delta_{xv} - \delta_{yv}$.

$$\frac{\mathrm{d}}{\mathrm{d}t}V_1 = \frac{\mathrm{d}}{\mathrm{d}t}\left[\mathrm{i}\rho_{xv}\mathrm{e}^{\mathrm{i}\omega_L t} - \mathrm{i}\rho_{vx}\mathrm{e}^{-\mathrm{i}\omega_L t}\right]$$

$$= (\omega_{xv} - \omega_L)\rho_{xv}\mathrm{e}^{\mathrm{i}\omega_L t} - \frac{1}{2}\mathrm{i}(\gamma_{xv} + \gamma_{xy}^{ph})\rho_{xv}\mathrm{e}^{\mathrm{i}\omega_L t}$$

$$- \frac{1}{2}\mathrm{i}\gamma_{xy}^{dp}\rho_{yv}\mathrm{e}^{\mathrm{i}\omega_L t} - \frac{1}{2}(\Omega_{x1}\mathrm{e}^{-\mathrm{i}\omega_L t} + \Omega_{x2}\mathrm{e}^{-\mathrm{i}\omega_L(t-\tau_\mathrm{d})})$$

$$\cdot (\rho_{xx} - \rho_{vv})\mathrm{e}^{\mathrm{i}\omega_L t} - \frac{1}{2}(\Omega_{y1}\mathrm{e}^{-\mathrm{i}\omega_L t} + \Omega_{y2}\mathrm{e}^{-\mathrm{i}\omega_L(t-\tau_\mathrm{d})})\rho_{xy}\mathrm{e}^{\mathrm{i}\omega_L t}$$

$$+ (\omega_{xv} - \omega_L)\rho_{vx}\mathrm{e}^{-\mathrm{i}\omega_L t} + \frac{1}{2}\mathrm{i}(\gamma_{xv} + \gamma_{xy}^{ph})\rho_{vx}\mathrm{e}^{-\mathrm{i}\omega_L t}$$

$$+ \frac{1}{2}\mathrm{i}\gamma_{xy}^{dp}\rho_{vy}\mathrm{e}^{-\mathrm{i}\omega_L t} - \frac{1}{2}(\Omega_{x1}\mathrm{e}^{\mathrm{i}\omega_L t} + \Omega_{x2}\mathrm{e}^{\mathrm{i}\omega_L(t-\tau_\mathrm{d})})$$

$$\cdot (\rho_{xx} - \rho_{gg})\mathrm{e}^{-\mathrm{i}\omega_L t} - \frac{1}{2}(\Omega_{y1}\mathrm{e}^{\mathrm{i}\omega_L t} + \Omega_{y2}\mathrm{e}^{\mathrm{i}\omega_L(t-\tau_\mathrm{d})})\rho_{yx}\mathrm{e}^{-\mathrm{i}\omega_L t}$$

$$= \delta_{xv}U_1 - \frac{1}{2}(\gamma_{xv} + \gamma_{xy}^{ph})V_1 - \frac{1}{2}\gamma_{xy}^{dp}V_2$$

$$- [\Omega_{x1} + \Omega_{x2}\cos(\omega_L\tau_\mathrm{d})]W_1 - \frac{1}{2}[\Omega_{y1} + \Omega_{y2}\cos(\omega_L\tau_\mathrm{d})]U_3$$

$$+ \frac{1}{2}\Omega_{y2}\sin(\omega_L\tau_\mathrm{d})V_3 \qquad (4.2.7)$$

$$\frac{\mathrm{d}}{\mathrm{d}t}V_2 = \frac{\mathrm{d}}{\mathrm{d}t}\left[\mathrm{i}\rho_{yv}\mathrm{e}^{\mathrm{i}\omega_L t} - \mathrm{i}\rho_{vy}\mathrm{e}^{-\mathrm{i}\omega_L t}\right]$$

$$= (\omega_{yv} - \omega_L)\rho_{yv}\mathrm{e}^{\mathrm{i}\omega_L t} - \frac{1}{2}\mathrm{i}(\gamma_{yv} + \gamma_{yx}^{ph})\rho_{yv}\mathrm{e}^{\mathrm{i}\omega_L t}$$

$$- \frac{1}{2}\mathrm{i}\gamma_{xy}^{dp}\rho_{xv}\mathrm{e}^{\mathrm{i}\omega_L t} - \frac{1}{2}(\Omega_{y1}\mathrm{e}^{\mathrm{i}\omega_L t} + \Omega_{y2}\mathrm{e}^{-\mathrm{i}\omega_L(t-\tau_\mathrm{d})})$$

$$\cdot (\rho_{yy} - \rho_{vv})\mathrm{e}^{\mathrm{i}\omega_L t} - \frac{1}{2}(\Omega_{x1}\mathrm{e}^{-\mathrm{i}\omega_L t} + \Omega_{x2}\mathrm{e}^{-\mathrm{i}\omega_L(t-\tau_\mathrm{d})})\rho_{yx}\mathrm{e}^{\mathrm{i}\omega_L t}$$

$$+ (\omega_{yv} - \omega_L)\rho_{vy}\mathrm{e}^{-\mathrm{i}\omega_L t} + \frac{1}{2}\mathrm{i}(\gamma_{yv} + \gamma_{yx}^{ph})\rho_{vy}\mathrm{e}^{-\mathrm{i}\omega_L t}$$

$$+ \frac{1}{2}\mathrm{i}\gamma_{xy}^{dp}\rho_{vx}\mathrm{e}^{-\mathrm{i}\omega_L t} - \frac{1}{2}(\Omega_{y1}\mathrm{e}^{\mathrm{i}\omega_L t} + \Omega_{y2}\mathrm{e}^{\mathrm{i}\omega_L(t-\tau_\mathrm{d})})$$

$$\cdot (\rho_{yy} - \rho_{vv})\mathrm{e}^{-\mathrm{i}\omega_L t} - \frac{1}{2}(\Omega_{x1}\mathrm{e}^{\mathrm{i}\omega_L t} + \Omega_{x2}\mathrm{e}^{\mathrm{i}\omega_L(t-\tau_\mathrm{d})})\rho_{xy}\mathrm{e}^{-\mathrm{i}\omega_L t}$$

$$= \delta_{yv}U_2 - \frac{1}{2}(\gamma_{yv} + \gamma_{yx}^{ph})V_2 - \frac{1}{2}\gamma_{xy}^{dp}V_1$$

$$- [\Omega_{y1} + \Omega_{y2}\cos(\omega_L\tau_\mathrm{d})]W_2 - \frac{1}{2}[\Omega_{x1} + \Omega_{x2}\cos(\omega_L\tau_\mathrm{d})]U_3$$

$$- \frac{1}{2}\Omega_{x2}\sin(\omega_L\tau_\mathrm{d})V_3 \qquad (4.2.8)$$

$$\frac{\mathrm{d}}{\mathrm{d}t}V_3 = \frac{\mathrm{d}}{\mathrm{d}t}\big[\mathrm{i}\rho_{yx} - \mathrm{i}\rho_{xy}\big]$$

$$= -(\delta_{xv} - \delta_{yv})\rho_{yx} - \frac{1}{2}\mathrm{i}(\gamma_{xv} + \gamma_{yv} + \gamma_{xy}^{ph} + \gamma_{yx}^{ph})\rho_{yx}$$

$$+ \frac{1}{2}\big[\Omega_{y1}\mathrm{e}^{-\mathrm{i}\omega_L t} + \Omega_{y2}\mathrm{e}^{-\mathrm{i}\omega_L(t-\tau_{\mathrm{d}})}\big]\rho_{vx}$$

$$- \frac{1}{2}\big[\Omega_{x1}\mathrm{e}^{\mathrm{i}\omega_L t} + \Omega_{x2}\mathrm{e}^{\mathrm{i}\omega_L(t-\tau_{\mathrm{d}})}\big]\rho_{yv} - (\delta_x - \delta_y)\rho_{xy}$$

$$+ \frac{1}{2}\mathrm{i}(\gamma_{xv} + \gamma_{yv} + \gamma_{xy}^{ph} + \gamma_{yx}^{ph})\rho_{xy}$$

$$+ \frac{1}{2}\big[\Omega_{y1}\mathrm{e}^{\mathrm{i}\omega_L t} + \Omega_{y2}\mathrm{e}^{\mathrm{i}\omega_L(t-\tau_{\mathrm{d}})}\big]\rho_{xv}$$

$$- \frac{1}{2}\big[\Omega_{x1}\mathrm{e}^{-\mathrm{i}\omega_L t} + \Omega_{x2}\mathrm{e}^{-\mathrm{i}\omega_L(t-\tau_{\mathrm{d}})}\big]\rho_{vy}$$

$$= -\Delta U_3 - \frac{1}{2}(\gamma_{xv} + \gamma_{yv} + \gamma_{xy}^{ph} + \gamma_{yx}^{ph})V_3$$

$$+ \frac{1}{2}\big[\Omega_{y1} + \Omega_{y2}\cos(\omega_L\tau_{\mathrm{d}})\big]U_1$$

$$- \frac{1}{2}\Omega_{y2}\sin(\omega_L\tau_{\mathrm{d}})V_1 + \frac{1}{2}\Omega_{x2}\sin(\omega_L\tau_{\mathrm{d}})V_2$$

$$- \frac{1}{2}\big[\Omega_{x1} + \Omega_{x2}\cos(\omega_L\tau_{\mathrm{d}})\big]U_2 \tag{4.2.9}$$

$$\frac{\mathrm{d}}{\mathrm{d}t}W_1 = \frac{\mathrm{d}}{\mathrm{d}t}\big[\rho_{xx} - \rho_{vv}\big]$$

$$= -(2\gamma_{xv} + \gamma_{xy}^{ph})\rho_{xx} - (\gamma_{yv} - \gamma_{xy}^{ph})\rho_{yy} + \frac{3}{2}\gamma_{xy}^{dp}(\rho_{xy} + \rho_{yx})$$

$$- \mathrm{i}(\Omega_{x1}\mathrm{e}^{-\mathrm{i}\omega_L t} + \Omega_{x2}\mathrm{e}^{-\mathrm{i}\omega_L(t-\tau_{\mathrm{d}})})\rho_{vx} + \mathrm{i}(\Omega_{x1}\mathrm{e}^{\mathrm{i}\omega_L t} + \Omega_{x2}\mathrm{e}^{\mathrm{i}\omega_L(t-\tau_{\mathrm{d}})})\rho_{xv}$$

$$+ \mathrm{i}\frac{1}{2}(\Omega_{y1}\mathrm{e}^{\mathrm{i}\omega_L t} + \Omega_{y2}\mathrm{e}^{\mathrm{i}\omega_L(t-\tau_{\mathrm{d}})})\rho_{yv}$$

$$- \mathrm{i}\frac{1}{2}(\Omega_{y1}\mathrm{e}^{-\mathrm{i}\omega_L t} + \Omega_{y2}\mathrm{e}^{-\mathrm{i}\omega_L(t-\tau_{\mathrm{d}})})\rho_{vy}$$

$$= -\frac{1}{3}(2\gamma_{xv} + \gamma_{xy}^{ph})(1 + 2W_1 - W_2) + \frac{3}{2}\gamma_{xy}^{dp}U_3 - \frac{1}{3}(\gamma_{yv} - \gamma_{xy}^{ph})$$

$$\cdot (1 + 2W_2 - W_1) + \big[\Omega_{x1} + \Omega_{x2}\cos(\omega_L\tau_{\mathrm{d}})\big]V_1$$

$$+ \Omega_{x2}\sin(\omega_L\tau_{\mathrm{d}})U_1 + \frac{1}{2}\big[\Omega_{y1} + \Omega_{y2}\cos(\omega_L\tau_{\mathrm{d}})\big]V_2$$

$$+ \frac{1}{2}\Omega_{y2}\sin(\omega_L\tau_{\mathrm{d}})U_2 \tag{4.2.10}$$

$$\frac{\mathrm{d}}{\mathrm{d}t}W_2 = \frac{\mathrm{d}}{\mathrm{d}t}\big[\rho_{yy} - \rho_{vv}\big]$$

$$= -(2\gamma_{yv} + \gamma_{yx}^{ph})\rho_{yy} - (\gamma_{xv} - \gamma_{yx}^{ph})\rho_{xx} + \frac{3}{2}\gamma_{xy}^{dp}(\rho_{xy} + \rho_{yx})$$

$$- \mathrm{i}(\Omega_{y1}\mathrm{e}^{-\mathrm{i}\omega_L t} + \Omega_{y2}\mathrm{e}^{-\mathrm{i}\omega_L(t-\tau_{\mathrm{d}})})\rho_{vy} + \mathrm{i}(\Omega_{y1}\mathrm{e}^{\mathrm{i}\omega_L t} + \Omega_{y2}\mathrm{e}^{\mathrm{i}\omega_L(t-\tau_{\mathrm{d}})})\rho_{yv}$$

$$+ \mathrm{i}\frac{1}{2}(\Omega_{x1}\mathrm{e}^{\mathrm{i}\omega_L t} + \Omega_{x2}\mathrm{e}^{\mathrm{i}\omega_L(t-\tau_{\mathrm{d}})})\rho_{xv}$$

$$- \mathrm{i}\frac{1}{2}(\Omega_{x1}\mathrm{e}^{-\mathrm{i}\omega_L t} + \Omega_{x2}\mathrm{e}^{-\mathrm{i}\omega_L(t-\tau_{\mathrm{d}})})\rho_{vx}$$

$$= -\frac{1}{3}(2\gamma_{yv} + \gamma_{yx}^{ph})(1 + 2W_2 - W_1) + \frac{3}{2}\gamma_{xy}^{dp}U_3 - \frac{1}{3}(\gamma_{xv} - \gamma_{yx}^{ph})$$

$$\cdot(1 + 2W_1 - W_2) + \big[\Omega_{y1} + \Omega_{y2}\cos(\omega_L\tau_{\mathrm{d}})\big]V_2$$

$$+ \Omega_{y2}\sin(\omega_L\tau_{\mathrm{d}})U_2 + \frac{1}{2}\big[\Omega_{x1} + \Omega_{x2}\cos(\omega_L\tau_{\mathrm{d}})\big]V_1$$

$$+ \frac{1}{2}\Omega_{x2}\sin(\omega_L\tau_{\mathrm{d}})U_1 \qquad (4.2.11)$$

综合以上各式得矢量 S 满足的运动方程为

$$\frac{\mathrm{d}}{\mathrm{d}t}U_1 = -\delta_{xv}V_1 - \frac{1}{2}(\gamma_{xv} + \gamma_{xy}^{ph})U_1 - \frac{1}{2}\gamma_{xy}^{dp}U_2 - \Omega_{x2}\sin(\omega_L\tau_{\mathrm{d}})W_1$$

$$- \frac{1}{2}\Omega_{y2}\sin(\omega_L\tau_{\mathrm{d}})U_3 - \frac{1}{2}\big[\Omega_{y1} + \Omega_{y2}\cos(\omega_L\tau_{\mathrm{d}})\big]V_3;$$

$$\frac{\mathrm{d}}{\mathrm{d}t}U_2 = -\delta_{yv}V_2 - \frac{1}{2}(\gamma_{yv} + \gamma_{yx}^{ph})U_2 - \frac{1}{2}\gamma_{xy}^{dp}U_1 - \Omega_{y2}\sin(\omega_L\tau_{\mathrm{d}})W_2$$

$$- \frac{1}{2}\Omega_{x2}\sin(\omega_L\tau_{\mathrm{d}})U_3 + \frac{1}{2}\big[\Omega_{x1} + \Omega_{x2}\cos(\omega_L\tau_{\mathrm{d}})\big]V_3;$$

$$\frac{\mathrm{d}}{\mathrm{d}t}U_3 = \Delta V_3 - \frac{1}{2}(\gamma_{xv} + \gamma_{yv} + \gamma_{xy}^{ph} + \gamma_{yx}^{ph})U_3 - \frac{1}{3}\gamma_{xy}^{dp}(2 + W_1 + W_2)$$

$$+ \frac{1}{2}\Omega_{y2}\sin(\omega_L\tau_{\mathrm{d}})U_1 + \frac{1}{2}\big[\Omega_{y1} + \Omega_{y2}\cos(\omega_L\tau_{\mathrm{d}})\big]V_1$$

$$+ \frac{1}{2}\Omega_{x2}\sin(\omega_L\tau_{\mathrm{d}})U_2 + \frac{1}{2}\big[\Omega_{x1} + \Omega_{x2}\cos(\omega_L\tau_{\mathrm{d}})\big]V_2;$$

$$\frac{\mathrm{d}}{\mathrm{d}t}V_1 = \delta_{xv}U_1 - \frac{1}{2}(\gamma_{xv} + \gamma_{xy}^{ph})V_1 - \frac{1}{2}\gamma_{xy}^{dp}V_2$$

$$- \big[\Omega_{x1} + \Omega_{x2}\cos(\omega_L\tau_{\mathrm{d}})\big]W_1 - \frac{1}{2}\big[\Omega_{y1} + \Omega_{y2}\cos(\omega_L\tau_{\mathrm{d}})\big]U_3$$

$$+ \frac{1}{2}\Omega_{y2}\sin(\omega_L\tau_{\mathrm{d}})V_3;$$

$$\frac{\mathrm{d}}{\mathrm{d}t}V_2 = \delta_{yv}U_2 - \frac{1}{2}(\gamma_{yv} + \gamma_{yx}^{ph})V_2 - \frac{1}{2}\gamma_{xy}^{dp}V_1$$

$$- \left[\Omega_{y1} + \Omega_{y2} \cos(\omega_L \tau_d) \right] W_2 - \frac{1}{2} \left[\Omega_{x1} + \Omega_{x2} \cos(\omega_L \tau_d) \right] U_3$$

$$- \frac{1}{2} \Omega_{x2} \sin(\omega_L \tau_d) V_3 ;$$

$$\frac{\mathrm{d}}{\mathrm{d}t} V_3 = - \Delta U_3 - \frac{1}{2} (\gamma_{xv} + \gamma_{yv} + \gamma_{xy}^{ph} + \gamma_{yx}^{ph}) V_3$$

$$+ \frac{1}{2} \left[\Omega_{y1} + \Omega_{y2} \cos(\omega_L \tau_d) \right] U_1 - \frac{1}{2} \Omega_{y2} \sin(\omega_L \tau_d) V_1$$

$$+ \frac{1}{2} \Omega_{x2} \sin(\omega_L \tau_d) V_2 - \frac{1}{2} \left[\Omega_{x1} + \Omega_{x2} \cos(\omega_L \tau_d) \right] U_2 ;$$

$$\frac{\mathrm{d}}{\mathrm{d}t} W_1 = - \frac{1}{3} (2\gamma_{xv} + \gamma_{xy}^{ph})(1 + 2W_1 - W_2) + \frac{3}{2} \gamma_{xy}^{dp} U_3 - \frac{1}{3} (\gamma_{yv} - \gamma_{xy}^{ph})$$

$$\bullet \ (1 + 2W_2 - W_1) + \left[\Omega_{x1} + \Omega_{x2} \cos(\omega_L \tau_d) \right] V_1$$

$$+ \Omega_{x2} \sin(\omega_L \tau_d) U_1 + \frac{1}{2} \left[\Omega_{y1} + \Omega_{y2} \cos(\omega_L \tau_d) \right] V_2$$

$$+ \frac{1}{2} \Omega_{y2} \sin(\omega_L \tau_d) U_2 ;$$

$$\frac{\mathrm{d}}{\mathrm{d}t} W_2 = - \frac{1}{3} (2\gamma_{yv} + \gamma_{yx}^{ph})(1 + 2W_2 - W_1) + \frac{3}{2} \gamma_{xy}^{dp} U_3 - \frac{1}{3} (\gamma_{xv} - \gamma_{yx}^{ph})$$

$$\bullet \ (1 + 2W_1 - W_2) + \left[\Omega_{y1} + \Omega_{y2} \cos(\omega_L \tau_d) \right] V_2$$

$$+ \Omega_{y2} \sin(\omega_L \tau_d) U_2 + \frac{1}{2} \left[\Omega_{x1} + \Omega_{x2} \cos(\omega_L \tau_d) \right] V_1$$

$$+ \frac{1}{2} \Omega_{x2} \sin(\omega_L \tau_d) U_1 \tag{4.2.12}$$

将上式写成矩阵形式为

$$\dot{\boldsymbol{S}}(t) = (\boldsymbol{M}(t) + \boldsymbol{M}_{QI}(t)) \boldsymbol{S}(t) - \boldsymbol{\Gamma} \boldsymbol{S}(t) - \boldsymbol{\Lambda} \tag{4.2.13}$$

其中 $\boldsymbol{M}(t)$ 是由第一个脉冲导致的,与量子干涉无关;$\boldsymbol{M}_{QI}(t)$ 是两个脉冲共同作用的结果,与量子干涉有关. 它们的表达式分别为

$$\boldsymbol{M}(t) = \frac{1}{2} \begin{bmatrix} 0 & 0 & 0 & 0 & 0 & -\Omega_{y1} & 0 & 0 \\ 0 & 0 & 0 & 0 & 0 & \Omega_{x1} & 0 & 0 \\ 0 & 0 & 0 & \Omega_{y1} & \Omega_{x1} & 0 & 0 & 0 \\ 0 & 0 & -\Omega_{y1} & 0 & 0 & 0 & -2\Omega_{x1} & 0 \\ 0 & 0 & -\Omega_{x1} & 0 & 0 & 0 & 0 & -2\Omega_{y1} \\ \Omega_{y1} & -\Omega_{x1} & 0 & 0 & 0 & 0 & 0 & 0 \\ 0 & 0 & 0 & 2\Omega_{x1} & \Omega_{y1} & 0 & 0 & 0 \\ 0 & 0 & 0 & \Omega_{x1} & 2\Omega_{y1} & 0 & 0 & 0 \end{bmatrix} \tag{4.2.14}$$

$$M_{QI}(t) = \frac{1}{2}\begin{pmatrix} 0 & 0 & 0 & 0 & -\sin\phi\,\Omega_{y2} & 0 & -\sin\phi\,\Omega_{y2} & 0 \\ 0 & 0 & 0 & 0 & -\sin\phi\,\Omega_{x2} & 0 & -\sin\phi\,\Omega_{x2} & 0 \\ \sin\phi\,\Omega_{y2} & \sin\phi\,\Omega_{x2} & \cos\phi\,\Omega_{y2} & 0 & 0 & \cos\phi\,\Omega_{x2} & 0 & 0 \\ 0 & 0 & \cos\phi\,\Omega_{y2} & \cos\phi\,\Omega_{x2} & 0 & 0 & 0 & 0 \\ \cos\phi\,\Omega_{y2} & -\cos\phi\,\Omega_{x2} & -\sin\phi\,\Omega_{y2} & \sin\phi\,\Omega_{y2} & -\sin\phi\,\Omega_{x2} & -2\sin\phi\,\Omega_{y2} & 0 & 0 \\ 2\sin\phi\,\Omega_{x2} & \sin\phi\,\Omega_{y2} & 2\cos\phi\,\Omega_{x2} & \cos\phi\,\Omega_{y2} & \cos\phi\,\Omega_{x2} & 0 & -2\sin\phi\,\Omega_{x2} & 0 \\ \sin\phi\,\Omega_{x2} & 2\sin\phi\,\Omega_{y2} & \cos\phi\,\Omega_{x2} & 2\cos\phi\,\Omega_{y2} & -\sin\phi\,\Omega_{y2} & 0 & 0 & -2\cos\phi\,\Omega_{y2} \end{pmatrix} \tag{4.2.15}$$

其中 $\phi = \omega_L \tau_d$ 是由延时导致的两个脉冲之间的位相差.

$$\Gamma = \begin{pmatrix} \frac{1}{2}(\gamma_{xv}+\gamma_{xy}^{ph}) & \frac{1}{2}\gamma_{xy}^{dp} & 0 & \delta_x & 0 & 0 & 0 & 0 \\ \frac{1}{2}\gamma_{xy}^{dp} & \frac{1}{2}(\gamma_{yx}^{ph}+\gamma_{yv}) & 0 & 0 & \delta_y & 0 & 0 & 0 \\ 0 & 0 & \frac{1}{2}(\gamma_{xv}+\gamma_{yv}+\gamma_{xy}^{ph}+\gamma_{yx}^{ph}) & 0 & 0 & -\Delta & 0 & 0 \\ -\delta_x & 0 & 0 & \frac{1}{2}(\gamma_{xv}+\gamma_{xy}^{dp}) & \frac{1}{2}\gamma_{xy}^{dp} & 0 & \frac{1}{3}\gamma_{xy}^{dp} & 0 \\ 0 & -\delta_y & 0 & \frac{1}{2}\gamma_{xy}^{dp} & \frac{1}{2}(\gamma_{yv}+\gamma_{yx}^{ph}) & 0 & 0 & \frac{1}{3}\gamma_{xy}^{dp} \\ 0 & 0 & \Delta & 0 & 0 & \frac{1}{2}(\gamma_{xv}+\gamma_{yv}+\gamma_{xy}^{ph}+\gamma_{yx}^{ph}) & 0 & 0 \\ 0 & 0 & \frac{3}{2}\gamma_{xy}^{dp} & 0 & 0 & 0 & \frac{4}{3}\gamma_{xv}-\frac{1}{3}\gamma_{xv}+\gamma_{xy}^{ph} & -\frac{2}{3}\gamma_{xv}-\gamma_{xy}^{ph}+\frac{2}{3}\gamma_{yv} \\ 0 & 0 & \frac{3}{2}\gamma_{xy}^{dp} & 0 & 0 & 0 & -\frac{2}{3}\gamma_{yv}-\gamma_{yx}^{ph}+\frac{2}{3}\gamma_{xv} & \frac{4}{3}\gamma_{yv}-\frac{1}{3}\gamma_{xv}+\gamma_{yx}^{ph} \end{pmatrix} \tag{4.2.16}$$

$$\Lambda = \left(0,0,\frac{2}{3}\gamma_{xy}^{dp},0,0,0,\frac{2}{3}\gamma_{xv}+\frac{1}{3}\gamma_{yv},\frac{2}{3}\gamma_{yv}+\frac{1}{3}\gamma_{xv}\right)^T \tag{4.2.17}$$

附录5.1 含粒子数泄漏与 Auger 俘获的激子自旋弛豫动力学方程

考虑如图 5.1.1 所示的能级结构,由真空态 $|v\rangle$、激子基态、激子激发态以及浸润层能级 $|w\rangle$ 构成,其中激子激发态和激子基态分别劈裂为两个偏振正交的子能级 $|x'\rangle$ 和 $|y'\rangle$ 及其相应的基态 $|x\rangle$ 和 $|y\rangle$.

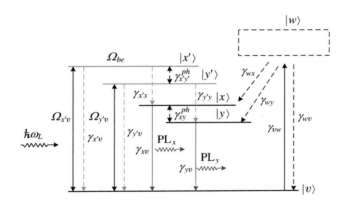

图 5.1.1　含浸润层能级结构示意图

在旋转波近似下,相互作用表象中系统的相互作用哈密顿量为

$$\hat{H}^{(i)} = \frac{1}{2}\hbar\left[\hat{\sigma}_{x'v}^{(i)}\Omega_{x'v}(t)\mathrm{e}^{-\mathrm{i}\omega_L t} + \hat{\sigma}_{y'v}^{(i)}\Omega_{y'v}(t)\mathrm{e}^{-\mathrm{i}\omega_L t} + \mathrm{h.c.}\right] \quad (5.1.1)$$

其中上标 (i) 表示相互作用表象, $\Omega_{x'v}(t)\mathrm{e}^{-\mathrm{i}\omega_L t}$ 和 $\Omega_{y'v}(t)\mathrm{e}^{-\mathrm{i}\omega_L t}$ 分别是相互作用表象中 $|x'\rangle \sim |v\rangle$ 和 $|y'\rangle \sim |v\rangle$ 之间跃迁的 Rabi 频率, ω_L 为激发光场的频率. $\hat{\sigma}_{mn}^{(i)} = \hat{\sigma}_{mn}\mathrm{e}^{\mathrm{i}\omega_{mn}t}$ 是相互作用表象中的偶极跃迁算符, $\hat{\sigma}_{mn} = |m\rangle\langle n|$ 是 Schrödinger 表象中的偶极跃迁算符, ω_{mn} 是 $|m\rangle$ 与 $|n\rangle$ 之间的跃迁频率.

系统的主方程为

$$\frac{\mathrm{d}}{\mathrm{d}t}\hat{\rho} = -(\mathrm{i}/\hbar)\left[\hat{H}^{(i)}, \hat{\rho}\right] + L(\hat{\rho}) \quad (5.1.2)$$

其中 $L(\hat{\rho})$ 为系统的耗散项,其表达式为

$$
\begin{aligned}
L(\hat{\rho}) = \frac{1}{2}\big[& \gamma_{x'x}(2\,\hat{\sigma}_{xx'}\hat{\rho}\hat{\sigma}_{x'x}^{(i)} - \hat{\sigma}_{x'x'}\hat{\rho} - \hat{\rho}\hat{\sigma}_{x'x'}) \\
& + \gamma_{y'y}(2\,\hat{\sigma}_{yy'}^{(i)}\hat{\rho}\hat{\sigma}_{y'y}^{(i)} - \hat{\sigma}_{y'y'}\hat{\rho} - \hat{\rho}\hat{\sigma}_{y'y'}) \\
& + \gamma_{x'y'}^{ph}(2\,\hat{\sigma}_{y'x'}^{(i)}\hat{\rho}\hat{\sigma}_{x'y'}^{(i)} - \hat{\sigma}_{x'x'}\hat{\rho} - \hat{\rho}\hat{\sigma}_{x'x'}) \\
& + \gamma_{y'x'}^{ph}(2\,\hat{\sigma}_{x'y'}^{(i)}\hat{\rho}\hat{\sigma}_{y'x'}^{(i)} - \hat{\sigma}_{y'y'}\hat{\rho} - \hat{\rho}\hat{\sigma}_{y'y'}) \\
& + \gamma_{x'y'}^{dp}(2\,\hat{\sigma}_{vx'}^{(i)}\hat{\rho}\hat{\sigma}_{x'v}^{(i)} - \hat{\sigma}_{y'x'}^{(i)}\hat{\rho} - \hat{\rho}\hat{\sigma}_{y'x'}^{(i)}) \\
& + \gamma_{y'x'}^{dp}(2\,\hat{\sigma}_{vy'}^{(i)}\hat{\rho}\hat{\sigma}_{x'v}^{(i)} - \hat{\sigma}_{x'y'}^{(i)}\hat{\rho} - \hat{\rho}\hat{\sigma}_{x'y'}^{(i)}) \\
& + \gamma_{xy}^{ph}(2\,\hat{\sigma}_{yx}^{(i)}\hat{\rho}\hat{\sigma}_{xy}^{(i)} - \hat{\sigma}_{xx}\hat{\rho} - \hat{\rho}\hat{\sigma}_{xx}) \\
& + \gamma_{yx}^{ph}(2\,\hat{\sigma}_{xy}^{(i)}\hat{\rho}\hat{\sigma}_{yx}^{(i)} - \hat{\sigma}_{yy}\hat{\rho} - \hat{\rho}\hat{\sigma}_{yy}) \\
& + \gamma_{x'v}(2\,\hat{\sigma}_{vx'}^{(i)}\hat{\rho}\hat{\sigma}_{x'v}^{(i)} - \hat{\sigma}_{x'x'}\hat{\rho} - \hat{\rho}\hat{\sigma}_{x'x'}) \\
& + \gamma_{y'v}(2\,\hat{\sigma}_{vy'}^{(i)}\hat{\rho}\hat{\sigma}_{y'v}^{(i)} - \hat{\sigma}_{y'y'}\hat{\rho} - \hat{\rho}\hat{\sigma}_{y'y'}) \\
& + \gamma_{xv}(2\,\hat{\sigma}_{vx}^{(i)}\hat{\rho}\hat{\sigma}_{xv}^{(i)} - \hat{\sigma}_{xx}\hat{\rho} - \hat{\rho}\hat{\sigma}_{xx}) \\
& + \gamma_{yv}(2\,\hat{\sigma}_{vy}^{(i)}\hat{\rho}\hat{\sigma}_{yv}^{(i)} - \hat{\sigma}_{yy}\hat{\rho} - \hat{\rho}\hat{\sigma}_{yy}) \\
& + \gamma_{wx}(2\,\hat{\sigma}_{xw}^{(i)}\hat{\rho}\hat{\sigma}_{wx}^{(i)} - \hat{\sigma}_{ww}\hat{\rho} - \hat{\rho}\hat{\sigma}_{ww}) \\
& + \gamma_{wy}(2\,\hat{\sigma}_{yw}^{(i)}\hat{\rho}\hat{\sigma}_{wy}^{(i)} - \hat{\sigma}_{ww}\hat{\rho} - \hat{\rho}\hat{\sigma}_{ww}) \\
& + \gamma_{wv}(2\,\hat{\sigma}_{vw}^{(i)}\hat{\rho}\hat{\sigma}_{wv}^{(i)} - \hat{\sigma}_{ww}\hat{\rho} - \hat{\rho}\hat{\sigma}_{ww}) \\
& + \gamma_{vw}(2\,\hat{\sigma}_{wv}^{(i)}\hat{\rho}\hat{\sigma}_{vw}^{(i)} - \hat{\sigma}_{vv}\hat{\rho} - \hat{\rho}\hat{\sigma}_{vv})\big]
\end{aligned} \tag{5.1.3}
$$

$\gamma_{ij}(i,j = x,x',y,y',v,w)$ 表示从 $|i\rangle$ 态到 $|j\rangle$ 态的弛豫速率,上式中忽略了纯位相退相干项的影响. 在各向异性半导体量子点 U 型三能级系统中,由于 $|x'\rangle \sim |v\rangle$ 与 $|y'\rangle \sim |v\rangle$ 跃迁偶极矩垂直,故 $\gamma_{x'y'}^{dp} = 0$.

$$
\begin{aligned}
\frac{\mathrm{d}}{\mathrm{d}t}\rho_{x'x'} &= \frac{\mathrm{d}}{\mathrm{d}t}\langle x'|\hat{\rho}|x'\rangle \\
&= -(\mathrm{i}/\hbar)\langle x'|\hat{H}^{(i)}\hat{\rho} - \hat{\rho}\hat{H}^{(i)}|x'\rangle + \langle x'|L(\hat{\rho})|x'\rangle \\
&= -\mathrm{i}\frac{1}{2}\Omega_{x'v}(t)\mathrm{e}^{\mathrm{i}(\omega_{x'v}-\omega_L)t}\rho_{vx'} + \mathrm{i}\frac{1}{2}\Omega_{x'v}(t)\mathrm{e}^{-\mathrm{i}(\omega_{x'v}-\omega_L)t}\rho_{x'v} \\
&\quad - (\gamma_{x'x} + \gamma_{x'y'}^{ph} + \gamma_{x'v})\rho_{x'x'} + \gamma_{y'x'}^{ph}\rho_{y'y'}
\end{aligned} \tag{5.1.4}
$$

做变换:

$$
\tilde{\rho}_{vx'} = \mathrm{e}^{\mathrm{i}\delta_{x'v}t}\rho_{vx'}, \quad \tilde{\rho}_{x'v} = \mathrm{e}^{-\mathrm{i}\delta_{x'v}t}\rho_{x'v} \tag{5.1.5}
$$

其中 $\delta_{x'v} = \omega_{x'v} - \omega_L$,将(5.1.5)代入(5.1.4)式可得

$$
\frac{\mathrm{d}}{\mathrm{d}t}\rho_{x'x'} = -\mathrm{i}\frac{1}{2}\Omega_{x'v}(\tilde{\rho}_{vx'} - \tilde{\rho}_{x'v}) - (\gamma_{x'x} + \gamma_{x'y'}^{ph} + \gamma_{x'v})\rho_{x'x'} + \gamma_{y'x'}^{ph}\rho_{y'y'} \tag{5.1.6}
$$

$$\frac{\mathrm{d}}{\mathrm{d}t}\rho_{y'y'} = \frac{\mathrm{d}}{\mathrm{d}t}\langle y' \mid \hat{\rho} \mid y' \rangle$$

$$= -(\mathrm{i}/\hbar)\langle y' \mid (\hat{H}^{(i)}\hat{\rho} - \hat{\rho}\hat{H}^{(i)}) \mid y' \rangle + \langle y' \mid L(\hat{\rho}) \mid y' \rangle$$

$$= -\mathrm{i}\frac{1}{2}\Omega_{y'v}(t)\mathrm{e}^{\mathrm{i}(\omega_{y'v}-\omega_L)t}\rho_{vy'} + \mathrm{i}\frac{1}{2}\Omega_{y'v}(t)\mathrm{e}^{-\mathrm{i}(\omega_{y'v}-\omega_L)t}\rho_{y'v}$$

$$- (\gamma_{y'y} + \gamma_{y'x'}^{ph} + \gamma_{y'v})\rho_{y'y'} + \gamma_{x'y'}^{ph}\rho_{x'x'} \qquad (5.1.7)$$

做变换：

$$\widetilde{\rho}_{vy'} = \mathrm{e}^{\mathrm{i}\delta_{y'v}t}\rho_{vy'}, \quad \widetilde{\rho}_{y'v} = \mathrm{e}^{-\mathrm{i}\delta_{y'v}t}\rho_{y'v} \qquad (5.1.8)$$

其中 $\delta_{y'v} = \omega_{y'v} - \omega_L$，将(5.1.8)代入(5.1.7)式可得

$$\frac{\mathrm{d}}{\mathrm{d}t}\rho_{y'y'} = -\mathrm{i}\frac{1}{2}\Omega_{y'v}(\widetilde{\rho}_{vy'} - \widetilde{\rho}_{y'v}) - (\gamma_{y'y} + \gamma_{y'x'}^{ph} + \gamma_{y'v})\rho_{y'y'} + \gamma_{x'y'}^{ph}\rho_{x'x'} \quad (5.1.9)$$

$$\frac{\mathrm{d}}{\mathrm{d}t}\rho_{vv} = \frac{\mathrm{d}}{\mathrm{d}t}\langle v \mid \hat{\rho} \mid v \rangle$$

$$= -(\mathrm{i}/\hbar)\langle v \mid (\hat{H}^{(i)}\hat{\rho} - \hat{\rho}\hat{H}^{(i)}) \mid v \rangle + \langle v \mid L(\hat{\rho}) \mid v \rangle$$

$$= \mathrm{i}\frac{1}{2}\Omega_{x'v}(\widetilde{\rho}_{vx'} - \widetilde{\rho}_{x'v}) + \mathrm{i}\frac{1}{2}\Omega_{y'v}(\widetilde{\rho}_{vy'} - \widetilde{\rho}_{y'v})$$

$$+ \gamma_{x'v}\rho_{x'x'} + \gamma_{y'v}\rho_{y'y'} + \gamma_{xv}\rho_{xx} + \gamma_{yv}\rho_{yy} + \gamma_{wv}\rho_{ww}$$

$$- \gamma_{vw}\rho_{vv} \qquad (5.1.10)$$

$$\frac{\mathrm{d}}{\mathrm{d}t}\rho_{xx} = \frac{\mathrm{d}}{\mathrm{d}t}\langle x \mid \hat{\rho} \mid x \rangle$$

$$= -(\mathrm{i}/\hbar)\langle x \mid (\hat{H}^{(i)}\hat{\rho} - \hat{\rho}\hat{H}^{(i)}) \mid x \rangle + \langle x \mid L(\hat{\rho}) \mid x \rangle$$

$$= \gamma_{x'x}\rho_{x'x'} + \gamma_{yx}^{ph}\rho_{yy} + \gamma_{wx}\rho_{ww} - (\gamma_{xv} + \gamma_{xy}^{ph})\rho_{xx} \qquad (5.1.11)$$

$$\frac{\mathrm{d}}{\mathrm{d}t}\rho_{yy} = \frac{\mathrm{d}}{\mathrm{d}t}\langle y \mid \hat{\rho} \mid y \rangle$$

$$= -(\mathrm{i}/\hbar)\langle y \mid (\hat{H}^{(i)}\hat{\rho} - \hat{\rho}\hat{H}^{(i)}) \mid y \rangle + \langle y \mid L(\hat{\rho}) \mid y \rangle$$

$$= \gamma_{y'y}\rho_{y'y'} + \gamma_{xy}^{ph}\rho_{xx} + \gamma_{wy}\rho_{ww} - (\gamma_{yv} + \gamma_{yx}^{ph})\rho_{yy} \qquad (5.1.12)$$

$$\frac{\mathrm{d}}{\mathrm{d}t}\rho_{ww} = \frac{\mathrm{d}}{\mathrm{d}t}\langle w \mid \hat{\rho} \mid w \rangle$$

$$= -(\mathrm{i}/\hbar)\langle w \mid (\hat{H}^{(i)}\hat{\rho} - \hat{\rho}\hat{H}^{(i)}) \mid w \rangle + \langle w \mid L(\hat{\rho}) \mid w \rangle$$

$$= \gamma_{vw}\rho_{vv} - (\gamma_{wx} + \gamma_{wy} + \gamma_{wv})\rho_{ww} \qquad (5.1.13)$$

$$\frac{\mathrm{d}}{\mathrm{d}t}\rho_{x'v} = \frac{\mathrm{d}}{\mathrm{d}t}\langle x' \mid \hat{\rho} \mid v \rangle$$

$$= -(\mathrm{i}/\hbar)\langle x' \mid (\hat{H}^{(i)}\hat{\rho} - \hat{\rho}\hat{H}^{(i)}) \mid v \rangle + \langle x' \mid L(\hat{\rho}) \mid v \rangle$$

$$= -\mathrm{i}\frac{1}{2}\Omega_{x'v}\mathrm{e}^{\mathrm{i}\delta_{x'v}t}(\rho_{vv} - \rho_{x'x'}) + \mathrm{i}\frac{1}{2}\Omega_{y'v}\mathrm{e}^{\mathrm{i}\delta_{y'v}t}\rho_{x'y'}$$

$$- \frac{1}{2}(\gamma_{x'x} + \gamma_{x'y'}^{ph} + \gamma_{x'v} + \gamma_{vw})\rho_{x'v} \tag{5.1.14}$$

将(5.1.5)代入(5.1.14)式得

$$\frac{\mathrm{d}}{\mathrm{d}t}\widetilde{\rho}_{x'v} = - \mathrm{i}\delta_{x'v}\rho_{x'v}\mathrm{e}^{-\mathrm{i}\delta_{x'v}t} - \mathrm{i}\frac{1}{2}\Omega_{x'v}(\rho_{vv} - \rho_{x'x'})$$

$$+ \mathrm{i}\frac{1}{2}\Omega_{y'v}\rho_{x'y'}\mathrm{e}^{-\mathrm{i}(\delta_{x'v} - \delta_{y'v})t}$$

$$- \frac{1}{2}(\gamma_{x'x} + \gamma_{x'y'}^{ph} + \gamma_{x'v} + \gamma_{vw})\rho_{x'v}\mathrm{e}^{-\mathrm{i}\delta_{x'v}t} \tag{5.1.15}$$

做变换：

$$\widetilde{\rho}_{x'y'} = \rho_{x'y'}\mathrm{e}^{-\mathrm{i}(\delta_{x'v} - \delta_{y'v})t}, \quad \widetilde{\rho}_{y'x'} = \rho_{y'x'}\mathrm{e}^{\mathrm{i}(\delta_{x'v} - \delta_{y'v})t} \tag{5.1.16}$$

将(5.1.5)，(5.1.16)代入(5.1.15)式得

$$\frac{\mathrm{d}}{\mathrm{d}t}\widetilde{\rho}_{x'v} = - \mathrm{i}\delta_{x'v}\widetilde{\rho}_{x'v} - \mathrm{i}\frac{1}{2}\Omega_{x'v}(\rho_{vv} - \rho_{x'x'}) + \mathrm{i}\frac{1}{2}\Omega_{y'v}\widetilde{\rho}_{x'y'}$$

$$- \frac{1}{2}(\gamma_{x'x} + \gamma_{x'y'}^{ph} + \gamma_{x'v} + \gamma_{vw})\widetilde{\rho}_{x'v} \tag{5.1.17}$$

同理可得

$$\frac{\mathrm{d}}{\mathrm{d}t}\widetilde{\rho}_{vx'} = \mathrm{i}\delta_{x'v}\widetilde{\rho}_{vx'} + \mathrm{i}\frac{1}{2}\Omega_{x'v}(\rho_{vv} - \rho_{x'x'}) - \mathrm{i}\frac{1}{2}\Omega_{y'v}\widetilde{\rho}_{y'x'}$$

$$- \frac{1}{2}(\gamma_{x'x} + \gamma_{x'y'}^{ph} + \gamma_{x'v} + \gamma_{vw})\widetilde{\rho}_{vx'} \tag{5.1.18}$$

$$\frac{\mathrm{d}}{\mathrm{d}t}\rho_{y'v} = \frac{\mathrm{d}}{\mathrm{d}t}\langle y' \mid \hat{\rho} \mid v \rangle$$

$$= - (\mathrm{i}/\hbar)\langle y' \mid (\hat{H}^{(i)}\hat{\rho} - \hat{\rho}\hat{H}^{(i)}) \mid v \rangle + \langle y' \mid L(\hat{\rho}) \mid v \rangle$$

$$= - \mathrm{i}\frac{1}{2}\Omega_{y'v}\mathrm{e}^{\mathrm{i}\delta_{y'v}t}(\rho_{vv} - \rho_{y'y'}) + \mathrm{i}\frac{1}{2}\Omega_{x'v}\mathrm{e}^{\mathrm{i}\delta_{x'v}t}\rho_{y'x'}$$

$$- \frac{1}{2}(\gamma_{y'y} + \gamma_{y'x'}^{ph} + \gamma_{y'v} + \gamma_{vw})\rho_{y'v} \tag{5.1.19}$$

将(5.1.8)代入(5.1.19)式得

$$\frac{\mathrm{d}}{\mathrm{d}t}\widetilde{\rho}_{y'v} = - \mathrm{i}\delta_{y'v}\rho_{y'v}\mathrm{e}^{-\mathrm{i}\delta_{y'v}t} - \mathrm{i}\frac{1}{2}\Omega_{y'v}(\rho_{vv} - \rho_{y'y'}) + \mathrm{i}\frac{1}{2}\Omega_{x'v}\rho_{y'x'}\mathrm{e}^{\mathrm{i}(\delta_{x'v} - \delta_{y'v}t)}$$

$$- \frac{1}{2}(\gamma_{y'y} + \gamma_{y'x'}^{ph} + \gamma_{y'v} + \gamma_{vw})\rho_{y'v}\mathrm{e}^{-\mathrm{i}\delta_{y'v}t} \tag{5.1.20}$$

将(5.1.16)代入(5.1.20)式得

$$\frac{\mathrm{d}}{\mathrm{d}t}\widetilde{\rho}_{y'v} = - \mathrm{i}\delta_{y'v}\widetilde{\rho}_{y'v} - \mathrm{i}\frac{1}{2}\Omega_{y'v}(\rho_{vv} - \rho_{y'y'}) + \mathrm{i}\frac{1}{2}\Omega_{x'v}\widetilde{\rho}_{y'x'}$$

$$-\frac{1}{2}(\gamma_{y'y} + \gamma_{y'x'}^{ph} + \gamma_{y'v} + \gamma_{vw})\widetilde{\rho}_{y'v} \tag{5.1.21}$$

同理可得

$$\frac{\mathrm{d}}{\mathrm{d}t}\widetilde{\rho}_{vy'} = \mathrm{i}\delta_{y'v}\widetilde{\rho}_{vy'} + \mathrm{i}\frac{1}{2}\Omega_{y'v}(\rho_{vv} - \rho_{y'y'}) - \mathrm{i}\frac{1}{2}\Omega_{x'v}\widetilde{\rho}_{x'y'}$$

$$-\frac{1}{2}(\gamma_{y'y} + \gamma_{y'x'}^{ph} + \gamma_{y'v} + \gamma_{vw})\widetilde{\rho}_{vy'} \tag{5.1.22}$$

$$\frac{\mathrm{d}}{\mathrm{d}t}\rho_{y'x'} = \frac{\mathrm{d}}{\mathrm{d}t}\langle y'|\hat{\rho}|x'\rangle$$

$$= -(\mathrm{i}/\hbar)\langle y'|(\hat{H}^{(i)}\hat{\rho} - \hat{\rho}\hat{H}^{(i)})|x'\rangle + \langle y'|L(\hat{\rho})|x'\rangle$$

$$= -\mathrm{i}\frac{1}{2}(\Omega_{y'v}\mathrm{e}^{-\mathrm{i}\delta_{y'v}t}\rho_{vx'} - \Omega_{x'v}\mathrm{e}^{-\mathrm{i}\delta_{x'v}t}\rho_{y'v})$$

$$-\frac{1}{2}(\gamma_{y'y} + \gamma_{x'x} + \gamma_{x'y'}^{ph} + \gamma_{y'x'}^{ph} + \gamma_{x'v} + \gamma_{y'v})\rho_{y'x'} \tag{5.1.23}$$

将(5.1.5),(5.1.8),(5.1.16)代入(5.1.23)式得

$$\frac{\mathrm{d}}{\mathrm{d}t}\widetilde{\rho}_{y'x'} = \mathrm{i}(\delta_{x'v} - \delta_{y'v})\rho_{y'x'}\mathrm{e}^{\mathrm{i}(\delta_{x'v} - \delta_{y'v})t} - \mathrm{i}\frac{1}{2}(\Omega_{y'v}\mathrm{e}^{\mathrm{i}\delta_{x'v}t}\rho_{vx'} - \Omega_{x'v}\mathrm{e}^{-\mathrm{i}\delta_{y'v}t}\rho_{y'v})$$

$$-\frac{1}{2}(\gamma_{y'y} + \gamma_{x'x} + \gamma_{x'y'}^{ph} + \gamma_{y'x'}^{ph} + \gamma_{x'v} + \gamma_{y'v})\rho_{y'x'}\mathrm{e}^{\mathrm{i}(\delta_{x'v} - \delta_{y'v})t} \tag{5.1.24}$$

将(5.1.16)代入(5.1.24)式得

$$\frac{\mathrm{d}}{\mathrm{d}t}\widetilde{\rho}_{y'x'} = -\mathrm{i}(\delta_{y'v} - \delta_{x'v})\widetilde{\rho}_{y'x'} - \mathrm{i}\frac{1}{2}(\Omega_{y'v}\widetilde{\rho}_{vx'} - \Omega_{x'v}\widetilde{\rho}_{y'v})$$

$$-\frac{1}{2}(\gamma_{y'y} + \gamma_{x'x} + \gamma_{x'y'}^{ph} + \gamma_{y'x'}^{ph} + \gamma_{x'v} + \gamma_{y'v})\widetilde{\rho}_{y'x'} \tag{5.1.25}$$

同理可得

$$\frac{\mathrm{d}}{\mathrm{d}t}\widetilde{\rho}_{x'y'} = \mathrm{i}(\delta_{y'v} - \delta_{x'v})\widetilde{\rho}_{x'y'} + \mathrm{i}\frac{1}{2}(\Omega_{y'v}\widetilde{\rho}_{x'v} - \Omega_{x'v}\widetilde{\rho}_{vy'})$$

$$-\frac{1}{2}(\gamma_{y'y} + \gamma_{x'x} + \gamma_{x'y'}^{ph} + \gamma_{y'x'}^{ph} + \gamma_{x'v} + \gamma_{y'v})\widetilde{\rho}_{x'y'} \tag{5.1.26}$$

所以,系统的动力学方程组为

$$\frac{\mathrm{d}}{\mathrm{d}t}\rho_{vv} = \mathrm{i}\frac{1}{2}\Omega_{x'v}(\widetilde{\rho}_{vx'} - \widetilde{\rho}_{x'v}) + \mathrm{i}\frac{1}{2}\Omega_{y'v}(\widetilde{\rho}_{vy'} - \widetilde{\rho}_{y'v}) + \gamma_{x'v}\rho_{x'x'}$$

$$+ \gamma_{y'v}\rho_{y'y'} + \gamma_{vx}\rho_{xx} + \gamma_{yv}\rho_{yy} + \gamma_{wv}\rho_{ww} - \gamma_{vw}\rho_{vv};$$

$$\frac{\mathrm{d}}{\mathrm{d}t}\rho_{x'x'} = -\mathrm{i}\frac{1}{2}\Omega_{x'v}(\widetilde{\rho}_{vx'} - \widetilde{\rho}_{x'v}) - (\gamma_{x'x} + \gamma_{x'y'}^{ph} + \gamma_{x'v})\rho_{x'x'} + \gamma_{y'x'}^{ph}\rho_{y'y'};$$

$$\frac{\mathrm{d}}{\mathrm{d}t}\rho_{y'y'} = -\,\mathrm{i}\,\frac{1}{2}\Omega_{y'v}(\widetilde{\rho}_{vy'} - \widetilde{\rho}_{y'v}) - (\gamma_{y'y} + \gamma_{y'x'}^{ph} + \gamma_{y'v})\rho_{y'y'} + \gamma_{x'y'}^{ph}\rho_{x'x'};$$

$$\frac{\mathrm{d}}{\mathrm{d}t}\rho_{xx} = \gamma_{x'x}\rho_{x'x'} + \gamma_{yx}^{ph}\rho_{yy} + \gamma_{wx}\rho_{ww} - (\gamma_{xv} + \gamma_{xy}^{ph})\rho_{xx};$$

$$\frac{\mathrm{d}}{\mathrm{d}t}\rho_{yy} = \gamma_{y'y}\rho_{y'y'} + \gamma_{xy}^{ph}\rho_{xx} + \gamma_{wy}\rho_{ww} - (\gamma_{yv} + \gamma_{yx}^{ph})\rho_{yy};$$

$$\frac{\mathrm{d}}{\mathrm{d}t}\rho_{ww} = \gamma_{vw}\rho_{vv} - (\gamma_{wx} + \gamma_{wy} + \gamma_{wv})\rho_{ww};$$

$$\frac{\mathrm{d}}{\mathrm{d}t}\widetilde{\rho}_{vx'} = \mathrm{i}\delta_{x'v}\widetilde{\rho}_{vx'} + \mathrm{i}\,\frac{1}{2}\Omega_{x'v}(\rho_{vv} - \rho_{x'x'}) - \mathrm{i}\,\frac{1}{2}\Omega_{y'v}\widetilde{\rho}_{y'x'}$$
$$- \frac{1}{2}(\gamma_{x'x} + \gamma_{x'y'}^{ph} + \gamma_{x'v} + \gamma_{vw})\widetilde{\rho}_{vx'};$$

$$\frac{\mathrm{d}}{\mathrm{d}t}\widetilde{\rho}_{x'v} = -\,\mathrm{i}\delta_{x'v}\widetilde{\rho}_{x'v} - \mathrm{i}\,\frac{1}{2}\Omega_{x'v}(\rho_{vv} - \rho_{x'x'}) + \mathrm{i}\,\frac{1}{2}\Omega_{y'v}\widetilde{\rho}_{x'y'}$$
$$- \frac{1}{2}(\gamma_{x'x} + \gamma_{x'y'}^{ph} + \gamma_{x'v} + \gamma_{vw})\widetilde{\rho}_{x'v};$$

$$\frac{\mathrm{d}}{\mathrm{d}t}\widetilde{\rho}_{vy'} = \mathrm{i}\delta_{y'v}\widetilde{\rho}_{vy'} + \mathrm{i}\,\frac{1}{2}\Omega_{y'v}(\rho_{vv} - \rho_{y'y'}) - \mathrm{i}\,\frac{1}{2}\Omega_{x'v}\widetilde{\rho}_{x'y'}$$
$$- \frac{1}{2}(\gamma_{y'y} + \gamma_{y'x'}^{ph} + \gamma_{y'v} + \gamma_{vw})\widetilde{\rho}_{vy'};$$

$$\frac{\mathrm{d}}{\mathrm{d}t}\widetilde{\rho}_{y'v} = -\,\mathrm{i}\delta_{y'v}\widetilde{\rho}_{y'v} - \mathrm{i}\,\frac{1}{2}\Omega_{y'v}(\rho_{vv} - \rho_{y'y'}) + \mathrm{i}\,\frac{1}{2}\Omega_{x'v}\widetilde{\rho}_{y'x'}$$
$$- \frac{1}{2}(\gamma_{y'y} + \gamma_{y'x'}^{ph} + \gamma_{y'v} + \gamma_{vw})\widetilde{\rho}_{y'v};$$

$$\frac{\mathrm{d}}{\mathrm{d}t}\widetilde{\rho}_{x'y'} = \mathrm{i}(\delta_{y'v} - \delta_{x'v})\widetilde{\rho}_{x'y'} + \mathrm{i}\,\frac{1}{2}(\Omega_{y'v}\widetilde{\rho}_{x'v} - \Omega_{x'v}\widetilde{\rho}_{vy'})$$
$$- \frac{1}{2}(\gamma_{y'y} + \gamma_{x'x} + \gamma_{x'y'}^{ph} + \gamma_{y'x'}^{ph} + \gamma_{x'v} + \gamma_{y'v})\widetilde{\rho}_{x'y'};$$

$$\frac{\mathrm{d}}{\mathrm{d}t}\widetilde{\rho}_{y'x'} = -\,\mathrm{i}(\delta_{y'v} - \delta_{x'v})\widetilde{\rho}_{y'x'} - \mathrm{i}\,\frac{1}{2}(\Omega_{y'v}\widetilde{\rho}_{vx'} - \Omega_{x'v}\widetilde{\rho}_{y'v})$$
$$- \frac{1}{2}(\gamma_{y'y} + \gamma_{x'x} + \gamma_{y'x'}^{ph} + \gamma_{x'y'}^{ph} + \gamma_{x'v} + \gamma_{y'v})\widetilde{\rho}_{y'x'} \tag{5.1.27}$$

定义粒子数赝矢量 $\boldsymbol{\rho} = \{\rho_{vv}, \rho_{x'x'}, \rho_{y'y'}, \rho_{xx}, \rho_{yy}, \rho_{ww}, \widetilde{\rho}_{vx'}, \widetilde{\rho}_{xv}, \widetilde{\rho}_{vy'}, \widetilde{\rho}_{y'v}, \widetilde{\rho}_{x'y'}, \widetilde{\rho}_{y'x'}\}$,并取交叉弛豫 $\gamma_{x'y'}^{ph} = \gamma_{y'x'}^{ph}$, $\gamma_{xy}^{ph} = \gamma_{yx}^{ph}$,则可以将(5.1.27)式写成矩阵形式:

$$\frac{\mathrm{d}}{\mathrm{d}t}\boldsymbol{\rho}(t) = \boldsymbol{M}^{(\rho)}(t)\boldsymbol{\rho}(t) - \boldsymbol{\Gamma}^{(\rho)}\boldsymbol{\rho}(t) \tag{5.1.28}$$

其中

$$M^{(\rho)}(t) = \frac{\mathrm{i}}{2}
\begin{pmatrix}
0 & 0 & 0 & 0 & 0 & 0 & \Omega_{x'v} & -\Omega_{x'v} & \Omega_{y'v} & 0 & 0 & 0 \\
0 & 0 & 0 & 0 & 0 & 0 & -\Omega_{x'v} & \Omega_{x'v} & 0 & 0 & 0 & 0 \\
0 & 0 & 0 & 0 & 0 & 0 & 0 & 0 & -\Omega_{y'v} & \Omega_{y'v} & 0 & 0 \\
0 & 0 & 0 & 0 & 0 & 0 & 0 & 0 & 0 & 0 & 0 & 0 \\
0 & 0 & 0 & 0 & 0 & 0 & 0 & 0 & 0 & 0 & 0 & 0 \\
0 & 0 & 0 & 0 & 0 & 0 & 0 & 0 & 0 & 0 & 0 & 0 \\
-\Omega_{x'v} & \Omega_{x'v} & 0 & 0 & 0 & 2\delta_{x'v} & 0 & 0 & 0 & -2\delta_{x'v} & 0 & 0 \\
\Omega_{x'v} & -\Omega_{x'v} & 0 & 0 & 0 & 0 & 0 & 0 & 2\delta_{y'v} & 0 & \Omega_{y'v} & 0 \\
-\Omega_{y'v} & 0 & \Omega_{y'v} & 0 & 0 & 0 & 0 & -2\delta_{y'v} & 0 & 0 & -\Omega_{x'v} & \Omega_{x'v} \\
0 & 0 & 0 & 0 & 0 & 0 & 0 & 0 & 0 & 2(\delta_{y'v}-\delta_{x'v}) & 0 & 0 \\
0 & 0 & 0 & 0 & 0 & 0 & \Omega_{x'v} & \Omega_{y'v} & \Omega_{x'v} & 0 & 0 & \Omega_{x'v} \\
0 & 0 & 0 & 0 & 0 & 0 & -\Omega_{y'v} & 0 & 0 & 0 & -2(\delta_{y'v}-\delta_{x'v}) & 0 \\
\end{pmatrix}
\tag{5.1.29}$$

耗散项为

$$\boldsymbol{\Gamma}^{(\rho)} = \begin{pmatrix} \boldsymbol{\Gamma}_{\mathrm{I}} & 0 \\ 0 & \boldsymbol{\Gamma}_{\mathrm{II}} \end{pmatrix} \tag{5.1.30}$$

其中

$$\boldsymbol{\Gamma}_{\mathrm{I}} = \begin{pmatrix} \gamma_{vw} & -\gamma_{x'v} & -\gamma_{y'v} & -\gamma_{xv} & -\gamma_{yv} & -\gamma_{wv} \\ 0 & \gamma_{x'x}+\gamma_{x'y'}^{ph}+\gamma_{x'v} & -\gamma_{x'y'}^{ph} & 0 & 0 & 0 \\ 0 & -\gamma_{x'y'}^{ph} & \gamma_{y'y}+\gamma_{x'y'}^{ph}+\gamma_{y'v} & 0 & 0 & 0 \\ 0 & -\gamma_{x'x} & 0 & \gamma_{xv}+\gamma_{xy}^{ph} & -\gamma_{xy}^{ph} & -\gamma_{wx} \\ 0 & 0 & -\gamma_{y'y} & -\gamma_{xy}^{ph} & \gamma_{xy}^{ph}+\gamma_{yv} & -\gamma_{wy} \\ -\gamma_{vw} & 0 & 0 & 0 & 0 & \gamma_{wx}+\gamma_{wy}+\gamma_{wv} \end{pmatrix} \tag{5.1.31}$$

$\boldsymbol{\Gamma}_{\mathrm{II}}$的关系式见式(5.1.32)(307页).

简化模型Ⅰ：不包含浸润层

不考虑浸润层,能级结构如图5.1.2所示. $\gamma_{vw}=\gamma_{wv}=\gamma_{wx}=\gamma_{wy}=0$,则粒子数方程(5.1.27)化为

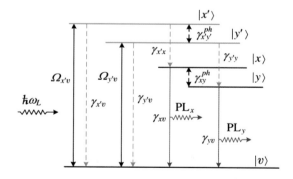

图5.1.2 无浸润层能级结构示意图

$$\Gamma_{\text{II}} = \begin{pmatrix} \dfrac{\gamma_{x'x} + \gamma_{x'y'}^{ph} + \gamma_{x'v} + \gamma_{vw}}{2} & 0 & 0 & 0 & 0 & 0 \\[2mm] 0 & \dfrac{\gamma_{x'x} + \gamma_{x'y'}^{ph} + \gamma_{x'v} + \gamma_{vw}}{2} & 0 & 0 & 0 & 0 \\[2mm] 0 & 0 & \dfrac{\gamma_{y'y} + \gamma_{x'y'}^{ph} + \gamma_{y'v} + \gamma_{vw}}{2} & 0 & 0 & 0 \\[2mm] 0 & 0 & 0 & \dfrac{\gamma_{y'y} + \gamma_{x'y'}^{ph} + \gamma_{y'v} + \gamma_{vw}}{2} & 0 & 0 \\[2mm] 0 & 0 & 0 & 0 & \dfrac{\gamma_{y'y} + \gamma_{x'x} + 2\gamma_{x'y'}^{ph} + \gamma_{x'v} + \gamma_{y'v}}{2} & 0 \\[2mm] 0 & 0 & 0 & 0 & 0 & \dfrac{\gamma_{y'y} + \gamma_{x'x} + 2\gamma_{x'y'}^{ph} + \gamma_{x'v} + \gamma_{y'v}}{2} \end{pmatrix}$$

$$(5.1.32)$$

$$\frac{\mathrm{d}}{\mathrm{d}t}\rho_{vv} = \mathrm{i}\,\frac{1}{2}\Omega_{x'v}(\widetilde{\rho}_{vx'} - \widetilde{\rho}_{x'v}) + \mathrm{i}\,\frac{1}{2}\Omega_{y'v}(\widetilde{\rho}_{vy'} - \widetilde{\rho}_{y'v}) + \gamma_{x'v}\rho_{x'x'}$$

$$+ \gamma_{y'v}\rho_{y'y'} + \gamma_{xv}\rho_{xx} + \gamma_{yv}\rho_{yy};$$

$$\frac{\mathrm{d}}{\mathrm{d}t}\rho_{x'x'} = -\mathrm{i}\,\frac{1}{2}\Omega_{x'v}(\widetilde{\rho}_{vx'} - \widetilde{\rho}_{x'v}) - (\gamma_{x'x} + \gamma_{x'y'}^{ph} + \gamma_{x'v})\rho_{x'x'} + \gamma_{y'x'}^{ph}\rho_{y'y'};$$

$$\frac{\mathrm{d}}{\mathrm{d}t}\rho_{y'y'} = -\mathrm{i}\,\frac{1}{2}\Omega_{y'v}(\widetilde{\rho}_{vy'} - \widetilde{\rho}_{y'v}) - (\gamma_{y'y} + \gamma_{y'x'}^{ph} + \gamma_{y'v})\rho_{y'y'} + \gamma_{x'y'}^{ph}\rho_{x'x'};$$

$$\frac{\mathrm{d}}{\mathrm{d}t}\rho_{xx} = \gamma_{x'x}\rho_{x'x'} + \gamma_{yx}^{ph}\rho_{yy} - (\gamma_{xv} + \gamma_{xy}^{ph})\rho_{xx};$$

$$\frac{\mathrm{d}}{\mathrm{d}t}\rho_{yy} = \gamma_{y'y}\rho_{y'y'} + \gamma_{xy}^{ph}\rho_{xx} - (\gamma_{yv} + \gamma_{yx}^{ph})\rho_{yy};$$

$$\frac{\mathrm{d}}{\mathrm{d}t}\widetilde{\rho}_{vx'} = \mathrm{i}\delta_{x'v}\widetilde{\rho}_{vx'} + \mathrm{i}\,\frac{1}{2}\Omega_{x'v}(\rho_{vv} - \rho_{x'x'}) - \mathrm{i}\,\frac{1}{2}\Omega_{y'v}\widetilde{\rho}_{y'x'}$$

$$- \frac{1}{2}(\gamma_{x'x} + \gamma_{x'y'}^{ph} + \gamma_{x'v})\widetilde{\rho}_{vx'};$$

$$\frac{\mathrm{d}}{\mathrm{d}t}\widetilde{\rho}_{x'v} = -\mathrm{i}\delta_{x'v}\widetilde{\rho}_{x'v} - \mathrm{i}\,\frac{1}{2}\Omega_{x'v}(\rho_{vv} - \rho_{x'x'}) + \mathrm{i}\,\frac{1}{2}\Omega_{y'v}\widetilde{\rho}_{x'y'}$$

$$- \frac{1}{2}(\gamma_{x'x} + \gamma_{x'y'}^{ph} + \gamma_{x'v})\widetilde{\rho}_{x'v};$$

$$\frac{\mathrm{d}}{\mathrm{d}t}\widetilde{\rho}_{vy'} = \mathrm{i}\delta_{y'v}\widetilde{\rho}_{vy'} + \mathrm{i}\,\frac{1}{2}\Omega_{y'v}(\rho_{vv} - \rho_{y'y'}) - \mathrm{i}\,\frac{1}{2}\Omega_{x'v}\widetilde{\rho}_{x'y'}$$

$$- \frac{1}{2}(\gamma_{y'y} + \gamma_{y'x'}^{ph} + \gamma_{y'v})\widetilde{\rho}_{vy'};$$

$$\frac{\mathrm{d}}{\mathrm{d}t}\widetilde{\rho}_{y'v} = -\mathrm{i}\delta_{y'v}\widetilde{\rho}_{y'v} - \mathrm{i}\,\frac{1}{2}\Omega_{y'v}(\rho_{vv} - \rho_{y'y'}) + \mathrm{i}\,\frac{1}{2}\Omega_{x'v}\widetilde{\rho}_{y'x'}$$

$$- \frac{1}{2}(\gamma_{y'y} + \gamma_{y'x'}^{ph} + \gamma_{y'v})\widetilde{\rho}_{y'v};$$

$$\frac{\mathrm{d}}{\mathrm{d}t}\widetilde{\rho}_{x'y'} = -\mathrm{i}(\delta_{x'v} - \delta_{y'v})\widetilde{\rho}_{x'y'} + \mathrm{i}\,\frac{1}{2}(\Omega_{y'v}\widetilde{\rho}_{x'v} - \Omega_{x'v}\widetilde{\rho}_{vy'})$$

$$- \frac{1}{2}(\gamma_{y'y} + \gamma_{x'x} + \gamma_{y'x'}^{ph} + \gamma_{x'y'}^{ph} + \gamma_{x'v} + \gamma_{y'v})\widetilde{\rho}_{x'y'};$$

$$\frac{\mathrm{d}}{\mathrm{d}t}\widetilde{\rho}_{y'x'} = \mathrm{i}(\delta_{x'v} - \delta_{y'v})\widetilde{\rho}_{y'x'} - \mathrm{i}\,\frac{1}{2}(\Omega_{y'v}\widetilde{\rho}_{vx'} - \Omega_{x'v}\widetilde{\rho}_{y'v})$$

$$- \frac{1}{2}(\gamma_{y'y} + \gamma_{x'x} + \gamma_{y'x'}^{ph} + \gamma_{x'y'}^{ph} + \gamma_{x'v} + \gamma_{y'v})\widetilde{\rho}_{y'x'} \tag{5.1.33}$$

定义粒子数赝矢量 $\boldsymbol{\rho} = \{\rho_{vv}, \rho_{x'x'}, \rho_{y'y'}, \rho_{xx}, \rho_{yy}, \widetilde{\rho}_{vx'}, \widetilde{\rho}_{x'v}, \widetilde{\rho}_{vy'}, \widetilde{\rho}_{y'v}, \widetilde{\rho}_{x'y'}, \widetilde{\rho}_{y'x'}\}$，并取 $\gamma_{x'y'}^{ph} = \gamma_{y'x'}^{ph}, \gamma_{xy}^{ph} = \gamma_{yx}^{ph}$，则可以将上面的运动方程写成矩阵形式：

$$\frac{\mathrm{d}}{\mathrm{d}t}\boldsymbol{\rho}(t) = \boldsymbol{M}^{(\rho)}(t)\boldsymbol{\rho}(t) - \boldsymbol{\Gamma}^{(\rho)}\boldsymbol{\rho}(t) \tag{5.1.34}$$

其中

$$\boldsymbol{M}^{(\rho)}(t) = \frac{\mathrm{i}}{2}\begin{bmatrix} 0 & 0 & 0 & 0 & 0 & \Omega_{x'v} & -\Omega_{x'v} & \Omega_{y'v} & -\Omega_{y'v} & 0 & 0 \\ 0 & 0 & 0 & 0 & 0 & -\Omega_{x'v} & \Omega_{x'v} & 0 & 0 & 0 & 0 \\ 0 & 0 & 0 & 0 & 0 & 0 & 0 & -\Omega_{y'v} & \Omega_{y'v} & 0 & 0 \\ 0 & 0 & 0 & 0 & 0 & 0 & 0 & 0 & 0 & 0 & 0 \\ 0 & 0 & 0 & 0 & 0 & 0 & 0 & 0 & 0 & 0 & 0 \\ 0 & 0 & 0 & 0 & 0 & 0 & 0 & 0 & 0 & 0 & 0 \\ \Omega_{x'v} & -\Omega_{x'v} & 0 & 0 & 0 & 2\delta_{x'v} & 0 & 0 & 0 & 0 & -\Omega_{y'v} \\ -\Omega_{x'v} & \Omega_{x'v} & 0 & 0 & 0 & 0 & -2\delta_{x'v} & 0 & 0 & \Omega_{y'v} & 0 \\ \Omega_{y'v} & 0 & -\Omega_{y'v} & 0 & 0 & 0 & 0 & 2\delta_{y'v} & 0 & -\Omega_{x'v} & 0 \\ -\Omega_{y'v} & 0 & \Omega_{y'v} & 0 & 0 & 0 & 0 & 0 & -2\delta_{y'v} & 0 & \Omega_{x'v} \\ 0 & 0 & 0 & 0 & 0 & 0 & \Omega_{y'v} & -\Omega_{x'v} & 0 & 2(\delta_{y'v}-\delta_{x'v}) & 0 \\ 0 & 0 & 0 & 0 & 0 & -\Omega_{y'v} & 0 & 0 & \Omega_{x'v} & 0 & -2(\delta_{y'v}-\delta_{x'v}) \end{bmatrix} \tag{5.1.35}$$

$$\boldsymbol{\Gamma}^{(\rho)} = \begin{bmatrix} \boldsymbol{\Gamma}_{\mathrm{I}} & 0 \\ 0 & \boldsymbol{\Gamma}_{\mathrm{II}} \end{bmatrix} \tag{5.1.36}$$

其中

$$\boldsymbol{\Gamma}_{\mathrm{I}} = \begin{bmatrix} 0 & -\gamma_{x'v} & -\gamma_{y'v} & -\gamma_{xv} & -\gamma_{yv} \\ 0 & \gamma_{x'x}+\gamma_{x'y'}^{ph}+\gamma_{x'v} & -\gamma_{x'y'}^{ph} & 0 & 0 \\ 0 & -\gamma_{x'y'}^{ph} & \gamma_{y'y}+\gamma_{x'y'}^{ph}+\gamma_{y'v} & 0 & 0 \\ 0 & -\gamma_{x'x} & 0 & \gamma_{xv}+\gamma_{xy}^{ph} & -\gamma_{xy}^{ph} \\ 0 & 0 & -\gamma_{y'y} & -\gamma_{xy}^{ph} & \gamma_{yv}+\gamma_{xy}^{ph} \end{bmatrix} \tag{5.1.37}$$

$$\Gamma_{\text{II}} = \begin{pmatrix} \dfrac{\gamma_{x'x} + \gamma_{x'y'}^{ph} + \gamma_{x'v}}{2} & 0 & 0 & 0 & 0 \\ 0 & \dfrac{\gamma_{x'x} + \gamma_{x'y'}^{ph} + \gamma_{x'v}}{2} & 0 & 0 & 0 \\ 0 & 0 & \dfrac{\gamma_{y'y} + \gamma_{x'y'}^{ph} + \gamma_{y'v}}{2} & 0 & 0 \\ 0 & 0 & 0 & \dfrac{\gamma_{y'y} + \gamma_{x'y'}^{ph} + \gamma_{y'v}}{2} & 0 \\ 0 & 0 & 0 & 0 & \dfrac{\gamma_{y'y} + \gamma_{x'x} + 2\gamma_{x'y'}^{ph} + \gamma_{x'v} + \gamma_{y'v}}{2} \\ 0 & 0 & 0 & \dfrac{\gamma_{y'y} + \gamma_{x'x} + 2\gamma_{x'y'}^{ph} + \gamma_{x'v} + \gamma_{y'v}}{2} & 0 \\ 0 & 0 & 0 & 0 & 0 \\ & & & & \dfrac{\gamma_{y'y} + \gamma_{x'x} + 2\gamma_{x'y'}^{ph} + \gamma_{x'v} + \gamma_{y'v}}{2} \end{pmatrix}$$

(5.1.38)

附录 6.1   量子回归定理及其推论

量子回归定理可表述成：假设任一算符 $\hat{A}$ 在 $t + \tau$ 时刻的期望值与一组算符 $\hat{A}_m$ 在较早的 t 时刻的期望值之间按下式相联系：

$$\langle \hat{A}(t + \tau) \rangle = \sum_m f_m(\tau) \langle \hat{A}_m(t) \rangle \tag{6.1.1}$$

则回归定理证明

$$\langle \hat{B}(t)\, \hat{A}(t + \tau)\, \hat{C}(t) \rangle = \sum_m f_m(\tau) \langle \hat{B}(t)\, \hat{A}_m(t)\, \hat{C}(t) \rangle \tag{6.1.2}$$

式中大写字母表示任意算符. 这样，该定理就用单时刻的期望值表示了双时刻的期望值.

由量子回归定理可得到如下推论：

若

$$\frac{\mathrm{d}}{\mathrm{d}\tau} \langle \hat{A}(t + \tau) \rangle = b(\tau) \langle \hat{B}(t + \tau) \rangle + c(\tau) \langle \hat{C}(t + \tau) \rangle \tag{6.1.3}$$

则

$$\begin{aligned}
&\frac{\mathrm{d}}{\mathrm{d}\tau} \langle \hat{M}(t)\, \hat{A}(t + \tau)\, \hat{N}(t) \rangle \\
&= b(\tau) \langle \hat{M}(t)\, \hat{B}(t + \tau)\, \hat{N}(t) \rangle + c(\tau) \langle \hat{M}(t)\, \hat{C}(t + \tau)\, \hat{N}(t) \rangle
\end{aligned} \tag{6.1.4}$$

其中

$$\left.\begin{aligned}
\langle \hat{A}(t + \tau) \rangle &= \sum_m f_m(\tau) \langle \hat{A}_m(t) \rangle \\
\langle \hat{B}(t + \tau) \rangle &= \sum_m g_m(\tau) \langle \hat{A}_m(t) \rangle \\
\langle \hat{C}(t + \tau) \rangle &= \sum_m h_m(\tau) \langle \hat{A}_m(t) \rangle
\end{aligned}\right\} \tag{6.1.5}$$

很容易证明上面的结论，将(6.1.5)代入(6.1.4)式整理得

$$\sum_m \left\{ \left[\frac{\mathrm{d}}{\mathrm{d}\tau} f_m(\tau) \right] - b(\tau) g_m(\tau) - c(\tau) h_m(\tau) \right\} \langle \hat{A}_m(t) \rangle = 0 \tag{6.1.6}$$

由(6.1.2)式可得

$$\sum_m \left\{ \left[\frac{\mathrm{d}}{\mathrm{d}\tau} f_m(\tau) \right] - b(\tau) g_m(\tau) - c(\tau) h_m(\tau) \right\}$$

$$\cdot \langle \hat{M}(t)\,\hat{A}_m(t)\,\hat{N}(t) \rangle = \langle \hat{M}(t)\,\hat{O}(\tau)\,\hat{N}(t) \rangle = 0 \qquad (6.1.7)$$

这里 $\hat{O}$ 是零算符.

附录 6.2　脉冲激发下简单三能级体系二阶相关函数运动方程

简单三能级体系的能级结构如图 6.2.1 所示,$|e\rangle$,$|g\rangle$,$|v\rangle$ 分别是激子激发态、激子基态以及系统的真空态. 量子点受到脉冲激发后在激发态 $|e\rangle$ 产生一个电子/空穴对(激子),通过声子作用激子无辐射弛豫到激子基态 $|g\rangle$,然后复合发射光子.

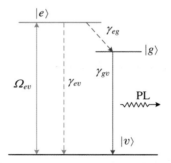

图 6.2.1　三能级体系的能级结构示意图

在旋转波近似下,相互作用表象中系统的相互作用哈密顿量为

$$\hat{H}^{(i)} = \frac{1}{2}\hbar \big[\hat{\sigma}_{ev}^{(i)} \Omega_{ev}(t) \mathrm{e}^{-\mathrm{i}\omega_L t} + \mathrm{h.c.} \big] \qquad (6.2.1)$$

其中上标 (i) 表示相互作用表象,$\Omega_{ev}(t)\mathrm{e}^{-\mathrm{i}\omega_L t}$ 是相互作用表象中 $|e\rangle \sim |v\rangle$ 之间跃迁的 Rabi 频率,ω_L 为激发光场的频率. $\hat{\sigma}_{mn}^{(i)} = \hat{\sigma}_{mn}\mathrm{e}^{\mathrm{i}\omega_{mn}t}$ 是相互作用表象中的偶极跃迁算符,$\hat{\sigma}_{mn} = |m\rangle\langle n|$ 是 Schrödinger 表象中的偶极跃迁算符,ω_{mn} 是 $|m\rangle$ 与 $|n\rangle$ 之间的跃迁频率.

系统的主方程为

$$\dot{\hat{\rho}} = -(\mathrm{i}/\hbar)\big[\hat{H}^{(i)}, \hat{\rho} \big] + L(\hat{\rho}) \qquad (6.2.2)$$

其中耗散项 $L(\hat{\rho})$ 为

$$L(\hat{\rho}) = \frac{1}{2}\Big[\gamma_{ev}(2\,\hat{\sigma}_{ve}^{(i)}\hat{\rho}\hat{\sigma}_{ev}^{(i)} - \hat{\sigma}_{ee}\hat{\rho} - \hat{\rho}\hat{\sigma}_{ee})$$
$$+ \gamma_{eg}(2\,\hat{\sigma}_{ge}^{(i)}\hat{\rho}\hat{\sigma}_{eg}^{(i)} - \hat{\sigma}_{ee}\hat{\rho} - \hat{\rho}\hat{\sigma}_{ee})$$
$$+ \gamma_{gv}(2\,\hat{\sigma}_{vg}^{(i)}\hat{\rho}\hat{\sigma}_{gv}^{(i)} - \hat{\sigma}_{gg}\hat{\rho} - \hat{\rho}\hat{\sigma}_{gg})\Big] \tag{6.2.3}$$

$\gamma_{ij}(i,j = e,g,v)$ 表示从 $|i\rangle$ 态到 $|j\rangle$ 态的弛豫速率，上式中忽略了纯位相退相干项的影响.

利用主方程(6.2.2)有

$$\frac{\mathrm{d}}{\mathrm{d}\tau}\langle\hat{\sigma}_{ee}(t+\tau)\rangle$$

$$= \frac{\mathrm{d}}{\mathrm{d}\tau}[\mathrm{tr}\{\hat{\sigma}_{ee}(t+\tau)\hat{\rho}(t+\tau)\}]$$

$$= \mathrm{tr}\Big\{\frac{\mathrm{d}}{\mathrm{d}\tau}\hat{\sigma}_{ee}(t+\tau)\hat{\rho}(t+\tau)\Big\} + \mathrm{tr}\Big\{\hat{\sigma}_{ee}(t+\tau)\frac{\mathrm{d}}{\mathrm{d}\tau}\hat{\rho}(t+\tau)\Big\}$$

$$= -(\mathrm{i}/\hbar)\mathrm{tr}\{\hat{\sigma}_{ee}(t+\tau)\hat{H}^{(i)}\hat{\rho}(t+\tau) - \hat{\sigma}_{ee}(t+\tau)\hat{\rho}(t+\tau)\hat{H}^{(i)}\}$$
$$+ \mathrm{tr}\{\hat{\sigma}_{ee}(t+\tau)L(\hat{\rho}(t+\tau))\}$$

$$= -\frac{1}{2}\mathrm{i}\Omega_{ev}(t+\tau)\mathrm{e}^{-\mathrm{i}\omega_L(t+\tau)}\mathrm{tr}\{\hat{\sigma}_{ev}(t+\tau)\hat{\rho}(t+\tau)\}$$

$$+ \frac{1}{2}\mathrm{i}\Omega_{ev}(t+\tau)\mathrm{e}^{\mathrm{i}\omega_L(t+\tau)}\mathrm{tr}\{\hat{\sigma}_{ve}(t+\tau)\hat{\rho}(t+\tau)\}$$

$$- (\gamma_{eg} + \gamma_{ev})\mathrm{tr}\{\hat{\sigma}_{ee}(t+\tau)\hat{\rho}(t+\tau)\}$$

$$= -\frac{1}{2}\mathrm{i}\Omega_{ev}(t+\tau)(\mathrm{e}^{-\mathrm{i}\omega_L(t+\tau)}\langle\hat{\sigma}_{ev}(t+\tau)\rangle$$
$$- \mathrm{e}^{\mathrm{i}\omega_L(t+\tau)}\langle\hat{\sigma}_{ve}(t+\tau)\rangle) - (\gamma_{eg} + \gamma_{ev})\langle\hat{\sigma}_{ee}(t+\tau)\rangle \tag{6.2.4}$$

由附录 6.1 可以得到

$$\frac{\mathrm{d}}{\mathrm{d}\tau}\langle\hat{\sigma}_{vx}^{+}(t)\hat{\sigma}_{ee}(t+\tau)\hat{\sigma}_{vx}(t)\rangle$$

$$= -\frac{1}{2}\mathrm{i}\Omega_{ev}(t+\tau)\mathrm{e}^{-\mathrm{i}\omega_L(t+\tau)}\langle\hat{\sigma}_{vx}^{+}(t)\hat{\sigma}_{ev}(t+\tau)\hat{\sigma}_{vx}(t)\rangle$$

$$+ \mathrm{i}\frac{1}{2}\Omega_{ev}(t+\tau)\mathrm{e}^{\mathrm{i}\omega_L(t+\tau)}\langle\hat{\sigma}_{vx}^{+}(t)\hat{\sigma}_{ve}(t+\tau)\hat{\sigma}_{vx}(t)\rangle$$

$$- (\gamma_{eg} + \gamma_{ev})\langle\hat{\sigma}_{vx}^{+}(t)\hat{\sigma}_{ee}(t+\tau)\hat{\sigma}_{vx}(t)\rangle \tag{6.2.5}$$

做变换：

$$\widetilde{G}_{ev}^{(2)}(t,\tau) = \mathrm{e}^{-\mathrm{i}\omega_L(t+\tau)}\langle\hat{\sigma}_{vx}^{+}(t)\hat{\sigma}_{ev}(t+\tau)\hat{\sigma}_{vx}(t)\rangle \tag{6.2.6}$$

$$\widetilde{G}_{ve}^{(2)}(t,\tau) = e^{i\omega_L(t+\tau)}\langle\hat{\sigma}_{vx}^{+}(t)\,\hat{\sigma}_{ve}(t+\tau)\,\hat{\sigma}_{vx}(t)\rangle \qquad (6.2.7)$$

将(6.2.6),(6.2.7)代入(6.2.5)式得到

$$\frac{\mathrm{d}}{\mathrm{d}\tau}G_{ee}^{(2)}(t,\tau) = -\frac{1}{2}i\Omega_{ev}(t+\tau)(\widetilde{G}_{ev}^{(2)}(t,\tau) - \widetilde{G}_{ve}^{(2)}(t,\tau))$$
$$-(\gamma_{eg} + \gamma_{ev})G_{ee}^{(2)}(t,\tau) \qquad (6.2.8)$$

$$\frac{\mathrm{d}}{\mathrm{d}\tau}\langle\hat{\sigma}_{gg}(t+\tau)\rangle = \frac{\mathrm{d}}{\mathrm{d}\tau}[\mathrm{tr}\{\hat{\sigma}_{gg}(t+\tau)\,\hat{\rho}(t+\tau)\}]$$
$$= \mathrm{tr}\left\{\frac{\mathrm{d}}{\mathrm{d}\tau}\hat{\sigma}_{gg}(t+\tau)\,\hat{\rho}(t+\tau)\right\} + \mathrm{tr}\left\{\hat{\sigma}_{gg}(t+\tau)\frac{\mathrm{d}}{\mathrm{d}\tau}\hat{\rho}(t+\tau)\right\}$$
$$= -(i/\hbar)\mathrm{tr}\{\hat{\sigma}_{gg}(t+\tau)\,\hat{H}^{(i)}\,\hat{\rho}(t+\tau)$$
$$-\hat{\sigma}_{gg}(t+\tau)\,\hat{\rho}(t+\tau)\,\hat{H}^{(i)}\} + \mathrm{tr}\{\hat{\sigma}_{gg}(t+\tau)L(\hat{\rho}(t+\tau))\}$$
$$= \gamma_{eg}\langle\hat{\sigma}_{ee}(t+\tau)\rangle - \gamma_{gv}\langle\hat{\sigma}_{gg}(t+\tau)\rangle \qquad (6.2.9)$$

由附录6.1可以得到

$$\frac{\mathrm{d}}{\mathrm{d}\tau}\langle\hat{\sigma}_{vx}^{+}(t+\tau)\,\hat{\sigma}_{gg}(t+\tau)\,\hat{\sigma}_{vx}(t+\tau)\rangle$$
$$= \gamma_{eg}\langle\hat{\sigma}_{vx}^{+}(t+\tau)\,\hat{\sigma}_{ee}(t+\tau)\,\hat{\sigma}_{vx}(t+\tau)\rangle$$
$$-\gamma_{gv}\langle\hat{\sigma}_{vx}^{+}(t+\tau)\,\hat{\sigma}_{gg}(t+\tau)\,\hat{\sigma}_{vx}(t+\tau)\rangle \qquad (6.2.10)$$

所以

$$\frac{\mathrm{d}}{\mathrm{d}\tau}G_{gg}(t,\tau) = \gamma_{eg}G_{ee}(t,\tau) - \gamma_{gv}G_{gg}(t,\tau) \qquad (6.2.11)$$

由于系统的粒子数守恒:

$$\rho_{ee}(t+\tau) + \rho_{gg}(t+\tau) + \rho_{vv}(t+\tau) = 1 \qquad (6.2.12)$$

也就是

$$\langle\hat{\sigma}_{ee}(t+\tau)\rangle + \langle\hat{\sigma}_{gg}(t+\tau)\rangle + \langle\hat{\sigma}_{vv}(t+\tau)\rangle = 1$$

得到

$$\frac{\mathrm{d}}{\mathrm{d}\tau}\langle\hat{\sigma}_{vv}(t+\tau)\rangle = -\frac{\mathrm{d}}{\mathrm{d}\tau}(\langle\hat{\sigma}_{ee}(t+\tau)\rangle + \langle\hat{\sigma}_{gg}(t+\tau)\rangle) \qquad (6.2.13)$$

由附录6.1可以得到

$$\frac{\mathrm{d}}{\mathrm{d}\tau}\langle\hat{\sigma}_{vx}^{+}(t+\tau)\,\hat{\sigma}_{vv}(t+\tau)\,\hat{\sigma}_{vx}(t+\tau)\rangle$$

$$= -\frac{\mathrm{d}}{\mathrm{d}\tau}(\langle \hat{\sigma}_{vx}^+(t+\tau)\,\hat{\sigma}_{ee}(t+\tau)\,\hat{\sigma}_{vx}(t+\tau)\rangle$$

$$+ \langle \hat{\sigma}_{vx}^+(t+\tau)\,\hat{\sigma}_{gg}(t+\tau)\,\hat{\sigma}_{vx}(t+\tau)\rangle) \tag{6.2.14}$$

将(6.2.4),(6.2.11)代入(6.2.13)式得

$$\frac{\mathrm{d}}{\mathrm{d}\tau}G_{vv}^{(2)}(t,\tau) = \frac{1}{2}\mathrm{i}\Omega_{ev}(t+\tau)(\widetilde{G}_{ev}^{(2)}(t,\tau) - \widetilde{G}_{ve}^{(2)}(t,\tau))$$

$$+ \gamma_{ev}G_{ee}^{(2)}(t,\tau) + \gamma_{gv}G_{gg}(t,\tau) \tag{6.2.15}$$

$$\frac{\mathrm{d}}{\mathrm{d}\tau}\langle \hat{\sigma}_{ev}(t+\tau)\rangle$$

$$= \frac{\mathrm{d}}{\mathrm{d}\tau}\big[\mathrm{tr}\{\hat{\sigma}_{ev}(t+\tau)\,\hat{\rho}(t+\tau)\}\big]$$

$$= \mathrm{tr}\Big\{\frac{\mathrm{d}}{\mathrm{d}\tau}\hat{\sigma}_{ev}(t+\tau)\,\hat{\rho}(t+\tau)\Big\} + \mathrm{tr}\Big\{\hat{\sigma}_{ev}(t+\tau)\,\frac{\mathrm{d}}{\mathrm{d}\tau}\hat{\rho}(t+\tau)\Big\}$$

$$= \mathrm{i}\omega_{ev}\mathrm{tr}\{\hat{\sigma}_{ev}(t+\tau)\,\hat{\rho}(t+\tau)\}$$

$$- (\mathrm{i}/\hbar)\mathrm{tr}\{\hat{\sigma}_{ev}(t+\tau)\,\hat{H}^{(i)}\rho(t+\tau) - \hat{\sigma}_{ev}(t+\tau)\rho(t+\tau)\,\hat{H}^{(i)}\}$$

$$+ \frac{1}{2}\mathrm{tr}\{\hat{\sigma}_{ev}(t+\tau)L(\rho(t+\tau))\}$$

$$= \mathrm{i}\omega_{ev}\mathrm{tr}\{\hat{\sigma}_{ev}(t+\tau)\,\hat{\rho}(t+\tau)\} - \frac{1}{2}\mathrm{i}\mathrm{e}^{\mathrm{i}\omega_L(t+\tau)}\Omega_{ev}(t+\tau)$$

$$\cdot \mathrm{tr}\{\hat{\sigma}_{ee}(t+\tau)\rho(t+\tau) - \hat{\sigma}_{vv}(t+\tau)\rho(t+\tau)\}$$

$$+ \frac{1}{2}(\gamma_{ev} + \gamma_{eg})\mathrm{tr}\{\hat{\sigma}_{ev}(t+\tau)\rho(t+\tau)\}$$

$$= \mathrm{i}\omega_{ev}\mathrm{tr}\langle \hat{\sigma}_{ev}(t+\tau)\rangle - \frac{1}{2}\mathrm{i}\Omega_{ev}(t+\tau)\mathrm{e}^{\mathrm{i}\omega_L(t+\tau)}\langle \hat{\sigma}_{ee}(t+\tau)\rangle$$

$$+ \frac{1}{2}\mathrm{i}\Omega_{ev}(t+\tau)\mathrm{e}^{\mathrm{i}\omega_L(t+\tau)}\langle \hat{\sigma}_{vv}(t+\tau)\rangle$$

$$+ \frac{1}{2}(\gamma_{ev} + \gamma_{eg})\langle \hat{\sigma}_{ev}(t+\tau)\rangle \tag{6.2.16}$$

由附录6.1可以得到

$$\frac{\mathrm{d}}{\mathrm{d}\tau}\langle \hat{\sigma}_{vx}^+(t)\,\hat{\sigma}_{ev}(t+\tau)\,\hat{\sigma}_{vx}(t)\rangle$$

$$= \mathrm{i}\omega_{ev}\langle \hat{\sigma}_{vx}^+(t)\,\hat{\sigma}_{ev}(t+\tau)\,\hat{\sigma}_{vx}(t)\rangle$$

$$- \frac{1}{2}\mathrm{i}\Omega_{ev}(t+\tau)\mathrm{e}^{\mathrm{i}\omega_L(t+\tau)}\langle \hat{\sigma}_{vx}^+(t)\,\hat{\sigma}_{ee}(t+\tau)\,\hat{\sigma}_{vx}(t)\rangle$$

$$+ \frac{1}{2}\mathrm{i}\Omega_{ev}(t+\tau)\mathrm{e}^{\mathrm{i}\omega_L(t+\tau)}\langle \hat{\sigma}_{vx}^+(t)\,\hat{\sigma}_{vv}(t+\tau)\,\hat{\sigma}_{vx}(t)\rangle$$

$$- \frac{1}{2}(\gamma_{ev} + \gamma_{eg})\langle \hat{\sigma}^+_{vx}(t) \, \hat{\sigma}_{ev}(t + \tau) \, \hat{\sigma}_{vx}(t)\rangle \qquad (6.2.17)$$

$$\frac{\mathrm{d}}{\mathrm{d}\tau}\big[\mathrm{e}^{-\mathrm{i}\omega_L(t+\tau)}\langle \hat{\sigma}^+_{xv}(t) \, \hat{\sigma}_{ev}(t + \tau) \, \hat{\sigma}_{vx}(t)\rangle\big]$$

$$= \mathrm{i}\delta_{ev}\mathrm{e}^{-\mathrm{i}\omega_L(t+\tau)}\langle \hat{\sigma}^+_{vx}(t) \, \hat{\sigma}_{ev}(t + \tau) \, \hat{\sigma}_{vx}(t)\rangle$$

$$- \frac{1}{2}\mathrm{i}\Omega_{ev}(t + \tau)\langle \hat{\sigma}^+_{vx}(t) \, \hat{\sigma}_{ee}(t + \tau) \, \hat{\sigma}_{vx}(t)\rangle$$

$$+ \frac{1}{2}\mathrm{i}\Omega_{ev}(t + \tau)\langle \hat{\sigma}^+_{vx}(t) \, \hat{\sigma}_{vv}(t + \tau) \, \hat{\sigma}_{vx}(t)\rangle$$

$$- \frac{1}{2}(\gamma_{ev} + \gamma_{eg})\mathrm{e}^{-\mathrm{i}\omega_L(t+\tau)}\langle \hat{\sigma}^+_{vx}(t) \, \hat{\sigma}_{ev}(t + \tau) \, \hat{\sigma}_{vx}(t)\rangle \qquad (6.2.18)$$

其中 $\delta_{ev} = \omega_{ev} - \omega_L$.

由(6.2.6)和(6.2.18)式得

$$\frac{\mathrm{d}}{\mathrm{d}\tau}\widetilde{G}^{(2)}_{ev}(t,\tau) = \mathrm{i}\delta_{ev}\widetilde{G}^{(2)}_{ev}(t,\tau) - \frac{1}{2}\mathrm{i}\Omega_{ev}(t + \tau)G^{(2)}_{ee}(t,\tau)$$

$$+ \frac{1}{2}\mathrm{i}\Omega_{ev}(t + \tau)G^{(2)}_{vv}(t,\tau)$$

$$- \frac{1}{2}(\gamma_{ev} + \gamma_{eg})\widetilde{G}^{(2)}_{ev}(t,\tau) \qquad (6.2.19)$$

同理可以求得

$$\frac{\mathrm{d}}{\mathrm{d}\tau}\widetilde{G}^{(2)}_{ve}(t,\tau) = -\mathrm{i}\delta_{ev}\widetilde{G}^{(2)}_{ve}(t,\tau) + \frac{1}{2}\mathrm{i}\Omega_{ev}(t + \tau)G^{(2)}_{ee}(t,\tau)$$

$$- \frac{1}{2}\mathrm{i}\Omega_{ev}(t + \tau)G^{(2)}_{vv}(t,\tau)$$

$$- \frac{1}{2}(\gamma_{ev} + \gamma_{eg})\widetilde{G}^{(2)}_{ve}(t,\tau) \qquad (6.2.20)$$

所以,双时相关函数的运动方程组为

$$\frac{\mathrm{d}}{\mathrm{d}\tau}G^{(2)}_{vv}(t,\tau) = \frac{1}{2}\mathrm{i}\Omega_{ev}(t + \tau)(\widetilde{G}^{(2)}_{ev}(t,\tau) - \widetilde{G}^{(2)}_{ve}(t,\tau))$$

$$+ \gamma_{ev}G^{(2)}_{ee}(t,\tau) + \gamma_{gv}G_{gg}(t,\tau);$$

$$\frac{\mathrm{d}}{\mathrm{d}\tau}G^{(2)}_{ee}(t,\tau) = -\frac{\mathrm{i}}{2}\Omega_{ev}(t + \tau)(\widetilde{G}^{(2)}_{ev}(t,\tau) - \widetilde{G}^{(2)}_{ve}(t,\tau))$$

$$- (\gamma_{eg} + \gamma_{ev})G^{(2)}_{ee}(t,\tau);$$

$$\frac{\mathrm{d}}{\mathrm{d}\tau}G_{gg}(t,\tau) = \gamma_{eg}G_{ee}(t,\tau) - \gamma_{gv}G_{gg}(t,\tau);$$

$$\frac{\mathrm{d}}{\mathrm{d}\tau}\widetilde{G}_{ve}^{(2)}(t,\tau) = -\mathrm{i}\delta_{ev}\widetilde{G}_{ve}^{(2)}(t,\tau) + \frac{1}{2}\mathrm{i}\Omega_{ev}(t+\tau)G_{ee}^{(2)}(t,\tau)$$

$$-\frac{1}{2}\mathrm{i}\Omega_{ev}(t+\tau)G_{vv}^{(2)}(t,\tau)$$

$$-\frac{1}{2}(\gamma_{ev}+\gamma_{eg})\widetilde{G}_{ve}^{(2)}(t,\tau);$$

$$\frac{\mathrm{d}}{\mathrm{d}\tau}\widetilde{G}_{ev}^{(2)}(t,\tau) = \mathrm{i}\delta_{ev}\widetilde{G}_{ev}^{(2)}(t,\tau) - \frac{1}{2}\mathrm{i}\Omega_{ev}(t+\tau)G_{ee}^{(2)}(t,\tau)$$

$$+\frac{1}{2}\mathrm{i}\Omega_{ev}(t+\tau)G_{vv}^{(2)}(t,\tau)$$

$$-\frac{1}{2}(\gamma_{ev}+\gamma_{eg})\widetilde{G}_{ev}^{(2)}(t,\tau) \tag{6.2.21}$$

引入矢量 $\boldsymbol{G}_{xv\to xv}(t,\tau)=\{G_{vv}^{(2)},G_{ee}^{(2)},G_{gg}^{(2)},\widetilde{G}_{ve}^{(2)},\widetilde{G}_{ev}^{(2)}\}$，则方程可以写成矩阵形式：

$$\frac{\mathrm{d}}{\mathrm{d}\tau}\boldsymbol{G}_{xv\to xv}(t,\tau) = \boldsymbol{M}^{(G)}(t+\tau)\boldsymbol{G}_{xv\to xv}(t,\tau) - \boldsymbol{\Gamma}^{(G)}\boldsymbol{G}_{xv\to xv}(t,\tau) \tag{6.2.22}$$

其中

$$\boldsymbol{M}^{(G)}(t+\tau) = -\mathrm{i}\frac{1}{2}\begin{pmatrix} 0 & 0 & 0 & \Omega_{ev} & -\Omega_{ev} \\ 0 & 0 & 0 & -\Omega_{ev} & \Omega_{ev} \\ 0 & 0 & 0 & 0 & 0 \\ \Omega_{ev} & -\Omega_{ev} & 0 & 2\delta_{ev} & 0 \\ -\Omega_{ev} & \Omega_{ev} & 0 & 0 & -2\delta_{ev} \end{pmatrix} \tag{6.2.23}$$

$$\boldsymbol{\Gamma}^{(G)} = \begin{pmatrix} 0 & -\gamma_{ev} & -\gamma_{gv} & 0 & 0 \\ 0 & \gamma_{ev}+\gamma_{eg} & 0 & 0 & 0 \\ 0 & -\gamma_{eg} & \gamma_{gv} & 0 & 0 \\ 0 & 0 & 0 & \dfrac{\gamma_{ev}+\gamma_{eg}}{2} & 0 \\ 0 & 0 & 0 & 0 & \dfrac{\gamma_{ev}+\gamma_{eg}}{2} \end{pmatrix} \tag{6.2.24}$$

对比(6.2.23)和(3.1.30)式可以看出，$\boldsymbol{M}^{(G)}(t+\tau)$ 与 $\boldsymbol{M}^{(\rho)}(t)$ 在形式上仅仅相差一个负号；对比(6.2.24)和(3.1.31)式可以看出，$\boldsymbol{\Gamma}^{(G)}$ 与 $\boldsymbol{\Gamma}^{(\rho)}$ 在形式上完全相同.

附录 6.3　脉冲激发下 V 型体系二阶相关函数运动方程

V 型系统的能级结构如图 6.3.1 所示,$|x'\rangle,|y'\rangle$ 分别是两个正交偏振本征态的激发态,$|x\rangle,|y\rangle$ 是它们相应的基态,$|v\rangle$ 是系统的真空态.

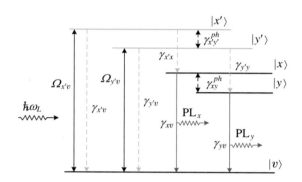

图 6.3.1　V 型系统的能级结构示意图

在旋转波近似下,相互作用表象中系统的相互作用哈密顿量为

$$\hat{H}^{(i)} = \frac{1}{2}\hbar\left[\hat{\sigma}_{x'v}^{(i)}\Omega_{x'v}(t)\mathrm{e}^{-\mathrm{i}\omega_L t} + \hat{\sigma}_{y'v}^{(i)}\Omega_{y'v}(t)\mathrm{e}^{-\mathrm{i}\omega_L t} + \mathrm{h.c.}\right] \tag{6.3.1}$$

其中上标 (i) 表示相互作用表象,$\Omega_{x'v}(t)\mathrm{e}^{-\mathrm{i}\omega_L t}$,$\Omega_{y'v}(t)\mathrm{e}^{-\mathrm{i}\omega_L t}$ 分别是相互作用表象中 $|x'\rangle\sim|v\rangle$ 和 $|y'\rangle\sim|v\rangle$ 之间跃迁的 Rabi 频率.$\hat{\sigma}_{x'v}^{(i)} = \hat{\sigma}_{x'v}\mathrm{e}^{\mathrm{i}\omega_{x'v}t}$,$\hat{\sigma}_{y'v}^{(i)} = \hat{\sigma}_{y'v}\mathrm{e}^{\mathrm{i}\omega_{y'v}t}$ 是相互作用表象中的偶极跃迁算符,$\hat{\sigma}_{x'v} = |x'\rangle\langle v|$,$\hat{\sigma}_{y'v} = |y'\rangle\langle v|$ 是 Schrödinger 表象中的偶极跃迁算符,ω_L 是激发光场的频率,$\omega_{x'v},\omega_{y'v}$ 分别是 $|x'\rangle$ 与 $|v\rangle$ 之间以及 $|y'\rangle$ 与 $|v\rangle$ 之间的跃迁频率.

系统的主方程为

$$\dot{\hat{\rho}} = -(\mathrm{i}/\hbar)\left[\hat{H}^{(i)},\hat{\rho}\right] + L(\hat{\rho}) \tag{6.3.2}$$

其中耗散项 $L(\hat{\rho})$ 为

$$L(\hat{\rho}) = \frac{1}{2}\left[\gamma_{x'x}\left(2\hat{\sigma}_{xx'}^{(i)}\hat{\rho}\hat{\sigma}_{x'x}^{(i)} - \hat{\sigma}_{x'x'}\hat{\rho} - \hat{\rho}\hat{\sigma}_{x'x'}\right)\right.$$
$$\left. + \gamma_{y'y}\left(2\hat{\sigma}_{yy'}^{(i)}\hat{\rho}\hat{\sigma}_{y'y}^{(i)} - \hat{\sigma}_{y'y'}\hat{\rho} - \hat{\rho}\hat{\sigma}_{y'y'}\right)\right.$$

$$+ \gamma_{x'y'}^{ph}(2\hat{\sigma}_{y'x'}^{(i)}\hat{\rho}\hat{\sigma}_{x'y'}^{(i)} - \hat{\sigma}_{x'x'}\hat{\rho} - \hat{\rho}\hat{\sigma}_{x'x'})$$

$$+ \gamma_{y'x'}^{ph}(2\hat{\sigma}_{x'y'}^{(i)}\hat{\rho}\hat{\sigma}_{y'x'}^{(i)} - \hat{\sigma}_{y'y'}\hat{\rho} - \hat{\rho}\hat{\sigma}_{y'y'})$$

$$+ \gamma_{x'y'}^{dp}(2\hat{\sigma}_{vx'}^{(i)}\hat{\rho}\hat{\sigma}_{y'v}^{(i)} - \hat{\sigma}_{y'x'}^{(i)}\hat{\rho} - \hat{\rho}\hat{\sigma}_{y'x'}^{(i)})$$

$$+ \gamma_{y'x'}^{dp}(2\hat{\sigma}_{vy'}^{(i)}\hat{\rho}\hat{\sigma}_{x'v}^{(i)} - \hat{\sigma}_{x'y'}^{(i)}\hat{\rho} - \hat{\rho}\hat{\sigma}_{x'y'}^{(i)})$$

$$+ \gamma_{xy}^{ph}(2\hat{\sigma}_{yx}^{(i)}\hat{\rho}\hat{\sigma}_{xy}^{(i)} - \hat{\sigma}_{xx}\hat{\rho} - \hat{\rho}\hat{\sigma}_{xx})$$

$$+ \gamma_{yx}^{ph}(2\hat{\sigma}_{xy}^{(i)}\hat{\rho}\hat{\sigma}_{yx}^{(i)} - \hat{\sigma}_{yy}\hat{\rho} - \hat{\rho}\hat{\sigma}_{yy})$$

$$+ \gamma_{x'v}(2\hat{\sigma}_{vx'}^{(i)}\hat{\rho}\hat{\sigma}_{x'v}^{(i)} - \hat{\sigma}_{x'x'}\hat{\rho} - \hat{\rho}\hat{\sigma}_{x'x'})$$

$$+ \gamma_{y'v}(2\hat{\sigma}_{vy'}^{(i)}\hat{\rho}\hat{\sigma}_{y'v}^{(i)} - \hat{\sigma}_{y'y'}\hat{\rho} - \hat{\rho}\hat{\sigma}_{y'y'})$$

$$+ \gamma_{xv}(2\hat{\sigma}_{vx}^{(i)}\hat{\rho}\hat{\sigma}_{xv}^{(i)} - \hat{\sigma}_{xx}\hat{\rho} - \hat{\rho}\hat{\sigma}_{xx})$$

$$+ \gamma_{yv}(2\hat{\sigma}_{vy}^{(i)}\hat{\rho}\hat{\sigma}_{yv}^{(i)} - \hat{\sigma}_{yy}\hat{\rho} - \hat{\rho}\hat{\sigma}_{yy})] \tag{6.3.3}$$

$\gamma_{ij}(i, j = x, x', y, y', v)$ 表示从 $|i\rangle$ 态到 $|j\rangle$ 态的弛豫速率.上式中忽略了纯位相退相干项的影响.在半导体量子点 V 型三能级系统中, $\gamma_{x'y'}^{dp} = 0$.

$$\frac{\mathrm{d}}{\mathrm{d}\tau}\langle\hat{\sigma}_{x'x'}(t+\tau)\rangle = \frac{\mathrm{d}}{\mathrm{d}\tau}\mathrm{tr}\{\hat{\sigma}_{x'x'}(t+\tau)\hat{\rho}(t+\tau)\}$$

$$= \mathrm{tr}\left\{\frac{\mathrm{d}}{\mathrm{d}\tau}\hat{\sigma}_{x'x'}(t+\tau)\hat{\rho}(t+\tau)\right\} + \mathrm{tr}\left\{\hat{\sigma}_{x'x'}(t+\tau)\frac{\mathrm{d}}{\mathrm{d}\tau}\hat{\rho}(t+\tau)\right\}$$

$$= -(\mathrm{i}/\hbar)\mathrm{tr}\{\hat{\sigma}_{x'x'}(t+\tau)\hat{H}^{(i)}\hat{\rho}(t+\tau)\}$$

$$+ (\mathrm{i}/\hbar)\mathrm{tr}\{\hat{\sigma}_{x'x'}(t+\tau)\hat{\rho}(t+\tau)\hat{H}^{(i)}\}$$

$$+ \mathrm{tr}\{\hat{\sigma}_{x'x'}(t+\tau)L(\hat{\rho}(t+\tau))\}$$

$$= -\mathrm{i}\frac{1}{2}\Omega_{x'v}(t+\tau)\mathrm{e}^{-\mathrm{i}\omega_L(t+\tau)}\mathrm{tr}\{\hat{\sigma}_{x'v}(t+\tau)\hat{\rho}(t+\tau)\}$$

$$+ \mathrm{i}\frac{1}{2}\Omega_{x'v}(t+\tau)\mathrm{e}^{\mathrm{i}\omega_L(t+\tau)}\mathrm{tr}\{\hat{\sigma}_{vx'}(t+\tau)\hat{\rho}(t+\tau)\}$$

$$- (\gamma_{x'x} + \gamma_{x'v} + \gamma_{x'y'})\mathrm{tr}\{\hat{\sigma}_{x'x'}(t+\tau)\hat{\rho}(t+\tau)\}$$

$$+ \gamma_{y'x}\mathrm{tr}\{\hat{\sigma}_{y'y'}(t+\tau)\hat{\rho}(t+\tau)\}$$

$$= -\mathrm{i}\frac{1}{2}\Omega_{x'v}(t+\tau)\mathrm{e}^{-\mathrm{i}\omega_L(t+\tau)}\langle\hat{\sigma}_{x'v}(t+\tau)\rangle$$

$$+ \mathrm{i}\frac{1}{2}\Omega_{x'v}(t+\tau)\mathrm{e}^{\mathrm{i}\omega_L(t+\tau)}\langle\hat{\sigma}_{vx'}(t+\tau)\rangle$$

$$- (\gamma_{x'x} + \gamma_{x'v} + \gamma_{x'y'})\langle\hat{\sigma}_{x'x'}(t+\tau)\rangle$$

$$+ \gamma_{y'x'}\langle\hat{\sigma}_{y'y'}(t+\tau)\rangle$$

由附录 6.1 知

$$\frac{\mathrm{d}}{\mathrm{d}\tau}\langle\hat{\sigma}_{vx}^{+}(t)\,\hat{\sigma}_{x'x'}(t+\tau)\,\hat{\sigma}_{vx}(t)\rangle$$

$$= -\mathrm{i}\frac{1}{2}\Omega_{x'v}(t+\tau)\mathrm{e}^{-\mathrm{i}\omega_L(t+\tau)}\langle\hat{\sigma}_{vx}^{+}(t)\,\hat{\sigma}_{x'v}(t+\tau)\,\hat{\sigma}_{vx}(t)\rangle$$

$$+\mathrm{i}\frac{1}{2}\Omega_{x'v}(t+\tau)\mathrm{e}^{\mathrm{i}\omega_L(t+\tau)}\langle\hat{\sigma}_{vx}^{+}(t)\,\hat{\sigma}_{vx'}(t+\tau)\,\hat{\sigma}_{vx}(t)\rangle$$

$$-(\gamma_{x'x}+\gamma_{x'v}+\gamma_{x'y'}^{ph})\langle\hat{\sigma}_{vx}^{+}(t)\,\hat{\sigma}_{x'x'}(t+\tau)\,\hat{\sigma}_{vx}(t)\rangle$$

$$+\gamma_{y'x'}^{ph}\langle\hat{\sigma}_{vx}^{+}(t)\,\hat{\sigma}_{y'y'}(t+\tau)\,\hat{\sigma}_{vx}\rangle \tag{6.3.4}$$

做变换：

$$\widetilde{G}_{x'v}^{(2)}(t,\tau) = \mathrm{e}^{-\mathrm{i}\omega_L(t+\tau)}\langle\hat{\sigma}_{vx}^{+}(t)\,\hat{\sigma}_{x'v}(t+\tau)\,\hat{\sigma}_{vx}(t)\rangle \tag{6.3.5}$$

$$\widetilde{G}_{vx'}^{(2)}(t,\tau) = \mathrm{e}^{\mathrm{i}\omega_L(t+\tau)}\langle\hat{\sigma}_{vx}^{+}(t)\,\hat{\sigma}_{vx'}(t+\tau)\,\hat{\sigma}_{vx}(t)\rangle \tag{6.3.6}$$

将(6.3.5),(6.3.6)代入(6.3.4)式得

$$\frac{\mathrm{d}}{\mathrm{d}\tau}G_{x'x'}^{(2)}(t,\tau) = -\mathrm{i}\frac{1}{2}\Omega_{x'v}(t+\tau)(\widetilde{G}_{x'v}^{(2)}(t,\tau)-\widetilde{G}_{vx'}^{(2)}(t,\tau))$$

$$-(\gamma_{x'x}+\gamma_{x'v}+\gamma_{x'y'}^{ph})G_{x'x'}^{(2)}(t,\tau)+\gamma_{y'x'}^{ph}G_{y'y'}^{(2)}(t,\tau) \tag{6.3.7}$$

同理可以求得

$$\frac{\mathrm{d}}{\mathrm{d}\tau}G_{y'y'}^{(2)}(t,\tau) = -\mathrm{i}\frac{1}{2}\Omega_{y'v}(t+\tau)(\widetilde{G}_{y'v}^{(2)}(t,\tau)-\widetilde{G}_{vy'}^{(2)}(t,\tau))$$

$$-(\gamma_{y'y}+\gamma_{y'v}+\gamma_{y'x'}^{ph})G_{y'y'}^{(2)}(t,\tau)+\gamma_{x'y'}^{ph}G_{x'x'}^{(2)}(t,\tau) \tag{6.3.8}$$

其中

$$\widetilde{G}_{y'v}^{(2)}(t,\tau) = \mathrm{e}^{-\mathrm{i}\omega_L(t+\tau)}\langle\hat{\sigma}_{vx}^{+}(t)\,\hat{\sigma}_{y'v}(t+\tau)\,\hat{\sigma}_{vx}(t)\rangle \tag{6.3.9}$$

$$\widetilde{G}_{vy'}^{(2)}(t,\tau) = \mathrm{e}^{\mathrm{i}\omega_L(t+\tau)}\langle\hat{\sigma}_{vx}^{+}(t)\,\hat{\sigma}_{vy'}(t+\tau)\,\hat{\sigma}_{vx}(t)\rangle \tag{6.3.10}$$

$$\frac{\mathrm{d}}{\mathrm{d}\tau}\langle\hat{\sigma}_{xx}(t+\tau)\rangle$$

$$= \frac{\mathrm{d}}{\mathrm{d}\tau}\mathrm{tr}\{\hat{\sigma}_{xx}(t+\tau)\,\hat{\rho}(t+\tau)\}$$

$$= \mathrm{tr}\left\{\frac{\mathrm{d}}{\mathrm{d}\tau}\hat{\sigma}_{xx}(t+\tau)\,\hat{\rho}(t+\tau)\right\}+\mathrm{tr}\left\{\hat{\sigma}_{xx}(t+\tau)\,\frac{\mathrm{d}}{\mathrm{d}\tau}\hat{\rho}(t+\tau)\right\}$$

$$= -(\mathrm{i}/\hbar)\mathrm{tr}\{\hat{\sigma}_{xx}(t+\tau)\,\hat{H}^{(i)}\,\hat{\rho}(t+\tau)\}$$

$$+(\mathrm{i}/\hbar)\mathrm{tr}\{\hat{\sigma}_{xx}(t+\tau)\,\hat{\rho}(t+\tau)\,\hat{H}^{(i)}\}$$

$$+ \text{tr}\{\hat{\sigma}_{xx}(t+\tau)L(\hat{\rho}(t+\tau))\}$$

$$= \gamma_{x'x}\text{tr}\{\hat{\sigma}_{x'x'}(t+\tau)\hat{\rho}(t+\tau)\} - (\gamma_{xv}+\gamma_{xy}^{ph})\text{tr}\{\hat{\sigma}_{xx}(t+\tau)\hat{\rho}(t+\tau)\}$$

$$+ \gamma_{xy}^{ph}\text{tr}\{\hat{\sigma}_{yy}(t+\tau)\hat{\rho}(t+\tau)\}$$

$$= \gamma_{x'x}\langle\hat{\sigma}_{x'x'}(t+\tau)\rangle - (\gamma_{xv}+\gamma_{xy}^{ph})\langle\hat{\sigma}_{xx}(t+\tau)\rangle$$

$$+ \gamma_{xy}^{ph}\langle\hat{\sigma}_{yy}(t+\tau)\rangle \tag{6.3.11}$$

由附录 6.1 可以得到

$$\frac{\mathrm{d}}{\mathrm{d}\tau}\langle\hat{\sigma}_{vx}^{+}(t)\hat{\sigma}_{xx}(t+\tau)\hat{\sigma}_{vx}(t)\rangle = \gamma_{x'x}\langle\hat{\sigma}_{vx}^{+}(t)\hat{\sigma}_{x'x'}(t+\tau)\hat{\sigma}_{vx}(t)\rangle$$

$$- (\gamma_{xv}+\gamma_{xy}^{ph})\langle\hat{\sigma}_{vx}^{+}(t)\hat{\sigma}_{xx}(t+\tau)\hat{\sigma}_{vx}(t)\rangle$$

$$+ \gamma_{xy}^{ph}\langle\hat{\sigma}_{vx}^{+}(t)\hat{\sigma}_{yy}(t+\tau)\hat{\sigma}_{vx}(t)\rangle \tag{6.3.12}$$

因此

$$\frac{\mathrm{d}}{\mathrm{d}\tau}G_{xx}(t,\tau) = \gamma_{x'x}G_{x'x'}(t,\tau) - (\gamma_{xv}+\gamma_{xy}^{ph})G_{xx}(t,\tau)$$

$$+ \gamma_{yx}^{ph}G_{yy}(t,\tau) \tag{6.3.13}$$

同理可以求得

$$\frac{\mathrm{d}}{\mathrm{d}\tau}G_{yy}(t,\tau) = \gamma_{y'y}G_{y'y'}(t,\tau) - (\gamma_{yv}+\gamma_{yx}^{ph})G_{yy}(t,\tau)$$

$$+ \gamma_{xy}^{ph}G_{xx}(t,\tau) \tag{6.3.14}$$

由于系统的粒子数守恒：

$$\rho_{xx}(t+\tau) + \rho_{yy}(t+\tau) + \rho_{x'x'}(t+\tau) + \rho_{y'y'}(t+\tau) + \rho_{vv}(t+\tau) = 1 \tag{6.3.15}$$

也就是

$$\langle\hat{\sigma}_{xx}(t+\tau)\rangle + \langle\hat{\sigma}_{yy}(t+\tau)\rangle + \langle\hat{\sigma}_{x'x'}(t+\tau)\rangle$$

$$+ \langle\hat{\sigma}_{y'y'}(t+\tau)\rangle + \langle\hat{\sigma}_{vv}(t+\tau)\rangle = 1 \tag{6.3.16}$$

由(6.3.16)式得到

$$\frac{\mathrm{d}}{\mathrm{d}\tau}\langle\hat{\sigma}_{vv}(t+\tau)\rangle = -\frac{\mathrm{d}}{\mathrm{d}\tau}(\langle\hat{\sigma}_{xx}(t+\tau)\rangle + \langle\hat{\sigma}_{yy}(t+\tau)\rangle$$

$$+ \langle\hat{\sigma}_{x'x'}(t+\tau)\rangle + \langle\hat{\sigma}_{y'y'}(t+\tau)\rangle) \tag{6.3.17}$$

由附录 6.1 可以得到

$$\frac{\mathrm{d}}{\mathrm{d}\tau}\langle\hat{\sigma}_{vx}^{+}(t)\hat{\sigma}_{vv}(t+\tau)\hat{\sigma}_{vx}(t)\rangle$$

$$
\begin{aligned}
&= -\frac{\mathrm{d}}{\mathrm{d}\tau}\langle \hat{\sigma}_{vx}^{+}(t)\,\hat{\sigma}_{xx}(t+\tau)\,\hat{\sigma}_{vx}(t)\rangle \\
&\quad -\frac{\mathrm{d}}{\mathrm{d}\tau}\langle \hat{\sigma}_{vx}^{+}(t)\,\hat{\sigma}_{yy}(t+\tau)\,\hat{\sigma}_{vx}(t)\rangle \\
&\quad -\frac{\mathrm{d}}{\mathrm{d}\tau}\langle \hat{\sigma}_{vx}^{+}(t)\,\hat{\sigma}_{x'x'}(t+\tau)\,\hat{\sigma}_{vx}(t)\rangle \\
&\quad -\frac{\mathrm{d}}{\mathrm{d}\tau}\langle \hat{\sigma}_{vx}^{+}(t)\,\hat{\sigma}_{y'y'}(t+\tau)\,\hat{\sigma}_{vx}(t)\rangle \qquad (6.3.18)
\end{aligned}
$$

将 $(6.3.7),(6.3.8),(6.3.13),(6.3.14)$ 代入 $(6.3.18)$ 式得

$$
\begin{aligned}
\frac{\mathrm{d}}{\mathrm{d}\tau}G_{vv}^{(2)}(t,\tau) &= -\frac{1}{2}\mathrm{i}\Omega_{x'v}(t+\tau)(\widetilde{G}_{vx'}^{(2)}(t,\tau)-\widetilde{G}_{x'v}^{(2)}(t,\tau)) \\
&\quad -\frac{1}{2}\mathrm{i}\Omega_{y'v}(t+\tau)(\widetilde{G}_{vy'}^{(2)}(t,\tau)-\widetilde{G}_{y'v}^{(2)}(t,\tau)) \\
&\quad +\gamma_{x'v}\widetilde{G}_{x'x'}^{(2)}(t,\tau)+\gamma_{y'v}G_{y'y'}^{(2)}(t+\tau) \\
&\quad +\gamma_{xv}G_{xx}^{(2)}(t,\tau)+\gamma_{yv}G_{yy}^{(2)}(t,\tau) \qquad (6.3.19)
\end{aligned}
$$

$$
\frac{\mathrm{d}}{\mathrm{d}\tau}\langle \hat{\sigma}_{x'v}(t+\tau)\rangle
$$

$$
\begin{aligned}
&= \frac{\mathrm{d}}{\mathrm{d}\tau}\mathrm{tr}\{\hat{\sigma}_{x'v}(t+\tau)\,\hat{\rho}(t+\tau)\} \\
&= \mathrm{tr}\left\{\frac{\mathrm{d}}{\mathrm{d}\tau}\hat{\sigma}_{x'v}(t+\tau)\,\hat{\rho}(t+\tau)\right\}+\mathrm{tr}\left\{\hat{\sigma}_{x'v}(t+\tau)\,\frac{\mathrm{d}}{\mathrm{d}\tau}\hat{\rho}(t+\tau)\right\} \\
&= \mathrm{i}\omega_{x'v}\mathrm{tr}\{\hat{\sigma}_{x'v}(t+\tau)\,\hat{\rho}(t+\tau)\} \\
&\quad -\mathrm{i}\frac{1}{2}\Omega_{x'v}(t+\tau)\mathrm{e}^{\mathrm{i}\omega_L(t+\tau)}\mathrm{tr}\{\hat{\sigma}_{x'x'}(t+\tau)\,\hat{\rho}(t+\tau)\} \\
&\quad -\mathrm{i}\frac{1}{2}\Omega_{y'v}(t+\tau)\mathrm{e}^{\mathrm{i}\omega_L(t+\tau)}\mathrm{tr}\{\hat{\sigma}_{x'y'}(t+\tau)\,\hat{\rho}(t+\tau)\} \\
&\quad +\mathrm{i}\frac{1}{2}\Omega_{y'v}(t+\tau)\mathrm{e}^{\mathrm{i}\omega_L(t+\tau)}\mathrm{tr}\{\hat{\sigma}_{vv}(t+\tau)\,\hat{\rho}(t+\tau)\} \\
&\quad -\frac{1}{2}(\gamma_{x'x}+\gamma_{x'y'}^{ph}+\gamma_{x'v})\mathrm{tr}\{\hat{\sigma}_{x'v}(t+\tau)\,\hat{\rho}(t+\tau)\} \\
&= \mathrm{i}\omega_{x'v}\langle \hat{\sigma}_{x'v}(t+\tau)\rangle-\mathrm{i}\frac{1}{2}\Omega_{x'v}(t+\tau)\mathrm{e}^{\mathrm{i}\omega_L(t+\tau)}\langle \hat{\sigma}_{x'x'}(t+\tau)\rangle \\
&\quad -\mathrm{i}\frac{1}{2}\Omega_{y'v}(t+\tau)\mathrm{e}^{\mathrm{i}\omega_L(t+\tau)}\langle \hat{\sigma}_{x'y'}(t+\tau)\rangle \\
&\quad +\mathrm{i}\frac{1}{2}\Omega_{y'v}(t+\tau)\mathrm{e}^{\mathrm{i}\omega_L(t+\tau)}\langle \hat{\sigma}_{vv}(t+\tau)\rangle
\end{aligned}
$$

$$- \frac{1}{2}(\gamma_{x'x} + \gamma_{x'y'}^{ph} + \gamma_{x'v})\langle \hat{\sigma}_{x'v}(t+\tau)\rangle \tag{6.3.20}$$

由附录 6.1 可以得到

$$\frac{\mathrm{d}}{\mathrm{d}\tau}\langle \hat{\sigma}_{vx}^{+}(t)\,\hat{\sigma}_{x'v}(t+\tau)\,\hat{\sigma}_{vx}(t)\rangle$$

$$= \mathrm{i}\omega_{vx}\langle \hat{\sigma}_{vx}^{+}(t)\,\hat{\sigma}_{x'v}(t+\tau)\,\hat{\sigma}_{vx}(t)\rangle$$

$$- \mathrm{i}\frac{1}{2}\Omega_{x'v}(t+\tau)\mathrm{e}^{\mathrm{i}\omega_L(t+\tau)}\langle \hat{\sigma}_{vx}^{+}(t)\,\hat{\sigma}_{x'x'}(t+\tau)\,\hat{\sigma}_{vx}(t)\rangle$$

$$- \mathrm{i}\frac{1}{2}\Omega_{y'v}(t+\tau)\mathrm{e}^{\mathrm{i}\omega_L(t+\tau)}\langle \hat{\sigma}_{vx}^{+}(t)\,\hat{\sigma}_{x'y'}(t+\tau)\,\hat{\sigma}_{vx}(t)\rangle$$

$$+ \mathrm{i}\frac{1}{2}\Omega_{x'v}(t+\tau)\mathrm{e}^{\mathrm{i}\omega_L(t+\tau)}\langle \hat{\sigma}_{vx}^{+}(t)\,\hat{\sigma}_{vv}(t+\tau)\,\hat{\sigma}_{vx}(t)\rangle$$

$$- \frac{1}{2}(\gamma_{x'x} + \gamma_{x'y'}^{ph} + \gamma_{x'v})\langle \hat{\sigma}_{vx}^{+}(t)\,\hat{\sigma}_{x'v}(t+\tau)\,\hat{\sigma}_{vx}(t)\rangle \tag{6.3.21}$$

$$\frac{\mathrm{d}}{\mathrm{d}\tau}\left[\mathrm{e}^{-\mathrm{i}\omega_L(t+\tau)}\langle \hat{\sigma}_{vx}^{+}(t+\tau)\,\hat{\sigma}_{x'v}(t+\tau)\,\hat{\sigma}_{vx}(t)\rangle\right]$$

$$= \mathrm{i}\delta_{x'v}\mathrm{e}^{-\mathrm{i}\omega_L(t+\tau)}\langle \hat{\sigma}_{vx}^{+}(t)\,\hat{\sigma}_{x'v}(t+\tau)\,\hat{\sigma}_{vx}(t)\rangle$$

$$- \mathrm{i}\frac{1}{2}\Omega_{x'v}(t+\tau)\langle \hat{\sigma}_{vx}^{+}(t)\,\hat{\sigma}_{x'x'}(t+\tau)\,\hat{\sigma}_{vx}(t)\rangle$$

$$- \mathrm{i}\frac{1}{2}\Omega_{y'v}(t+\tau)\langle \hat{\sigma}_{vx}^{+}(t)\,\hat{\sigma}_{x'y'}(t+\tau)\,\hat{\sigma}_{vx}(t)\rangle$$

$$+ \mathrm{i}\frac{1}{2}\Omega_{x'v}(t+\tau)\langle \hat{\sigma}_{vx}^{+}(t)\,\hat{\sigma}_{vv}(t+\tau)\,\hat{\sigma}_{vx}(t)\rangle$$

$$- \frac{1}{2}(\gamma_{x'x} + \gamma_{x'y'}^{ph} + \gamma_{x'v})\mathrm{e}^{-\mathrm{i}\omega_L(t+\tau)}\langle \hat{\sigma}_{vx}^{+}(t)\,\hat{\sigma}_{x'v}(t+\tau)\,\hat{\sigma}_{vx}(t)\rangle \tag{6.3.22}$$

所以

$$\frac{\mathrm{d}}{\mathrm{d}\tau}\widetilde{G}_{x'v}^{(2)}(t,\tau) = \mathrm{i}\delta_{x'v}\widetilde{G}_{x'v}^{(2)}(t,\tau) - \mathrm{i}\frac{1}{2}\Omega_{y'v}(t+\tau)\widetilde{G}_{x'y'}^{(2)}(t,\tau)$$

$$+ \mathrm{i}\frac{1}{2}\Omega_{x'v}(t+\tau)(G_{vv}^{(2)}(t,\tau) - G_{x'x'}^{(2)}(t,\tau))$$

$$- \frac{1}{2}(\gamma_{x'x} + \gamma_{x'y'}^{ph} + \gamma_{x'v})\widetilde{G}_{x'v}^{(2)}(t,\tau) \tag{6.3.23}$$

其中 $\delta_{x'v} = \omega_{x'v} - \omega_L$.

同理可以求得

$$\frac{\mathrm{d}}{\mathrm{d}\tau}\widetilde{G}_{vx'}^{(2)}(t,\tau) = -\mathrm{i}\delta_{x'v}\widetilde{G}_{vx'}^{(2)}(t,\tau) + \mathrm{i}\frac{1}{2}\Omega_{y'v}(t+\tau)\widetilde{G}_{y'x'}^{(2)}(t,\tau)$$

$$
-\mathrm{i}\,\frac{1}{2}\Omega_{x'v}(t+\tau)(G_{vv}^{(2)}(t,\tau)-G_{x'x'}^{(2)}(t,\tau))
$$

$$
-\frac{1}{2}(\gamma_{x'x}+\gamma_{x'y'}^{ph}+\gamma_{x'v})\,\widetilde{G}_{vx'}^{(2)}(t,\tau) \tag{6.3.24}
$$

$$
\frac{\mathrm{d}}{\mathrm{d}\tau}\langle\hat{\sigma}_{y'v}(t+\tau)\rangle
$$

$$
=\frac{\mathrm{d}}{\mathrm{d}\tau}\mathrm{tr}\{\hat{\sigma}_{y'v}(t+\tau)\hat{\rho}(t+\tau)\}
$$

$$
=\mathrm{tr}\left\{\frac{\mathrm{d}}{\mathrm{d}\tau}\hat{\sigma}_{y'v}(t+\tau)\hat{\rho}(t+\tau)\right\}+\mathrm{tr}\{\hat{\sigma}_{y'v}(t+\tau)\frac{\mathrm{d}}{\mathrm{d}\tau}\hat{\rho}(t+\tau)\}
$$

$$
=\mathrm{i}\omega_{y'v}\mathrm{tr}\{\hat{\sigma}_{y'v}(t+\tau)\hat{\rho}(t+\tau)\}
$$

$$
-\mathrm{i}\,\frac{1}{2}\Omega_{y'v}(t+\tau)\mathrm{e}^{\mathrm{i}\omega_L(t+\tau)}\mathrm{tr}\{\hat{\sigma}_{y'y'}(t+\tau)\hat{\rho}(t+\tau)\}
$$

$$
-\mathrm{i}\,\frac{1}{2}\Omega_{x'v}(t+\tau)\mathrm{e}^{\mathrm{i}\omega_L(t+\tau)}\langle\hat{\sigma}_{y'x'}(t+\tau)\rangle
$$

$$
+\mathrm{i}\,\frac{1}{2}\Omega_{y'v}(t+\tau)\mathrm{e}^{\mathrm{i}\omega_L(t+\tau)}\mathrm{tr}\{\hat{\sigma}_{vv}(t+\tau)\hat{\rho}(t+\tau)\}
$$

$$
-\frac{1}{2}(\gamma_{y'y}+\gamma_{y'x'}^{ph}+\gamma_{y'v})\mathrm{tr}\{\hat{\sigma}_{y'v}(t+\tau)\hat{\rho}(t+\tau)\}
$$

$$
=\mathrm{i}\omega_{y'v}\langle\hat{\sigma}_{y'v}(t+\tau)\rangle-\mathrm{i}\,\frac{1}{2}\Omega_{y'v}(t+\tau)\mathrm{e}^{\mathrm{i}\omega_L(t+\tau)}\langle\hat{\sigma}_{y'y'}(t+\tau)\rangle
$$

$$
-\mathrm{i}\,\frac{1}{2}\Omega_{x'v}(t+\tau)\mathrm{e}^{\mathrm{i}\omega_L(t+\tau)}\langle\hat{\sigma}_{y'x'}(t+\tau)\rangle
$$

$$
+\mathrm{i}\,\frac{1}{2}\Omega_{y'}(t+\tau)\mathrm{e}^{\mathrm{i}\omega_L(t+\tau)}\langle\hat{\sigma}_{vv}(t+\tau)\rangle
$$

$$
-\frac{1}{2}(\gamma_{y'y}+\gamma_{y'x'}^{ph}+\gamma_{y'v})\langle\hat{\sigma}_{y'v}(t+\tau)\rangle \tag{6.3.25}
$$

由附录 6.1 可以得到

$$
\frac{\mathrm{d}}{\mathrm{d}\tau}\langle\hat{\sigma}_{vx}^{+}(t)\hat{\sigma}_{y'v}(t+\tau)\hat{\sigma}_{vx}(t)\rangle
$$

$$
=\mathrm{i}\omega_{y'v}\langle\hat{\sigma}_{vx}^{+}(t)\hat{\sigma}_{y'v}(t+\tau)\hat{\sigma}_{vx}(t)\rangle
$$

$$
-\mathrm{i}\,\frac{1}{2}\Omega_{y'v}(t+\tau)\mathrm{e}^{\mathrm{i}\omega_L(t+\tau)}\langle\hat{\sigma}_{vx}^{+}(t)\hat{\sigma}_{y'y'}(t+\tau)\hat{\sigma}_{vx}(t)\rangle
$$

$$
-\mathrm{i}\,\frac{1}{2}\Omega_{x'v}(t+\tau)\mathrm{e}^{\mathrm{i}\omega_L(t+\tau)}\langle\hat{\sigma}_{vx}^{+}(t)\hat{\sigma}_{y'x'}(t+\tau)\hat{\sigma}_{vx}(t)\rangle
$$

$$
+\mathrm{i}\,\frac{1}{2}\Omega_{y'v}(t+\tau)\mathrm{e}^{\mathrm{i}\omega_L(t+\tau)}\langle\hat{\sigma}_{vx}^{+}(t)\hat{\sigma}_{vv}(t+\tau)\hat{\sigma}_{vx}(t)\rangle
$$

$$-\frac{1}{2}(\gamma_{y'y} + \gamma_{y'x'}^{ph} + \gamma_{y'v})\langle \hat{\sigma}_{vx}^{+}(t)\ \hat{\sigma}_{y'v}(t+\tau)\ \hat{\sigma}_{vx}(t)\rangle \tag{6.3.26}$$

$$\frac{\mathrm{d}}{\mathrm{d}\tau}\big[\mathrm{e}^{-\mathrm{i}\omega_L(t+\tau)}\langle \hat{\sigma}_{vx}^{+}(t)\ \hat{\sigma}_{y'v}(t+\tau)\ \hat{\sigma}_{vx}(t)\rangle\big]$$

$$= \mathrm{i}\delta_{y'v}\mathrm{e}^{-\mathrm{i}\omega_L(t+\tau)}\langle \hat{\sigma}_{vx}^{+}(t)\ \hat{\sigma}_{y'v}(t+\tau)\ \hat{\sigma}_{vx}(t)\rangle$$

$$-\mathrm{i}\frac{1}{2}\Omega_{y'v}(t+\tau)\langle \hat{\sigma}_{vx}^{+}(t)\ \hat{\sigma}_{y'y'}(t+\tau)\ \hat{\sigma}_{vx}(t)\rangle$$

$$-\mathrm{i}\frac{1}{2}\Omega_{x'v}(t+\tau)\langle \hat{\sigma}_{vx}^{+}(t)\ \hat{\sigma}_{y'x'}(t+\tau)\ \hat{\sigma}_{vx}(t)\rangle$$

$$+\mathrm{i}\frac{1}{2}\Omega_{y'v}(t+\tau)\langle \hat{\sigma}_{vx}^{+}(t)\ \hat{\sigma}_{vv}(t+\tau)\ \hat{\sigma}_{vx}(t)\rangle$$

$$-\frac{1}{2}(\gamma_{y'y} + \gamma_{y'x'}^{ph} + \gamma_{y'v})\mathrm{e}^{-\mathrm{i}\omega_L(t+\tau)}\langle \hat{\sigma}_{vx}^{+}(t)\ \hat{\sigma}_{y'v}(t+\tau)\ \hat{\sigma}_{vx}(t)\rangle \tag{6.3.27}$$

将(6.3.9),(6.3.10)代入(6.3.27)式得

$$\frac{\mathrm{d}}{\mathrm{d}\tau}\widetilde{G}_{y'v}^{(2)}(t,\tau) = \mathrm{i}\delta_{y'v}\widetilde{G}_{y'v}^{(2)}(t,\tau) - \mathrm{i}\frac{1}{2}\Omega_{x'v}(t+\tau)\ \widetilde{G}_{y'x'}^{(2)}(t,\tau)$$

$$-\mathrm{i}\frac{1}{2}\Omega_{y'v}(t+\tau)(G_{y'y'}^{(2)}(t,\tau) - G_{vv}^{(2)}(t,\tau))$$

$$-\frac{1}{2}(\gamma_{y'y} + \gamma_{y'x'}^{ph} + \gamma_{y'v})\ \widetilde{G}_{y'v}^{(2)}(t,\tau) \tag{6.3.28}$$

其中 $\delta_{y'v} = \omega_{y'v} - \omega_L$.

同理可以求得

$$\frac{\mathrm{d}}{\mathrm{d}\tau}\widetilde{G}_{vy'}^{(2)}(t,\tau) = -\mathrm{i}\delta_{y'v}\widetilde{G}_{vy'}^{(2)}(t,\tau) + \mathrm{i}\frac{1}{2}\Omega_{x'v}(t+\tau)\ \widetilde{G}_{x'y'}^{(2)}(t,\tau)$$

$$+\mathrm{i}\frac{1}{2}\Omega_{y'v}(t+\tau)(G_{y'y'}^{(2)}(t,\tau) - G_{vv}^{(2)}(t,\tau))$$

$$-\frac{1}{2}(\gamma_{y'y} + \gamma_{y'x'}^{ph} + \gamma_{y'v})\ \widetilde{G}_{vy'}^{(2)}(t,\tau) \tag{6.3.29}$$

$$\frac{\mathrm{d}}{\mathrm{d}\tau}\langle \hat{\sigma}_{x'y'}(t+\tau)\rangle$$

$$= \frac{\mathrm{d}}{\mathrm{d}\tau}\mathrm{tr}\{\hat{\sigma}_{x'y'}(t+\tau)\ \hat{\rho}(t+\tau)\}$$

$$= \mathrm{tr}\Big\{\frac{\mathrm{d}}{\mathrm{d}\tau}\hat{\sigma}_{x'y'}(t+\tau)\ \hat{\rho}(t+\tau)\Big\} + \mathrm{tr}\Big\{\hat{\sigma}_{x'y'}(t+\tau)\ \frac{\mathrm{d}}{\mathrm{d}\tau}\hat{\rho}(t+\tau)\Big\}$$

$$= -\mathrm{i}((\omega - \omega_{x'v}) - (\omega - \omega_{y'v}))\mathrm{tr}\{\hat{\sigma}_{x'y'}(t+\tau)\ \hat{\rho}(t+\tau)\}$$

$$- i \frac{1}{2} \Omega_{x'v}(t + \tau) e^{-i\omega_L(t+\tau)} \text{tr}\{\hat{\sigma}_{x'v}(t + \tau) \hat{\rho}(t + \tau)\}$$

$$+ i \frac{1}{2} \Omega_{y'v}(t + \tau) e^{i\omega_L(t+\tau)} \text{tr}\{\hat{\sigma}_{vy'}(t + \tau) \hat{\rho}(t + \tau)\}$$

$$- \frac{1}{2}(\gamma_{x'x} + \gamma_{y'y} + \gamma_{y'x}^{ph} + \gamma_{x'y'}^{ph} + \gamma_{x'v} + \gamma_{y'v})$$

$$\cdot \text{tr}\{\hat{\sigma}_{x'y'}(t + \tau) \hat{\rho}(t + \tau)\}$$

$$= - i(\delta_{x'v} - \delta_{y'v})\langle \hat{\sigma}_{x'y'}(t + \tau)\rangle$$

$$- i \frac{1}{2} \Omega_{x'v}(t + \tau) e^{-i\omega_L(t+\tau)} \langle \hat{\sigma}_{x'v}(t + \tau)\rangle$$

$$+ i \frac{1}{2} \Omega_{y'v}(t + \tau) e^{i\omega_L(t+\tau)} \langle \hat{\sigma}_{vy'}(t + \tau)\rangle$$

$$- \frac{1}{2}(\gamma_{x'x} + \gamma_{y'y} + \gamma_{y'x}^{ph} + \gamma_{x'y'}^{ph} + \gamma_{x'v} + \gamma_{y'v})\langle \hat{\sigma}_{x'y'}(t + \tau)\rangle \qquad (6.3.30)$$

由附录 6.1 可以得到

$$\frac{d}{d\tau}\langle \hat{\sigma}_{vx}^{+}(t) \hat{\sigma}_{x'y'}(t + \tau) \hat{\sigma}_{vx}(t)\rangle$$

$$= - i(\delta_{x'v} - \delta_{y'v})\langle \hat{\sigma}_{vx}^{+}(t) \hat{\sigma}_{x'y'}(t + \tau) \hat{\sigma}_{vx}(t)\rangle$$

$$- i \frac{1}{2} \Omega_{x'v}(t + \tau) e^{-i\omega_L(t+\tau)} \langle \hat{\sigma}_{vx}^{+}(t) \hat{\sigma}_{x'v}(t + \tau) \hat{\sigma}_{vx}(t)\rangle$$

$$+ i \frac{1}{2} \Omega_{y'v}(t + \tau) e^{i\omega_L(t+\tau)} \langle \hat{\sigma}_{vx}^{+}(t) \hat{\sigma}_{vy'}(t + \tau) \hat{\sigma}_{vx}(t)\rangle$$

$$- \frac{1}{2}(\gamma_{x'x} + \gamma_{y'y} + \gamma_{y'x}^{ph} + \gamma_{x'y'}^{ph} + \gamma_{x'v} + \gamma_{y'v})$$

$$\cdot \langle \hat{\sigma}_{vx}^{+}(t) \hat{\sigma}_{x'y'}(t + \tau) \hat{\sigma}_{vx}(t)\rangle \qquad (6.3.31)$$

将(6.3.9),(6.3.10)代入(6.3.31)式得

$$\frac{d}{d\tau}\widetilde{G}_{x'y'}^{(2)}(t,\tau) = i(\delta_{x'v} - \delta_{y'v})\widetilde{G}_{x'y'}^{(2)}(t,\tau) + i \frac{1}{2} \Omega_{y'v}(t + \tau)\widetilde{G}_{vy'}^{(2)}(t,\tau)$$

$$- i \frac{1}{2} \Omega_{x'v}(t + \tau)\widetilde{G}_{x'v}^{(2)}(t,\tau) - \frac{1}{2}(\gamma_{y'y} + \gamma_{x'x} + \gamma_{y'x}^{ph}$$

$$+ \gamma_{x'y'}^{ph} + \gamma_{x'v} + \gamma_{y'v})\widetilde{G}_{x'y'}^{(2)}(t,\tau)$$

$$\frac{d}{d\tau}\widetilde{G}_{y'x'}^{(2)}(t,\tau) = - i(\delta_{x'v} - \delta_{y'v})\widetilde{G}_{y'x'}^{(2)}(t,\tau) - i \frac{1}{2} \Omega_{y'v}(t + \tau)$$

$$\cdot \widetilde{G}_{y'v}^{(2)}(t,\tau) + \mathrm{i}\frac{1}{2}\Omega_{x'v}(t+\tau)\widetilde{G}_{vx'}^{(2)}(t,\tau)$$

$$- \frac{1}{2}(\gamma_{y'y} + \gamma_{x'x} + \gamma_{y'x'}^{ph} + \gamma_{x'y'}^{ph} + \gamma_{x'v} + \gamma_{y'v})$$

$$\cdot \widetilde{G}_{y'x'}^{(2)}(t,\tau) \tag{6.3.32}$$

由以上各式得到二阶相关函数矢量的运动方程组：

$$\frac{\mathrm{d}}{\mathrm{d}\tau}G_{vv}^{(2)}(t,\tau) = -\frac{1}{2}\mathrm{i}\Omega_{x'v}(t+\tau)(\widetilde{G}_{vx'}^{(2)}(t,\tau) - \widetilde{G}_{x'v}^{(2)}(t,\tau))$$

$$- \frac{1}{2}\mathrm{i}\Omega_{y'v}(t+\tau)(\widetilde{G}_{vy'}^{(2)}(t,\tau) - \widetilde{G}_{y'v}^{(2)}(t,\tau))$$

$$+ \gamma_{x'v}G_{x'x'}^{(2)}(t,\tau) + \gamma_{y'v}G_{y'y'}^{(2)}(t,\tau)$$

$$+ \gamma_{xv}G_{xx}^{(2)}(t,\tau) + \gamma_{yv}G_{yy}^{(2)}(t,\tau);$$

$$\frac{\mathrm{d}}{\mathrm{d}\tau}G_{x'x'}^{(2)}(t,\tau) = -\mathrm{i}\frac{1}{2}\Omega_{x'v}(t+\tau)(\widetilde{G}_{x'v}^{(2)}(t,\tau) - \widetilde{G}_{vx'}^{(2)}(t,\tau))$$

$$- (\gamma_{x'x} + \gamma_{x'v} + \gamma_{x'y'}^{ph})G_{x'x'}^{(2)} + \gamma_{y'x'}^{ph}G_{y'y'}^{(2)}(t,\tau);$$

$$\frac{\mathrm{d}}{\mathrm{d}\tau}G_{y'y'}^{(2)}(t,\tau) = -\mathrm{i}\frac{1}{2}\Omega_{y'v}(t+\tau)(\widetilde{G}_{y'v}^{(2)}(t,\tau) - \widetilde{G}_{vy'}^{(2)}(t,\tau))$$

$$- (\gamma_{y'y} + \gamma_{y'v} + \gamma_{y'x'}^{ph})G_{y'y'}^{(2)}(t,\tau) + \gamma_{x'y'}^{ph}G_{x'x'}^{(2)}(t,\tau);$$

$$\frac{\mathrm{d}}{\mathrm{d}\tau}G_{xx}(t,\tau) = \gamma_{x'x}G_{x'x'}(t,\tau) - (\gamma_{xv} + \gamma_{xy}^{ph})G_{xx}(t,\tau)$$

$$+ \gamma_{yx}^{ph}G_{yy}(t,\tau);$$

$$\frac{\mathrm{d}}{\mathrm{d}\tau}G_{yy}(t,\tau) = \gamma_{y'y}G_{y'y'}(t,\tau) - (\gamma_{yv} + \gamma_{yx}^{ph})G_{yy}(t,\tau)$$

$$+ \gamma_{xy}^{ph}G_{xx}(t,\tau);$$

$$\frac{\mathrm{d}}{\mathrm{d}\tau}\widetilde{G}_{vx'}^{(2)}(t,\tau) = -\mathrm{i}\delta_{x'v}\widetilde{G}_{vx'}^{(2)}(t,\tau) + \mathrm{i}\frac{1}{2}\Omega_{y'v}(t+\tau)\widetilde{G}_{y'x'}^{(2)}(t,\tau)$$

$$- \mathrm{i}\frac{1}{2}\Omega_{x'v}(t+\tau)(G_{vv}^{(2)}(t,\tau) - G_{x'x'}^{(2)}(t,\tau))$$

$$- \frac{1}{2}(\gamma_{x'x} + \gamma_{x'y'}^{ph} + \gamma_{x'v})\widetilde{G}_{vx'}^{(2)}(t,\tau);$$

$$\frac{\mathrm{d}}{\mathrm{d}\tau}\widetilde{G}_{x'v}^{(2)}(t,\tau) = \mathrm{i}\delta_{x'v}\widetilde{G}_{x'v}^{(2)}(t,\tau) - \mathrm{i}\frac{1}{2}\Omega_{y'v}(t+\tau)\widetilde{G}_{x'y'}^{(2)}(t,\tau)$$

$$+ \mathrm{i}\frac{1}{2}\Omega_{x'v}(t+\tau)(G_{vv}^{(2)}(t,\tau) - G_{x'x'}^{(2)}(t,\tau))$$

$$-\frac{1}{2}(\gamma_{x'x} + \gamma_{x'y'}^{ph} + \gamma_{x'v})\,\widetilde{G}_{x'v}^{(2)}(t,\tau);$$

$$\frac{\mathrm{d}}{\mathrm{d}\tau}\widetilde{G}_{vy'}^{(2)}(t,\tau) = -\mathrm{i}\delta_{y'v}\,\widetilde{G}_{vy'}^{(2)}(t,\tau) + \mathrm{i}\,\frac{1}{2}\Omega_{x'v}(t+\tau)\,\widetilde{G}_{x'y'}^{(2)}(t,\tau)$$

$$+\mathrm{i}\,\frac{1}{2}\Omega_{y'v}(t+\tau)(G_{y'y'}^{(2)}(t,\tau) - G_{vv}^{(2)}(t,\tau))$$

$$-\frac{1}{2}(\gamma_{y'y} + \gamma_{y'x'}^{ph} + \gamma_{y'v})\,\widetilde{G}_{vy'}^{(2)}(t,\tau);$$

$$\frac{\mathrm{d}}{\mathrm{d}\tau}\widetilde{G}_{y'v}^{(2)}(t,\tau) = \mathrm{i}\delta_{y'v}\,\widetilde{G}_{y'v}^{(2)}(t,\tau) - \mathrm{i}\,\frac{1}{2}\Omega_{x'v}(t+\tau)\,\widetilde{G}_{y'x'}^{(2)}(t,\tau)$$

$$-\mathrm{i}\,\frac{1}{2}\Omega_{y'v}(t+\tau)(G_{y'y'}^{(2)}(t,\tau) - G_{vv}^{(2)}(t,\tau))$$

$$-\frac{1}{2}(\gamma_{y'y} + \gamma_{y'x'}^{ph} + \gamma_{y'v})\,\widetilde{G}_{y'v}^{(2)}(t,\tau);$$

$$\frac{\mathrm{d}}{\mathrm{d}\tau}\widetilde{G}_{x'y'}^{(2)}(t,\tau) = \mathrm{i}(\delta_{x'v} - \delta_{y'v})\,\widetilde{G}_{x'y'}^{(2)}(t,\tau)$$

$$+\mathrm{i}\,\frac{1}{2}\Omega_{x'v}(t+\tau)\,\widetilde{G}_{vy'}^{(2)}(t,\tau)$$

$$-\mathrm{i}\,\frac{1}{2}\Omega_{y'v}(t+\tau)G_{x'v}^{(2)}(t,\tau)$$

$$-\frac{1}{2}(\gamma_{y'y} + \gamma_{x'x} + \gamma_{y'x'}^{ph} + \gamma_{x'y'}^{ph} + \gamma_{x'v} + \gamma_{y'v})\,\widetilde{G}_{x'y'}^{(2)}(t,\tau);$$

$$\frac{\mathrm{d}}{\mathrm{d}\tau}\widetilde{G}_{y'x'}^{(2)}(t,\tau) = -\mathrm{i}(\delta_{x'v} - \delta_{y'v})\,\widetilde{G}_{y'x'}^{(2)}(t,\tau)$$

$$-\mathrm{i}\,\frac{1}{2}\Omega_{x'v}(t+\tau)\,\widetilde{G}_{y'v}^{(2)}(t,\tau)$$

$$+\mathrm{i}\,\frac{1}{2}\Omega_{y'v}(t+\tau)\,\widetilde{G}_{vx'}^{(2)}(t,\tau)$$

$$-\frac{1}{2}(\gamma_{y'y} + \gamma_{x'x} + \gamma_{y'x'}^{ph} + \gamma_{x'y'}^{ph} + \gamma_{x'v} + \gamma_{y'v})$$

$$\cdot\,\widetilde{G}_{y'x'}^{(2)}(t,\tau) \tag{6.3.33}$$

引入该 V 型多能级体系中 $G_{xv \to yv}^{(2)}(t,\tau)$ 对应的双时二阶相关函数矢量 $\boldsymbol{G}_{xv \to yv}(t,\tau)$：
$\boldsymbol{G}_{xv \to yv}(t,\tau) = \{G_{vv}^{(2)}, G_{x'x'}^{(2)}, G_{y'y'}^{(2)}, G_{xx}^{(2)}, G_{yy}^{(2)}, \widetilde{G}_{vx'}^{(2)}, \widetilde{G}_{x'v}^{(2)}, \widetilde{G}_{vy'}^{(2)}, \widetilde{G}_{y'v}^{(2)}, \widetilde{G}_{x'y'}^{(2)}, \widetilde{G}_{y'x'}^{(2)}\}$，并且
取 $\gamma_{x'y'}^{ph} = \gamma_{y'x'}^{ph}$，$\gamma_{xy}^{ph} = \gamma_{yx}^{ph}$．将(6.3.33)式写成矩阵形式：

$$\frac{\mathrm{d}}{\mathrm{d}\tau}\boldsymbol{G}_{xv \to yv}(t,\tau) = \boldsymbol{M}^{(G)}(t+\tau)\boldsymbol{G}_{xv \to yv}(t,\tau) - \boldsymbol{\Gamma}^{(G)}\boldsymbol{G}_{xv \to yv}(t,\tau) \tag{6.3.34}$$

其中

$$M^{(G)}(t+\tau) =$$

$$-\frac{\mathrm{i}}{2}\begin{pmatrix}
0 & 0 & 0 & 0 & 0 & \Omega_{x'v} & -\Omega_{x'v} & \Omega_{y'v} & -\Omega_{y'v} & 0 & 0 \\
0 & 0 & 0 & 0 & 0 & -\Omega_{x'v} & \Omega_{x'v} & 0 & 0 & 0 & 0 \\
0 & 0 & 0 & 0 & 0 & 0 & -\Omega_{y'v} & \Omega_{y'v} & 0 & 0 & 0 \\
0 & 0 & 0 & 0 & 0 & 0 & 0 & 0 & 0 & 0 & 0 \\
0 & 0 & 0 & 0 & 0 & 0 & 0 & 0 & 0 & 0 & 0 \\
\Omega_{x'v} & -\Omega_{x'v} & 0 & 0 & 0 & 2\delta_{x'v} & 0 & 0 & 0 & 0 & -\Omega_{y'v} \\
-\Omega_{x'v} & \Omega_{x'v} & 0 & 0 & 0 & -2\delta_{x'v} & 0 & 0 & \Omega_{y'v} & 0 & 0 \\
\Omega_{y'v} & 0 & -\Omega_{y'v} & 0 & 0 & 0 & 2\delta_{y'v} & 0 & -\Omega_{x'v} & 0 & 0 \\
-\Omega_{y'v} & 0 & \Omega_{y'v} & 0 & 0 & 0 & 0 & -2\delta_{y'v} & 0 & \Omega_{x'v} & 0 \\
0 & 0 & 0 & 0 & 0 & \Omega_{y'v} & -\Omega_{x'v} & 0 & 2(\delta_{y'v}-\delta_{x'v}) & 0 & 0 \\
0 & 0 & 0 & 0 & 0 & -\Omega_{y'v} & 0 & 0 & \Omega_{x'v} & 0 & -2(\delta_{y'v}-\delta_{x'v})
\end{pmatrix}$$

$$\tag{6.3.35}$$

$$\boldsymbol{\Gamma}^{(G)} = \begin{pmatrix} \boldsymbol{\Gamma}_{\mathrm{I}} & 0 \\ 0 & \boldsymbol{\Gamma}_{\mathrm{II}} \end{pmatrix} \tag{6.3.36}$$

其中

$$\boldsymbol{\Gamma}_{\mathrm{I}} = \begin{pmatrix}
0 & -\gamma_{x'v} & -\gamma_{y'v} & -\gamma_{xv} & \gamma_{yv} \\
0 & \gamma_{x'x}+\gamma^{ph}_{x'y'}+\gamma_{x'v} & -\gamma^{ph}_{x'y'} & 0 & 0 \\
0 & -\gamma^{ph}_{x'y'} & \gamma_{y'y}+\gamma^{ph}_{x'y'}+\gamma_{y'v} & 0 & 0 \\
0 & -\gamma_{x'x} & 0 & \gamma_{xv}+\gamma^{ph}_{xy} & -\gamma^{ph}_{xy} \\
0 & 0 & -\gamma_{y'y} & -\gamma^{ph}_{xy} & \gamma_{yv}+\gamma^{ph}_{xy}
\end{pmatrix} \tag{6.3.37}$$

$$\boldsymbol{\Gamma}_{\mathrm{II}} = \begin{pmatrix}
A & 0 & 0 & 0 & 0 & 0 \\
0 & A & 0 & 0 & 0 & 0 \\
0 & 0 & B & 0 & 0 & 0 \\
0 & 0 & 0 & B & 0 & 0 \\
0 & 0 & 0 & 0 & C & 0 \\
0 & 0 & 0 & 0 & 0 & C
\end{pmatrix} \tag{6.3.38}$$

上式中 $A = \dfrac{\gamma_{x'x}+\gamma^{ph}_{x'y'}+\gamma_{x'v}}{2}$，$B = \dfrac{\gamma_{y'y}+\gamma^{ph}_{x'y'}+\gamma_{y'v}}{2}$，$C = \dfrac{\gamma_{y'y}+\gamma_{x'x}+2\gamma^{ph}_{x'y'}+\gamma_{x'v}+\gamma_{y'v}}{2}$.

对比(6.3.35)和(5.1.35)可以看出，$M^{(G)}(t+\tau)$ 和 $M^{(\rho)}(t)$ 在形式上仅仅相差一个负号；由(6.3.36)和(5.1.36)知 $\boldsymbol{\Gamma}^{(G)} = \boldsymbol{\Gamma}^{(\rho)}$。

附录 7.1 双激子三能级体系二阶相关函数运动方程

激子-双激子三能级结构如图 7.1.1 所示,三个能级分别为双激子态 $|b\rangle$,激子态 $|e\rangle$ 以及真空态 $|v\rangle$.

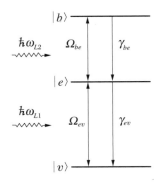

图 7.1.1 激子-双激子三能级结构示意图

在旋转波近似下,相互作用表象中系统的相互作用哈密顿量为

$$\hat{H}^{(i)} = \frac{1}{2}\hbar\big[\Omega_{ev}\mathrm{e}^{-\mathrm{i}\omega_{L1}t}\hat{\sigma}_{ev}^{(i)}(t) + \Omega_{be}\mathrm{e}^{-\mathrm{i}\omega_{L2}t}\hat{\sigma}_{be}^{(i)}(t) + \mathrm{h.c.}\big] \tag{7.1.1}$$

其中上标 (i) 表示相互作用表象,$\Omega_{ev}\mathrm{e}^{-\mathrm{i}\omega_{L1}t}$,$\Omega_{be}\mathrm{e}^{-\mathrm{i}\omega_{L2}t}$ 分别是相互作用表象中 $|e\rangle\sim|v\rangle$ 以及 $|b\rangle\sim|e\rangle$ 之间跃迁的 Rabi 频率,ω_{L1} 和 ω_{L2} 是激发光场的频率. $\hat{\sigma}_{ev}^{(i)} = \hat{\sigma}_{ev}\mathrm{e}^{\mathrm{i}\omega_{ev}t}$, $\hat{\sigma}_{be}^{(i)} = \hat{\sigma}_{be}\mathrm{e}^{\mathrm{i}\omega_{be}t}$ 是相互作用表象中的偶极跃迁算符,$\hat{\sigma}_{ev} = |e\rangle\langle v|$, $\hat{\sigma}_{be} = |b\rangle\langle e|$ 是 Schrödinger 表象中的偶极跃迁算符,ω_{ev},ω_{be} 分别是 $|e\rangle$ 与 $|v\rangle$ 以及 $|b\rangle$ 与 $|e\rangle$ 之间的跃迁频率.

系统的主方程为

$$\frac{\mathrm{d}}{\mathrm{d}t}\hat{\rho} = -(\mathrm{i}/\hbar)[\hat{H}^{(i)},\hat{\rho}] + L(\hat{\rho}) \tag{7.1.2}$$

其中耗散项 $L(\hat{\rho})$ 为

$$L(\hat{\rho}) = \frac{1}{2}\big[\gamma_{be}(2\hat{\sigma}_{eb}^{(i)}\rho\hat{\sigma}_{be}^{(i)} - \hat{\sigma}_{bb}\rho - \rho\hat{\sigma}_{bb})$$

$$+ \gamma_{ev}(2\,\hat{\sigma}_{ve}^{(i)}\hat{\rho}\hat{\sigma}_{ev}^{(i)} - \hat{\sigma}_{ee}\hat{\rho} - \hat{\rho}\hat{\sigma}_{ee})] \tag{7.1.3}$$

$$\frac{\mathrm{d}}{\mathrm{d}\tau}\langle\hat{\sigma}_{ee}(t+\tau)\rangle$$

$$= \mathrm{tr}\left\{\frac{\mathrm{d}}{\mathrm{d}\tau}\hat{\sigma}_{ee}(t+\tau)\hat{\rho}(t+\tau)\right\} + \mathrm{tr}\left\{\hat{\sigma}_{ee}(t+\tau)\frac{\mathrm{d}}{\mathrm{d}\tau}\hat{\rho}(t+\tau)\right\}$$

$$= (-\mathrm{i}/\hbar)\mathrm{tr}\{\hat{\sigma}_{ee}(t+\tau)(\hat{H}^{(i)}\hat{\rho} - \hat{\rho}\hat{H}^{(i)})\}$$

$$\quad + \mathrm{tr}\{\hat{\sigma}_{ee}(t+\tau)L(\hat{\rho})\}$$

$$= -\mathrm{i}\frac{1}{2}\mathrm{tr}\{\Omega_{be}\mathrm{e}^{\mathrm{i}\omega_{L2}(t+\tau)}\hat{\sigma}_{eb}(t+\tau)\hat{\rho}(t+\tau)$$

$$\quad + \Omega_{ev}\mathrm{e}^{-\mathrm{i}\omega_{L1}(t+\tau)}\hat{\sigma}_{ev}(t+\tau)\hat{\rho}(t+\tau)$$

$$\quad - \Omega_{be}\mathrm{e}^{-\mathrm{i}\omega_{L2}(t+\tau)}\hat{\sigma}_{be}(t+\tau)\hat{\rho}(t+\tau)$$

$$\quad - \Omega_{ev}\mathrm{e}^{\mathrm{i}\omega_{L1}(t+\tau)}\hat{\sigma}_{ve}(t+\tau)\hat{\rho}(t+\tau)\}$$

$$\quad - \gamma_{ev}\langle\hat{\sigma}_{ee}(t+\tau)\rangle + \gamma_{be}\langle\hat{\sigma}_{bb}(t+\tau)\rangle$$

$$= -\frac{1}{2}\mathrm{i}\Omega_{be}\langle\hat{\sigma}_{eb}(t+\tau)\rangle\mathrm{e}^{\mathrm{i}\omega_{L2}(t+\tau)}$$

$$\quad - \frac{1}{2}\mathrm{i}\Omega_{ev}\langle\hat{\sigma}_{ev}(t+\tau)\rangle\mathrm{e}^{-\mathrm{i}\omega_{L1}(t+\tau)}$$

$$\quad + \frac{1}{2}\mathrm{i}\Omega_{be}\langle\hat{\sigma}_{be}(t+\tau)\rangle\mathrm{e}^{-\mathrm{i}\omega_{L2}(t+\tau)}$$

$$\quad + \frac{1}{2}\mathrm{i}\Omega_{ev}\langle\hat{\sigma}_{ve}(t+\tau)\rangle\mathrm{e}^{\mathrm{i}\omega_{L1}(t+\tau)} - \gamma_{ev}\langle\hat{\sigma}_{ee}(t+\tau)\rangle$$

$$\quad + \gamma_{be}\langle\hat{\sigma}_{bb}(t+\tau)\rangle \tag{7.1.4}$$

由附录 6.1 可得

$$\frac{\mathrm{d}}{\mathrm{d}\tau}\langle\hat{\sigma}_{eb}^{+}(t)\hat{\sigma}_{ee}(t+\tau)\hat{\sigma}_{eb}(t)\rangle$$

$$= -\mathrm{i}\frac{1}{2}\Omega_{be}\langle\hat{\sigma}_{eb}^{+}(t)\hat{\sigma}_{eb}(t+\tau)\hat{\sigma}_{eb}(t)\rangle\mathrm{e}^{\mathrm{i}\omega_{L2}(t+\tau)}$$

$$\quad - \mathrm{i}\frac{1}{2}\Omega_{ev}\langle\hat{\sigma}_{eb}^{+}(t)\hat{\sigma}_{ev}(t+\tau)\hat{\sigma}_{eb}(t)\rangle\mathrm{e}^{-\mathrm{i}\omega_{L1}(t+\tau)}$$

$$\quad + \mathrm{i}\frac{1}{2}\Omega_{be}\langle\hat{\sigma}_{eb}^{+}(t)\hat{\sigma}_{be}(t+\tau)\hat{\sigma}_{eb}(t)\rangle\mathrm{e}^{-\mathrm{i}\omega_{L2}(t+\tau)}$$

$$\quad + \mathrm{i}\frac{1}{2}\Omega_{ev}\langle\hat{\sigma}_{eb}^{+}(t)\hat{\sigma}_{ve}(t+\tau)\hat{\sigma}_{eb}(t)\rangle\mathrm{e}^{\mathrm{i}\omega_{L1}(t+\tau)}$$

$$\quad - \gamma_{ev}\langle\hat{\sigma}_{eb}^{+}(t)\hat{\sigma}_{ee}(t+\tau)\hat{\sigma}_{eb}(t)\rangle$$

$$\quad + \gamma_{be}\langle\hat{\sigma}_{eb}^{+}(t)\hat{\sigma}_{bb}(t+\tau)\hat{\sigma}_{eb}(t)\rangle \tag{7.1.5}$$

做变换：

$$\widetilde{G}_{eb}^{(2)}(t,\tau) = \langle \hat{\sigma}_{eb}^{+}(t)\,\hat{\sigma}_{eb}(t+\tau)\,\hat{\sigma}_{eb}(t)\rangle e^{i\omega_{L2}(t+\tau)} \tag{7.1.6}$$

$$\widetilde{G}_{be}^{(2)}(t,\tau) = \langle \hat{\sigma}_{eb}^{+}(t)\,\hat{\sigma}_{be}(t+\tau)\,\hat{\sigma}_{eb}(t)\rangle e^{-i\omega_{L2}(t+\tau)} \tag{7.1.7}$$

$$\widetilde{G}_{ev}^{(2)}(t,\tau) = \langle \hat{\sigma}_{eb}^{+}(t)\,\hat{\sigma}_{ev}(t+\tau)\,\hat{\sigma}_{eb}(t)\rangle e^{-i\omega_{L1}(t+\tau)} \tag{7.1.8}$$

$$\widetilde{G}_{ve}^{(2)}(t,\tau) = \langle \hat{\sigma}_{eb}^{+}(t)\,\hat{\sigma}_{ve}(t+\tau)\,\hat{\sigma}_{eb}(t)\rangle e^{i\omega_{L1}(t+\tau)} \tag{7.1.9}$$

将(7.1.6)~(7.1.9)代入(7.1.5)式得

$$
\begin{aligned}
\frac{\mathrm{d}}{\mathrm{d}\tau}G_{ee}^{(2)}(t,\tau) = {}& i\frac{1}{2}\Omega_{ev}\widetilde{G}_{ve}^{(2)}(t,\tau) - i\frac{1}{2}\Omega_{ev}\widetilde{G}_{ev}^{(2)}(t,\tau) \\
& + i\frac{1}{2}\Omega_{be}\widetilde{G}_{be}^{(2)}(t,\tau) - i\frac{1}{2}\Omega_{be}\widetilde{G}_{eb}^{(2)}(t,\tau) \\
& + \gamma_{be}G_{bb}^{(2)}(t,\tau) - \gamma_{ev}G_{ee}^{(2)}(t,\tau)
\end{aligned}
\tag{7.1.10}
$$

$$
\begin{aligned}
\frac{\mathrm{d}}{\mathrm{d}\tau}\langle\hat{\sigma}_{bb}(t+\tau)\rangle & \\
={}& \mathrm{tr}\left\{\frac{\mathrm{d}}{\mathrm{d}\tau}\hat{\sigma}_{bb}(t+\tau)\,\hat{\rho}(t+\tau)\right\} + \mathrm{tr}\left\{\hat{\sigma}_{bb}(t+\tau)\frac{\mathrm{d}}{\mathrm{d}\tau}\hat{\rho}(t+\tau)\right\} \\
={}& (-i/\hbar)\mathrm{tr}\{\hat{\sigma}_{bb}(t+\tau)(\hat{H}^{(i)}\hat{\rho} - \hat{\rho}\,\hat{H}^{(i)})\} \\
& + \mathrm{tr}\{\hat{\sigma}_{bb}(t+\tau)L(\hat{\rho})\} \\
={}& -i\frac{1}{2}\mathrm{tr}\{\Omega_{be}\hat{\sigma}_{be}(t+\tau)e^{-i\omega_{L2}(t+\tau)}\hat{\rho}(t+\tau) \\
& - \Omega_{be}\hat{\sigma}_{eb}(t+\tau)e^{i\omega_{L2}(t+\tau)}\hat{\rho}(t+\tau)\} - \gamma_{be}\langle\hat{\sigma}_{bb}(t+\tau)\rangle \\
={}& -i\frac{1}{2}\Omega_{be}\langle\hat{\sigma}_{be}(t+\tau)\rangle e^{-i\omega_{L2}(t+\tau)} \\
& + i\frac{1}{2}\Omega_{be}\langle\hat{\sigma}_{eb}(t+\tau)\rangle e^{i\omega_{L2}(t+\tau)} - \gamma_{be}\langle\hat{\sigma}_{bb}(t+\tau)\rangle
\end{aligned}
\tag{7.1.11}
$$

由附录6.1可得

$$
\begin{aligned}
\frac{\mathrm{d}}{\mathrm{d}\tau}\langle\hat{\sigma}_{eb}^{+}(t)\,\hat{\sigma}_{bb}(t+\tau)\,\hat{\sigma}_{eb}(t)\rangle & \\
={}& -i\frac{1}{2}\Omega_{be}\langle\hat{\sigma}_{eb}^{+}(t)\,\hat{\sigma}_{be}(t+\tau)\,\hat{\sigma}_{eb}(t)\rangle e^{-i\omega_{L2}(t+\tau)} \\
& + i\frac{1}{2}\Omega_{be}\langle\hat{\sigma}_{eb}^{+}(t)\,\hat{\sigma}_{eb}(t+\tau)\,\hat{\sigma}_{eb}(t)\rangle e^{i\omega_{L2}(t+\tau)} \\
& - \gamma_{be}\langle\hat{\sigma}_{eb}^{+}(t)\,\hat{\sigma}_{bb}(t+\tau)\,\hat{\sigma}_{eb}(t)\rangle
\end{aligned}
\tag{7.1.12}
$$

将(7.1.6),(7.1.8)代入(7.1.12)式得

$$\frac{\mathrm{d}}{\mathrm{d}\tau} G_{bb}^{(2)}(t,\tau) = -\mathrm{i}\frac{1}{2}\Omega_{be}\widetilde{G}_{be}^{(2)}(t,\tau) + \mathrm{i}\frac{1}{2}\Omega_{be}\widetilde{G}_{eb}^{(2)}(t,\tau)$$
$$- \gamma_{be}G_{bb}^{(2)}(t,\tau) \tag{7.1.13}$$

由于系统的粒子数守恒：

$$\rho_{vv}(t+\tau) + \rho_{ee}(t+\tau) + \rho_{bb}(t+\tau) = 1 \tag{7.1.14}$$

也就是

$$\langle \hat{\sigma}_{vv}(t+\tau)\rangle + \langle \hat{\sigma}_{ee}(t+\tau)\rangle + \langle \hat{\sigma}_{bb}(t+\tau)\rangle = 1 \tag{7.1.15}$$

因此

$$\frac{\mathrm{d}}{\mathrm{d}\tau}\langle \hat{\sigma}_{vv}(t+\tau)\rangle = -\frac{\mathrm{d}}{\mathrm{d}\tau}(\langle \hat{\sigma}_{ee}(t+\tau)\rangle + \langle \hat{\sigma}_{bb}(t+\tau)\rangle) \tag{7.1.16}$$

由附录 6.1 可得

$$\frac{\mathrm{d}}{\mathrm{d}\tau}\langle \hat{\sigma}_{eb}^{+}(t)\hat{\sigma}_{vv}(t+\tau)\hat{\sigma}_{eb}(t)\rangle = -\frac{\mathrm{d}}{\mathrm{d}\tau}\langle \hat{\sigma}_{eb}^{+}(t)\hat{\sigma}_{ee}(t+\tau)\hat{\sigma}_{eb}(t)\rangle$$
$$- \frac{\mathrm{d}}{\mathrm{d}\tau}\langle \hat{\sigma}_{eb}^{+}(t)\hat{\sigma}_{bb}(t+\tau)\hat{\sigma}_{eb}(t)\rangle \tag{7.1.17}$$

将 (7.1.10)，(7.1.13) 代入 (7.1.17) 式得

$$\frac{\mathrm{d}}{\mathrm{d}\tau}G_{vv}^{(2)}(t,\tau) = \mathrm{i}\frac{1}{2}\Omega_{ev}\widetilde{G}_{ev}^{(2)}(t,\tau) - \mathrm{i}\frac{1}{2}\Omega_{ev}\widetilde{G}_{ve}^{(2)}(t,\tau)$$
$$+ \gamma_{ev}G_{ee}^{(2)}(t,\tau) \tag{7.1.18}$$

$$\frac{\mathrm{d}}{\mathrm{d}\tau}\langle \hat{\sigma}_{be}(t+\tau)\rangle$$

$$= \mathrm{tr}\left\{\frac{\mathrm{d}}{\mathrm{d}\tau}\hat{\sigma}_{be}(t+\tau)\hat{\rho}(t+\tau)\right\} + \mathrm{tr}\left\{\hat{\sigma}_{be}(t+\tau)\frac{\mathrm{d}}{\mathrm{d}\tau}\hat{\rho}(t+\tau)\right\}$$

$$= \mathrm{i}\omega_{be}\mathrm{tr}\{\hat{\sigma}_{be}(t+\tau)\hat{\rho}(t+\tau)\}$$
$$- (\mathrm{i}/\hbar)\mathrm{tr}\{\hat{\sigma}_{be}(t+\tau)(\hat{H}^{(i)}\hat{\rho} - \hat{\rho}\hat{H}^{(i)})\} + \mathrm{tr}\{\hat{\sigma}_{be}(t+\tau)L(\hat{\rho})\}$$

$$= \mathrm{i}\omega_{be}\mathrm{tr}\{\hat{\sigma}_{be}(t+\tau)\hat{\rho}(t+\tau)\}$$
$$- \mathrm{i}\frac{1}{2}\mathrm{tr}\{-\Omega_{be}\hat{\sigma}_{ee}(t+\tau)\mathrm{e}^{\mathrm{i}\omega_{L2}(t+\tau)}\hat{\rho}(t+\tau)$$

$$+ \Omega_{ev}\hat{\sigma}_{bv}(t+\tau)\mathrm{e}^{-\mathrm{i}\omega_{L1}(t+\tau)}\hat{\rho}(t+\tau)$$

$$+ \Omega_{be}\hat{\sigma}_{bb}(t+\tau)\mathrm{e}^{\mathrm{i}\omega_{L2}(t+\tau)}\hat{\rho}(t+\tau)\}$$

$$- \frac{1}{2}(\gamma_{be} + \gamma_{ev})\langle \hat{\sigma}_{be}(t+\tau)\rangle \tag{7.1.19}$$

由附录 6.1 可得

$$\frac{\mathrm{d}}{\mathrm{d}\tau}\langle \hat{\sigma}_{eb}^{+}(t)\,\hat{\sigma}_{be}(t+\tau)\,\hat{\sigma}_{eb}(t)\rangle$$

$$= \mathrm{i}\omega_{be}\langle \hat{\sigma}_{eb}^{+}(t)\,\hat{\sigma}_{be}(t+\tau)\,\hat{\sigma}_{eb}(t)\rangle$$

$$- \mathrm{i}\frac{1}{2}\Omega_{be}\mathrm{e}^{\mathrm{i}\omega_{L2}(t+\tau)}\langle \hat{\sigma}_{eb}^{+}(t)\,\hat{\sigma}_{bb}(t+\tau)\,\hat{\sigma}_{eb}(t)\rangle$$

$$- \mathrm{i}\frac{1}{2}\Omega_{ev}\mathrm{e}^{-\mathrm{i}\omega_{L1}(t+\tau)}\langle \hat{\sigma}_{eb}^{+}(t)\,\hat{\sigma}_{bv}(t+\tau)\,\hat{\sigma}_{eb}(t)\rangle$$

$$+ \mathrm{i}\frac{1}{2}\Omega_{be}\mathrm{e}^{\mathrm{i}\omega_{L2}(t+\tau)}\langle \hat{\sigma}_{eb}^{+}(t)\,\hat{\sigma}_{ee}(t+\tau)\,\hat{\sigma}_{eb}(t)\rangle$$

$$- \frac{1}{2}(\gamma_{be}+\gamma_{ev})\langle \hat{\sigma}_{eb}^{+}(t)\,\hat{\sigma}_{be}(t+\tau)\,\hat{\sigma}_{eb}(t)\rangle \tag{7.1.20}$$

$$\frac{\mathrm{d}}{\mathrm{d}\tau}\big[\langle \hat{\sigma}_{eb}^{+}(t)\,\hat{\sigma}_{be}(t+\tau)\,\hat{\sigma}_{eb}(t)\rangle\mathrm{e}^{-\omega_{L2}(t+\tau)}\big]$$

$$= \mathrm{i}\delta_{be}\langle \hat{\sigma}_{eb}^{+}(t)\,\hat{\sigma}_{be}(t+\tau)\,\hat{\sigma}_{eb}(t)\rangle\mathrm{e}^{-\mathrm{i}\omega_{L2}(t+\tau)}$$

$$- \mathrm{i}\frac{1}{2}\Omega_{be}\langle \hat{\sigma}_{eb}^{+}(t)\,\hat{\sigma}_{bb}(t+\tau)\,\hat{\sigma}_{eb}(t)\rangle$$

$$- \mathrm{i}\frac{1}{2}\Omega_{ev}\mathrm{e}^{-\mathrm{i}(\omega_{L1}+\omega_{L2})(t+\tau)}\langle \hat{\sigma}_{eb}^{+}(t)\,\hat{\sigma}_{bv}(t+\tau)\,\hat{\sigma}_{eb}(t)\rangle$$

$$+ \mathrm{i}\frac{1}{2}\Omega_{be}\langle \hat{\sigma}_{eb}^{+}(t)\,\hat{\sigma}_{ee}(t+\tau)\,\hat{\sigma}_{eb}(t)\rangle$$

$$- \frac{1}{2}(\gamma_{be}+\gamma_{ev})\langle \hat{\sigma}_{eb}^{+}(t)\,\hat{\sigma}_{be}(t+\tau)\,\hat{\sigma}_{eb}(t)\rangle\mathrm{e}^{-\mathrm{i}\omega_{L2}(t+\tau)} \tag{7.1.21}$$

其中 $\delta_{be}=\omega_{be}-\omega_{L2}$.

做变换:

$$\langle \hat{\sigma}_{eb}^{+}(t)\,\hat{\sigma}_{bv}(t+\tau)\,\hat{\sigma}_{eb}(t)\rangle\mathrm{e}^{-\mathrm{i}(\omega_{L1}+\omega_{L2})(t+\tau)} = \widetilde{G}_{bv}^{(2)}(t,\tau) \tag{7.1.22}$$

$$\langle \hat{\sigma}_{eb}^{+}(t)\,\hat{\sigma}_{vb}(t+\tau)\,\hat{\sigma}_{eb}(t)\rangle\mathrm{e}^{\mathrm{i}(\omega_{L1}+\omega_{L2})(t+\tau)} = \widetilde{G}_{vb}^{(2)}(t,\tau) \tag{7.1.23}$$

将(7.1.7)和(7.1.22)代入(7.1.21)式得

$$\frac{\mathrm{d}}{\mathrm{d}\tau}\widetilde{G}_{be}^{(2)}(t,\tau) = \mathrm{i}\delta_{be}\,\widetilde{G}_{be}^{(2)}(t,\tau) - \mathrm{i}\frac{1}{2}\Omega_{be}G_{bb}^{(2)}(t,\tau)$$

$$+ \mathrm{i}\frac{1}{2}\Omega_{be}G_{ee}^{(2)}(t,\tau) - \mathrm{i}\frac{1}{2}\Omega_{ev}\,\widetilde{G}_{bv}^{(2)}(t,\tau)$$

$$- \frac{1}{2}(\gamma_{be}+\gamma_{ev})\,\widetilde{G}_{be}^{(2)}(t,\tau) \tag{7.1.24}$$

同理可得

$$\frac{\mathrm{d}}{\mathrm{d}\tau}\widetilde{G}_{eb}^{(2)}(t,\tau) = -\mathrm{i}\delta_{be}\widetilde{G}_{eb}^{(2)}(t,\tau) + \mathrm{i}\frac{1}{2}\Omega_{be}G_{bb}^{(2)}(t,\tau)$$

$$-\mathrm{i}\frac{1}{2}\Omega_{be}G_{ee}^{(2)}(t,\tau) + \mathrm{i}\frac{1}{2}\Omega_{ev}\widetilde{G}_{vb}^{(2)}(t,\tau)$$

$$-\frac{1}{2}(\gamma_{be} + \gamma_{ev})\widetilde{G}_{eb}^{(2)}(t,\tau) \tag{7.1.25}$$

$$\frac{\mathrm{d}}{\mathrm{d}\tau}\langle\hat{\sigma}_{ev}(t+\tau)\rangle$$

$$= \mathrm{tr}\left\{\frac{\mathrm{d}}{\mathrm{d}\tau}\hat{\sigma}_{ev}(t+\tau)\hat{\rho}(t+\tau)\right\} + \mathrm{tr}\left\{\hat{\sigma}_{ev}(t+\tau)\frac{\mathrm{d}}{\mathrm{d}\tau}\hat{\rho}(t+\tau)\right\}$$

$$= \mathrm{i}\omega_{ev}\mathrm{tr}\{\hat{\sigma}_{ev}(t+\tau)\hat{\rho}(t+\tau)\}$$

$$- (\mathrm{i}/\hbar)\mathrm{tr}\{\hat{\sigma}_{ev}(t+\tau)(\hat{H}^{(i)}\hat{\rho} - \hat{\rho}\hat{H}^{(i)})\} + \mathrm{tr}\{\hat{\sigma}_{be}(t+\tau)L(\hat{\rho})\}$$

$$= \mathrm{i}\omega_{ev}\langle\hat{\sigma}_{ev}(t+\tau)\rangle - \mathrm{i}\frac{1}{2}[\Omega_{ev}(t+\tau)\mathrm{e}^{\mathrm{i}\omega_{L1}(t+\tau)}\langle\hat{\sigma}_{ee}(t+\tau)\rangle$$

$$- \Omega_{ev}(t+\tau)\mathrm{e}^{\mathrm{i}\omega_{L1}(t+\tau)}\langle\hat{\sigma}_{vv}(t+\tau)\rangle$$

$$- \mathrm{e}^{-\mathrm{i}\omega_{L2}(t+\tau)}\Omega_{be}(t+\tau)\langle\hat{\sigma}_{bv}(t+\tau)\rangle] - \frac{1}{2}\gamma_{ev}\langle\hat{\sigma}_{ev}(t+\tau)\rangle$$

$$= \mathrm{i}\omega_{ev}\langle\hat{\sigma}_{ev}(t+\tau)\rangle - \mathrm{i}\frac{1}{2}\Omega_{ev}\langle\hat{\sigma}_{ee}(t+\tau)\rangle\mathrm{e}^{\mathrm{i}\omega_{L1}(t+\tau)}$$

$$+ \mathrm{i}\frac{1}{2}\Omega_{ev}\langle\hat{\sigma}_{vv}(t+\tau)\rangle\mathrm{e}^{\mathrm{i}\omega_{L1}(t+\tau)} + \mathrm{i}\frac{1}{2}\Omega_{be}\mathrm{e}^{-\mathrm{i}\omega_{L2}(t+\tau)}\langle\hat{\sigma}_{bv}(t+\tau)\rangle$$

$$- \frac{1}{2}\gamma_{ev}\langle\hat{\sigma}_{ev}(t+\tau)\rangle \tag{7.1.26}$$

由附录 6.1 可得

$$\frac{\mathrm{d}}{\mathrm{d}\tau}\langle\hat{\sigma}_{eb}^{+}(t)\hat{\sigma}_{ev}(t+\tau)\hat{\sigma}_{eb}(t)\rangle$$

$$= \mathrm{i}\omega_{ev}\langle\hat{\sigma}_{eb}^{+}(t)\hat{\sigma}_{ev}(t+\tau)\hat{\sigma}_{eb}(t)\rangle$$

$$- \mathrm{i}\frac{1}{2}\Omega_{ev}\langle\hat{\sigma}_{eb}^{+}(t)\hat{\sigma}_{ee}(t+\tau)\hat{\sigma}_{eb}(t)\rangle\mathrm{e}^{\mathrm{i}\omega_{L1}(t+\tau)}$$

$$+ \mathrm{i}\frac{1}{2}\Omega_{ev}\langle\hat{\sigma}_{eb}^{+}(t)\hat{\sigma}_{vv}(t+\tau)\hat{\sigma}_{eb}(t)\rangle\mathrm{e}^{\mathrm{i}\omega_{L1}(t+\tau)}$$

$$+ \mathrm{i}\frac{1}{2}\Omega_{be}\mathrm{e}^{-\mathrm{i}\omega_{L2}(t+\tau)}\langle\hat{\sigma}_{eb}^{+}(t)\hat{\sigma}_{bv}(t+\tau)\hat{\sigma}_{eb}(t)\rangle$$

$$- \frac{1}{2}\gamma_{ev}\langle\hat{\sigma}_{eb}^{+}(t)\hat{\sigma}_{ev}(t+\tau)\hat{\sigma}_{eb}(t)\rangle \tag{7.1.27}$$

$$\frac{d}{d\tau}\left[\langle \hat{\sigma}_{eb}^{+}(t)\,\hat{\sigma}_{ev}(t+\tau)\,\hat{\sigma}_{eb}(t)\rangle \mathrm{e}^{-\mathrm{i}\omega_{L1}(t+\tau)}\right]$$

$$=\mathrm{i}\delta_{ev}\langle \hat{\sigma}_{eb}^{+}(t)\,\hat{\sigma}_{ev}(t+\tau)\,\hat{\sigma}_{eb}(t)\rangle \mathrm{e}^{-\mathrm{i}\omega_{L1}(t+\tau)}$$

$$-\mathrm{i}\frac{1}{2}\Omega_{ev}\langle \hat{\sigma}_{eb}^{+}(t)\,\hat{\sigma}_{ee}(t+\tau)\,\hat{\sigma}_{eb}(t)\rangle$$

$$+\mathrm{i}\frac{1}{2}\Omega_{ev}\langle \hat{\sigma}_{eb}^{+}(t)\,\hat{\sigma}_{vv}(t+\tau)\,\hat{\sigma}_{eb}(t)\rangle$$

$$+\mathrm{i}\frac{1}{2}\Omega_{be}\mathrm{e}^{-\mathrm{i}(\omega_{L1}+\omega_{L2})(t+\tau)}\langle \hat{\sigma}_{eb}^{+}(t)\,\hat{\sigma}_{bv}(t+\tau)\,\hat{\sigma}_{eb}(t)\rangle$$

$$-\frac{1}{2}\gamma_{ev}\langle \hat{\sigma}_{eb}^{+}(t)\,\hat{\sigma}_{ev}(t+\tau)\,\hat{\sigma}_{eb}(t)\rangle \mathrm{e}^{-\mathrm{i}\omega_{L1}(t+\tau)} \tag{7.1.28}$$

将(7.1.8),(7.1.22)代入(7.1.28)式得

$$\frac{d}{d\tau}\widetilde{G}_{ev}^{(2)}(t,\tau)=\mathrm{i}\delta_{ev}\widetilde{G}_{ev}^{(2)}(t,\tau)-\mathrm{i}\frac{1}{2}\Omega_{ev}G_{ee}^{(2)}(t,\tau)$$

$$+\mathrm{i}\frac{1}{2}\Omega_{ev}G_{vv}^{(2)}(t,\tau)+\mathrm{i}\frac{1}{2}\Omega_{be}\widetilde{G}_{bv}^{(2)}(t,\tau)$$

$$-\frac{1}{2}\gamma_{ev}\widetilde{G}_{ev}^{(2)}(t,\tau) \tag{7.1.29}$$

其中 $\delta_{ev}=\omega_{ev}-\omega_{L1}$.

同理可以求得

$$\frac{d}{d\tau}\widetilde{G}_{ve}^{(2)}(t,\tau)=-\mathrm{i}\delta_{ev}\widetilde{G}_{ve}^{(2)}(t,\tau)+\mathrm{i}\frac{1}{2}\Omega_{ev}G_{ee}^{(2)}(t,\tau)$$

$$-\mathrm{i}\frac{1}{2}\Omega_{ev}G_{vv}^{(2)}(t,\tau)-\mathrm{i}\frac{1}{2}\Omega_{be}\widetilde{G}_{vb}^{(2)}(t,\tau)$$

$$-\frac{1}{2}\gamma_{ev}\widetilde{G}_{ve}^{(2)}(t,\tau) \tag{7.1.30}$$

$$\frac{d}{d\tau}\langle \hat{\sigma}_{bv}(t+\tau)\rangle$$

$$=\mathrm{tr}\left\{\frac{d}{d\tau}\hat{\sigma}_{bv}(t+\tau)\,\hat{\rho}(t+\tau)\right\}+\mathrm{tr}\left\{\hat{\sigma}_{bv}(t+\tau)\,\frac{d}{d\tau}\hat{\rho}(t+\tau)\right\}$$

$$=\mathrm{i}\omega_{bv}\mathrm{tr}\left\{\hat{\sigma}_{bv}(t+\tau)\,\hat{\rho}(t+\tau)\right\}$$

$$-(\mathrm{i}/\hbar)\mathrm{tr}\left\{\hat{\sigma}_{bv}(t+\tau)(\hat{H}^{(i)}\hat{\rho}-\hat{\rho}\hat{H}^{(i)})\right\}+\mathrm{tr}\left\{\hat{\sigma}_{bv}(t+\tau)L(\hat{\rho})\right\}$$

$$=\mathrm{i}\omega_{bv}\mathrm{tr}\left\{\hat{\sigma}_{bv}(t+\tau)\,\hat{\rho}(t+\tau)\right\}$$

$$-\mathrm{i}\frac{1}{2}\mathrm{tr}\left\{\Omega_{ev}\hat{\sigma}_{be}(t+\tau)\mathrm{e}^{\mathrm{i}\omega_{L1}(t+\tau)}\hat{\rho}(t+\tau)\right.$$

$$-\Omega_{be}\hat{\sigma}_{ev}(t+\tau)\mathrm{e}^{\mathrm{i}\omega_{L2}(t+\tau)}\hat{\rho}(t+\tau)\right\}-\frac{1}{2}\gamma_{be}\langle \hat{\sigma}_{bv}(t+\tau)\rangle$$

$$= i\omega_{bv}\langle\hat{\sigma}_{bv}(t+\tau)\rangle - i\frac{1}{2}\Omega_{ev}e^{i\omega_{L1}(t+\tau)}\langle\hat{\sigma}_{be}(t+\tau)\rangle$$

$$+ i\frac{1}{2}\Omega_{be}e^{i\omega_{L2}(t+\tau)}\langle\hat{\sigma}_{ev}(t+\tau)\rangle - \frac{1}{2}\gamma_{be}\langle\hat{\sigma}_{bv}(t+\tau)\rangle \qquad (7.1.31)$$

由附录 6.1 可得

$$\frac{d}{d\tau}\langle\hat{\sigma}_{eb}^{+}(t)\hat{\sigma}_{bv}(t+\tau)\hat{\sigma}_{eb}(t)\rangle$$

$$= i\omega_{bv}\langle\hat{\sigma}_{eb}^{+}(t)\hat{\sigma}_{bv}(t+\tau)\hat{\sigma}_{eb}(t)\rangle$$

$$- i\frac{1}{2}\Omega_{ev}e^{i\omega_{L1}(t+\tau)}\langle\hat{\sigma}_{eb}^{+}(t)\hat{\sigma}_{be}(t+\tau)\hat{\sigma}_{eb}(t)\rangle$$

$$+ i\frac{1}{2}\Omega_{be}e^{i\omega_{L2}(t+\tau)}\langle\hat{\sigma}_{eb}^{+}(t)\hat{\sigma}_{ev}(t+\tau)\hat{\sigma}_{eb}(t)\rangle$$

$$- \frac{1}{2}\gamma_{be}\langle\hat{\sigma}_{eb}^{+}(t)\hat{\sigma}_{bv}(t+\tau)\hat{\sigma}_{eb}(t)\rangle \qquad (7.1.32)$$

$$\frac{d}{d\tau}\left[\langle\hat{\sigma}_{eb}^{+}(t)\hat{\sigma}_{bv}(t+\tau)\hat{\sigma}_{eb}(t)\rangle e^{-i(\omega_{L1}+\omega_{L2})(t+\tau)}\right]$$

$$= i(\delta_{be}+\delta_{ev})\langle\hat{\sigma}_{eb}^{+}(t)\hat{\sigma}_{bv}(t+\tau)\hat{\sigma}_{eb}(t)\rangle e^{-i(\omega_{L1}+\omega_{L2})(t+\tau)}$$

$$- i\frac{1}{2}\Omega_{ev}e^{-i\omega_{L2}(t+\tau)}\langle\hat{\sigma}_{eb}^{+}(t)\hat{\sigma}_{be}(t+\tau)\hat{\sigma}_{eb}(t)\rangle$$

$$+ i\frac{1}{2}\Omega_{be}e^{-i\omega_{L1}(t+\tau)}\langle\hat{\sigma}_{eb}^{+}(t)\hat{\sigma}_{ev}(t+\tau)\hat{\sigma}_{eb}(t)\rangle$$

$$- \frac{1}{2}\gamma_{be}\langle\hat{\sigma}_{eb}^{+}(t)\hat{\sigma}_{bv}(t+\tau)\hat{\sigma}_{eb}(t)\rangle e^{-i(\omega_{L1}+\omega_{L2})(t+\tau)} \qquad (7.1.33)$$

将 (7.1.6),(7.1.7),(7.1.22) 代入 (7.1.33) 式得

$$\frac{d}{d\tau}\widetilde{G}_{bv}^{(2)}(t,\tau) = i(\delta_{be}+\delta_{ev})\widetilde{G}_{bv}^{(2)}(t,\tau) - i\frac{1}{2}\Omega_{ev}\widetilde{G}_{be}^{(2)}(t,\tau)$$

$$+ i\frac{1}{2}\Omega_{be}\widetilde{G}_{ev}^{(2)}(t,\tau) - \frac{1}{2}\gamma_{be}\widetilde{G}_{bv}^{(2)}(t,\tau) \qquad (7.1.34)$$

同理可得

$$\frac{d}{d\tau}\widetilde{G}_{vb}^{(2)}(t,\tau) = -i(\delta_{be}+\delta_{ev})\widetilde{G}_{vb}^{(2)}(t,\tau) + i\frac{1}{2}\Omega_{ev}\widetilde{G}_{eb}^{(2)}(t,\tau)$$

$$- i\frac{1}{2}\Omega_{be}\widetilde{G}_{ve}^{(2)}(t,\tau) - \frac{1}{2}\gamma_{be}\widetilde{G}_{vb}^{(2)}(t,\tau) \qquad (7.1.35)$$

综合以上各式得到二阶相关函数矢量的运动方程组：

$$\frac{d}{d\tau}G_{vv}^{(2)}(t,\tau) = i\frac{1}{2}\Omega_{ev}\widetilde{G}_{ev}^{(2)}(t,\tau) - i\frac{1}{2}\Omega_{ev}\widetilde{G}_{ve}^{(2)}(t,\tau) + \gamma_{ev}G_{ee}^{(2)}(t,\tau);$$

$$\frac{\mathrm{d}}{\mathrm{d}\tau}G_{ee}^{(2)}(t,\tau) = \mathrm{i}\frac{1}{2}\Omega_{ev}\widetilde{G}_{ve}^{(2)}(t,\tau) - \mathrm{i}\frac{1}{2}\Omega_{ev}\widetilde{G}_{ev}^{(2)}(t,\tau)$$

$$+ \mathrm{i}\frac{1}{2}\Omega_{be}\widetilde{G}_{be}^{(2)}(t,\tau) - \mathrm{i}\frac{1}{2}\Omega_{be}\widetilde{G}_{eb}^{(2)}(t,\tau)$$

$$+ \gamma_{be}G_{bb}^{(2)}(t,\tau) - \gamma_{ev}G_{ee}^{(2)}(t,\tau);$$

$$\frac{\mathrm{d}}{\mathrm{d}\tau}G_{bb}^{(2)}(t,\tau) = -\mathrm{i}\frac{1}{2}\Omega_{be}\widetilde{G}_{be}^{(2)}(t,\tau) + \mathrm{i}\frac{1}{2}\Omega_{be}\widetilde{G}_{eb}^{(2)}(t,\tau)$$

$$- \gamma_{be}G_{bb}^{(2)}(t,\tau);$$

$$\frac{\mathrm{d}}{\mathrm{d}\tau}\widetilde{G}_{ve}^{(2)}(t,\tau) = -\mathrm{i}\delta_{ev}\widetilde{G}_{ve}^{(2)}(t,\tau) + \mathrm{i}\frac{1}{2}\Omega_{ev}G_{ee}^{(2)}(t,\tau)$$

$$- \mathrm{i}\frac{1}{2}\Omega_{ev}G_{vv}^{(2)}(t,\tau) - \mathrm{i}\frac{1}{2}\Omega_{be}\widetilde{G}_{vb}^{(2)}(t,\tau)$$

$$- \frac{1}{2}\gamma_{ev}\widetilde{G}_{ve}^{(2)}(t,\tau);$$

$$\frac{\mathrm{d}}{\mathrm{d}\tau}\widetilde{G}_{ev}^{(2)}(t,\tau) = \mathrm{i}\delta_{ev}\widetilde{G}_{ev}^{(2)}(t,\tau) - \mathrm{i}\frac{1}{2}\Omega_{ev}G_{ee}^{(2)}(t,\tau)$$

$$+ \mathrm{i}\frac{1}{2}\Omega_{ev}G_{vv}^{(2)}(t,\tau) + \mathrm{i}\frac{1}{2}\Omega_{be}\widetilde{G}_{bv}^{(2)}(t,\tau)$$

$$- \frac{1}{2}\gamma_{ev}\widetilde{G}_{ev}^{(2)}(t,\tau);$$

$$\frac{\mathrm{d}}{\mathrm{d}\tau}\widetilde{G}_{eb}^{(2)}(t,\tau) = -\mathrm{i}\delta_{be}\widetilde{G}_{eb}^{(2)}(t,\tau) + \mathrm{i}\frac{1}{2}\Omega_{be}G_{bb}^{(2)}(t,\tau)$$

$$- \mathrm{i}\frac{1}{2}\Omega_{be}G_{ee}^{(2)}(t,\tau) + \mathrm{i}\frac{1}{2}\Omega_{ev}\widetilde{G}_{vb}^{(2)}(t,\tau)$$

$$- \frac{1}{2}(\gamma_{be} + \gamma_{ev})\widetilde{G}_{eb}^{(2)}(t,\tau);$$

$$\frac{\mathrm{d}}{\mathrm{d}\tau}\widetilde{G}_{be}^{(2)}(t,\tau) = \mathrm{i}\delta_{be}\widetilde{G}_{be}^{(2)}(t,\tau) - \mathrm{i}\frac{1}{2}\Omega_{be}G_{bb}^{(2)}(t,\tau)$$

$$+ \mathrm{i}\frac{1}{2}\Omega_{be}G_{ee}^{(2)}(t,\tau) - \mathrm{i}\frac{1}{2}\Omega_{ev}\widetilde{G}_{bv}^{(2)}(t,\tau)$$

$$- \frac{1}{2}(\gamma_{be} + \gamma_{ev})\widetilde{G}_{be}^{(2)}(t,\tau);$$

$$\frac{\mathrm{d}}{\mathrm{d}\tau}\widetilde{G}_{vb}^{(2)}(t,\tau) = -\mathrm{i}(\delta_{be} + \delta_{ev})\widetilde{G}_{vb}^{(2)}(t,\tau) + \mathrm{i}\frac{1}{2}\Omega_{ev}\widetilde{G}_{eb}^{(2)}(t,\tau)$$

$$- \mathrm{i}\frac{1}{2}\Omega_{be}\widetilde{G}_{ve}^{(2)}(t,\tau) - \frac{1}{2}\gamma_{be}\widetilde{G}_{vb}^{(2)}(t,\tau);$$

$$\frac{\mathrm{d}}{\mathrm{d}\tau}\widetilde{G}_{bv}^{(2)}(t,\tau) = \mathrm{i}(\delta_{be} + \delta_{ev})\widetilde{G}_{bv}^{(2)}(t,\tau) - \mathrm{i}\frac{1}{2}\Omega_{ev}\widetilde{G}_{be}^{(2)}(t,\tau)$$

$$+ \mathrm{i}\,\frac{1}{2}\Omega_{be}\,\widetilde{G}_{ev}^{(2)}(t,\tau) - \frac{1}{2}\gamma_{be}\,\widetilde{G}_{bv}^{(2)}(t,\tau) \tag{7.1.36}$$

引入该激子-双激子三能级体系中 $G_{be \to ev}^{(2)}(t,\tau)$ 对应的双时二阶相关函数矢量 $\boldsymbol{G}_{be \to ev}(t,\tau) = \{G_{vv}^{(2)}, G_{ee}^{(2)}, G_{bb}^{(2)}, \widetilde{G}_{ve}^{(2)}, \widetilde{G}_{ev}^{(2)}, \widetilde{G}_{eb}^{(2)}, \widetilde{G}_{be}^{(2)}, \widetilde{G}_{vb}^{(2)}, \widetilde{G}_{bv}^{(2)}\}$，则可以将（7.1.36）式写成矩阵形式：

$$\frac{\mathrm{d}}{\mathrm{d}\tau}\boldsymbol{G}_{be \to ev}(t,\tau) = \boldsymbol{M}^{(G)}(t+\tau)\,\boldsymbol{G}_{be \to ev}(t,\tau) - \boldsymbol{\Gamma}^{(G)}\,\boldsymbol{G}_{be \to ev}(t,\tau) \tag{7.1.37}$$

其中

$$\boldsymbol{M}^{(G)}(t+\tau) = -\frac{\mathrm{i}}{2}\begin{pmatrix} 0 & 0 & 0 & \Omega_{ev} & -\Omega_{ev} & 0 & 0 & 0 & 0 \\ 0 & 0 & 0 & -\Omega_{ev} & \Omega_{ev} & \Omega_{be} & -\Omega_{be} & 0 & 0 \\ 0 & 0 & 0 & 0 & 0 & -\Omega_{be} & \Omega_{be} & 0 & 0 \\ \Omega_{ev} & -\Omega_{ev} & 0 & 2\delta_{ev} & 0 & 0 & 0 & \Omega_{be} & 0 \\ -\Omega_{ev} & \Omega_{ev} & 0 & 0 & -2\delta_{ev} & 0 & 0 & 0 & -\Omega_{be} \\ 0 & \Omega_{be} & -\Omega_{be} & 0 & 0 & 2\delta_{be} & 0 & -\Omega_{ev} & 0 \\ 0 & -\Omega_{be} & \Omega_{be} & 0 & 0 & 0 & -2\delta_{be} & 0 & \Omega_{ev} \\ 0 & 0 & 0 & \Omega_{be} & 0 & -\Omega_{ev} & 0 & 2(\delta_{ev}+\delta_{be}) & 0 \\ 0 & 0 & 0 & 0 & -\Omega_{be} & 0 & \Omega_{ev} & 0 & -2(\delta_{ev}+\delta_{be}) \end{pmatrix}$$

$$\tag{7.1.38}$$

$$\boldsymbol{\Gamma}^{(G)} = \begin{pmatrix} 0 & -\gamma_{ev} & 0 & 0 & 0 & 0 & 0 & 0 & 0 \\ 0 & \gamma_{ev} & -\gamma_{be} & 0 & 0 & 0 & 0 & 0 & 0 \\ 0 & 0 & \gamma_{be} & 0 & 0 & 0 & 0 & 0 & 0 \\ 0 & 0 & 0 & \dfrac{\gamma_{ev}}{2} & 0 & 0 & 0 & 0 & 0 \\ 0 & 0 & 0 & 0 & \dfrac{\gamma_{ev}}{2} & 0 & 0 & 0 & 0 \\ 0 & 0 & 0 & 0 & 0 & \dfrac{\gamma_{ev}+\gamma_{be}}{2} & 0 & 0 & 0 \\ 0 & 0 & 0 & 0 & 0 & 0 & \dfrac{\gamma_{ev}+\gamma_{be}}{2} & 0 & 0 \\ 0 & 0 & 0 & 0 & 0 & 0 & 0 & \dfrac{\gamma_{be}}{2} & 0 \\ 0 & 0 & 0 & 0 & 0 & 0 & 0 & 0 & \dfrac{\gamma_{be}}{2} \end{pmatrix} \tag{7.1.39}$$

对比（7.1.38）和（3.1.39）式可以看出，$\boldsymbol{M}^{(G)}(t+\tau)$ 和 $\boldsymbol{M}^{(\rho)}(t)$ 在形式上仅仅相差一

个负号;由(7.1.39)和(3.1.40)式知 $\boldsymbol{\varGamma}^{(G)} = \boldsymbol{\varGamma}^{(\rho)}$.

附录 7.2　脉冲激发下耦合量子点体系的二阶相关
函数运动方程

　　简化的耦合量子点的能级结构如图 7.2.1 所示.四个能级分别为双激子态$|b\rangle$,量子点 I 中的激子态$|x\rangle$,量子点 II 中的激子态$|y\rangle$以及系统的真空态$|v\rangle$.量子点之间的偶极相互作用以及声子辅助的能量传输等使得两个量子点激子态$|x\rangle$以及$|y\rangle$之间存在定向的能量传输 γ_{xy}.

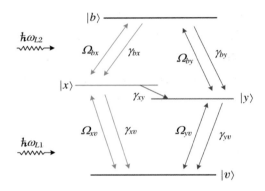

图 7.2.1　耦合量子点能级结构示意图

　　在旋转波近似下,相互作用表象中系统的相互作用哈密顿量为

$$\hat{H}^{(i)} = \frac{1}{2}\hbar\big[\hat{\sigma}_{xv}^{(i)}(t)\Omega_{xv}(t)\mathrm{e}^{-\mathrm{i}\omega_{L1}t} + \hat{\sigma}_{yv}^{(i)}(t)\Omega_{yv}(t)\mathrm{e}^{-\mathrm{i}\omega_{L1}t}$$
$$+ \hat{\sigma}_{bx}^{(i)}(t)\Omega_{bx}(t)\mathrm{e}^{-\mathrm{i}\omega_{L2}t} + \hat{\sigma}_{by}^{(i)}(t)\Omega_{by}(t)\mathrm{e}^{-\mathrm{i}\omega_{L2}t} + \mathrm{h.c.}\big] \quad (7.2.1)$$

其中上标(i)表示相互作用表象,$\Omega_{xv}(t)\mathrm{e}^{-\mathrm{i}\omega_{L1}t}$,$\Omega_{yv}(t)\mathrm{e}^{-\mathrm{i}\omega_{L1}t}$,$\Omega_{bx}(t)\mathrm{e}^{-\mathrm{i}\omega_{L2}t}$,$\Omega_{by}(t)\mathrm{e}^{-\mathrm{i}\omega_{L2}t}$ 分别是相互作用表象中$|x\rangle\sim|v\rangle$,$|y\rangle\sim|v\rangle$,$|b\rangle\sim|x\rangle$,$|b\rangle\sim|y\rangle$ 之间跃迁的 Rabi 频率. $\hat{\sigma}_{mn}^{(i)} = \hat{\sigma}_{mn}\mathrm{e}^{\mathrm{i}\omega_{mn}t}$ 是相互作用表象中的偶极跃迁算符,$\hat{\sigma}_{mn}$ 是 Schrödinger 表象中的偶极跃迁算符,ω_{mn}是$|m\rangle$与$|n\rangle$之间的跃迁频率,ω_{L1},ω_{L2}是激发光场的频率.

系统的主方程为

$$\frac{\mathrm{d}}{\mathrm{d}t}\hat{\rho} = -(\mathrm{i}/\hbar)\big[\hat{H}^{(i)},\hat{\rho}\big] + L(\hat{\rho}) \qquad (7.2.2)$$

其中 $L(\hat{\rho})$ 为系统的耗散项,其表达式为

$$
\begin{aligned}
L(\hat{\rho}) = \frac{1}{2}\big[&\gamma_{bx}(2\,\hat{\sigma}_{xb}^{(i)}\hat{\rho}\,\hat{\sigma}_{bx}^{(i)} - \hat{\sigma}_{bb}\hat{\rho} - \hat{\rho}\,\hat{\sigma}_{bb})\\
&+ \gamma_{by}(2\,\hat{\sigma}_{yb}^{(i)}\hat{\rho}\,\hat{\sigma}_{by}^{(i)} - \hat{\sigma}_{bb}\hat{\rho} - \hat{\rho}\,\hat{\sigma}_{bb})\\
&+ \gamma_{xv}(2\,\hat{\sigma}_{vx}^{(i)}\hat{\rho}\,\hat{\sigma}_{xv}^{(i)} - \hat{\sigma}_{xx}\hat{\rho} - \hat{\rho}\,\hat{\sigma}_{xx})\\
&+ \gamma_{yv}(2\,\hat{\sigma}_{vy}^{(i)}\hat{\rho}\,\hat{\sigma}_{yv}^{(i)} - \hat{\sigma}_{yy}\hat{\rho} - \hat{\rho}\,\hat{\sigma}_{yy})\\
&+ \gamma_{xy}(2\,\hat{\sigma}_{yx}^{(i)}\hat{\rho}\,\hat{\sigma}_{xy}^{(i)} - \hat{\sigma}_{xx}\hat{\rho} - \hat{\rho}\,\hat{\sigma}_{xx})\big]
\end{aligned} \qquad (7.2.3)
$$

$\gamma_{ij}(i,j=b,x,y,v)$ 是从 $|i\rangle$ 态到 $|j\rangle$ 态的弛豫速率,上式中忽略了纯位相退相干项的影响.

$$
\begin{aligned}
&\frac{\mathrm{d}}{\mathrm{d}\tau}\langle\hat{\sigma}_{bb}(t+\tau)\rangle\\
&= \mathrm{tr}\Big\{\frac{\mathrm{d}}{\mathrm{d}\tau}\hat{\sigma}_{bb}(t+\tau)\hat{\rho}(t+\tau)\Big\} + \mathrm{tr}\Big\{\hat{\sigma}_{bb}(t+\tau)\frac{\mathrm{d}}{\mathrm{d}\tau}\hat{\rho}(t+\tau)\Big\}\\
&= \mathrm{tr}\Big\{\hat{\sigma}_{bb}(t+\tau)(-\mathrm{i}/\hbar)\frac{1}{2}\big[\hat{H}^{(i)}\hat{\rho} - \hat{\rho}\,\hat{H}^{(i)}\big]\Big\} + \mathrm{tr}\{\hat{\sigma}_{bb}(t+\tau)L(\hat{\rho})\}\\
&= -\mathrm{i}\frac{1}{2}\Omega_{by}(t+\tau)\mathrm{e}^{-\mathrm{i}\omega_{L2}(t+\tau)}\langle\hat{\sigma}_{by}(t+\tau)\rangle\\
&\quad -\mathrm{i}\frac{1}{2}\Omega_{bx}(t+\tau)\mathrm{e}^{-\mathrm{i}\omega_{L2}(t+\tau)}\langle\hat{\sigma}_{bx}(t+\tau)\rangle\\
&\quad +\mathrm{i}\frac{1}{2}\Omega_{bx}(t+\tau)\mathrm{e}^{\mathrm{i}\omega_{L2}(t+\tau)}\langle\hat{\sigma}_{xb}(t+\tau)\rangle\\
&\quad +\mathrm{i}\frac{1}{2}\Omega_{by}(t+\tau)\mathrm{e}^{\mathrm{i}\omega_{L2}(t+\tau)}\langle\hat{\sigma}_{yb}(t+\tau)\rangle\\
&\quad -(\gamma_{bx}+\gamma_{by})\langle\hat{\sigma}_{bb}(t+\tau)\rangle
\end{aligned} \qquad (7.2.4)
$$

由附录 6.1 可得

$$
\begin{aligned}
&\frac{\mathrm{d}}{\mathrm{d}\tau}\langle\hat{\sigma}_{yb}^{+}(t)\,\hat{\sigma}_{bb}(t+\tau)\,\hat{\sigma}_{yb}(t)\rangle\\
&= -\mathrm{i}\frac{1}{2}\Omega_{by}(t+\tau)\langle\hat{\sigma}_{yb}^{+}(t)\,\hat{\sigma}_{by}(t+\tau)\,\hat{\sigma}_{yb}(t)\rangle\mathrm{e}^{-\mathrm{i}\omega_{L2}(t+\tau)}\\
&\quad -\mathrm{i}\frac{1}{2}\Omega_{bx}(t+\tau)\mathrm{e}^{-\mathrm{i}\omega_{L2}(t+\tau)}\langle\hat{\sigma}_{yb}^{+}(t)\,\hat{\sigma}_{bx}(t+\tau)\,\hat{\sigma}_{yb}(t)\rangle
\end{aligned}
$$

$$+ \mathrm{i} \frac{1}{2} \Omega_{bx}(t+\tau) \mathrm{e}^{\mathrm{i}\omega_{L2}(t+\tau)} \langle \hat{\sigma}_{yb}^{+}(t) \hat{\sigma}_{xb}(t+\tau) \hat{\sigma}_{yb}(t) \rangle$$

$$+ \mathrm{i} \frac{1}{2} \Omega_{by}(t+\tau) \mathrm{e}^{\mathrm{i}\omega_{L2}(t+\tau)} \langle \hat{\sigma}_{yb}^{+}(t) \hat{\sigma}_{yb}(t+\tau) \hat{\sigma}_{yb}(t) \rangle$$

$$- (\gamma_{bx} + \gamma_{by}) \langle \hat{\sigma}_{yb}^{+}(t) \hat{\sigma}_{bb}(t+\tau) \hat{\sigma}_{yb}(t) \rangle \qquad (7.2.5)$$

做变换:

$$\widetilde{G}_{by}^{(2)}(t,\tau) = \mathrm{e}^{-\mathrm{i}\omega_{L2}(t+\tau)} \langle \hat{\sigma}_{yb}^{+}(t) \hat{\sigma}_{by}(t+\tau) \hat{\sigma}_{yb}(t) \rangle \qquad (7.2.6)$$

$$\widetilde{G}_{yb}^{(2)}(t,\tau) = \mathrm{e}^{\mathrm{i}\omega_{L2}(t+\tau)} \langle \hat{\sigma}_{yb}^{+}(t) \hat{\sigma}_{yb}(t+\tau) \hat{\sigma}_{yb}(t) \rangle \qquad (7.2.7)$$

$$\widetilde{G}_{bx}^{(2)}(t,\tau) = \mathrm{e}^{-\mathrm{i}\omega_{L2}(t+\tau)} \langle \hat{\sigma}_{yb}^{+}(t) \hat{\sigma}_{bx}(t+\tau) \hat{\sigma}_{yb}(t) \rangle \qquad (7.2.8)$$

$$\widetilde{G}_{xb}^{(2)}(t,\tau) = \mathrm{e}^{\mathrm{i}\omega_{L2}(t+\tau)} \langle \hat{\sigma}_{yb}^{+}(t) \hat{\sigma}_{xb}(t+\tau) \hat{\sigma}_{yb}(t) \rangle \qquad (7.2.9)$$

将(7.2.6)~(7.2.9)代入(7.2.5)式可以得到

$$\frac{\mathrm{d}}{\mathrm{d}\tau} G_{bb}^{(2)}(t,\tau) = - \mathrm{i} \frac{1}{2} \Omega_{by}(t+\tau) \widetilde{G}_{by}^{(2)}(t,\tau) - \mathrm{i} \frac{1}{2} \Omega_{bx}(t+\tau) \widetilde{G}_{bx}^{(2)}(t,\tau)$$

$$+ \mathrm{i} \frac{1}{2} \Omega_{bx}(t+\tau) \widetilde{G}_{xb}^{(2)}(t,\tau) + \mathrm{i} \frac{1}{2} \Omega_{by}(t+\tau) \widetilde{G}_{yb}^{(2)}(t,\tau)$$

$$- (\gamma_{bx} + \gamma_{by}) G_{bb}^{(2)}(t,\tau) \qquad (7.2.10)$$

$$\frac{\mathrm{d}}{\mathrm{d}\tau} \langle \hat{\sigma}_{xx}(t+\tau) \rangle$$

$$= \mathrm{tr} \left\{ \frac{\mathrm{d}}{\mathrm{d}\tau} \hat{\sigma}_{xx}(t+\tau) \hat{\rho}(t+\tau) \right\} + \mathrm{tr} \left\{ \hat{\sigma}_{xx}(t+\tau) \frac{\mathrm{d}}{\mathrm{d}\tau} \hat{\rho}(t+\tau) \right\}$$

$$= \mathrm{tr} \left\{ \hat{\sigma}_{xx}(t+\tau)(-\mathrm{i}/\hbar) \frac{1}{2} [\hat{H}^{(i)} \hat{\rho} - \hat{\rho} \hat{H}^{(i)}] \right\}$$

$$+ \mathrm{tr} \left\{ \hat{\sigma}_{xx}(t+\tau) L(\hat{\rho}) \right\}$$

$$= - \mathrm{i} \frac{1}{2} \Omega_{bx}(t+\tau) \mathrm{e}^{\mathrm{i}\omega_{L2}(t+\tau)} \langle \hat{\sigma}_{xb}(t+\tau) \rangle$$

$$- \mathrm{i} \frac{1}{2} \Omega_{xv}(t+\tau) \mathrm{e}^{-\mathrm{i}\omega_{L1}(t+\tau)} \langle \hat{\sigma}_{xv}(t+\tau) \rangle$$

$$+ \mathrm{i} \frac{1}{2} \Omega_{bx}(t+\tau) \mathrm{e}^{-\mathrm{i}\omega_{L2}(t+\tau)} \langle \hat{\sigma}_{bx}(t+\tau) \rangle$$

$$+ \mathrm{i} \frac{1}{2} \Omega_{xv}(t+\tau) \mathrm{e}^{\mathrm{i}\omega_{L1}(t+\tau)} \langle \hat{\sigma}_{vx}(t+\tau) \rangle$$

$$- (\gamma_{xv} + \gamma_{xy}) \langle \hat{\sigma}_{xx}(t+\tau) \rangle + \gamma_{bx} \langle \hat{\sigma}_{bb}(t+\tau) \rangle \qquad (7.2.11)$$

由附录6.1可得

量子计算:基于半导体量子点
Quantum Computation Based on Semiconductor Quantum Dots

$$\frac{\mathrm{d}}{\mathrm{d}\tau}\langle\hat{\sigma}_{yb}^{+}(t)\,\hat{\sigma}_{xx}(t+\tau)\,\hat{\sigma}_{yb}(t)\rangle$$

$$=-\mathrm{i}\,\frac{1}{2}\Omega_{bx}(t+\tau)\mathrm{e}^{\mathrm{i}\omega_{L2}(t+\tau)}\langle\hat{\sigma}_{yb}^{+}(t)\,\hat{\sigma}_{xb}(t+\tau)\,\hat{\sigma}_{yb}(t)\rangle$$

$$-\mathrm{i}\,\frac{1}{2}\Omega_{xv}(t+\tau)\mathrm{e}^{-\mathrm{i}\omega_{L1}(t+\tau)}\langle\hat{\sigma}_{yb}^{+}(t)\,\hat{\sigma}_{xv}(t+\tau)\,\hat{\sigma}_{yb}(t)\rangle$$

$$+\mathrm{i}\,\frac{1}{2}\Omega_{bx}(t+\tau)\mathrm{e}^{-\mathrm{i}\omega_{L2}(t+\tau)}\langle\hat{\sigma}_{yb}^{+}(t)\,\hat{\sigma}_{bx}(t+\tau)\,\hat{\sigma}_{yb}(t)\rangle$$

$$+\mathrm{i}\,\frac{1}{2}\Omega_{xv}(t+\tau)\mathrm{e}^{\mathrm{i}\omega_{L1}(t+\tau)}\langle\hat{\sigma}_{yb}^{+}(t)\,\hat{\sigma}_{vx}(t+\tau)\,\hat{\sigma}_{yb}(t)\rangle$$

$$-(\gamma_{xv}+\gamma_{xy})\langle\hat{\sigma}_{yb}^{+}(t)\,\hat{\sigma}_{xx}(t+\tau)\,\hat{\sigma}_{yb}(t)\rangle$$

$$+\gamma_{bx}\langle\hat{\sigma}_{yb}^{+}(t)\,\hat{\sigma}_{bb}(t+\tau)\,\hat{\sigma}_{yb}(t)\rangle \tag{7.2.12}$$

做变换：

$$\widetilde{G}_{xv}^{(2)}(t,\tau)=\mathrm{e}^{-\mathrm{i}\omega_{L1}(t+\tau)}\langle\hat{\sigma}_{yb}^{+}(t)\,\hat{\sigma}_{xv}(t+\tau)\,\hat{\sigma}_{yb}(t)\rangle \tag{7.2.13}$$

$$\widetilde{G}_{vx}^{(2)}(t,\tau)=\mathrm{e}^{\mathrm{i}\omega_{L1}(t+\tau)}\langle\hat{\sigma}_{yb}^{+}(t)\,\hat{\sigma}_{vx}(t+\tau)\,\hat{\sigma}_{yb}(t)\rangle \tag{7.2.14}$$

将$(7.2.8)$，$(7.2.9)$，$(7.2.13)$，$(7.2.14)$代入$(7.2.12)$式得

$$\frac{\mathrm{d}}{\mathrm{d}\tau}G_{xx}^{(2)}(t,\tau)=-\mathrm{i}\,\frac{1}{2}\Omega_{bx}(t+\tau)\,\widetilde{G}_{xb}^{(2)}(t,\tau)$$

$$-\mathrm{i}\,\frac{1}{2}\Omega_{xv}(t+\tau)\,\widetilde{G}_{xv}^{(2)}(t,\tau)$$

$$+\mathrm{i}\,\frac{1}{2}\Omega_{bx}(t+\tau)\,\widetilde{G}_{bx}^{(2)}(t,\tau)$$

$$+\mathrm{i}\,\frac{1}{2}\Omega_{xv}(t+\tau)\,\widetilde{G}_{vx}^{(2)}(t,\tau)-(\gamma_{xv}+\gamma_{xy})\,\widetilde{G}_{xx}^{(2)}(t,\tau)$$

$$+\gamma_{bx}G_{bb}^{(2)}(t,\tau) \tag{7.2.15}$$

$$\frac{\mathrm{d}}{\mathrm{d}\tau}\langle\hat{\sigma}_{yy}(t+\tau)\rangle$$

$$=\mathrm{tr}\left\{\frac{\mathrm{d}}{\mathrm{d}\tau}\hat{\sigma}_{yy}(t+\tau)\,\hat{\rho}(t+\tau)\right\}+\mathrm{tr}\left\{\hat{\sigma}_{yy}(t+\tau)\frac{\mathrm{d}}{\mathrm{d}\tau}\hat{\rho}(t+\tau)\right\}$$

$$=\mathrm{tr}\left\{\hat{\sigma}_{yy}(t+\tau)(-\mathrm{i}/\hbar)\frac{1}{2}[\hat{H}^{(i)}\,\hat{\rho}-\hat{\rho}\,\hat{H}^{(i)}]\right\}$$

$$+\mathrm{tr}\{\hat{\sigma}_{yy}(t+\tau)L(\hat{\rho})\}$$

$$=-\mathrm{i}\,\frac{1}{2}\Omega_{by}(t+\tau)\mathrm{e}^{\mathrm{i}\omega_{L2}(t+\tau)}\langle\hat{\sigma}_{yb}(t+\tau)\rangle$$

$$-\mathrm{i}\,\frac{1}{2}\Omega_{yv}(t+\tau)\mathrm{e}^{-\mathrm{i}\omega_{L1}(t+\tau)}\langle\hat{\sigma}_{vy}(t+\tau)\rangle$$

$$+ \mathrm{i}\frac{1}{2}\Omega_{by}(t+\tau)\mathrm{e}^{-\mathrm{i}\omega_{L2}(t+\tau)}\langle\hat{\sigma}_{by}(t+\tau)\rangle$$

$$+ \mathrm{i}\frac{1}{2}\Omega_{yv}(t+\tau)\mathrm{e}^{\mathrm{i}\omega_{L1}(t+\tau)}\langle\hat{\sigma}_{vy}(t+\tau)\rangle$$

$$- \gamma_{yv}\langle\hat{\sigma}_{yy}(t+\tau)\rangle + \gamma_{by}\langle\hat{\sigma}_{bb}(t+\tau)\rangle$$

$$+ \gamma_{xy}\langle\hat{\sigma}_{xx}(t+\tau)\rangle \tag{7.2.16}$$

由推论知

$$\frac{\mathrm{d}}{\mathrm{d}\tau}\langle\hat{\sigma}_{yb}^{+}(t)\,\hat{\sigma}_{yy}(t+\tau)\,\hat{\sigma}_{yb}(t)\rangle$$

$$= -\mathrm{i}\frac{1}{2}\Omega_{by}(t+\tau)\mathrm{e}^{\mathrm{i}\omega_{L2}(t+\tau)}\langle\hat{\sigma}_{yb}^{+}(t)\,\hat{\sigma}_{yb}(t+\tau)\,\hat{\sigma}_{yb}(t)\rangle$$

$$- \mathrm{i}\frac{1}{2}\Omega_{yv}(t+\tau)\mathrm{e}^{-\mathrm{i}\omega_{L1}(t+\tau)}\langle\hat{\sigma}_{yb}^{+}(t)\,\hat{\sigma}_{yv}(t+\tau)\,\hat{\sigma}_{yb}(t)\rangle$$

$$+ \mathrm{i}\frac{1}{2}\Omega_{by}(t+\tau)\mathrm{e}^{-\mathrm{i}\omega_{L2}(t+\tau)}\langle\hat{\sigma}_{yb}^{+}(t)\,\hat{\sigma}_{by}(t+\tau)\,\hat{\sigma}_{yb}(t)\rangle$$

$$+ \mathrm{i}\frac{1}{2}\Omega_{yv}(t+\tau)\mathrm{e}^{\mathrm{i}\omega_{L1}(t+\tau)}\langle\hat{\sigma}_{yb}^{+}(t)\,\hat{\sigma}_{vy}(t+\tau)\,\hat{\sigma}_{yb}(t)\rangle$$

$$- \gamma_{yv}\langle\hat{\sigma}_{yb}^{+}(t)\,\hat{\sigma}_{yy}(t+\tau)\,\hat{\sigma}_{yb}(t)\rangle$$

$$+ \gamma_{by}\langle\hat{\sigma}_{yb}^{+}(t)\,\hat{\sigma}_{bb}(t+\tau)\,\hat{\sigma}_{yb}(t)\rangle$$

$$+ \gamma_{xy}\langle\hat{\sigma}_{yb}^{+}(t)\,\hat{\sigma}_{xx}(t+\tau)\,\hat{\sigma}_{yb}(t)\rangle \tag{7.2.17}$$

做变换:

$$\widetilde{G}_{yv}^{(2)}(t,\tau) = \mathrm{e}^{-\mathrm{i}\omega_{L1}(t+\tau)}\langle\hat{\sigma}_{yb}^{+}(t)\,\hat{\sigma}_{yv}(t+\tau)\,\hat{\sigma}_{yb}(t)\rangle \tag{7.2.18}$$

$$\widetilde{G}_{vy}^{(2)}(t,\tau) = \mathrm{e}^{\mathrm{i}\omega_{L1}(t+\tau)}\langle\hat{\sigma}_{yb}^{+}(t)\,\hat{\sigma}_{vy}(t+\tau)\,\hat{\sigma}_{yb}(t)\rangle \quad . \tag{7.2.19}$$

将(7.2.6),(7.2.7),(7.2.18),(7.2.19)代入(7.2.17)式可以得到

$$\frac{\mathrm{d}}{\mathrm{d}\tau}G_{yy}^{(2)}(t,\tau) = -\mathrm{i}\frac{1}{2}\Omega_{by}(t+\tau)\,\widetilde{G}_{yb}^{(2)}(t,\tau)$$

$$- \mathrm{i}\frac{1}{2}\Omega_{yv}(t+\tau)\,\widetilde{G}_{yv}^{(2)}(t,\tau)$$

$$+ \mathrm{i}\frac{1}{2}\Omega_{by}(t+\tau)\,\widetilde{G}_{by}^{(2)}(t,\tau)$$

$$+ \mathrm{i}\frac{1}{2}\Omega_{yv}(t+\tau)\,\widetilde{G}_{vy}^{(2)}(t,\tau) - \gamma_{yv}\,\widetilde{G}_{yy}^{(2)}(t,\tau)$$

$$+ \gamma_{by}G_{bb}^{(2)}(t,\tau) + \gamma_{xy}G_{xx}^{(2)}(t,\tau) \tag{7.2.20}$$

由于系统的粒子数守恒:

$$\rho_{vv}(t+\tau) + \rho_{xx}(t+\tau) + \rho_{yy}(t+\tau) + \rho_{bb}(t+\tau) = 1 \qquad (7.2.21)$$

也就是

$$\langle \hat{\sigma}_{vv}(t+\tau)\rangle + \langle \hat{\sigma}_{xx}(t+\tau)\rangle$$
$$+ \langle \hat{\sigma}_{yy}(t+\tau)\rangle + \langle \hat{\sigma}_{bb}(t+\tau)\rangle = 1 \qquad (7.2.22)$$

因此

$$\frac{\mathrm{d}}{\mathrm{d}\tau}\langle \hat{\sigma}_{vv}(t+\tau)\rangle = -\frac{\mathrm{d}}{\mathrm{d}\tau}(\langle \hat{\sigma}_{xx}(t+\tau)\rangle + \langle \hat{\sigma}_{yy}(t+\tau)\rangle$$
$$+ \langle \hat{\sigma}_{bb}(t+\tau)\rangle) \qquad (7.2.23)$$

由附录 6.1 可得

$$\frac{\mathrm{d}}{\mathrm{d}\tau}\langle \hat{\sigma}_{yb}^{+}(t)\,\hat{\sigma}_{vv}(t+\tau)\,\hat{\sigma}_{yb}(t)\rangle$$

$$= -\frac{\mathrm{d}}{\mathrm{d}\tau}\langle \hat{\sigma}_{yb}^{+}(t)\,\hat{\sigma}_{xx}(t+\tau)\,\hat{\sigma}_{yb}(t)\rangle$$

$$-\frac{\mathrm{d}}{\mathrm{d}\tau}\langle \hat{\sigma}_{yb}^{+}(t)\,\hat{\sigma}_{yy}(t+\tau)\,\hat{\sigma}_{yb}(t)\rangle$$

$$-\frac{\mathrm{d}}{\mathrm{d}\tau}\langle \hat{\sigma}_{yb}^{+}(t)\,\hat{\sigma}_{bb}(t+\tau)\,\hat{\sigma}_{yb}(t)\rangle \qquad (7.2.24)$$

将 $(7.2.10)$，$(7.2.15)$，$(7.2.20)$ 代入 $(7.2.24)$ 式得

$$\frac{\mathrm{d}}{\mathrm{d}\tau}G_{vv}^{(2)}(t,\tau) = -\mathrm{i}\frac{1}{2}\Omega_{xv}(t+\tau)\,\widetilde{G}_{vx}^{(2)}(t,\tau)$$

$$+\mathrm{i}\frac{1}{2}\Omega_{xv}(t+\tau)\,\widetilde{G}_{xv}^{(2)}(t,\tau)$$

$$-\mathrm{i}\frac{1}{2}\Omega_{yv}(t+\tau)\,\widetilde{G}_{vy}^{(2)}(t,\tau)$$

$$+\mathrm{i}\frac{1}{2}\Omega_{yv}(t+\tau)\,\widetilde{G}_{yv}^{(2)}(t,\tau) + \gamma_{xv}\,\widetilde{G}_{xx}^{(2)}(t,\tau)$$

$$+\gamma_{yv}G_{yy}^{(2)}(t,\tau) \qquad (7.2.25)$$

$$\frac{\mathrm{d}}{\mathrm{d}\tau}\langle \hat{\sigma}_{xv}(t+\tau)\rangle$$

$$= \mathrm{tr}\left\{\frac{\mathrm{d}}{\mathrm{d}\tau}\hat{\sigma}_{xv}(t+\tau)\,\hat{\rho}(t+\tau)\right\} + \mathrm{tr}\left\{\hat{\sigma}_{xv}(t+\tau)\,\frac{\mathrm{d}}{\mathrm{d}\tau}\hat{\rho}(t+\tau)\right\}$$

$$= \mathrm{i}\omega_{xv}\langle \hat{\sigma}_{xv}(t+\tau)\rangle - \mathrm{i}\frac{1}{2}\big[\Omega_{xv}(t+\tau)\langle \hat{\sigma}_{xx}(t+\tau)\rangle \mathrm{e}^{\mathrm{i}\omega_{L1}(t+\tau)}$$

$$- \Omega_{yv}(t+\tau)\langle\hat{\sigma}_{xy}(t+\tau)\rangle e^{i\omega_{L1}(t+\tau)}$$

$$- \Omega_{bx}(t+\tau)\langle\hat{\sigma}_{bv}(t+\tau)\rangle e^{-i\omega_{L2}(t+\tau)}$$

$$- \Omega_{xv}(t+\tau)\langle\hat{\sigma}_{vv}(t+\tau)\rangle e^{i\omega_{L1}(t+\tau)}]$$

$$- \frac{1}{2}(\gamma_{xv}+\gamma_{xy})\langle\hat{\sigma}_{xv}(t+\tau)\rangle \qquad (7.2.26)$$

由附录 6.1 可得

$$\frac{\mathrm{d}}{\mathrm{d}\tau}\langle\hat{\sigma}_{yb}^{+}(t)\hat{\sigma}_{xv}(t+\tau)\hat{\sigma}_{yb}(t)\rangle$$

$$= i\omega_{xv}\langle\hat{\sigma}_{yb}^{+}(t)\hat{\sigma}_{xv}(t+\tau)\hat{\sigma}_{yb}(t)\rangle$$

$$- i\frac{1}{2}\Omega_{xv}(t+\tau)\langle\hat{\sigma}_{yb}^{+}(t)\hat{\sigma}_{xx}(t+\tau)\hat{\sigma}_{yb}(t)\rangle e^{i\omega_{L1}(t+\tau)}$$

$$+ i\frac{1}{2}\Omega_{yv}(t+\tau)\langle\hat{\sigma}_{yb}^{+}(t)\hat{\sigma}_{xy}(t+\tau)\hat{\sigma}_{yb}(t)\rangle e^{i\omega_{L1}(t+\tau)}$$

$$+ i\frac{1}{2}\Omega_{bx}(t+\tau)\langle\hat{\sigma}_{yb}^{+}(t)\hat{\sigma}_{bv}(t+\tau)\hat{\sigma}_{yb}(t)\rangle e^{-i\omega_{L2}(t+\tau)}$$

$$+ i\frac{1}{2}\Omega_{xv}(t+\tau)\langle\hat{\sigma}_{yb}^{+}(t)\hat{\sigma}_{vv}(t+\tau)\hat{\sigma}_{yb}(t)\rangle e^{i\omega_{L1}(t+\tau)}$$

$$- \frac{1}{2}(\gamma_{xv}+\gamma_{xy})\langle\hat{\sigma}_{yb}^{+}(t)\hat{\sigma}_{xv}(t+\tau)\hat{\sigma}_{yb}(t)\rangle \qquad (7.2.27)$$

$$\frac{\mathrm{d}}{\mathrm{d}\tau}[e^{-i\omega_{L1}(t+\tau)}\langle\hat{\sigma}_{yb}^{+}(t)\hat{\sigma}_{xv}(t+\tau)\hat{\sigma}_{yb}(t)\rangle]$$

$$= i\delta_{xv}e^{-i\omega_{L1}(t+\tau)}\langle\hat{\sigma}_{yb}^{+}(t)\hat{\sigma}_{xv}(t+\tau)\hat{\sigma}_{yb}(t)\rangle$$

$$- i\frac{1}{2}\Omega_{xv}(t+\tau)\langle\hat{\sigma}_{yb}^{+}(t)\hat{\sigma}_{xx}(t+\tau)\hat{\sigma}_{yb}(t)\rangle$$

$$+ i\frac{1}{2}\Omega_{yv}(t+\tau)\langle\hat{\sigma}_{yb}^{+}(t)\hat{\sigma}_{xy}(t+\tau)\hat{\sigma}_{yb}(t)\rangle$$

$$+ i\frac{1}{2}\Omega_{bx}(t+\tau)\langle\hat{\sigma}_{yb}^{+}(t)\hat{\sigma}_{bv}(t+\tau)\hat{\sigma}_{yb}(t)\rangle e^{-i(\omega_{L2}+\omega_{L1})(t+\tau)}$$

$$+ i\frac{1}{2}\Omega_{xv}(t+\tau)\langle\hat{\sigma}_{yb}^{+}(t)\hat{\sigma}_{vv}(t+\tau)\hat{\sigma}_{yb}(t)\rangle$$

$$- \frac{1}{2}(\gamma_{xv}+\gamma_{xy})\langle\hat{\sigma}_{yb}^{+}(t)\hat{\sigma}_{xv}(t+\tau)\hat{\sigma}_{yb}(t)\rangle e^{-i\omega_{L1}(t+\tau)} \qquad (7.2.28)$$

做变换:

$$\widetilde{G}_{bv}^{(2)}(t,\tau) = \langle\hat{\sigma}_{yb}^{+}(t)\hat{\sigma}_{bv}(t+\tau)\hat{\sigma}_{yb}(t)\rangle e^{-i(\omega_{L1}+\omega_{L2})(t+\tau)} \qquad (7.2.29)$$

$$\widetilde{G}_{vb}^{(2)}(t,\tau) = \langle\hat{\sigma}_{yb}^{+}(t)\hat{\sigma}_{vb}(t+\tau)\hat{\sigma}_{yb}(t)\rangle e^{i(\omega_{L1}+\omega_{L2})(t+\tau)} \qquad (7.2.30)$$

将(7.2.13),(7.2.29)代入(7.2.28)式得

$$
\begin{aligned}
\frac{\mathrm{d}}{\mathrm{d}\tau} \widetilde{G}^{(2)}_{xv}(t,\tau) &= \mathrm{i}\delta_{xv}\,\widetilde{G}^{(2)}_{xv}(t,\tau) - \mathrm{i}\,\frac{1}{2}\Omega_{xv}(t+\tau)\,\widetilde{G}^{(2)}_{xx}(t,\tau) \\
&\quad + \mathrm{i}\,\frac{1}{2}\Omega_{yv}(t+\tau)\,\widetilde{G}^{(2)}_{xy}(t,\tau) \\
&\quad + \mathrm{i}\,\frac{1}{2}\Omega_{bx}(t+\tau)\,\widetilde{G}^{(2)}_{bv}(t,\tau) \\
&\quad + \mathrm{i}\,\frac{1}{2}\Omega_{xv}(t+\tau)\,\widetilde{G}^{(2)}_{vv}(t,\tau) \\
&\quad - \frac{1}{2}(\gamma_{xv}+\gamma_{xy})\,\widetilde{G}^{(2)}_{xv}(t,\tau)
\end{aligned} \tag{7.2.31}
$$

同理可以求得

$$
\begin{aligned}
\frac{\mathrm{d}}{\mathrm{d}\tau} \widetilde{G}^{(2)}_{vx}(t,\tau) &= -\mathrm{i}\delta_{xv}\,\widetilde{G}^{(2)}_{vx}(t,\tau) + \mathrm{i}\,\frac{1}{2}\Omega_{xv}(t+\tau)\,\widetilde{G}^{(2)}_{xx}(t,\tau) \\
&\quad + \mathrm{i}\,\frac{1}{2}\Omega_{yv}(t+\tau)\,\widetilde{G}^{(2)}_{yx}(t,\tau) \\
&\quad - \mathrm{i}\,\frac{1}{2}\Omega_{bx}(t+\tau)\,\widetilde{G}^{(2)}_{vb}(t,\tau) \\
&\quad - \mathrm{i}\,\frac{1}{2}\Omega_{xv}(t+\tau)\,\widetilde{G}^{(2)}_{vv}(t,\tau) \\
&\quad - \frac{1}{2}(\gamma_{xv}+\gamma_{xy})\,\widetilde{G}^{(2)}_{vx}(t,\tau)
\end{aligned} \tag{7.2.32}
$$

$$
\begin{aligned}
&\frac{\mathrm{d}}{\mathrm{d}\tau}\langle \hat{\sigma}_{yv}(t+\tau)\rangle \\
&= \mathrm{tr}\left\{\frac{\mathrm{d}}{\mathrm{d}\tau}\hat{\sigma}_{yv}(t+\tau)\,\hat{\rho}(t+\tau)\right\} + \mathrm{tr}\left\{\hat{\sigma}_{yv}(t+\tau)\,\frac{\mathrm{d}}{\mathrm{d}\tau}\hat{\rho}(t+\tau)\right\} \\
&= \mathrm{i}\omega_{yv}\langle \hat{\sigma}_{yv}(t+\tau)\rangle - \mathrm{i}\,\frac{1}{2}\Big[\Omega_{yv}(t+\tau)\langle \hat{\sigma}_{yy}(t+\tau)\rangle \mathrm{e}^{\mathrm{i}\omega_{L1}(t+\tau)} \\
&\quad - \Omega_{xv}(t+\tau)\langle \hat{\sigma}_{yx}(t+\tau)\rangle \mathrm{e}^{\mathrm{i}\omega_{L1}(t+\tau)} \\
&\quad - \Omega_{by}(t+\tau)\langle \hat{\sigma}_{bv}(t+\tau)\rangle \mathrm{e}^{-\mathrm{i}\omega_{L2}(t+\tau)} \\
&\quad - \Omega_{yv}(t+\tau)\langle \hat{\sigma}_{vv}(t+\tau)\rangle \mathrm{e}^{\mathrm{i}\omega_{L1}(t+\tau)}\Big] \\
&\quad - \frac{1}{2}\gamma_{yv}\langle \hat{\sigma}_{yv}(t+\tau)\rangle
\end{aligned} \tag{7.2.33}
$$

由附录6.1得到

$$
\frac{\mathrm{d}}{\mathrm{d}\tau}\langle \hat{\sigma}^{+}_{yb}(t)\,\hat{\sigma}_{yv}(t+\tau)\,\hat{\sigma}_{yb}(t)\rangle
$$

$$= \mathrm{i}\omega_{yv}\langle\hat{\sigma}_{yb}^{+}(t)\,\hat{\sigma}_{yv}(t+\tau)\,\hat{\sigma}_{yb}(t)\rangle$$

$$-\mathrm{i}\frac{1}{2}\Omega_{yv}(t+\tau)\langle\hat{\sigma}_{yb}^{+}(t)\,\hat{\sigma}_{yy}(t+\tau)\,\hat{\sigma}_{yb}(t)\rangle\mathrm{e}^{\mathrm{i}\omega_{L1}(t+\tau)}$$

$$+\mathrm{i}\frac{1}{2}\Omega_{xv}(t+\tau)\langle\hat{\sigma}_{yb}^{+}(t)\,\hat{\sigma}_{yx}(t+\tau)\,\hat{\sigma}_{yb}(t)\rangle\mathrm{e}^{\mathrm{i}\omega_{L1}(t+\tau)}$$

$$+\mathrm{i}\frac{1}{2}\Omega_{by}(t+\tau)\langle\hat{\sigma}_{yb}^{+}(t)\,\hat{\sigma}_{bv}(t+\tau)\,\hat{\sigma}_{yb}(t)\rangle\mathrm{e}^{-\mathrm{i}\omega_{L2}(t+\tau)}$$

$$+\mathrm{i}\frac{1}{2}\Omega_{yv}(t+\tau)\langle\hat{\sigma}_{yb}^{+}(t)\,\hat{\sigma}_{vv}(t+\tau)\,\hat{\sigma}_{yb}(t)\rangle\mathrm{e}^{\mathrm{i}\omega_{L1}(t+\tau)}$$

$$-\frac{1}{2}\gamma_{yv}\langle\hat{\sigma}_{yb}^{+}(t)\,\hat{\sigma}_{yv}(t+\tau)\,\hat{\sigma}_{yb}(t)\rangle \tag{7.2.34}$$

$$\frac{\mathrm{d}}{\mathrm{d}\tau}\big[\mathrm{e}^{-\mathrm{i}\omega_{L1}(t+\tau)}\langle\hat{\sigma}_{yb}^{+}(t)\,\hat{\sigma}_{yv}(t+\tau)\,\hat{\sigma}_{yb}(t)\rangle\big]$$

$$=\mathrm{i}\delta_{yv}\mathrm{e}^{-\mathrm{i}\omega_{L1}(t+\tau)}\langle\hat{\sigma}_{yb}^{+}(t)\,\hat{\sigma}_{yv}(t+\tau)\,\hat{\sigma}_{yb}(t)\rangle$$

$$-\mathrm{i}\frac{1}{2}\Omega_{yv}(t+\tau)\langle\hat{\sigma}_{yb}^{+}(t)\,\hat{\sigma}_{yy}(t+\tau)\,\hat{\sigma}_{yb}(t)\rangle$$

$$+\mathrm{i}\frac{1}{2}\Omega_{xv}(t+\tau)\langle\hat{\sigma}_{yb}^{+}(t)\,\hat{\sigma}_{yx}(t+\tau)\,\hat{\sigma}_{yb}(t)\rangle$$

$$+\mathrm{i}\frac{1}{2}\Omega_{by}(t+\tau)\langle\hat{\sigma}_{yb}^{+}(t)\,\hat{\sigma}_{bv}(t+\tau)\,\hat{\sigma}_{yb}(t)\rangle\mathrm{e}^{-\mathrm{i}(\omega_{L2}+\omega_{L1})(t+\tau)}$$

$$+\mathrm{i}\frac{1}{2}\Omega_{yv}(t+\tau)\langle\hat{\sigma}_{yb}^{+}(t)\,\hat{\sigma}_{vv}(t+\tau)\,\hat{\sigma}_{yb}(t)\rangle$$

$$-\frac{1}{2}\gamma_{yv}\langle\hat{\sigma}_{yb}^{+}(t)\,\hat{\sigma}_{yv}(t+\tau)\,\hat{\sigma}_{yb}(t)\rangle\mathrm{e}^{-\mathrm{i}\omega_{L1}(t+\tau)} \tag{7.2.35}$$

将(7.2.18),(7.2.29)代入(7.2.35)式得

$$\frac{\mathrm{d}}{\mathrm{d}\tau}\widetilde{G}_{yv}^{(2)}(t,\tau)=\mathrm{i}\delta_{yv}\widetilde{G}_{yv}^{(2)}(t,\tau)-\mathrm{i}\frac{1}{2}\Omega_{yv}(t+\tau)\widetilde{G}_{yy}^{(2)}(t,\tau)$$

$$+\mathrm{i}\frac{1}{2}\Omega_{xv}(t+\tau)G_{yx}^{(2)}(t,\tau)$$

$$+\mathrm{i}\frac{1}{2}\Omega_{by}(t+\tau)\widetilde{G}_{bv}^{(2)}(t,\tau)$$

$$+\mathrm{i}\frac{1}{2}\Omega_{yv}(t+\tau)\widetilde{G}_{vv}^{(2)}(t,\tau)$$

$$-\frac{1}{2}\gamma_{yv}\widetilde{G}_{yv}^{(2)}(t,\tau) \tag{7.2.36}$$

同理可以求得

$$\frac{\mathrm{d}}{\mathrm{d}\tau}\widetilde{G}_{vy}^{(2)}(t,\tau) = -\mathrm{i}\delta_{yv}\widetilde{G}_{vy}^{(2)}(t,\tau) + \mathrm{i}\frac{1}{2}\Omega_{yv}(t+\tau)\widetilde{G}_{yy}^{(2)}(t,\tau)$$

$$+\mathrm{i}\frac{1}{2}\Omega_{xv}(t+\tau)G_{xy}^{(2)}(t,\tau) - \mathrm{i}\frac{1}{2}\Omega_{by}(t+\tau)\widetilde{G}_{vb}^{(2)}(t,\tau)$$

$$-\mathrm{i}\frac{1}{2}\Omega_{yv}(t+\tau)\widetilde{G}_{vv}^{(2)}(t,\tau) - \frac{1}{2}\gamma_{yv}\widetilde{G}_{vy}^{(2)}(t,\tau) \tag{7.2.37}$$

$$\frac{\mathrm{d}}{\mathrm{d}\tau}\langle\hat{\sigma}_{bv}(t+\tau)\rangle$$

$$= \mathrm{tr}\left\{\frac{\mathrm{d}}{\mathrm{d}\tau}\hat{\sigma}_{bv}(t+\tau)\hat{\rho}(t+\tau)\right\} + \mathrm{tr}\left\{\hat{\sigma}_{bv}(t+\tau)\frac{\mathrm{d}}{\mathrm{d}\tau}\hat{\rho}(t+\tau)\right\}$$

$$= \mathrm{i}\omega_{bv}\mathrm{tr}\{\hat{\sigma}_{bv}(t+\tau)\hat{\rho}(t+\tau)\} + \mathrm{tr}\{\hat{\sigma}_{bv}(t+\tau)(-\mathrm{i}/\hbar)$$

$$\cdot \frac{1}{2}[\hat{H}^{(i)}\hat{\rho} - \hat{\rho}\hat{H}^{(i)}]\} + \mathrm{tr}\{\hat{\sigma}_{bv}(t+\tau)L(\hat{\rho})\}$$

$$= \mathrm{i}\omega_{bv}\langle\hat{\sigma}_{bv}(t+\tau)\rangle - \mathrm{i}\frac{1}{2}[\Omega_{xv}(t+\tau)\langle\hat{\sigma}_{bx}(t+\tau)\rangle\mathrm{e}^{\mathrm{i}\omega_{L1}(t+\tau)}$$

$$+ \Omega_{yv}(t+\tau)\langle\hat{\sigma}_{by}(t+\tau)\rangle\mathrm{e}^{\mathrm{i}\omega_{L1}(t+\tau)}$$

$$- \Omega_{bx}(t+\tau)\langle\hat{\sigma}_{xv}(t+\tau)\rangle\mathrm{e}^{\mathrm{i}\omega_{L2}(t+\tau)}$$

$$- \Omega_{by}(t+\tau)\langle\hat{\sigma}_{yv}(t+\tau)\rangle\mathrm{e}^{\mathrm{i}\omega_{L2}(t+\tau)}]$$

$$- \frac{1}{2}(\gamma_{bx}+\gamma_{by})\langle\hat{\sigma}_{bv}(t+\tau)\rangle \tag{7.2.38}$$

由附录 6.1 可得

$$\frac{\mathrm{d}}{\mathrm{d}\tau}\langle\hat{\sigma}_{yb}^{+}(t)\hat{\sigma}_{bv}(t+\tau)\hat{\sigma}_{yb}(t)\rangle$$

$$= \mathrm{i}\omega_{bv}\langle\hat{\sigma}_{yb}^{+}(t)\hat{\sigma}_{bv}(t+\tau)\hat{\sigma}_{yb}(t)\rangle$$

$$- \mathrm{i}\frac{1}{2}\Omega_{xv}(t+\tau)\langle\hat{\sigma}_{yb}^{+}(t)\hat{\sigma}_{bx}(t+\tau)\hat{\sigma}_{yb}(t)\rangle\mathrm{e}^{\mathrm{i}\omega_{L1}(t+\tau)}$$

$$- \mathrm{i}\frac{1}{2}\Omega_{yv}(t+\tau)\langle\hat{\sigma}_{yb}^{+}(t)\hat{\sigma}_{by}(t+\tau)\hat{\sigma}_{yb}(t)\rangle\mathrm{e}^{\mathrm{i}\omega_{L1}(t+\tau)}$$

$$+ \mathrm{i}\frac{1}{2}\Omega_{bx}(t+\tau)\langle\hat{\sigma}_{yb}^{+}(t)\hat{\sigma}_{xv}(t+\tau)\hat{\sigma}_{yb}(t)\rangle\mathrm{e}^{\mathrm{i}\omega_{L2}(t+\tau)}$$

$$+ \mathrm{i}\frac{1}{2}\Omega_{by}(t+\tau)\langle\hat{\sigma}_{yb}^{+}(t)\hat{\sigma}_{yv}(t+\tau)\hat{\sigma}_{yb}(t)\rangle\mathrm{e}^{\mathrm{i}\omega_{L2}(t+\tau)}$$

$$- \frac{1}{2}(\gamma_{bx}+\gamma_{by})\langle\hat{\sigma}_{yb}^{+}(t)\hat{\sigma}_{bv}(t+\tau)\hat{\sigma}_{yb}(t)\rangle \tag{7.2.39}$$

$$\frac{\mathrm{d}}{\mathrm{d}\tau}[\mathrm{e}^{-\mathrm{i}(\omega_{L1}+\omega_{L2})(t+\tau)}\langle\hat{\sigma}_{yb}^{+}(t)\hat{\sigma}_{bv}(t+\tau)\hat{\sigma}_{yb}(t)\rangle]$$

$$= \mathrm{i}(\delta_{bx}+\delta_{xv})\langle\hat{\sigma}_{yb}^{+}(t)\hat{\sigma}_{bv}(t+\tau)\hat{\sigma}_{yb}(t)\rangle\mathrm{e}^{-\mathrm{i}(\omega_{L1}+\omega_{L2})(t+\tau)}$$

$$- i \frac{1}{2} \Omega_{xv}(t+\tau) \langle \hat{\sigma}_{yb}^{+}(t) \hat{\sigma}_{bx}(t+\tau) \hat{\sigma}_{yb}(t) \rangle e^{-i\omega_{L2}(t+\tau)}$$

$$- i \frac{1}{2} \Omega_{yv}(t+\tau) \langle \hat{\sigma}_{yb}^{+}(t) \hat{\sigma}_{by}(t+\tau) \hat{\sigma}_{yb}(t) \rangle e^{-i\omega_{L2}(t+\tau)}$$

$$+ i \frac{1}{2} \Omega_{bx}(t+\tau) \langle \hat{\sigma}_{yb}^{+}(t) \hat{\sigma}_{xv}(t+\tau) \hat{\sigma}_{yb}(t) \rangle e^{-i\omega_{L1}(t+\tau)}$$

$$+ i \frac{1}{2} \Omega_{by}(t+\tau) \langle \hat{\sigma}_{yb}^{+}(t) \hat{\sigma}_{yv}(t+\tau) \hat{\sigma}_{yb}(t) \rangle e^{-i\omega_{L1}(t+\tau)}$$

$$- \frac{1}{2}(\gamma_{bx} + \gamma_{by}) \langle \hat{\sigma}_{yb}^{+}(t) \hat{\sigma}_{bv}(t+\tau) \hat{\sigma}_{yb}(t) \rangle e^{-i(\omega_{L1}+\omega_{L2})(t+\tau)} \tag{7.2.40}$$

将 $(7.2.6),(7.2.8),(7.2.13),(7.2.18),(7.2.29)$ 代入 $(7.2.40)$ 式得

$$\frac{d}{d\tau} \widetilde{G}_{bv}^{(2)}(t,\tau) = i(\delta_{bx} + \delta_{xv}) \widetilde{G}_{bv}^{(2)}(t,\tau) - i \frac{1}{2} \Omega_{xv}(t+\tau) \widetilde{G}_{bx}^{(2)}(t,\tau)$$

$$- i \frac{1}{2} \Omega_{yv}(t+\tau) \widetilde{G}_{by}^{(2)}(t,\tau)$$

$$+ i \frac{1}{2} \Omega_{bx}(t+\tau) \widetilde{G}_{xv}^{(2)}(t,\tau)$$

$$+ i \frac{1}{2} \Omega_{by}(t+\tau) \widetilde{G}_{yv}^{(2)}(t,\tau)$$

$$- \frac{1}{2}(\gamma_{bx} + \gamma_{by}) \widetilde{G}_{bv}^{(2)}(t,\tau) \tag{7.2.41}$$

同理可以求得

$$\frac{d}{d\tau} \widetilde{G}_{vb}^{(2)}(t,\tau) = - i(\delta_{bx} + \delta_{xv}) \widetilde{G}_{vb}^{(2)}(t,\tau)$$

$$+ i \frac{1}{2} \Omega_{xv}(t+\tau) \widetilde{G}_{xb}^{(2)}(t,\tau)$$

$$+ i \frac{1}{2} \Omega_{yv}(t+\tau) \widetilde{G}_{yb}^{(2)}(t,\tau)$$

$$- i \frac{1}{2} \Omega_{bx}(t+\tau) \widetilde{G}_{vx}^{(2)}(t,\tau)$$

$$- i \frac{1}{2} \Omega_{by}(t+\tau) \widetilde{G}_{vy}^{(2)}(t,\tau)$$

$$- \frac{1}{2}(\gamma_{bx} + \gamma_{by}) \widetilde{G}_{vb}^{(2)}(t,\tau) \tag{7.2.42}$$

$$\frac{d}{d\tau} \langle \hat{\sigma}_{xy}(t+\tau) \rangle$$

$$= tr \left\{ \frac{d}{d\tau} \hat{\sigma}_{xy}(t+\tau) \hat{\rho}(t+\tau) \right\} + tr \left\{ \hat{\sigma}_{xy}(t+\tau) \frac{d}{d\tau} \hat{\rho}(t+\tau) \right\}$$

$$
\begin{aligned}
&= \mathrm{i}(\omega_{xv} - \omega_{yv})\mathrm{tr}\{\hat{\sigma}_{xy}(t+\tau)\hat{\rho}(t+\tau)\} + \mathrm{tr}\{\hat{\sigma}_{xy}(t+\tau)(-\mathrm{i}/\hbar) \\
&\quad \cdot (1/2)[\hat{H}^{(i)}\hat{\rho} - \hat{\rho}\hat{H}^{(i)}]\} + \mathrm{tr}\{\hat{\sigma}_{xy}(t+\tau)L(\hat{\rho})\} \\
&= \mathrm{i}(\delta_{xv} - \delta_{yv})\langle\hat{\sigma}_{xy}(t+\tau)\rangle \\
&\quad - \mathrm{i}\frac{1}{2}\big[\Omega_{by}(t+\tau)\langle\hat{\sigma}_{xb}(t+\tau)\rangle\mathrm{e}^{\mathrm{i}\omega_{L2}(t+\tau)} \\
&\quad + \Omega_{xv}(t+\tau)\langle\hat{\sigma}_{xv}(t+\tau)\rangle\mathrm{e}^{-\mathrm{i}\omega_{L1}(t+\tau)} \\
&\quad - \Omega_{bx}(t+\tau)\langle\hat{\sigma}_{by}(t+\tau)\rangle\mathrm{e}^{-\mathrm{i}\omega_{L2}(t+\tau)} \\
&\quad - \Omega_{yv}(t+\tau)\langle\hat{\sigma}_{vy}(t+\tau)\rangle\mathrm{e}^{\mathrm{i}\omega_{L1}(t+\tau)}\big] \\
&\quad - \frac{1}{2}(\gamma_{xv} + \gamma_{yv} + \gamma_{xy})\langle\hat{\sigma}_{xy}(t+\tau)\rangle \qquad\qquad (7.2.43)
\end{aligned}
$$

由附录 6.1 可得

$$
\begin{aligned}
&\frac{\mathrm{d}}{\mathrm{d}\tau}\langle\hat{\sigma}_{yb}^{+}(t)\hat{\sigma}_{xy}(t+\tau)\hat{\sigma}_{yb}(t)\rangle \\
&= \mathrm{i}(\delta_{xv} - \delta_{yv})\langle\hat{\sigma}_{yb}^{+}(t)\hat{\sigma}_{xy}(t+\tau)\hat{\sigma}_{yb}(t)\rangle \\
&\quad - \mathrm{i}\frac{1}{2}\big[\Omega_{by}(t+\tau)\langle\hat{\sigma}_{yb}^{+}(t)\hat{\sigma}_{xb}(t+\tau)\hat{\sigma}_{yb}(t)\rangle\mathrm{e}^{\mathrm{i}\omega_{L2}(t+\tau)} \\
&\quad + \Omega_{xv}(t+\tau)\langle\hat{\sigma}_{yb}^{+}(t)\hat{\sigma}_{xv}(t+\tau)\hat{\sigma}_{yb}(t)\rangle\mathrm{e}^{-\mathrm{i}\omega_{L1}(t+\tau)} \\
&\quad - \Omega_{bx}(t+\tau)\langle\hat{\sigma}_{yb}^{+}(t)\hat{\sigma}_{by}(t+\tau)\hat{\sigma}_{yb}(t)\rangle\mathrm{e}^{-\mathrm{i}\omega_{L2}(t+\tau)} \\
&\quad - \Omega_{yv}(t+\tau)\langle\hat{\sigma}_{yb}^{+}(t)\hat{\sigma}_{vy}(t+\tau)\hat{\sigma}_{yb}(t)\rangle\mathrm{e}^{\mathrm{i}\omega_{L1}(t+\tau)}\big] \\
&\quad - \frac{1}{2}(\gamma_{xv} + \gamma_{yv} + \gamma_{xy})\langle\hat{\sigma}_{yb}^{+}(t)\hat{\sigma}_{xy}(t+\tau)\hat{\sigma}_{yb}(t)\rangle \qquad (7.2.44)
\end{aligned}
$$

将 $(7.2.9),(7.2.13),(7.2.6),(7.2.19)$ 代入 $(7.2.44)$ 式得

$$
\begin{aligned}
\frac{\mathrm{d}}{\mathrm{d}\tau}G_{xy}^{(2)}(t,\tau) &= -\mathrm{i}(\delta_{yv} - \delta_{xv})G_{xy}^{(2)}(t,\tau) - \mathrm{i}\frac{1}{2}\Omega_{by}(t+\tau)\widetilde{G}_{xb}^{(2)}(t,\tau) \\
&\quad - \mathrm{i}\frac{1}{2}\Omega_{xv}(t+\tau)\widetilde{G}_{xv}^{(2)}(t,\tau) \\
&\quad + \mathrm{i}\frac{1}{2}\Omega_{bx}(t+\tau)\widetilde{G}_{by}^{(2)}(t,\tau) \\
&\quad + \mathrm{i}\frac{1}{2}\Omega_{yv}(t+\tau)\widetilde{G}_{vy}^{(2)}(t,\tau) \\
&\quad - \frac{1}{2}(\gamma_{xv} + \gamma_{yv} + \gamma_{xy})G_{xy}^{(2)}(t,\tau) \qquad (7.2.45)
\end{aligned}
$$

同理可以求得

$$\frac{\mathrm{d}}{\mathrm{d}\tau} G_{yx}^{(2)}(t,\tau) = (\delta_{yv} - \delta_{xv}) G_{yx}^{(2)}(t,\tau) + \mathrm{i}\,\frac{1}{2}\Omega_{by}(t+\tau)\,\widetilde{G}_{bx}^{(2)}(t,\tau)$$

$$+ \mathrm{i}\,\frac{1}{2}\Omega_{xv}(t+\tau)\,\widetilde{G}_{vx}^{(2)}(t,\tau)$$

$$- \mathrm{i}\,\frac{1}{2}\Omega_{by}(t+\tau)\,\widetilde{G}_{yb}^{(2)}(t,\tau)$$

$$- \mathrm{i}\,\frac{1}{2}\Omega_{yv}(t+\tau)\,\widetilde{G}_{yv}^{(2)}(t,\tau)$$

$$- \frac{1}{2}(\gamma_{xv} + \gamma_{yv} + \gamma_{xy}) G_{yx}^{(2)}(t,\tau) \tag{7.2.46}$$

$$\frac{\mathrm{d}}{\mathrm{d}\tau}\langle \hat{\sigma}_{bx}(t+\tau)\rangle$$

$$= \mathrm{tr}\left\{\frac{\mathrm{d}}{\mathrm{d}\tau}\hat{\sigma}_{bx}(t+\tau)\,\hat{\rho}(t+\tau)\right\} + \mathrm{tr}\left\{\hat{\sigma}_{bx}(t+\tau)\,\frac{\mathrm{d}}{\mathrm{d}\tau}\hat{\rho}(t+\tau)\right\}$$

$$= \mathrm{i}\omega_{bx}\,\mathrm{tr}\{\hat{\sigma}_{bx}(t+\tau)\,\hat{\rho}(t+\tau)\} + \mathrm{tr}\{\hat{\sigma}_{bx}(t+\tau)(-\mathrm{i}/\hbar)$$

$$\bullet\;\frac{1}{2}[\hat{H}^{(i)}\hat{\rho} - \hat{\rho}\,\hat{H}^{(i)}]\} + \mathrm{tr}\{\hat{\sigma}_{bx}(t+\tau)L(\hat{\rho})\}$$

$$= \mathrm{i}\omega_{bx}\langle \hat{\sigma}_{bx}(t+\tau)\rangle - \mathrm{i}\,\frac{1}{2}\Omega_{bx}(t+\tau)\langle \hat{\sigma}_{bb}(t+\tau)\rangle \mathrm{e}^{\mathrm{i}\omega_{L2}(t+\tau)}$$

$$- \mathrm{i}\,\frac{1}{2}\Omega_{xv}(t+\tau)\langle \hat{\sigma}_{bv}(t+\tau)\rangle \mathrm{e}^{-\mathrm{i}\omega_{L1}(t+\tau)}$$

$$+ \mathrm{i}\,\frac{1}{2}\Omega_{bx}(t+\tau)\langle \hat{\sigma}_{xx}(t+\tau)\rangle \mathrm{e}^{\mathrm{i}\omega_{L2}(t+\tau)}$$

$$+ \mathrm{i}\,\frac{1}{2}\Omega_{by}(t+\tau)\langle \hat{\sigma}_{yx}(t+\tau)\rangle \mathrm{e}^{\mathrm{i}\omega_{L2}(t+\tau)}$$

$$- \frac{1}{2}(\gamma_{bx} + \gamma_{by} + \gamma_{xv} + \gamma_{xy})\langle \hat{\sigma}_{bx}(t+\tau)\rangle \tag{7.2.47}$$

由推论可以得到

$$\frac{\mathrm{d}}{\mathrm{d}\tau}\langle \hat{\sigma}_{yb}^{+}(t)\,\hat{\sigma}_{bx}(t+\tau)\,\hat{\sigma}_{yb}(t)\rangle$$

$$= \mathrm{i}\omega_{bx}\langle \hat{\sigma}_{yb}^{+}(t)\,\hat{\sigma}_{bx}(t+\tau)\,\hat{\sigma}_{yb}(t)\rangle$$

$$- \mathrm{i}\,\frac{1}{2}\Omega_{bx}(t+\tau)\langle \hat{\sigma}_{yb}^{+}(t)\,\hat{\sigma}_{bb}(t+\tau)\,\hat{\sigma}_{yb}(t)\rangle \mathrm{e}^{\mathrm{i}\omega_{L2}(t+\tau)}$$

$$- \mathrm{i}\,\frac{1}{2}\Omega_{xv}(t+\tau)\langle \hat{\sigma}_{yb}^{+}(t)\,\hat{\sigma}_{bv}(t+\tau)\,\hat{\sigma}_{yb}(t)\rangle \mathrm{e}^{-\mathrm{i}\omega_{L1}(t+\tau)}$$

$$+ \mathrm{i}\,\frac{1}{2}\Omega_{bx}(t+\tau)\langle \hat{\sigma}_{yb}^{+}(t)\,\hat{\sigma}_{xx}(t+\tau)\,\hat{\sigma}_{yb}(t)\rangle \mathrm{e}^{\mathrm{i}\omega_{L2}(t+\tau)}$$

$$+ \mathrm{i}\, \frac{1}{2} \Omega_{by}(t+\tau) \langle \hat{\sigma}_{yb}^{+}(t)\, \hat{\sigma}_{yx}(t+\tau)\, \hat{\sigma}_{yb}(t) \rangle \mathrm{e}^{\mathrm{i}\omega_{L2}(t+\tau)}$$

$$- \frac{1}{2}(\gamma_{bx} + \gamma_{by} + \gamma_{xv} + \gamma_{xy}) \langle \hat{\sigma}_{yb}^{+}(t)\, \hat{\sigma}_{bx}(t+\tau)\, \hat{\sigma}_{yb}(t) \rangle \qquad (7.2.48)$$

$$\frac{\mathrm{d}}{\mathrm{d}\tau}\big[\mathrm{e}^{-\mathrm{i}\omega_{L2}(t+\tau)} \langle \hat{\sigma}_{yb}^{+}(t)\, \hat{\sigma}_{bx}(t+\tau)\, \hat{\sigma}_{yb}(t) \rangle \big]$$

$$= \mathrm{i}\delta_{bx}\, \mathrm{e}^{-\mathrm{i}\omega_{L2}(t+\tau)} \langle \hat{\sigma}_{yb}^{+}(t)\, \hat{\sigma}_{bx}(t+\tau)\, \hat{\sigma}_{yb}(t) \rangle$$

$$- \mathrm{i}\, \frac{1}{2} \Omega_{bx}(t+\tau) \langle \hat{\sigma}_{yb}^{+}(t)\, \hat{\sigma}_{bb}(t+\tau)\, \hat{\sigma}_{yb}(t) \rangle$$

$$- \mathrm{i}\, \frac{1}{2} \Omega_{xv}(t+\tau) \langle \hat{\sigma}_{yb}^{+}(t)\, \hat{\sigma}_{bv}(t+\tau)\, \hat{\sigma}_{yb}(t) \rangle \mathrm{e}^{-\mathrm{i}(\omega_{L1}+\omega_{L2})(t+\tau)}$$

$$+ \mathrm{i}\, \frac{1}{2} \Omega_{bx}(t+\tau) \langle \hat{\sigma}_{yb}^{+}(t)\, \hat{\sigma}_{xx}(t+\tau)\, \hat{\sigma}_{yb}(t) \rangle$$

$$+ \mathrm{i}\, \frac{1}{2} \Omega_{by}(t+\tau) \langle \hat{\sigma}_{yb}^{+}(t)\, \hat{\sigma}_{yx}(t+\tau)\, \hat{\sigma}_{yb}(t) \rangle$$

$$- \frac{1}{2}(\gamma_{bx} + \gamma_{by} + \gamma_{xv} + \gamma_{xy}) \langle \hat{\sigma}_{yb}^{+}(t)\, \hat{\sigma}_{bx}(t+\tau)\, \hat{\sigma}_{yb}(t) \rangle \mathrm{e}^{-\mathrm{i}\omega_{L2}(t+\tau)} \qquad (7.2.49)$$

将变换式(7.2.8),(7.2.29)代入(7.2.49)得

$$\frac{\mathrm{d}}{\mathrm{d}\tau} \widetilde{G}_{bx}^{(2)}(t,\tau) = \mathrm{i}\delta_{bx}\, \widetilde{G}_{bx}^{(2)}(t,\tau) - \mathrm{i}\, \frac{1}{2} \Omega_{bx}(t+\tau) G_{bb}^{(2)}(t,\tau)$$

$$- \mathrm{i}\, \frac{1}{2} \Omega_{xv}(t+\tau) \widetilde{G}_{bv}^{(2)}(t,\tau)$$

$$+ \mathrm{i}\, \frac{1}{2} \Omega_{bx}(t+\tau) \widetilde{G}_{xx}^{(2)}(t,\tau)$$

$$+ \mathrm{i}\, \frac{1}{2} \Omega_{by}(t+\tau) \widetilde{G}_{yx}^{(2)}(t,\tau)$$

$$- \frac{1}{2}(\gamma_{bx} + \gamma_{by} + \gamma_{xv} + \gamma_{xy}) \widetilde{G}_{bx}^{(2)}(t,\tau) \qquad (7.2.50)$$

同理可以求得

$$\frac{\mathrm{d}}{\mathrm{d}\tau} G_{xb}^{(2)}(t,\tau) = -\mathrm{i}\delta_{bx}\, \widetilde{G}_{xb}^{(2)}(t,\tau) + \mathrm{i}\, \frac{1}{2} \Omega_{bx}(t+\tau) G_{bb}^{(2)}(t,\tau)$$

$$+ \mathrm{i}\, \frac{1}{2} \Omega_{xv}(t+\tau) \widetilde{G}_{vb}^{(2)}(t,\tau)$$

$$- \mathrm{i}\, \frac{1}{2} \Omega_{bx}(t+\tau) \widetilde{G}_{xx}^{(2)}(t,\tau)$$

$$- \mathrm{i}\, \frac{1}{2} \Omega_{by}(t+\tau) \widetilde{G}_{xy}^{(2)}(t,\tau)$$

$$-\frac{1}{2}(\gamma_{bx} + \gamma_{by} + \gamma_{xv} + \gamma_{xy})\widetilde{G}_{xb}^{(2)}(t,\tau) \qquad (7.2.51)$$

$$\frac{\mathrm{d}}{\mathrm{d}\tau}\langle\hat{\sigma}_{by}(t+\tau)\rangle$$

$$= \mathrm{tr}\left\{\frac{\mathrm{d}}{\mathrm{d}\tau}\hat{\sigma}_{by}(t+\tau)\hat{\rho}(t+\tau)\right\} + \mathrm{tr}\left\{\hat{\sigma}_{by}(t+\tau)\frac{\mathrm{d}}{\mathrm{d}\tau}\hat{\rho}(t+\tau)\right\}$$

$$= \mathrm{i}\omega_{by}\mathrm{tr}\{\hat{\sigma}_{by}(t+\tau)\hat{\rho}(t+\tau)\} + \mathrm{tr}\Big\{\hat{\sigma}_{by}(t+\tau)(-\mathrm{i}/\hbar)$$

$$\cdot \frac{1}{2}\big[\hat{H}^{(i)}\hat{\rho} - \hat{\rho}\hat{H}^{(i)}\big]\Big\} + \mathrm{tr}\{\hat{\sigma}_{by}(t+\tau)L(\hat{\rho})\}$$

$$= \mathrm{i}\omega_{by}\langle\hat{\sigma}_{by}(t+\tau)\rangle - \mathrm{i}\frac{1}{2}\Omega_{by}(t+\tau)\langle\hat{\sigma}_{bb}(t+\tau)\rangle\mathrm{e}^{\mathrm{i}\omega_{L2}(t+\tau)}$$

$$- \mathrm{i}\frac{1}{2}\Omega_{yv}(t+\tau)\langle\hat{\sigma}_{bv}(t+\tau)\rangle\mathrm{e}^{-\mathrm{i}\omega_{L1}(t+\tau)}$$

$$+ \mathrm{i}\frac{1}{2}\Omega_{by}(t+\tau)\langle\hat{\sigma}_{yy}(t+\tau)\rangle\mathrm{e}^{\mathrm{i}\omega_{L2}(t+\tau)}$$

$$+ \mathrm{i}\frac{1}{2}\Omega_{bx}(t+\tau)\langle\hat{\sigma}_{xy}(t+\tau)\rangle\mathrm{e}^{\mathrm{i}\omega_{L2}(t+\tau)}$$

$$- \frac{1}{2}(\gamma_{bx} + \gamma_{by} + \gamma_{yv})\langle\hat{\sigma}_{by}(t+\tau)\rangle \qquad (7.2.52)$$

由附录 6.1 可得

$$\frac{\mathrm{d}}{\mathrm{d}\tau}\langle\hat{\sigma}_{yb}^{+}(t)\hat{\sigma}_{by}(t+\tau)\hat{\sigma}_{yb}(t)\rangle$$

$$= \mathrm{i}\omega_{by}\langle\hat{\sigma}_{yb}^{+}(t)\hat{\sigma}_{by}(t+\tau)\hat{\sigma}_{yb}(t)\rangle$$

$$- \mathrm{i}\frac{1}{2}\Omega_{by}(t+\tau)\langle\hat{\sigma}_{yb}^{+}(t)\hat{\sigma}_{bb}(t+\tau)\hat{\sigma}_{yb}(t)\rangle\mathrm{e}^{\mathrm{i}\omega_{L2}(t+\tau)}$$

$$- \mathrm{i}\frac{1}{2}\Omega_{yv}(t+\tau)\langle\hat{\sigma}_{yb}^{+}(t)\hat{\sigma}_{bv}(t+\tau)\hat{\sigma}_{yb}(t)\rangle\mathrm{e}^{-\mathrm{i}\omega_{L1}(t+\tau)}$$

$$+ \mathrm{i}\frac{1}{2}\Omega_{by}(t+\tau)\langle\hat{\sigma}_{yb}^{+}(t)\hat{\sigma}_{yy}(t+\tau)\hat{\sigma}_{yb}(t)\rangle\mathrm{e}^{\mathrm{i}\omega_{L2}(t+\tau)}$$

$$+ \mathrm{i}\frac{1}{2}\Omega_{bx}(t+\tau)\langle\hat{\sigma}_{yb}^{+}(t)\hat{\sigma}_{xy}(t+\tau)\hat{\sigma}_{yb}(t)\rangle\mathrm{e}^{\mathrm{i}\omega_{L2}(t+\tau)}$$

$$- \frac{1}{2}(\gamma_{bx} + \gamma_{by} + \gamma_{yv})\langle\hat{\sigma}_{yb}^{+}(t)\hat{\sigma}_{by}(t+\tau)\hat{\sigma}_{yb}(t)\rangle \qquad (7.2.53)$$

$$\frac{\mathrm{d}}{\mathrm{d}\tau}\big[\mathrm{e}^{-\mathrm{i}\omega_{L2}(t+\tau)}\langle\hat{\sigma}_{yb}^{+}(t)\hat{\sigma}_{by}(t+\tau)\hat{\sigma}_{yb}(t)\rangle\big]$$

$$= \mathrm{i}\delta_{by}\mathrm{e}^{-\mathrm{i}\omega_{L2}(t+\tau)}\langle\hat{\sigma}_{yb}^{+}(t)\hat{\sigma}_{by}(t+\tau)\hat{\sigma}_{yb}(t)\rangle$$

$$-\,\mathrm{i}\,\frac{1}{2}\Omega_{by}(t+\tau)\langle\hat{\sigma}_{yb}^{+}(t)\,\hat{\sigma}_{bb}(t+\tau)\,\hat{\sigma}_{yb}(t)\rangle$$

$$-\,\mathrm{i}\,\frac{1}{2}\Omega_{yv}(t+\tau)\langle\hat{\sigma}_{yb}^{+}(t)\,\hat{\sigma}_{bv}(t+\tau)\,\hat{\sigma}_{yb}(t)\rangle\mathrm{e}^{-\mathrm{i}(\omega_{L1}+\omega_{L2})(t+\tau)}$$

$$+\,\mathrm{i}\,\frac{1}{2}\Omega_{by}(t+\tau)\langle\hat{\sigma}_{yb}^{+}(t)\,\hat{\sigma}_{yy}(t+\tau)\,\hat{\sigma}_{yb}(t)\rangle$$

$$+\,\mathrm{i}\,\frac{1}{2}\Omega_{bx}(t+\tau)\langle\hat{\sigma}_{yb}^{+}(t)\,\hat{\sigma}_{xy}(t+\tau)\,\hat{\sigma}_{yb}(t)\rangle$$

$$-\,\frac{1}{2}(\gamma_{bx}+\gamma_{by}+\gamma_{yv})\langle\hat{\sigma}_{yb}^{+}(t)\,\hat{\sigma}_{by}(t+\tau)\,\hat{\sigma}_{yb}(t)\rangle\mathrm{e}^{-\mathrm{i}\omega_{L2}(t+\tau)} \qquad (7.2.54)$$

将(7.2.6),(7.2.29)代入(7.2.54)式得

$$\frac{\mathrm{d}}{\mathrm{d}\tau}\widetilde{G}_{by}^{(2)}(t,\tau)=\mathrm{i}\delta_{by}\,\widetilde{G}_{by}^{(2)}(t,\tau)-\mathrm{i}\,\frac{1}{2}\Omega_{by}(t+\tau)G_{bb}^{(2)}(t,\tau)$$

$$-\,\mathrm{i}\,\frac{1}{2}\Omega_{yv}(t+\tau)\widetilde{G}_{bv}^{(2)}(t,\tau)+\mathrm{i}\,\frac{1}{2}\Omega_{by}(t+\tau)\widetilde{G}_{yy}^{(2)}(t,\tau)$$

$$+\,\mathrm{i}\,\frac{1}{2}\Omega_{bx}(t+\tau)G_{xy}^{(2)}(t,\tau)$$

$$-\,\frac{1}{2}(\gamma_{bx}+\gamma_{by}+\gamma_{yv})\widetilde{G}_{by}^{(2)}(t,\tau) \qquad (7.2.55)$$

同理可以求得

$$\frac{\mathrm{d}}{\mathrm{d}\tau}\widetilde{G}_{yb}^{(2)}(t,\tau)=-\,\mathrm{i}\delta_{by}G_{yb}^{(2)}(t,\tau)+\mathrm{i}\,\frac{1}{2}\Omega_{by}(t+\tau)G_{bb}^{(2)}(t,\tau)$$

$$+\,\mathrm{i}\,\frac{1}{2}\Omega_{yv}(t+\tau)\widetilde{G}_{vb}^{(2)}(t,\tau)-\mathrm{i}\,\frac{1}{2}\Omega_{by}(t+\tau)\widetilde{G}_{yy}^{(2)}(t,\tau)$$

$$-\,\mathrm{i}\,\frac{1}{2}\Omega_{bx}(t+\tau)G_{yx}^{(2)}(t,\tau)$$

$$-\,\frac{1}{2}(\gamma_{bx}+\gamma_{by}+\gamma_{vy})\widetilde{G}_{yb}^{(2)}(t,\tau) \qquad (7.2.56)$$

综合以上各式得耦合量子点中二阶相关矢量的运动方程为

$$\frac{\mathrm{d}}{\mathrm{d}\tau}G_{vv}^{(2)}(t,\tau)=-\,\mathrm{i}\,\frac{1}{2}\Omega_{xv}(t+\tau)\widetilde{G}_{vx}^{(2)}(t,\tau)$$

$$+\,\mathrm{i}\,\frac{1}{2}\Omega_{xv}(t+\tau)\widetilde{G}_{xv}^{(2)}(t,\tau)$$

$$-\,\mathrm{i}\,\frac{1}{2}\Omega_{yv}(t+\tau)\widetilde{G}_{vy}^{(2)}(t,\tau)$$

$$+\,\mathrm{i}\,\frac{1}{2}\Omega_{yv}(t+\tau)\widetilde{G}_{yv}^{(2)}(t,\tau)$$

$$+ \gamma_{xv} \widetilde{G}^{(2)}_{xx}(t,\tau) + \gamma_{yv} \widetilde{G}^{(2)}_{yy}(t,\tau);$$

$$\frac{\mathrm{d}}{\mathrm{d}\tau} G^{(2)}_{xx}(t,\tau) = -\mathrm{i}\frac{1}{2}\Omega_{bx}(t+\tau)\widetilde{G}^{(2)}_{xb}(t,\tau)$$

$$-\mathrm{i}\frac{1}{2}\Omega_{xv}(t+\tau)\widetilde{G}^{(2)}_{xv}(t,\tau)$$

$$+\mathrm{i}\frac{1}{2}\Omega_{bx}(t+\tau)\widetilde{G}^{(2)}_{bx}(t,\tau)$$

$$+\mathrm{i}\frac{1}{2}\Omega_{xv}(t+\tau)\widetilde{G}^{(2)}_{vx}(t,\tau)$$

$$-(\gamma_{xv}+\gamma_{xy})\widetilde{G}^{(2)}_{xx}(t,\tau) + \gamma_{bx}G^{(2)}_{bb}(t,\tau);$$

$$\frac{\mathrm{d}}{\mathrm{d}\tau} G^{(2)}_{yy}(t,\tau) = -\mathrm{i}\frac{1}{2}\Omega_{by}(t+\tau)\widetilde{G}^{(2)}_{yb}(t,\tau)$$

$$-\mathrm{i}\frac{1}{2}\Omega_{yv}(t+\tau)\widetilde{G}^{(2)}_{yv}(t,\tau)$$

$$+\mathrm{i}\frac{1}{2}\Omega_{by}(t+\tau)\widetilde{G}^{(2)}_{by}(t,\tau)$$

$$+\mathrm{i}\frac{1}{2}\Omega_{yv}(t+\tau)\widetilde{G}^{(2)}_{vy}(t,\tau) - \gamma_{yv}G^{(2)}_{yy}(t,\tau)$$

$$+\gamma_{by}G^{(2)}_{bb}(t,\tau) + \gamma_{xy}G^{(2)}_{xx}(t,\tau);$$

$$\frac{\mathrm{d}}{\mathrm{d}\tau} G^{(2)}_{bb}(t,\tau) = -\mathrm{i}\frac{1}{2}\Omega_{by}(t+\tau)\widetilde{G}^{(2)}_{by}(t,\tau)$$

$$-\mathrm{i}\frac{1}{2}\Omega_{bx}(t+\tau)\widetilde{G}^{(2)}_{bx}(t,\tau)$$

$$+\mathrm{i}\frac{1}{2}\Omega_{bx}(t+\tau)\widetilde{G}^{(2)}_{xb}(t,\tau)$$

$$+\mathrm{i}\frac{1}{2}\Omega_{by}(t+\tau)\widetilde{G}^{(2)}_{yb}(t,\tau)$$

$$-\frac{1}{2}(\gamma_{bx}+\gamma_{by})G^{(2)}_{bb}(t,\tau);$$

$$\frac{\mathrm{d}}{\mathrm{d}\tau} \widetilde{G}^{(2)}_{vx}(t,\tau) = -\mathrm{i}\delta_{xv}\widetilde{G}^{(2)}_{vx}(t,\tau) + \mathrm{i}\frac{1}{2}\Omega_{xv}(t+\tau)G^{(2)}_{xx}(t,\tau)$$

$$+\mathrm{i}\frac{1}{2}\Omega_{yv}(t+\tau)G^{(2)}_{yx}(t,\tau)$$

$$-\mathrm{i}\frac{1}{2}\Omega_{bx}(t+\tau)\widetilde{G}^{(2)}_{vb}(t,\tau)$$

$$-\mathrm{i}\frac{1}{2}\Omega_{xv}(t+\tau)G^{(2)}_{vv}(t,\tau)$$

$$-\frac{1}{2}(\gamma_{xv}+\gamma_{xy})\widetilde{G}^{(2)}_{vx}(t,\tau);$$

$$\frac{\mathrm{d}}{\mathrm{d}\tau} \widetilde{G}_{xv}^{(2)}(t,\tau) = \mathrm{i}\delta_{xv} \widetilde{G}_{xv}^{(2)}(t,\tau) - \mathrm{i}\frac{1}{2}\Omega_{xv}(t+\tau)G_{xx}^{(2)}(t,\tau)$$

$$- \mathrm{i}\frac{1}{2}\Omega_{yv}(t+\tau)G_{xy}^{(2)}(t,\tau)$$

$$+ \mathrm{i}\frac{1}{2}\Omega_{bx}(t+\tau)\widetilde{G}_{bv}^{(2)}(t,\tau)$$

$$+ \mathrm{i}\frac{1}{2}\Omega_{xv}(t+\tau)G_{vv}^{(2)}(t,\tau)$$

$$- \frac{1}{2}(\gamma_{xv} + \gamma_{xy})\widetilde{G}_{xv}^{(2)}(t,\tau);$$

$$\frac{\mathrm{d}}{\mathrm{d}\tau} \widetilde{G}_{vy}^{(2)}(t,\tau) = - \mathrm{i}\delta_{yv} \widetilde{G}_{vy}^{(2)}(t,\tau) + \mathrm{i}\frac{1}{2}\Omega_{yv}(t+\tau)G_{yy}^{(2)}(t,\tau)$$

$$+ \mathrm{i}\frac{1}{2}\Omega_{xv}(t+\tau)G_{xy}^{(2)}(t,\tau)$$

$$- \mathrm{i}\frac{1}{2}\Omega_{by}(t+\tau)\widetilde{G}_{vb}^{(2)}(t,\tau)$$

$$- \mathrm{i}\frac{1}{2}\Omega_{yv}(t+\tau)G_{vv}^{(2)}(t,\tau)$$

$$- \frac{1}{2}\gamma_{yv}\widetilde{G}_{vy}^{(2)}(t,\tau);$$

$$\frac{\mathrm{d}}{\mathrm{d}\tau} \widetilde{G}_{yv}^{(2)}(t,\tau) = \mathrm{i}\delta_{yv} \widetilde{G}_{yv}^{(2)}(t,\tau) - \mathrm{i}\frac{1}{2}\Omega_{yv}(t+\tau)G_{yy}^{(2)}(t,\tau)$$

$$- \mathrm{i}\frac{1}{2}\Omega_{xv}(t+\tau)G_{yx}^{(2)}(t,\tau)$$

$$+ \mathrm{i}\frac{1}{2}\Omega_{by}(t+\tau)\widetilde{G}_{bv}^{(2)}(t,\tau)$$

$$+ \mathrm{i}\frac{1}{2}\Omega_{yv}(t+\tau)G_{vv}^{(2)}(t,\tau)$$

$$- \frac{1}{2}\gamma_{yv}\widetilde{G}_{yv}^{(2)}(t,\tau);$$

$$\frac{\mathrm{d}}{\mathrm{d}\tau} \widetilde{G}_{xb}^{(2)}(t,\tau) = - \mathrm{i}\delta_{bx} \widetilde{G}_{xb}^{(2)}(t,\tau) + \mathrm{i}\frac{1}{2}\Omega_{bx}(t+\tau)G_{bb}^{(2)}(t,\tau)$$

$$+ \mathrm{i}\frac{1}{2}\Omega_{xv}(t+\tau)\widetilde{G}_{vb}^{(2)}(t,\tau)$$

$$- \mathrm{i}\frac{1}{2}\Omega_{bx}(t+\tau)\widetilde{G}_{xx}^{(2)}(t,\tau)$$

$$- \mathrm{i}\frac{1}{2}\Omega_{by}(t+\tau)G_{xy}^{(2)}(t,\tau)$$

$$- \frac{1}{2}(\gamma_{bx} + \gamma_{by} + \gamma_{xv} + \gamma_{xy})\widetilde{G}_{xb}^{(2)}(t,\tau);$$

$$\frac{\mathrm{d}}{\mathrm{d}\tau}\widetilde{G}_{bx}^{(2)}(t,\tau) = \mathrm{i}\delta_{bx}\widetilde{G}_{bx}^{(2)}(t,\tau) - \frac{1}{2}\mathrm{i}\Omega_{bx}(t+\tau)G_{bb}^{(2)}(t,\tau)$$

$$- \frac{1}{2}\mathrm{i}\Omega_{xv}(t+\tau)\widetilde{G}_{bv}^{(2)}(t,\tau)$$

$$+ \frac{1}{2}\mathrm{i}\Omega_{bx}(t+\tau)\widetilde{G}_{xx}^{(2)}(t,\tau)$$

$$+ \frac{1}{2}\mathrm{i}\Omega_{by}(t+\tau)G_{yx}^{(2)}(t,\tau)$$

$$- \frac{1}{2}(\gamma_{bx}+\gamma_{by}+\gamma_{xv}+\gamma_{xy})\widetilde{G}_{bx}^{(2)}(t,\tau);$$

$$\frac{\mathrm{d}}{\mathrm{d}\tau}\widetilde{G}_{yb}^{(2)}(t,\tau) = -\mathrm{i}\delta_{by}\widetilde{G}_{yb}^{(2)}(t,\tau) + \mathrm{i}\frac{1}{2}\Omega_{by}(t+\tau)G_{bb}^{(2)}(t,\tau)$$

$$+ \mathrm{i}\frac{1}{2}\Omega_{yv}(t+\tau)\widetilde{G}_{vb}^{(2)}(t,\tau)$$

$$- \mathrm{i}\frac{1}{2}\Omega_{by}(t+\tau)\widetilde{G}_{yy}^{(2)}(t,\tau)$$

$$- \mathrm{i}\frac{1}{2}\Omega_{bx}(t+\tau)G_{yx}^{(2)}(t,\tau)$$

$$- \frac{1}{2}(\gamma_{bx}+\gamma_{by}+\gamma_{yv})\widetilde{G}_{yb}^{(2)}(t,\tau);$$

$$\frac{\mathrm{d}}{\mathrm{d}\tau}\widetilde{G}_{by}^{(2)}(t,\tau) = \mathrm{i}\delta_{by}\widetilde{G}_{by}^{(2)}(t,\tau) - \mathrm{i}\frac{1}{2}\Omega_{by}(t+\tau)G_{bb}^{(2)}(t,\tau)$$

$$- \mathrm{i}\frac{1}{2}\Omega_{yv}(t+\tau)\widetilde{G}_{bv}^{(2)}(t,\tau)$$

$$+ \mathrm{i}\frac{1}{2}\Omega_{by}(t+\tau)\widetilde{G}_{yy}^{(2)}(t,\tau)$$

$$+ \mathrm{i}\frac{1}{2}\Omega_{bx}(t+\tau)G_{xy}^{(2)}(t,\tau)$$

$$- \frac{1}{2}(\gamma_{bx}+\gamma_{by}+\gamma_{xv})\widetilde{G}_{by}^{(2)}(t,\tau);$$

$$\frac{\mathrm{d}}{\mathrm{d}\tau}\widetilde{G}_{xy}^{(2)}(t,\tau) = -\mathrm{i}(\delta_{yv}-\delta_{xv})G_{xy}^{(2)}(t,\tau) - \mathrm{i}\frac{1}{2}\Omega_{by}(t+\tau)\widetilde{G}_{xb}^{(2)}(t,\tau)$$

$$- \mathrm{i}\frac{1}{2}\Omega_{xv}(t+\tau)\widetilde{G}_{xv}^{(2)}(t,\tau)$$

$$+ \mathrm{i}\frac{1}{2}\Omega_{by}(t+\tau)\widetilde{G}_{by}^{(2)}(t,\tau)$$

$$+ \mathrm{i}\frac{1}{2}\Omega_{yv}(t+\tau)\widetilde{G}_{vy}^{(2)}(t,\tau)$$

$$- \frac{1}{2}(\gamma_{xv}+\gamma_{yv}+\gamma_{xy})G_{xy}^{(2)}(t,\tau);$$

$$\frac{\mathrm{d}}{\mathrm{d}\tau}G_{yx}^{(2)}(t,\tau) = (\delta_{yv}-\delta_{xv})G_{yx}^{(2)}(t,\tau) + \mathrm{i}\frac{1}{2}\Omega_{by}(t+\tau)\widetilde{G}_{bx}^{(2)}(t,\tau)$$

$$+ \mathrm{i} \frac{1}{2} \Omega_{xv}(t + \tau) \widetilde{G}_{vx}^{(2)}(t,\tau)$$

$$- \mathrm{i} \frac{1}{2} \Omega_{by}(t + \tau) \widetilde{G}_{yb}^{(2)}(t,\tau)$$

$$- \mathrm{i} \frac{1}{2} \Omega_{yv}(t + \tau) \widetilde{G}_{yv}^{(2)}(t,\tau)$$

$$- \frac{1}{2}(\gamma_{xv} + \gamma_{yv} + \gamma_{xy}) G_{yx}^{(2)}(t,\tau);$$

$$\frac{\mathrm{d}}{\mathrm{d}\tau} \widetilde{G}_{vb}^{(2)}(t,\tau) = - \mathrm{i}(\delta_{bx} + \delta_{xv}) \widetilde{G}_{vb}^{(2)}(t,\tau) + \mathrm{i} \frac{1}{2} \Omega_{xv}(t + \tau) \widetilde{G}_{xb}^{(2)}(t,\tau)$$

$$+ \mathrm{i} \frac{1}{2} \Omega_{yv}(t + \tau) \widetilde{G}_{yb}^{(2)}(t,\tau)$$

$$- \mathrm{i} \frac{1}{2} \Omega_{bx}(t + \tau) \widetilde{G}_{vx}^{(2)}(t,\tau)$$

$$- \mathrm{i} \frac{1}{2} \Omega_{by}(t + \tau) \widetilde{G}_{vy}^{(2)}(t,\tau)$$

$$- \frac{1}{2}(\gamma_{bx} + \gamma_{by}) \widetilde{G}_{vb}^{(2)}(t,\tau);$$

$$\frac{\mathrm{d}}{\mathrm{d}\tau} \widetilde{G}_{bv}^{(2)}(t,\tau) = \mathrm{i}(\delta_{bx} + \delta_{xv}) \widetilde{G}_{bv}^{(2)}(t,\tau) - \mathrm{i} \frac{1}{2} \Omega_{xv}(t + \tau) \widetilde{G}_{bx}^{(2)}(t,\tau)$$

$$- \mathrm{i} \frac{1}{2} \Omega_{yv}(t + \tau) \widetilde{G}_{by}^{(2)}(t,\tau)$$

$$+ \mathrm{i} \frac{1}{2} \Omega_{bx}(t + \tau) \widetilde{G}_{xv}^{(2)}(t,\tau)$$

$$+ \mathrm{i} \frac{1}{2} \Omega_{by}(t + \tau) \widetilde{G}_{yv}^{(2)}(t,\tau)$$

$$- \frac{1}{2}(\gamma_{bx} + \gamma_{by}) \widetilde{G}_{bv}^{(2)}(t,\tau) \tag{7.2.57}$$

引入该耦合量子点体系中 $G_{by \to xv}^{(2)}(t,\tau)$ 对应的双时二阶相关函数矢量 $\boldsymbol{G}_{by \to xv}(t,\tau)$：

$$\boldsymbol{G}_{by \to xv}(t,\tau) = \{ G_{vv}^{(2)}, G_{xx}^{(2)}, G_{yy}^{(2)}, G_{bb}^{(2)}, \widetilde{G}_{vx}^{(2)}, \widetilde{G}_{xv}^{(2)}, \widetilde{G}_{vy}^{(2)}, \widetilde{G}_{yv}^{(2)}, \widetilde{G}_{xb}^{(2)},$$

$$\widetilde{G}_{bx}^{(2)}, \widetilde{G}_{yb}^{(2)}, \widetilde{G}_{by}^{(2)}, \widetilde{G}_{xy}^{(2)}, \widetilde{G}_{yx}^{(2)}, \widetilde{G}_{vb}^{(2)}, \widetilde{G}_{bv}^{(2)} \}$$

则可以将方程(7.2.57)写成矩阵形式：

$$\frac{\mathrm{d}}{\mathrm{d}\tau} \boldsymbol{G}_{by \to xv}(t,\tau) = \boldsymbol{M}^{(G)}(t + \tau) \boldsymbol{G}_{by \to xv}(t,\tau) - \boldsymbol{\Gamma}^{(G)} \boldsymbol{G}_{by \to xv}(t,\tau) \tag{7.2.58}$$

$\boldsymbol{M}^{(G)}(t + \tau)$ 的关系式见式(7.2.59)：

$$
M^{(G)}(t+\tau) = -\frac{i}{2}
\begin{pmatrix}
0 & 0 & 0 & 0 & \Omega_{xv} & -\Omega_{xv} & \Omega_{yv} & -\Omega_{yv} & 0 & 0 & 0 & 0 & 0 & 0 \\
0 & 0 & 0 & 0 & -\Omega_{xv} & \Omega_{xv} & 0 & 0 & \Omega_{bx} & -\Omega_{bx} & 0 & 0 & 0 & 0 \\
0 & 0 & 0 & 0 & 0 & 0 & -\Omega_{yv} & \Omega_{yv} & \Omega_{bx} & -\Omega_{bx} & 0 & 0 & 0 & 0 \\
0 & 0 & 0 & 0 & 0 & 0 & \Omega_{yv} & -\Omega_{yv} & 0 & 0 & \Omega_{by} & -\Omega_{by} & 0 & 0 \\
\Omega_{xv} & -\Omega_{xv} & 0 & 0 & 2\delta_{xv} & 0 & 0 & 0 & 0 & 0 & 0 & 0 & -\Omega_{yv} & \Omega_{yv} \\
-\Omega_{xv} & \Omega_{xv} & 0 & 0 & 0 & -2\delta_{xv} & 0 & 0 & 0 & 0 & 0 & 0 & \Omega_{yv} & -\Omega_{yv} \\
\Omega_{yv} & 0 & -\Omega_{yv} & 0 & 0 & 0 & 2\delta_{yv} & 0 & 0 & 0 & 0 & 0 & \Omega_{xv} & -\Omega_{xv} \\
-\Omega_{yv} & 0 & \Omega_{yv} & 0 & 0 & 0 & 0 & -2\delta_{yv} & 0 & 0 & 0 & 0 & -\Omega_{xv} & \Omega_{xv} \\
0 & \Omega_{bx} & -\Omega_{bx} & 0 & 0 & 0 & 0 & 0 & 2\delta_{bx} & 0 & 0 & 0 & \Omega_{by} & -\Omega_{by} \\
0 & -\Omega_{bx} & \Omega_{bx} & 0 & 0 & 0 & 0 & 0 & 0 & -2\delta_{bx} & 0 & 0 & -\Omega_{by} & \Omega_{by} \\
0 & 0 & \Omega_{by} & -\Omega_{by} & 0 & 0 & 0 & 0 & 0 & 0 & 2\delta_{by} & 0 & \Omega_{bx} & -\Omega_{bx} \\
0 & 0 & -\Omega_{by} & \Omega_{by} & 0 & 0 & 0 & 0 & 0 & 0 & 0 & -2\delta_{by} & -\Omega_{bx} & \Omega_{bx} \\
0 & 0 & 0 & 0 & -\Omega_{yv} & \Omega_{yv} & \Omega_{xv} & -\Omega_{xv} & \Omega_{by} & -\Omega_{by} & \Omega_{bx} & -\Omega_{bx} & 2(\delta_{yv}-\delta_{xv}) & 0 \\
0 & 0 & 0 & 0 & \Omega_{yv} & -\Omega_{yv} & -\Omega_{xv} & \Omega_{xv} & -\Omega_{bx} & \Omega_{bx} & -\Omega_{by} & \Omega_{by} & 0 & -2(\delta_{bx}-\delta_{xv})
\end{pmatrix}
$$

$$(7.2.59)$$

$\boldsymbol{\Gamma}^{(G)}$ 为

$$\boldsymbol{\Gamma}^{(G)} = \begin{pmatrix} \boldsymbol{\Gamma}_{\mathrm{I}} & 0 \\ 0 & \boldsymbol{\Gamma}_{\mathrm{II}} \end{pmatrix} \tag{7.2.60}$$

其中

$$\boldsymbol{\Gamma}_{\mathrm{I}} = \begin{pmatrix} 0 & -\gamma_{xv} & -\gamma_{yv} & 0 & 0 & 0 & 0 & 0 \\ 0 & \gamma_{xv}+\gamma_{xy} & 0 & -\gamma_{bx} & 0 & 0 & 0 & 0 \\ 0 & -\gamma_{xy} & \gamma_{yv} & -\gamma_{by} & 0 & 0 & 0 & 0 \\ 0 & 0 & 0 & \gamma_{by}+\gamma_{bx} & 0 & 0 & 0 & 0 \\ 0 & 0 & 0 & 0 & \dfrac{\gamma_{xv}+\gamma_{xy}}{2} & 0 & 0 & 0 \\ 0 & 0 & 0 & 0 & 0 & \dfrac{\gamma_{xv}+\gamma_{xy}}{2} & 0 & 0 \\ 0 & 0 & 0 & 0 & 0 & 0 & \dfrac{\gamma_{yv}}{2} & 0 \\ 0 & 0 & 0 & 0 & 0 & 0 & 0 & \dfrac{\gamma_{yv}}{2} \end{pmatrix} \tag{7.2.61}$$

$\boldsymbol{\Gamma}_{\mathrm{II}}$ 的关系式见式(7.2.62).

$$\Gamma_{\parallel} = \begin{pmatrix} \dfrac{\gamma_{bx}+\gamma_{by}+\gamma_{xv}+\gamma_{xy}}{2} & 0 & 0 & 0 & 0 & 0 & 0 & 0 \\ 0 & \dfrac{\gamma_{bx}+\gamma_{by}+\gamma_{xv}+\gamma_{xy}}{2} & 0 & 0 & 0 & 0 & 0 & 0 \\ 0 & 0 & \dfrac{\gamma_{bx}+\gamma_{by}+\gamma_{yv}}{2} & 0 & 0 & 0 & 0 & 0 \\ 0 & 0 & 0 & \dfrac{\gamma_{bx}+\gamma_{by}+\gamma_{yv}}{2} & 0 & 0 & 0 & 0 \\ 0 & 0 & 0 & 0 & \dfrac{\gamma_{xv}+\gamma_{yv}+\gamma_{xy}}{2} & 0 & 0 & 0 \\ 0 & 0 & 0 & 0 & 0 & \dfrac{\gamma_{xv}+\gamma_{yv}+\gamma_{xy}}{2} & 0 & 0 \\ 0 & 0 & 0 & 0 & 0 & 0 & \dfrac{\gamma_{bx}+\gamma_{by}}{2} & 0 \\ 0 & 0 & 0 & 0 & 0 & 0 & 0 & \dfrac{\gamma_{bx}+\gamma_{by}}{2} \end{pmatrix}$$

$$(7.2.62)$$

附录 7.3 激子-双激子-三激子体系运动力学方程

激子-双激子-三激子体系的能级结构如图 7.3.1 所示,$|p\rangle$,$|b\rangle$,$|x\rangle$,$|v\rangle$ 分别是三激子态、双激子激发态、激子态以及真空态,$|b'\rangle$ 是双激子态的基态.

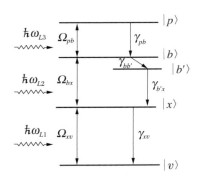

图 7.3.1 激子-双激子-三激子体系的能级结构示意图

在旋转波近似下,系统的相互作用哈密顿量为

$$\hat{H}^{(i)} = \frac{1}{2}\hbar\left[\hat{\sigma}_{xv}^{(i)}(t)\Omega_{xv}e^{-i\omega_{L1}t} + \hat{\sigma}_{bx}^{(i)}(t)\Omega_{bx}e^{-i\omega_{L2}t}\right.$$
$$\left. + \hat{\sigma}_{pb}^{(i)}(t)\Omega_{pb}e^{-i\omega_{L3}t} + \mathrm{h.c.}\right] \tag{7.3.1}$$

其中上标 (i) 表示相互作用表象,$\Omega_{xv}(t)e^{-i\omega_{L1}t}$,$\Omega_{bx}(t)e^{-i\omega_{L2}t}$ 和 $\Omega_{pb}(t)e^{-i\omega_{L3}t}$ 分别是相互作用表象中 $|x\rangle \sim |v\rangle$,$|b\rangle \sim |x\rangle$ 和 $|p\rangle \sim |b\rangle$ 之间跃迁的 Rabi 频率,ω_{L1},ω_{L2},ω_{L3} 为激发光场的频率.$\hat{\sigma}_{mn}^{(i)} = \hat{\sigma}_{mn}e^{i\omega_{mn}t}$ 是相互作用表象中的偶极跃迁算符,$\hat{\sigma}_{mn} = |m\rangle\langle n|$ 是 Schrödinger 表象中的偶极跃迁算符,ω_{mn} 是 $|m\rangle$ 与 $|n\rangle$ 之间的跃迁频率.

系统的主方程为

$$\frac{\mathrm{d}}{\mathrm{d}t}\hat{\rho} = -(i/\hbar)[\hat{H}^{(i)}, \hat{\rho}] + L(\hat{\rho}) \tag{7.3.2}$$

其中耗散项 $L(\hat{\rho})$ 为

$$L(\hat{\rho}) = \frac{1}{2}\left[\gamma_{pb}(2\hat{\sigma}_{bp}^{(i)}\hat{\rho}\hat{\sigma}_{pb}^{(i)} - \hat{\rho}\hat{\sigma}_{pp} - \hat{\sigma}_{pp}\hat{\rho})\right.$$

$$+ \gamma_{bb'}(2\hat{\sigma}_{b'b}^{(i)}\hat{\rho}\hat{\sigma}_{bb'}^{(i)} - \hat{\rho}\hat{\sigma}_{bb} - \hat{\sigma}_{bb}\hat{\rho})$$

$$+ \gamma_{b'x}(2\hat{\sigma}_{xb'}^{(i)}\hat{\rho}\hat{\sigma}_{b'x}^{(i)} - \hat{\rho}\hat{\sigma}_{b'b'} - \hat{\sigma}_{b'b'}\hat{\rho})$$

$$+ \gamma_{xv}(2\hat{\sigma}_{vx}^{(i)}\hat{\rho}\hat{\sigma}_{xv}^{(i)} - \hat{\rho}\hat{\sigma}_{xx} - \hat{\sigma}_{xx}\hat{\rho})] \tag{7.3.3}$$

$\gamma_{ij}(i,j = p,b,b',x,v)$ 表示从 $|i\rangle$ 态到 $|j\rangle$ 态的弛豫速率,上式中忽略了纯位相退相干项的影响.

$$\frac{\mathrm{d}}{\mathrm{d}t}\rho_{pp} = \frac{\mathrm{d}}{\mathrm{d}t}\langle p \mid \hat{\rho} \mid p\rangle$$

$$= -(\mathrm{i}/\hbar)\langle p \mid \hat{H}^{(i)}\hat{\rho} - \hat{\rho}\hat{H}^{(i)} \mid p\rangle + \langle p \mid L(\hat{\rho}) \mid p\rangle$$

$$= -\mathrm{i}\frac{1}{2}(\Omega_{pb}\rho_{bp}\mathrm{e}^{\mathrm{i}(\omega_{pb}-\omega_{L3})t} - \Omega_{pb}\rho_{pb}\mathrm{e}^{-\mathrm{i}(\omega_{pb}-\omega_{L3})t}) - \gamma_{pb}\rho_{pp} \tag{7.3.4}$$

做变换:

$$\rho_{pb}\mathrm{e}^{-\mathrm{i}(\omega_{pb}-\omega_{L3})t} = \widetilde{\rho}_{pb}, \quad \rho_{bp}\mathrm{e}^{\mathrm{i}(\omega_{pb}-\omega_{L3})t} = \widetilde{\rho}_{bp} \tag{7.3.5}$$

将(7.3.5)代入(7.3.4)式得

$$\frac{\mathrm{d}}{\mathrm{d}t}\rho_{pp} = \mathrm{i}\frac{1}{2}\Omega_{pb}\widetilde{\rho}_{pb} - \mathrm{i}\frac{1}{2}\Omega_{pb}\widetilde{\rho}_{bp} - \gamma_{pb}\rho_{pp} \tag{7.3.6}$$

$$\frac{\mathrm{d}}{\mathrm{d}t}\rho_{bb} = \frac{\mathrm{d}}{\mathrm{d}t}\langle b \mid \hat{\rho} \mid b\rangle$$

$$= -(\mathrm{i}/\hbar)\langle b \mid \hat{H}^{(i)}\hat{\rho} - \hat{\rho}\hat{H}^{(i)} \mid b\rangle + \langle b \mid L(\hat{\rho}) \mid b\rangle$$

$$= -\mathrm{i}\frac{1}{2}(\Omega_{bx}\rho_{xb}\mathrm{e}^{\mathrm{i}(\omega_{bx}-\omega_{L2})t} + \Omega_{pb}\rho_{pb}\mathrm{e}^{-\mathrm{i}(\omega_{pb}-\omega_{L3})t}$$

$$- \Omega_{pb}\rho_{bp}\mathrm{e}^{\mathrm{i}(\omega_{pb}-\omega_{L3})t} - \Omega_{bx}\rho_{bx}\mathrm{e}^{-\mathrm{i}(\omega_{bx}-\omega_{L2})t})$$

$$- \gamma_{bb'}\rho_{bb} + \gamma_{pb}\rho_{pp} \tag{7.3.7}$$

做变换:

$$\rho_{bx}\mathrm{e}^{-\mathrm{i}(\omega_{bx}-\omega_{L2})t} = \widetilde{\rho}_{bx}, \quad \rho_{xb}\mathrm{e}^{\mathrm{i}(\omega_{bx}-\omega_{L2})t} = \widetilde{\rho}_{xb} \tag{7.3.8}$$

将(7.3.5),(7.3.8)代入(7.3.4)式得

$$\frac{\mathrm{d}}{\mathrm{d}t}\rho_{bb} = \mathrm{i}\frac{1}{2}\Omega_{bx}\widetilde{\rho}_{bx} + \mathrm{i}\frac{1}{2}\Omega_{pb}\widetilde{\rho}_{bp} - \mathrm{i}\frac{1}{2}\Omega_{bx}\widetilde{\rho}_{xb}$$

$$- \mathrm{i}\frac{1}{2}\Omega_{pb}\widetilde{\rho}_{pb} - \gamma_{bb'}\rho_{bb} + \gamma_{pb}\rho_{pp} \tag{7.3.9}$$

$$\frac{\mathrm{d}}{\mathrm{d}t}\rho_{b'b'} = \frac{\mathrm{d}}{\mathrm{d}t}\langle b' \mid \hat{\rho} \mid b'\rangle$$

$$= -(\mathrm{i}/\hbar)\langle b' \mid \hat{H}^{(i)}\hat{\rho} - \hat{\rho}\hat{H}^{(i)} \mid b'\rangle + \langle b' \mid L(\hat{\rho}) \mid b'\rangle$$

$$= \gamma_{bb'}\rho_{bb} - \gamma_{b'x}\rho_{b'b'} \tag{7.3.10}$$

$$\frac{\mathrm{d}}{\mathrm{d}t}\rho_{xx} = \frac{\mathrm{d}}{\mathrm{d}t}\langle x \mid \hat{\rho} \mid x \rangle$$

$$= -(\mathrm{i}/\hbar)\langle x \mid \hat{H}^{(i)}\hat{\rho} - \hat{\rho}\hat{H}^{(i)} \mid x \rangle + \langle x \mid L(\hat{\rho}) \mid x \rangle$$

$$= -\mathrm{i}\frac{1}{2}(\Omega_{xv}\rho_{vx}\mathrm{e}^{\mathrm{i}(\omega_{xv}-\omega_{L1})t} + \Omega_{bx}\rho_{bx}\mathrm{e}^{-\mathrm{i}(\omega_{bx}-\omega_{L2})t}$$

$$- \Omega_{bx}\rho_{xb}\mathrm{e}^{\mathrm{i}(\omega_{bx}-\omega_{L2})t} - \Omega_{xv}\rho_{xv}\mathrm{e}^{-\mathrm{i}(\omega_{xv}-\omega_{L1})t})$$

$$+ \gamma_{b'x}\rho_{b'b'} - \gamma_{xv}\rho_{xx} \tag{7.3.11}$$

做变换：

$$\rho_{xv}\mathrm{e}^{-\mathrm{i}(\omega_{xv}-\omega_{L1})t} = \widetilde{\rho}_{xv}, \quad \rho_{vx}\mathrm{e}^{\mathrm{i}(\omega_{xv}-\omega_{L1})t} = \widetilde{\rho}_{vx} \tag{7.3.12}$$

将(7.3.8),(7.3.12)代入(7.3.11)式得

$$\frac{\mathrm{d}}{\mathrm{d}t}\rho_{xx} = \mathrm{i}\frac{1}{2}\Omega_{bx}\widetilde{\rho}_{xb} + \mathrm{i}\frac{1}{2}\Omega_{xv}\widetilde{\rho}_{xv} - \mathrm{i}\frac{1}{2}\Omega_{xv}\widetilde{\rho}_{vx}$$

$$- \mathrm{i}\frac{1}{2}\Omega_{bx}\widetilde{\rho}_{bx} + \gamma_{b'x}\rho_{b'b'} - \gamma_{xv}\rho_{xx} \tag{7.3.13}$$

由粒子数守恒 $\rho_{vv} + \rho_{xx} + \rho_{bb} + \rho_{b'b'} + \rho_{pp} = 1$ 得

$$\frac{\mathrm{d}}{\mathrm{d}t}\rho_{vv} = -\left(\frac{\mathrm{d}}{\mathrm{d}t}\rho_{xx} + \frac{\mathrm{d}}{\mathrm{d}t}\rho_{bb} + \frac{\mathrm{d}}{\mathrm{d}t}\rho_{b'b'} + \frac{\mathrm{d}}{\mathrm{d}t}\rho_{pp}\right) \tag{7.3.14}$$

将(7.3.6),(7.3.9),(7.3.10),(7.3.13)代入(7.3.14)式得

$$\frac{\mathrm{d}}{\mathrm{d}t}\rho_{vv} = -\mathrm{i}\frac{1}{2}\Omega_{xv}\rho_{xv} + \mathrm{i}\frac{1}{2}\Omega_{xv}\rho_{vx} + \gamma_{xv}\rho_{xx} \tag{7.3.15}$$

$$\frac{\mathrm{d}}{\mathrm{d}t}\rho_{pb} = \frac{\mathrm{d}}{\mathrm{d}t}\langle p \mid \hat{\rho} \mid b \rangle$$

$$= -(\mathrm{i}/\hbar)\langle p \mid \hat{H}^{(i)}\hat{\rho} - \hat{\rho}\hat{H}^{(i)} \mid b \rangle + \langle p \mid L(\hat{\rho}) \mid b \rangle$$

$$= -\mathrm{i}\frac{1}{2}(\Omega_{pb}\rho_{bb}\mathrm{e}^{\mathrm{i}(\omega_{pb}-\omega_{L3})t} - \Omega_{pb}\rho_{pp}\mathrm{e}^{\mathrm{i}(\omega_{pb}-\omega_{L3})t}$$

$$- \Omega_{bx}\rho_{px}\mathrm{e}^{-\mathrm{i}(\omega_{bx}-\omega_{L2})t}) - \frac{1}{2}(\gamma_{pb} + \gamma_{bb'})\rho_{pb} \tag{7.3.16}$$

由(7.3.5)式得

$$\frac{\mathrm{d}}{\mathrm{d}t}\widetilde{\rho}_{pb} = -\mathrm{i}\delta_{pb}\widetilde{\rho}_{pb} - \mathrm{i}\frac{1}{2}(\Omega_{pb}\rho_{bb} - \Omega_{pb}\rho_{pp}$$

$$- \Omega_{bx}\rho_{px}\mathrm{e}^{-\mathrm{i}[(\omega_{bx}-\omega_{L2})+(\omega_{pb}-\omega_{L3})]t}) - \frac{1}{2}(\gamma_{pb} + \gamma_{bb'})\widetilde{\rho}_{pb} \tag{7.3.17}$$

其中 $\delta_{pb} = \omega_{pb} - \omega_{L3}$.

做变换：

$$\rho_{px} e^{-i[(\omega_{bx}-\omega_{L2})+(\omega_{pb}-\omega_{L3})]t} = \tilde{\rho}_{px}, \quad \rho_{xp} e^{i[(\omega_{bx}-\omega_{L2})+(\omega_{pb}-\omega_{L3})]t} = \tilde{\rho}_{xp} \qquad (7.3.18)$$

将(7.3.5),(7.3.18)代入(7.3.17)式得

$$\frac{d}{dt}\tilde{\rho}_{pb} = -i\delta_{pb}\tilde{\rho}_{pb} - i\frac{1}{2}\Omega_{pb}(\rho_{bb} - \rho_{pp})$$

$$+ i\frac{1}{2}\Omega_{bx}\tilde{\rho}_{px} - \frac{1}{2}(\gamma_{pb} + \gamma_{bb'})\tilde{\rho}_{pb} \qquad (7.3.19)$$

同理可得

$$\frac{d}{dt}\tilde{\rho}_{bp} = i\delta_{pb}\tilde{\rho}_{bp} + i\frac{1}{2}\Omega_{pb}(\rho_{bb} - \rho_{pp}) - i\frac{1}{2}\Omega_{bx}\tilde{\rho}_{xp}$$

$$- \frac{1}{2}(\gamma_{pb} + \gamma_{bb'})\tilde{\rho}_{bp} \qquad (7.3.20)$$

$$\frac{d}{dt}\rho_{px} = \frac{d}{dt}\langle p \mid \hat{\rho} \mid x \rangle$$

$$= -(i/\hbar)\langle p \mid \hat{H}^{(i)}\hat{\rho} - \hat{\rho}\hat{H}^{(i)} \mid x \rangle + \langle p \mid L(\hat{\rho}) \mid x \rangle$$

$$= -i\frac{1}{2}(\Omega_{pb}\rho_{bx}e^{i(\omega_{pb}-\omega_{L3})t} - \Omega_{bx}\rho_{pb}e^{i(\omega_{bx}-\omega_{L2})t}$$

$$- \Omega_{xv}\rho_{pv}e^{-i(\omega_{xv}-\omega_{L1})t}) - \frac{1}{2}(\gamma_{pb} + \gamma_{xv})\rho_{px} \qquad (7.3.21)$$

由(7.3.18)式得

$$\frac{d}{dt}\tilde{\rho}_{px} = -i(\delta_{pb} + \delta_{bx})\tilde{\rho}_{px} - i\frac{1}{2}(\Omega_{pb}\rho_{bx}e^{-i(\omega_{bx}-\omega_{L2})t}$$

$$- \Omega_{bx}\rho_{pb}e^{-i(\omega_{pb}-\omega_{L3})t}$$

$$- \Omega_{xv}\rho_{pv}e^{-i[(\omega_{xv}-\omega_{L1})+(\omega_{bx}-\omega_{L2})+(\omega_{pb}-\omega_{L3})]t})$$

$$- \frac{1}{2}(\gamma_{pb} + \gamma_{xv})\tilde{\rho}_{px} \qquad (7.3.22)$$

做变换：

$$\left.\begin{array}{l}\rho_{pv} e^{-i[(\omega_{xv}-\omega_{L1})+(\omega_{bx}-\omega_{L2})+(\omega_{pb}-\omega_{L3})]t} = \tilde{\rho}_{pv} \\ \rho_{vp} e^{i[(\omega_{xv}-\omega_{L1})+(\omega_{bx}-\omega_{L2})+(\omega_{pb}-\omega_{L3})]t} = \tilde{\rho}_{vp}\end{array}\right\} \qquad (7.3.23)$$

将(7.3.5),(7.3.8),(7.3.23)代入(7.3.22)式得

$$\frac{d}{dt}\tilde{\rho}_{px} = -i(\delta_{pb} + \delta_{bx})\tilde{\rho}_{px} - i\frac{1}{2}\Omega_{pb}\tilde{\rho}_{bx} + i\frac{1}{2}\Omega_{bx}\tilde{\rho}_{pb}$$

$$+ \,\mathrm{i}\,\frac{1}{2}\,\Omega_{xv}\,\widetilde{\rho}_{pv} - \frac{1}{2}(\gamma_{pb} + \gamma_{xv})\,\widetilde{\rho}_{px} \tag{7.3.24}$$

其中 $\delta_{bx} = \omega_{bx} - \omega_{L2}$.

同理可得

$$\frac{\mathrm{d}}{\mathrm{d}t}\widetilde{\rho}_{xp} = \mathrm{i}(\delta_{pb} + \delta_{bx})\,\widetilde{\rho}_{xp} + \mathrm{i}\,\frac{1}{2}\,\Omega_{pb}\,\widetilde{\rho}_{xb} - \mathrm{i}\,\frac{1}{2}\,\Omega_{bx}\,\widetilde{\rho}_{bp}$$

$$- \,\mathrm{i}\,\frac{1}{2}\,\Omega_{xv}\,\widetilde{\rho}_{vp} - \frac{1}{2}(\gamma_{pb} + \gamma_{xv})\,\widetilde{\rho}_{xp} \tag{7.3.25}$$

$$\frac{\mathrm{d}}{\mathrm{d}t}\rho_{pv} = \frac{\mathrm{d}}{\mathrm{d}t}\langle p \mid \hat{\rho} \mid v \rangle$$

$$= - (\mathrm{i}/\hbar)\langle p \mid \hat{H}^{(i)}\hat{\rho} - \hat{\rho}\,\hat{H}^{(i)} \mid v \rangle + \langle p \mid L(\hat{\rho}) \mid v \rangle$$

$$= - \mathrm{i}\,\frac{1}{2}(\Omega_{pb}\mathrm{e}^{\mathrm{i}(\omega_{pb} - \omega_{L3})\,t}\rho_{pv} - \Omega_{xv}\mathrm{e}^{\mathrm{i}(\omega_{xv} - \omega_{L1})\,t}\rho_{px}) - \frac{1}{2}\gamma_{pb}\rho_{pv} \tag{7.3.26}$$

由(7.3.23)式得

$$\frac{\mathrm{d}}{\mathrm{d}t}\widetilde{\rho}_{pv} = - \mathrm{i}(\delta_{pb} + \delta_{bx} + \delta_{xv})\,\widetilde{\rho}_{pv}$$

$$- \mathrm{i}\,\frac{1}{2}(\Omega_{pb}\rho_{bv}\mathrm{e}^{-\mathrm{i}[(\omega_{xv} - \omega_{L1}) + (\omega_{bx} - \omega_{L2})]t}$$

$$- \Omega_{xv}\rho_{px}\mathrm{e}^{-\mathrm{i}[(\omega_{bx} - \omega_{L2}) + (\omega_{pb} - \omega_{L3})]t}) - \frac{1}{2}\gamma_{pb}\,\widetilde{\rho}_{pv} \tag{7.3.27}$$

做变换:

$$\left.\begin{array}{l} \rho_{bv}\mathrm{e}^{-\mathrm{i}[(\omega_{xv} - \omega_{L1}) + (\omega_{bx} - \omega_{L2})]t} = \widetilde{\rho}_{bv} \\ \rho_{vb}\mathrm{e}^{\mathrm{i}[(\omega_{xv} - \omega_{L1}) + (\omega_{bx} - \omega_{L2})]t} = \widetilde{\rho}_{vb} \end{array}\right\} \tag{7.3.28}$$

将(7.3.18),(7.3.28)代入(7.3.27)式得

$$\frac{\mathrm{d}}{\mathrm{d}t}\widetilde{\rho}_{pv} = - \mathrm{i}(\delta_{pb} + \delta_{bx} + \delta_{xv})\,\widetilde{\rho}_{pv} - \mathrm{i}\,\frac{1}{2}\,\Omega_{pb}\,\widetilde{\rho}_{bv}$$

$$+ \,\mathrm{i}\,\frac{1}{2}\,\Omega_{xv}\,\widetilde{\rho}_{px} - \frac{1}{2}\gamma_{pb}\,\widetilde{\rho}_{pv} \tag{7.3.29}$$

其中 $\delta_{xv} = \omega_{xv} - \omega_{L1}$.

同理可得

$$\frac{\mathrm{d}}{\mathrm{d}t}\widetilde{\rho}_{vp} = \mathrm{i}(\delta_{pb} + \delta_{bx} + \delta_{xv})\,\widetilde{\rho}_{vp} + \mathrm{i}\,\frac{1}{2}\,\Omega_{pb}\,\widetilde{\rho}_{vb}$$

$$- \,\mathrm{i}\,\frac{1}{2}\,\Omega_{xv}\,\widetilde{\rho}_{xp} - \frac{1}{2}\gamma_{pb}\,\widetilde{\rho}_{vp} \tag{7.3.30}$$

$$\frac{\mathrm{d}}{\mathrm{d}t}\rho_{bx} = \frac{\mathrm{d}}{\mathrm{d}t}\langle b \mid \hat{\rho} \mid x \rangle$$

$$= -(\mathrm{i}/\hbar)\langle b \mid \hat{H}^{(i)}\hat{\rho} - \hat{\rho}\hat{H}^{(i)} \mid x \rangle + \langle b \mid L(\hat{\rho}) \mid x \rangle$$

$$= -\mathrm{i}\frac{1}{2}(\Omega_{bx}\rho_{xx}\mathrm{e}^{\mathrm{i}(\omega_{bx}-\omega_{L2})t} + \Omega_{pb}\rho_{px}\mathrm{e}^{-\mathrm{i}(\omega_{pb}-\omega_{L3})t}$$

$$- \Omega_{bx}\rho_{bb}\mathrm{e}^{\mathrm{i}(\omega_{bx}-\omega_{L2})t} - \Omega_{xv}\rho_{bv}\mathrm{e}^{-\mathrm{i}(\omega_{xv}-\omega_{L1})t})$$

$$- \frac{1}{2}(\gamma_{bb'} + \gamma_{xv})\rho_{bx} \tag{7.3.31}$$

由(7.3.8)式得

$$\frac{\mathrm{d}}{\mathrm{d}t}\widetilde{\rho}_{bx} = -\mathrm{i}\delta_{bx}\widetilde{\rho}_{bx} - \mathrm{i}\frac{1}{2}(\Omega_{bx}\rho_{xx} + \Omega_{pb}\rho_{px}\mathrm{e}^{-\mathrm{i}[(\omega_{pb}-\omega_{L3})+(\omega_{bx}-\omega_{L2})]t}$$

$$- \Omega_{bx}\rho_{bb} - \Omega_{xv}\rho_{bv}\mathrm{e}^{-\mathrm{i}[(\omega_{xv}-\omega_{L1})+(\omega_{bx}-\omega_{L2})]t})$$

$$- \frac{1}{2}(\gamma_{bb'} + \gamma_{xv})\widetilde{\rho}_{bx} \tag{7.3.32}$$

将(7.3.18),(7.3.28)代入(7.3.32)式得

$$\frac{\mathrm{d}}{\mathrm{d}t}\widetilde{\rho}_{bx} = -\mathrm{i}\delta_{bx}\widetilde{\rho}_{bx} - \mathrm{i}\frac{1}{2}\Omega_{bx}\rho_{xx} + \mathrm{i}\frac{1}{2}\Omega_{bx}\rho_{bb}$$

$$- \mathrm{i}\frac{1}{2}\Omega_{pb}\widetilde{\rho}_{px} + \mathrm{i}\frac{1}{2}\Omega_{xv}\widetilde{\rho}_{bv} - \frac{1}{2}(\gamma_{bb'} + \gamma_{xv})\widetilde{\rho}_{bx} \tag{7.3.33}$$

同理可得

$$\frac{\mathrm{d}}{\mathrm{d}t}\widetilde{\rho}_{xb} = \mathrm{i}\delta_{bx}\widetilde{\rho}_{xb} + \mathrm{i}\frac{1}{2}\Omega_{bx}\rho_{xx} - \mathrm{i}\frac{1}{2}\Omega_{bx}\rho_{bb} + \mathrm{i}\frac{1}{2}\Omega_{pb}\widetilde{\rho}_{xp}$$

$$- \mathrm{i}\frac{1}{2}\Omega_{xv}\widetilde{\rho}_{vb} - \frac{1}{2}(\gamma_{bb'} + \gamma_{xv})\widetilde{\rho}_{xb} \tag{7.3.34}$$

$$\frac{\mathrm{d}}{\mathrm{d}t}\rho_{bv} = \frac{\mathrm{d}}{\mathrm{d}t}\langle b \mid \hat{\rho} \mid v \rangle$$

$$= -(\mathrm{i}/\hbar)\langle b \mid \hat{H}^{(i)}\hat{\rho} - \hat{\rho}\hat{H}^{(i)} \mid v \rangle + \langle b \mid L(\hat{\rho}) \mid v \rangle$$

$$= -\mathrm{i}\frac{1}{2}(\Omega_{bx}\mathrm{e}^{\mathrm{i}(\omega_{bx}-\omega_{L2})t}\rho_{xv} + \Omega_{pb}\mathrm{e}^{-\mathrm{i}(\omega_{pb}-\omega_{L3})t}\rho_{pv}$$

$$- \Omega_{xv}\mathrm{e}^{\mathrm{i}(\omega_{xv}-\omega_{L1})t}\rho_{bx}) - \frac{1}{2}\gamma_{bb'}\rho_{bv} \tag{7.3.35}$$

由(7.3.28)式得

$$\frac{\mathrm{d}}{\mathrm{d}t}\widetilde{\rho}_{bv} = -\mathrm{i}(\delta_{bx} + \delta_{xv})\widetilde{\rho}_{bv} - \mathrm{i}\frac{1}{2}(\Omega_{bx}\rho_{xv}\mathrm{e}^{-\mathrm{i}(\omega_{xv}-\omega_{L1})t}$$

$$+ \Omega_{pb}\rho_{pv} e^{-i[(\omega_{pb}-\omega_{L3})+(\omega_{bx}-\omega_{L2})+(\omega_{xv}-\omega_{L1})]t}$$

$$- \Omega_{xv}\rho_{bx} e^{-i(\omega_{bx}-\omega_{L2})t}) - \frac{1}{2}\gamma_{bb'}\widetilde{\rho}_{bv} \tag{7.3.36}$$

将(7.3.8),(7.3.12),(7.3.23)代入(7.3.36)式得

$$\frac{\mathrm{d}}{\mathrm{d}t}\widetilde{\rho}_{bv} = -\mathrm{i}(\delta_{bx}+\delta_{xv})\widetilde{\rho}_{bv} - \mathrm{i}\frac{1}{2}\Omega_{bx}\widetilde{\rho}_{xv} - \mathrm{i}\frac{1}{2}\Omega_{pb}\widetilde{\rho}_{pv}$$

$$+ \mathrm{i}\frac{1}{2}\Omega_{xv}\widetilde{\rho}_{bx} - \frac{1}{2}\gamma_{bb'}\widetilde{\rho}_{bv} \tag{7.3.37}$$

同理可得

$$\frac{\mathrm{d}}{\mathrm{d}t}\widetilde{\rho}_{vb} = \mathrm{i}(\delta_{bx}+\delta_{xv})\widetilde{\rho}_{vb} + \mathrm{i}\frac{1}{2}\Omega_{bx}\widetilde{\rho}_{vx} + \mathrm{i}\frac{1}{2}\Omega_{pb}\widetilde{\rho}_{vp}$$

$$- \mathrm{i}\frac{1}{2}\Omega_{xv}\widetilde{\rho}_{xb} - \frac{1}{2}\gamma_{bb'}\widetilde{\rho}_{vb} \tag{7.3.38}$$

$$\frac{\mathrm{d}}{\mathrm{d}t}\rho_{xv} = \frac{\mathrm{d}}{\mathrm{d}t}\langle x \mid \hat{\rho} \mid v \rangle$$

$$= -(\mathrm{i}/\hbar)\langle x \mid \hat{H}^{(i)}\hat{\rho} - \hat{\rho}\hat{H}^{(i)} \mid v \rangle + \langle x \mid L(\hat{\rho}) \mid v \rangle$$

$$= -\mathrm{i}\frac{1}{2}(\Omega_{xv}\rho_{vv}e^{\mathrm{i}(\omega_{xv}-\omega_{L1})t} + \Omega_{bx}\rho_{bv}e^{-\mathrm{i}(\omega_{bx}-\omega_{L2})t}$$

$$- \Omega_{xv}\rho_{xx}e^{\mathrm{i}(\omega_{xv}-\omega_{L1})t}) - \frac{1}{2}\gamma_{xv}\rho_{xv} \tag{7.3.39}$$

由(7.3.12)式得

$$\frac{\mathrm{d}}{\mathrm{d}t}\widetilde{\rho}_{xv} = -\mathrm{i}\delta_{xv}\widetilde{\rho}_{xv} - \mathrm{i}\frac{1}{2}(\Omega_{xv}\rho_{vv} + \Omega_{bx}\rho_{bv}e^{-\mathrm{i}[(\omega_{bx}-\omega_{L2})+(\omega_{xv}-\omega_{L1})]t}$$

$$- \Omega_{xv}\rho_{xx}) - \frac{1}{2}\gamma_{xv}\widetilde{\rho}_{xv} \tag{7.3.40}$$

将(7.3.28)代入(7.3.40)式得

$$\frac{\mathrm{d}}{\mathrm{d}t}\widetilde{\rho}_{xv} = -\mathrm{i}\delta_{xv}\widetilde{\rho}_{xv} - \mathrm{i}\frac{1}{2}\Omega_{xv}\rho_{vv} + \mathrm{i}\frac{1}{2}\Omega_{xv}\rho_{xx}$$

$$- \mathrm{i}\frac{1}{2}\Omega_{bx}\widetilde{\rho}_{bv} - \frac{1}{2}\gamma_{xv}\widetilde{\rho}_{xv} \tag{7.3.41}$$

同理可得

$$\frac{\mathrm{d}}{\mathrm{d}t}\widetilde{\rho}_{vx} = \mathrm{i}\delta_{xv}\widetilde{\rho}_{vx} + \mathrm{i}\frac{1}{2}\Omega_{xv}\rho_{vv} - \mathrm{i}\frac{1}{2}\Omega_{xv}\rho_{xx}$$

$$+ \mathrm{i}\frac{1}{2}\Omega_{bx}\widetilde{\rho}_{vb} - \frac{1}{2}\gamma_{xv}\widetilde{\rho}_{vx} \tag{7.3.42}$$

综合以上各式得系统的粒子数运动方程为

$$\frac{\mathrm{d}}{\mathrm{d}t}\rho_{vv} = -\,\mathrm{i}\,\frac{1}{2}\Omega_{xv}\rho_{xv} + \mathrm{i}\,\frac{1}{2}\Omega_{xv}\rho_{vx} + \gamma_{xv}\rho_{xx};$$

$$\frac{\mathrm{d}}{\mathrm{d}t}\rho_{xx} = \mathrm{i}\,\frac{1}{2}\Omega_{bx}\tilde{\rho}_{xb} + \mathrm{i}\,\frac{1}{2}\Omega_{xv}\tilde{\rho}_{xv} - \mathrm{i}\,\frac{1}{2}\Omega_{xv}\tilde{\rho}_{vx} - \mathrm{i}\,\frac{1}{2}\Omega_{bx}\tilde{\rho}_{bx}$$
$$+\,\gamma_{b'x}\rho_{b'b'} - \gamma_{xv}\rho_{xx};$$

$$\frac{\mathrm{d}}{\mathrm{d}t}\rho_{bb} = \mathrm{i}\,\frac{1}{2}\Omega_{bx}\tilde{\rho}_{bx} + \mathrm{i}\,\frac{1}{2}\Omega_{pb}\tilde{\rho}_{bp} - \mathrm{i}\,\frac{1}{2}\Omega_{bx}\tilde{\rho}_{xb} - \mathrm{i}\,\frac{1}{2}\Omega_{pb}\tilde{\rho}_{pb}$$
$$-\,\gamma_{bb'}\rho_{bb} + \gamma_{pb}\rho_{pp};$$

$$\frac{\mathrm{d}}{\mathrm{d}t}\rho_{b'b'} = \gamma_{bb'}\rho_{bb} - \gamma_{b'x}\rho_{b'b'};$$

$$\frac{\mathrm{d}}{\mathrm{d}t}\rho_{pp} = \mathrm{i}\,\frac{1}{2}\Omega_{pb}\tilde{\rho}_{pb} - \mathrm{i}\,\frac{1}{2}\Omega_{pb}\tilde{\rho}_{bp} - \gamma_{pb}\rho_{pp};$$

$$\frac{\mathrm{d}}{\mathrm{d}t}\tilde{\rho}_{vx} = \mathrm{i}\delta_{xv}\tilde{\rho}_{vx} + \mathrm{i}\,\frac{1}{2}\Omega_{xv}\rho_{vv} - \mathrm{i}\,\frac{1}{2}\Omega_{xv}\rho_{xx} + \mathrm{i}\,\frac{1}{2}\Omega_{bx}\tilde{\rho}_{vb}$$
$$-\,\frac{1}{2}\gamma_{xv}\tilde{\rho}_{vx};$$

$$\frac{\mathrm{d}}{\mathrm{d}t}\tilde{\rho}_{xv} = -\,\mathrm{i}\delta_{xv}\tilde{\rho}_{xv} - \mathrm{i}\,\frac{1}{2}\Omega_{xv}\rho_{vv} + \mathrm{i}\,\frac{1}{2}\Omega_{xv}\rho_{xx} - \mathrm{i}\,\frac{1}{2}\Omega_{bx}\tilde{\rho}_{bv}$$
$$-\,\frac{1}{2}\gamma_{xv}\tilde{\rho}_{xv};$$

$$\frac{\mathrm{d}}{\mathrm{d}t}\tilde{\rho}_{xb} = \mathrm{i}\delta_{bx}\tilde{\rho}_{xb} + \mathrm{i}\,\frac{1}{2}\Omega_{bx}\rho_{xx} - \mathrm{i}\,\frac{1}{2}\Omega_{bx}\rho_{bb} + \mathrm{i}\,\frac{1}{2}\Omega_{pb}\tilde{\rho}_{xp}$$
$$-\,\mathrm{i}\,\frac{1}{2}\Omega_{xv}\tilde{\rho}_{vb} - \frac{1}{2}(\gamma_{bb'} + \gamma_{xv})\tilde{\rho}_{xb};$$

$$\frac{\mathrm{d}}{\mathrm{d}t}\tilde{\rho}_{bx} = -\,\mathrm{i}\delta_{bx}\tilde{\rho}_{bx} - \mathrm{i}\,\frac{1}{2}\Omega_{bx}\rho_{xx} + \mathrm{i}\,\frac{1}{2}\Omega_{bx}\rho_{bb} - \mathrm{i}\,\frac{1}{2}\Omega_{pb}\tilde{\rho}_{px}$$
$$+\,\mathrm{i}\,\frac{1}{2}\Omega_{xv}\tilde{\rho}_{bv} - \frac{1}{2}(\gamma_{bb'} + \gamma_{xv})\tilde{\rho}_{bx};$$

$$\frac{\mathrm{d}}{\mathrm{d}t}\tilde{\rho}_{bp} = \mathrm{i}\delta_{pb}\tilde{\rho}_{bp} + \mathrm{i}\,\frac{1}{2}\Omega_{pb}(\rho_{bb} - \rho_{pp}) - \mathrm{i}\,\frac{1}{2}\Omega_{bx}\tilde{\rho}_{xp}$$
$$-\,\frac{1}{2}(\gamma_{pb} + \gamma_{bb'})\tilde{\rho}_{bp};$$

$$\frac{\mathrm{d}}{\mathrm{d}t}\tilde{\rho}_{pb} = -\,\mathrm{i}\delta_{pb}\tilde{\rho}_{pb} - \mathrm{i}\,\frac{1}{2}\Omega_{pb}(\rho_{bb} - \rho_{pp}) + \mathrm{i}\,\frac{1}{2}\Omega_{bx}\tilde{\rho}_{px}$$

$$- \frac{1}{2}(\gamma_{pb} + \gamma_{bb'}) \, \widetilde{\rho}_{pb} \, ;$$

$$\frac{\mathrm{d}}{\mathrm{d}t} \widetilde{\rho}_{vb} = \mathrm{i}(\delta_{bx} + \delta_{xv}) \, \widetilde{\rho}_{vb} + \mathrm{i} \frac{1}{2} \Omega_{bx} \, \widetilde{\rho}_{vx} + \mathrm{i} \frac{1}{2} \Omega_{pb} \, \widetilde{\rho}_{vp}$$
$$- \mathrm{i} \frac{1}{2} \Omega_{xv} \, \widetilde{\rho}_{xb} - \frac{1}{2} \gamma_{bb'} \, \widetilde{\rho}_{vb} \, ;$$

$$\frac{\mathrm{d}}{\mathrm{d}t} \widetilde{\rho}_{bv} = -\mathrm{i}(\delta_{bx} + \delta_{xv}) \, \widetilde{\rho}_{bv} - \mathrm{i} \frac{1}{2} \Omega_{bx} \, \widetilde{\rho}_{xv} - \mathrm{i} \frac{1}{2} \Omega_{pb} \, \widetilde{\rho}_{pv}$$
$$+ \mathrm{i} \frac{1}{2} \Omega_{xv} \, \widetilde{\rho}_{bx} - \frac{1}{2} \gamma_{bb'} \, \widetilde{\rho}_{bv} \, ;$$

$$\frac{\mathrm{d}}{\mathrm{d}t} \widetilde{\rho}_{xp} = \mathrm{i}(\delta_{pb} + \delta_{bx}) \, \widetilde{\rho}_{xp} + \mathrm{i} \frac{1}{2} \Omega_{pb} \, \widetilde{\rho}_{xb} - \mathrm{i} \frac{1}{2} \Omega_{bx} \, \widetilde{\rho}_{bp}$$
$$- \mathrm{i} \frac{1}{2} \Omega_{xv} \, \widetilde{\rho}_{vp} - \frac{1}{2}(\gamma_{pb} + \gamma_{xv}) \, \widetilde{\rho}_{xp} \, ;$$

$$\frac{\mathrm{d}}{\mathrm{d}t} \widetilde{\rho}_{px} = -\mathrm{i}(\delta_{pb} + \delta_{bx}) \, \widetilde{\rho}_{px} - \mathrm{i} \frac{1}{2} \Omega_{pb} \, \widetilde{\rho}_{bx} + \mathrm{i} \frac{1}{2} \Omega_{bx} \, \widetilde{\rho}_{pb}$$
$$+ \mathrm{i} \frac{1}{2} \Omega_{xv} \, \widetilde{\rho}_{pv} - \frac{1}{2}(\gamma_{pb} + \gamma_{xv}) \, \widetilde{\rho}_{px} \, ;$$

$$\frac{\mathrm{d}}{\mathrm{d}t} \widetilde{\rho}_{vp} = \mathrm{i}(\delta_{pb} + \delta_{bx} + \delta_{xv}) \, \widetilde{\rho}_{vp} + \mathrm{i} \frac{1}{2} \Omega_{pb} \, \widetilde{\rho}_{vb} - \mathrm{i} \frac{1}{2} \Omega_{xv} \, \widetilde{\rho}_{xp}$$
$$- \frac{1}{2} \gamma_{pb} \, \widetilde{\rho}_{vp} \, ;$$

$$\frac{\mathrm{d}}{\mathrm{d}t} \widetilde{\rho}_{pv} = -\mathrm{i}(\delta_{pb} + \delta_{bx} + \delta_{xv}) \, \widetilde{\rho}_{pv} - \mathrm{i} \frac{1}{2} \Omega_{pb} \, \widetilde{\rho}_{bv} + \mathrm{i} \frac{1}{2} \Omega_{xv} \, \widetilde{\rho}_{px}$$
$$- \frac{1}{2} \gamma_{pb} \, \widetilde{\rho}_{pv} \tag{7.3.43}$$

定义粒子数赝矢量：

$$\boldsymbol{\rho} = \{\rho_{vv}, \, \rho_{xx}, \, \rho_{bb}, \, \rho_{b'b'}, \rho_{pp}, \, \widetilde{\rho}_{vx}, \, \widetilde{\rho}_{xv}, \, \widetilde{\rho}_{xb}, \, \widetilde{\rho}_{bx}, \, \widetilde{\rho}_{bp}, \, \widetilde{\rho}_{pb}, \, \widetilde{\rho}_{vb}, \, \widetilde{\rho}_{bv},$$
$$\widetilde{\rho}_{xp}, \, \widetilde{\rho}_{px}, \, \widetilde{\rho}_{vp}, \, \widetilde{\rho}_{pv}\}$$

将(7.3.43)式写成矩阵形式：

$$\frac{\mathrm{d}}{\mathrm{d}t} \boldsymbol{\rho}(t) = \boldsymbol{M}^{(\rho)}(t) \boldsymbol{\rho}(t) - \boldsymbol{\Gamma}^{(\rho)} \boldsymbol{\rho}(t)$$

其中

$$
M^{(p)}(t) = \frac{\mathrm{i}}{2}
\begin{pmatrix}
\Omega_{xv} & 0 & 0 & 0 & \Omega_{bx} & -\Omega_{xv} & 0 & 0 & 0 & 0 & 0 & 0 & 0 & 0 \\
-\Omega_{xv} & -\Omega_{xy} & -\Omega_{bx} & \Omega_{bx} & -\Omega_{xv} & \Omega_{xv} & 0 & 0 & 0 & 0 & 0 & 0 & 0 & 0 \\
0 & \Omega_{xy} & \Omega_{bx} & \Omega_{bx} & 0 & 0 & 0 & 0 & 0 & 0 & 0 & 0 & 0 & 0 \\
0 & -\Omega_{bx} & -\Omega_{bx} & \Omega_{bx} & 0 & 0 & \Omega_{bp} & \Omega_{bx} & 0 & 0 & 0 & 0 & 0 & 0 \\
\Omega_{xv} & \Omega_{bx} & \Omega_{bx} & -\Omega_{bx} & 2\delta_{xv} & 2\delta_{bx} & \Omega_{pb} & -\Omega_{pb} & 0 & 0 & 0 & 0 & 0 & 0 \\
-\Omega_{xv} & 0 & -\Omega_{bx} & 0 & 0 & 2\delta_{bx} & -\Omega_{pb} & \Omega_{pb} & \Omega_{bx} & -\Omega_{xv} & 0 & 0 & 0 & 0 \\
0 & 0 & 0 & 0 & -2\delta_{xv} & 0 & 2\delta_{pb} & 0 & 0 & \Omega_{xv} & 0 & 0 & 0 & 0 \\
0 & 0 & 0 & 0 & 0 & 0 & 0 & -2\delta_{pb} & -\Omega_{bx} & 0 & -\Omega_{bx} & -\Omega_{pb} & 0 & 0 \\
0 & 0 & 0 & 0 & \Omega_{bx} & -\Omega_{xv} & 0 & 0 & 2(\delta_{bx}+\delta_{xv}) & \Omega_{pb} & 0 & \Omega_{bx} & \Omega_{pb} & 0 \\
0 & 0 & 0 & 0 & -\Omega_{bx} & \Omega_{xv} & 0 & 0 & -2(\delta_{bx}+\delta_{xv}) & 0 & -\Omega_{pb} & 0 & -\Omega_{xv} & -\Omega_{pb} \\
0 & 0 & 0 & 0 & 0 & 0 & \Omega_{pb} & -\Omega_{bx} & 0 & 2(\delta_{pb}+\delta_{bx}) & 0 & -2(\delta_{pb}+\delta_{bx}) & 0 & 0 \\
0 & 0 & 0 & 0 & 0 & -\Omega_{pb} & 0 & 0 & \Omega_{pb} & 0 & 2(\delta_{pb}+\delta_{bx}+\delta_{xv}) & 0 & 0 & -\Omega_{xv} \\
0 & 0 & 0 & 0 & 0 & 0 & \Omega_{bx} & 0 & -\Omega_{xv} & 0 & 0 & \Omega_{xv} & 2(\delta_{pb}+\delta_{bx}+\delta_{xv}) & 0 \\
0 & 0 & 0 & 0 & 0 & 0 & 0 & \Omega_{xv} & 0 & -\Omega_{pb} & 0 & -\Omega_{xv} & 0 & -2(\delta_{pb}+\delta_{bx}+\delta_{xv})
\end{pmatrix}
$$

$$\tag{7.3.44}$$

$$\Gamma^{(\rho)} =
\begin{bmatrix}
0 & 0 & 0 & 0 & 0 & 0 & 0 & 0 & 0 & 0 & 0 & 0 & 0 & 0 & 0 & 0 & 0 \\
-\gamma_{xv} & 0 & 0 & 0 & 0 & 0 & 0 & 0 & 0 & 0 & 0 & 0 & 0 & 0 & 0 & 0 & 0 \\
\gamma_{xv} & 0 & 0 & 0 & 0 & 0 & 0 & 0 & 0 & 0 & 0 & 0 & 0 & 0 & 0 & 0 & 0 \\
0 & \gamma_{bb'} & -\gamma_{bb'} & 0 & 0 & 0 & 0 & 0 & 0 & 0 & 0 & 0 & 0 & 0 & 0 & 0 & 0 \\
0 & 0 & -\gamma_{b'x} & \gamma_{b'x} & 0 & 0 & 0 & 0 & 0 & 0 & 0 & 0 & 0 & 0 & 0 & 0 & 0 \\
0 & 0 & 0 & -\gamma_{pb} & \gamma_{pb} & 0 & 0 & 0 & 0 & 0 & 0 & 0 & 0 & 0 & 0 & 0 & 0 \\
0 & 0 & 0 & 0 & \frac{\gamma_{xv}}{2} & 0 & 0 & 0 & 0 & 0 & 0 & 0 & 0 & 0 & 0 & 0 & 0 \\
0 & 0 & 0 & 0 & \frac{\gamma_{xv}}{2} & \frac{\gamma_{xv}+\gamma_{bb'}}{2} & 0 & 0 & 0 & 0 & 0 & 0 & 0 & 0 & 0 & 0 & 0 \\
0 & 0 & 0 & 0 & 0 & \frac{\gamma_{xv}+\gamma_{bb'}}{2} & 0 & 0 & 0 & 0 & 0 & 0 & 0 & 0 & 0 & 0 & 0 \\
0 & 0 & 0 & 0 & 0 & 0 & \frac{\gamma_{pb}+\gamma_{bb'}}{2} & 0 & 0 & 0 & 0 & 0 & 0 & 0 & 0 & 0 & 0 \\
0 & 0 & 0 & 0 & 0 & 0 & \frac{\gamma_{pb}+\gamma_{bb'}}{2} & \frac{\gamma_{bb'}}{2} & 0 & 0 & 0 & 0 & 0 & 0 & 0 & 0 & 0 \\
0 & 0 & 0 & 0 & 0 & 0 & 0 & \frac{\gamma_{bb'}}{2} & 0 & 0 & 0 & 0 & 0 & 0 & 0 & 0 & 0 \\
0 & 0 & 0 & 0 & 0 & 0 & 0 & 0 & \frac{\gamma_{pb}+\gamma_{xv}}{2} & 0 & 0 & 0 & 0 & 0 & 0 & 0 & 0 \\
0 & 0 & 0 & 0 & 0 & 0 & 0 & 0 & \frac{\gamma_{pb}+\gamma_{xv}}{2} & 0 & 0 & 0 & 0 & 0 & 0 & 0 & 0 \\
0 & 0 & 0 & 0 & 0 & 0 & 0 & 0 & 0 & \frac{\gamma_{pb}}{2} & 0 & 0 & 0 & 0 & 0 & 0 & 0 \\
0 & 0 & 0 & 0 & 0 & 0 & 0 & 0 & 0 & 0 & \frac{\gamma_{pb}}{2} & 0 & 0 & 0 & 0 & 0 & 0 \\
\end{bmatrix}
\tag{7.3.45}$$

附录 7.4　脉冲激发下激子-双激子-三激子体系二阶相关函数运动方程

激子-双激子-三激子体系的能级结构如图 7.3.1 所示，$|p\rangle$，$|b\rangle$，$|x\rangle$，$|v\rangle$ 分别是三激子态、双激子激发态、激子态以及真空态，$|b'\rangle$ 是双激子态的基态.

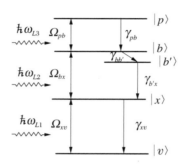

图 7.4.1　激子-双激子-三激子体系的能级结构示意图

在旋转波近似下，系统的相互作用哈密顿量为

$$\hat{H}^{(i)} = \frac{1}{2}\hbar\left[\hat{\sigma}_{xv}^{(i)}(t)\Omega_{xv}e^{-i\omega_{L1}t} + \hat{\sigma}_{bx}^{(i)}(t)\Omega_{bx}e^{-i\omega_{L2}t}\right.$$
$$\left. + \hat{\sigma}_{pb}^{(i)}(t)\Omega_{pb}e^{-i\omega_{L3}t} + \text{h.c.}\right] \tag{7.4.1}$$

其中上标 (i) 表示相互作用表象，$\Omega_{xv}(t)e^{-i\omega_{L1}t}$，$\Omega_{bx}(t)e^{-i\omega_{L2}t}$ 和 $\Omega_{pb}(t)e^{-i\omega_{L3}t}$ 分别是相互作用表象中 $|x\rangle\sim|v\rangle$，$|b\rangle\sim|x\rangle$ 和 $|p\rangle\sim|b\rangle$ 之间跃迁的 Rabi 频率，ω_{L1}，ω_{L2}，ω_{L3} 为激发光场的频率. $\hat{\sigma}_{mn}^{(i)} = \hat{\sigma}_{mn}e^{i\omega_{mn}t}$ 是相互作用表象中的偶极跃迁算符，$\hat{\sigma}_{mn} = |m\rangle\langle n|$ 是 Schrödinger 表象中的偶极跃迁算符，ω_{mn} 是 $|m\rangle$ 与 $|n\rangle$ 之间的跃迁频率.

系统的主方程为

$$\frac{\mathrm{d}}{\mathrm{d}t}\hat{\rho} = -(i/\hbar)\left[\hat{H}^{(i)}, \hat{\rho}\right] + L(\hat{\rho}) \tag{7.4.2}$$

其中耗散项 $L(\hat{\rho})$ 为

$$L(\hat{\rho}) = \frac{1}{2}\Big[\gamma_{pb}(2\,\hat{\sigma}^{(i)}_{bp}\hat{\rho}\,\hat{\sigma}^{(i)}_{pb} - \hat{\rho}\,\hat{\sigma}_{pp} - \hat{\sigma}_{pp}\hat{\rho})$$
$$+ \gamma_{bb'}(2\,\hat{\sigma}^{(i)}_{b'b}\hat{\rho}\,\hat{\sigma}^{(i)}_{bb'} - \hat{\rho}\,\hat{\sigma}_{bb} - \hat{\sigma}_{bb}\hat{\rho})$$
$$+ \gamma_{b'x}(2\,\hat{\sigma}^{(i)}_{xb'}\hat{\rho}\,\hat{\sigma}^{(i)}_{b'x} - \hat{\rho}\,\hat{\sigma}_{b'b'} - \hat{\sigma}_{b'b'}\hat{\rho})$$
$$+ \gamma_{xv}(2\,\hat{\sigma}^{(i)}_{vx}\hat{\rho}\,\hat{\sigma}^{(i)}_{xv} - \hat{\rho}\,\hat{\sigma}_{xx} - \hat{\sigma}_{xx}\hat{\rho})\Big] \tag{7.4.3}$$

$\gamma_{ij}(i,j = p,b,b',x,v)$ 表示从 $|i\rangle$ 态到 $|j\rangle$ 态的弛豫速率,上式中忽略了纯位相退相干项的影响.

$$\frac{\mathrm{d}}{\mathrm{d}\tau}\langle\hat{\sigma}_{pp}(t+\tau)\rangle$$
$$= \mathrm{tr}\Big\{\frac{\mathrm{d}}{\mathrm{d}\tau}\hat{\sigma}_{pp}(t+\tau)\,\hat{\rho}(t+\tau)\Big\} + \mathrm{tr}\Big\{\hat{\sigma}_{pp}(t+\tau)\frac{\mathrm{d}}{\mathrm{d}\tau}\hat{\rho}(t+\tau)\Big\}$$
$$= (-\mathrm{i}/\hbar)\mathrm{tr}\{\hat{\sigma}_{pp}(t+\tau)(\hat{H}^{(i)}\hat{\rho} - \hat{\rho}\,\hat{H}^{(i)})\}$$
$$+ \mathrm{tr}\{\hat{\sigma}_{pp}(t+\tau)L(\hat{\rho}(t+\tau))\}$$
$$= -\mathrm{i}\frac{1}{2}\Omega_{pb}\langle\hat{\sigma}_{pb}(t+\tau)\rangle\mathrm{e}^{-\mathrm{i}\omega_{L3}(t+\tau)}$$
$$+ \mathrm{i}\frac{1}{2}\Omega_{pb}\langle\hat{\sigma}_{bp}(t+\tau)\rangle\mathrm{e}^{\mathrm{i}\omega_{L3}(t+\tau)}$$
$$- \gamma_{pb}\langle\hat{\sigma}_{pp}(t+\tau)\rangle \tag{7.4.4}$$

由附录 6.1 可得

$$\frac{\mathrm{d}}{\mathrm{d}\tau}\langle\hat{\sigma}^{+}_{bp}(t)\,\hat{\sigma}_{pp}(t+\tau)\,\hat{\sigma}_{bp}(t)\rangle$$
$$= -\mathrm{i}\frac{1}{2}\Omega_{pb}\langle\hat{\sigma}^{+}_{bp}(t)\,\hat{\sigma}_{pb}(t+\tau)\,\hat{\sigma}_{bp}(t)\rangle\mathrm{e}^{-\mathrm{i}\omega_{L3}(t+\tau)}$$
$$+ \mathrm{i}\frac{1}{2}\Omega_{pb}\langle\hat{\sigma}^{+}_{bp}(t)\,\hat{\sigma}_{bp}(t+\tau)\,\hat{\sigma}_{bp}(t)\rangle\mathrm{e}^{\mathrm{i}\omega_{L3}(t+\tau)}$$
$$- \gamma_{pb}\langle\hat{\sigma}^{+}_{bp}(t)\,\hat{\sigma}_{pp}(t+\tau)\,\hat{\sigma}_{bp}(t)\rangle \tag{7.4.5}$$

做变换:

$$\widetilde{G}^{(2)}_{pb}(t,\tau) = \langle\hat{\sigma}^{+}_{bp}(t)\,\hat{\sigma}_{pb}(t+\tau)\,\hat{\sigma}_{bp}(t)\rangle\mathrm{e}^{-\mathrm{i}\omega_{L3}(t+\tau)} \tag{7.4.6}$$

$$\widetilde{G}^{(2)}_{bp}(t,\tau) = \langle\hat{\sigma}^{+}_{bp}(t)\,\hat{\sigma}_{bp}(t+\tau)\,\hat{\sigma}_{bp}(t)\rangle\mathrm{e}^{\mathrm{i}\omega_{L3}(t+\tau)} \tag{7.4.7}$$

将(7.4.6),(7.4.7)代入(7.4.5)式得

$$\frac{\mathrm{d}}{\mathrm{d}\tau}G^{(2)}_{pp}(t,\tau) = -\mathrm{i}\frac{1}{2}\Omega_{pb}\widetilde{G}^{(2)}_{pb}(t,\tau) + \mathrm{i}\frac{1}{2}\Omega_{pb}\widetilde{G}^{(2)}_{bp}(t,\tau)$$
$$- \gamma_{pb}G^{(2)}_{pp}(t,\tau) \tag{7.4.8}$$

$$\frac{\mathrm{d}}{\mathrm{d}\tau}\langle\hat{\sigma}_{bb}(t+\tau)\rangle$$

$$= \mathrm{tr}\left\{\frac{\mathrm{d}}{\mathrm{d}\tau}\hat{\sigma}_{bb}(t+\tau)\hat{\rho}(t+\tau)\right\} + \mathrm{tr}\left\{\hat{\sigma}_{bb}(t+\tau)\frac{\mathrm{d}}{\mathrm{d}\tau}\hat{\rho}(t+\tau)\right\}$$

$$= (-\mathrm{i}/\hbar)\mathrm{tr}\{\hat{\sigma}_{bb}(t+\tau)(\hat{H}^{(i)}\hat{\rho} - \hat{\rho}\hat{H}^{(i)})\}$$

$$+ \mathrm{tr}\{\hat{\sigma}_{bb}(t+\tau)L(\hat{\rho}(t+\tau))\}$$

$$= -\mathrm{i}\frac{1}{2}\Omega_{bx}\langle\hat{\sigma}_{bx}(t+\tau)\rangle\mathrm{e}^{-\mathrm{i}\omega_{L2}(t+\tau)}$$

$$- \mathrm{i}\frac{1}{2}\Omega_{pb}\langle\hat{\sigma}_{bp}(t+\tau)\rangle\mathrm{e}^{\mathrm{i}\omega_{L3}(t+\tau)}$$

$$+ \mathrm{i}\frac{1}{2}\Omega_{pb}\langle\hat{\sigma}_{pb}(t+\tau)\rangle\mathrm{e}^{-\mathrm{i}\omega_{L3}(t+\tau)}$$

$$+ \mathrm{i}\frac{1}{2}\Omega_{bx}\langle\hat{\sigma}_{xb}(t+\tau)\rangle\mathrm{e}^{\mathrm{i}\omega_{L2}(t+\tau)}$$

$$- \gamma_{bb'}\langle\hat{\sigma}_{bb}(t+\tau)\rangle + \gamma_{pb}\langle\hat{\sigma}_{pp}(t+\tau)\rangle \tag{7.4.9}$$

由附录 6.1 可得

$$\frac{\mathrm{d}}{\mathrm{d}\tau}\langle\hat{\sigma}_{bp}^{+}(t)\hat{\sigma}_{bb}(t+\tau)\hat{\sigma}_{bp}(t)\rangle$$

$$= -\mathrm{i}\frac{1}{2}\Omega_{bx}\langle\hat{\sigma}_{bp}^{+}(t)\hat{\sigma}_{bx}(t+\tau)\hat{\sigma}_{bp}(t)\rangle\mathrm{e}^{-\mathrm{i}\omega_{L2}(t+\tau)}$$

$$- \mathrm{i}\frac{1}{2}\Omega_{pb}\langle\hat{\sigma}_{bp}^{+}(t)\hat{\sigma}_{bp}(t+\tau)\hat{\sigma}_{bp}(t)\rangle\mathrm{e}^{\mathrm{i}\omega_{L3}(t+\tau)}$$

$$+ \mathrm{i}\frac{1}{2}\Omega_{pb}\langle\hat{\sigma}_{bp}^{+}(t)\hat{\sigma}_{pb}(t+\tau)\hat{\sigma}_{bp}(t)\rangle\mathrm{e}^{-\mathrm{i}\omega_{L3}(t+\tau)}$$

$$+ \mathrm{i}\frac{1}{2}\Omega_{bx}\langle\hat{\sigma}_{bp}^{+}(t)\hat{\sigma}_{xb}(t+\tau)\hat{\sigma}_{bp}(t)\rangle\mathrm{e}^{\mathrm{i}\omega_{L2}(t+\tau)}$$

$$- \gamma_{bb'}\langle\hat{\sigma}_{bp}^{+}(t)\hat{\sigma}_{bb}(t+\tau)\hat{\sigma}_{bp}(t)\rangle$$

$$+ \gamma_{pb}\langle\hat{\sigma}_{bp}^{+}(t)\hat{\sigma}_{pp}(t+\tau)\hat{\sigma}_{bp}(t)\rangle \tag{7.4.10}$$

做变换：

$$\widetilde{G}_{bx}^{(2)}(t,\tau) = \langle\hat{\sigma}_{bp}^{+}(t)\hat{\sigma}_{bx}(t+\tau)\hat{\sigma}_{bp}(t)\rangle\mathrm{e}^{-\mathrm{i}\omega_{L2}(t+\tau)} \tag{7.4.11}$$

$$\widetilde{G}_{xb}^{(2)}(t,\tau) = \langle\hat{\sigma}_{bp}^{+}(t)\hat{\sigma}_{xb}(t+\tau)\hat{\sigma}_{bp}(t)\rangle\mathrm{e}^{\mathrm{i}\omega_{L2}(t+\tau)} \tag{7.4.12}$$

将(7.4.6),(7.4.7),(7.4.11),(7.4.12)代入(7.4.10)式得

$$\frac{\mathrm{d}}{\mathrm{d}\tau}G_{bb}^{(2)}(t,\tau) = -\mathrm{i}\frac{1}{2}\Omega_{bx}\widetilde{G}_{bx}^{(2)}(t,\tau) - \mathrm{i}\frac{1}{2}\Omega_{pb}\widetilde{G}_{bp}^{(2)}(t,\tau)$$

$$+ \mathrm{i}\, \frac{1}{2} \Omega_{pb} \widetilde{G}_{pb}^{(2)}(t,\tau) + \mathrm{i}\, \frac{1}{2} \Omega_{bx} \widetilde{G}_{xb}^{(2)}(t,\tau)$$

$$- \gamma_{bb'} G_{bb}^{(2)}(t,\tau) + \gamma_{pb} G_{pp}^{(2)}(t,\tau) \tag{7.4.13}$$

$$\frac{\mathrm{d}}{\mathrm{d}\tau} \langle \hat{\sigma}_{b'b'}(t+\tau) \rangle$$

$$= \mathrm{tr}\left\{ \frac{\mathrm{d}}{\mathrm{d}\tau} \hat{\sigma}_{b'b'}(t+\tau)\, \hat{\rho}(t+\tau) \right\} + \mathrm{tr}\left\{ \hat{\sigma}_{b'b'}(t+\tau)\, \frac{\mathrm{d}}{\mathrm{d}\tau} \hat{\rho}(t+\tau) \right\}$$

$$= \gamma_{bb'} \langle \hat{\sigma}_{bb}(t+\tau) \rangle - \gamma_{b'x} \langle \hat{\sigma}_{b'b'}(t+\tau) \rangle \tag{7.4.14}$$

由附录 6.1 可得

$$\frac{\mathrm{d}}{\mathrm{d}\tau} \langle \hat{\sigma}_{bp}^{+}(t)\, \hat{\sigma}_{b'b'}(t+\tau)\, \hat{\sigma}_{bp}(t) \rangle$$

$$= \gamma_{bb'} \langle \hat{\sigma}_{bp}^{+}(t)\, \hat{\sigma}_{bb}(t+\tau)\, \hat{\sigma}_{bp}(t) \rangle$$

$$- \gamma_{b'x} \langle \hat{\sigma}_{bp}^{+}(t)\, \hat{\sigma}_{b'b'}(t+\tau)\, \hat{\sigma}_{bp}(t) \rangle \tag{7.4.15}$$

$$\frac{\mathrm{d}}{\mathrm{d}\tau} G_{b'b'}^{(2)}(t,\tau) = \gamma_{bb'} G_{bb}^{(2)}(t,\tau) - \gamma_{b'x} G_{b'b'}^{(2)}(t,\tau) \tag{7.4.16}$$

$$\frac{\mathrm{d}}{\mathrm{d}\tau} \langle \hat{\sigma}_{xx}(t+\tau) \rangle$$

$$= \mathrm{tr}\left\{ \frac{\mathrm{d}}{\mathrm{d}\tau} \hat{\sigma}_{xx}(t+\tau)\, \hat{\rho}(t+\tau) \right\} + \mathrm{tr}\left\{ \hat{\sigma}_{xx}(t+\tau)\, \frac{\mathrm{d}}{\mathrm{d}\tau} \hat{\rho}(t+\tau) \right\}$$

$$= -\mathrm{i}\, \frac{1}{2} \Omega_{xv} \langle \hat{\sigma}_{xv}(t+\tau) \rangle \mathrm{e}^{-\mathrm{i}\omega_{L1}(t+\tau)}$$

$$- \mathrm{i}\, \frac{1}{2} \Omega_{bx} \langle \hat{\sigma}_{xb}(t+\tau) \rangle \mathrm{e}^{\mathrm{i}\omega_{L2}(t+\tau)}$$

$$+ \mathrm{i}\, \frac{1}{2} \Omega_{xv} \langle \hat{\sigma}_{vx}(t+\tau) \rangle \mathrm{e}^{\mathrm{i}\omega_{L1}(t+\tau)}$$

$$+ \mathrm{i}\, \frac{1}{2} \Omega_{bx} \langle \hat{\sigma}_{bx}(t+\tau) \rangle \mathrm{e}^{-\mathrm{i}\omega_{L2}(t+\tau)}$$

$$+ \gamma_{b'x} \langle \hat{\sigma}_{b'b'}(t+\tau) \rangle - \gamma_{xv} \langle \hat{\sigma}_{xx}(t+\tau) \rangle \tag{7.4.17}$$

由附录 6.1 可得

$$\frac{\mathrm{d}}{\mathrm{d}\tau} \langle \hat{\sigma}_{bp}^{+}(t)\, \hat{\sigma}_{xx}(t+\tau)\, \hat{\sigma}_{bp}(t) \rangle$$

$$= -\mathrm{i}\, \frac{1}{2} \Omega_{xv} \langle \hat{\sigma}_{bp}^{+}(t)\, \hat{\sigma}_{xv}(t+\tau)\, \hat{\sigma}_{bp}(t) \rangle \mathrm{e}^{-\mathrm{i}\omega_{L1}(t+\tau)}$$

$$- \mathrm{i}\, \frac{1}{2} \Omega_{bx} \langle \hat{\sigma}_{bp}^{+}(t)\, \hat{\sigma}_{xb}(t+\tau)\, \hat{\sigma}_{bp}(t) \rangle \mathrm{e}^{\mathrm{i}\omega_{L2}(t+\tau)}$$

$$+ \mathrm{i}\,\frac{1}{2}\Omega_{xv}\langle\hat{\sigma}_{bp}^{+}(t)\,\hat{\sigma}_{vx}(t+\tau)\,\hat{\sigma}_{bp}(t)\rangle\mathrm{e}^{\mathrm{i}\omega_{L1}(t+\tau)}$$

$$+ \mathrm{i}\,\frac{1}{2}\Omega_{bx}\langle\hat{\sigma}_{bp}^{+}(t)\,\hat{\sigma}_{bx}(t+\tau)\,\hat{\sigma}_{bp}(t)\rangle\mathrm{e}^{-\mathrm{i}\omega_{L2}(t+\tau)}$$

$$+ \gamma_{b'x}\langle\hat{\sigma}_{bp}^{+}(t)\,\hat{\sigma}_{b'b'}(t+\tau)\,\hat{\sigma}_{bp}(t)\rangle$$

$$- \gamma_{xv}\langle\hat{\sigma}_{bp}^{+}(t)\,\hat{\sigma}_{xx}(t+\tau)\,\hat{\sigma}_{bp}(t)\rangle \tag{7.4.18}$$

做变换:

$$\widetilde{G}_{xv}^{(2)}(t,\tau) = \langle\hat{\sigma}_{bp}^{+}(t)\,\hat{\sigma}_{xv}(t+\tau)\,\hat{\sigma}_{bp}(t)\rangle\mathrm{e}^{-\mathrm{i}\omega_{L1}(t+\tau)} \tag{7.4.19}$$

$$\widetilde{G}_{vx}^{(2)}(t,\tau) = \langle\hat{\sigma}_{bp}^{+}(t)\,\hat{\sigma}_{vx}(t+\tau)\,\hat{\sigma}_{bp}(t)\rangle\mathrm{e}^{\mathrm{i}\omega_{L1}(t+\tau)} \tag{7.4.20}$$

将(7.4.11),(7.4.12),(7.4.19),(7.4.20)代入(7.4.18)式得

$$\frac{\mathrm{d}}{\mathrm{d}\tau}G_{xx}^{(2)}(t,\tau) = -\mathrm{i}\,\frac{1}{2}\Omega_{xv}\widetilde{G}_{xv}^{(2)}(t,\tau) - \mathrm{i}\,\frac{1}{2}\Omega_{bx}\widetilde{G}_{xb}^{(2)}(t,\tau)$$

$$+ \mathrm{i}\,\frac{1}{2}\Omega_{xv}\widetilde{G}_{vx}^{(2)}(t,\tau) + \mathrm{i}\,\frac{1}{2}\Omega_{bx}\widetilde{G}_{bx}^{(2)}(t,\tau)$$

$$+ \gamma_{b'x}G_{b'b'}^{(2)}(t,\tau) - \gamma_{xv}G_{xx}^{(2)}(t,\tau) \tag{7.4.21}$$

由于系统的粒子数守恒:

$$\rho_{vv}(t+\tau) + \rho_{xx}(t+\tau) + \rho_{bb}(t+\tau)$$

$$+ \rho_{b'b'}(t+\tau) + \rho_{pp}(t+\tau) = 1 \tag{7.4.22}$$

也就是

$$\langle\hat{\sigma}_{vv}(t+\tau)\rangle + \langle\hat{\sigma}_{xx}(t+\tau)\rangle + \langle\hat{\sigma}_{bb}(t+\tau)\rangle$$

$$+ \langle\hat{\sigma}_{b'b'}(t+\tau)\rangle + \langle\hat{\sigma}_{pp}(t+\tau)\rangle = 1 \tag{7.4.23}$$

因此

$$\frac{\mathrm{d}}{\mathrm{d}\tau}\langle\hat{\sigma}_{vv}(t+\tau)\rangle = -\frac{\mathrm{d}}{\mathrm{d}\tau}(\langle\hat{\sigma}_{xx}(t+\tau)\rangle + \langle\hat{\sigma}_{bb}(t+\tau)\rangle$$

$$+ \langle\hat{\sigma}_{b'b'}(t+\tau)\rangle + \langle\hat{\sigma}_{pp}(t+\tau)\rangle) \tag{7.4.24}$$

由附录6.1可得

$$\frac{\mathrm{d}}{\mathrm{d}\tau}\langle\hat{\sigma}_{bp}^{+}(t)\,\hat{\sigma}_{vv}(t+\tau)\,\hat{\sigma}_{bp}(t)\rangle$$

$$= -\frac{\mathrm{d}}{\mathrm{d}\tau}\langle\hat{\sigma}_{bp}^{+}(t)\,\hat{\sigma}_{xx}(t+\tau)\,\hat{\sigma}_{bp}(t)\rangle$$

$$- \frac{\mathrm{d}}{\mathrm{d}\tau}\langle\hat{\sigma}_{bp}^{+}(t)\,\hat{\sigma}_{bb}(t+\tau)\,\hat{\sigma}_{bp}(t)\rangle$$

$$- \frac{\mathrm{d}}{\mathrm{d}\tau} \langle \hat{\sigma}_{bp}^{+}(t) \, \hat{\sigma}_{b'b'}(t+\tau) \, \hat{\sigma}_{bp}(t) \rangle$$

$$- \frac{\mathrm{d}}{\mathrm{d}\tau} \langle \hat{\sigma}_{bp}^{+}(t) \, \hat{\sigma}_{pp}(t+\tau) \, \hat{\sigma}_{bp}(t) \rangle \tag{7.4.25}$$

将 $(7.4.8)$，$(7.4.13)$，$(7.4.16)$，$(7.4.21)$ 代入 $(7.4.25)$ 式得

$$\frac{\mathrm{d}}{\mathrm{d}\tau} G_{vv}^{(2)}(t,\tau) = \mathrm{i}\,\frac{1}{2}\Omega_{xv}\,\widetilde{G}_{xv}^{(2)}(t,\tau) - \mathrm{i}\,\frac{1}{2}\Omega_{xv}\,\widetilde{G}_{vx}^{(2)}(t,\tau)$$

$$+ \gamma_{xv} G_{xx}^{(2)}(t,\tau) \tag{7.4.26}$$

$$\frac{\mathrm{d}}{\mathrm{d}\tau} \langle \hat{\sigma}_{pb}(t+\tau) \rangle$$

$$= \mathrm{tr}\left\{ \frac{\mathrm{d}}{\mathrm{d}\tau} \hat{\sigma}_{pb}(t+\tau) \, \hat{\rho}(t+\tau) \right\} + \mathrm{tr}\left\{ \hat{\sigma}_{pb}(t+\tau) \, \frac{\mathrm{d}}{\mathrm{d}\tau} \hat{\rho}(t+\tau) \right\}$$

$$= \mathrm{i}\omega_{pb} \langle \hat{\sigma}_{pb}(t+\tau) \rangle - \mathrm{i}\,\frac{1}{2}\Omega_{bx} \langle \hat{\sigma}_{px}(t+\tau) \rangle \mathrm{e}^{-\mathrm{i}\omega_{L2}(t+\tau)}$$

$$- \mathrm{i}\,\frac{1}{2}\Omega_{pb} \langle \hat{\sigma}_{pp}(t+\tau) \rangle \mathrm{e}^{\mathrm{i}\omega_{L3}(t+\tau)}$$

$$+ \mathrm{i}\,\frac{1}{2}\Omega_{pb} \langle \hat{\sigma}_{bb}(t+\tau) \rangle \mathrm{e}^{\mathrm{i}\omega_{L3}(t+\tau)}$$

$$- \frac{1}{2}(\gamma_{pb} + \gamma_{bb'}) \langle \hat{\sigma}_{pb}(t+\tau) \rangle \tag{7.4.27}$$

由附录 6.1 可得

$$\frac{\mathrm{d}}{\mathrm{d}\tau} \langle \hat{\sigma}_{bp}^{+}(t) \, \hat{\sigma}_{pb}(t+\tau) \, \hat{\sigma}_{bp}(t) \rangle$$

$$= \mathrm{i}\omega_{pb} \langle \hat{\sigma}_{bp}^{+}(t) \, \hat{\sigma}_{pb}(t+\tau) \, \hat{\sigma}_{bp}(t) \rangle$$

$$- \mathrm{i}\,\frac{1}{2}\Omega_{bx} \langle \hat{\sigma}_{bp}^{+}(t) \, \hat{\sigma}_{px}(t+\tau) \, \hat{\sigma}_{bp}(t) \rangle \mathrm{e}^{-\mathrm{i}\omega_{L2}(t+\tau)}$$

$$- \mathrm{i}\,\frac{1}{2}\Omega_{pb} \langle \hat{\sigma}_{bp}^{+}(t) \, \hat{\sigma}_{pp}(t+\tau) \, \hat{\sigma}_{bp}(t) \rangle \mathrm{e}^{\mathrm{i}\omega_{L3}(t+\tau)}$$

$$+ \mathrm{i}\,\frac{1}{2}\Omega_{pb} \langle \hat{\sigma}_{bp}^{+}(t) \, \hat{\sigma}_{bb}(t+\tau) \, \hat{\sigma}_{bp}(t) \rangle \mathrm{e}^{\mathrm{i}\omega_{L3}(t+\tau)}$$

$$- \frac{1}{2}(\gamma_{pb} + \gamma_{bb'}) \langle \hat{\sigma}_{bp}^{+}(t) \, \hat{\sigma}_{pb}(t+\tau) \, \hat{\sigma}_{bp}(t) \rangle \tag{7.4.28}$$

$$\frac{\mathrm{d}}{\mathrm{d}\tau} \left[\langle \hat{\sigma}_{bp}^{+}(t) \, \hat{\sigma}_{pb}(t+\tau) \, \hat{\sigma}_{bp}(t) \rangle \mathrm{e}^{-\mathrm{i}\omega_{L3}(t+\tau)} \right]$$

$$= \mathrm{i}\delta_{pb} \langle \hat{\sigma}_{bp}^{+}(t) \, \hat{\sigma}_{pb}(t+\tau) \, \hat{\sigma}_{bp}(t) \rangle \mathrm{e}^{-\mathrm{i}\omega_{L3}(t+\tau)}$$

$$- \mathrm{i}\,\frac{1}{2}\Omega_{bx} \langle \hat{\sigma}_{bp}^{+}(t) \, \hat{\sigma}_{px}(t+\tau) \, \hat{\sigma}_{bp}(t) \rangle \mathrm{e}^{-\mathrm{i}(\omega_{L2}+\omega_{L3})(t+\tau)}$$

$$- \mathrm{i} \frac{1}{2} \Omega_{pb} \langle \hat{\sigma}^+_{bp}(t) \hat{\sigma}_{pp}(t+\tau) \hat{\sigma}_{bp}(t) \rangle$$

$$+ \mathrm{i} \frac{1}{2} \Omega_{pb} \langle \hat{\sigma}^+_{bp}(t) \hat{\sigma}_{bb}(t+\tau) \hat{\sigma}_{bp}(t) \rangle$$

$$- \frac{1}{2} (\gamma_{pb} + \gamma_{bb'}) \langle \hat{\sigma}^+_{bp}(t) \hat{\sigma}_{pb}(t+\tau) \hat{\sigma}_{bp}(t) \rangle \mathrm{e}^{-\mathrm{i}\omega_{L3}(t+\tau)} \tag{7.4.29}$$

其中 $\delta_{pb} = \omega_{pb} - \omega_{L3}$.

做变换:

$$\widetilde{G}^{(2)}_{px}(t,\tau) = \langle \hat{\sigma}^+_{bp}(t) \hat{\sigma}_{px}(t+\tau) \hat{\sigma}_{bp}(t) \rangle \mathrm{e}^{-\mathrm{i}(\omega_{L2}+\omega_{L3})(t+\tau)} \tag{7.4.30}$$

$$\widetilde{G}^{(2)}_{xp}(t,\tau) = \langle \hat{\sigma}^+_{bp}(t) \hat{\sigma}_{xp}(t+\tau) \hat{\sigma}_{bp}(t) \rangle \mathrm{e}^{\mathrm{i}(\omega_{L2}+\omega_{L3})(t+\tau)} \tag{7.4.31}$$

将 $(7.4.6)$, $(7.4.30)$ 代入 $(7.4.29)$ 式得

$$\frac{\mathrm{d}}{\mathrm{d}\tau} \widetilde{G}^{(2)}_{pb}(t,\tau) = \mathrm{i}\delta_{pb} \widetilde{G}^{(2)}_{pb}(t,\tau) - \mathrm{i} \frac{1}{2} \Omega_{bx} \widetilde{G}^{(2)}_{px}(t,\tau)$$

$$- \mathrm{i} \frac{1}{2} \Omega_{pb} G^{(2)}_{pp}(t,\tau) + \mathrm{i} \frac{1}{2} \Omega_{pb} G^{(2)}_{bb}(t,\tau)$$

$$- \frac{1}{2} (\gamma_{pb} + \gamma_{bb'}) \widetilde{G}^{(2)}_{pb}(t,\tau) \tag{7.4.32}$$

同理可得

$$\frac{\mathrm{d}}{\mathrm{d}\tau} \widetilde{G}^{(2)}_{bp}(t,\tau) = -\mathrm{i}\delta_{pb} \widetilde{G}^{(2)}_{bp}(t,\tau) + \mathrm{i} \frac{1}{2} \Omega_{bx} \widetilde{G}^{(2)}_{xp}(t,\tau)$$

$$+ \mathrm{i} \frac{1}{2} \Omega_{pb} \widetilde{G}^{(2)}_{pp}(t,\tau) - \mathrm{i} \frac{1}{2} \Omega_{pb} \widetilde{G}^{(2)}_{bb}(t,\tau)$$

$$- \frac{1}{2} (\gamma_{pb} + \gamma_{bb'}) \widetilde{G}^{(2)}_{bp}(t,\tau) \tag{7.4.33}$$

$$\frac{\mathrm{d}}{\mathrm{d}\tau} \langle \hat{\sigma}_{px}(t+\tau) \rangle$$

$$= \mathrm{tr} \left\{ \frac{\mathrm{d}}{\mathrm{d}\tau} \hat{\sigma}_{px}(t+\tau) \hat{\rho}(t+\tau) \right\} + \mathrm{tr} \left\{ \hat{\sigma}_{px}(t+\tau) \frac{\mathrm{d}}{\mathrm{d}\tau} \hat{\rho}(t+\tau) \right\}$$

$$= \mathrm{i}\omega_{px} \langle \hat{\sigma}_{px}(t+\tau) \rangle - \mathrm{i} \frac{1}{2} \Omega_{xv} \langle \hat{\sigma}_{pv}(t+\tau) \rangle \mathrm{e}^{-\mathrm{i}\omega_{L1}(t+\tau)}$$

$$- \mathrm{i} \frac{1}{2} \Omega_{bx} \langle \hat{\sigma}_{pb}(t+\tau) \rangle \mathrm{e}^{\mathrm{i}\omega_{L2}(t+\tau)}$$

$$+ \mathrm{i} \frac{1}{2} \Omega_{pb} \langle \hat{\sigma}_{bx}(t+\tau) \rangle \mathrm{e}^{\mathrm{i}\omega_{L3}(t+\tau)}$$

$$- \frac{1}{2} (\gamma_{pb} + \gamma_{xv}) \langle \hat{\sigma}_{px}(t+\tau) \rangle \tag{7.4.34}$$

由附录 6.1 可得

$$\frac{\mathrm{d}}{\mathrm{d}\tau}\langle \hat{\sigma}^+_{bp}(t)\,\hat{\sigma}_{px}(t+\tau)\,\hat{\sigma}_{bp}(t)\rangle$$

$$= \mathrm{i}\omega_{px}\langle \hat{\sigma}^+_{bp}(t)\,\hat{\sigma}_{px}(t+\tau)\,\hat{\sigma}_{bp}(t)\rangle$$

$$- \mathrm{i}\frac{1}{2}\Omega_{xv}\langle \hat{\sigma}^+_{bp}(t)\,\hat{\sigma}_{pv}(t+\tau)\,\hat{\sigma}_{bp}(t)\rangle \mathrm{e}^{-\mathrm{i}\omega_{L1}(t+\tau)}$$

$$- \mathrm{i}\frac{1}{2}\Omega_{bx}\langle \hat{\sigma}^+_{bp}(t)\,\hat{\sigma}_{pb}(t+\tau)\,\hat{\sigma}_{bp}(t)\rangle \mathrm{e}^{\mathrm{i}\omega_{L2}(t+\tau)}$$

$$+ \mathrm{i}\frac{1}{2}\Omega_{pb}\langle \hat{\sigma}^+_{bp}(t)\,\hat{\sigma}_{bx}(t+\tau)\,\hat{\sigma}_{bp}(t)\rangle \mathrm{e}^{\mathrm{i}\omega_{L3}(t+\tau)}$$

$$- \frac{1}{2}(\gamma_{pb}+\gamma_{xv})\langle \hat{\sigma}^+_{bp}(t)\,\hat{\sigma}_{px}(t+\tau)\,\hat{\sigma}_{bp}(t)\rangle \tag{7.4.35}$$

$$\frac{\mathrm{d}}{\mathrm{d}\tau}\left[\langle \hat{\sigma}^+_{bp}(t)\,\hat{\sigma}_{px}(t+\tau)\,\hat{\sigma}_{bp}(t)\rangle \mathrm{e}^{-\mathrm{i}(\omega_{L2}+\omega_{L3})(t+\tau)}\right]$$

$$= \mathrm{i}(\delta_{pb}+\delta_{bx})\langle \hat{\sigma}^+_{bp}(t)\,\hat{\sigma}_{px}(t+\tau)\,\hat{\sigma}_{bp}(t)\rangle \mathrm{e}^{-\mathrm{i}(\omega_{L2}+\omega_{L3})(t+\tau)}$$

$$- \mathrm{i}\frac{1}{2}\Omega_{xv}\langle \hat{\sigma}^+_{bp}(t)\,\hat{\sigma}_{pv}(t+\tau)\,\hat{\sigma}_{bp}(t)\rangle \mathrm{e}^{-\mathrm{i}(\omega_{L1}+\omega_{L2}+\omega_{L3})(t+\tau)}$$

$$- \mathrm{i}\frac{1}{2}\Omega_{bx}\langle \hat{\sigma}^+_{bp}(t)\,\hat{\sigma}_{pb}(t+\tau)\,\hat{\sigma}_{bp}(t)\rangle \mathrm{e}^{-\mathrm{i}\omega_{L3}(t+\tau)}$$

$$+ \mathrm{i}\frac{1}{2}\Omega_{pb}\langle \hat{\sigma}^+_{bp}(t)\,\hat{\sigma}_{bx}(t+\tau)\,\hat{\sigma}_{bp}(t)\rangle \mathrm{e}^{-\mathrm{i}\omega_{L2}(t+\tau)}$$

$$- \frac{1}{2}(\gamma_{pb}+\gamma_{xv})\langle \hat{\sigma}^+_{bp}(t)\,\hat{\sigma}_{px}(t+\tau)\,\hat{\sigma}_{bp}(t)\rangle \mathrm{e}^{-\mathrm{i}(\omega_{L2}+\omega_{L3})(t+\tau)} \tag{7.4.36}$$

其中 $\delta_{bx} = \omega_{bx} - \omega_{L2}$.

做变换:

$$\widetilde{G}^{(2)}_{pv}(t,\tau) = \langle \hat{\sigma}^+_{bp}(t)\,\hat{\sigma}_{pv}(t+\tau)\,\hat{\sigma}_{bp}(t)\rangle \mathrm{e}^{-\mathrm{i}(\omega_{L1}+\omega_{L2}+\omega_{L3})(t+\tau)} \tag{7.4.37}$$

$$\widetilde{G}^{(2)}_{vp}(t,\tau) = \langle \hat{\sigma}^+_{bp}(t)\,\hat{\sigma}_{vp}(t+\tau)\,\hat{\sigma}_{bp}(t)\rangle \mathrm{e}^{\mathrm{i}(\omega_{L1}+\omega_{L2}+\omega_{L3})(t+\tau)} \tag{7.4.38}$$

将 (7.4.6),(7.4.11),(7.4.30),(7.4.37) 代入 (7.4.36) 式得

$$\frac{\mathrm{d}}{\mathrm{d}\tau}\widetilde{G}^{(2)}_{px}(t,\tau) = \mathrm{i}(\delta_{pb}+\delta_{bx})\widetilde{G}^{(2)}_{px}(t,\tau) - \mathrm{i}\frac{1}{2}\Omega_{xv}\widetilde{G}^{(2)}_{pv}(t,\tau)$$

$$- \mathrm{i}\frac{1}{2}\Omega_{bx}\widetilde{G}^{(2)}_{pb}(t,\tau) + \mathrm{i}\frac{1}{2}\Omega_{pb}\widetilde{G}^{(2)}_{bx}(t,\tau)$$

$$- \frac{1}{2}(\gamma_{pb}+\gamma_{xv})\widetilde{G}^{(2)}_{px}(t,\tau) \tag{7.4.39}$$

同理可得

$$
\begin{aligned}
\frac{\mathrm{d}}{\mathrm{d}\tau} \widetilde{G}_{xp}^{(2)}(t,\tau) ={}& -\mathrm{i}(\delta_{pb} + \delta_{bx}) \widetilde{G}_{xp}^{(2)}(t,\tau) + \mathrm{i}\frac{1}{2}\Omega_{xv} \widetilde{G}_{vp}^{(2)}(t,\tau) \\
& + \mathrm{i}\frac{1}{2}\Omega_{bx} \widetilde{G}_{bp}^{(2)}(t,\tau) - \mathrm{i}\frac{1}{2}\Omega_{pb} \widetilde{G}_{xb}^{(2)}(t,\tau) \\
& - \frac{1}{2}(\gamma_{pb} + \gamma_{xv}) \widetilde{G}_{xp}^{(2)}(t,\tau)
\end{aligned} \tag{7.4.40}
$$

$$
\begin{aligned}
& \frac{\mathrm{d}}{\mathrm{d}\tau} \langle \hat{\sigma}_{pv}(t+\tau) \rangle \\
& = \mathrm{tr}\left\{ \frac{\mathrm{d}}{\mathrm{d}\tau} \hat{\sigma}_{pv}(t+\tau) \hat{\rho}(t+\tau) \right\} + \mathrm{tr}\left\{ \hat{\sigma}_{pv}(t+\tau) \frac{\mathrm{d}}{\mathrm{d}\tau} \hat{\rho}(t+\tau) \right\} \\
& = \mathrm{i}\omega_{pv} \langle \hat{\sigma}_{pv}(t+\tau) \rangle - \mathrm{i}\frac{1}{2}\Omega_{xv} \langle \hat{\sigma}_{px}(t+\tau) \rangle \mathrm{e}^{\mathrm{i}\omega_{L1}(t+\tau)} \\
& \quad + \mathrm{i}\frac{1}{2}\Omega_{pb} \langle \hat{\sigma}_{bv}(t+\tau) \rangle \mathrm{e}^{\mathrm{i}\omega_{L3}(t+\tau)} - \frac{1}{2}\gamma_{pb} \langle \hat{\sigma}_{pv}(t+\tau) \rangle
\end{aligned} \tag{7.4.41}
$$

由附录 6.1 可得

$$
\begin{aligned}
& \frac{\mathrm{d}}{\mathrm{d}\tau} \langle \hat{\sigma}_{bp}^{+}(t) \hat{\sigma}_{pv}(t+\tau) \hat{\sigma}_{bp}(t) \rangle \\
& = \mathrm{i}\omega_{pv} \langle \hat{\sigma}_{bp}^{+}(t) \hat{\sigma}_{pv}(t+\tau) \hat{\sigma}_{bp}(t) \rangle \\
& \quad - \mathrm{i}\frac{1}{2}\Omega_{xv} \langle \hat{\sigma}_{bp}^{+}(t) \hat{\sigma}_{px}(t+\tau) \hat{\sigma}_{bp}(t) \rangle \mathrm{e}^{\mathrm{i}\omega_{L1}(t+\tau)} \\
& \quad + \mathrm{i}\frac{1}{2}\Omega_{pb} \langle \hat{\sigma}_{bp}^{+}(t) \hat{\sigma}_{bv}(t+\tau) \hat{\sigma}_{bp}(t) \rangle \mathrm{e}^{\mathrm{i}\omega_{L3}(t+\tau)} \\
& \quad - \frac{1}{2}\gamma_{pb} \langle \hat{\sigma}_{bp}^{+}(t) \hat{\sigma}_{pv}(t+\tau) \hat{\sigma}_{bp}(t) \rangle
\end{aligned} \tag{7.4.42}
$$

$$
\begin{aligned}
& \frac{\mathrm{d}}{\mathrm{d}\tau}\left[\langle \hat{\sigma}_{bp}^{+}(t) \hat{\sigma}_{pv}(t+\tau) \hat{\sigma}_{bp}(t) \rangle \mathrm{e}^{-\mathrm{i}(\omega_{L1}+\omega_{L2}+\omega_{L3})(t+\tau)} \right] \\
& = \mathrm{i}(\delta_{pb} + \delta_{bx} + \delta_{xv}) \langle \hat{\sigma}_{bp}^{+}(t) \hat{\sigma}_{pv}(t+\tau) \hat{\sigma}_{bp}(t) \rangle \mathrm{e}^{-\mathrm{i}(\omega_{L1}+\omega_{L2}+\omega_{L3})(t+\tau)} \\
& \quad - \mathrm{i}\frac{1}{2}\Omega_{xv} \langle \hat{\sigma}_{bp}^{+}(t) \hat{\sigma}_{px}(t+\tau) \hat{\sigma}_{bp}(t) \rangle \mathrm{e}^{-\mathrm{i}(\omega_{L2}+\omega_{L3})(t+\tau)} \\
& \quad + \mathrm{i}\frac{1}{2}\Omega_{pb} \langle \hat{\sigma}_{bp}^{+}(t) \hat{\sigma}_{bv}(t+\tau) \hat{\sigma}_{bp}(t) \rangle \mathrm{e}^{-\mathrm{i}(\omega_{L1}+\omega_{L2})(t+\tau)} \\
& \quad - \frac{1}{2}\gamma_{pb} \langle \hat{\sigma}_{bp}^{+}(t) \hat{\sigma}_{pv}(t+\tau) \hat{\sigma}_{bp}(t) \rangle \mathrm{e}^{-\mathrm{i}(\omega_{L1}+\omega_{L2}+\omega_{L3})(t+\tau)}
\end{aligned} \tag{7.4.43}
$$

其中 $\delta_{xv} = \omega_{xv} - \omega_{L1}$.

做变换：

$$\widetilde{G}_{bv}^{(2)}(t,\tau) = \langle \hat{\sigma}_{bp}^{+}(t)\,\hat{\sigma}_{bv}(t+\tau)\,\hat{\sigma}_{bp}(t)\rangle e^{-i(\omega_{L1}+\omega_{L2})(t+\tau)} \tag{7.4.44}$$

$$\widetilde{G}_{vb}^{(2)}(t,\tau) = \langle \hat{\sigma}_{bp}^{+}(t)\,\hat{\sigma}_{vb}(t+\tau)\,\hat{\sigma}_{bp}(t)\rangle e^{i(\omega_{L1}+\omega_{L2})(t+\tau)} \tag{7.4.45}$$

将(7.4.30),(7.4.37),(7.4.44)代入(7.4.43)式得

$$\frac{d}{d\tau}\widetilde{G}_{pv}^{(2)}(t,\tau) = i(\delta_{pb}+\delta_{bx}+\delta_{xv})\,\widetilde{G}_{pv}^{(2)}(t,\tau) - i\frac{1}{2}\Omega_{xv}\,\widetilde{G}_{px}^{(2)}(t,\tau)$$
$$+ i\frac{1}{2}\Omega_{pb}\,\widetilde{G}_{bv}^{(2)}(t,\tau) - \frac{1}{2}\gamma_{pb}\,\widetilde{G}_{pv}^{(2)}(t,\tau) \tag{7.4.46}$$

同理可得

$$\frac{d}{d\tau}\widetilde{G}_{vp}^{(2)}(t,\tau) = -i(\delta_{pb}+\delta_{bx}+\delta_{xv})\,\widetilde{G}_{vp}^{(2)}(t,\tau) + i\frac{1}{2}\Omega_{xv}\,\widetilde{G}_{xp}^{(2)}(t,\tau)$$
$$- i\frac{1}{2}\Omega_{pb}\,\widetilde{G}_{vb}^{(2)}(t,\tau) - \frac{1}{2}\gamma_{pb}\,\widetilde{G}_{vp}^{(2)}(t,\tau) \tag{7.4.47}$$

$$\frac{d}{d\tau}\langle \hat{\sigma}_{bx}(t+\tau)\rangle$$
$$= \mathrm{tr}\left\{\frac{d}{d\tau}\hat{\sigma}_{bx}(t+\tau)\,\hat{\rho}(t+\tau)\right\} + \mathrm{tr}\left\{\hat{\sigma}_{bx}(t+\tau)\,\frac{d}{d\tau}\hat{\rho}(t+\tau)\right\}$$
$$= i\omega_{bx}\langle \hat{\sigma}_{bx}(t+\tau)\rangle - i\frac{1}{2}\Omega_{xv}\langle \hat{\sigma}_{bv}(t+\tau)\rangle e^{-i\omega_{L1}(t+\tau)}$$
$$- i\frac{1}{2}\Omega_{bx}\langle \hat{\sigma}_{bb}(t+\tau)\rangle e^{i\omega_{L2}(t+\tau)}$$
$$+ i\frac{1}{2}\Omega_{pb}\langle \hat{\sigma}_{px}(t+\tau)\rangle e^{-i\omega_{L3}(t+\tau)}$$
$$+ i\frac{1}{2}\Omega_{bx}\langle \hat{\sigma}_{xx}(t+\tau)\rangle e^{i\omega_{L2}(t+\tau)}$$
$$- \frac{1}{2}(\gamma_{xv}+\gamma_{bb'})\langle \hat{\sigma}_{bx}(t+\tau)\rangle \tag{7.4.48}$$

由附录6.1可得

$$\frac{d}{d\tau}\langle \hat{\sigma}_{bp}^{+}(t)\,\hat{\sigma}_{bx}(t+\tau)\,\hat{\sigma}_{bp}(t)\rangle$$
$$= i\omega_{bx}\langle \hat{\sigma}_{bp}^{+}(t)\,\hat{\sigma}_{bx}(t+\tau)\,\hat{\sigma}_{bp}(t)\rangle$$
$$- i\frac{1}{2}\Omega_{xv}\langle \hat{\sigma}_{bp}^{+}(t)\,\hat{\sigma}_{bv}(t+\tau)\,\hat{\sigma}_{bp}(t)\rangle e^{-i\omega_{L1}(t+\tau)}$$
$$- i\frac{1}{2}\Omega_{bx}\langle \hat{\sigma}_{bp}^{+}(t)\,\hat{\sigma}_{bb}(t+\tau)\,\hat{\sigma}_{bp}(t)\rangle e^{i\omega_{L2}(t+\tau)}$$
$$+ i\frac{1}{2}\Omega_{pb}\langle \hat{\sigma}_{bp}^{+}(t)\,\hat{\sigma}_{px}(t+\tau)\,\hat{\sigma}_{bp}(t)\rangle e^{-i\omega_{L3}(t+\tau)}$$

$$+ \mathrm{i}\,\frac{1}{2}\Omega_{bx}\langle\hat{\sigma}_{bp}^{+}(t)\,\hat{\sigma}_{xx}(t+\tau)\,\hat{\sigma}_{bp}(t)\rangle\mathrm{e}^{\mathrm{i}\omega_{L2}(t+\tau)}$$

$$-\frac{1}{2}(\gamma_{xv}+\gamma_{bb'})\langle\hat{\sigma}_{bp}^{+}(t)\,\hat{\sigma}_{bx}(t+\tau)\,\hat{\sigma}_{bp}(t)\rangle \qquad (7.4.49)$$

$$\frac{\mathrm{d}}{\mathrm{d}\tau}\big[\langle\hat{\sigma}_{bp}^{+}(t)\,\hat{\sigma}_{bx}(t+\tau)\,\hat{\sigma}_{bp}(t)\rangle\mathrm{e}^{-\mathrm{i}\omega_{L2}(t+\tau)}\big]$$

$$= \mathrm{i}\delta_{bx}\langle\hat{\sigma}_{bp}^{+}(t)\,\hat{\sigma}_{bx}(t+\tau)\,\hat{\sigma}_{bp}(t)\rangle\mathrm{e}^{-\mathrm{i}\omega_{L2}(t+\tau)}$$

$$-\mathrm{i}\,\frac{1}{2}\Omega_{xv}\langle\hat{\sigma}_{bp}^{+}(t)\,\hat{\sigma}_{bv}(t+\tau)\,\hat{\sigma}_{bp}(t)\rangle\mathrm{e}^{-\mathrm{i}(\omega_{L1}+\omega_{L2})(t+\tau)}$$

$$-\mathrm{i}\,\frac{1}{2}\Omega_{bx}\langle\hat{\sigma}_{bp}^{+}(t)\,\hat{\sigma}_{bb}(t+\tau)\,\hat{\sigma}_{bp}(t)\rangle$$

$$+\mathrm{i}\,\frac{1}{2}\Omega_{pb}\langle\hat{\sigma}_{bp}^{+}(t)\,\hat{\sigma}_{px}(t+\tau)\,\hat{\sigma}_{bp}(t)\rangle\mathrm{e}^{-\mathrm{i}(\omega_{L2}+\omega_{L3})(t+\tau)}$$

$$+\mathrm{i}\,\frac{1}{2}\Omega_{bx}\langle\hat{\sigma}_{bp}^{+}(t)\,\hat{\sigma}_{xx}(t+\tau)\,\hat{\sigma}_{bp}(t)\rangle$$

$$-\frac{1}{2}(\gamma_{xv}+\gamma_{bb'})\langle\hat{\sigma}_{bp}^{+}(t)\,\hat{\sigma}_{bx}(t+\tau)\,\hat{\sigma}_{bp}(t)\rangle\mathrm{e}^{-\mathrm{i}\omega_{L2}(t+\tau)} \qquad (7.4.50)$$

将$(7.4.11)$,$(7.4.30)$,$(7.4.44)$代入$(7.4.50)$式得

$$\frac{\mathrm{d}}{\mathrm{d}\tau}\widetilde{G}_{bx}^{(2)}(t,\tau) = \mathrm{i}\delta_{bx}\,\widetilde{G}_{bx}^{(2)}(t,\tau) - \mathrm{i}\,\frac{1}{2}\Omega_{xv}\,\widetilde{G}_{bv}^{(2)}(t,\tau)$$

$$-\mathrm{i}\,\frac{1}{2}\Omega_{bx}G_{bb}^{(2)}(t,\tau) + \mathrm{i}\,\frac{1}{2}\Omega_{pb}\,\widetilde{G}_{px}^{(2)}(t,\tau)$$

$$+\mathrm{i}\,\frac{1}{2}\Omega_{bx}G_{xx}^{(2)}(t,\tau) - \frac{1}{2}(\gamma_{xv}+\gamma_{bb'})\,\widetilde{G}_{bx}^{(2)}(t,\tau) \qquad (7.4.51)$$

同理可得

$$\frac{\mathrm{d}}{\mathrm{d}\tau}\widetilde{G}_{xb}^{(2)}(t,\tau) = -\mathrm{i}\delta_{bx}\,\widetilde{G}_{xb}^{(2)}(t,\tau) + \mathrm{i}\,\frac{1}{2}\Omega_{xv}\,\widetilde{G}_{vb}^{(2)}(t,\tau)$$

$$+\mathrm{i}\,\frac{1}{2}\Omega_{bx}G_{bb}^{(2)}(t,\tau) - \mathrm{i}\,\frac{1}{2}\Omega_{pb}\,\widetilde{G}_{xp}^{(2)}(t,\tau)$$

$$-\mathrm{i}\,\frac{1}{2}\Omega_{bx}G_{xx}^{(2)}(t,\tau) - \frac{1}{2}(\gamma_{xv}+\gamma_{bb'})\,\widetilde{G}_{xb}^{(2)}(t,\tau) \qquad (7.4.52)$$

$$\frac{\mathrm{d}}{\mathrm{d}\tau}\langle\hat{\sigma}_{bv}(t+\tau)\rangle$$

$$= \mathrm{tr}\Big\{\frac{\mathrm{d}}{\mathrm{d}\tau}\hat{\sigma}_{bv}(t+\tau)\,\hat{\rho}(t+\tau)\Big\} + \mathrm{tr}\Big\{\hat{\sigma}_{bv}(t+\tau)\,\frac{\mathrm{d}}{\mathrm{d}\tau}\hat{\rho}(t+\tau)\Big\}$$

$$= \mathrm{i}\omega_{bv}\langle\hat{\sigma}_{bv}(t+\tau)\rangle - \mathrm{i}\,\frac{1}{2}\Omega_{xv}\langle\hat{\sigma}_{bx}(t+\tau)\rangle\mathrm{e}^{\mathrm{i}\omega_{L1}(t+\tau)}$$

$$+ \mathrm{i}\,\frac{1}{2}\Omega_{pb}\langle\hat{\sigma}_{pv}(t+\tau)\rangle\mathrm{e}^{-\mathrm{i}\omega_{L3}(t+\tau)}$$

$$+ \mathrm{i}\,\frac{1}{2}\Omega_{bx}\langle\hat{\sigma}_{xv}(t+\tau)\rangle\mathrm{e}^{\mathrm{i}\omega_{L2}(t+\tau)}$$

$$- \frac{1}{2}\gamma_{bb'}\langle\hat{\sigma}_{bv}(t+\tau)\rangle \tag{7.4.53}$$

由附录 6.1 可得

$$\frac{\mathrm{d}}{\mathrm{d}\tau}\langle\hat{\sigma}_{bp}^{+}(t)\,\hat{\sigma}_{bv}(t+\tau)\,\hat{\sigma}_{bp}(t)\rangle$$

$$= \mathrm{i}\omega_{bv}\langle\hat{\sigma}_{bp}^{+}(t)\,\hat{\sigma}_{bv}(t+\tau)\,\hat{\sigma}_{bp}(t)\rangle$$

$$- \mathrm{i}\,\frac{1}{2}\Omega_{xv}\langle\hat{\sigma}_{bp}^{+}(t)\,\hat{\sigma}_{bx}(t+\tau)\,\hat{\sigma}_{bp}(t)\rangle\mathrm{e}^{\mathrm{i}\omega_{L1}(t+\tau)}$$

$$+ \mathrm{i}\,\frac{1}{2}\Omega_{pb}\langle\hat{\sigma}_{bp}^{+}(t)\,\hat{\sigma}_{pv}(t+\tau)\,\hat{\sigma}_{bp}(t)\rangle\mathrm{e}^{-\mathrm{i}\omega_{L3}(t+\tau)}$$

$$+ \mathrm{i}\,\frac{1}{2}\Omega_{bx}\langle\hat{\sigma}_{bp}^{+}(t)\,\hat{\sigma}_{xv}(t+\tau)\,\hat{\sigma}_{bp}(t)\rangle\mathrm{e}^{\mathrm{i}\omega_{L2}(t+\tau)}$$

$$- \frac{1}{2}\gamma_{bb'}\langle\hat{\sigma}_{bp}^{+}(t)\,\hat{\sigma}_{bv}(t+\tau)\,\hat{\sigma}_{bp}(t)\rangle \tag{7.4.54}$$

$$\frac{\mathrm{d}}{\mathrm{d}\tau}\left[\langle\hat{\sigma}_{bp}^{+}(t)\,\hat{\sigma}_{bv}(t+\tau)\,\hat{\sigma}_{bp}(t)\rangle\mathrm{e}^{-\mathrm{i}(\omega_{L1}+\omega_{L2})(t+\tau)}\right]$$

$$= \mathrm{i}(\delta_{bx}+\delta_{xv})\langle\hat{\sigma}_{bp}^{+}(t)\,\hat{\sigma}_{bv}(t+\tau)\,\hat{\sigma}_{bp}(t)\rangle\mathrm{e}^{-\mathrm{i}(\omega_{L1}+\omega_{L2})(t+\tau)}$$

$$- \mathrm{i}\,\frac{1}{2}\Omega_{xv}\langle\hat{\sigma}_{bp}^{+}(t)\,\hat{\sigma}_{bx}(t+\tau)\,\hat{\sigma}_{bp}(t)\rangle\mathrm{e}^{-\mathrm{i}\omega_{L2}(t+\tau)}$$

$$+ \mathrm{i}\,\frac{1}{2}\Omega_{pb}\langle\hat{\sigma}_{bp}^{+}(t)\,\hat{\sigma}_{pv}(t+\tau)\,\hat{\sigma}_{bp}(t)\rangle\,\mathrm{e}^{-\mathrm{i}(\omega_{L1}+\omega_{L2}+\omega_{L3})(t+\tau)}$$

$$+ \mathrm{i}\,\frac{1}{2}\Omega_{bx}\langle\hat{\sigma}_{bp}^{+}(t)\,\hat{\sigma}_{xv}(t+\tau)\,\hat{\sigma}_{bp}(t)\rangle\mathrm{e}^{-\mathrm{i}\omega_{L1}(t+\tau)}$$

$$- \frac{1}{2}\gamma_{bb'}\langle\hat{\sigma}_{bp}^{+}(t)\,\hat{\sigma}_{bv}(t+\tau)\,\hat{\sigma}_{bp}(t)\rangle\mathrm{e}^{-\mathrm{i}(\omega_{L1}+\omega_{L2})(t+\tau)} \tag{7.4.55}$$

将(7.4.11),(7.4.19),(7.4.37),(7.4.44)代入(7.4.55)式得

$$\frac{\mathrm{d}}{\mathrm{d}\tau}\widetilde{G}_{bv}^{(2)}(t,\tau) = \mathrm{i}(\delta_{bx}+\delta_{xv})\,\widetilde{G}_{bv}^{(2)}(t,\tau) - \mathrm{i}\,\frac{1}{2}\Omega_{xv}\,\widetilde{G}_{bx}^{(2)}(t,\tau)$$

$$+ \mathrm{i}\,\frac{1}{2}\Omega_{pb}\,\widetilde{G}_{pv}^{(2)}(t,\tau) + \mathrm{i}\,\frac{1}{2}\Omega_{bx}\,\widetilde{G}_{xv}^{(2)}(t,\tau)$$

$$- \frac{1}{2}\gamma_{bb'}\,\widetilde{G}_{bv}^{(2)}(t,\tau) \tag{7.4.56}$$

同理可得

$$\frac{\mathrm{d}}{\mathrm{d}\tau} \widetilde{G}_{vb}^{(2)}(t,\tau) = -\mathrm{i}(\delta_{bx} + \delta_{xv}) \widetilde{G}_{vb}^{(2)}(t,\tau) + \mathrm{i}\frac{1}{2}\Omega_{xv} \widetilde{G}_{xb}^{(2)}(t,\tau)$$

$$-\mathrm{i}\frac{1}{2}\Omega_{pb} \widetilde{G}_{vp}^{(2)}(t,\tau) - \mathrm{i}\frac{1}{2}\Omega_{bx} \widetilde{G}_{vx}^{(2)}(t,\tau)$$

$$-\frac{1}{2}\gamma_{bb'} \widetilde{G}_{vb}^{(2)}(t,\tau) \tag{7.4.57}$$

$$\frac{\mathrm{d}}{\mathrm{d}\tau}\langle \hat{\sigma}_{xv}(t+\tau)\rangle$$

$$= \mathrm{tr}\left\{\frac{\mathrm{d}}{\mathrm{d}\tau}\hat{\sigma}_{xv}(t+\tau)\hat{\rho}(t+\tau)\right\} + \mathrm{tr}\left\{\hat{\sigma}_{xv}(t+\tau)\frac{\mathrm{d}}{\mathrm{d}\tau}\hat{\rho}(t+\tau)\right\}$$

$$= \mathrm{i}\omega_{xv}\langle \hat{\sigma}_{xv}(t+\tau)\rangle - \mathrm{i}\frac{1}{2}\Omega_{xv}\langle \hat{\sigma}_{xx}(t+\tau)\rangle \mathrm{e}^{\mathrm{i}\omega_{L1}(t+\tau)}$$

$$+ \mathrm{i}\frac{1}{2}\Omega_{xv}\langle \hat{\sigma}_{vv}(t+\tau)\rangle \mathrm{e}^{\mathrm{i}\omega_{L1}(t+\tau)}$$

$$+ \mathrm{i}\frac{1}{2}\Omega_{bx}\langle \hat{\sigma}_{bv}(t+\tau)\rangle \mathrm{e}^{-\mathrm{i}\omega_{L2}(t+\tau)} - \frac{1}{2}\gamma_{xv}\langle \hat{\sigma}_{xv}(t+\tau)\rangle \tag{7.4.58}$$

由附录 6.1 可得

$$\frac{\mathrm{d}}{\mathrm{d}\tau}\langle \hat{\sigma}_{bp}^{+}(t)\hat{\sigma}_{xv}(t+\tau)\hat{\sigma}_{bp}(t)\rangle$$

$$= \mathrm{i}\omega_{xv}\langle \hat{\sigma}_{bp}^{+}(t)\hat{\sigma}_{xv}(t+\tau)\hat{\sigma}_{bp}(t)\rangle$$

$$- \mathrm{i}\frac{1}{2}\Omega_{xv}\langle \hat{\sigma}_{bp}^{+}(t)\hat{\sigma}_{xx}(t+\tau)\hat{\sigma}_{bp}(t)\rangle \mathrm{e}^{\mathrm{i}\omega_{L1}(t+\tau)}$$

$$+ \mathrm{i}\frac{1}{2}\Omega_{xv}\langle \hat{\sigma}_{bp}^{+}(t)\hat{\sigma}_{vv}(t+\tau)\hat{\sigma}_{bp}(t)\rangle \mathrm{e}^{\mathrm{i}\omega_{L1}(t+\tau)}$$

$$+ \mathrm{i}\frac{1}{2}\Omega_{bx}\langle \hat{\sigma}_{bp}^{+}(t)\hat{\sigma}_{bv}(t+\tau)\hat{\sigma}_{bp}(t)\rangle \mathrm{e}^{-\mathrm{i}\omega_{L2}(t+\tau)}$$

$$- \frac{1}{2}\gamma_{xv}\langle \hat{\sigma}_{bp}^{+}(t)\hat{\sigma}_{xv}(t+\tau)\hat{\sigma}_{bp}(t)\rangle \tag{7.4.59}$$

$$\frac{\mathrm{d}}{\mathrm{d}\tau}\left[\langle \hat{\sigma}_{bp}^{+}(t)\hat{\sigma}_{xv}(t+\tau)\hat{\sigma}_{bp}(t)\rangle \mathrm{e}^{-\mathrm{i}\omega_{L1}(t+\tau)}\right]$$

$$= \mathrm{i}\delta_{xv}\langle \hat{\sigma}_{bp}^{+}(t)\hat{\sigma}_{xv}(t+\tau)\hat{\sigma}_{bp}(t)\rangle \mathrm{e}^{-\mathrm{i}\omega_{L1}(t+\tau)}$$

$$- \mathrm{i}\frac{1}{2}\Omega_{xv}\langle \hat{\sigma}_{bp}^{+}(t)\hat{\sigma}_{xx}(t+\tau)\hat{\sigma}_{bp}(t)\rangle$$

$$+ \mathrm{i}\frac{1}{2}\Omega_{xv}\langle \hat{\sigma}_{bp}^{+}(t)\hat{\sigma}_{vv}(t+\tau)\hat{\sigma}_{bp}(t)\rangle$$

$$+ \mathrm{i}\frac{1}{2}\Omega_{bx}\langle \hat{\sigma}_{bp}^{+}(t)\hat{\sigma}_{bv}(t+\tau)\hat{\sigma}_{bp}(t)\rangle \mathrm{e}^{-\mathrm{i}(\omega_{L1}+\omega_{L2})(t+\tau)}$$

$$-\frac{1}{2}\gamma_{xv}\langle\hat{\sigma}_{bp}^{+}(t)\hat{\sigma}_{xv}(t+\tau)\hat{\sigma}_{bp}(t)\rangle e^{-i\omega_{L1}(t+\tau)} \tag{7.4.60}$$

将(7.4.19),(7.4.44)代入(7.4.60)式得

$$\frac{\mathrm{d}}{\mathrm{d}\tau}\widetilde{G}_{xv}^{(2)}(t,\tau)=i\delta_{xv}\widetilde{G}_{xv}^{(2)}(t,\tau)-i\frac{1}{2}\Omega_{xv}G_{xx}^{(2)}(t,\tau)$$

$$+i\frac{1}{2}\Omega_{xv}G_{vv}^{(2)}(t,\tau)+i\frac{1}{2}\Omega_{bx}\widetilde{G}_{bv}^{(2)}(t,\tau)$$

$$-\frac{1}{2}\gamma_{xv}\widetilde{G}_{xv}^{(2)}(t,\tau) \tag{7.4.61}$$

同理可得

$$\frac{\mathrm{d}}{\mathrm{d}\tau}\widetilde{G}_{vx}^{(2)}(t,\tau)=-i\delta_{xv}\widetilde{G}_{vx}^{(2)}(t,\tau)-i\frac{1}{2}\Omega_{xv}G_{vv}^{(2)}(t,\tau)$$

$$+i\frac{1}{2}\Omega_{xv}G_{xx}^{(2)}(t,\tau)-i\frac{1}{2}\Omega_{bx}\widetilde{G}_{vb}^{(2)}(t,\tau)$$

$$-\frac{1}{2}\gamma_{xv}\widetilde{G}_{vx}^{(2)}(t,\tau) \tag{7.4.62}$$

综合以上各式可得该体系的二阶相关函数矢量的运动方程:

$$\frac{\mathrm{d}}{\mathrm{d}\tau}G_{vv}^{(2)}(t,\tau)=i\frac{1}{2}\Omega_{xv}\widetilde{G}_{xv}^{(2)}(t,\tau)-i\frac{1}{2}\Omega_{xv}\widetilde{G}_{vx}^{(2)}(t,\tau)+\gamma_{xv}G_{xx}^{(2)}(t,\tau);$$

$$\frac{\mathrm{d}}{\mathrm{d}\tau}G_{xx}^{(2)}(t,\tau)=-i\frac{1}{2}\Omega_{bx}\widetilde{G}_{xb}^{(2)}(t,\tau)-i\frac{1}{2}\Omega_{xv}\widetilde{G}_{xv}^{(2)}(t,\tau)$$

$$+i\frac{1}{2}\Omega_{xv}\widetilde{G}_{vx}^{(2)}(t,\tau)+i\frac{1}{2}\Omega_{bx}\widetilde{G}_{bx}^{(2)}(t,\tau)$$

$$+\gamma_{b'x}G_{b'b'}^{(2)}(t,\tau)-\gamma_{xv}G_{xx}^{(2)}(t,\tau);$$

$$\frac{\mathrm{d}}{\mathrm{d}\tau}G_{bb}^{(2)}(t,\tau)=-i\frac{1}{2}\Omega_{bx}\widetilde{G}_{bx}^{(2)}(t,\tau)-i\frac{1}{2}\Omega_{pb}\widetilde{G}_{bp}^{(2)}(t,\tau)$$

$$+i\frac{1}{2}\Omega_{bx}\widetilde{G}_{xb}^{(2)}(t,\tau)+i\frac{1}{2}\Omega_{pb}\widetilde{G}_{pb}^{(2)}(t,\tau)$$

$$-\gamma_{bb'}G_{bb}^{(2)}(t,\tau)+\gamma_{pb}G_{pp}^{(2)}(t,\tau);$$

$$\frac{\mathrm{d}}{\mathrm{d}\tau}G_{b'b'}^{(2)}(t,\tau)=\gamma_{bb'}G_{bb}^{(2)}(t,\tau)-\gamma_{b'x}G_{b'b'}^{(2)}(t,\tau);$$

$$\frac{\mathrm{d}}{\mathrm{d}\tau}G_{pp}^{(2)}(t,\tau)=-i\frac{1}{2}\Omega_{pb}\widetilde{G}_{pb}^{(2)}(t,\tau)+i\frac{1}{2}\Omega_{pb}\widetilde{G}_{bp}^{(2)}(t,\tau)$$

$$-\gamma_{pb}G_{pp}^{(2)}(t,\tau);$$

$$\frac{\mathrm{d}}{\mathrm{d}\tau}\widetilde{G}_{vx}^{(2)}(t,\tau)=-i\delta_{xv}\widetilde{G}_{vx}^{(2)}(t,\tau)-i\frac{1}{2}\Omega_{xv}G_{vv}^{(2)}(t,\tau)$$

$$+ \mathrm{i}\frac{1}{2}\Omega_{xv}G^{(2)}_{xx}(t,\tau) - \mathrm{i}\frac{1}{2}\Omega_{bx}\widetilde{G}^{(2)}_{vb}(t,\tau)$$

$$- \frac{1}{2}\gamma_{xv}\widetilde{G}^{(2)}_{vx}(t,\tau);$$

$$\frac{\mathrm{d}}{\mathrm{d}\tau}\widetilde{G}^{(2)}_{xv}(t,\tau) = \mathrm{i}\delta_{xv}\widetilde{G}^{(2)}_{xv}(t,\tau) - \mathrm{i}\frac{1}{2}\Omega_{xv}G^{(2)}_{xx}(t,\tau)$$

$$+ \mathrm{i}\frac{1}{2}\Omega_{xv}G^{(2)}_{vv}(t,\tau) + \mathrm{i}\frac{1}{2}\Omega_{bx}\widetilde{G}^{(2)}_{bv}(t,\tau)$$

$$- \frac{1}{2}\gamma_{xv}\widetilde{G}^{(2)}_{xv}(t,\tau);$$

$$\frac{\mathrm{d}}{\mathrm{d}\tau}\widetilde{G}^{(2)}_{xb}(t,\tau) = - \mathrm{i}\delta_{bx}\widetilde{G}^{(2)}_{xb}(t,\tau) - \mathrm{i}\frac{1}{2}\Omega_{bx}G^{(2)}_{xx}(t,\tau)$$

$$+ \mathrm{i}\frac{1}{2}\Omega_{bx}G^{(2)}_{bb}(t,\tau) - \mathrm{i}\frac{1}{2}\Omega_{pb}\widetilde{G}^{(2)}_{xp}(t,\tau)$$

$$+ \mathrm{i}\frac{1}{2}\Omega_{xv}\widetilde{G}^{(2)}_{vb}(t,\tau) - \frac{1}{2}(\gamma_{bb'} + \gamma_{xv})\widetilde{G}^{(2)}_{xb}(t,\tau);$$

$$\frac{\mathrm{d}}{\mathrm{d}\tau}\widetilde{G}^{(2)}_{bx}(t,\tau) = \mathrm{i}\delta_{bx}\widetilde{G}^{(2)}_{bx}(t,\tau) + \mathrm{i}\frac{1}{2}\Omega_{bx}G^{(2)}_{xx}(t,\tau)$$

$$- \mathrm{i}\frac{1}{2}\Omega_{bx}G^{(2)}_{bb}(t,\tau) + \mathrm{i}\frac{1}{2}\Omega_{pb}\widetilde{G}^{(2)}_{px}(t,\tau)$$

$$- \mathrm{i}\frac{1}{2}\Omega_{xv}\widetilde{G}^{(2)}_{bv}(t,\tau) - \frac{1}{2}(\gamma_{xv} + \gamma_{bb'})\widetilde{G}^{(2)}_{bx}(t,\tau);$$

$$\frac{\mathrm{d}}{\mathrm{d}\tau}\widetilde{G}^{(2)}_{bp}(t,\tau) = - \mathrm{i}\delta_{pb}\widetilde{G}^{(2)}_{bp}(t,\tau) + \mathrm{i}\frac{1}{2}\Omega_{pb}\widetilde{G}^{(2)}_{pp}(t,\tau)$$

$$- \mathrm{i}\frac{1}{2}\Omega_{pb}\widetilde{G}^{(2)}_{bb}(t,\tau) + \mathrm{i}\frac{1}{2}\Omega_{bx}\widetilde{G}^{(2)}_{xp}(t,\tau)$$

$$- \frac{1}{2}(\gamma_{pb} + \gamma_{bb'})\widetilde{G}^{(2)}_{bp}(t,\tau);$$

$$\frac{\mathrm{d}}{\mathrm{d}\tau}\widetilde{G}^{(2)}_{pb}(t,\tau) = \mathrm{i}\delta_{pb}\widetilde{G}^{(2)}_{pb}(t,\tau) - \mathrm{i}\frac{1}{2}\Omega_{pb}G^{(2)}_{pp}(t,\tau)$$

$$+ \mathrm{i}\frac{1}{2}\Omega_{pb}G^{(2)}_{bb}(t,\tau) - \mathrm{i}\frac{1}{2}\Omega_{bx}\widetilde{G}^{(2)}_{px}(t,\tau)$$

$$- \frac{1}{2}(\gamma_{pb} + \gamma_{bb'})\widetilde{G}^{(2)}_{pb}(t,\tau);$$

$$\frac{\mathrm{d}}{\mathrm{d}\tau}\widetilde{G}^{(2)}_{vb}(t,\tau) = - \mathrm{i}(\delta_{bx} + \delta_{xv})\widetilde{G}^{(2)}_{vb}(t,\tau) - \mathrm{i}\frac{1}{2}\Omega_{bx}\widetilde{G}^{(2)}_{vx}(t,\tau)$$

$$- \mathrm{i}\frac{1}{2}\Omega_{pb}\widetilde{G}^{(2)}_{vp}(t,\tau) + \mathrm{i}\frac{1}{2}\Omega_{xv}\widetilde{G}^{(2)}_{xb}(t,\tau)$$

$$- \frac{1}{2} \gamma_{bb'} \widetilde{G}_{vb}^{(2)}(t,\tau);$$

$$\frac{\mathrm{d}}{\mathrm{d}\tau} \widetilde{G}_{bv}^{(2)}(t,\tau) = \mathrm{i}(\delta_{bx} + \delta_{xv}) \widetilde{G}_{bv}^{(2)}(t,\tau) + \mathrm{i}\frac{1}{2}\Omega_{bx} \widetilde{G}_{xv}^{(2)}(t,\tau)$$

$$+ \mathrm{i}\frac{1}{2}\Omega_{pb} \widetilde{G}_{pv}^{(2)}(t,\tau) - \mathrm{i}\frac{1}{2}\Omega_{xv} \widetilde{G}_{bx}^{(2)}(t,\tau)$$

$$- \frac{1}{2}\gamma_{bb'} \widetilde{G}_{bv}^{(2)}(t,\tau);$$

$$\frac{\mathrm{d}}{\mathrm{d}\tau} \widetilde{G}_{xp}^{(2)}(t,\tau) = - \mathrm{i}(\delta_{pb} + \delta_{bx}) \widetilde{G}_{xp}^{(2)}(t,\tau) - \mathrm{i}\frac{1}{2}\Omega_{pb} \widetilde{G}_{xb}^{(2)}(t,\tau)$$

$$+ \mathrm{i}\frac{1}{2}\Omega_{bx} \widetilde{G}_{bp}^{(2)}(t,\tau) + \mathrm{i}\frac{1}{2}\Omega_{xv} \widetilde{G}_{vp}^{(2)}(t,\tau)$$

$$- \frac{1}{2}(\gamma_{pb} + \gamma_{xv}) \widetilde{G}_{xp}^{(2)}(t,\tau);$$

$$\frac{\mathrm{d}}{\mathrm{d}\tau} \widetilde{G}_{px}^{(2)}(t,\tau) = \mathrm{i}(\delta_{pb} + \delta_{bx}) \widetilde{G}_{px}^{(2)}(t,\tau) + \mathrm{i}\frac{1}{2}\Omega_{pb} \widetilde{G}_{bx}^{(2)}(t,\tau)$$

$$- \mathrm{i}\frac{1}{2}\Omega_{bx} \widetilde{G}_{pb}^{(2)}(t,\tau) - \mathrm{i}\frac{1}{2}\Omega_{xv} \widetilde{G}_{pv}^{(2)}(t,\tau)$$

$$- \frac{1}{2}(\gamma_{pb} + \gamma_{xv}) \widetilde{G}_{px}^{(2)}(t,\tau);$$

$$\frac{\mathrm{d}}{\mathrm{d}\tau} \widetilde{G}_{vp}^{(2)}(t,\tau) = - \mathrm{i}(\delta_{pb} + \delta_{bx} + \delta_{xv}) \widetilde{G}_{vp}^{(2)}(t,\tau) - \mathrm{i}\frac{1}{2}\Omega_{pb} \widetilde{G}_{vb}^{(2)}(t,\tau)$$

$$+ \mathrm{i}\frac{1}{2}\Omega_{xv} \widetilde{G}_{xp}^{(2)}(t,\tau) - \frac{1}{2}\gamma_{pb} \widetilde{G}_{vp}^{(2)}(t,\tau);$$

$$\frac{\mathrm{d}}{\mathrm{d}\tau} \widetilde{G}_{pv}^{(2)}(t,\tau) = \mathrm{i}(\delta_{pb} + \delta_{bx} + \delta_{xv}) \widetilde{G}_{pv}^{(2)}(t,\tau) + \mathrm{i}\frac{1}{2}\Omega_{pb} \widetilde{G}_{bv}^{(2)}(t,\tau)$$

$$- \mathrm{i}\frac{1}{2}\Omega_{xv} \widetilde{G}_{px}^{(2)}(t,\tau) - \frac{1}{2}\gamma_{pb} \widetilde{G}_{pv}^{(2)}(t,\tau) \tag{7.4.63}$$

定义该体系中 $G_{pb \to b'x}^{(2)}(t,\tau)$ 对应的双时二阶相关函数矢量 $\boldsymbol{G}_{pb \to b'x}(t,\tau)$：

$$\boldsymbol{G}_{pb \to b'x}(t,\tau) = \{ G_{vv}^{(2)}, G_{xx}^{(2)}, G_{bb}^{(2)}, G_{b'b'}^{(2)}, G_{pp}^{(2)}, \widetilde{G}_{vx}^{(2)}, \widetilde{G}_{xv}^{(2)}, \widetilde{G}_{xb}^{(2)},$$

$$\widetilde{G}_{bx}^{(2)}, \widetilde{G}_{bp}^{(2)}, \widetilde{G}_{pb}^{(2)}, \widetilde{G}_{vb}^{(2)}, \widetilde{G}_{bv}^{(2)}, \widetilde{G}_{xp}^{(2)}, \widetilde{G}_{px}^{(2)}, \widetilde{G}_{vp}^{(2)}, \widetilde{G}_{pv}^{(2)} \}$$

则可以将(7.4.63)式写成矩阵形式：

$$\frac{\mathrm{d}}{\mathrm{d}\tau} \boldsymbol{G}_{pb \to b'x}(t,\tau) = \boldsymbol{M}^{(G)}(t+\tau) \boldsymbol{G}_{pb \to b'x}(t,\tau) - \boldsymbol{\Gamma}^{(G)} \boldsymbol{G}_{pb \to b'x}(t,\tau) \tag{7.4.64}$$

其中

$$M^{(G)}(t+\tau) = -\frac{\mathrm{i}}{2}$$

$$\begin{pmatrix}
0 & 0 & 0 & 0 & \Omega_{xv} & -\Omega_{xv} & 0 & 0 & 0 & 0 & 0 & 0 & 0 & 0 & 0 & 0 \\
0 & 0 & 0 & 0 & -\Omega_{xv} & \Omega_{xv} & 0 & 0 & 0 & 0 & 0 & 0 & 0 & 0 & 0 & 0 \\
0 & 0 & \Omega_{bx} & -\Omega_{bx} & \Omega_{xv} & \Omega_{xv} & 0 & 0 & 0 & 0 & 0 & 0 & 0 & 0 & 0 & 0 \\
0 & 0 & -\Omega_{bx} & \Omega_{bx} & 0 & 0 & 0 & 0 & 0 & 0 & 0 & 0 & 0 & 0 & 0 & 0 \\
\Omega_{pb} & -\Omega_{pb} & \Omega_{bx} & \Omega_{bx} & 2\delta_{xv} & 0 & \Omega_{bx} & 0 & 0 & 0 & 0 & 0 & 0 & 0 & 0 & 0 \\
-\Omega_{pb} & \Omega_{pb} & 0 & 0 & 0 & -2\delta_{xv} & 0 & -\Omega_{bx} & \Omega_{bx} & 0 & 0 & 0 & 0 & 0 & 0 & 0 \\
0 & 0 & 0 & 0 & 2\delta_{bx} & 0 & 0 & \Omega_{xv} & -\Omega_{xv} & 0 & \Omega_{bx} & 0 & 0 & 0 & 0 & 0 \\
0 & 0 & 0 & 0 & 0 & -2\delta_{bx} & 0 & 0 & 0 & 2(\delta_{bx}+\delta_{xv}) & 0 & \Omega_{pb} & 0 & 0 & 0 & 0 \\
0 & 0 & 0 & 0 & 0 & 0 & 2\delta_{pb} & 0 & 0 & 0 & -2(\delta_{bx}+\delta_{xv}) & 0 & -\Omega_{xv} & 0 & -\Omega_{pb} & 0 \\
0 & 0 & 0 & 0 & 0 & 0 & -2\delta_{pb} & 0 & \Omega_{bx} & -\Omega_{bx} & 0 & 2(\delta_{pb}+\delta_{xv}) & 0 & -\Omega_{xv} & 0 & \Omega_{xv} \\
0 & 0 & 0 & 0 & 0 & 0 & 0 & 0 & 0 & 0 & \Omega_{pb} & 0 & -2(\delta_{pb}+\delta_{bx}) & 0 & -\Omega_{xv} & 0 \\
0 & 0 & 0 & 0 & 0 & 0 & 0 & \Omega_{pb} & -\Omega_{pb} & \Omega_{bx} & 0 & 0 & 0 & 2(\delta_{pb}+\delta_{bx}) & 0 & \Omega_{xv} \\
0 & 0 & 0 & 0 & 0 & 0 & 0 & 0 & 0 & 0 & -\Omega_{pb} & 0 & -\Omega_{bx} & 0 & 2(\delta_{pb}+\delta_{bx}+\delta_{xv}) & 0 \\
0 & 0 & 0 & 0 & 0 & 0 & 0 & 0 & \Omega_{pb} & 0 & 0 & -\Omega_{xv} & 0 & \Omega_{bx} & 0 & -2(\delta_{pb}+\delta_{bx}+\delta_{xv})
\end{pmatrix}$$

$$(7.4.65)$$

$$\Gamma^{(G)} =
\begin{pmatrix}
0 & 0 & 0 & 0 & 0 & 0 & 0 & 0 & 0 & 0 & 0 & 0 & 0 & 0 & 0 & 0 & \dfrac{\gamma_{pb}}{2} \\
0 & 0 & 0 & 0 & 0 & 0 & 0 & 0 & 0 & 0 & 0 & 0 & 0 & 0 & 0 & \dfrac{\gamma_{pb}}{2} & 0 \\
0 & 0 & 0 & 0 & 0 & 0 & 0 & 0 & 0 & 0 & 0 & 0 & 0 & 0 & \dfrac{\gamma_{pb}+\gamma_{xv}}{2} & 0 & 0 \\
0 & 0 & 0 & 0 & 0 & 0 & 0 & 0 & 0 & 0 & 0 & 0 & \dfrac{\gamma_{pb}+\gamma_{xv}}{2} & 0 & 0 & 0 & 0 \\
0 & 0 & 0 & 0 & 0 & 0 & 0 & 0 & 0 & 0 & \dfrac{\gamma_{bb'}}{2} & 0 & 0 & 0 & 0 & 0 & 0 \\
0 & 0 & 0 & 0 & 0 & 0 & 0 & 0 & 0 & \dfrac{\gamma_{bb'}}{2} & 0 & 0 & 0 & 0 & 0 & 0 & 0 \\
0 & 0 & 0 & 0 & 0 & 0 & 0 & \dfrac{\gamma_{pb}+\gamma_{bb'}}{2} & 0 & 0 & 0 & 0 & 0 & 0 & 0 & 0 & 0 \\
0 & 0 & 0 & 0 & 0 & 0 & \dfrac{\gamma_{pb}+\gamma_{bb'}}{2} & 0 & 0 & 0 & 0 & 0 & 0 & 0 & 0 & 0 & 0 \\
0 & 0 & 0 & 0 & 0 & \dfrac{\gamma_{xv}+\gamma_{bb'}}{2} & 0 & 0 & 0 & 0 & 0 & 0 & 0 & 0 & 0 & 0 & 0 \\
0 & 0 & 0 & 0 & \dfrac{\gamma_{xv}+\gamma_{bb'}}{2} & 0 & 0 & 0 & 0 & 0 & 0 & 0 & 0 & 0 & 0 & 0 & 0 \\
0 & 0 & 0 & \dfrac{\gamma_{xv}}{2} & 0 & 0 & 0 & 0 & 0 & 0 & 0 & 0 & 0 & 0 & 0 & 0 & 0 \\
0 & 0 & \dfrac{\gamma_{xv}}{2} & 0 & 0 & 0 & 0 & 0 & 0 & 0 & 0 & 0 & 0 & 0 & 0 & 0 & 0 \\
-\gamma_{pb} & 0 & \gamma_{pb} & 0 & 0 & 0 & 0 & 0 & 0 & 0 & 0 & 0 & 0 & 0 & 0 & 0 & 0 \\
0 & -\gamma_{b'x} & \gamma_{b'x} & 0 & 0 & 0 & 0 & 0 & 0 & 0 & 0 & 0 & 0 & 0 & 0 & 0 & 0 \\
\gamma_{bb'} & -\gamma_{bb'} & 0 & 0 & 0 & 0 & 0 & 0 & 0 & 0 & 0 & 0 & 0 & 0 & 0 & 0 & 0 \\
0 & \gamma_{xv} & 0 & 0 & 0 & 0 & 0 & 0 & 0 & 0 & 0 & 0 & 0 & 0 & 0 & 0 & 0 \\
-\gamma_{xv} & 0 & 0 & 0 & 0 & 0 & 0 & 0 & 0 & 0 & 0 & 0 & 0 & 0 & 0 & 0 & 0
\end{pmatrix}
\tag{7.4.66}$$

附录 8.1　作者及其课题组发表的相关研究论文

半导体量子点量子逻辑运算与粒子数交换

Wang Q Q，Muller A，Cheng M T，et al. Coherent Control of a V-type Three-Level System in a Single Quantum Dot[J]. Phys. Rev. Lett.，2005，95(187404).

Bianucci P，Muller A，Shih C K，et al. Experimental Realization of the One Qubit Deutsch-Jozsa Algorithm in a Quantum Dot[J]. Phys. Rev. Lett.，2004，B69(R)(161303).

Cheng M T，Zhou H J，Liu S D，et al. Quantum Interference and Population Swapping in Single Quantum dots with V-type Three-Level[J]. Solid State Commun.，2005，137(405).

Zhou H J，Cheng M T，Liu S D，et al. Complex Probability Amplitudes of Three States in a V-type System with Two Orthogonal Sub-States[J]. Physica，2005，E28(219).

半导体量子点 Rabi 振荡和退相干与自旋弛豫

Wang Q Q，Muller A，Bianucci P，et al. Internal and External Polarization Memory Loss in Single Semiconductor Quantum Dots[J]. Appl. Phys. Lett.，2006，89(142112).

Muller A，Wang Q Q，Bianucci P，et al. Determination of Anisotropic Dipole Moments in Self-Assembled Quantum Dots Using Rabi Oscillations[J]. Appl. Phys. Lett.，2004，84(981).

Wang Q Q，Muller A，Bianucci P，et al. Quality Factors of Qubit Rotations in Single Semiconductor Quantum Dots[J]. Appl. Phys. Lett.，2005，87(031904).

Wang Q Q，Muller A，Bianucci P，et al. Decoherence Processes During Optical Manipulation of Excitonic Qubits in Semiconductor Quantum Dots[J]. Phys. Rev.，2005，B72(035306).

Zhou H J，Liu S D，Cheng M T，et al. Rabi Oscillation Damped by Exciton Leakage and Auger Capture in Quantum Dots[J]. Opt. Lett.，2005，30(3213).

Zhou G H，Li Y Y，Cheng M T，et al. Optical Bloch Equations Modified with Phonon-Induced Intensity-Dependent Dephasing[J]. Commun. Theor. Phys.，2007，48(335).

半导体量子点单光子与纠缠光子对发射特性

Li Y Y，Cheng M T，Zhou H J，et al. Second-Order Correlation Function of the Photon Emission from a Single Quantum Dot[J]. Chin. Phys. Lett.，2005，22(2960).

Cheng M T，Xiao S，Liu S D，et al. Dynamics and the Statistics of Three-Photon Cascade Emissions from Single Semiconductor Quantum Dots with Pulse Excitation[J]. Mod. Opt.，2006，53(2129).

Cheng M T，Xiao S，Liu S D，et al. Population Dynamics and Photon Emission Statistics of the Coupled Semiconductor Quantum Dots Driven by Pulse Field[J]. Physica，2008，40(693).

Liu S D，Cheng M T，Wang X，et al. Analysis of Correlation Function and Polarization Entanglement of Photon Pairs Generated from Anisotropic Semiconductor Quantum Dot[J]. Int. J. Quantum Inf.，2008，6(959).

Kim N C，Li J B，Yang Z J，et al. Switching of a Single Propagating Plasmon by Two Quantum Dots System[J]. Appl. Phys. Lett.，2010，97(061110).

Cheng M T，Ma X S，Luo Y Q，et al. Entanglement Generation and Quantum State Transfer between Two Quantum Dot Molecules Mediated by Quantum Bus of Plasmonic Circuits[J]. Appl. Phys. Lett.，2011，99(223509).

Cheng M T，Ma X S，Ding M T，et al. Single-Photon Transport in One-Dimensional Coupled-Resonator Waveguide with Local and Nonlocal Coupling to a Nanocavity Containing a Two-Level System[J]. Phys. Rev.，2012，A85(053840).

Cheng M T，Ma X S，Zhang J Y，et al. Single Photon Transport in Two Waveguides Chirally Coupled by a Quantum Emitter[J]. Opt. Express，2016，24(19988).

Cheng M T，Ma X R，Fan J W，et al. Controllable Single-Photon Nonreciprocal Propagation between Two Waveguides Chirally Coupled to a Quantum Emitter[J]. Opt. Lett.，2017，42(2914).

Yang D C，Cheng M T，Ma X S，et al. Phase-Modulated Single Photon Router[J]. Phys. Rev.，2018，A98(063809).

激子与等离激元的相互作用

Ding S J，Li X G，Nan F，et al. Strongly Asymmetric Spectroscopy in Plasmon-Exciton Hybrid Systems due to Interference-Induced Energy Repartitioning[J]. Phys. Rev. Lett.，2017，119 (177401).

Nan F，Zhang Y F，Li X G，et al. Unusual Andtunable One-Photon Nonlinearity in Gold-Dye Plexcitonic Fano Systems[J]. Nano Lett.，2015，15(2705).

Zhang Q，Shan X Y，Feng X，et al. Modulating Resonance Modes and Q Value of a CdS Nanowire Cavity by Single Ag Nanoparticles[J]. Nano Lett.，2011，11(4270).

Gong H M，Zhou L，Su X R，et al. Illuminating Dark Plasmons of Silver Nanoantenna Rings to Enhance Exciton-Plasmon Interactions[J]. Adv. Funct. Mater.，2009，19(298).

Zhou Z K，Li M，Yang Z J，et al. Plasmon-Mediated Radiative Energy Transfer Across a Silver Nanowire Array Via Resonant Transmission and Subwavelength Imaging[J]. ACS Nano，2010，4 (5003).

Cheng M T，Liu S D，Zhou H J，et al. Coherent Exciton-Plasmon Interaction in the Hybrid Semiconductor Quantum Dot and Metal Nanoparticle Complex[J]. Opt. Lett.，2007，32(2125).

Li J B，Kim N C，Cheng M T，et al. Optical Bistability and Nonlinearity of Coherently Coupled Exciton-Plasmon Systems[J]. Opt. Express，2012，20(1856).

Liu S D，Fan J L，Wang W J，et al. Resonance Coupling between Molecular Excitons and Nonradiating Anapole Modes in Silicon Nanodisk-J-Aggregate Heterostructures［J］. ACS Photon.，2018，5(1628).

Li X G，Zhou L，Hao Z H，et al. Plasmon-Exciton Coupling in Complex Systems[J]. Adv. Opt. Mater.，2018，6(1800275).

半导体-金属异质纳米结构和等离激元共振

Liang S，Liu X L，Yang Y Z，et al. Symmetric and Asymmetric Au-AgCdSe Hybrid Nanorods[J]. Nano Lett.，2012，12(5281).

Li M，Yu X F，Liang S，et al. Synthesis of Au-CdS Core-Shell Hetero-Nanorods with Efficient Exciton-Plasmon Interactions[J]. Adv. Funct. Mater.，2011，21(1788).

Ma L，Liang S，Liu X L，et al. Synthesis of Dumb-Bell-Like Gold-Metal Sulfide Core-Shell Nanorods with Largely Enhanced Transverse Plasmon Resonance in Visible Region and Efficiently Improved Photocatalytic Activity[J]. Adv. Funct. Mater.，2015，25(898).

Ma S，Chen K，Qiu Y H，et al. Controlled Growth of CdS-Cu_{2-x}S Lateral Heteroshells on Au Nanoparticles with Improved Photocatalytic Activity and Photothermal Efficiency[J]. J. Mater. Chem.，2019，A7(3408).

Zhang Q，Shan X Y，Zhou L，et al. Scattering Focusing and Localized Surface Plasmons in a Single Ag Nanoring[J]. Appl. Phys. Lett.，2010，97(261107).

Liu S D，Yang Z，Liu R P，et al. Multiple Fano Resonances in Plasmonic Heptamer Clusters Composed of Split Nanorings[J]. ACS Nano，2012，6(6260).

Nan F，Liang S，Wang J H，et al. Tunable Plasmon Enhancement of Gold/Semiconductor Core/Shell Hetero-Nanorods with Site-Selectively Grown Shell[J]. Adv. Opt. Mater.，2014(679).

Wang J H，Huang H，Zhang D Q，et al. Synthesis of Gold/Rare-Earth-Vanadate Core/Shell Nanorods for Integrating Plasmon Resonance and Fluorescence[J]. Nano Res.，2015，8(2548).

Ding S J，Yang D J，Li J L，et al. The Nonmonotonous Shift of Quantum Plasmon Resonance and Plasmon-Enhanced Photocatalytic Activity of Gold Nanoparticles[J]. Nanoscale，2017，9(3188).

Chen K，Ding S J，Luo Z J，et al. Largely Enhanced Photocatalytic Activity of $Au/XS_2/Au$(X = Re，Mo) Antenna-Reactor Hybrids：Charge and Energy Transfer[J]. Nanoscale，2018，10(4130).

Qiu Y H，Chen K，Ding S J，et al. Highly Tunable Nonlinear Response of $Au@WS_2$ Hybrids with Plasmon Resonance and Anti-Stokes Effect[J]. Nanoscale，2019，11(8538).

Yang D J，Zhang S P，Im S J，et al. Analytical Analysis of Spectral Sensitivity of Plasmon Resonances in a Nanocavity[J]. Nanoscale，2019，11(10977).

光学倍频与多光子发射

Wang Q Q，Han J B，Guo D L，et al. Highly Efficient Avalanche Multiphoton Luminescence from Coupled Au Nanowires in the Visible Region[J]. Nano Lett.，2007，7(723).

Yu X F，Chen L D，Li M，et al. Highly Efficient Fluorescence of NdF3/SiO2 Core/Shell Nanoparticles and the Applications for in Vivo NIR Detection[J]. Adv. Mater.，2008，20 (4118).

Deng H，Yang S H，Xiao S，et al. Controlled Synthesis and Upconverted Avalanche Luminescence of Cerium(Ⅲ) and Neodymium(Ⅲ) Orthovanadate Nanocrystals with High Uniformity of Size and Shape[J]. Am. Chem. Soc.，2008，130(2032).

Zhou Z K，Peng X N，Yang Z J，et al. Tuninggold Nanorod-Nanoparticle Hybrids into Plasmonic Fano Resonance for Dramatically Enhanced Light Emission and Transmission[J]. Nano Lett.，2011，11(49).

Li G H，Che T，Ji X Q，et al. Record-Low-Threshold Lasers Based on Atomically Smooth Triangular Nanoplatelet Perovskite[J]. Adv. Funct. Mater.，2019，29(201805553).

Zhang S，Li G C，Chen Y Q，et al. Pronounced Fano Resonance in Single Gold Split Nanodisks with 15 nm Split Gaps for Intensive Second Harmonic Generation[J]. ACS Nano，2016，10(11105).

Liu S D，Leong E S P，Li G C，et al. Polarization-Independent Multiple Fano Resonances in Plasmonic Nonamers for Multimode-Matching Enhanced Multiband Second-Harmonic Generation [J]. ACS Nano，2016，10(1442).

Yu X F，Sun Z B，Li M，et al. Neurotoxin-Conjugated Upconversion Nanoprobes for Direct Visualization of Tumors Under Near-Infrared Irradiation[J]. Biomaterials，2010，31(8724).

Yu X F，Li M，Xie M Y，et al. Dopant-Controlled Synthesis of Water-Soluble Hexagonal NaYF$_4$ Nanorods with Efficient Upconversion Fluorescence for Multicolor Bioimaging[J]. Nano Res.，2010，3(51).

Liu X L，Liang S，Nan F，et al. Solution-Dispersible Au Nanocube Dimers with Greatly Enhanced Two-Photon Luminescence and SERS[J]. Nanoscale，2013，5(5368).

Wang Y L，Nan F，Cheng Z Q，et al. Strong Tunability of Cooperative Energy Transfer in Mn^{2+}-doped(Yb^{3+}，Er^{3+})/NaYF$_4$ Nanocrystals by Coupling with Silver Nanorod Array[J]. Nano Res.，2015，8(2970).

Ding S J，Yang D J，Liu X L，et al. Asymmetric Growth of Au-core/Ag-Shell Nanorods with a Strong Octupolar Plasmon Resonance and an Efficient Second-Harmonic Generation[J]. Nano Res.，2018，11(686).

Ding S J，Zhang H，Yang D J，et al. Magneticplasmon-Enhanced Second-Harmonic Generation on Colloidal Gold Nanocups[J]. Nano Lett.，2019，19(2005).